INTRODUCTION
OF SYSTEMS ENGINEERING
FOURTH EDITION

系统工程引论

（第4版）

孙东川　　孙凯　　钟拥军◎编著
Sun Dongchuan　Sun Kai　Zhong Yongjun

清华大学出版社
北京

内 容 简 介

本书是普通高等教育"十五"国家级规划教材,是教育部招标确定的系统工程教材。第 1 版于 2004 年出版,十多年来一直备受教育界与学术界欢迎。全书共 12 章,包括系统的基本概念、系统工程的基本概念、系统工程若干专业简介、系统工程方法论、系统工程的理论基础、深化的系统概念、系统模型与仿真、系统分析、系统综合与评价、系统可靠性、投入产出分析、系统工程人才的素质与培养等。附录 A~F 分别介绍钱学森院士的生平、中国系统工程与系统科学的研究队伍、国际著名的研究机构。

本书注重概念的准确性、条理性,深入浅出,精心编写,独具一格,全面阐述了系统工程中国学派——钱学森学派的内容与特点。第 12 章归纳了系统工程的基本命题 60 条与基本原理 12 条,既是对全书内容的概括,又能启迪读者进一步思考。本书读者面宽,不但适用于理工科大学生和研究生,而且适用于经管类和文科专业大学生和研究生,也适用于各级干部和企业管理人员。

图书在版编目(CIP)数据

系统工程引论/孙东川,孙凯,钟拥军编著.—4 版.—北京:清华大学出版社,2019(2025.1 重印)
ISBN 978-7-302-52850-0

Ⅰ.①系…　Ⅱ.①孙…②孙…③钟…　Ⅲ.①系统工程-高等学校-教材　Ⅳ.①N945

中国版本图书馆 CIP 数据核字(2019)第 082686 号

责任编辑:盛东亮
封面设计:李召霞
责任校对:白　蕾
责任印制:沈　露

出版发行:清华大学出版社
　　　网　　　址:https://www.tup.com.cn,https://www.wqxuetang.com
　　　地　　　址:北京清华大学学研大厦 A 座　　　　　　　邮　　编:100084
　　　社 总 机:010-83470000　　　　　　　　　　　　　　邮　　购:010-62786544
　　　投稿与读者服务:010-62776969,c-service@tup.tsinghua.edu.cn
　　　质量反馈:010-62772015,zhiliang@tup.tsinghua.edu.cn
　　　课件下载:https://www.tup.com.cn,010-83470236
印 装 者:三河市龙大印装有限公司
经　　销:全国新华书店
开　　本:185mm×260mm　　　印　张:26.75　　　字　数:650 千字
版　　次:2004 年 11 月第 1 版　　2019 年 11 月第 4 版　　印　次:2025 年 1 月第 6 次印刷
定　　价:89.00 元

产品编号:083144-01

　　"组织管理的技术——系统工程",人民科学家钱学森院士等对于系统工程学科的界定是非常睿智的。"三百六十行,行行有管理",行行有系统工程。学习系统工程,很有必要。

　　系统工程中国学派——钱学森学派,是中国人民的宝贵财富。在中国特色社会主义新时代,为实现中华民族的伟大复兴,为实施"一带一路"倡议,为推进构建人类命运共同体,系统工程中国学派大有可为。

　　本书与作者的另一本书《系统工程干部读本》相辅相成,可以为弘扬系统工程中国学派作出贡献。

钱七虎①

2019 年 5 月

---

　　①　钱七虎(1937—　　),中国工程院首届院士,军委科技委顾问,解放军陆军工程大学教授、博士生导师。曾任南京工程兵工程学院院长。钱院士荣获"2018 年度国家最高科学技术奖",他把奖金 800 万元全部捐献给家乡江苏省昆山市成立西部贫困子弟助学基金。

　　《系统工程引论》是"普通高等教育'十五'国家级规划教材",第 1 版于 2004 年出版,现在出第 4 版了,说明它历经十多年而不衰,受到比较广泛的欢迎,这是值得庆贺的。

　　作者编写本书的思想很明确。在第 1 版"后记"中就说:"本书的观点和内容属于钱学森体系。"第 2 版于 2008 年出版,作者在"前言"中明确提出了"系统工程中国学派——钱学森学派"这个科学术语。2014 年的第 3 版与现在的第 4 版,"系统工程中国学派——钱学森学派"这个主旋律就更加鲜明,内容更加充实。这是本书的特色与优点之一。系统工程中国学派——钱学森学派,是中国人民的宝贵财富。在中国特色社会主义新时代,为实现中华民族的伟大复兴,为实施"一带一路"倡议,为推进构建人类命运共同体,系统工程中国学派在实际工作中大有可为,并且在学术上将得到继续发展。

　　我与孙东川教授认识较早,第一次见面是在中国系统工程学会 1982 年于长沙举办的第 2 届学术年会上。30 多年来经常见面与交流。他比我年轻近十岁,从当时的中青年到现在的年逾古稀,他在学术研究与学会工作方面一直是很积极很勤奋的,也是相当有成效的。这本《系统工程引论》就是一个证明。本书可谓是精益求精,有一些内容是他本人的创见。例如,他把系统工程的第一个主要特点归纳为"一个系统,两个最优"。"一个系统"是指:系统工程以系统为研究对象,要求全面地、综合地考虑问题;"两个最优"是指:研究系统的目标是实现系统总体效果最优,同时,实现这一目标的方法或途径也要求达到最优。他提出系统工程实践先于系统工程理论,先于系统工程学科;系统工程学科是 20 世纪 50 年代中期产生于美国,而系统工程实践古已有之,尤其是在历史悠久的华夏文明中;他认为大禹治水、都江堰工程等都是中国古人的系统工程杰作,所以,在本书 2004 年的第 1 版,甚至在 1987 年出版的《系统工程简明教程》中(作者孙东川,陆明生;中国科学院院士张钟俊教授为该书作序,湖南科学技术出版社出版,后来被推荐为"七五"期间全国工科院校试用教材),就专门有一节"古例分析"。他认为,1978 年以来,系统工程在中国风起云涌,中国迅速成为系统工程大国与强国,在 20 世纪 90 年代初就产生了系统工程中国学派——钱学森学派,其原因有三个方面:一是钱学森院士为代表的学术界积极开拓,二是中央领导人大力支持,三是广泛而深厚的群众基础——中国人的系统思维与实干精神在全世界是首屈一指的,很容易领悟系统工程。他提出要培养"系统工程自觉",即自觉运用系统思想来研究问题,运用系统工程理论与方法求解问题。我尤其要指出一点:"系统工程中国学派——钱学森学派"是他与柳克俊教授首先提出来的,是 2008 年在南昌举办的中国系统工程学会第 15 届学术年会上。2015 年是钱学森院士归国 60

周年,中国航天系统科学与工程研究院与上海交通大学钱学森图书馆联合编撰纪念文集《高山仰止 风范永存》(中共党史出版社、科学出版社联合出版),其中,孙东川教授与柳克俊教授联合署名写作《学习钱学森,弘扬系统工程中国学派》一文,2.6 万多字,全面梳理了系统工程中国学派——钱学森学派的丰富内容。

　　诚如作者所言:系统是永恒的存在,系统工程是人类社会永恒的需求,人类社会在一万年以后仍然需要系统工程,系统工程将与时俱进,永葆青春! 这是具有科学精神的高度自信,值得点赞!

顾基发①

2019 年 5 月

　　① 顾基发(1935—),中国科学院数学与系统科学研究院研究员,国际系统与控制科学院院士、副院长,多所大学的兼职教授。1959—1963 年获苏联科学院列宁格勒数学所运筹专业数学物理副博士学位,1987—1991 年担任中国科学院系统科学研究所副所长,1980—1994 年担任中国系统工程学会秘书长、副理事长,1994—2002 年担任中国系统工程学会理事长,2002—2006 担任国际系统研究联合会主席、副主席。"物理-事理-人理(WSR)系统方法论"的主要创建人。领导和主持系统工程应用于军事、能源、水资源、区域发展战略、决策支持系统和评价等 40 多个重大科研项目,获国家级和部委级各种奖励 13 项。

　　孙东川教授等人编著的《系统工程引论》是"普通高等教育'十五'国家级规划教材",第 1 版于 2004 年出版,现在出第 4 版了,十多年来几乎每年重印,说明该教材受到广泛的欢迎,这是值得肯定的。清华大学出版社重视该书也是值得称道的。

　　非常凑巧,我也出版了一本同名的书《系统工程引论》,电子工业出版社,1984 年第 1 版,1991 年第 2 版,2006 年第 3 版,2012 年第 4 版。该书原来是为自动控制专业编写的,第 1 版与第 2 版作为自动化类本科生与研究生教材使用,第 3 版与第 4 版调整定位于理工科院校的工程技术类及与技术有关的管理类各专业所开设的系统工程通用教材。这两本《系统工程引论》在内容上当然有许多交集。有一点很有趣:两本书都有一章"系统可靠性",双方独立编写,甚至没有互相参考,出书以后才知晓的;而写入"系统可靠性"的系统工程教材并不多,我们双方纯属"不谋而合""不约而同"。孙教授等人在编写的第 1 版前言中说:"'系统可靠性'主要说明系统功能与结构的关系,相同的元件进行不同的组合,可以得到功能大不一样的系统。"孙教授的书中还有一章"投入产出分析",第 1 版前言中说:"'投入产出分析',很显著地反映了国民经济各部门之间的错综复杂的联系,反映了'牵一发而动全身'的系统性与整体性,说明了研究复杂巨系统的一种思路、一种方法,说明了简单的数学工具可以用来研究并解决复杂的技术与经济联系,甚至还说明了系统分析与系统综合的辩证关系,说明了无穷与有限之间的哲理。总之,学习这两章的意义不仅是在方法层面上获得一些知识,而且是在方法论层面上获得重要观念。它们用到的数学知识并不复杂或深奥,即便对于文科读者,也是不难学习和掌握的。笔者的教学经验多次证明了这一点。"对于孙教授的这个见解,我认为很有道理。

　　我与孙教授还有一点比较重要的"不约而同"的见解。大概在 2011 年前后,鉴于我国各级领导人都很重视系统工程,经常说"××事情是一个系统工程"。一些领导和专家之所以有这种观念,我认为这是一种直觉思维能力,我本人提出建议把它称为"系统直觉"。特别是有的人能够在别人没有察觉的情况下,独具慧眼觉察到系统的存在,或者可以构建出前所未有的系统。这种思维应该进一步上升到"系统自觉",即自觉地从系统着眼和着手,使问题得到创新性的解决。孙教授则提出"系统工程自觉",希望各级干部尤其是领导干部要成为自觉的系统工程工作者。其实,我们两个人说的观点是非常一致的。

　　我与孙东川教授在 20 世纪 80 年代初就认识了,在中国系统工程学会教育与普及工作委员会有较多的接触。他比我年轻十多岁,那时候他是委员会中最年轻的积极分子,思想活跃,为学会和委员会做了许多工作,他长期积极钻研系统工程理论与方法,提出一些新见解。该委员会主任委员、中国科学院院士、上海交通大学著名教授张钟俊先生对他是很器重的。1987年孙东川等人出版《系统工程简明教程》,张院士亲自撰写序言,还促成他到上海交通大学做访问学者(他当时在南京理工大学工作),亲自指导,让他学习如何开展大型的系统工程项目研究,使其受益良多。后来,他因为开展系统工程研究项目较多,研究成果比较突出等原因,于1992年晋升教授,1993年荣获国务院特殊津贴,在同龄人之中是很靠前的。

　　我与孙教授的接触与联系一直比较多,经常见面交流,在思想上产生共鸣。祝愿本书更上一层楼! 祝愿孙教授等作者更上一层楼!

王众托[①]

2019年5月

---

　　① 王众托(1928—),教授,1951年毕业于清华大学电机系,长期在大连理工大学工作。20世纪50至60年代从事自动化专业建设与自动控制理论及计算机应用方面的引进与研究工作,70年代后期从事系统工程专业与学位建设,是我国系统工程学科研究与学位制度创建人之一。曾任中国系统工程学会副理事长等多种职务。2001年当选中国工程院院士。曾在坐落于维也纳的国际应用系统分析研究所(IIASA)主持国际合作项目,开辟了我国区域综合规划大型集成化决策支持系统研究与开发的新方向,曾获国家科技进步奖、部委科技奖等11项。1998年获全国模范教师称号。2014年获中国系统科学与系统工程终身成就奖。2018年获复旦管理学院终身成就奖。

我很高兴看到这本新的教科书《系统工程引论》出版。"组织管理的技术——系统工程",由于钱学森院士等著名科学家的大力倡导和推动,20多年以来,在我国已经生根、开花、结果。

我与孙东川教授有比较经常的交往。他的勤奋、认真、执着给我留下了深刻的印象。1987年,由中国系统工程的主要倡导者和推动者之一、中国科学院院士、上海交通大学张钟俊教授推荐,湖南科学技术出版社出版了《系统工程简明教程》(51.8万字,孙东川、陆明生主编),张钟俊教授为该书撰写了序言。在1987年12月召开的全国高等工科院校系统工程教学指导委员会工作会议上,该书被推荐为"七五"期间试用教材。

在这本《系统工程引论》中,作者不但写入了较多的系统工程学科的新进展,而且对于许多基本概念还做了认真的订正,对于一些常见的引述(包括人名、观点等)也认真查明出处并予以标注,例如,普朗克(Max Karl Ernst Ludwig Planck,1858—1947,德国物理学家,量子论的奠基人)、冯·贝塔朗菲(Ludwig von Bertalanffy,1901—1972)、亚里士多德(Aristotle,公元前384—公元前322)等。

孙东川教授从1980年起一直执着地在系统工程领域耕耘,并由系统工程延伸到管理科学,但仍然是以系统工程为主。他先后在南京理工大学、华南理工大学和暨南大学工作,但是,对系统工程"情有独钟",始终把自己当作一名系统工程工作者。他从1982年开始,就积极参与中国系统工程学会的学术活动和学会工作。

林福永教授1993年在上海交通大学获得系统工程博士学位。1998年他正式发表了专著《一般系统结构理论》(暨南大学出版社),在此前后,在国内外高水平刊物上发表了多篇研究一般系统结构理论的文章,至今仍然孜孜不倦地研究着,是系统工程领域的后起之秀。

本书的两个特点是内容新和读者面广。"内容新"是说,本书吸纳了最近十多年来国内外系统科学和系统工程的许多新的研究成果。例如,系统的涌现性、复杂适应系统(CAS)、"神舟五号"范例、自组织理论、综合集成法、WSR系统方法论等。作者专门写了一章"系统工程人才的素质与培养",其中特别提出系统工程人才的道德修养,这是很重要的。"读者面广"是说,本书主要介绍系统工程基本原理,尽量避免运筹学方法,以适应更多的读者,包括文、经、管类专业的大学生、研究生和机关工作人员。本书的内容选取与《系统工程简明教程》及其他系统工程教材有所不同,这是一种独辟蹊径的尝试。在内容的阐述上,作者既注重概念的准确性、条理性,又注重深入浅出、循序渐进。在最后一章中,作者归纳陈述了许多命题,既是对全书主要内容的概括,又给读者以启发和深入研究的空间。这种写法是比较新颖的。

正如作者所指出的：系统工程是技术，是方法，而且系统工程本身正在成为一种普遍适用的科学方法论，即用系统的观点考虑问题(尤其是复杂系统、复杂巨系统的问题)，用工程的方法来研究解决问题。这种方法论不但可以被工程技术人员和管理人员所掌握和使用，也可以被从中央到地方的各级领导人所掌握和推广。对于系统工程工作者来说，这是值得高兴的。因此，多讲一些系统工程的基本原理以利于系统工程的宣传和推广，是十分必要的。

汪应洛[①]

2004 年 3 月

---

① 汪应洛(1930—　)教授，中国工程院院士，西安交通大学前副校长，中国系统工程学会前副理事长。

前言

 PREFACE >>>>>

感谢 2018 年度国家最高科学技术奖获得者、中国工程院院士钱七虎教授！

感谢国际系统与控制科学院院士、副院长，国际系统研究联合会前主席、中国系统工程学会前理事长、中国科学院数学与系统科学研究院顾基发研究员！

感谢中国工程院院士、中国系统工程学会前副理事长、中国系统科学与系统工程终身成就奖获得者、大连理工大学王众托教授！

感谢他们写书评，对本书给予高度评价与鼓励！

前言是作者与读者的思想交流平台。我们在这里向读者说说"心里话"，包括本书的编写宗旨、内容安排，谈谈自己的"良苦用心"。本书第 1 版于 2004 年出版，第 2 版是 2008 年，第 3 版是 2014 年，每一版都有一个"前言"，希望读者们放在一起看看。这样，可以看出十多年来本书的"不变"与"变"。首先是"基本不变"，一开始的选材与编排是经过慎重考虑的，所以本书的框架一直没有大的变化；其次是"略有改变"，与时俱进，紧紧跟上系统工程学科的发展变化，每一版都有一些增删。

第 4 版的改动比较大：叙述了若干新情况与新观点，一些老观点说得更加明晰；总字数增加了 3 万多。

1. 教材修订与内容更新

这里说几个要点。

1）系统工程实践与系统工程学科

1978 年被称为"中国系统工程元年"。这一年的 9 月 27 日，钱学森、许国志、王寿云联合署名在上海《文汇报》上发表重要文章《组织管理的技术——系统工程》。登高一呼，应者云集，系统工程在中国蓬蓬勃勃发展起来了。

其实，中国系统工程的起点要早得多。中国系统工程的起点，可以大幅度推移到几千年之前。先往前小幅度推移到"两弹一星"与钱学森归国时期。"两弹一星"是系统工程的中国范例，其研制时期是 1956—1970 年，钱学森院士是"两弹一星"元勋之一。在"两弹一星"研制过程中产生了"综合集成"思维模式与"总体设计部"工作模式，这两者都是原创性的，是系统工程中国学派的特征性内容。钱学森 1950 年启程回国，不幸被美国政府扣留，失去自由 5 年多。在此期间，他开辟新的研究方向，取得重大成果：1954 年出版了 *Engineering Cybernetics*（《工程控制论》）一书。该书很快就赢得很高的国际声誉，吸引大批数学家和工程技术专家从事工程控制论研究，在 20 世纪 50 至 60 年代形成研究高潮。1955 年 10 月，钱学森终于回到祖国。1956 年该书中文版出版，荣获中国科学院一等科学奖。这本书创建的新学科工程控制论，是系统工程直接的技术科学基础之一。

我们区分了两个概念：一是系统工程学科，二是系统工程实践。理论来源于实践，先有实践，实践经验不断积累，上升到理论层次；理论成果积累到一定程度，就产生某一门学科。这是一般规律，系统工程也不例外。

系统工程实践先于系统工程理论，更是先于系统工程学科。系统工程学科是 20 世纪50 年代中期产生于美国，而系统工程实践是古已有之，尤其是在历史悠久的华夏文明中。今天，用系统工程学科框架考察大禹治水、都江堰、万里长城等大型工程，毫无疑问，它们都是古人当时的系统工程实践的杰作。北京故宫建筑群、西湖风光带、苏州园林，以及中医中药、中餐美食等，都凝聚了系统思想、系统工程的基本要素。孙东川等人在 1987 年出版的《系统工程简明教程》（湖南科学技术出版社），就独具一格地写入一节"古例分析"，现在，本书把这些古例明确称为"系统工程实践的古代案例"。自公元前 221 年秦始皇完成统一大业以来，中国一直是大一统的东方大国，秦始皇实现的书同文、车同轨、统一货币与度量衡等文治武功，今天的欧盟与之相比还有较大差距。我们可以理直气壮地说：中国是系统工程文明古国，华夏文明是系统工程文明！

2）系统工程中国学派迅速形成的三个原因

1978 年以来，系统工程在中国蓬勃发展，突飞猛进，20 世纪 90 年代初就形成了系统工程中国学派——钱学森学派，其原因有三个。一是学术界积极努力：以钱学森院士为代表的系统工程学术界一直积极开展理论研究与应用研究，取得一系列标志性成果；二是中央领导人和各级领导人大力支持。这两个原因在本书前几版中都说了。现在，要说第三个原因：广泛的群众基础与深厚的文化底蕴。自古以来，中华民族的系统思想、系统工程实践是非常突出和优秀的，并且代代相传，不断发展。今天的中国人普遍深受其熏陶，考虑问题和做事情基本上都比较中规中矩、不离谱，这是举世无双的。

可以说，在神州大地的文化沃土上，钱老等人播下了系统工程学科的种子，然后，他们与从中央到地方的各级领导人一起带领全国老百姓辛勤耕耘、浇灌，在改革开放的春风中，系统工程之花遍地开放，万紫千红，硕果累累，蔚为壮观。

3）与时俱进，适度更新

教材需要与时俱进、不断修订，及时更新内容。但是，教材总是存在滞后性的，跟不上研究对象的发展。系统工程作为新兴学科，作为紧密联系各种社会系统发展变化的学科，尤其如此。例如，本书第 3 章"系统工程若干专业简介"，介绍工程系统工程、军事系统工程、信息系统工程与社会系统工程等几个系统工程专业，在第 1 版的时候，这些内容都是当时最新的，第 2 版（2009 年）、第 3 版（2014 年）都作了部分更新。现在出第 4 版，对第 3 版"回头看"，发现更新任务比较艰巨：不但要反映 2014 年以后的发展与变化，还要重新审视 2014 年以前的实际情况。这几个系统工程专业都是发展与变化比较快的，把发展与变化都写进去要花费大量的劳动，而且，明后年恐怕又有部分内容陈旧了。怎么办？审视第 3 版的内容，我们认为无须做"大手术"，适当作一些修订即可，同时，建议读者关注新的发展与变化，在学习过程中自行继续更新。教材的内容更新与读者的知识更新是有区别的，前者是教材编写者的责任，修订之后内容是相对固定的、"凝固的"；后者是读者的自觉行为与主观努力，是生动活泼的、可以随时更新的。读者与作者两个方面的努力要结合起来。

本书的使用方法：对于大学本科生是以课堂教学为主，2～3个学分（可以不包含打＊号的内容）；对于研究生是自学为主、课堂教学为辅，也是2～3个学分（包含打＊号的内容）；对于其他人员，则以自学为主，比较好的方法是连续地阅读与思考，最好是在两三个月内完成，不要时断时续。

感谢清华大学出版社，感谢责任编辑陈国新（第1版、第2版）、盛东亮（第3版、第4版）和他们的同事！他们对本书素有厚爱，编辑与出版工作认真负责，及时向我们反馈读者意见与销售情况，督促与鼓励我们修订、出新版。如果说本书获得了成功，那是作者与编辑同志共同努力的结果！

2. 学习钱学森，弘扬系统工程中国学派

2018年，在中国是一个具有特殊意义的年份：改革开放40周年，系统工程在中国蓬勃发展40周年，两者共生共荣。"40"这个数字，在汉语、俄语、阿拉伯语中都比较特别，有许多典故，例如，孔子曰"四十而不惑"。本书在2018年做修订工作，准备出第4版，是一件令人高兴的事情。

2018年9月25日、27日，上海与北京分别举行隆重的学术性纪念活动，纪念钱老等人的重要文章《组织管理的技术——系统工程》发表40周年。上海的纪念活动是由上海交通大学钱学森图书馆与《文汇报》报社共同举办，北京的纪念活动是由中国航天系统科学与工程研究院、中国系统工程学会共同举办。

本教材的宗旨很明确：弘扬系统工程中国学派——钱学森学派。书中的基本概念、基本术语，均以钱老的论述为基准。主要参考书是《论系统工程》（新世纪版）、《创建系统学》（新世纪版），以及《钱学森系统科学思想研究》，三本书均由中国系统工程学会与上海交通大学编辑，上海交通大学出版社2007年出版。

本书2.7节全面梳理了"系统工程中国学派——钱学森学派"。孙东川教授与柳克俊教授是最早提出"系统工程中国学派——钱学森学派"这一科学概念的。两位教授是资深的系统工程工作者，在1980年前后就正式从事系统工程的教学与研究工作了，他们一直是中国系统工程学会的积极分子，多年担任学会的常务理事兼系统工程教育与普及工作委员会副主任委员等职务。2008年是钱老的重要文章《组织管理的技术——系统工程》发表30周年，当年10月，中国系统工程学会第15届学术年会在南昌大学召开，两位教授联名撰文《试论系统工程中国学派与系统科学中国学派》作大会报告，明确提出：系统工程中国学派与系统科学中国学派都是钱学森学派。2010年10月，中国系统工程学会第16届学术年会在成都召开，两位教授又撰文阐述系统工程中国学派，并且提出若干工作建议。2015年是钱学森归国60周年，中国航天系统科学与工程研究院与上海交通大学钱学森图书馆联合编辑纪念文集《高山仰止，风范永存》，由中共党史出版社与科学出版社共同出版，两位教授联名撰文《学习钱学森，弘扬系统工程中国学派》，2.6万多字，收录该文集。

在本书中，"系统工程中国学派""钱学森学派"与"系统工程中国学派——钱学森学派"三个术语是完全等同的，视行文方便而书写其中之一。

我们提出"系统工程中国学派"与"系统科学中国学派"术语，是借鉴了"管理科学中国学派"这个术语。孙东川教授早就开展管理科学研究，2004年发表文章《洋为中用，古为今用，近为今用——创建有中国特色的现代管理科学》（孙东川，林福永）。2005年8月，国家自然

科学基金委员会管理科学部提出:在未来10~20年内,奠定管理科学中国学派的学科基础。我们觉得"管理科学中国学派"这个术语很好,就用它取代"有中国特色的现代管理科学"的提法。然后,以"管理科学中国学派"为主题词,先后申请并承担了国家自然科学基金研究项目4个、广东省科技厅计划项目5个,取得了一系列研究成果。由"管理科学中国学派"术语联想到"系统工程中国学派",于是就有了2008年在南昌大会的报告。

基于《组织管理的技术——系统工程》的界定,系统工程与管理工作、管理科学是零距离。系统工程中国学派早已形成,内容丰富,可以纳入管理科学中国学派。

1991年10月,国务院、中央军委授予钱学森院士"国家杰出贡献科学家"称号和"一级英雄模范"奖章。钱老在授奖大会上说:"我们完全可以建立起一个科学体系,而且运用这个科学体系去解决我们社会主义建设中的问题。我在今后的余生中就想促进这件事情。"钱老说的科学体系就是内含系统工程的系统科学体系,他认为系统科学体系在21世纪将会发挥巨大作用,超出他对中国航天和"两弹一星"的贡献。钱老大力"促进这件事情",直至生命的终点。

3. 系统工程一定要有领导人的支持

本书第3版前言中有一个标题是"党和国家领导人对系统工程寄予厚望",摘引了中央领导人论述系统工程的十几段语录。现在,第4版2.3.3节有更多的篇幅介绍"领导人的大力支持",增加了中央领导人的新论述。随着时间推移,中央领导人对于系统工程还会有新的论述,请读者们密切关注。

中央领导人与各级干部的大力支持,是中国系统工程发展壮大的重要原因,是系统工程中国学派与中国模式的重要特征。

系统工程项目是在某一个系统中开展的工程研究。有了该系统领导人的支持,系统工程项目才做得起来。中国是这样,任何国家做大事情都是这样,美国也不例外。

美国研制原子弹的曼哈顿工程(Manhattan Project),是著名科学家爱因斯坦面见美国总统罗斯福,提出建议、陈述利害关系之后,罗斯福总统拍板决定的。罗斯福总统赋予该计划"高于一切行动的特别优先权"。该计划从1942年6月到1945年7月,总计耗资25亿美元,顶峰时期动用53.9万人,其中科学家1000多名。1945年8月6日和9日,美国在日本广岛和长崎上空分别投下原子弹,日本天皇大惊,于8月15日宣布日本无条件投降。

美国的阿波罗登月计划(Apollo Program)是公认的系统工程范例,它是由美国总统肯尼迪决策的,始于1961年5月,历时11年半,耗资255亿美元。从1969年7月到1972年12月,先后有12名美国宇航员登上月球。在工程高峰时期,有2万家企业、200多所大学和80多个科研机构参加,总人数超过30万人。

我国在1956—1970年研制"两弹一星"(导弹、核弹、人造卫星),尽管当时国力比较薄弱,但是,实行举国体制,集中力量办大事,只用了14年就完全成功了。"两弹一星"奠定了中国在世界上的大国地位。

在宏观层面(国家层面)开展系统工程项目需要领导人支持,在中观层面(行业或地区层面)开展系统工程项目也是这样,即便在微观层面,一个企业或事业单位开展系统工程项目也是这样。没有系统的领导人拍板,调动足够的资源,系统工程项目是做不成的。

学科与学科不一样。有些学科的事情,可以是少数人,甚至一个人在小房间里关起门来做(称为"躲进象牙塔"),例如数学家陈景润研究哥德巴赫猜想,又如棋类比赛或者乒乓球、羽毛球比赛等,涉及的人员与资源也不多。这些事情与系统工程项目是大不一样的。

做系统工程项目需要项目组。项目组不是坐在办公室里冥思苦想就可以拿出多种备选方案的,需要与该系统的领导人多次对话,需要调查研究与实地考察、查找资料、建立数学模型进行一系列计算等。没有该系统的领导人支持是不行的。所以,系统工程项目常常被称为"领导人工程""一把手工程"。

中国的领导人支持系统工程,这是中国特色,是中国系统工程"得天独厚"、举世无双的优势。

从2.3.3节摘引的中央领导人语录来看,他们对系统工程很内行,讲得很到位。在中国,中央领导人和各级领导人的工作能够一任又一任衔接与延续,所以,系统工程在中国大有作为。

从实际情况来看,"两个一百年"的奋斗目标、"两个十五年"的安排、五年规划等,除了中国,世界上还有谁能做到? 京津冀协调发展、长江经济带建设、粤港澳大湾区等大范围的区域发展战略、规划与计划,以及港珠澳大桥这样的跨区域工程等,除了中国,世界上还有谁能做到? 粤港澳大湾区面积5.6万平方公里,人口7000万,含"一国两制"的三地区九城市、三种货币、三种司法制度等;港珠澳大桥也涉及"一国两制",还包括汽车右行与左行的不同交通规则;这样的大事情只有中国才能做得起来。中国的系统工程学术界一定要认识这个优势,珍惜这个优势,充分发挥这个优势!

4. 把系统工程纳入干部培训体系

中央领导人非常重视干部培训,从中共中央党校、国家行政学院到省市委党校与行政学院,都积极开展干部培训工作,这是很有意义、十分重要的工作。系统工程应该与干部培训工作挂钩,作为一门重要课程纳入干部培训课程体系。

2012年,《系统工程干部读本》(孙东川,柳克俊,赵庆祯)由华南理工大学出版社,社会反映很好,得到了中央党校省部级学员的充分肯定与高度赞扬。该书2014年重印,现在准备出版修订版。

《系统工程干部读本》在体例与内容上与本教材大不一样,两本书可以互为参考书。

5. 系统工程与中华民族伟大复兴

中华民族伟大复兴,是炎黄子孙自鸦片战争以来最强烈的心声,一代又一代志士仁人为之顽强奋斗,抛头颅、洒热血,前赴后继,艰苦卓绝。现在比以前任何时候都靠近中华民族伟大复兴的目标。

2012年11月29日,习近平总书记提出中华民族伟大复兴的"中国梦",包含"两个一百年"的奋斗目标,即:到2021年中国共产党成立100周年时,在中国全面建成小康社会,到2049年中华人民共和国成立100周年时,把中国建成富强、民主、文明、和谐的社会主义现代化国家。

2013年9月与10月,习近平总书记提出"一带一路"倡议。2015年12月25日,亚洲基础设施投资银行(Asian Infrastructure Investment Bank,AIIB,简称"亚投行")正式成立,它是实施"一带一路"倡议的重大举措。2017年10月18日,习近平总书记在中共十九大报告中提出：坚持和平发展道路,推动构建人类命运共同体。

我们完全有理由说：

实现中华民族伟大复兴的"中国梦"是一项伟大的系统工程!

实施"一带一路"倡议是一项伟大的系统工程!

逐步推进构建人类命运共同体是一项伟大的系统工程!

这三项伟大的系统工程依次递进,逐步扩大,良性互动。中国好,世界好! 世界好,中国更好!

中华民族的先哲在2500多年前就提出了"天下为公"与"大同"的理想。中国民主革命的伟大先行者孙中山先生在1894年组建的第一个革命团体"兴中会"章程中就提出了"振兴中华"的目标,"天下为公"与"世界大同"是孙先生最喜爱的座右铭。这些光辉思想鼓舞着近代与当代中国人民努力奋斗,开拓前进。

作者笃信：

系统工程中国学派——钱学森学派,是中国人民的宝贵财富,是中国对于世界的贡献!

各级各类干部与管理者应该具备"系统工程自觉",成为自觉的系统工程工作者!

系统工程在中国已经取得了伟大的成功,将会实现更加灿烂的辉煌!

人类社会一万年以后也需要系统工程,系统工程学科要与时俱进,永葆青春!

附电子信箱：孙东川 sdch111@139.com

欢迎大家提出宝贵意见和建议!

作者谨识

2019 年 5 月

十年与五年

子在川上曰："逝者如斯夫！不舍昼夜。"

时间过得真快！本书第1版第1次印刷是2004年10月，整整十年过去了。第2版第1次印刷是2009年5月，也过去5年多了。

感谢出版社和编辑朋友的辛勤工作，感谢读者的厚爱！本书比较受欢迎，年年重印，在同类教材中是比较突出的。这给我们很大的鼓舞。

系统工程在中国的发展，得到了两个方面的大力倡导与积极推动：一是以钱学森院士为代表的学术界；二是改革开放以来党和国家多任最高领导人，以及从中央到地方的各级领导人。一个学科，能够在两个方面得到如此"高规格待遇"，系统工程是独一无二的。

在最近5年中，这两个方面都有重大事件发生。下面先说第一方面。

系统工程中国学派——钱学森学派

2009年10月31日，中国系统工程的第一推动力钱学森院士逝世，享年98岁。这是中国科学界的巨大损失，是系统工程学术界的巨大损失。

钱学森院士走了，他的文章还在，他的精神还在，将永远鼓舞和激励我们前进。钱学森院士留下的系统工程与系统科学的思想与著作将会永放光芒，已经形成的系统工程中国学派——钱学森学派将会继续发展，在中国的改革开放中，在中国特色社会主义建设中发挥巨大作用。

本书第1版就明确说明："本书观点和内容属于钱学森体系。"后来，我们觉得"学派"这个词更好，所以第2版说："系统工程与改革开放共生共荣，与时俱进，已经形成了颇具特色的系统工程中国学派——钱学森学派。"在中国系统工程学会第15届学术年会（2008年10月，南昌）上，本书作者之一孙东川教授作大会报告《试论系统工程中国学派与系统科学中国学派》。在中国系统工程学会第16届学术年会（2010年10月，成都），以及其他多个全国性和国际性学术会议上，孙东川教授都对系统工程中国学派——钱学森学派进行了阐述。

本书是自觉按照钱学森院士的一系列论述来编写的，目的在于弘扬系统工程中国学派——钱学森学派（这两个术语无论是合用，还是单用哪一个，都是同样的意思）。第3版第2章增加了一节"2.7 系统工程中国学派——钱学森学派"，还增加了"附录A 钱学森院士生平与系统工程"，对于钱学森院士和钱学森学派进行了比较详细和全面的介绍。

系统工程中国学派——钱学森学派是客观存在,毋庸置疑。问题在于:在德高望重的钱学森院士逝世之后,如何巩固研究成果和研究队伍,并且发扬光大?我们认为:第一要务就是学习、梳理、宣传和推广钱学森学派。

系统工程的教育与普及工作是永远需要的。钱学森院士留下的《论系统工程》《创建系统学》等著作内容丰富,值得一读再读,按照钱学森院士的一系列论述来编写教材。教材可以包含其他内容,顺其脉络,引申、演绎和创新,但是,不宜"顶牛"。有了一本又一本(多多益善)这样的教材,钱学森学派就能薪火相传,发扬光大。

党和国家领导人对系统工程寄予厚望

周恩来总理生前殷切期望把我国研制"两弹一星"的总体设计部工作模式移植到国民经济的重大工程建设中来。总体设计部的工作模式,就是系统工程的工作模式。

改革开放至今,已经有连续五任中共中央总书记和七任国务院总理,以及众多的从中央到地方的各级领导人,都大力倡导和积极推动系统工程,对系统工程寄予厚望。

习近平总书记、李克强总理在党的十八大以前,在他们各自的工作中多年大力倡导和积极推动系统工程。十八大以来不到两年的时间,他们已经作了十多次论述,摘引如下:

2012 年 12 月 31 日,习近平总书记在主持中央政治局第二次集体学习时指出:改革开放是一个系统工程,必须坚持全面改革,在各项改革协同配合中推进。

2013 年 3 月 6 日,习近平总书记参加十二届全国人大一次会议辽宁代表团的审议时指出:保障和改善民生是一项系统工程,需要进行长期不懈的努力,总的要求是坚定不移走共同富裕道路,让发展成果更好更公平惠及全体人民。

2013 年 3 月 17 日,李克强总理在会见采访十二届全国人大一次会议的中外记者时说:城镇化是一个复杂的系统工程,会带来经济和社会深刻的变化,需要各项配套改革去推进。

2013 年 5 月 21 日,习近平总书记在四川芦山地震灾区看望慰问受灾群众时指出:恢复重建是一项复杂的系统工程,要科学规划,精心组织实施。

2013 年 9 月 8 日,李克强总理在听取中国科学院、中国工程院城镇化研究报告和座谈时指出:城镇化是一个复杂的系统工程,必须广泛听取意见建议,科学论证,周密谋划,使实际工作趋利避害。

2013 年 9 月 11 日,李克强总理在夏季达沃斯论坛开幕式上指出:金融改革是个复杂的系统工程……在金融体制改革中,抓住重点和难点或者说是关键问题,将有利于经济体制改革的推进,会影响中国经济社会生活的方方面面,有利于促进全面改革的深化。

2013 年 9 月 17 日,中共中央在中南海召开党外人士座谈会,习近平总书记指出:全面深化改革是一项复杂的系统工程,需要加强顶层设计和整体谋划,加强各项改革关联性、系统性、可行性研究。

2013 年 9 月 30 日,习近平总书记在主持中央政治局第九次集体学习时指出:实施创新驱动发展战略是一项系统工程,涉及方方面面的工作,需要做的事情很多,最为紧迫的是要进一步解放思想,加快科技体制改革步伐,破除一切束缚创新驱动发展的观念和体制机制障碍。

2013 年 10 月 29 日,中央政治局就加快推进住房保障体系和供应体系建设进行第十次集体学习,习近平总书记指出:住房问题,牵扯面广,是一项复杂艰巨的系统工程。

2013 年 11 月 9 日至 12 日,党的十八届三中全会在北京举行,习近平总书记说:全面深化改革是一个复杂的系统工程,单靠某一个或某几个部门往往力不从心,这就需要建立更高层面的领导机制。

2014 年 1 月 15 日,李克强总理主持召开国务院常务会议时强调:建设社会信用体系是长期、艰巨的系统工程,要用改革创新的办法积极推进;要把社会各领域都纳入信用体系,食品药品安全、社会保障、金融等重点领域更要加快建设。

2014 年 2 月 25 日,习近平总书记在北京市考察工作时指出:像北京这样的特大城市,环境治理是一个系统工程,必须作为重大民生实事紧紧抓在手上。

2014 年 5 月 1 日,《求是》杂志刊登李克强总理的文章《关于深化经济体制改革的若干问题》,对于推进利率市场化,他指出:需要把握好两点:一是利率市场化是一个系统工程,单兵突进式的改革难以成功,需要与相关方面改革协调推进。二是利率市场化赋予了市场主体更多自主权,金融机构和企业要加快完善公司治理,强化财务硬约束,不能不顾成本,盲目竞争,搞利率大战。

2014 年 6 月 6 日,习近平同志主持中央全面深化改革领导小组第三次会议时说:户籍制度改革是一项复杂的系统工程,既要统筹考虑,又要因地制宜、区别对待。

2014 年 6 月 9 日,习近平同志在两院院士大会上说:实施创新驱动发展战略是一个系统工程。科技成果只有同国家需要、人民要求、市场需求相结合,完成从科学研究、实验开发、推广应用的三级跳,才能真正实现创新价值、实现创新驱动发展。

党和国家其他领导人的论述也有很多,各部门各地区领导人的论述更多,限于篇幅,不在此引述了。

实现中华民族伟大复兴的"中国梦"及其"两个一百年"的奋斗目标,激励了全体中国人和海外华人华侨,全世界为之瞩目。这无疑是一项伟大的系统工程,系统工程学术界应该为之不懈奋斗。

系统工程,责任重大。系统工程,大有可为。系统工程学术界不但应该积极紧跟,而且应该主动寻找,争取把一些重大问题和难题作为系统工程项目立项开展研究,得出多种备选方案,为党和国家领导人以及各部门各地区领导人提供决策参考。

第 3 版修订概要

第 3 版的修订幅度比较大,每一章都有改动,更新或新增一些内容。主要情况如下:

(1)第 1 章,1.1 节介绍了我国计算机研制的最新成就——天河一号、天河二号;在"1.5.1 古例分析"中,把"田忌赛马"按照历史文献还原为"田忌赛驷",补充了都江堰的一段逸事,增加了一个古例"赣州的宋代排洪系统";

(2)第 2 章,2.3 节更新了中国系统工程学会的情况,2.6 节更新了对我国航天事业的介绍;增加了"2.7 系统工程中国学派——钱学森学派"和"2.8 系统工程要为实现'中国梦'作贡献"两节;

(3)第 3 章,增加了"3.6 现实生活中的系统工程举例"一节,其内容是"菜篮子工程""校园一卡通",并且分析了"拉链马路"的是是非非;

(4) 第4章,增加了"4.3.5　Hall-Checkland 方法论"一节;在 4.4.2 节,把"顶层设计"与"总体设计部"联系起来加以分析;把原来的"4.5.4　系统工程项目研究的一般过程"扩展为 4.6 节;

(5) 第5章,各节有一些小的改动,5.2 节改动稍多一些;

(6) 第6章,增加了"6.5　系统的系统(SoS)"一节;

(7) 第7章,增加了"7.4.3　实体模型:案例研究"一节;还增加了"* 7.6　公平博弈的线性规划模型"一节,对田忌赛驷的故事作了延伸研究。

(8) 第8章,增加"8.7　PESTEL 分析与 SWOT 分析"一节;原 8.7 节与 8.8 节作了调整,更新了 8.9 节的案例 3;

(9) 第9章,9.2 节增加了少量内容,指出当前系统评价工作中出现的弊端:考核指标短期化、过度数量化等;

(10) 第10章,本章旨在说明系统功能与结构的关系,删去了 10.4 节中技术性过强的内容;

(11) 第11章,增加了"* 11.6　《中国 2007 年投入产出表》分析"(该表是我国已经出版的最新的投入产出表);并把第 2 版的附录 A5 修改作为"11.7　里昂节夫与投入产出分析"一节;

(12) 第12章,修改与补充了 12.4　若干重要的命题:系统工程概要 ABC,列出 62 个命题。

第 3 版增加了一名作者:钟拥军。钟拥军博士在第 1 版的编写过程中,就做了很多工作。在第 2 版、第 3 版的编写过程中,孙凯和钟拥军都做了大量的工作。两位博士都比较年轻,富有活力,本书以后的修订和再版将要更多地依靠他们。另外,本书还要编写课件,并且筹划"系统工程"的 MOOC 课程,他们将是主力军。

第 2 版与第 1 版的"前言",希望读者们再看看,其中已经说过的事项这里就不重复了;很遗憾,一些已经指出的问题依然存在。

修订系统工程教材,我们深感诸多"两难"之境。其一,与时俱进和相对稳定的关系。一方面,系统工程教材必须与时俱进,经常更新,否则就会陈旧,误人子弟。而且,系统工程是发展中学科,不断出现新的研究成果和研究动向,教材应该及时反映;系统工程又是应用性很强的学科,与社会经济系统紧密联系,社会经济系统是日新月异的,教材如果一成不变就脱离实际了。另一方面,教材不可能是"时事快报"或"新闻联播",无论如何修订都跟不上形势变化。只能是既跟又不跟,教材内容与发展形势适度结合。其二,内容的经典性与研讨性的关系。本教材的基本对象是大学生和研究生,经典性的内容不可不讲,而且是主要的;研讨性的内容不可没有,尽管篇幅少一些,也要给读者以启迪,让他们明确进一步学习和研究的主要方向。研讨性的内容,既要联系本学科的发展,又要兼顾社会和经济的发展方向和动向。

我们深深体会到:系统工程教材的编写与修订工作是一项颇有难度的系统工程,颇有难度,令人煞费苦心。这项系统工程现在做得怎么样? 请读者们评头论足,提出意见和建议!

孙东川　谨识

2014 年 6 月

第2版前言

2008 年是值得庆祝、值得纪念的一年。这一年还有一个多月,已经发生了许多大喜大悲的事情——对于中国尤其是这样。这里只说两件喜庆的大事:中国的改革开放今年是 30 周年,改革开放取得了辉煌的成就,举世瞩目;中国的系统工程今年也是 30 周年,系统工程也取得了很大的成功。当此之时,在喜庆的氛围中,承蒙出版社和编辑同志关心,拙作《系统工程引论》修订出版,这是一件很荣幸的事情。

著名科学家钱学森院士是中国系统工程的领军人物。他与许国志院士和王寿云将军于 1978 年 9 月 27 日在上海《文汇报》发表重要文章《组织管理的技术——系统工程》,吹响了系统工程在中国的进军号。30 年来,系统工程在中国得到了两方面的高度重视与大力推动:一是以钱学森院士等学者为代表的学术界,二是从中央到地方的各级领导人。系统工程需要改革开放,改革开放需要系统工程;系统工程与改革开放共生共荣,与时俱进,已经形成了颇具特色的系统工程的中国学派——也可以称为钱学森学派。

2008 年 1 月 19 日,胡锦涛同志看望著名科学家钱学森院士。胡锦涛同志谈起系统工程时说:"20 世纪 80 年代初,我在中央党校学习时,就读过您的有关报告。您这个理论强调,在处理复杂问题时一定要注意从整体上加以把握,统筹考虑各方面因素,这很有创见。现在我们强调科学发展,就是注重统筹兼顾,注重全面协调可持续发展。"

这是党和国家领导人对钱学森院士的爱戴与关心,也是对于系统工程工作者的支持与鼓舞,是中国的系统工程进一步发展和提高的重要契机和强大推动力。

1. 第 2 版所作的修改

《系统工程引论》自 2004 年 10 月出版(下称第 1 版)以来,每年重印一次,2008 年 7 月第 5 次印刷,总印数达到 13 500 册。这个数字与那些"国学热"的热销书无法相比,但是,与"同类项"即系统工程教材相比,还算是不错的。

鉴于使用拙作的教师和读者比较认可本书的结构与选材,所以第 2 版采取"驾轻就熟,小改微调"的办法。其主要的变动是:

根据近几年来国际国内的发展和变化,有些章节增加了一些文字。例如,在 1.1 节,p2 增加了航天时代的最新进展:我国的嫦娥一号、神舟七号、夸父计划,美国的凤凰号火星探测等;

若干细节作了更新或补充:例如 p17、p95 说到的信息论的创始人香农(C. E. Shannon)已于 2001 年去世,补充了这一信息;

也有一些删节,例如附录 A5 删去了,使得体例更加一致。

第1版出版以来,受到大家的关注与欢迎,这对我们是很大的鼓舞。有的朋友提出了一些意见与建议,谨表示感谢! 有一些新作,参考和引用了我们的内容,也向他们表示感谢! 知识总要多多传播才好,我们只希望引用拙作时有所说明,不要走样。我们期待朋友们继续关注,继续提出各种意见和建议(按照第1版前言中的 E-mail 地址发给作者即可),以便继续改进本书。

2. 关于参考文献的说明

本书的主要参考文献[1]、[2]钱学森院士等著《论系统工程》《创建系统学》,现在有了新的版本——中国系统工程学会、上海交通大学合编的《钱学森系统科学思想文库》,包含4本书:《工程控制论》(新世纪版),《论系统工程》(新世纪版),《创建系统学》(新世纪版),《钱学森系统科学思想研究》,上海交通大学出版社,2007年1月出版。参考文献[14]薛华成教授主编的《管理信息系统》第5版已经出版(清华大学出版社,2007年8月)。第2版对这些都作了新的标注。

笔者近几年对系统工程的研究继续进行。发表了几篇文章,增列为参考文献[54]～[56]。

此外,我们还发表了几篇文章:

创建现代管理科学的中国学派及其途径研究(孙东川,林福永),管理学报2006(2,首篇),127～131,142;

一项重大的历史使命:创建现代管理科学的中国学派(孙东川,张振刚,孙凯),美中经济评论,2008(1),总第74期,57～63;

谈谈创建现代管理科学中国学派的若干问题(刘人怀,孙东川),管理学报,2008(3),323～329;

再谈创建现代管理科学中国学派的若干问题(刘人怀,孙东川),中国工程科学,2008(12)。

这几篇文章似乎与系统工程没有多少关系,其实,它们是系统工程的应用研究。我们认为:创建工作是一项艰巨复杂的系统工程,这是系统工程和管理科学研究者的一项光荣而艰巨的历史使命,需要千军万马长期作战;创建途径是:洋为中用,古为今用,近为今用,综合集成。希望朋友们能够共同参与!

3. 两个基本概念的说明

为了引起大家足够的重视,有两个基本概念要在这里加强说明。

1) Hall 方法论的第三维是什么

在本书中,霍尔(Hall)方法论的第三维是"专业维"而不是"知识维",这是笔者做过一番考证的。请大家查看本书参考文献[34]。

2) 不宜提"系统工程学"

钱学森院士提出了系统科学体系,本书2.5.2节作了介绍。他指出:不要提"系统工程学",因为不存在什么"系统工程学"。钱学森院士是在1985年讲的,见参考文献[1]《论系统工程》(新世纪版)的《系统工程与系统科学体系》一文,288～299。这篇文章很重要,笔者建议大家都读一读。

4. 编写好系统工程教材，做好系统工程的教育与普及工作

系统工程的教育与普及工作是永远需要的，因为学校里年年有新的大学生与研究生，社会上年年有新干部和新的管理者，他们都是新的普及对象，更不必说其他人员也经常需要知识更新了。在普及的基础上提高，在提高的指导下普及，系统工程学科才能不断发展，这就是辩证法。

笔者有幸亲耳聆听中国系统工程学会前理事长、中国工程院院士许国志教授(1919—2001)1998 年夏天在北京举办的系统科学与系统工程研讨班上的讲话——他呼吁"重视教材的编写"。许先生说：现在国内有职称晋升等方面的导向，普遍重视出版专著而不重视出版教材和科普读物，我不大赞成。因为专著只是给少数人看的，不是"同行"一般是不看的，所谓"同行"，往往并不多；而教材是给很多人看的，教育一届又一届的莘莘学子，延续多少年，使千千万万的人受益，甚至不止一代人。国外的许多著名教授和科学家都很重视编写教材，尤其是在他们退休前后编写，把他们丰富的学识和宝贵的教学经验写进去，所以国外有许多经久不衰的好教材。好的科普读物也非常重要，好的科普读物是高水平的杰作，不是什么人都能写得出来的，非要名家大家不可。许先生的这番话是至理名言，当时未有录音，笔者根据自己的记忆转述于此。

许先生对于中国系统工程学会的建设呕心沥血，建树颇多。许先生亲力亲为做系统工程普及工作，包括在 20 世纪 80 年代初的一些系统工程培训班上亲自登台讲课——笔者孙东川在 1980 年暑假赴京参加当时五机部举办的系统工程师资培训班，就亲耳聆听了许先生讲课。在厦门、北京等地举办的大中学生系统工程夏令营，德高望重的老前辈许先生都非常关心，亲临讲话和指导。

第 2 版增加了 1 名作者孙凯，他已经获得管理学博士学位，正在做博士后研究。他为本书做了不少工作。管理学博士钟拥军也做了不少修订工作。

这里还要说明一点：为了避免烦琐，在本前言中作了说明的事项，在"后记"中就不作相应的改动了。

我们认为：系统工程在中国已经取得了很大的成功，但是还没有实现其应有的辉煌。我们期盼系统工程在中国早日实现其应有的辉煌！

我们有一个明确的、坚定的信念：系统工程将永葆青春，一万年以后仍然需要系统工程，所以，要把系统工程红旗永远扛下去！

编著者

2008 年 11 月

（一）

本书是一本系统工程教科书,使用这本书的课程可以是"系统工程引论","系统工程导论",或者直接叫作"系统工程",因各校具体情况而有所不同。

为了让本书有更多的读者,让系统工程被更多的人接受,本书编写的主旨是讲述系统工程基本原理,包括系统的基本概念、系统工程的基本概念、系统工程方法论、系统工程的理论基础等。根据这一主旨,本书不多讲述运筹学方法。这样,本书的读者面很宽:不但适用于理工科大学生和研究生,而且适用于文科(文经管类专业)大学生和研究生,以及政府机关工作人员和企业管理人员。

为什么要这样编写? 笔者的考虑有以下几点。

（1）做任何事情都要解决两个问题,首先是树立观念,其次才是寻找和运用方法。系统工程基本原理是解决观念问题的,笔者希望把系统工程基本原理讲得比较深透。

（2）从教学时数来说,一门课程总是有限的。就本课程而言,一般是40～60学时(2～3个学分),它的容量是有限的,不可能安排太多的内容。从教材编写来说,一本教材也不可能包含太多的篇幅,太厚了不见得好,起码是用起来不方便。

（3）从学生的课程体系来说,还有其他许多课程相辅相成。在理工科大学一般都有运筹学课程。如果在本课程中讲述运筹学方法,势必要与运筹学课程重叠。而且,在本课程中讲运筹学方法讲得再多,也不可能有运筹学课程讲得多、讲得深,所以不如不讲,全部由运筹学课程去讲。现在普遍使用的《运筹学》教材(如钱颂迪主编,清华大学出版社,1990年1月第二版),字数在70万字以上,学时数80,还有许多打＊号的章节。

（4）从教学对象而言,如果讲运筹学方法,理工科学生是很感兴趣的,但是,文科学生学习起来是有困难的。当然,一本教材如果包含系统工程基本原理和运筹学方法两大部分,对文科学生可以只讲前一部分而不讲后一部分,但是,后一部分教材就成为"浪费"了。而且,如果一本不太厚的系统工程教材抽掉运筹学方法,剩下的系统工程基本原理部分就太单薄了。

所以,笔者的想法是:本课程还是"缩短战线,集中兵力",专门讲述系统工程基本原理,争取讲得深透一些。这样,教材不会太厚,课时不要求太多,适应的学生面可以很广,读者群可以很多。同时,本教材中介绍了运筹学的由来与发展,说明了它和系统工程的关系,那么,理工科学生和数学基础适宜的读者可以另外学习运筹学方法。

(二)

　　2001 年 8 月,教育部工商管理类学科专业教学指导委员会在大连开会,采用招投标方式确定"十五"规划教材,其中有一本系统工程教材。在教育部和出版社的关心和支持下,我的申报得以批准,列入清华大学出版社出版计划,由编辑陈国新同志与我联系。几经商榷,定下了现在的框架。

　　下面说明本书的内容选取。笔者力求把握好"三度":足够的宽度、适当的深度、前沿的新度。全书正文 12 章,还有几个附录,在宽度上是足够的了。在深度上可以分为两部分:基本内容是不打 * 号的章节,适用于本科生,2～3 个学分;加上打 * 号的部分,适用于研究生,也是 2～3 个学分。所谓"前沿的新度",是说反映最新成果,笔者认为是可以告慰的。例如,写入了涌现性和复杂适应系统(CAS)理论,写入了我国神舟五号载人飞船的成功发射;在第 11 章"投入产出分析"中,引用了我国目前发布的最新的投入产出表;即便是附录,也是查阅了最新资料,笔者查阅国外资料不方便,通过 E-mail 向在国外的朋友求援,而他们给予了热情的支持。

　　这里要对第 10 章"系统可靠性"和第 11 章"投入产出分析"作一些说明。有人可能要问:写入这两章是否符合本书的主旨? 笔者认为是符合的。因为这两章的内容从定性和定量的结合上生动地说明了系统工程的若干基本原理。其中,"系统可靠性"主要说明系统功能与结构的关系,相同的元件进行不同的组合,可以得到功能大不一样的系统;"投入产出分析",很显著地反映了国民经济各部门之间的错综复杂的联系,反映了"牵一发而动全身"的系统性和整体性,说明了研究复杂巨系统的一种思路、一种方法,说明了简单的数学工具可以用来研究并解决复杂的技术经济联系,甚至还说明了系统分析与系统综合的辩证关系,说明了无穷与有限之间的哲理。总之,学习这两章的意义不仅是在方法层次上获得一些知识,而且是在方法论层次上获得重要观念。它们用到的数学知识并不复杂或深奥,即便对于文科读者,也是不难学习和掌握的。笔者的教学经验多次证明了这一点。

　　希望各位同行朋友、使用本书的老师和同学们多多提出宝贵意见! 赞成的或不赞成的,补充的或指正的,各种意见和建议,统统欢迎,多多益善,不胜感谢!

　　我们的 E-mail 地址是 bmdchsun@scut. edu. cn,tlinfy@jnu. edu. cn.

编著者

2004 年 1 月

目录

CONTENTS

第1章

系统的基本概念

1.1 引言

1.1.1 人类社会当今所处的时代

人类社会当今处在什么时代？我们如何给自己所处的时代命名？

当今时代，变化很快，新的时代命名不断出现，在既有命名之下又不断出现新的内容，希望读者们积极关注新的变化与发展。

有人说：后工业化时代。以蒸汽机的改进和大量使用为标志的工业革命，开始了工业化进程，后来又经过电力革命、核能革命，完成了工业化使命，在20世纪后期进入了"后工业化时代"。

有人说：知识经济时代。知识经济的提法源于1996年经济合作与发展组织(OECD)《以知识为基础的经济》的报告。知识经济的标志之一，承认知识的扩散与生产同样重要，知识经济是人类社会继游牧经济、农业经济、工业经济之后的经济。知识经济是以知识阶层为社会主体，以知识和信息为主要资源，以高技术产业和服务业为支柱产业，以人力资本和科技创新为动力，以可持续发展为宏观特征的新型经济。

有人说：网络经济时代。20世纪80年代出现因特网(Internet)，如今，以先进的计算机技术和通信技术为基础的信息网络无处不在，发挥着越来越大的作用。电子商务、电子政务、网络学院、远程教学、远程医疗、电子病历、网上购物、网上订票、上网检索、电子邮件、MIS(管理信息系统)、HIS(医院信息系统)等，人类是一天也离不开网络了。

钱学森院士说：因特网是典型的开放复杂巨系统。

Internet又译为"互联网"。其实，互联网的概念比因特网扩大了许多，互联网不但包含因特网，而且包含与因特网连接的各种局域网和内联网，例如校园网。基于互联网无所不在、无远弗届的功用，当今时代又被称为"互联网时代"。

有人说：新经济时代。他们大概对上述几个名称不满意，于是提出"新经济时代"一词。其实这是权宜之计。因为新与旧是相对而言，"新"是层出不穷的、与时俱进的，现在的经济相对于工业经济而言是"新经济"，再过几十年或者一百年，现在的"新经济"恐怕就会是"旧经济"了。不过，暂时用一下这个名称以强调当代经济之"新"也未尝不可。

还有人说是"计算机时代"。自1946年第1台现代意义下的计算机ENIAC出现以来,计算机不断更新换代,而且更新换代的周期越来越短。20世纪50年代是真空电子管计算机,20世纪50年代末至60年代中期是晶体管计算机,20世纪60年代末至70年代末是集成电路电子计算机,20世纪70年代末至今是大规模集成电路和超大规模集成电路电子计算机。计算机的快速发展使其应用领域得到迅速扩展,如文字编排、数据处理、通信联络、设计绘图、教育培训,以及各级各类管理工作,无处没有计算机的影子。电子计算机被称为"电脑",现代社会"不可一日无此君"。

计算机运算速度是一个重要指标。中国在超级计算机榜单中有着上佳表现。根据"国际TOP500组织"公布的全球超级计算机500强排行榜,2010年11月,我国的"天河一号"计算机排名世界第一,实测运算速度达到每秒2570万亿次;排名第二的是美国的"美洲虎",实测运算速度达到每秒1750万亿次;排名第三的是中国曙光公司研制的"星云"号计算机,实测运算速度达到每秒1270万亿次;中国计算机在前三名中占据了两名。2012年11月,美国的"泰坦"号超级计算机超越了"天河一号",它每秒钟进行2亿亿次浮点计算,成为世界第一。2013年11月,中国的"天河二号"以两倍于美国的"泰坦"号的运算速度再度轻松登上榜首。"天河一号""天河二号"计算机都是国防科学技术大学研制的。2016年6月20日,我国国家并行计算机工程技术研究中心研制的"神威·太湖之光超级计算机"夺冠。此后连续四次夺冠,其峰值性能为12.5亿亿次/秒,持续性能为9.3亿亿次/秒。2018年6月,美国能源部橡树岭国家实验室(ORNL)推出的新超级计算机"Summit(顶点)"以每秒12.23亿亿次的浮点运算速度,接近每秒18.77亿亿次的峰值速度夺冠。中国的"天河三号"计算机是百亿亿次(E级)超级计算机,其原型机已于2018年7月开放使用。正所谓"战斗正未有穷期",世界各国你追我赶,使计算机运算速度越来越快,计算机科学技术的发展日新月异。

还有人说是"信息时代"。20世纪40年代,人类终于发现:世界是由物质、能量、信息三大要素组成的,而不仅仅是由物质组成,或者由物质与能量两种要素组成。现在,没有人能否定信息的存在和作用,没有人能够不接收、不利用信息,信息的作用、处理信息的手段是前所未有的。信息网络、信息高速公路、电子商务、电子政务等,正在改变人类的工作习惯、生活习惯、思维方式。距离变得无关紧要,"地球变得越来越小",整个世界可以被因特网"一网打尽"。物联网、大数据、云计算、生物芯片、3D打印、人脸识别……信息技术的发明创造令人应接不暇。

还有人说是"纳米时代"。纳米是一种度量单位,1纳米等于1米的十亿分之一(10^{-9} m),相当于10个氢原子一个挨一个排起来的长度。纳米结构是指1~100纳米尺度内的结构。在这个尺度范围内对原子重新组合,新物质就会表现出不同于单个原子或分子的性质。其基本的物理化学性质,如熔点、磁性、电容、导电性、发光等都可能产生重大变化。这种组合产生新物质的技术,就是所谓的"纳米技术"(nanotechnology),它使人类可以获得许多新材料用于非常广阔的科研、生产、生活的各个领域。

还有人说是"基因时代"。破译基因密码,基因重组,克隆,制造干细胞……新概念、新技术层出不穷,它们甚至有可能改变人类自身,引起关于伦理道德的争论。

还有人说是"航天时代"。这是非常激动人心的。人类已经迈开步伐走向太空和茫茫宇宙了。

1957 年 10 月 4 日,苏联成功发射世界上第一颗人造地球卫星,开创了人类的航天时代。1961 年 4 月 12 日,苏联宇航员加加林乘坐"东方"号宇宙飞船进入太空,成为世界上第一个进入宇宙空间的人。

美国从 1961 年 5 月到 1972 年 12 月开展了阿波罗计划(Apollo project),从事载人登月。工程历时 11 年多,耗资 255 亿美元。"阿波罗"11 号飞船于 1969 年 7 月 21 日首次实现人类登月的理想。此后,美国又 6 次发射"阿波罗"号飞船,其中 5 次成功。总共有 12 名航天员登上月球。

1970 年 4 月 24 日,我国第一颗人造地球卫星"东方红一号"成功发射。2003 年 10 月 15—16 日,我国的神舟五号飞船成功发射,中国第一名航天员杨利伟遨游太空,中国成为"世界航天俱乐部"的第三名成员。

我国的航天事业将在 2.6 节做专门介绍。

对时代的概括还可以列举一些。笔者认为,所有各种说法都具有一定的道理,"仁者见仁,智者见智"。如果从系统工程的角度看,我们要说:

人类社会处在系统工程时代!

你赞成这种说法吗?

作为系统工程工作者,要宣扬这个观点,要让尽可能多的人能够理解,能够接受,进而能够自觉或半自觉地运用系统工程理论与方法来解决工作与生活中的一些问题。

那么,什么是系统? 什么是系统工程? 系统工程的基本概念、基本原理是什么? 这就是本书将要讲述的内容。

本章将主要介绍系统的基本概念,包括系统的定义与属性、系统的分类、系统的结构与功能以及系统思想的演变。

1.1.2 世界潮流,浩浩荡荡

当今世界潮流有五个特征:系统化、工程化、信息化、智能化与综合集成。这五个特征在百年之前初现端倪,然后迅猛发展,20 世纪 50 年代中期,系统工程学科应运而生。此后,五个特征越来越显著。

1. 系统化

系统化是指:系统思想广泛传播,深入人心;世界上以前没有联系的事物联系起来了,以前有联系的事物相互联系得更紧密了,世界上已经没有孤立于系统之外的事物了;各种各样的系统遍布于一切地方,人类活动的系统范围(或者施加影响的系统范围)在宏观和微观尺度上都在不断延伸。

系统化可以分为两个方向。一个方向是宏观,越来越大,包含两层含义:一是全球化,偌大地球已经成为小小的"地球村",被互联网"一网打尽";二是系统化已经超越了地球,人类活动已经延伸到太空与其他星球。另一个方向是微观,即越来越细微,向微型系统、微观世界推进,例如脑科学研究、基因工程、纳米技术等。据报道,微型机器人已经能够进入人的血管进行手术了。

现在地球上已经没有不属于任何国家的土地了,连北冰洋、南极洲这样的人迹罕至、目前人类还无法正常居住的地方都变得很"热闹",许多国家对它们提出了各种权利或主权的要求。有些土地、有些海域存在争议,不止一个国家对它提出了主权要求。

系统思想与系统化趋势古已有之,于今为烈。由于当时科学技术和生产力不够发达,古人的系统思想是很有局限性的。古代的国家,无论大小,都不过是地球上的"孤岛"。古代中国人的系统思想是首屈一指的。"溥天之下,莫非王土;率土之滨,莫非王臣",说得够彻底的了。周天子的天下分封八百诸侯。但是,当时人们对于"天"和"天下"的概念如何? 不过是"天圆地方"罢了。他们根本不知道"王土"是在地球上,而地球是绕太阳转的。询问"汉孰与我大?"的滇王与夜郎侯固然是孤陋寡闻、自高自大,而广袤无垠的"中央王国"君臣又如何? 过了将近两千年,1840 年中国遭受鸦片战争屈辱的时候,紫禁城里的"九五之尊"对于"英吉利蛮夷"有多少了解呢? 几乎是一无所知,不比夜郎侯高明多少。

战争是自古就有的,但是与两次世界大战相比,历史上以前的战争都是"小巫见大巫"了。两次世界大战都是战争的全球化或全球化的战争。第一次世界大战发生于 20 世纪初,1914 年 8 月—1918 年 11 月。这次大战主要发生在欧洲,波及全世界,当时的中国政府派出 10 万名劳工奔赴欧洲,也是参战国。这次大战造成 1000 万人死亡,2000 万人受伤。第二次世界大战的规模、延续时间与惨烈程度大大超过第一次世界大战。西方战场是从 1939 年 9 月—1945 年 8 月,历时 6 年;东方战场历时更长——从 1937 年卢沟桥事变算起,历时 8 年,从 1931 年九·一八事变算起,日本侵华战争长达 14 年之久。全世界 20 多亿人口卷入战争,军民死亡 5500 万人,受伤 3500 万人以上;中国军民死亡 2100 万人,受伤 1400 万人。

第二次世界大战结束之后,1945 年 10 月 24 日联合国(United Nations,UN)成立——这是超越所有国家、覆盖整个世界的巨系统。不久,世界分化为两大阵营:一个是以苏联为首的社会主义阵营,一个是以美国为首的资本主义阵营,两大阵营都是规模巨大的系统。冷战持续了 40 多年,规模较大的热战也发生了不少,例如朝鲜战争(抗美援朝)、越南战争(抗美援越)。风云变幻不已,两大阵营逐渐被"三个世界"取代。20 世纪 70 年代与 80 年代出现美国和苏联两个超级大国争霸世界。1991 年苏联解体,剩下美国一个超级大国独霸世界。

现在,21 世纪刚刚过去十多年,世界怎么样? 熙熙攘攘,纷纷扰扰,矛盾重重。2001 年,唯一称霸世界的超级大国美国遭受了"9·11"事件,动员全世界开展反恐战争。2001 年 10 月,美国推动了阿富汗战争。2003 年 3 月,美国绕开联合国悍然发动了伊拉克战争,萨达姆政权被推翻,萨达姆被绞死。2011 年 2 月至 10 月发生了利比亚战争,卡扎菲政权被推翻,卡扎菲及其接班人被枪杀。2011 年 1 月,叙利亚内战开始,延续至今,美俄等外国势力深深卷入,美国一直要求巴沙尔·阿萨德总统下台。2008 年下半年,一场金融危机起源于美国,延续多年,殃及全世界,唯有中国基本上免受其难。世界气候大会已经召开多次,例如,2009 年 12 月在丹麦首都哥本哈根召开第 15 次会议,2010 年 11 月 29 日—12 月 10 日在墨西哥海滨城市坎昆举行第 16 次会议,2011 年 11 月 28 日—12 月 9 日在南非德班召开第 17 次会议;每次开会吵吵闹闹,由于美欧等发达国家自私自利,致使会议没有取得多少积极的成果,但是,这件事情毕竟表明了系统化——这里是全球化——趋势。

系统化趋势还体现在产生了多种多样的世界组织、区域性组织和跨国机构。例如,世界卫生组织(World Health Organization,WHO)、世界贸易组织(World Trade Organization,

WTO)、石油输出国组织(Organization of Petroleum Exporting Countries，OPEC)、欧盟(欧洲联盟，European Union ，EU)、北约(北大西洋公约组织，North Atlantic Treaty Organization，NATO)、东盟(东南亚国家联盟，Association of Southeast Asian Nations，ASEAN)、上海合作组织(Shanghai Cooperation Organization，SCO)等。还有奥运会(Olympic Games)、世博会(World Exposition)等经常举办的世界性活动。这些规模巨大的系统，在第二次世界大战之前或者没有，即便有也规模小得多。例如，1896 年第一届奥运会在希腊雅典举行，参加比赛的只有 13 个国家的 311 名运动员；1932 年第 10 届奥运会在美国洛杉矶举行，参赛国家 37 个，运动员 1048 人，这是中国第一次参加奥运会，只有 1 名运动员；2008 年第 29 届北京奥运会参加比赛的国家及地区有 204 个，参赛运动员有 11 438 人。在北京奥运会上，中国运动员获得了令人自豪的成绩：大陆运动员获得金牌 51 枚，银牌 21 枚，铜牌 28 枚，奖牌总数为 100 枚；台湾运动员获得了铜牌 4 枚；合计奖牌总数为 104 枚。美国的成绩：金牌 36 枚，银牌 38 枚，铜牌 36 枚，总数 110 枚奖牌。我国金牌数世界第一，奖牌总数第二；美国金牌数世界第二，奖牌总数第一。有人提出一种打分计算法：1 枚金牌 3 分，1 枚银牌 2 分，1 枚铜牌 1 分，求和得到总分；设 x、y、z 分别为金牌、银牌、铜牌数，则总分：

$$F = 3x + 2y + z \qquad\qquad (1\text{-}1)$$

计算结果：中国的总分是 227 分，美国是 220 分。

老子憧憬的"鸡犬之声相闻，老死不相往来"的社会局面再也不可能出现了。在当今世界，每个国家都面临诸多超国家、跨地区的，甚至全球性的矛盾和课题，各国只有进行对话协商，互谅互让，问题才可望获得解决。在一些有争议的地区，需要搁置争议，合作开发。合则两利、多利，斗则皆伤；合则双赢、多赢，斗则皆输。这些都是系统工程应该研究的课题。

全球化以经济全球化和区域一体化最为显著。国际贸易、跨国公司、供应链管理都是经济全球化的体现。欧盟是区域一体化的典范，已经有了自己的货币(欧元)，有了自己的"总统"和"外交部长"。亚洲有东盟(东南亚国家联盟，Association of Southeast Asian Nations，ASEAN)，其成员国有文莱、印度尼西亚、马来西亚、菲律宾、新加坡、泰国、越南、老挝、缅甸、柬埔寨 10 国；1997 年开始，出现东盟"10＋3"会议，即东盟 10 国领导人与中国、日本、韩国 3 国领导人举行的会议。2010 年第一天，世界最大的自由贸易区——中国-东盟自由贸易区(China-ASEAN Free Trade Area，CAFTA)正式启动。它涵盖 11 个国家、总面积 1300 万平方千米、19 亿人口。这些都标志着亚洲国家的经济合作在不断扩大与深化，但是，与欧盟相比，其区域一体化程度相距尚远。当然，欧盟也有它的问题和缺陷，还需要发展与完善。

近几年，世界上很多地方出现"逆全球化"现象。2016 年 6 月 23 日，英国举行脱欧公投，计票结果：支持脱欧选民票数 17 176 006 票，占总投票数 52%。支持留欧选民票数 15 952 444 票，占总数 48%。英国闹脱欧，严重削弱了欧盟一体化进程。2016 年美国大选，共和党竞选人、地产商人唐纳德·特朗普(Donald Trump)胜出，在 538 张选举人票中获得 304 票，成为美国第 45 任总统(第 58 届、第 44 位)，于 2017 年 1 月 20 日就职。民主党竞选人希拉里·克林顿获得 227 张选举人票，败选(但是，她的普选票超出特朗普 200 多万张)。特朗普自上台以来，提出"让美国再次伟大"(Make America great again)与"美国优先"(America first)的口号，退出跨太平洋伙伴关系协定(Trans-Pacific Partnership Agreement，TPP)、巴黎气候协定、联合国教科文组织、伊朗核协议计划等，在美墨边境修建隔离墙，与中国和其他国家大打贸易战等,这些都属于"逆全球化"现象。这是全球化进程中的曲折,表明美国在全球化进程中的作用与地位降低。但是,英、美等国不能改变全球化的大趋势。

2. 工程化

工程化是指:世界上的工程项目越来越多,工程项目的规模越来越大;不但传统的工程问题作为工程项目来做,而且社会系统的许多问题也作为工程项目来做。系统工程项目就是突出的典型,此外,还有"阳光工程""五个一工程"等。

1978 年 9 月 27 日,钱学森、许国志、王寿云联合署名在上海《文汇报》发表重要文章《组织管理的技术——系统工程》,这篇文章给出了中国系统工程的基本定位,吹响了系统工程在中国的进军号角。1979 年 1 月,钱学森、乌家培联合署名在《经济管理》杂志发表重要文章《组织管理社会主义建设的技术——社会工程》,其中,社会工程是社会系统工程的简称。系统工程是系统科学体系中的工程技术,是一类新的工程技术的总称,社会系统工程是其中一个重要分支。

工程项目也是系统,例如三峡工程、青藏铁路、神舟飞船,以及奥运会、世博会,乃至金融工程、阳光工程、"五个一"工程等,无一不是系统,而且是大系统、巨系统、复杂系统,甚至是复杂巨系统。从这个意义上说,工程化也是系统化。

第二次世界大战期间,1942 年 6 月—1945 年 7 月,美国开展曼哈顿工程(Manhattan Project),成功地研制了原子弹。该工程动用了 53.9 万人,包括 1000 多名科学家,总耗资25 亿美元。1961 年 5 月—1972 年 12 月,美国开展阿波罗登月计划(Apollo program,又称阿波罗工程)。参加该工程的有 2 万家企业、200 多所大学和 80 多个科研机构,总人数超过30 万人,耗资 255 亿美元。两者都是巨大的工程项目。

如果说,把曼哈顿工程说成是系统工程还有些"贴标签"的味道,那么,阿波罗工程则是举世公认的系统工程范例——属于工程系统工程、航空宇航系统工程范畴。

1956—1970 年,我国在"一穷二白"的条件下,成功研制"两弹一星",也是工程系统工程的范例。钱学森院士是我国成功研制"两弹一星"的元勋之一。他长期投身于研制工作,这是实践的系统工程,"总体设计部"的工作模式和综合集成思想正是在"两弹一星"的研制工作中产生的。

神舟飞船的成功发射,毫无疑问也是系统工程范例。2003 年 11 月 7 日,胡锦涛主席在庆祝"神舟五号"胜利归来的大会上发表讲话,他说:"载人航天是规模宏大、高度集成的系统工程,全国 110 多个研究院所、3000 多个协作配套单位和几十万名工作人员承担了研制建设任务。这项空前复杂的工程之所以能在比较短的时间里取得历史性突破,靠的是党的集中统一领导,靠的是社会主义大协作,靠的是发挥社会主义制度集中力量办大事的政治优势。"

我国中央领导人把改革开放和社会主义建设事业的许多事情都与系统工程联系起来。在本书 2.8.3 节,列举了中央领导人的论述系统工程的部分讲话。

3. 信息化

20 世纪 40 年代,人类发现世界是由物质、能量、信息三大要素组成的,而不是仅仅由物质要素组成,或者是由物质与能量两种要素组成。信息论的创立为信息时代提供了理论基础。信息化趋势汹涌澎湃,日新月异。人类要组织和管理规模巨大、结构复杂的系统,要开展大型的、复杂的工程项目,必须有效处理和利用海量信息。有了计算机和互联网,人类处理和利用信息的能力空前增强,还将继续增强。信息化趋势的典型代表是计算机与互联网。

人们对于信息化有多种描述。有人提出"数字化生存",认为信息化就是数字化。有人说当今时代是"信息时代",或"计算机时代""网络时代"。自 1946 年第 1 台现代意义下的计算机 ENIAC 出现以来,计算机不断更新换代,而且更新换代的周期越来越短。20 世纪 80年代出现互联网(Internet),整个世界被它"一网打尽"。如今,以先进的计算机技术和通信技术为基础的信息网络无处不在,发挥着越来越大的作用。现在很难想象,1 名大学生或者科技人员能够持续 1 周时间不用计算机、不上网。

信息存在于系统之中,存在于工程之中。信息的处理与利用也构成系统,也属于工程。信息系统工程是系统工程的重要分支。

系统化离开工程化,就失去了应用对象,只剩下抽象概念。工程化离开了信息化,就如同"瞎子"走路,寸步难行。信息在系统中流动,成为信息流,信息流如同系统的血脉,而工程项目则如同一个又一个具体实在的系统之躯体。

我国的"北斗导航系统"、欧洲的"伽利略计划"、俄罗斯的"格洛纳斯计划"与美国的"全球定位系统"(Global Positioning System,GPS),都是全球卫星导航系统。

战争也可以看成一种"工程项目"。双方各自构成一个系统,两个系统又耦合为一个更大的系统,你争我斗,决一胜负。棋盘上的对弈就是一种模拟。运筹学就是在二战中由科学家与工程师研究军事问题而诞生的,后来发展为军事系统工程。

4. 智能化

智能化是指事物在网络、大数据、物联网和人工智能等技术的支持下,被赋予能动地满足人的各种需求的属性。比如无人驾驶汽车,就是一种智能化的事物,它将传感器物联网、移动互联网、大数据分析等技术融为一体,从而能动地满足人的出行需求。它是能动的,因为它不像传统的汽车需要驾驶员来操作行驶。

智能化与人工智能关系密切。人工智能(Artificial Intelligence,AI)是计算机学科的一个分支。20 世纪 70 年代以来,人工智能与空间技术、能源技术被称为世界三大尖端技术。人工智能发展迅速,在很多领域获得了广泛应用,取得了丰硕成果。

人工智能是研究使用计算机来模拟人的某些思维过程和智能行为(如学习、推理、思考、规划等),包括用计算机实现智能的原理,制造类似于人脑智能的计算机,使计算机实现更高层次的应用。人工智能与思维科学的关系是实践和理论的关系,处于思维科学的技术应用层次。人工智能不限于逻辑思维,还要考虑形象思维、创造性思维,共同促进人工智能的突破性的发展。

人工智能试图了解智能的实质,制造出能够以类似于人类智能的方式作出反应的智能机器。该领域的研究包括机器人、语言识别、图像识别、自然语言处理和专家系统等。人工智能可以对人的意识、思维的信息过程进行模拟。总的说来,人工智能研究的目标是使机器能够胜任一些通常需要人类智能才能完成的复杂工作。人工智能的目的是让计算机能够像人一样思考,它是智慧的。全世界几乎所有大学的计算机系都有人在研究这门学科。

如今,计算机似乎已经变得十分聪明了。下面简单介绍计算机下棋。

1997 年 5 月,IBM 公司研制的深蓝(Deep Blue)计算机战胜了国际象棋大师卡斯帕洛夫。当时引起了震撼,但是也有人不服气,说:计算机有多聪敏? 让它下下围棋看。

阿尔法围棋(AlphaGo)是第一个击败人类职业围棋选手、第一个战胜围棋世界冠军的人工智能机器人,由谷歌(Google)旗下 Deep Mind 公司戴密斯·哈萨比斯领衔的团队开发。其主要工作原理是"深度学习"。2016 年 3 月,阿尔法围棋与围棋世界冠军、韩国职业九段棋手李世石进行围棋大战,以 4∶1 的总比分获胜;2016 年末,2017 年初,该程序在中国棋类网站上以"大师"(Master)为注册账号与中国、日本、韩国数十位围棋高手进行快棋对决,连续 60 局无一败绩;2017 年 5 月在中国乌镇围棋峰会上,它与世界排名第一的围棋冠军、中国棋手柯洁对战,以 3∶0 的总比分获胜。围棋界公认,阿尔法围棋的棋力已经超过人类职业围棋选手的顶尖水平。

AlphaGo 能否代表智能计算的发展方向还有争议,比较一致的观点是,它象征着计算机技术已进入人工智能的"新 IT 时代",其特征是大数据、大计算、大决策三位一体。它的智慧已经接近人类。

谷歌 Deep Mind 公司的首席执行官戴密斯·哈萨比斯宣布"要将 AlphaGo 和医疗、机器人等进行结合",因为它是人工智能,会自己学习,只要给它资料就可以移植。

现在简单讨论一下"计算机会不会比人更聪明?"这个经常被提起的问题。有一种信心满满的回答:不会! 因为计算机是人创造的。另一种回答则相反:会的! 因为人与人不一样,有的人很聪明,有的人则不然,那么,如果把"最聪明的人"的智慧赋予计算机,那么计算机就比其他所有人都聪明了。"最聪明的人"是在一个人群(最大的人群是在世的全人类)中比较出来的,他可以在几十年或几百年之内"独领风骚"。在他去世之后,有可能在一段时期内后代都不如他聪明,那么,在这段时期内,计算机岂不比人类更聪明了吗?

无所不在的网络,加上无所不在的计算、数据、知识,共同推进无所不在的创新。数字化向智能化演进,进一步向智慧化演进。AI 技术的发展,包括深度学习神经网络、无人机、无人车、智能穿戴设备以及 AI 群体系统与延伸终端等,将进一步推动人们现有的生活方式、社会经济与产业模式、合作形态实现颠覆性发展。

让计算机拥有高智商是很危险的,它可能会反抗人类。这种隐患在多部电影中都有表现,其关键是允许不允许机器拥有自主意识的产生与延续,如果使机器拥有自主意识,则意味着机器具有与人同等或类似的创造性、自我保护意识、情感和自发行为。专家们提出:"把人工智能关在道德与法律共同打造的双重笼子里!"道德高于法律,首先,人工智能研究人员应该具有高尚的道德,"只行善,不作恶",他们赋予计算机以高尚的道德。其次是法律的笼子,用以防范与严惩违反道德的行为,包括研究人员与他们研制出来的机器。

5. 综合集成

综合集成(Meta-syntheses)是钱学森院士提出的系统工程方法论术语,他还提出了从定性到定量综合集成法及其研讨厅体系,这是系统工程方法论的创新成果。

从定性到定量综合集成具有丰富的内涵,包括定性研究、定量研究以及两种研究相结合,如功能集成、技术集成、管理方法集成、定性研究集成、定量研究集成等。

综合集成是现代科学技术和现代社会的普遍现象。系统工程学科本身就是综合集成的产物。系统工程可以解释为两句话：用系统思想开展工程项目，用工程方法解决系统问题。20世纪50年代及其前后，互联网还没有产生，计算机还处在初级阶段，系统工程学科的产生，主要是系统化与工程化相互作用的结果。这是系统工程发展的第一阶段，如式(1-2)或式(1-3)所示：

$$系统 \longleftrightarrow (*) \longrightarrow 工程 \Rightarrow (产生了)系统工程 \tag{1-2}$$

$$系统化 \longleftrightarrow (*) \longrightarrow 工程化 \Rightarrow (产生了)系统工程 \tag{1-3}$$

其中 $\longleftrightarrow (*) \longrightarrow$ 表示"相互作用"。

后来，信息化趋势越来越显著，越来越强，加上系统化趋势和工程化趋势继续加强，三化共同作用、综合集成，系统工程如虎添翼，得到了更快更好的发展，如式(1-4)所示。这是系统工程发展的第二阶段。

$$系统化 \longleftrightarrow (*) \longrightarrow 工程化 \longleftrightarrow (*) \longrightarrow 信息化 \Rightarrow (发展了)系统工程 \tag{1-4}$$

综合集成作为一大趋势，表现在许多方面。表现在器物方面是多功能综合集成，即一种器物具有多种功能。例如智能手机，既能打电话、听音乐，又能收发短信，还能上网、付款，甚至储存飞机票信息，让用户可以"无票"而登机。"校园一卡通"代替了许多卡，给师生员工们带来了极大的方便。"一卡通"工程还在继续发展，"刷脸技术"已经开始应用，连卡也不要了。计算机、汽车的功能也日益多样化。

综合集成也表现在系统化方面。例如，现代交通系统是多种交通工具的综合集成，包括汽车、火车、飞机、轮船，互相连接，使得人类之"行"日益快速便捷。

综合集成也表现在工程化方面：大型工程项目都是综合集成的。例如，三峡工程包括发电、航运、灌溉、防洪防旱等。青藏铁路不光是为了便捷交通运输，而且可以促进西藏和沿途经济发展，维护祖国统一和民族团结。

综合集成也表现在信息化方面：多种媒体(纸媒体、电子媒体、新媒体)组合起来发挥作用，使得信息流通更畅通、更有效，促进物流、资金流，改善人们的物质生活与精神生活。

五个特征内含定量研究和定量化趋势。定量研究无疑是很重要的。马克思讲过：一门学科只有当它成功地运用数学，才能成熟起来。20世纪初出现的泰罗制管理，就强调工时定额——这是实现定量化管理的基础工作。工程项目需要建立数学模型，进行分析计算。信息化也离不开定量研究。香农(C. E. Shannon,1916-2001)创立信息论的奠基作是1948年发表的重要论文 *Mathematical Theory of Communication*，即《通信的数学理论》。

在总的趋势中，可能会有局部的、暂时的逆向趋势，出现一些曲折。在系统化趋势中，可能会出现局部的、暂时的非系统化；一个大系统可能解体，变成若干小系统。这都无碍大局，总的趋势还是系统化。比如长江、黄河，数千公里蜿蜒曲折，总的趋势是滔滔不息，东流入海。综合集成是一种大趋势，其中也不排斥分解、分化。旧的系统分解了，可以组建新的系统。综合集成概念就内含了分解与分化——局部的、暂时的、非主流的。

*1.1.3　五个特征的历史渊源

系统化、工程化、信息化、智能化与综合集成，是当代世界潮流的五个特征。它们不是凭空产生的，每一个特征都有悠久的历史渊源，尤其是在中国，在华夏文化中。"化"者，乃彻头彻尾、彻里彻外之谓也。五个特征在古代和近代达不到"化"的地步,但是,其相关理念的萌芽状态与初级阶段是早就有的,下面依次逐一介绍。

先说与"系统化"与"工程化"相关的概念。"系统工程"(systems engineering,SE)是一个复合术语,由两个基本术语"系统"(system)与"工程"(engineering)组成。英语单词 system,源自拉丁语 systema,后者意为"系统""安排",在 17 世纪初进入英语体系。systema 最初源自古希腊语,意为"整体"。所以,英语单词 system 具有系统、组织、整体等含义。而中文"系统"一词,最早见于南宋时期(1127—1279 年),例如:

[宋]谢维新《古今合璧事类备要后集》卷二(1257 年成书):系统接绪,系唐统,接汉序。

[宋]林景熙(1242—1310 年)《霁山文集》卷五《白石藁二·季汉正义序》:故以蜀汉系统,上承建安,下接泰始,而正统于是大明。

Engineering 一词在欧洲是 18 世纪出现的,其本来含义是有关兵器制造,具有军事目的的各项劳作,后扩展到许多领域,如建筑屋宇、制造机器、架桥修路等。而中文"工程"一词,最早见于唐朝(618—907 年,其中 627—649 年为贞观年间),例如:

[唐]李延寿(在贞观年间为官)《北史》卷八十一:齐文宣营构三台,材瓦工程,皆崇祖所算也。

[宋]宋祁(998—1061 年)《唐书》卷一百二十六《魏卢李杜张韩列传》:会造金仙玉真观,虽盛夏,工程严促。

由以上引述可知:中文单词"系统"与"工程"都比英语单词早得多。本书在 1.5 节、2.3 节还要进一步说明系统思想与系统工程的历史渊源。

接着说与"信息化"相关的概念。烽火台(烽燧)是中国古代的国防报警信息系统,周幽王(? —公元前 771 年)"烽火戏诸侯"的故事尽人皆知。它比欧洲的马拉松故事早得多。在第一次希波战争(公元前 499—前 449 年)中,公元前 490 年 9 月 12 日发生了马拉松(Marathon)战役,雅典人打了胜仗,派士兵菲迪皮茨跑步回故乡报告好消息,他连续跑了 42.193 千米到达雅典城,太累了,上气不接下气地喊道"欢……乐吧,雅典人! 我们……胜利了",然后倒地身亡。现在的体育运动项目"马拉松赛跑"就是为了纪念这件事。这个故事是一个士兵跑步传递信息,而烽火台是一个庞大的信息系统。

再说与"智能化"相关的概念。也可以联系到久远的古代,例如,传说春秋时期的能工巧匠鲁班(又叫"公输般",公元前 507—公元前 444 年)制作的木鹊可以连飞三天不落地;三国时期的诸葛亮(181—234 年)制造"木牛流马"为军队运输粮草。尽管都是传说故事,但是反映了当时人们对于自动化与智能化的憧憬。

最后说"综合集成"。中国古人的综合集成思想与综合集成实践是非常杰出的。公元前 221 年秦始皇统一中国以后,中国一直是"大一统"的国家,这是很了不起的:国土辽阔,多个民族,人口众多,高度统一,统治者能够有效地治国理政、发展生产;尽管有过多次"内战"与外敌入侵,发生了多次王朝更迭,但是中国始终存在,多次出现太平盛世;在 1840 年鸦片战争之前,一直是世界第一大国与强国。鸦片战争是个转折点,中国从此遭受了一系列侵略,100 多年被动挨打,但是,中国始终没有倒下,而是顽强抗争,使得列强瓜分中国的图谋未能得逞。日本帝国主义尤其穷凶极恶,1894 年发动甲午战争,中国惨败;1931—1945 年发动大规模侵华战争,历时 14 年之久,国共合作、全民抗战,终于取得伟大胜利,中华民族洗刷了百年耻辱。

1949 年新中国建立以来,1978 年改革开放以来,中国的成就更是灿烂辉煌,举世瞩目。中华民族的伟大复兴正在快速推进,越来越接近全面实现目标。

世界潮流的五大特征,在今天的中国,是最明显、最壮丽的。

在世界范围里,系统工程的舞台将会越来越宽广。系统工程不但被用来研究和求解一国之内的问题,而且将会越来越多地研究和求解跨国之间的问题,研究和求解全球性、全人类的大问题——这种问题将会越来越多。

1.2 系统的定义与属性

1.2.1 系统的定义

系统工程的研究对象是系统,主要是各级各类社会系统——研究它们的组织管理工作。

系统概念是系统工程核心的和基本的概念。"系统"一词是大家熟悉的,在汉语中,经常作为名词使用,有时也作为形容词和副词使用;作为系统工程的科学术语,则需要在日常用语的基础上加以提炼和界定。

系统无处不在。自然界和人类社会存在着多种多样的系统,后面我们要研究系统的分类,现在,先列举几组不同类型的系统,例如:

一辆汽车,一架飞机,一列火车,一台计算机,一个校园网,分别都是一个系统;

一项工程、一本教科书、一篇文章、一首歌曲、一张中药处方,分别都是一个系统;

一个国家,一个政府,一支军队,一个企业,一所学校,一家医院,一支乐队,一个球队,一个家庭,分别都是一个系统;

银河系、太阳系、地球、大森林、动植物群落,以及联合国、WTO、WHO,也分别都是一个系统。

我们再看生命的基本单位——细胞(cell),这是大自然创造的一种奇妙的系统。细胞一般很小,小到肉眼看不见;也有比较大的,例如一枚鸡蛋就是一个细胞,它具有系统的全部特征。鸡蛋壳是细胞壁(内附细胞膜),这是系统的边界;把鸡蛋打开在碗里,可以清楚地看到蛋黄(细胞核),蛋清(细胞质,煮熟了就是蛋白),蛋黄的系带(连接蛋黄与细胞壁,起软固定作用);鸡蛋的一端还有气室;如果是受精卵,蛋黄表面有胚珠(受精点),这样的鸡蛋是可以孵化出小鸡来的。细胞在生物学和医学上还有很多内容,这里不作赘述。

人们常说:家庭是人类社会的细胞,企业是社会经济系统的细胞。

这些系统的形态和性质是大不一样的。系统可以互相包容与被包容,可以互相交叉和融合。系统是普遍的客观存在。每个人都生活在系统之中,而且是多种多样的系统,互相交叉的系统。

但是,并非任何事物或者事务都可以随意称之为系统。相对于一辆汽车而言,拆卸下来的若干齿轮与螺丝钉不构成系统;相对于一个球队而言,游离于活动之外的几名队员不构成系统;相对于一场球赛,正常的犯规行为(可能有多次)不构成系统;海边沙滩上休闲的人群不构成系统;在盒子里放得整整齐齐的一副象棋,也不构成系统。

从许许多多实实在在的系统和"非系统"中可以提炼出如下的定义:

定义：系统是由相互联系、相互作用的许多要素组成的具有特定功能的复合体。

这个"复合体"又称为"整体"或"总体"；"要素"又称为"元素""部分""局部"或"零部件"，在一定的意义上，又称为"子系统"。系统整体与构成系统的部分是相对而言的，整体中的某些部分可以被看成是该系统的子系统，而整个系统又可成为一个更大规模系统中的一个组成部分或者子系统。例如，一辆汽车的发动机，一个企业的某一条生产线，一所大学的某一个学院，等等，都分别是一个子系统；而一辆汽车对于一个车队，一架飞机对于一个航空公司，一个企业对于国民经济系统，一所大学对于全国的或地区的高教系统，都分别是一个组成部分或者一个子系统。

从系统工程的角度而言，系统的范围或规模是根据研究问题的需要而决定。系统具有特定的结构，表现为一定的功能和行为。系统整体的功能和行为由构成系统的要素和系统的结构决定，而这些功能和行为又是系统的任何一部分都不具备的。

某种特定的系统，通常是自然科学和社会科学某一学科的研究对象。例如，太阳系由天文学研究，植物群落由植物学研究，动物群落由动物学研究，人体和疾病由医学研究，社会制度由历史学和社会学研究，等等。系统工程以及系统科学(系统工程是系统科学部门的工程技术)的研究对象并不限于某种特定的系统，也不重复其他学科的研究，而是研究各种系统的普遍属性和共同规律，研究各种系统的有效组织与管理问题。

中外学者从不同的角度对系统的定义作了描述。例如，美国的韦伯斯特大辞典(WEBSTER'S DICTIONARY)把系统称为"有组织的或被组织化的整体、相联系的整体所形成的各种概念和原理的综合，由有规则的相互作用、相互依存的形式组成的诸要素的集合。"

一般系统论(general system theory)的创始人奥地利生物学家冯·贝塔朗菲(Ludwig von Bertalanffy,1901—1972)把系统称为"相互作用的多要素的复合体"，他指出：如果一个对象集合中存在两个或两个以上的不同要素，所有要素按照其特定方式相互联系在一起，就称该集合为一个系统，其中的要素是指组成系统的不同的最小的即不需要再细分的组成部分。

钱学森院士(1911—2009)在回顾我国研制"两弹一星"的工作历程时说："我们把极其复杂的研制对象称为'系统'，即由相互作用和相互依赖的若干组成部分结合成的具有特定功能的有机整体，而且这个'系统'本身又是它所从属的一个更大系统的组成部分。"

在汉语中，与 system 一词相对应的名词还有"体系""体制"和"制度"等，例如"一国两制"(One Country,Two Systems)。

此外，在管理学原理和企业管理中用得最多的单词之一"组织"(organization)，其意义与"系统"(system)是很相近的，常常是等同的。

1.2.2　系统的属性

从系统工程的观点来看，系统的属性主要有如下几点。

1. 集合性

集合性表明系统是由许多个(至少两个)相互区别的要素组成。例如，一个工业企业是一个系统,它的要素集合如图 1-1 所示。

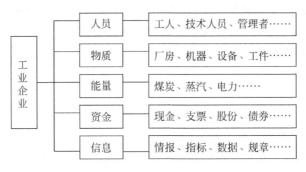

图 1-1　工业企业的组成要素

2. 相关性

相关性是指:系统内部的要素与要素之间、要素与系统之间、系统与其环境之间,存在着这样那样的联系。"联系"又称"关系",常常是错综复杂的。如果不存在相关性,众多的要素就如同一盘散沙,只是一个集合(set)而不是一个系统(system)。

3. 层次性

一个大的系统,包含许多层次,上下层次之间是包含与被包含的关系,或者领导与被领导的关系。例如,我国的行政系统:国家-省(自治区,直辖市)-市-县-乡镇;军队:军-师-(旅)-团-营-连-排;一所大学:学校-学院-系-教研室;一个大企业:总公司-分公司-工厂-车间-班组。

图 1-2 表示了企业管理的层次,它分为战略计划层(高层),经营管理层(中层),作业层(基层);大企业的中层又可以分为若干层次,构成一座金字塔。

在组织管理工作中,系统的层次与管理的跨度是一对矛盾。从个人的管理能力而言,管理跨度的平均值是一个常数,被称为"奇妙的 7",即一个管理者,他能够直接管理的下属是 7 人左右,不会太多。如果要管理一个 10 万人的企业,设管理跨度为 7,则

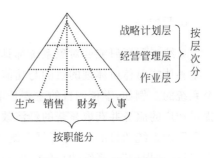

图 1-2　企业管理的层次

$$10^5 = 7^n$$

求得 $n=5.916 \approx 6$,就是说,需要 6 个管理层次,理论上的管理人员总数超过 1.9 万:

$$1 + 7 + 7^2 + 7^3 + 7^4 + 7^5 = 19\,601(人)$$

如果利用计算机技术,建立性能卓越的管理信息系统,提高管理的跨度,就可以减少管理的层次。假设管理的跨度提高到 18,通过简单计算可知:管理层次可以降低为 3,管理人员总数只需 6000 人左右,可以减少 2/3 以上。当然,管理岗位的设置要考虑多种因素,并非如此单一,但是可以确信:在当代的计算机和信息技术条件下,管理组织的结构可以由金字塔趋向扁平化。

在管理工作中,层次性并非一成不变的。在一般情况下,上一级指挥下一级,下一级服从上一级,下一级向上一级反映情况;在特殊情况下,也可以"越级指挥""越级反映情况"。

我们把前者称为"规范的层次性"，把后者称为"不规范的层次性"。后者并不是可有可无的，而是对于前者的必要补充。例如，中国共产党党章规定：党员有权"向党的上级组织直至中央提出请求、申诉和控告，并要求有关组织给以负责的答复"；"党的任何一级组织直至中央都无权剥夺党员的上述权利"。

4. 整体性

系统是作为一个整体出现的，是作为一个整体存在于环境之中、与环境发生相互作用的，系统的任何组成要素或者局部都不能离开整体去研究。

系统的整体性又称为系统的总体性、全局性。系统的局部问题必须放在系统的全局之中才能有效地解决，系统的全局问题必须放在系统的环境之中才能有效地解决。局部的目标和诉求，要素的质量、属性和功能指标，要素与要素之间、局部与局部之间的关系，都必须服从整体（或总体）的目的，它们共同实现系统整体（或总体）的功能。系统的功能和特性，必须从系统的整体（或总体）来加以理解，加以要求，使之实现并且优化。系统的整体观念或总体观念是系统概念的精髓。"全局一盘棋""全国一盘棋"是整体观念的生动写照。

5. 涌现性

系统的涌现性包括系统整体的涌现性和系统层次间的涌现性。

系统的各个部分组成一个整体之后，就会产生出整体具有而各个部分原来没有的某些东西（性质、功能、要素），系统的这种属性称为系统整体的涌现性。

系统的层次之间也具有涌现性，即当低层次上的几个部分组成高层次时，一些新的性质、功能、要素就会涌现出来。

6. 目的性

系统工程所研究的对象系统都具有特定的目的。研究一个系统，首先必须明确它作为一个整体或总体所体现的目的与功能。人们正是为了实现一定的目的，才组建或改造某一个系统的。例如，学校的目的主要是培养合格的人才，企业的目的主要是生产合格的产品和提供相应的服务并获取显著的经济效益，军队的目的是打仗、保卫祖国。

明确系统的目的性，是开展系统工程项目的首要工作。与"目的"一词意义相近的术语有"目标""指标"。系统的目的常常通过更具体的目标或指标来描述。系统总是多目标或多指标的，它们分为若干层次，构成一个指标体系。

7. 系统对于环境的适应性

任何一个系统都存在于一定的环境之中，在系统与环境之间具有物质的、能量的和信息的交换。环境的变化必定对系统及其要素产生影响，从而引起系统及其要素的变化。系统要获得生存与发展，必须适应外界环境的变化，这就是系统对于环境的适应性。

系统必须适应环境，就像要素必须适应系统一样，如图 1-3 所示。

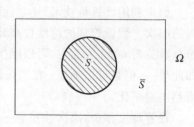

图 1-3　系统与环境

$$系统（S）＋环境（\bar{S}）＝更大的系统（\Omega） \tag{1-5}$$

这就要求我们，研究系统时必须放宽眼界，不但要看到整个系统本身，还要看到系统的环境或背景。只有在一定的背景上考查系统，才能看清系统的全貌；只有在一定的环境中研究系统，才能有效地解决系统中的问题。

总之，"系统"这个概念含义十分丰富。它与要素相对应，意味着总体与全局；它与孤立相对应，意味着各种关系与联系；它与混乱相对应，意味着秩序与规律。研究系统，意味着从事物的总体与全局上，从要素的联系与结合上，去研究事物的运动与发展，找出其固有的规律，建立正常的秩序，实现整个系统的优化——这正是系统工程的要旨。

1.3　系统的分类

世界上的系统举不胜举，千差万别。为了便于研究，我们可以按照一定的标准将它们分类。

1.3.1　按照系统属性分类

1. 按自然属性分：自然系统与社会系统

自然系统是自然形成的、单纯由自然物（天体、矿藏、生物、海洋等）组成的系统，例如太阳系、地质构造、原始森林。它们不具有人为的目的性与组织性，所以不是系统工程直接研究的对象。但是，如何组织科学技术队伍去研究天体现象（例如日食、月食）或勘探、开发利用地下矿藏和地面资源，则是系统工程的任务。实际上，这时自然系统已转化成社会系统。

所谓社会系统，是由人介入自然界并且发挥主导作用而形成的各种系统。它们具有人为的目的性与组织性。

社会系统，按照其研究对象，可以分为经济系统、教育系统、行政系统、医疗卫生系统、交通运输系统、科技系统、军事系统等，其中经济系统又可以进一步细分为工业系统、农业系统，工业系统又可以进一步细分为重工业系统、轻工业系统、化工系统，等等。

自然系统及其规律是社会系统的基础。值得指出的是，社会系统（尤其是工业企业）常常导致自然系统的破坏，造成各种公害，正确处理两者之间的关系（控制污染，保护环境）是系统工程的重要课题。今天，保护环境、保护生态、实现可持续发展，已经成为全人类的共识。

2. 按物质属性分：实体系统与概念系统

实体系统是由物质实体所组成。物质实体，包括矿物、生物、能量、机械等各种自然物和人造物。人是有主观能动性的物质实体。概念系统则是由概念、原理、法则、制度、规定、习俗、传统等非物质实体所组成，是人脑和习惯的产物，是实体系统在人类头脑中的反映。

机械系统是实体系统。但是它的运行需要利用技术（方法、程序等），而后者是概念系统。在实际系统中,实体系统与概念系统是紧密结合在一起的。实体系统是概念系统的基础,概念系统为实体系统提供指导和服务。

实体系统又叫作"硬系统",它主要由硬件组成;概念系统又叫作"软系统",它主要由软件组成。

3. 按运动属性分:静态系统与动态系统

所谓静态系统是其状态参数不随时间显著改变的系统,没有输入与输出,例如未开动的洗衣机,停工待料的工厂等。如果系统内部的结构参数随时间而改变,具有输入、输出及其转化过程,则谓之动态系统。如生产系统、交通系统、服务系统、人体系统等均是动态系统。系统的静态与动态是相对划分的。严格的静态系统是难以找到的。只是有些系统在我们考察的时间尺度之内,其内部结构与状态参数变化不大的情况下,为研究问题方便,忽略这些结构与参数的改变,将其近似视为静态系统而已。寒暑假期间的学校,教学活动停止了,学生大部分回家了,机关部门也半休或全休,此时的学校可以说是处于静止状态,成为静态系统了。

4. 按系统与环境间的关系分:开放系统与封闭系统

系统与外界环境之间存在着物质的、能量的、信息的流动与交换的,称为开放系统。如果系统与环境之间不发生这些流动与交换,则称为封闭系统。实际上,严格的封闭系统是难以找到的。为了研究问题的方便,有时忽略一些较少的流动与交换现象,将这种系统近似看成为"封闭系统"。流动现象有两类:一类是由环境向系统的流动,称为系统的"输入(input)"或"干扰(interference)";另一类是由系统向环境的流动,称为系统的"输出(output)"。用圆圈表示系统,用箭头方向指向系统的箭线表示输入,用箭头方向离开系统的箭线表示输出,则一般的开放系统可用图 1-4 来表示。

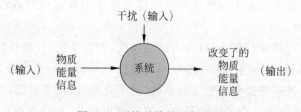

图 1-4 开放系统的一般表示

开放系统是动态的、"活的"系统,封闭系统是僵化的、"死的"系统。系统由封闭走向开放,就可以增强活力,焕发青春。

5. 在开放系统中,按反馈属性分:开环系统与闭环系统

系统的输出反过来影响系统的输入的现象,称为"反馈(feedback)"。增强原有输入作用的反馈称为"正反馈";削弱原输入作用的反馈称为"负反馈"。负反馈使得系统行为收敛,正反馈使得系统行为发散。通常讲的"良性循环"与"恶性循环",实际上都是正反馈作用的表现。

没有反馈的系统为开环系统。具有反馈的系统为闭环系统。系统的反馈主要是信息反

馈。一般来说,"反馈"是指负反馈。

开环系统可以用图 1-5 表示,闭环系统可用图 1-6 表示。

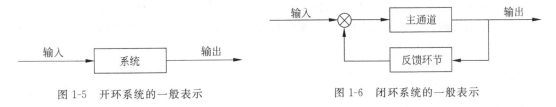

图 1-5　开环系统的一般表示　　　　　　　图 1-6　闭环系统的一般表示

6. 按照人在系统中工作的属性分:作业系统与管理系统

人类的全部活动可以分为两大类:作业活动与管理活动。作业活动是人类生活、生产中最基本的活动,直接作用于外界或自身(例如吃饭、穿衣、走路、睡觉、劳动生产等),称为"第一类活动";管理活动作用于作业活动,是对各种作业进行编排和组织,称为"第二类活动"。第二类活动以第一类活动为服务对象,使得第一类活动能够有条不紊地进行,实现预定的目标。在任何一项工程中,作业系统与管理系统是紧密结合,难以截然分离的。即便在个人的日常生活中也是这样。

自然界和人类社会的许多系统是十分复杂的,以上分类并不是绝对的。一个复杂的系统往往是多种系统形态的组合与交叉。系统工程所研究的系统,是动态的、开放的、具有反馈的社会系统,是包含实体系统和概念系统在内的复合系统。系统工程是组织管理系统的技术。

1.3.2　按照系统的综合复杂程度分类

薛华成教授主编的《管理信息系统》(第 4 版第 68～70 页)中说:从系统的综合复杂程度方面考虑,可以把系统分为三类九等,见图 1-7。

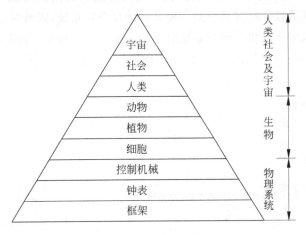

图 1-7　系统的分类

由图 1-7 可以看出,系统的复杂性由下向上不断变化:

(1)框架:这是最简单的系统,如桥梁、房子,其目的是交通和居住,其部件是桥墩、桥梁、墙、窗户等,这些部件有机地结合起来提供服务。它们是静态系统,虽然从微观上说它们也在动。

(2) 钟表:它按预定的规律变化,什么时候到达什么位置是完全确定的,虽动犹静。

(3) 控制机械:它能自动调整,如把温度控制在某个上下限内或者控制物体沿着某种轨道运行。当因为偶然的干扰使运动偏离预定要求时,系统能自动调节回去。

(4) 细胞:它能新陈代谢和自繁殖,它有生命,是比物理系统更高级的系统。

(5) 植物:这是细胞群体组成的系统,它显示了单个细胞所没有的作用。它是比细胞复杂的系统,但其复杂性比不上动物。

(6) 动物:动物的特征是可动性。它有寻找食物、寻找目标的能力,它对外界是敏感的。它有学习的能力。

(7) 人类:人有较大的存储信息的能力,说明目标和使用语言均超过动物,人还能懂得知识和善于学习。人类系统还指人作为群体的系统。

(8) 社会:这是人类政治、经济活动等上层建筑的系统。社会系统就是组织。

(9) 宇宙:这不仅包括地球以外的天体,而且包括一切我们现在还不知道的东西。

这里前三个是物理系统,中间三个是生物系统,高层三个是更复杂的系统。

管理系统属于社会系统,是最复杂的系统之一。要想用计算机有效地解决现代管理问题,计算机的容量与运行速度还需要提高几个数量级。

1.3.3　钱学森院士的分类

钱学森院士提出如下分类:①按照系统规模,可以分为小系统(little system)、大系统(large scale system)和巨系统(giant system);②按照系统结构的复杂程度,可以分为简单系统(simple system)和复杂系统(complex system)。

把两个标准结合起来进行分类,形成一种新的系统分类,如图 1-8 所示。

钱学森院士还很重视系统的开放性,倡导研究开放的复杂巨系统(open giant complex system)。全国规模的社会经济系统是一种开放的复杂巨系统,因特网也是开放的复杂巨系统。实际上,钱学森院士提供了研究系统分类的一个三维坐标系,如图 1-9 所示。复杂系统有巨系统,也有小一些的系统,系统工程研究的重点是大系统、巨系统,尤其是开放的复杂巨系统。

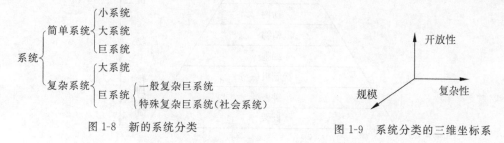

图 1-8　新的系统分类　　　　　　　　图 1-9　系统分类的三维坐标系

还可以按照其他许多方法将系统进行分类。例如,按照系统的变化是否连续,分为连续系统与离散系统;按照变量之间的关系,分为线性系统与非线性系统,等等。

1.4　系统的结构与功能

1.4.1　系统的结构

各种系统的具体结构是大不一样的,许多系统的结构是很复杂的。从一般意义上说,系统的结构可以用以下式子表示:

$$S = \{E, R\} \quad 或者 \quad S = \{E \mid R\} \tag{1-6}$$

这里,S 表示系统(system),E 表示各种要素(elements)的集合(first set),R 表示建立在集合 E 上的各种关系(relations)的集合(second set)。

由式(1-6)可知,作为一个系统,必须包括其要素的集合与关系的集合,两者缺一不可。两者结合起来,才能决定一个系统的具体结构与特定功能。

要素集合 E 可以分为若干子集 E_i,例如一个企业,其要素集合 E 可以分为人员子集 E_1,设备子集 E_2,原材料子集 E_3,产品子集 E_4 等;而人员子集 E_1 又可以分为工人子集 E_{11},技术人员子集 E_{12},管理人员子集 E_{13},等等,即

$$E = E_1 \bigcup E_2 \bigcup E_3 \bigcup \cdots \tag{1-7}$$

$$E_1 = E_{11} \bigcup E_{12} \bigcup E_{13} \bigcup \cdots \tag{1-8}$$

不同的系统,其要素集合 E 的组成是大不一样的,例如学校与企业,企业与军队,中国与美国,其要素集合 E 的组成有很大差异。但是,在要素集合 E 之上建立的关系集合 R,从系统论而言,却是大同小异的。不失一般性,可以表示为:

$$R = R_1 \bigcup R_2 \bigcup R_3 \bigcup R_4 \tag{1-9}$$

其中:R_1——要素与要素之间、局部与局部之间的关系(横向联系);

R_2——局部与全局(系统整体)之间的关系、高层次与低层次的(纵向联系);

R_3——系统整体与环境之间的关系;

R_4——其他各种关系。

每一个 R_i 都是可以细分的。无论对于学校、企业、军队,或者国家,式(1-9)都是成立的。

在系统要素给定的情况下,调整这些关系,就可以提高系统的功能。这就是组织管理工作的作用,是系统工程的着眼点。

系统的涌现性存在于集合 R 之中。如果说,集合 E 代表了系统的躯体,那么,系统的灵魂存在于集合 R 之中。系统工程的工作重点在于集合 R,即塑造或改造系统的灵魂。

1.4.2　系统的功能

各种系统的具体功能是大不一样的,例如汽车和计算机、学校和医院,它们的功能各不相同。但是,从一般意义上来讲,系统的功能如图 1-10 所示。

系统的功能包括接收外界的输入,在系统内部进行处理和转换(加工,组装),向外界输出。

输入　　　　　　　　　　　　　　　　　　　输出
（物质、能量、信息）　→　| 处理和转换 |　（产品，人才，成果，服务等）

图 1-10　系统的功能

系统的输入是作为原材料的物质、能量与信息。系统的输出是经过处理和转换的物质、能量与信息,例如产品、人才、成果、服务等。所以,系统可以理解为一种处理和转换机构,它把输入转变为人们所需要的输出。也可以看成一种函数关系,用数学式子表示:

$$Y = F(X) \tag{1-10}$$

其中,自变量 X 是输入的原材料,因变量 Y 是产品和服务。X 与 Y 都是矢量,就是说,是多输入、多输出的;F 也可能是矢量函数,就是说,系统具有多种处理和转换功能。

从狭义来讲,处理和转换就是系统的功能。扩大一些说,把接收输入与向外输出也作为系统的功能。对于闭环系统,把反馈也作为系统的功能。

系统工程的任务旨在提高系统的功能,特别是提高系统的处理和转换的效率。即在一定的输入条件下,使得输出"多""快""好";或者,在一定的输出要求下,使得输入"少"且"省"。

冯·贝塔朗菲在一般系统论中重申亚里士多德(Aristotle,公元前 384—公元前 322)的一个论断:整体大于部分之和(The whole is more than the sum of parts.)。用数学式子表示为:

$$F > \sum f_i \tag{1-11}$$

其中,F 为系统的功能,f_i 为系统的构成要素的功能。这是系统理论的经典之一。系统工程的主旨就是要实现式(1-11),而且使左边大于右边越多越好。

这里说的"大于",也可以代之以"多于""高于""优于"。例如,可靠性理论指出:可以用可靠度低一些的元件组装可靠度很高的整机。这是对式(1-11)的另一种说明。在上面的英文引述中实际上是"多于"。

这是因为,当要素组成系统之后,要素之间发生了这样那样的联系(包括分工与合作),由于层次间的涌现性和系统整体的涌现性使系统的功能出现了量的增加和质的飞跃。俗语说:"一个巧皮匠,没张好鞋样;两个笨皮匠,彼此有商量;三个臭皮匠,赛过诸葛亮。"这正是对于式(1-11)的生动叙述。

然而,不等式(1-11)的成立是有条件的。在不协调的关系下,其不等号的方向亦可以反过来。例如俗话所说:"一个和尚挑水吃,两个和尚抬水吃,三个和尚没水吃。"

式(1-11)能否实现,关键在于要素之间的关系,在于系统的结构。既然如此,调整要素之间的关系,建立合理的系统结构,就可以提高和增加系统的功能。改革开放主要就是调整各种关系,包括集合 R 的各个子集 R_i,即地方与地方的关系,地方与中央的关系,中国与外国的关系,等等。改革开放的成功,带来了国民经济的繁荣、社会局面的安定团结以及中国国际地位的提高。

最后必须说明:系统的功能或总体效果最优,并不要求系统的所有组成要素都孤立地达到最优(那样会使系统的成本太高)。另外,系统的所有组成要素都孤立地达到了最优并不意味一定能有系统功能或总体效果的最优。为了实现系统总体效果最优,有时还要遏制甚至牺牲某些局部的效果(利益)。比方在下象棋时,常常要"丢卒保车""丢车保帅",以赢得全局的胜利。这里面有一个协调的问题,有一种"抓总"的工作、统筹兼顾的安排,即整个系统的合理组织与管理,各种资源的合理配置与使用。这正是系统工程所要做的工作。

1.5　系统思想的演变

任何一个学科,如果要探讨它的朴素的基本思想的起源,都可以追溯到很远。人类远在说出什么是系统概念、什么是系统工程之前,就已经在一定程度上辩证地、系统地思考和处理问题了。因为人类从来都是处于一定的自然系统与一定的社会系统之中,系统的存在决定了人类的系统意识。在人类历史上,凡是人们成功地从事比较复杂的工程建设和其他社会活动时,就已经不自觉地运用了系统思想和系统工程的某些方法,正像人们不自觉地运用辩证法与唯物论一样。

朴素的系统思想,不仅表现在古代人类的实践中,而且体现在古代中国和希腊的哲学思想中。古代杰出的思想家都从承认统一的物质本原出发,把自然界当作一个统一体。

古希腊辩证法奠基人之一赫拉克利特(Herakleitos,约公元前 540—公元前 470 年)在《论自然界》一书中说过:"世界是包括一切的整体。"古希腊唯物主义哲学家德谟克利特(Demokritos,约公元前 460—公元前 370 年)有一本没有留传下来的著作名为《宇宙大系统》。我国春秋末期的思想家老子(公元前 6 世纪至公元前 5 世纪之间)强调自然界的统一性,"道生一,一生二,二生三,三生万物。"儒家经典《大学》说:"古之欲明明德于天下者,先治其国;欲治其国者,先齐其家;欲齐其家者,先修其身;欲修其身者,先正其心;欲正其心者,先诚其意;欲诚其意者,先致其知。致知在格物,物格而后知至,知至而后意诚,意诚而后心正,心正而后身修;身修而后家齐,家齐而后国治,国治而后天下平。"这段话,首先是很看重个人的学习和修养(格物-致知-诚意-正心-修身),然后从主观到客观,说到小系统(家)➡大系统(国)➡巨系统(天下)的组织管理工作,系统性和层次性很明显。南宋陈亮(1143—1194)提出"理一分殊"思想,试图从总体角度说明部分与总体的关系,其"理一"是说天地万物具有协调一致的总体规律,"分殊"是说在这个总体规律之下各种事物的功能、形态和规律是多种多样的。

中国是一个文明古国。"合久必分,分久必合",在几千年的文明史中,统一的年代多于分裂的年代。中国古人关于天下大一统的思想是很强烈很明晰的。最早的诗歌集《诗经》,收集了西周初年至春秋中叶(公元前 11 世纪—公元前 6 世纪)的诗歌 311 首,其中《小雅·北山》云:"溥天之下,莫非王土;率土之滨,莫非王臣"。公元前 221 年,秦始皇用武力统一中国之后,采取了多项重大举措:全国实行郡县制,修驰道,车同轨,书同文,统一货币,统一度量衡等,全国一体化。秦始皇的这些文治武功延续两千多年而不衰,中华民族今天仍然受益不尽。

今天的中华民族是由 56 个兄弟民族经过长期融合而形成的伟大民族,具有丰富的系统思想与系统实践,在全世界民族之林中是出类拔萃的。

古代朴素唯物主义哲学思想虽然强调对自然界的总体性、统一性的认识,却缺乏对这一总体各个细节的认识能力,因而对总体和统一性的认识也是不完全的。对自然界这个统一体各个细节的认识,这是近代科学的任务。

15 世纪下半叶,近代科学开始兴起,力学、天文学、物理学、化学、生物学等科目逐渐从浑然一体的古代哲学中分离出来,获得日益迅速的发展。近代自然科学发展了研究自然界的方法论(称为还原论,Reductionism)及其一整套分析方法,包括实验、解剖、观察,数据的收集、分析与处理,把自然界的细节从总的自然联系中抽出来,分门别类地加以研究。这种自然科学的方法上升到哲学,就成为形而上学。形而上学的出现是有历史根据的,是时代的需要,在深入的、细节的考查方面它比古代哲学是一个进步。但是,形而上学撇开总体的联系去考查事物和过程,因而它就堵塞了自己从了解部分到了解总体、观察普遍联系的道路。著名的德国物理学家普朗克(Max Karl Ernst Ludwig Planck,1858—1947 年,量子论的奠基人)较早地认识到这一问题,他指出:"科学是内在的整体,它被分解为单独的部分不是取决于事物本身,而是取决于人类认识能力的局限性。实际上存在着从物理学到化学,通过生物学和人类学到社会学的连续的链条,这是任何一处都不能被打断的链条。"系统思想、系统工程和系统科学就是研究这根链条的。

在近代科学技术发展的基础上,到了 19 世纪,系统思想进一步从经验上升为哲学,从思辨进展到定性论述。19 世纪上半期,自然科学取得了伟大的成就,特别是能量转化、细胞和进化论的发现,使人类对自然过程相互联系的认识有了很大提高。

恩格斯说:"由于这三大发现和自然科学的其他巨大进步,我们现在不仅能够指出自然界中各个领域内的过程之间的联系,而且总的来说也指出了各个领域之间的关系。这样,我们就能够依靠经验自然科学本身所提供的事实,以近乎系统的形式描绘出一幅自然界联系的清晰图画。"(《路德维希·费尔巴哈和德国古典哲学的终结》,《马克思恩格斯选集》,第四卷第 241 页。)19 世纪的自然科学"本质上是整理材料的科学,关于过程、关于这些事物的发生和发展以及关于把这些自然过程结合为一个伟大整体的联系的科学"(引文同上),这样的自然科学,为唯物主义哲学提供了丰富的材料。马克思主义的辩证唯物主义认为,物质世界是由无数相互联系、相互依赖、相互制约、相互作用的事物和过程所形成的统一体。辩证唯物主义体现的物质世界普遍联系及其统一性的思想,就是系统思想。

马克思预言:"自然科学往后将会把关于人类的科学总括在自己下面,正如同关于人类的科学把自然科学总括在自己下面一样:它将变成一个科学。我们称这种自然科学与社会科学成为一个科学的过程为自然科学与社会科学的一体化。"(马克思:《经济学—哲学手稿》,第 91 页,人民出版社,1957 年)

20 世纪 30 年代,冯·贝塔朗菲看到了还原论的局限性。他说:当生物学的研究深入细胞层次以后,对生物体的整体认识和对生命的认识反而模糊、渺茫了,于是领悟到在分解还原的同时,还应回过头来从系统的整体上研究问题,这样就转到了系统方法,提出了一般系统论(General System Theory,GST)。贝塔朗菲把生物的整体、生物整体及其环境作为系统来研究,并且研究更广泛的问题,例如人的生理、人的心理以及社会现象等。1937 年贝塔朗菲在美国芝加哥大学 C. Morris 主持的哲学讨论会上第一次提出了一般系统论的概念。他是从有关生物和人体系统的问题出发的,其理论可以归纳为四点:整体性原则,动态结构原则,能动性原则和有序性原则。第一,在他看来,生物体是一个开放系统,生命的本质不仅要从生物体各个组成部分的相互作用去认识,而且要从生物体和环境的相互作用中去说明。生物体是在有限的时空中具有复杂结构的一种自然整体,从中分割出来的某一部分截然不同于在生物体中发挥作用的那一部分,生物体的各个部分是不能离开整体独立存在的;就人而言,精神同肉体有着不可分割的联系。一般地,分立部分的行为不同于整体的行为。第二,生物体是一种动态结构,以其组成物质的不断变化为自身存在的条件。代谢作用是每一机体的基本特征,而由于代谢,机体的组成要素每时每刻都在变化,所以生物体与其说是存在的,不如说是发生与发展的。第三,生物体是一个能动系统,具有自身目的性与自动调节性,例如心跳、呼吸等生理机能主要的不是对外界刺激的反应,而是维持自身生存的内在要求的实现。相反,被动系统,例如机器,只有被动的更换性。第四,生命问题本质上是个组织问题,而生物体组织是有序的,所以,对生命现象必须在生物体组织的所有层次上加以研究:物理化学层次,基因层次,细胞层次,器官组织层次,个体层次以及群体层次。每一层次的存在,总是以其次级层次的生长、衰老和死亡为前提的。这正是生命的表现形式,正是生物的繁衍途径。

冯·贝塔朗菲高度肯定马克思和恩格斯对于系统理论形成与发展的作用,他说:"虽然起源有所不同,一般系统论的原理和辩证唯物主义的类同,是显而易见的。"

社会实践活动大型化和复杂化,要求系统方法不仅能定性,而且能定量。解决当代社会种种复杂的系统问题,定量要求越来越强烈,这尤其表现在军事活动中,因为战争中决策的成败关系到国家的生死存亡。第二次世界大战是定量化系统方法发展的一个里程碑。这次战争在方法和手段上的复杂程度较以往的战争有很大增长,交战双方都需要在强调全局观念、从全局出发合理使用局部、最终求得全局效果最佳的目标下,对所拟采取的措施和反措施进行精确的定量研究,才有希望在对策中取胜。这样一种强烈的需要,以极大的力量把一大批有才干的科学家和工程师吸引到拟订与评价战争计划、改进作战技术与军事装备使用方法的研究中,其结果就是定量化系统方法及强有力的计算工具电子计算机的出现及其成功的运用。

1946 年,美国学者莫尔斯(P. M. Morse)和基姆伯尔(G. E. Kimball)出版了 *The Methods of Operations Research*(即《运筹学的方法》,原意为"作战研究的方法")一书。1948 年,美国科学家维纳(Norbert Wiener,1894—1964)出版了 *Cybernetics or Control and Communication in the Animal and the Machine*(即《控制论,或关于在动物和机器中控制和通信的科学》)一书。同年,美国科学家香农(C. E. Shannon,1916—2001)发表了长达数十页的论文 *The Mathematical Theory of Communication*(即《通信的数学理论》)。它们分别标志了运筹学(Operations Research,OR)、控制论(Cybernetics)和信息论(Information Theory)等三门新兴学科的诞生。

第二次世界大战以后,定量化系统方法凭借电子计算机广泛地用来分析工程、经济、社会领域的大型复杂系统的问题。一旦取得了数学表达形式和计算工具,系统思想和方法就从一种哲学思维发展成为专门的学科——系统工程。

系统工程从辩证唯物主义中吸取了丰富的哲学思想,从运筹学、控制论、信息论和其他工程学科、社会科学中获得了定性与定量相结合的科学方法,并充实了丰富的实践内容。当代科学技术对于系统思想方法来说,一方面使系统思想定量化,发展成为运用数学理论、能够定量处理系统各个组成部分的关联的科学方法;另一方面为定量化系统思想的应用提供了强有力的计算工具和智能化工具——电子计算机(电脑)。运筹学、控制论、信息论的成就把科学的定量的系统思想的适用范围,从自然系统扩展到社会系统,从物理学范畴扩展到事理学范畴。

20 世纪 70—80 年代,产生了系统自组织理论。比利时物理化学家普利高津(I. Prigogine,1917—2003 年)于 1969 年提出了耗散结构理论(Dissipative Structure Theory)。与此同时,德国物理学家哈肯（H. Haken,1927—　）提出了协同学（Synergetics）。耗散结构理论和协同学从宏观、微观以及两者的联系上回答了系统自动走向有序结构的基本问题，其成果被称为自组织理论。20 世纪 70 年代还有一些理论对系统科学的发展有着重要的意义。艾根（M. Eigen,1927—　）吸收了进化论思想和自组织理论，于 1979 年发表了"超循环理论"（Hypercycle Theory），把生命起源解释为自组织现象，提出了自然界演化的自组织原理——超循环理论。托姆（Rene. Thom,1923—2002）于 1972 年发表了《结构稳定性与形态发生学》（*Structural stability and morphogenesis*），对突变现象及其理论（Catastrophe Theory，突变论，又称"灾变论"）作出了系统的深刻的阐述。

20 世纪 80 年代以来，非线性科学（Nonlinear Science）和复杂性研究（Complexity Study）的兴起对系统科学的发展起了很大的积极推动作用。国际学术界兴起了对复杂性的研究，一个突出的标志是 1984 年在美国新墨西哥州首府圣菲成立了以研究复杂性为宗旨的圣菲研究所（Santa Fe Institute,SFI）。这是由 3 位诺贝尔奖获得者——物理学家盖尔曼（Murray Gell-Mann,1929—　）、经济学家阿罗（Kenneth Joseph Arrow,1921—2017）、物理学家安德森（Philip Warren Anderson,1923—　）为首的一批不同学科领域的著名科学家组织和建立的，其宗旨是开展跨学科、跨领域的研究，他们称作复杂性研究。SFI 提出：适应性造就复杂性。他们注重于研究"复杂适应系统"（Complex Adaptive System,CAS），并且研制出相应的系统软件平台 SWARM。

系统工程的另一个基本概念"优化"——它与系统概念密切相关——也是人类自古就有的。寻求最优（多、快、好、省，准确、精确、精密、可靠、有效等），既是人类的本能，又是人类有意识的活动。寻求最优，也是生物界普遍的能动行为。蜂巢的结构，使得建筑学家叹为观止：小小的蜜蜂，用很少的材料建造最大的空间，构筑了自己的"住宅群"，蜂巢的角度是十分精确的。向日葵花盘的转动，使它能够吸收尽可能多的太阳光和热。这些，不都是寻求最优吗？对于"万物之灵"的人类来说，一方面，随着生产力的发展和科学技术的进步，人类关于优化的概念、实现最优的手段不断加强。另一方面，可以说，正是人类有意识地研究系统，寻求最优（"两个最优"），推动了生产力的发展和科学技术的进步，形成了各种工程技术。

"优化"，不仅是技术和经济学问题，而且是哲学与伦理学问题。自然科学与社会科学（含人文科学）互相交叉与融合，才能有效地实现大范围、大规模的优化。恩格斯早就告诫过："……我们不要过分陶醉于我们对自然界的胜利。对于每一次这样的胜利，自然界都报复了我们。每一次胜利，在第一步都确实取得了我们预期的结果，但是在第二步和第三步却有了完全不同的、出乎预料的影响，常常把第一个结果又取消了。美索不达米亚、希腊、小亚细亚以及其他各地的居民，为了得到耕地，把森林都砍完了，但是他们做梦也想不到，这些地方今天竟因此成为荒芜不毛之地，因为他们使这些地方失去了森林，也失去了积聚和储存的中心。……因此我们必须时时记住：我们统治自然界，决不能像征服者统治异族一样，决不能像站在自然界以外的人一样，——相反地，我们连同我们的肉、血和头脑都是属于自然界，存在于自然界的；我们对自然界的整个统治，是在于我们比其他一切动物强，能够认识和正确运用自然规律。"（《马克思恩格斯选集》第三卷第 561 页，北京：人民出版社,1966）

恩格斯提醒我们：在追求正面效应的同时，要考虑和防范负面效应。功利主义者急功近利，片面追求正面效应、忽视负面效应。正面效应往往显示在前，而负面效应可能"姗姗来迟"，经过一段时间以后才被发现。此时，要尽快采取补救措施，而且，要总结经验和教训，以利再战。

工业革命以来,人类改变大自然面貌的能力越来越强,大规模工程越来越多。出发点是为人类造福,实施的直接结果是对大自然的巨大破坏。人类曾经提出"征服大自然"的口号,流行了许多年,事实证明:这个口号是错误的、有害的。工业化进程在 20 世纪末已经走到了穷途末路,不得不改弦更张。因为在工业化加速推进中,两大问题越来越凸显:一是环境污染,二是资源枯竭。环境污染尚可治理,但是代价很高。资源枯竭却是无可奈何的,因为人类只有一个地球,任何资源都是有限的,包括空气和水,都不是"取之不尽,用之不竭"的。偌大的地球,不过是一个小小的"地球村"。向其他星球移民,还处于科幻阶段,遥遥无期。人类与地球——小小的地球村,其实是一个命运共同体。人类必须珍惜地球,顺应大自然,与大自然和谐共处。

中国号称"地大物博",实际上有些资源比较丰富,有些资源则比较贫乏。例如拿淡水资源来说,中国是个严重缺水的国家,虽然水资源总量居世界第四位,但是人均水资源只及世界平均水平的 1/4。中国的水资源分布很不均匀,南方的水比较多,北方和西北大片地区严重干旱。各种调水工程,只是"挖东墙补西墙"而已,并没有增加全国水的总量。根本之计,在于另辟蹊径,增加水的总量。改革开放的前三十多年,各地区大搞"GDP 挂帅",急功近利,造成经济失衡,环境严重污染。中央领导审时度势,提出了科学发展观,提出构建社会主义和谐社会,但是落到实处需要一个过程。和谐,不但包括人与人的和谐、个人与社会的和谐,还包括人与大自然的和谐。中国古人提出的"天人合一"理念得到了新生。中华民族勤劳俭朴的优秀品质应该发扬光大。要提倡修旧利废、资源再造,发展循环经济。和谐社会是循环经济的社会形态,循环经济是和谐社会的经济形态,两者相辅相成,共同实现人类的可持续发展。"绿水青山就是金山银山"的理念正在付诸现实。这是系统思想的胜利。实现系统思想,构建和谐社会,是系统工程的历史使命。

西方人提出了"绿色经济""低碳经济"等理念,当然是很好的。但是,他们的生活消费太浪费了。2011 年 10 月 31 日,世界人口突破 70 亿大关,在此前后,西方人士计算过:如果大家都按照英国的消费水平消费,整个地球只能养活 25 亿人口;如果大家都按照美国人的消费水平消费,整个地球只能养活 15 亿人口。这怎么行呢? 在人类命运共同体中,美国人、英国人等必须降低消费,减少乃至杜绝浪费,而发展中国家的人民消费水平很低,需要提高,双方缩小差距,才能趋近于公平与和谐。

钱学森院士指出:系统思想和系统方法是进行分析和综合的辩证思维工具,它在辩证唯物主义那里取得了哲学的表达形式,在运筹学和其他系统科学那里取得了定量的表达形式,在系统工程那里获得了丰富的实践内容。系统思想经历了从经验到哲学又到科学,从思辨到定性又到定量的发展过程。

习题

1-1　系统的定义是什么? 其中有哪些要点? 请在其他文献上再找出两种关于系统的定义进行比较。

1-2　请查阅我国权威词典和其他英语词典上关于系统的解释,与本书关于系统的概念进行比较。

1-3　系统的属性有哪些？它们之间的关系如何？

1-4　系统与要素的关系是什么？

1-5　系统与环境的关系是什么？为什么要重视系统的环境？

1-6　什么是开放系统？系统为什么要开放？

1-7　什么是闭环系统？它与开放系统有什么区别？

1-8　什么是系统的涌现性(系统整体的涌现性,系统层次间的涌现性)？

1-9　"整体大于部分之和"这句话有什么意义？

1-10　当今世界潮流的五个特征是什么？还有其他特征吗？

1-11　系统研究的新进展是什么？

1-12　请关注中国和世界的航天事业的新进展。

第2章

系统工程的基本概念

2.1 引言

系统工程学科自 20 世纪 50 年代中期诞生以来,已经有 60 多年历史,其实系统工程还是一门比较年轻的学科,还在发展之中。由于它的普遍适用性,吸引了原来从事不同学科的许多学者来研究它,作出了各自的贡献,于是,系统工程也就有了若干流派。主要的流派有两个:管理流派与自动化流派,它们好像是一棵树干上长出来的两个分枝,各自枝叶茂盛。

中国的系统工程在世界上是后起之秀,在 20 世纪 90 年代初,已经达到世界领先水平,具有鲜明的中国特色。这首先应该归功于著名科学家钱学森院士,他不但大声疾呼,在高层次的各种场合大力倡导和推动,而且身体力行,作出了深入的研究,获得了丰硕的成果,代表了中国的水平。本书关于系统工程的基本概念,主要依据钱学森院士的论述。

本章介绍系统工程的定义,系统工程的产生与发展,系统工程的主要特点,系统工程在现代科学技术体系中的地位。这些内容是最基本的,后面各章还会继续扩充和深化。

2.2 系统工程的定义

1978 年 9 月 27 日,钱学森、许国志、王寿云联合署名在上海《文汇报》发表重要文章《组织管理的技术——系统工程》。这篇文章吹响了系统工程在中国的进军号角,得到普遍的响应。此后,系统工程在中国风起云涌,迅猛发展。1978 年被称为“中国系统工程元年”。

这篇文章决定了系统工程在中国的定位与格局,文章的题目就可以作为系统工程的定义:

定义 1:组织管理的技术——系统工程。

这个定义足够简练。比较详细的定义可以采用这篇文章中的一段话,作为定义 2。

定义 2:系统工程是组织管理系统的规划、研究、设计、制造、试验和使用的科学方法,是一种对所有系统都具有普遍意义的科学方法。

两个定义既是一致的,也是有区别的:定义 1 说的是“技术”,定义 2 说的是

"具有普遍意义的科学方法"。两个定义共同的关键词是"组织管理"——这一点十分重要,具有中国特色,明显区别于此前美国和其他国家学术界的定义——不妨比较以下几种权威的定义。

——美国质量管理学会系统工程委员会(1969):系统工程是应用科学知识设计和制造系统的一门特殊工程学。

——《美国科学技术辞典》(1975):系统工程是研究由许多密切联系的要素组成的复杂系统的设计科学。

——《日本工业标准JIS》(1967):系统工程是为了更好地达到系统目标而对系统的构成要素、组织结构、信息流动和控制机理等进行分析与设计的技术。

——《大英百科全书》(1974):系统工程是一门把已有学科分支中的知识有效地组合起来用以解决综合性的工程问题的技术。

——《苏联大百科全书》(1976):系统工程是一门研究复杂系统的设计、建立、试验和运行的科学技术。

外国的定义中都没有出现"组织管理"词语,它们的适用面比较窄,大致只是"工程系统工程"的定义。

定义1与定义2可以合并为一句话:

系统工程是组织管理系统的技术,是具有普遍意义的科学方法。

根据管理学原理,管理的职能有:计划、组织、指挥、协调、控制、决策等,所以,"组织管理"四个字可以简化为"管理"两个字。

钱学森院士等人给出的定义是十分睿智的。中国有一句话:"三百六十行,行行有管理。"那么,也可以说:三百六十行,行行有系统工程,各行各业都可以成为系统工程的一个分支(一门系统工程专业)。中国还有一句话:"人人都是管理者。"即便不担任管理职务的人员也要做管理,例如家庭主妇要管理自己的家庭;幼儿园的孩子要管理自己的玩具,他们长大了,自然就具有一定的管理能力,稍加学习,就能够走上管理岗位。所以,"人人都是管理者",也可以说:人人都可以成为一名系统工程工作者,而且应该成为一名系统工程工作者,尤其是各级各类干部。

系统工程在中国的发展,得到了党和国家最高领导人和从中央到地方的各级领导干部的支持与推动。他们把改革开放和社会主义市场经济建设中的许多重大课题和难题都归为系统工程问题,寄希望于系统工程来帮助解决,经常说"××问题是一个系统工程问题"。这种现象可以表述为下面的命题:

系统工程是一种具有普遍意义的科学方法论,即用系统的观点来考虑问题(尤其是复杂系统的组织管理问题),用工程的方法来研究和求解问题。

综上所述,系统工程在中国,不但是技术、方法,也是一种具有普遍意义的科学方法论。

系统工程不同于其他传统的工程技术,它是一大类新的工程技术,是定性研究与定量研究相结合(尤其强调从定性到定量综合集成)、注重整体优化的研究问题和解决问题的科学方法。因而,它与机械工程、电子工程、水利工程等其他工程学科的性质不尽相同。其他各门工程学科都有其特定的工程物质对象(实体系统),系统工程则不然,任何一种实体系统和概念系统的组织管理问题都能成为它的研究对象,包括社会经济系统、科学研究系统、军事指挥系统等。

钱学森院士指出：从 20 世纪 40 年代以来，国外对定量化系统思想方法的实际应用相继取了许多不同的名称，例如，Operations Research（运筹学），Management Science（管理科学），Systems Engineering（系统工程），Systems Analysis（系统分析），Systems Research（系统研究），Cost－Effectiveness Analysis（费用－效益分析）等。所谓运筹学，是指目的在于增加现有系统效果的分析工作；所谓管理科学，是指大企业的经营管理技术；所谓系统工程，是指设计新系统的科学方法；所谓系统分析，是指对若干可供选择的执行特定任务的系统方案进行比较和选择；如果系统分析着重在费用与效益方面，就是费用－效益分析；所谓系统研究，是指拟制新系统的实现程序。现在看来，由于历史原因形成的这些不同名称，混淆了工程技术与其理论基础即技术科学的区别，用词不够妥当，认识也不够深刻，国外曾经有人试图给这些名词的含义以精确的区分，但是未见取得成功。其实，用定量化的系统方法处理大型复杂系统的问题，无论是系统的组织建立，还是系统的经营管理，都可以统一地看成是工程实践。Engineering（工程）这个词，18 世纪在欧洲出现的时候，本来专指作战兵器的制造和执行服务于军事目的的工作。从后一种含义引申出一种更普遍的看法，把服务于特定目的的各种工作的总体称为工程，例如水利工程、机械工程、土木工程、电力工程、电子工程、冶金工程、化学工程，等等。如果这个特定的目的是系统的组织建立或者是系统的经营管理，就可以统统看成是系统工程。国外所称的运筹学、管理科学、系统分析、系统研究以及费用－效益分析的工程实践内容，均可以用系统的概念统一归入系统工程；国外所称的运筹学、管理科学、系统分析、系统研究以及费用－效益分析的数学理论和算法，都可以统一称为运筹学。

钱学森院士关于系统工程的定义，以及上面这段话，把"人各一词，莫衷一是"的情况澄清为"分门别类，共居一体"。他对于系统工程给出了一个确切的描绘，提出了系统科学体系，并且进而提出了现代科学技术体系和人类知识体系，论述了系统工程在其中的地位。

中国系统工程学会前理事长、中国工程院院士许国志教授（1919—2001）说：系统工程是一大类工程技术的总称，它有别于经典的工程技术；它强调方法论，亦即一项工程由概念到实体的具体过程，包括规范的确立，方案的产生与优化、实现、运行和反馈；因而优化理论成为系统工程的主要内容之一，规划运行中的问题不少是离散的，所以组合优化又显得至关重要。

2.3 系统工程的产生与发展

2.3.1 系统工程实践先于系统工程学科

系统工程学科于 20 世纪 50 年代产生于美国，至今不过是 60 多年。理论来源于实践，先有实践，后有理论；某一方面的理论不断积累、完善与深化，到了一定时候才会产生某个学科。系统工程也是这样。系统工程实践先于系统工程理论，先于系统工程学科。

系统工程实践，古已有之。许多材料可以说明，中国古代早就有许多成功的大型的系统工程实践了。下面介绍的几个古例，都是很精彩的系统工程实践案例。1.5 节介绍了系统思想的演变。我们完全有理由说：系统思想、系统工程实践在中国源远流长，中国是"系统工程文明古国"。

系统工程实践的古代案例。

1. 大禹治水

传说在 4000 多年以前,神州大地洪水泛滥。"汤汤洪水方割,浩浩怀山襄陵。"国家领导人舜先派鲧治水。鲧采取"湮"的办法,治了九年,没有成效,受了处分,被充军到羽山。舜又派大禹治水。大禹经过调查研究,认识到他父亲鲧的办法"湮"是错误的,毅然决定改用"导"的办法。他率领群众挖了九条大川,放田水入川,放川水入海。他把全国分成十二州五大区,分派五个首领掌管。在治水过程中,他还注意调运物资,救济灾荒,让大家有饭吃,不断改善生活,调动广大群众的积极性。经过十三年的艰苦奋斗,终于治理了洪水。由于治水有功,大禹深受人民群众的信任与爱戴,舜就把国家领导人的职位禅让给他。

这个故事中体现的系统思想是很明显的:处理的问题是一个复杂大系统,不仅包括"治水"的工程问题,而且包括"治人"的社会问题;大禹采用的方法是优的("导"),他实现的系统的总体效果也是优的(治理了洪水,担任了国家领导人),即:实现了"一个系统,两个最优"。

鲁迅先生的《故事新编·理水》对此进行了十分生动的描述。

古代很可能是发生过大范围的洪水的,例如《圣经》里就有"诺亚方舟"的故事。但是,大禹治水说明的道理和诺亚方舟的神话是大不一样的。

2. 都江堰

鱼嘴分江内外流,宝瓶直扼内江喉。

成都坝仰离堆水,禾稻年年庆饱收。

李冰父子功劳大,筑堰淘滩尽手工。

六字遗经传不朽,友邦人士共钦崇。

这是革命老前辈董必武歌咏都江堰的诗句。

四川省灌县都江堰工程如图 2-1 所示,它是公元前 250 年前后,由当时的秦太守李冰及其儿子李二郎率领当地劳动人民修筑起来的。它有"鱼嘴"岷江分水工程,"飞沙堰"分洪排沙工程,"宝瓶口"引水工程三大主体部分,加上一系列灌溉渠道网,巧妙地结合,形成一个完整的系统,成功地解决了成都平原的灌溉问题。李冰父子并且总结了"深淘滩,低筑堰"六字口诀,指导人们进行养护维修工作。两千多年以来,都江堰一直造福于四川人民。解放后,党和政府领导人民多次整修,扩大灌溉面积。

都江堰是我国古代一项杰出的大型工程建设,今天的中外专家看了这个工程都惊叹不已。在当今世界上,两千多年以前的大型工程,现在还能基本保持

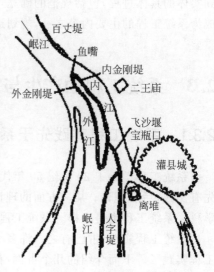

图 2-1 都江堰示意图

其原貌并且保持其原有功能、发挥其巨大作用者,都江堰可谓是硕果仅存。

在 2008 年 5 月 12 日突如其来的汶川大地震中,都江堰的主体工程基本上没有受到损伤,只是"鱼嘴"头部有一条不宽的裂纹,很快就修复好了。

附记:有一段逸事值得记取。在图 2-1"离堆"的正前方,原来有一块巨石,名曰"虎头",是李冰父子特意留下的,阻挡上游来水直接冲刷离堆,可以保护离堆。到了清朝,有一位朝廷派来的巡视大员黄观察不明就里,认为虎头很碍事(上游放下来的木筏可能撞上虎头),自作聪明,下令把虎头凿去了。于是,上游来水直接冲刷离堆,离堆比较松软,渐渐毁坏。人们采用种种办法保护离堆,收效很有限,直到钢筋水泥发明以后,加固离堆,才解决了问题。有人叹曰:

> 李公岂吝举手劳? 虎头凿去离堆倒。
> 笑罢古人黄观察,再看今人有多少?

很遗憾,时至今日,类似黄观察的"聪明人"真还不少。

3. 田忌赛驷

这是博弈论中一个比较经典的案例。

公元前 350 多年的战国时期,齐威王与大臣田忌赛驷,赌注为千金。他们的驷各有上、中、下三个等级。田忌的上等驷劣于齐王的上等驷而优于齐王的中等驷;田忌的中等驷劣于齐王的中等驷而优于齐王的下等驷;田忌的下等驷劣于齐王的下等驷。如果用同等驷比赛,田忌必定 3 场皆输。田忌在谋士孙膑的建议下,先用下等驷对齐王上等驷,然后用上等驷对齐王中等驷,用中等驷对齐王下等驷,结果一负二胜,赢得千金。

我们看到:系统的基本要素没有变化(六驷),但是运用不同的策略,进行不同的组合,得到了不同的总体效果。

附记:"田忌赛驷"与"田忌赛马"

一些书上把这个故事说成"田忌赛马",是不准确的。"驷"是"四匹马拉的车","赛驷"是赛车。请看司马迁的《史记(卷六十五)·孙子吴起列传第五》:

齐使者如梁,孙膑以刑徒阴见,说齐使。齐使以为奇,窃载与之齐。齐将田忌善而客待之。忌数与齐诸公子驰逐重射。孙子见其马足不甚相远,马有上、中、下辈。于是孙子谓田忌曰:"君弟重射,臣能令君胜。"田忌信然之,与王及诸公子逐射千金。及临质,孙子曰:"今以君之下驷与彼上驷,取君上驷与彼中驷,取君中驷与彼下驷。"既驰三辈毕,而田忌一不胜而再胜,卒得王千金。于是忌进孙子于威王。威王问兵法,遂以为师。

类似地,"一言既出,驷马难追",其中的"驷马"也是四匹马拉的车(这是当时最快的交通工具了)。无独有偶,今天有"宝马"汽车,"宝马"者,车也,非马也。

7.6 节对田忌赛驷进行了延伸研究。

4. 丁渭工程

北宋,宋真宗在位时期(公元 998—1022 年),皇城失火,宫殿被毁。皇帝任命一个名叫丁渭的大臣负责皇宫的修复工程。这项工程怎样才能进行得又快又好?经过反复考虑,丁渭提出一套施工方案:首先把皇宫旧址前面原有的一条大街挖成沟渠,用挖沟的土烧砖,解决部分建筑材料问题;再把开封附近的汴水引入沟内,形成航道,从外地运输砂石木料等;

待皇宫修复后,把沟里的水排掉,用建筑垃圾、废弃杂物填入沟中,恢复原来的大街。

这是一个杰出的方案。它把皇宫修复全过程看成一个系统,划分成许多并行的与交叉的作业子系统,蕴含了统筹法(PERT/CPM)的原理。

5. 赣州的宋代排水系统(根据 2010 年媒体报道材料)

2010 年入夏以后,中国南方地区发生了汛情。截至 7 月 20 日,全国 27 个省、自治区、直辖市受洪涝灾害影响,受灾人口 1.13 亿人,因灾死亡 701 人,失踪 347 人。汛情灾情有五大特点:降水过程长、强度大;汛情发生早、超警多;灾害种类多、范围广;洪涝灾害重、影响大;受灾区集中、损失重。但是,人们注意到:江西赣州也连遭暴雨,却未出现内涝,甚至没有一辆汽车泡水。当洪峰到达赣州时,一番景象却是:儿童在城门口的水塘里嬉戏钓鱼,买卖人在滔滔洪水边安然地做着生意。看起来,他们丝毫没有把洪水当作"灾害"。

这一奇迹让人们注目于 900 多年前北宋时在此修建的地下排水系统——福寿沟。福寿沟是一个主次分明、排蓄结合的排水网络。福寿沟与沿线众多的池塘连通,组成了排水网络中容量很大的蓄水库,以调节暴雨流量,减少下水道溢流。平时则可利用蓄水养鱼种菜。900 多年前的工程让我们看到了雨水资源化与防汛抗洪、生态保护的有效统一。

据史料记载,在宋朝之前,赣州城也经常饱受水患。北宋熙宁年间(公元 1068 年—1077 年),一个叫刘彝的官员在此任知州,规划并修建了赣州城区的街道,同时根据街道布局和地形特点,采取分区排水的原则,建成了两个排水干道系统。因为两条沟的走向形似篆体的"福""寿"二字,故名福寿沟。福沟排城东南之水,寿沟排城西北之水。福寿沟根据赣州城的地势,采用明沟和暗渠相结合,并与城区的池塘相串通的方式。这样既可避免沟水外溢,又可以养鱼和种植水生植物。福、寿两沟均通过城墙下面的水窗,将多余的水分别排入章江和贡江。

福寿沟完全利用城市地形的高差,使城市的雨水、污水自然排入江中。福寿沟仅是整个赣州排水防洪体系中的一环。修建于宋代的坚固城墙是很好的防洪堤坝,城内还有数百口水塘,刘彝将福寿沟与城内的水塘连通起来,以发挥调蓄作用。

为了防止江水上涨超过出水口倒灌入城,刘彝在出水口处"造水窗十二,视水消长而启闭之,水患顿息"。每当江水水位低于水窗时,即借下水道水力将水窗冲开排水。反之,当江水水位高于水窗时,则借江水力将水窗自外紧闭,以防倒灌。同时,为了保证水窗内沟道畅通和具备足够的冲力,刘彝采取了改变断面,加大坡度等方法,确保水窗内能形成强大的水流,足以带走泥沙,排入江中。这样,该系统在江水涨时自然关闭,江水落时自然开启。

福寿沟现在全长 12.6 公里。该系统今天依然在为赣州古城服务。专家评价,以现在集水区域人口的雨水和污水处理量,即使再增加三四倍流量都可以应付,也不会发生内涝,"古人的前瞻性真令人赞叹"。

讨论:今人一定比古人聪明吗? 与古人倡导的因势利导不同,今人看上去更加崇尚用"现代科学技术的力量"去"改造"大自然。现在的赣州市,古城门里装上了密封性更好的防洪铁门,新城区埋下了更粗的排水管,泵站里装配了马力强劲的抽水机。为了开发房地产,部分水塘已经被填平,成片的楼房拔地而起。有关部门认为,即使没有水塘,也不过是多消耗点电就能把水送出去。然而,在暴雨中,雨水总是先汇集到水塘,然后泵站才能直接从水塘往江里抽水,否则,根本来不及排水,难免要闹内涝了。赣州市的老百姓感叹:"幸好八境台公园的那口蓄水塘还在。"

2.3.2　系统工程学科是工业生产和科学技术发展的必然产物

系统工程学科是应运而生。它是工业生产和科学技术发展的必然产物。

20 世纪 30—40 年代工业生产和工程技术有了巨大进步,加上第二次世界大战的催促,更有了飞速的发展。随着生产规模越来越大,生产工艺越来越复杂,科学技术研究涉及的专业和部门越来越多,需要人们从整体和相互联系的角度去考虑问题,制订一系列组织和管理的方法和程序。20 世纪 40 年代出现的运筹学、控制论、信息论为系统工程学科提供了理论依据。

美国贝尔电话公司在 20 世纪 20 年代成立了贝尔实验室,实验室分为部件研究与系统研究两个部门,为建立全国无线电微波通信系统开展了卓有成效的工作。40 年代末,人们把贝尔实验室采用和创造的许多概念、思路和方法的总体命名为 System Engineering,即系统工程。1957 年,美国密执安大学的学者 A. H. Goode 和 R. E. Machol 合著出版了第一本命名为 *System Engineering* 的书。60 年代初期,系统工程形成一门独立的工程技术学科。系统工程英文术语中的 system 由单数变为复数 systems,说明系统工程用于多种系统。美国电工电子工程师学会(IEEE)在科学与电子部分,设立了系统工程学科委员会。1965 年美国出版了一本 *Handbook of Systems Engineering*,它包括系统工程的方法论、系统环境、系统元件(主要叙述了军事工程及卫星的各个主要部件)、系统理论、系统技术、系统数学等。

1969 年 7 月,美国阿波罗飞船首次登月成功,被公认为是系统工程成功的范例,引起了人们对系统工程的广泛重视。

复杂的大系统、巨系统具有跨学科、跨行业的特点,是成千上万人从事的集体事业。面对复杂的大系统、巨系统,如何构建它、运营它、管理它? 如何优化资源配置、提高经济效益? 如何加强正面效应、减少负面效应? 如何发挥积极因素、化解消极因素? 如何实现可持续发展,既满足当代人的需要,又不损害后代人的发展? 等等,要解决这些错综复杂的问题,就需要"综合治理"。系统工程就是一大类综合治理的工程技术,它是大生产和科学技术高度发展的产物。

"科学技术是第一生产力。"科学技术的突飞猛进,拉动着社会生产力迅速发展。现代科学技术的发展有以下两个主要特征。

1. 指数式的急剧增长

20 世纪后半叶及 21 世纪以来,科学技术发展迅猛,科学知识在短时间内急剧增长,有人称为"知识爆炸",科技成果的数量呈指数增长形式,人类取得的科技成果的数量比过去两千年的总和还要多。有关统计表明:人类科技知识的积累,19 世纪是每 50 年翻一番,20 世纪中叶是每 10 年翻一番,后来缩短到 3～5 年,甚至更短。

相应地,知识陈旧和更新的速度加快。18 世纪知识陈旧周期为 80～90 年;19 世纪到 20 世纪初，知识陈旧周期为 30 年，近 50 年来又缩短为 15 年，如今有些领域已缩短为 5～10 年，甚至更短。所以，人们强调继续教育、终身学习，强调"学习型组织""学习型社会"。

20 世纪末，很多学者和领导人认为，人类社会正在步入知识经济时代。许多学者开展知识管理、知识系统工程研究，已经有专著出版，例如中国工程院院士、大连理工大学王众托教授的《知识系统工程》（华夏英才基金学术文库，科学出版社，北京，2004）。

2. 学科的高度分化与高度综合同时并进

几千年来，人类对客观世界的认识，从浑然一体到分门别类的研究，又到综合性研究；从总体到局部，再到总体、总体与局部相结合；研究方法从分析到综合，再分析，再综合，到综合集成。总之，按照辩证法的否定之否定规律，波浪式前进，螺旋式上升。

一方面，现代科学技术的学科划分越来越细，分支越来越多。各种高度专业化的研究机构纷纷建立。另一方面，学科的综合化、整体化趋势在加强。现代社会使得众多的规模庞大、结构复杂、因素繁多的大系统乃至巨系统出现在人们面前。科学研究中形成了大量的边缘学科、交叉学科、综合学科，不仅自然科学本身的各个学科相互交叉、渗透、融合，而且自然科学与社会科学、人文学科也相互交叉、渗透和融合。

国外许多国家的政府部门和民间组织建立专门机构从事系统工程的研究工作。一些大企业也设立系统工程研究部，举办研究班培训班，培养自己需要的系统工程人员。这些机构不一定用"系统工程"来命名。例如美国的兰德公司（RAND），它成立于 1948 年，是一个非营利性的系统分析公司。它早期主要是为美国空军服务，它的研究工作对美国空军研制第一代军用卫星和洲际导弹的战略决策产生了决定性的影响。20 世纪 60 年代，兰德公司的研究范围从军事、外交事务扩大到公共政策方面，承担几乎所有美国政府机构的研究委托，也接受公共机构的委托合同，对国家安全和公共福利方面的重要问题进行研究。它倡导 System Analysis，即系统分析，着重于对若干可供选择的系统方案进行选择比较，进行费用－效益分析。兰德公司研究人员近千人，拥有美国西部最大的图书馆和电子计算机中心，设有培养政策分析博士学位的研究院。

第 1 章已经介绍过，1984 年，美国圣菲研究所（Santa Fe Institute，SFI）成立，位于美国新墨西哥州首府 Santa Fe。发起人有诺贝尔经济学奖得主阿罗（K. J. Arrow），诺贝尔物理学奖得主盖尔曼（M. Gell-mann）和安德森（P. W. Anderson）。它是一个独立的非营利的研究所，依靠申请各种基金来支持跨学科的研究工作。它是一个松散型组织，没有固定的研究人员，可以培养硕士、博士研究生，以及接纳博士后与访问学者。

国际上也有若干跨国性质的系统工程研究机构。例如国际应用系统分析研究所（International Institute for Applied Analysis，IIASA），1972 年 10 月由美国和苏联等 12 个国家的有关部门成立，地址在维也纳，后来扩大到吸纳更多的欧洲国家。它分为系统和决策科学、资源和环境、人类居住和服务、管理和技术等研究部门，吸引了世界各国的学者参加，研究国家、国际和地区性未来发展问题。它的研究和管理费用主要靠各成员国代表机构分摊，同时还获得美国福特财团、德国大众汽车公司、联合国环境保护机构的资助。研究成果以会议形式发表，还以文本形式公开发售。

以上研究机构比较详细的情况在本书附录中有介绍。

这里再次引用两句名言来帮助我们理解系统工程与系统科学。

著名的物理学家普朗克(Max Karl Ernst Ludwig Planck,1858—1947 年,量子论的奠基人)指出:"科学是内在的整体,它被分解为单独的部分不是取决于事物本身,而是取决于人类认识能力的局限性。实际上存在着从物理学到化学,通过生物学和人类学到社会学的连续的链条,这是任何一处都不能被打断的链条。"

伟大的革命导师马克思(Karl Heinrich Marx,1818—1883 年)预言:自然科学往后将会把关于人类的科学总括在自己下面,正如同关于人类的科学把自然科学总括在自己下面一样——它将变成一个科学。我们称这种自然科学与社会科学成为一门科学的过程为自然科学与社会科学的一体化。

2.3.3　系统工程学科在中国的发展

系统工程学科在中国,取得了巨大的发展和伟大的成功,其原因有三个。一是学术界的积极努力:以钱学森院士为代表的学术力量积极倡导与开拓创新。二是领导人的大力支持:中央领导人以及从中央到地方的各级领导人都大力支持与推动系统工程,举世无双。这两个原因在后面要作详细介绍。三是广泛的群众基础与深厚的文化底蕴。广泛的群众基础是说:我国广大群众的系统思想与实干精神是非常杰出的,在世界上是首屈一指的,"心有灵犀一点通",钱学森院士等人的重要文章《组织管理的技术——系统工程》一发表,就得到了广大群众的积极响应,出现了高涨而持续的"系统工程热"。1.5 节介绍了系统思想在我国源远流长的情况,2.3.1 节介绍了中华民族在古代的系统工程实践案例,它们说明系统工程在中国具有深厚的文化底蕴。

1. 学术界的积极努力

前面说过,1978 年是中国系统工程元年。但是,中国系统工程的预备阶段早就开始了。

早在 1950 年,身在美国的著名科学家钱学森即启程回国,不幸被美国政府扣留,失去自由 5 年多。1954 年,钱学森出版新书 *Engineering Cybernetics*(《工程控制论》)。该书一问世就赢得了很高的国际声誉,吸引了大批数学家和工程技术专家从事控制论的研究,形成了控制论学科在 20 世纪 50 年代和 60 年代的研究高潮。

1955 年 10 月,钱学森终于回到祖国。1956 年,《工程控制论》中文版出版,荣获中国科学院一等科学奖金。这本书创建的新学科"工程控制论",是系统工程直接的技术科学基础之一。这本书是钱学森院士从事系统工程的前奏曲。

系统工程直接的技术科学基础还有运筹学与控制论。与钱学森乘坐同一艘轮船回国的许国志先生(1919—2001)就是著名的运筹学家,回国以后,许先生在钱学森的支持下,在中国科学院力学研究所(钱学森担任所长)组建了我国第一个运筹学研究室。此后不久,著名数学家华罗庚教授(1910—1985),在他担任所长的中国科学院数学研究所也成立了运筹学研究室。1960 年年底,这两个运筹学研究室合并,放在数学研究所。

华罗庚教授从 20 世纪 60 年代初开始,在我国大力推广"双法"——优选法和统筹法,在许多地区和企业取得显著效果。统筹法对应于美国的 PERT/CPM(Program Evolution and Review Technique/Critical Path Method),又称为计划协调技术、计划评审技术或网络计划技术,是运筹学的重要内容。

钱学森归国以后,从 1956 年起,一直致力于中国的导弹研制和航天事业,致力于"两弹一星"研制,立下了丰功伟绩。1963 年我国制定第二个科学规划时,他就提出要搞系统工程。在"两弹一星"研制过程中,产生了"综合集成"思想,产生了"总体设计部"的工作方式。"两弹一星"的成功研制,是系统工程的光辉篇章。

综上所述,中国的系统工程学科史可以 1956 年钱学森归国作为开端,并且溯及钱学森的著作《工程控制论》。1978 年以前是系统工程学科在中国的准备阶段与前奏曲,主要是在航天事业与"两弹一星"研制中发挥作用。1978 年以后,系统工程与改革开放携手并进,各行各业都开始千军万马地大搞系统工程。

1979 年 10 月,中国科学院、教育部、中国社会科学院、各个机械工业部、解放军总参谋部、总后勤部、军事科学院、军事学院、国防科委和军兵种的 150 名代表,在北京举行了系统工程学术讨论会。会上,钱学森、关肇直等 21 名科学家联合向中国科协提议成立中国系统工程学会。钱学森在这次会上作了《大力发展系统工程,尽早建立系统科学的体系》的重要报告,这个报告提出了我国发展系统工程的基本途径。

1980 年 11 月中国系统工程学会(Systems Engineering Society of China,SESC)在北京正式成立,选出了钱学森、薛暮桥为名誉理事长,关肇直为理事长的第一届理事会。1986—1994 年,许国志院士担任理事长。后任理事长是中国科学院系统科学研究所研究员顾基发、陈光亚、汪寿阳等。中国科学院系统科学研究所一直是中国系统工程学会的挂靠单位。该学会具有很高的组织化程度,有学会办公室和 6 个工作委员会:学术工作委员会、国际学术交流工作委员会、教育与普及工作委员会、编辑出版工作委员会、青年工作委员会、咨询工作委员会。30 多年来,中国系统工程学会先后组建了 20 多个专业委员会,例如军事系统工程专业委员会、系统理论委员会、社会经济系统工程专业委员会、模糊数学与模糊系统专业委员会、农业系统工程专业委员会、教育系统工程专业委员会、科技系统工程专业委员会、信息系统工程专业委员会、交通运输系统工程专业委员会、过程系统工程专业委员会、人-机-环境系统工程专业委员会、决策科学专业委员会、草原系统工程专业委员会、林业系统工程专业委员会、系统动力学专业委员会、法制系统工程专业委员会、医药卫生系统工程专业委员会等。这些专业委员会在越来越多的学科和领域开展了系统工程与系统科学的研究和应用。

目前,已经有北京、上海、天津、辽宁、黑龙江、山西、江苏、安徽、福建、湖南、湖北、河南、河北、广东、广西、四川、云南、新疆、甘肃、海南、江西等 20 多个省、自治区、直辖市成立了省级系统工程学会,许多市县以及一些大企业也成立了系统工程学会。

中国系统工程学会每两年召开一次全国性学术年会。其中第十届学术年会于 1998 年 12 月在广州召开,年会主题是"系统工程与可持续发展战略";第十一届学术年会暨学会成立 20 周年庆祝大会于 2000 年 11 月在宜昌召开,年会主题是"系统工程系统科学与复杂性研究";第十五届学术年会暨 30 周年纪念大会于 2008 年 10 月在南昌召开,年会主题是"和谐发展与系统工程";第十六届学术年会于 2010 年 8 月在成都召开,年会主题是"经济全球化与系统工程";第十七届学术年会于 2012 年 8 月在镇江召开,年会主题是"社会经济发展转型与系统工程";第十八届学术年会将于 2014 年 10 月在合肥召开,年会主题是"协同创新与系统工程";第十九届学术年会于 2016 年 10 月在北京召开,年会主题是"系统工程和创新发展";第二十届学术年会于 2018 年 10 月在成都召开,年会主题是"'一带一路'与系统科学和系统工程"。每届年会都是全国系统科学和系统工程工作者交流成果、总结经验的盛会。中国系统工程学会还与国际组织一起联合召开学术交流会,例如,1998 年 8 月在北京召开了第三届系统科学与系统工程国际会议,2003 年 11 月在香港召开了第四届系统科学与系统工程国际会议。各个专业委员会也大体上是每两年召开一次全国性的学术会议。

随着系统工程在社会、经济、科学技术各个领域广泛开展应用研究,系统理论方面的研究也有长足的发展。这方面需要特别提出的是,从 1986 年 1 月 7 日开始,钱学森院士亲自组织和指导"系统学讨论班"的学术活动。这个讨论班持续十多年,大体上是每月 1 次,前几年是在北京航天大院举行,后来因为钱学森院士健康情况较差,出门不便,就改在他的家中举行小范围讨论会,其研讨活动提炼了许多重要概念,总结出系统研究方法,逐步形成了以简单系统、简单巨系统、复杂巨系统(包括社会系统)为主线的系统学(Systematology)的框架,明确系统学是研究系统结构与功能(包括演化、协同与控制)的一般规律的科学。这个班的活动为系统科学在我国的发展,为系统学的建立作出了重要的基础性的贡献。多年来,国内学术界在众多领域对系统科学进行了多方面多层次的研究、推广和应用,取得了可喜的成绩,出版了一批文献资料,形成了我国发展系统工程和系统科学的广泛基础和力量。

20 世纪 80 年代中期,在钱学森院士的指导和参与下,根据我国对社会经济系统等复杂巨系统进行的研究,提炼与总结出开放的复杂巨系统概念,以及处理这类系统的方法论——从定性到定量综合集成法以及包含一系列研究方法的综合集成研讨厅体系。经过多年的努力,中国学者在研究的前沿提出了自己独创性的理论。例如,1990 年年初钱学森院士发表了论文《一个科学新领域——开放的复杂巨系统及其方法论》;1994 年,中国科学院系统科学研究所顾基发研究员和华裔英籍教授朱志昌博士提出了物理-事理-人理(Wuli-Shili-Renli,WSR)系统方法论。

改革开放需要系统工程。系统工程在中国的蓬勃发展,受到了从中央到地方的各级领导人的大力推动。

40 年来,我国系统工程和系统科学的研究和应用取得了重要的成就,得到了国际学术界的充分肯定与高度评价。协同学创始人哈肯(H. Haken,德国物理学家,1927—   )说:"系统科学的概念是由中国学者较早提出的,我认为这是很有意义的概括,并在理解和解释现代科学,推动其发展方面是十分重要的",并认为"中国是充分认识到了系统科学巨大重要性的国家之一"。

在我国,系统工程的重要论著有钱学森院士等著《论系统工程》(新世纪版)、《创建系统学》(新世纪版)以及专家论文集《钱学森系统科学思想研究》,中国系统工程学会、上海交通大学合编,上海交通大学出版社 2007 年 1 月出版;王寿云、于景元、戴汝为、汪成为、钱学敏、涂元季著《开放的复杂巨系统》,浙江科学技术出版社 1996 年 12 月第 1 版;《系统研究——祝贺钱学森同志 85 寿辰论文集》,浙江教育出版社 1996 年 11 月第 1 版;许国志主编,顾基发、车宏安副主编,《系统科学》(教科书),上海科技教育出版社 2000 年 9 月第 1 版;许国志主编,顾基发、车宏安副主编《系统科学与工程研究》(专家论文集),上海科技教育出版社 2000 年 10 月第 1 版。根据 2008 年 2 月 29 日在读书网的检索,共计有 309 种系统工程图书,其中半数以上是教材。

在我国,系统工程的学术刊物主要有中国系统工程学会会刊《系统工程学报》《系统工程理论与实践》、*Journal of Systems Science and Systems Engineering*、湖南省系统工程学会会刊《系统工程》、上海交通大学出版的《系统管理学报》,以及《农业系统科学与综合研究》《交通运输系统工程与信息》等。

40 年来,我国培养了一大批系统工程和系统科学高级人才,他们在各级政府部门和企事业单位发挥了重要作用。

2. 领导人的大力支持

领导人的大力支持,首先是中央领导人的大力支持,带动了各级领导干部的大力支持。下面按照时间顺序列举中央主要领导人的一部分论述。这些论述不但有宏观层面的大事,也有中观与微观层面的具体事情,反映了他们对于系统工程的高度重视与殷切期盼,反映了改革开放与社会主义建设对于系统工程的呼唤。

一个学科,得到党和国家领导人的高度重视与大力支持,无论在国内,还是全世界各国,都是独一无二、举世无双的。这是系统工程在中国大发展的不可或缺的重要原因。

CCTV 等主流媒体经常有关于系统工程的报导。在中国,整个社会都在呼唤系统工程,运用系统工程。

1) 党的十八大以前,中央领导人的部分论述

这里说的中央领导人是中共中央总书记与国务院总理。他们的论述都见于人民日报等主流媒体当时的报道。中央其他领导同志也有许多论述,限于篇幅,从略。部分论述如下:

——现在的问题,是要用系统工程的方法,全面统筹,综合论证。(1983.6)

——建立和完善社会主义市场经济体制,是一个长期发展的过程,是一项艰巨复杂的社会系统工程。(中共十四大报告,1992.10)

——建设有中国特色的社会主义,是一项宏伟的、复杂的系统工程,大事多,新事多,难事多。(1995.3)

——实施西部大开发是一项系统工程和长期任务,既要有紧迫感,又必须统筹规划,突出重点,分步实施,防止一哄而起。(1999.3)

——黄河治理是个系统工程,建议国务院尽快制定有关法规,在这个基础上制定相关的法律,使黄河治理工作依法进行。(1999.12)

——教育培养少年儿童是一项艰巨而复杂的系统工程,学校、家庭、社会各个方面都要密切配合,齐抓共管,努力形成全社会关心少年儿童、爱护少年儿童、为少年儿童办好事、为少年儿童作表率的良好风尚。(2000.6.1)

——非典型肺炎防治工作是一项复杂的社会系统工程。(2003.4)

——实现经济持续增长是一项系统工程,不仅需要制定和实施促进经济发展的政策措施,而且需要相应地推进社会全面发展。(2003.10)

——载人航天是规模宏大、高度集成的系统工程,全国 110 多个研究院所、300 多个协作配套单位和几十万工作人员承担了研制建设任务。这项空前复杂的工程之所以能在比较短的时间里取得历史性突破,靠的是党的集中统一领导,靠的是社会主义大协作,靠的是发挥社会主义制度集中力量办大事的政治优势。(2003.11.7)

——落实科学发展观,是一项系统工程,不仅涉及经济社会发展的方方面面,而且涉及经济活动、社会活动和自然界的复杂关系,涉及人与经济社会环境、自然环境的相互作用。这就需要我们采用系统科学的方法来分析、解决问题,从多因素、多层次、多方面入手研究经济社会发展和社会形态、自然形态的大系统。(在两院院士大会上的讲话,2004.6.2)

——构建社会主义和谐社会,是一项艰巨复杂的系统工程,需要全党全社会长期坚持不懈地努力。(2005.2)

——培养造就创新型科技人才是一个系统工程,需要各级党委和政府、有关部门、高等院校、科研院所以及全社会共同努力。(在两院院士大会的讲话,2006.6.5)

——制定教育规划是一项涉及面很广的社会系统工程,难度大、任务重,必须切实加强领导,充分调动各方面的力量共同完成。(2009.1)

2)党的十八大以后,中央领导人的部分论述

(1)习近平总书记的部分论述。

——2012 年 12 月 31 日在主持中央政治局第二次集体学习时指出:改革开放是一个系统工程,必须坚持全面改革,在各项改革协同配合中推进。

——2013 年 5 月 21 日在四川芦山地震灾区看望慰问受灾群众时指出:恢复重建是一项复杂的系统工程,要科学规划,精心组织实施。

——2013 年 10 月 29 日在中央政治局第十次集体学习时指出:住房问题,牵扯面广,是一项复杂艰巨的系统工程。

——2014 年 2 月 25 日在北京市考察工作时指出:像北京这样的特大城市,环境治理是一个系统工程,必须作为重大民生实事紧紧抓在手上。

——2014 年 6 月 9 日在两院院士大会上说:实施创新驱动发展战略是一个系统工程。科技成果只有同国家需要、人民要求、市场需求相结合,完成从科学研究、实验开发、推广应用的三级跳,才能真正实现创新价值、实现创新驱动发展。

——2015 年 1 月 16 日在政治局常委会上说:实现"两个一百年"奋斗目标,实现中华民族伟大复兴的中国梦,统筹全面建成小康社会,全面深化改革,全面依法治国,全面从严治党,是前无古人的伟大事业,是艰巨繁重的系统工程,必须加强党中央的集中统一领导,以保证正确方向、形成强大合力。

——2015 年 2 月 10 日在中央财经领导小组会议上说:疏解北京非首都功能,推进京津冀协同发展,是一个巨大的系统工程。目标要明确,通过疏解北京非首都功能,调整经济结构和空间结构,走出一条内涵集约发展的新路子,促进区域协调发展,形成新增长极。

——2017 年 9 月 22 日在中央军民融合发展委员会第二次全体会议上说:推动军民融合发展是一个系统工程,要善于运用系统科学、系统思维、系统方法研究解决问题,既要加强顶层设计又要坚持重点突破,既要抓好当前又要谋好长远,强化需求对接,强化改革创新,强化资源整合,向重点领域聚焦用力,以点带面推动整体水平提升,加快形成全要素、多领域、高效益的军民融合深度发展格局。

——2018 年 6 月 22 日在中央外交工作会议上说:对外工作是个系统工程,政党、政府、人大、政协、军队、地方、民间等要强化统筹协调,各有侧重,相互配合,形成党总揽全局、协调各方的对外工作大协同局面,确保党中央对外方针政策和战略部署落到实处。

(2) 李克强总理的部分论述。

——2013 年 9 月 8 日在听取中国科学院、中国工程院城镇化研究报告并座谈时说：城镇化是一个复杂的系统工程，必须广泛听取意见建议，科学论证，周密谋划，使实际工作趋利避害。

——2013 年 9 月 11 日在夏季达沃斯论坛开幕式上说：金融改革是个复杂的系统工程，……在金融体制改革中，抓住重点和难点或者说是关键问题，将有利于经济体制改革的推进，会影响中国经济社会生活的方方面面，有利于促进全面改革的深化。

——2014 年 1 月 15 日在主持召开国务院常务会议时说：建设社会信用体系是长期、艰巨的系统工程，要用改革创新的办法积极推进；要把社会各领域都纳入信用体系，食品药品安全、社会保障、金融等重点领域更要加快建设。

3) 中共中央文件的部分论述

——中共中央 2001 年 9 月 20 日颁布《公民道德建设实施纲要》，其中说：公民道德建设是一个复杂的社会系统工程，要靠教育，也要靠法律、政策和规章制度。

——中共中央政治局 2014 年 6 月 30 日审议通过《关于进一步推进户籍制度改革的意见》，其中说：户籍制度改革是一项十分复杂的系统工程，要坚持统筹谋划，协同推进相关领域配套政策制度改革。

——中共中央十九届三中全会 2018 年 2 月 26 日至 28 日在北京举行，全会公报说：深化党和国家机构改革是一个系统工程，各级党委和政府要把思想和行动统一到党中央关于深化党和国家机构改革的决策部署上来，增强"四个意识"，坚定"四个自信"，坚决维护以习近平同志为核心的党中央权威和集中统一领导，把握好改革发展稳定关系，不折不扣抓好党中央决策部署贯彻落实，依法依规保障改革，增强改革的系统性、整体性、协同性，加强党、政、军、群各方面机构改革配合，使各项改革相互促进、相得益彰，形成总体效应。

2.4　系统工程的主要特点

系统工程具有如下主要特点。

1. 一个系统，两个最优

"一个系统"是指：系统工程以系统为研究对象，要求以全面、综合、发展的观点考虑问题；"两个最优"是指：研究系统的目标是实现系统总体效果最优，同时，实现这一目标的方法或途径也要求达到最优。

2. 以软为主，软硬结合

传统的工程技术，如电子工程、土建工程、机械工程等，以"硬件"对象为主，可以将它们划归广义的"物理学"（对"物"进行"处理"的学问）的范畴，是以"硬技术"为主的工程技术。传统工程技术的单元学科性较强。而系统工程是一大类新兴的工程技术的总称，以对"事"进行合理筹划为主，是以"软技术"为主的工程技术。系统工程的学科综合性较强。

实际上,所谓事物,是"事"与"物"的合成体。在社会系统中,找不到有"事"无"物"或有"物"无"事"的研究对象。系统工程与传统的工程技术对"事"与"物"二者的研究,只是侧重点有所不同而已。研究物理与事理还需要"人理",运用硬件和软件还需要"斡件"(Orgware)。

3. 跨学科多,综合性强

所谓跨学科多可以从两方面理解:一是用到的知识是多个学科的,系统工程的研究要用到系统科学、自然科学、数学科学、社会科学等各方面的知识;二是开展系统工程项目要有多个学科的专家参加。

所谓综合性强是说,不同的学科、各个部门的专家要互相配合,协同作战。

4. 从定性到定量的综合集成研究

这是钱学森院士提出的系统工程方法论,具有丰富的内容,本书将在第 4 章详细介绍。

5. 宏观研究为主,兼顾微观研究

"宏观"与"微观",在不同的学科有不同的定义。在物理学中,研究宇宙问题,包括太阳系、银河系、河外星系等,称为宏观研究;研究物质结构,包括分子结构、原子结构、基本粒子等,称为微观研究。在经济学中,研究全国的国民经济问题,称为宏观研究;研究企业经营问题,称为微观研究,由此而有宏观经济学和微观经济学。

系统工程认为,系统不论大小,皆有其宏观与微观:凡属系统的全局、总体和长远的发展问题,均为宏观;凡属系统内部低层次上的问题,则是微观。系统工程以宏观研究为主,兼顾微观研究。"宏观调控,微观搞活"是系统管理的一条基本原理,系统不论大小,是普遍适用的。研究微观问题,必须重视它的宏观背景,不能就事论事,只顾局部、不顾全局,必须至少上升一个层次考虑问题。

6. 实践性与咨询性

系统工程的应用研究是针对实际问题的,是要解决问题并且接受实践检验的,不是清谈空议,不是"纸上谈兵"或者"闭门造车",这是系统工程的实践性。

这种研究主要是给领导(或用户,即委托单位)当参谋,研究成果是为他们提供多种备选方案(Alternatives),由他们去进行决策。系统工程人员并不进行决策,不搞"拍板定案"。系统工程人员是为决策者当好参谋与助手,并不取代决策者(领导者)的地位。系统工程的研究机构是咨询性的学术团体。

最后,有必要说明:必须破除对于系统工程的"神秘感",以及"系统工程需要高深的数学"一类的误解。这些神秘感和误解使得不少人对系统工程望而生畏,敬而远之。系统工程强调从定性到定量的综合集成研究,并不是单一地依靠数学模型与计算,并不偏废定性研究。系统思想、系统工程方法论以及许多系统工程理论与方法,是所有人都可以学习和掌握的。当然,如果一点数学都不要,纯粹是定性的描述性研究,那也是搞不了系统工程的。开展一项较大的系统工程项目,需要擅长定量研究的专家,也需要擅长定性研究的专家,而且,要把两方面的专家结合起来,共同组成一个项目组来开展研究。

2.5　系统工程在现代科学技术体系中的地位

2.5.1　系统工程与其他工程技术的关系

　　系统工程是系统科学体系中的一大类工程技术。系统工程与其他工程技术具有共性：直接与改造客观世界的社会实践相联系。在一个大的工程项目中，要用到多种工程技术，系统工程与其他工程技术是相辅相成的。在系统工程的规划下，各种工程技术作为实现总体目标的手段，可以各得其所，发挥出最好的作用。离开了其他工程技术，系统工程就成了"无本之木，无源之水"，规划得再好也没有什么意义。但是，如果规划得不好，各种工程技术所能起的积极作用是很有限的。例如20世纪70年代末，某大型工程仓促上马，不搞可行性研究，在当时国民经济比较困难的情况下，投资几百亿元人民币，一度造成骑虎难下的局面。它建在一个松软的沉积地层上，需要打入60米深的钢管来加固地基，仅此一项费用就达11亿元。从当时的技术水平来说，打桩再深也是可以实现的。在打桩问题上还可以搞"优化设计"，节省几百万元甚至几千万元，这当然是好的。但是，如果当初决策选择厂址时，把它放在不必打桩的一块坚实的土地上不是更好吗？后来，该大型工程作了调整，走上了健康发展的道路。在工程项目中，系统问题(战略规划、决策等)与技术问题相比，就如同数学计算中的整数与小数的关系，例如圆周率π的计算，整数部分算错了，小数部分再精确也没有什么意义了。系统工程为领导决策提供咨询服务，直接影响决策，影响全局。这是系统工程的特殊性。

　　在社会经济系统中，凡属战略决策问题，都应该作为系统工程项目开展研究，提出多种备选方案作为决策咨询。"大炼钢铁"和"文化大革命"之类的剧本绝不能重演了。

　　系统工程在自然科学、工程技术与社会科学之间构筑了一座桥梁。现代数学理论、电子计算机技术和通信技术，通过一大类新的工程技术——各类系统工程，为社会系统的研究添加了从定性到定量综合集成方法论，添加了极为有用的定量方法、模型方法、模拟实验方法和优化方法。系统工程为自然科学工作者、工程技术工作者同社会科学工作者的密切合作开辟了广阔的前景。

2.5.2　现代科学技术体系

　　钱学森院士非常重视研究系统科学体系、现代科学技术体系和人类知识体系。1981年，他描述了如图2-2所示的系统科学体系(上下两条点画线之间的内容)。他指出：从文艺复兴到产业革命，科学的发展主要是自然科学，19世纪中期开始了社会科学(马克思主义的社会科学)的发展；在自然科学这个部门中，19世纪下半叶出现了工程技术，20世纪初出现了技术科学。系统科学体系在现代科学技术体系中是一个分体系，又称一个"部门"。现代科学技术体系中不断出现新的部门。

　　科学技术具有发生、发展的运动和变化。每一部门的科学技术，直接与改造客观世界的实践活动相联系的是工程技术；稍微远离工程实践的是工程技术的理论基础——技术科学；再远一些的是这一部门科学技术的基础科学；基础科学再经过一座过渡的桥梁与马克

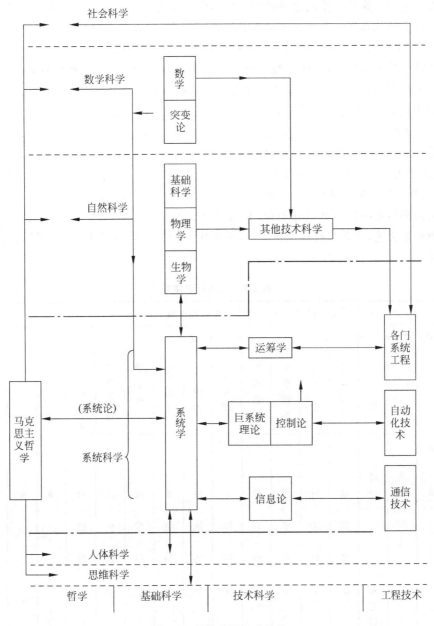

图 2-2　系统科学体系结构

思主义哲学相联系。每个科学技术部门形成一个具有内部结构的体系,各个体系之间具有相互的联系和关系,构成现代科学技术的总体系。

钱学森院士指出:在系统科学这个部门中,系统工程属于工程技术,其理论基础是运筹学、控制论和信息论这三门技术科学。正在形成的、关于系统的一般理论——系统学,是系统科学这个部门中的基础科学。系统科学从各门系统工程到运筹学、控制论和信息论,再到系统学,形成现代科学技术体系中的一个分体系。这个分体系通向马克思主义哲学的桥梁,是大约一百年前提出的,后来经过现代科学技术大大丰富了的"系统论"。系统论是现代科学技术(包括社会科学)的方法论的组成部分。现代科学技术方法论中的系统论,对科学和哲学的发展有很大影响。推动系统科学研究的强大动力是现代化组织管理的需要。系统科学的建立极大地加强了人类直接改造客观世界的能力，促进其他科学技术部门的发展。所有这些，又都最终发展和深化作为人类知识最高概括的马克思主义哲学。

系统科学作为横断学科，比一般的交叉学科如生物化学、经济地理等涵盖的范围更宽。在一定的条件下，系统科学把作为其研究对象的各种事物都看作系统，从系统的结构、功能和系统的演化着手，研究各种系统的共性规律，它是各种学科研究的基本方法和基础知识。

图 2-2 详细表示了系统科学体系（部门）的结构，也概略表示了其他 5 个部门。

钱学森院士不但构建了系统科学体系，还独具匠心地构建了现代科学技术体系和人类知识体系（见表 2-1）。现代科学技术体系由 11 个部门组成：自然科学、社会科学、数学科学、系统科学、思维科学、人体科学、地理科学、军事科学、行为科学、建筑科学、文艺理论。各部门的结构都与系统科学部门相类似，包含 3 个层次——工程技术、技术科学、基础科学；唯一的例外是文艺，文艺只有理论层次，实践层次上的文艺创作就不是科学问题，而是属于艺术范畴。

表 2-1　人类知识体系

马克思主义哲学——人类认识客观和主观世界的科学												哲学
性　智 ← ——————————————→ 量　智												桥梁
文艺活动	美学	建筑哲学	人学	军事哲学	地理哲学	人天观	认识论	系统论	数学哲学	唯物史观	自然辩证法	基础科学
文艺活动	文艺理论	建筑科学	行为科学	军事科学	地理科学	人体科学	思维科学	系统科学	数学科学	社会科学	自然科学	技术科学
文艺活动	文艺创作	建筑科学	行为科学	军事科学	地理科学	人体科学	思维科学	系统科学	数学科学	社会科学	自然科学	工程技术
实践经验知识库和哲学思维												前科学
不成文的实践感受												

注：此表为钱学森 1993 年 7 月 8 日发表，1995 年 12 月 8 日略作修改，1996 年 6 月 4 日增补。

在表 2-1 中，自上而下，人类知识体系由 3 个大的层次构成：

1）哲学

哲学不仅是知识，还是智慧，马克思主义哲学是人类知识的最高概括，也是人类智慧的最高结晶。

2）科学技术体系

科学知识的特点是，不仅知道是什么，还能回答为什么。现代科学技术体系的 11 个部门分别通过一座桥梁过渡到哲学。11 个部门是根据现代科学技术发展到目前水平所作的划分，今后随着科学技术的不断发展，还会产生出新的科学技术部门，所以，这个体系是一个动态发展和开放的系统。

3）前科学——经验知识、感性知识及不成文的实践感受

这部分知识的特点是只知道是什么，还不能回答为什么，尽管如此，这部分知识对于我们是很宝贵的，也要珍惜。而且这类知识经过研究、提炼也将成为科学知识。

表 2-1 还引入了"性智"与"量智"两大概念——分别用于宏观整体认识与微观定量分析，两者是互补的，相辅相成的。

2.6　我国的航天事业及相关事业

钱学森院士把人类在大气层之外的飞行活动称为"航天"。他还提出了"航宇"一词，亦即"星际航行"——在行星之间以至恒星之间的飞行。

中国的航天事业（航天系统工程）是在钱学森院士归国之后起步的，与钱学森院士具有直接的关系。1955 年 11 月 25 日，钱学森访问中国人民解放军军事工程学院（又称哈尔滨军事工程学院，简称"哈军工"），陈赓院长从外地专程赶回哈尔滨，询问钱学森："钱先生，您看，我们能不能自己制出火箭来？"钱学森说："为什么不能？外国人能造出来的，我们中国就不能造出来？难道中国人比外国人矮一截不成？"陈赓院长坚定了信心，在哈军工设立了导弹专业，后来升格为导弹工程系，还设立了研制核武器的原子工程系。

1956 年 2 月，钱学森向党中央提出《建立中国国防航空工业的意见》，力主优先发展火箭与导弹技术。同年 3 月，国务院总理周恩来主持制定《一九五六年至一九六七年科学技术发展远景规划纲要（草案）》，把喷气推进和火箭技术列为国家的重点发展项目。同年 10 月 8 日，在国务院副总理聂荣臻的领导下，建立了中国第一个火箭导弹研究机构——国防部第五研究院。

1958 年 8 月，国务院科学规划委员会根据同年 5 月毛泽东主席的提议把发射人造卫星列入科学发展规划。1965 年 1 月，第三届全国人民代表大会第一次会议决定在国防部第五研究院的基础上成立中华人民共和国第七机械工业部。1982 年 5 月，第七机械工业部改名为航天工业部。

1960 年 11 月 5 日，我国第一枚导弹"东风一号"成功发射；1964 年 10 月 16 日，我国第一颗原子弹试验成功；1967 年 6 月 17 日中国第一颗氢弹试验成功。1970 年 4 月 24 日，中国成功发射第一颗人造地球卫星"东方红一号"。中国"两弹一星"研制任务胜利完成。从 1956 年算起，仅仅用了 13 年半。在这段时间中，国际形势很不好，美国与西方国家全面封锁中国，1960 年中苏关系出现大转折，苏联撤走专家、中止援助；中国的经济与科技还不发达，由于"大跃进""三面红旗"等缘故，国民经济出现严重困难；1966 年夏季开始的"文化大革命"对"两弹一星"事业形成许多干扰。但是，在中国共产党的领导下，全党全国集中力量办大事，"两弹一星"成功研制，取得了辉煌的胜利。

"两弹一星"不仅为我国建立战略导弹部队提供了装备技术保障,增强了我军在高技术条件下的防御能力和作战能力,而且带动了中国高技术及其产业的发展,促进了经济建设和科技进步。邓小平同志说:"如果 20 世纪 60 年代以来中国没有原子弹、氢弹,没有发射卫星,中国就不能叫有重要影响的大国,就没有现在这样的国际地位。这些东西反映一个民族的能力,也是一个民族、一个国家兴旺发达的标志。"

"两弹一星",其中的火箭技术与人造地球卫星都是与钱学森院士的技术业务密切相关的。科技界认为:没有钱学森院士归国,取得"两弹一星"事业的胜利,起码要推迟 20 年。

1999 年 9 月 18 日,在庆祝中华人民共和国成立 50 周年之际,由中共中央、国务院及中央军委制作了"两弹一星"功勋奖章,授予钱学森等 23 位为研制"两弹一星"作出突出贡献的科技专家。

中国发展航天事业的宗旨是:探索外太空,扩展对地球和宇宙的认识;和平利用外太空,促进人类文明和社会进步,造福全人类;满足经济建设、科技发展、国家安全和社会进步等方面的需求,提高全民科学素质,维护国家权益,增强综合国力。中国发展航天事业贯彻国家科技事业发展的指导方针,即自主创新、重点跨越、支撑发展、引领未来。

本章 2.6.1 节主要介绍把中国第一名航天员杨利伟送上太空的神舟五号飞船,说明载人航天是一项庞大的系统工程,发展载人航天对国家和社会发展有着重大的现实意义和深远的影响。2.6.2 节回顾从神舟一号到神舟十号飞船。2.6.3 节介绍与航天事业相关的其他事业。

2.6.1　神舟五号飞船

2003 年 10 月 15 日 9 时,一枚长征二号 F 运载火箭在酒泉卫星发射中心腾空升起,把载有中国第一位航天员杨利伟的神舟五号飞船送上太空飞行,飞船绕地球飞行 14 圈后返回,于 10 月 16 日 6 时 23 分在内蒙古主着陆场安全着陆,实现了中华民族的千年飞天梦想。这是自 1970 年 4 月 24 日成功发射东方红一号卫星以来,我国航天史上又一座新的里程碑,成为继美、俄之后,世界上第三个掌握载人航天技术、成功发射载人飞船的国家,威震世界壮国威,气壮山河载史册,圆了中华民族的千年飞天梦想。

中共中央总书记、国家主席胡锦涛同志 2003 年 11 月 7 日在庆祝我国首次载人航天飞行圆满成功大会上的讲话中说:载人航天是规模宏大、高度集成的系统工程,全国 110 多个研究院所、3000 多个协作配套单位和几十万工作人员承担了研制建设任务。这项空前复杂的工程之所以能在比较短的时间里取得历史性突破,靠的是党的集中统一领导,靠的是社会主义大协作,靠的是发挥社会主义制度集中力量办大事的政治优势。

人民日报 11 月 8 日发表的评论员文章《大力弘扬载人航天精神》说:我国载人航天工程是中国航天史上规模宏大的系统工程。

下面是神舟五号成功发射的时间表:

10 月 15 日 9 时整,火箭在震天撼地的轰鸣中腾空而起,急速飞向太空;

10 月 15 日 9 时 10 分左右,飞船进入预定轨道,太空迎来第一位中国访客杨利伟;

10 月 15 日 9 时 31 分许,杨利伟通过指控中心大屏幕说:"我感觉良好!"

10 月 15 日 9 时 42 分,总指挥宣布:"飞船已进入预定轨道,发射取得成功!"

10 月 15 日 15 时 54 分,飞船变轨程序启动圆满成功;

10 月 15 日 18 时 40 分许,杨利伟在太空中展示中国国旗和联合国旗。他在距地面 343 千米的太空中说:向世界各国人民问好! 向在太空中工作的同行们问好! 感谢全国人民的关怀!

10 月 16 日 5 时 35 分,神舟五号载人飞船收到返回指令;

10 月 16 日 5 时 36 分,神舟五号飞船轨道舱与返回舱成功分离;飞船轨道舱留轨工作半年,开展相关的科学实验;

10 月 16 日 5 时 56 分,飞船返回舱与推进舱成功分离,进入返回轨道;

10 月 16 日 6 时 04 分,神舟五号飞船再入大气层;

10 月 16 日 6 时 07 分,搜救直升机收到神舟五号返回舱发出的无线电信号,机上的搜索人员目视到神舟五号的返回舱;由 5 架直升机组成的空中搜救分队和 14 台专用车辆组成的地面搜救分队立即从不同的方向迅速向落点前进;

10 月 16 日 6 时 36 分,地面搜索人员找到了神舟五号返回舱;

10 月 16 日 6 时 51 分,杨利伟在神舟五号舱口向大家招手,神态自若;

10 月 16 日 6 时 54 分,北京航天指挥控制中心宣布:神舟五号载人飞船 16 日 6 时 23 分在内蒙古主着陆场成功着陆,实际着陆点与理论着陆点相差 4.8 千米。返回舱完好无损。我们的航天英雄杨利伟自主出舱。我国首次载人航天飞行圆满成功。

中国为何要发展载人航天事业? 发展载人航天对国家和社会发展有着重大的现实意义和深远的影响,可以从以下几个方面来看:

1. 充分利用空间环境资源

传统意义上的资源是土地、矿藏、水利等,人类进入地球轨道和外层空间后发现,太空的特殊环境和条件也是人类可以利用的重要资源,浩瀚无垠的太空具有高远的位置、高真空、高洁净、无污染、微重力、强宇宙粒子射线辐射的特点,是地面所不具备的极其宝贵的资源,这种得天独厚的太空环境对发展空间工业有着远大的潜在开发前景,其中空间微重力环境的开发和利用尤其重要。开发和利用空间环境资源必须有人的参与才行,因此需要发展载人航天。

2. 促进我国科技进步和高新技术产业的发展

载人航天是高技术密集的综合性尖端科学技术,它集中了现代科学技术众多领域的最新成果,载人航天的发展水平全面地反映了一个国家的整体科学和高技术产业的水平,特别是自动控制、计算机、推进、通信、遥感、测试、新材料、新工艺、激光、微电子、光电子等技术以及近代力学、天文学、地球科学、航天医学及空间科学的水平,而载人航天的发展,同时又对现代科学技术的各个领域提出了新的发展需求,从而进一步推动我国科学技术的进步和高技术产业的发展。

科学界普遍认为,20 世纪中叶,电子计算机技术的迅猛发展,在很大程度上是由于载人航天技术的需求和牵引。载人航天工程还有力地推动了系统工程理论和实践的发展。不仅如此,我国开展载人航天工程,还培养和锻炼一大批优秀青年科技人才,大大加快航天科技队伍的建设,为中国航天的快速发展奠定雄厚的人力资源基础。

3. 载人航天对经济建设具有重要推动作用

目前,虽然载人航天直接经济效益还不明显,但是,载人航天活动开发的许多新技术、新产品,已经在带动传统产业技术改造,提高经济效益,促进经济建设等方面,发挥了重要作用。

人员到了太空中,可以利用太空环境进行一系列试验,这些试验将为地面生产提供技术和手段。例如,我国是世界上土豆种植大国,但是,中国的土豆质量差,"肯德基"制作土豆泥时只用美国土豆,不用中国土豆,在我国的连锁店每年消费的土豆泥、薯条,金额达数亿元。据了解,我国科研人员早就繁育出了这种专用品种的土豆,但是种薯繁育至少需要五六年的时间,产量低、成本高,农民买不起。正当我们科技人员束手无策的时候,美国人用载人航天中的空间环境控制技术解决了这些问题。如果我国领先进行载人航天,如果我们的科研人员领先掌握这种控制技术,我国的土豆生产就不会出现这种尴尬局面。

利用太空奇特的环境,建立材料加工厂、制药厂和太空育种基地等,具有巨大的经济潜力和应用效果,可以获得巨大的经济效益。

4. 载人航天是衡量国家综合国力的重要标志

在当今世界上,没有什么比载人航天更能充分展示一个国家的综合国力。实现载人航天,将飞船连同人员送入太空预定轨道,并安全地返回,如果没有高度发达的科学技术和科研能力,如果一个国家没有雄厚的经济基础和强劲的经济能力,是不可能开展的,因此,载人航天充分显示了我国的综合国力,提高了我国的国际地位和国际威望,增强了民族自豪感和凝聚力。

载人航天是一项庞大的系统工程,它包括载人飞船、运载火箭、航天员、测控通信网、发射场、着陆场及有效载荷等七个分系统。

飞船分系统设计了 116 种飞船故障模式确保航天员安全,其中火箭点火后上升段,有 8 种故障模式,飞船运行和回收段有 108 种,无论出现什么紧急情况,项项都有对策,完全可以让航天员放心;

运载火箭分系统是长征二号 F 火箭,该型火箭全长 58.34 米,起飞质量 479.8 吨,芯级直径 3.35 米,助推器直径 2.25 米,整流罩最大直径 3.8 米。它可以把重 8 吨的有效载荷送入近地点 200 千米、远地点 350 千米、倾角 42.4°~42.7°的地球轨道,以第一宇宙速度即 7.9 千米/秒的速度环绕地球飞行。它的起飞总质量为 580 多吨,由 4 万多只元器件组装而成,价值约 2 亿人民币。算上生产元件的 90 多个厂家,大约 10 万人参与了火箭的生产。

火箭由箭体结构、动力装置、控制、推进剂利用、故障检测处理、逃逸救生、遥测、外测安全、地面设备和附加系统共 10 个分系统组成:

(1) 箭体结构系统包括助推器、芯级第一级、芯级第二级、整流罩和逃逸塔,逃逸塔由头锥、配重段、4 台偏航俯仰发动机、1 台分离发动机、1 台逃逸发动机和尾裙组成,长 8.35 米;

(2) 动力装置系统由第一级发动机、第二级发动机、助推器和增压输送系统组成;

(3) 控制系统箭上部分由制导、姿态控制、时序控制分系统,电源配电分系统和飞行控制软件组成;

(4) 推进剂利用系统箭上设备由燃烧液位传感器、氧化剂液位传感器、控制器、电机驱动器、调节阀门和电缆网组成；

（5）遥测系统箭上设备由 S 波段无线传输设备、磁记录及中间装置、传感器、变换器、电池和电缆组成；

（6）外测安全系统箭上设备包括干涉仪应答机、脉冲应答机、引导航标机、安全指令接收机、逃逸指令接收机、控制器、爆炸器、引爆器等；

（7）地面设备系统包括发射、运输、吊装、加注、供气、供配电和瞄准设备组成；

（8）附件系统主要由耗尽关机信号、加注液位测量、推进剂测温、垂直度调整和地面总体综合测试网组成；

（9）故障检测处理系统和(10)逃逸救生系统是其他型号的运载火箭所没有的，只有载人发射的火箭才专门增加了这两种新系统。发射的可靠性达到 0.97（发射 100 次会有 97 次成功）；安全性是 0.997（失败 1000 次，航天员可以成功逃逸 997 次）。

这种新型火箭从 1992 年开始研制，历时 8 年，继承了长征二号火箭的主要构型，即用芯级捆绑 4 个助推器。外侧安全系统取消了姿态自毁功能。飞船通过飞船支架、船箭锁紧带与火箭第二级连接，采用分离弹簧和反推火箭、侧推火箭的分离方式保证火箭与飞船安全可靠地分离。其性能稳定性、可靠性已达到国际先进水平。

2.6.2　我国航天事业捷报频传：从神舟一号到神舟十号飞船

我国 1992 年开始实施载人飞船航天工程，从 1999 年到 2013 年，先后成功发射了 10 艘神舟号飞船。

神舟一号飞船于 1999 年 11 月 20 日 6 时 30 分发射，1999 年 11 月 21 日 3 时 41 分返回地面。这是我国第一艘模拟飞船，未搭载航天员。

神舟二号飞船于 2001 年 1 月 10 日 1 时 00 分发射，2001 年 1 月 16 日 19 时 22 分返回地面。这是我国第一艘正式飞船，未搭载航天员。

神舟三号飞船于 2002 年 3 月 25 日 22 时 15 分发射，2002 年 4 月 1 日 16 时 54 分返回地面。这是我国第一艘搭载模拟人的飞船。

神舟四号飞船于 2002 年 12 月 30 日 00 时 40 分发射，2003 年 1 月 5 日 19 时 16 分返回地面。这是我国第一艘正式模拟人飞行飞船，是在神舟一号、二号、三号飞船飞行试验成功的基础上，进一步完善研制而成的飞船，除了没有搭载人以外，其配置、功能及技术状态与载人飞船基本相同。飞船由推进舱、返回舱、轨道舱和附加段组成。

神舟五号飞船于 2003 年 10 月 15 日 9 时 00 分发射，2003 年 10 月 16 日 6 时 28 分返回地面。这是我国第一次载人飞行的飞船，杨利伟是我国第一名上天的航天员。

神舟六号飞船于 2005 年 10 月 12 日 9 时 00 分发射，2005 年 10 月 17 日 4 时 32 分返回地面，搭载 2 名航天员费俊龙、聂海胜，完成我国第一次多人多天载人飞行。

神舟七号飞船于 2008 年 9 月 25 日 21 时 10 分 4 秒发射，2008 年 9 月 28 日 17 时 37 分返回地面；搭载 3 名航天员翟志刚、刘伯明、景海鹏，翟志刚实现我国第一次太空行走。

神舟八号飞船于 2011 年 11 月 1 日 5 时 58 分 10 秒发射，2011 年 11 月 17 日 19 时 32 分返回地面。这次是搭载模拟人，实现与"天宫一号"的第一次交会对接（天宫一号于 2011 年 9 月 29 日发射升空），成为一座小型空间站。我国成为世界第三个独立掌握空间对接技术的国家。

神舟九号飞船于 2012 年 6 月 16 日 18 时 37 分 24 秒发射,2012 年 6 月 29 日 10 时 07 分返回地面。搭载 3 名航天员景海鹏、刘旺、刘洋(女)。飞船与天宫一号实现我国第一次载人手动交会对接,宇航员进入天宫一号生活了 10 余天。

神舟十号飞船于 2013 年 6 月 11 日 17 时 37 分 59 秒发射,2013 年 6 月 26 日 8 时 07 分返回地面。搭载 3 名航天员聂海胜、张晓光、王亚平(女),这是我国第一艘应用型飞船,6 月 13 日与天宫一号进行对接;6 月 20 日 10 时 04 分至 10 时 55 分,王亚平实现首次太空授课,持续 45 分钟,内容为展示并讲解太空中的失重现象等。

神舟十号飞船的成功发射标志着中国已经拥有了一个可以实际应用的天地往返运输系统。中国人向着熟悉太空、利用太空、享受太空的梦想又迈进了一大步。

建设大型空间站是中国载人航天三步走战略的第三步。我国的天宫一号在 2011 年 9 月 29 日成功发射升空,成为一座小型空间站。2016 年 9 月 15 号发射天宫二号空间实验室,10 月下旬发射神舟 11 号载人飞船和天舟一号货运飞船,并与天宫二号对接。还有其他一系列工作将陆续开展,到 2022 年,我国将全面建成自己的太空家园——空间站,它将在轨运营 10 年以上。2024 年开始,它将是浩瀚太空中唯一的空间站。美国等西方国家曾经拒绝中国参与国际空间站工作。本着"和为贵"的精神,我国代表已经在联合国宣布:本着开放、和平、共赢的外空国际合作理念,欢迎所有联合国成员国参与中国空间站,开展国际合作,携手翱翔太空。

2.6.3   与航天事业相关的其他事业

21 世纪以来,中国"经济井喷"多年,近几年"科技井喷"和"先进武器井喷"也崭露头角了。本节介绍与航天事业相关的若干其他事业。至于深海探测、铁基超导等科技成果,这里就不介绍了。航天事业的成果连续不断涌现,各行各业的科技成果层出不穷,请大家关注其新进展。

1. 嫦娥工程

发射人造地球卫星、载人航天和深空探测是人类航天活动的三大领域。登上月球,开发月球资源,建立月球基地,已成为世界航天活动的竞争热点。月球具有可供人类开发和利用的各种独特资源(包括环境资源,例如月球引力只及地球引力的 1/6),是对地球资源的重要补充和储备,将对人类社会的可持续发展产生深远影响。开展月球探测工作是我国迈出深空探测第一步的重大举措。中国探月工程叫作"嫦娥工程",绕月卫星命名为"嫦娥一号""嫦娥二号""嫦娥三号""嫦娥四号""嫦娥五号"等,实现"绕""落""回"三步走战略,并且在月球建立研究基地。

嫦娥工程自 2004 年 1 月立项,2007 年 10 月 24 日嫦娥一号在西昌卫星发射中心成功发射升空。嫦娥五号月球探测器预计在 2019 年发射,采集月球样品并返回地球,全面实现月球探测工程"三步走"战略目标。

在探月工程的基础上,中国载人登月工程计划预计在 2025 年前后实现。

2. 北斗系统

中国北斗卫星导航系统(BAIDOU Navigation Satellite System，BDS)，简称北斗系统，是中国自行研制的全球卫星导航系统。北斗系统是继美国全球定位系统(GPS)之后，与俄罗斯格洛纳斯卫星导航系统(GLONASS)、欧盟伽利略卫星导航系统(GALILEO)相继研制的卫星导航系统。四个卫星导航系统都获得了联合国卫星导航委员会的认定。

有了北斗系统，我国才可以避免受制于人，掌握空间导航的主动权。

研制北斗系统采取"三步走"发展战略：2000 年底建成北斗一号系统，为中国提供服务；2012 年底建成北斗二号系统，为亚太地区提供服务；2020 年前后，完成 35 颗卫星发射组网，建成北斗全球系统，为全球提供服务。

目前，正在运行的北斗二号系统发播 B1I 和 B2I 公开服务信号，免费向亚太地区提供公开服务。服务区为南北纬 55 度、东经 55 度到 180 度区域，定位精度优于 10 米，测速精度优于 0.2 米/秒，授时精度优于 50 纳秒。

中国始终秉持和践行"中国的北斗，世界的北斗"的发展理念。北斗系统为"一带一路"沿线及周边国家提供基本服务，积极推进国际合作。北斗系统与其他卫星导航系统携手，与各个国家、地区和国际组织一起，共同推动全球卫星导航事业发展，服务全球，造福人类。

3. "中国天眼"(FAST)

"中国天眼"为世界最大的单口径球面射电望远镜(FAST)，位于贵州省平塘县境内，2016 年 9 月 25 日竣工。它采用中国科学家独创设计和我国贵州南部喀斯特洼地的独特地形条件，建设的高灵敏度巨型射电望远镜，是单口径球面射电望远镜，其口径 500 米，有 30 个足球场大小。它的功能包括寻找暗物质、暗能量。

4. 墨子号量子科学实验卫星

中国墨子号量子科学实验卫星于 2016 年 8 月 16 日 1 时 40 分，在酒泉卫星发射中心用长征二号丁运载火箭成功发射升空，圆满成功。这是世界首颗量子科学实验卫星，标志着我国空间科学研究又迈出重要一步。它以 2500 年前中国古代科学家墨子命名。2017 年 1 月 18 日，"墨子号"圆满完成了 4 个月的在轨测试任务，正式交付使用。

中国量子卫星首席科学家潘建伟院士介绍：如果说地面量子通信构建了一张连接每个城市、每个信息传输点的"网"，那么量子科学实验卫星就像一杆将这张网射向太空的"标枪"；当这张纵横寰宇的量子通信"天地网"织就，海量信息将在其中来去如影，并且"无条件"安全。

2.7　系统工程中国学派——钱学森学派

2.7.1　系统工程中国学派的两个里程碑

系统工程中国学派——钱学森学派于 20 世纪 90 年代初形成。其标志性成果是：钱学森、于景元、戴汝为联合署名在 1990 年第 1 期《自然杂志》发表重要文章《一个科学新领域——开放的复杂巨系统及其方法论》;1992年11月13日,钱学森院士发表《关于大成智慧的谈话》,这是他与王寿云、于景元、戴汝为、汪成为、钱学敏、涂元季六人的重要谈话(这两篇重要文章见参考文献[2],108—118,175—180)。

1978年《文汇报》的重要文章《组织管理的技术——系统工程》是系统工程中国学派——钱学森学派的第一个里程碑,上面说的这两篇重要文章是第二个里程碑,标志着系统工程中国学派——钱学森学派基本形成。

"开放的复杂巨系统"这个术语及其理念,钱学森院士早在20世纪80年代就提出来了,并多次谈论它,《自然杂志》发表的这篇文章具有综合性。此后,钱学森院士又有多次论述。

系统工程中国学派是以钱学森院士为领军人物的一大批学者的杰出贡献,理所当然地称为钱学森学派。系统工程中国学派——钱学森学派,既是一个复合术语,两者也可以单独用,意思都是一样的。

一群人长期坚持某一方面的研究,形成一系列观点,发表一系列研究成果,就会形成一个学派(school)。尤其是这群人中有一位科学巨人发挥主导作用,带领大家不断向前探索,就更加容易形成一个卓越的学派。中国的系统工程就是这样。十分幸运的是,我们不但有一位科学巨人钱学森院士,而且在系统工程学术界有一群巨人和大师——包括中国科学院院士、中国工程院院士,以及其他德高望重的著名学者,例如张钟俊院士(1915—1995)、关肇直院士(1919—1982)、许国志院士(1919—2001)、柳克俊教授(1933—　)、顾基发研究员(1935—　)、于景元研究员(1937—　)等,他们团结在钱学森院士的周围,如众星拱月一般,共同研究与发展系统工程与系统科学。

钱学森院士是一位自觉运用马克思主义哲学指导自己研究工作的科学家。1985年他说:"应用马克思主义哲学指导我们的工作,这在我国是得天独厚的。……马克思主义哲学确实是一件宝贝,是一件锐利的武器。我们搞科学研究时(当然包括搞交叉科学研究),如若丢掉这件宝贝不用,实在是太傻了。"他在给一位朋友的信中说:"我近30年来一直在学习马克思主义哲学,并总是试图用马克思主义哲学指导我的工作。马克思主义哲学是智慧的源泉!"在参考文献[2]中有《基础科学研究应该接受马克思主义哲学的指导》(1989),《用马克思主义哲学来指导系统科学的工作》(1991)等文章,都强调马克思主义哲学的指导。许国志院士等学者认为,正是因为这个原因,钱学森院士在吸取国外现代科学技术进展的时候,能够去掉其中的种种局限,站得更高一些,他在许多科学问题上的认识,要比国际上超前十年甚至更多。

2.7.2　系统工程中国学派的标志性成果

系统工程中国学派获得了一系列标志性成果,形成了一系列显著的中国特色。

这里涉及另一个术语:系统工程中国模式。一般而言,中国模式是中国学派的实践形式,中国学派是中国模式的学术形式。这里介绍的标志性成果,主要是系统工程中国学派,也有几个方面属于系统工程中国模式。下面列举其荦荦大端者10个方面:

(1)钱学森院士等人对于系统工程给出了独特的睿智的定义。

(2)钱学森院士等人把系统工程定位于系统科学体系中的工程技术,它是一个总类名称,可以分为许多专业。

（3）钱学森院士等人在系统工程理论研究方面提出了一系列原创性见解。

钱学森院士等人提出的原创性见解很多，（1）（2）即是，下面再举几点：

第一，钱学森院士提出研究开放的复杂巨系统。这是基于他提出的系统分类的新方法，即按照系统的规模、复杂性与开放性等三个维度，来对各种各样的系统进行分类。

第二，什么是复杂性？钱学森院士从实际出发，从方法论角度来描述复杂性："凡现在不能用还原论方法处理的，或不宜用还原论方法处理的问题，而要用或宜用新的科学方法处理的问题，都是复杂性问题，复杂巨系统就是这类问题。"

第三，钱学森院士提出了研究开放的复杂巨系统的方法论——从定性到定量综合集成法与综合集成研讨厅体系，以及大成智慧工程与大成智慧学。

上面三点，在前面已经有所说明，在 4.4 节还要作详细介绍。

中国系统工程学会前理事长顾基发研究员与华裔英国学者朱志昌等人基于综合集成思想，1995 年提出了具有东方文化特色的"物理-事理-人理系统方法论"（Wuli-Shili-Renli System Approach），其中 Wuli-Shili-Renli（WSR）为物理-事理-人理的汉语拼音。他们指出：一个好的系统工程工作者或者管理者，应该懂物理，明事理，通人理。该方法论将在 4.5 节详细介绍。

（4）系统工程在中国受到了党和国家领导人的高度重视，这是举世无双的。

本书开卷列举的中央领导人的部分论述，足以说明这一点。在我国培养研究生的 400 多个学科中，这是独一无二的，没有其他学科受到中央领导人这么多的关注。进行国际比较，这是举世无双的。

（5）系统工程中国学派的应用研究以中国的改革开放与社会主义建设为主战场，取得了丰硕成果。

系统工程在中国家喻户晓、人人皆知，政府部门和科技界都能自觉或半自觉地运用系统工程理论与方法来研究和求解本部门本单位的重大问题，系统工程的应用成果比比皆是。中国的"经济井喷""科技井喷"与国防建设等各方面都有系统工程的贡献，成果辉煌。大的方面，例如改革开放之初提出到 20 世纪末国民经济"翻两番"的宏伟目标，中国系统工程学会就聚集力量开展战略与规划研究；小的方面，例如"菜篮子工程"成功解决了大中城市居民吃菜难的问题，企事业单位也有很多例子。现在，大学生制订自己的人生目标与发展规划，老百姓安排一次度假旅游，也纷纷运用系统工程理论与方法。

长征系列火箭与神舟系列飞船多次成功发射、开展月球探测的嫦娥工程顺利推进、北斗卫星导航系统的设计与建构、青藏铁路建设、高铁建设，以及"天眼"望远镜、墨子号量子卫星、大飞机工程等，无不闪耀着系统工程的光辉。

许多事情一开始就是自觉作为系统工程项目来做的；有一些事情尽管没有明确称为系统工程项目，实际上也是按照系统工程基本原理来做的。有一些事情做得不够满意，人们就会联想到：这是因为"不符合系统工程"，要补救还得借助于系统工程。在中国，这已经成为一种很普遍的共识。

系统工程应用研究波澜壮阔，普遍开展，无处不在，这是系统工程中国学派与系统工程中国模式的显著特色。

（6）系统工程中国学派具有实力雄厚的组织化程度较高的研究队伍。

系统工程中国学派的研究力量，有中国系统工程学会和地方的系统工程学会、中国航天系统科学与工程研究院、中国科学院系统科学研究所、上海系统科学研究院、中国系统科学研究会，以及大学的系统工程研究所等 6 个方面，这里简单介绍部分情况，详情见本书"附录B"。

中国系统工程学会于 1980 年 11 月 18 日在北京成立。钱学森院士与著名经济学家薛暮桥生前一直担任学会的名誉理事长。该学会具有很高的组织化程度。学会秘书处和学会办公室有专职工作人员，学会有多个工作委员会和 20 多个专业委员会（专业委员会还会继续增加）。学会每两年召开一届全国性学术年会，年会主题紧密联系中国改革开放的重大举措和系统工程学科的重要课题。全国 22 个省、自治区和直辖市成立了系统工程学会；一些地市县和大型企业也成立了系统工程学会，它们都与中国系统工程学会保持密切的学术联系。美国与其他西方国家都没有这样的系统工程学会体系。

中国航天系统科学与工程研究院（中国航天第十二院）是中国系统工程的一支劲旅，实力雄厚，积极开展钱学森智库建设，举办钱学森论坛（从 2016 年 4 月到 2018 年 12 月，已经举办了 17 期），做了大量研究与应用工作。2016 年 10 月在北京承办了中国系统工程学会第十九届学术年会。该研究院院长薛惠锋教授现任中国系统工程学会副理事长。

许多大学都有系统科学与系统工程的学者和研究队伍。例如，大连理工大学、上海交通大学、西安交通大学、华中科技大学、华南理工大学、暨南大学等校都有系统工程研究所，上海理工大学有系统科学系、交通系统工程系，上海交通大学有钱学森图书馆（钱永刚教授担任馆长），西安交通大学有钱学森图书馆与钱学森学院等。

（7）系统工程中国学派薪火相传，弦歌不绝，人才济济。

钱学森院士等人非常重视系统工程人才培养。1979 年 11 月，上海理工大学（当时叫作上海机械学院）成立系统工程研究所，钱学森院士亲临发表长篇讲话（见参考文献[1]，351-356）。该校在 20 世纪 80 年代初积极举办系统工程研讨班，为全国培养了系统工程第一批中青年骨干力量。在钱学森院士的直接推动下，中国人民解放军国防科学技术大学（该校于 20 世纪 70 年代由哈军工的院本部与 4 个系南迁长沙组建而成）1979 年建立七系即"数学与系统工程系"，系主任由著名数学家、副校长孙本旺教授兼任，系副主任由运筹学家许国志教授、数学家汪浩教授、计算机专家柳克俊教授担任。（后来，汪浩教授晋升国防科技大学政委，柳克俊教授调到北京担任海军装备论证中心总工程师，都是将军级的系统工程专家。）20 世纪 80 年代国务院学位委员会修订《学科专业目录》时，在钱学森院士的热心呼吁下，系统工程专业作为"试办专业"列入。由于这一举措，全国许多高校成立了系统工程研究所（研究室）或系统工程系，开设系统工程课程，举办系统工程专业，招收和培养本科生，很快又上升到培养硕士研究生和博士研究生，以及博士后与访问学者等高层次人才。系统工程作为选修课，在许多大学的管理学院为本科生和研究生开设。

1985 年钱学森院士在《关于现代领导科学与艺术的几个问题》的讲话中提出：以后解放军师级干部应达到硕士水平，军级干部应达到博士水平。当时不少人觉得高不可攀，现在，这个目标已经实现而且超越了，不少师级干部也具有博士学位，我军现代化建设向前迈进了一大步。

在我国现行的培养研究生的学科目录中，理学门类有一级学科 0711 系统科学，下设两个二级学科：071101 系统理论，071102 系统分析与集成；工学门类有二级学科 081103 系统工程；管理学门类的一级学科 1201 管理科学与工程，把系统工程作为研究领域之一，许多教授在该一级学科中培养系统工程硕士研究生和博士研究生,指导博士后与访问学者。

(8) 出版了多种系统工程学术刊物和大量的系统工程教材等图书。

系统工程学术刊物,如《系统工程理论与实践》(中国系统工程学会会刊,1981 年创刊),《系统工程学报》(中国系统工程学会主办,1985 年创刊,天津大学承办),《交通运输系统工程与信息》(中国系统工程学会主办,2001 年创刊,北京交通大学承办),《系统工程》(湖南系统工程学会会刊,1983 年创刊),《系统管理学报》(上海交通大学主办,1992 年创刊,原名为《系统工程理论方法应用》,2006 年更名)等。

系统工程图书在中国大量出版,包括翻译的外国图书、国内学者编写的系统工程教材和专著等,其中面向本科生与研究生的系统工程教材先后出版了 100 多种。

系统工程图书大量出版,说明系统工程出版业繁荣。在出版物中不乏精品,同时,有些书的质量还有待于提高,应该尽量与钱学森院士保持一致,宣扬系统工程中国学派。

(9) 钱学森院士的贡献与系统工程中国学派的成就获得国际学术界高度评价。

1979 年中美两国正式建立外交关系,是年钱学森院士荣获美国加州理工学院"杰出校友奖"(Distinguished Alumni Award)。

1989 年钱学森院士荣获国际技术与技术交流大会和国际理工研究所"W. F. 小罗克韦尔奖章"和"世界级科学与工程名人""国际理工研究所名誉成员"称号,表彰他的三大杰出贡献——其中之一就是研究与推广系统工程。这是全世界理工学界的最高荣誉,当时世界上仅有 16 名专家获此殊荣,钱学森院士是其中唯一的中国学者。

中国系统工程学会 1994 年加入国际系统研究联合会(International Federation for Systems Research,IFSR)。2002—2006 年,中国系统工程学会前理事长顾基发研究员担任IFSR 主席。

(10) 系统工程中国学派超越了美国学派与其他学派。

有人问:系统工程有没有美国学派?答曰:有的,尽管没有明确的称呼,实际上是存在的。系统工程学科是美国人在 20 世纪 50 年代中期创立的;美国人在工程系统工程应用方面做了许多工作,有许多出色的成果,例如,阿波罗登月被称为工程系统工程的范例。兰德公司(RAND,1945 年成立)开展了军事系统工程和社会系统工程方面的许多研究项目(自称为 Systems Analysis,SA,这是广义的"系统分析"),提出许多有价值的研究成果,例如,它在 1950 年研究朝鲜战争的报告中指出"中国将出兵朝鲜",已经被历史证实;20 世纪 70 年代初提出的中美建交模式被美国政府采纳运用至今。

系统工程学科引入中国之后,发展很快,后来居上,在研究的深度和运用的广度上都超过了美国。我国各级政府部门都有"发展研究中心"或"政策研究室"等机构,这些机构类似兰德公司。实际上,这些机构的人员大多学习过系统工程。相比之下,兰德公司在美国是"一家做大",我国政府部门的研究中心等机构是在全国"遍地开花"。

美国还有圣菲研究所(Santa Fe Institute,SFI),1984 年创办,位于美国新墨西哥州首府圣菲(Santa Fe)。SFI 聚焦于跨学科跨领域的复杂性研究,致力于基础研究,不从事应用研究与功利性研究。它是一个松散型组织,没有固定的研究人员,接纳访问学者。SFI 提出了复杂适应系统(complex adaptive system,CAS)理论,著名论断"适应性造就复杂性"就是其中之一。

但是,系统工程在美国没有如同钱学森院士这样的科学巨人作为领军人物,没有如同张钟俊院士、许国志院士这样的学术大师共同努力,没有如同中国的中央领导人与各级干部的大力支持。所以,美国学派在理论高度和应用广度上都不如系统工程中国学派。

放眼世界,系统工程领域的佼佼者除美国兰德公司与 SFI 外,还有罗马俱乐部(1968 年创办,总部在意大利罗马)、IIASA(国际应用系统分析研究所,1972 年创办,总部在奥地利维也纳)等,它们都有自己的风格,都可以称为一个学派,各有长处与特色,但是在研究队伍的规模上,在理论研究的深度和应用研究的广度上,都逊于系统工程中国学派。

系统工程在中国获得了巨大的成功。来日方长,"海阔凭鱼跃,天高任鸟飞",实现中华民族伟大复兴的"中国梦"、实施"一带一路"伟大倡议、推动构建人类命运共同体,为系统工程中国学派提供了广阔天地,它将大显身手!

*2.8 管理科学中国学派的研究

*2.8.1 管理科学中国学派与系统工程中国学派的关系

系统工程与管理工作、管理科学具有十分密切的关系。管理科学中国学派与系统工程中国学派也具有十分密切的关系。

钱学森、许国志、王寿云联合署名于 1978 年 9 月 27 日发表在《文汇报》的重要文章《组织管理的技术——系统工程》,其中就很关注 management science(MS),把它翻译为"经营科学"(现在有些人翻译为"管理科学"是错误的,后面将说明这个问题)。文章中说:"经营管理作为一门科学萌芽于 20 世纪初。可能第一个发明就是今天称之为"工时定额"的方法,这是关于工序管理的方法;简单地说,就是研究在一定的设备和条件下,某一道工序的最合理的加工时间。第二个发明是线条图,这是有关调度计划的,可以说是后面我们讲的"计划协调技术"(简称 PERT)的先驱。再后来出现了质量控制,在这里质量不是一个个体部件的属性,而是一个统计概念,是一批同一种部件的属性。可以看到就在这时,数理统计或数学进入了经营管理的领域。这是一件大事,因为数学这个所谓"科学的皇后"被引进到工厂经营管理这样一种"简单"的事务中。但这些都是 1940 年以前的事,当时人们还没有有意识地认识到工厂是一个系统。最能说明这个问题的是工时定额与线条图。工序是线条图的组成部分,工序与工序之间本来存在着有机联系,但在线条图中没有得到明确的反映,因而线条图没有表达出系统这个概念。只是到了 20 世纪 50 年代,出现了计划协调技术,这种关系才以网络的形式得以表达。网络是某些系统的最形象、最简洁的表达形式,它的成功应用和得到普遍承认,便是系统重要性的一个证明"。

钱学森院士在 1980 年中国科学普及部与中央电视台举办的系统工程系列讲座中,亲自讲授"系统思想和系统工程"这一讲。他说:他和许国志等学者倡导系统工程的初衷,就是利用系统思想把运筹学与管理科学统一起来,认为系统工程是组织管理的技术。

在系统工程与管理科学的众多教科书中,"系统"(system)与"组织"(organization)分别是出现频率最高的两个术语,两者作为名词在多数场合是相通的。现在"组织"一词的用途很广泛,例如经济合作与发展组织(Organization for Economic Co-operation and Development,OECD)、石油输出国组织(Organization of Petroleum Exporting Countries,OPEC)、上海合作组织(Shanghai Cooperation Organization,SCO)等,它们都是区域性或全球性的大系统、巨系统。现在"集团"(group)一词也与之类似,例如企业集团、G7、G20 等。

　　现在有一个现象:系统工程工作者认为自己是搞管理的,而有些管理工作者却不认为自己是搞系统工程的,他们没有接触过系统工程,不了解什么是系统工程。应该看到,这两部分人员的知识背景与工作经历有差异,但是,他们的共同点——做好管理工作、研究管理科学、培养管理人才更重要。两部分人员殊途同归,不应该有什么隔阂。管理工作者学习系统工程之后,就会消除对于系统工程的隔阂。他们会发现,系统工程使他们如虎添翼。另一方面,系统工程工作者应该紧密地结合实际的管理问题开展研究。这样,两方面的人员都能增长才干,把系统工程和管理工作做得更好,把管理科学研究做得更好。

　　早在 20 世纪 80 年代,钱学森与许国志两位大师就讨论过创建中国学派的事情。20 世纪 90 年代初,系统工程中国学派就已经基本形成。明确地称为"系统工程中国学派"则是在 2008 年召开的中国系统工程学会第 15 届学术年会上(见参考文献[56])。这个名称源于"管理科学中国学派"的启发。"管理科学中国学派"这个名称是国家自然科学基金委员会管理科学部在 2005 年 8 月提出的(见参考文献[27]),得到了学术界的积极响应。

　　管理科学中国学派与系统工程中国学派的关系十分密切。目前,管理科学中国学派还在深入研究与积极创建之中,还有比较长的路要走。系统工程中国学派有科学巨人钱学森院士作为领军人物,有张钟俊院士、许国志院士等一群学术大师共同努力,所以,迅速创建起来了。管理科学中国学派没有这样的有利条件,但是有另外一个有利条件:可以借助于系统工程中国学派,吸取其丰富的成果。

　　系统工程工作者应该积极开展管理科学中国学派的研究与创建工作。这是系统工程工作者的本职工作,不是"额外负担"。

　　本节内容是探讨性的。一方面是介绍研究成果,另一方面是启发思路,推动研究工作,希望读者及时把意见和建议通过电子邮件发给我们。下面 2.8.3 节提出的研究与创建现代管理科学中国学派的基本途径是"三室一厅,开拓创新"(参见图 2-5),实际上是一种具有普遍意义的科学范式,对于研究与创建经济学中国学派、社会学中国学派等也有指导意义。

　　诗云:"嘤其鸣矣,求其友声!"(《诗经·小雅·伐木》)无论是共鸣的声音,还是质疑的、争鸣的声音,都是我们期盼的友声!

*2.8.2　管理工作与管理科学基本问题探讨

1. 什么是管理

　　什么是管理? 这是管理领域中首要的基本问题,但是国内外管理学界目前对此问题的认识还不够统一。下面列举几个关于管理的命题:

　　M1. 管理就是通过别人把事情做好。

　　M2. 管理就是驱使他人去工作的艺术。

　　M3. 管理就是计划、组织、指挥、协调、控制。(亨利·法约尔)

　　M4. 管理就是决策。(司马贺)

　　M5. 管理就是优化配置资源。

M6. 管理的本质是激发善意。(彼得·德鲁克)

M7. 现代经济是一辆车子,技术与管理是它的两个轮子。

M8. 三分技术,七分管理。

M9. 三百六十行,行行有管理。

M10. 人人都是管理者,人人都是被管理者。

······

M1 是被广泛引用的,它说明管理的主体是人(管理者),管理的客体也是人(被管理者)。但是这句话把管理者与被管理者截然分开了,是不妥的。M2 与 M1 命题是同义语,但是颇有些"当官做老爷"的味道。M3 命题说明了管理的职能,这是法国人亨利·法约尔(Henri Fayol,1841—1925)的"五职能说",还有"七职能说"等。M4 命题是诺贝尔经济学奖获得者司马贺(H. 西蒙,Herbert A. Simon,1916—2001,美国人)的一句名言,他强调管理的决策职能,被称为管理科学的决策学派。M6 命题是号称"大师中的大师"的德鲁克之言,但是他说得并不确切:管理的手段之一是"激励",包含"激发善意",这是正向激励,还有负向激励即"惩罚",以"抑制恶意",把"激发善意"称为管理的本质是不妥的。

M7~M10 并不是管理的定义,而是强调管理的重要性与普遍性。在我国改革开放初期,M7 与 M8 这两句话发挥了巨大的作用,促使上上下下重视管理工作。

以上各种命题都有一定道理,所谓"仁者见仁、智者见智"。但是,M1~M6 的综合性不够,也没有揭示管理活动的本质,作为管理的定义不妥当。对于什么是管理,本书采用如下定义:

定义 1:管理活动是人类的第二类活动,它为第一类活动——作业活动服务。

人类作为地球上最高等的智能动物,其全部活动可以分为两大类:第一类活动(记为活动 I)——作业活动,第二类活动(记为活动 II)——为作业活动服务的管理活动。第二类活动是基于第一类活动而产生的。

作业活动又可以分为两类:生活的作业活动(记为 I-1)、生产的作业活动(记为 I-2)。管理活动相应地也分为两类:对于生活作业的管理活动(记为 II-1)、对于生产作业的管理活动(记为 II-2)。

表 2-2 和图 2-3 说明人类的活动与分类。

表 2-2　人类的活动与分类

第一类活动 I:作业活动(逐层次往下细分,看宋体字)							
I-1:生活				I-2:生产			
I-11:物质生活		I-12:精神生活		I-21:物质生产		I-22 精神生产	
I-111:个人	I-112:群体	I-121:个人	I-122:群体	I-211:个人	I-212:群体	I-221:个人	I-222:群体
II-111:	II-112:	II-121:	II-122:	II-211:	II-212:	II-221:	II-222:
II-11:物质生活管理		II-12:精神生活管理		II-21:物质生产管理		II-22:精神生产管理	
II-1:生活管理				II-2:生产管理			
第二类活动 II:管理活动,对第一类活动提供服务(逐层次往上细分,看楷体字)							

注:表中,I-111 为个人物质生活的作业;II-111 为个人物质生活的管理,其他的以此类推。

　　人类的生活包括物质生活和精神生活(其活动分别记为Ⅰ-11,Ⅰ-12)。物质生活的作业包括衣、食、住、行、体育活动,结婚,生儿育女等;精神生活的作业更加丰富多彩,不但包括亲情、休闲、文化娱乐、旅游、探险等活动,而且包括学习、科学研究、理想与信仰等活动。

　　生产包括物质产品的生产和精神产品的生产(其活动分别记为Ⅰ-21,Ⅰ-22)。例如农民种庄稼,工人造机器,科学家作研究,作家写文章,音乐家演奏等。

　　人类的生活作业与生产作业,形成人类社会中的各行各业,各行各业都需要管理。

　　管理活动使得作业活动有条不紊地进行,提高效率,提高效益,促进和谐。相应于作业活动的细分,管理活动可以细分为Ⅱ-11,Ⅱ-12,Ⅱ-21,Ⅱ-22,如图2-3所示。

图 2-3　人类的两类活动及其相互关系

注:图中,外圈表示管理活动,内圈表示作业活动。其中Ⅰ-11、Ⅰ-12分别为物
质生活和精神生活;Ⅰ-21、Ⅰ-22分别为物质生产和精神生产。

　　两类活动都可以继续细分下去。上述类别的细分是相对的,有些活动是跨类别的,拿体育活动来说,有些是物质活动特征明显(主要是体力活动),例如田径运动和球类运动;有些则是精神活动特征比较明显(主要是脑力活动),例如围棋比赛和象棋比赛。

　　有人类就有作业活动,有作业活动就有管理活动,管理活动的历史与人类的历史一样久远。M1~M10都可以作为定义1的演绎。

　　在人类社会中,人不但是个体的,也是群体的。群体以组织(organization)或系统(system)的形式存在。作业活动有个人的与群体的,管理活动也有个人的与群体的。定义1有两条推论:

　　推论 1:群体的管理活动称之为管理工作,这是组织中的一大类工作。

　　推论 2:组织委派某些人员专门从事管理工作,他们就成为管理工作者,简称管理者。

　　群体越大,组织结构越复杂,管理工作也就越复杂,管理者的队伍变得很庞大。

　　管理工作的基本宗旨是服务:为第一类活动服务,为员工服务,为用户服务,承担社会责任。图2-2表示两类活动的密切关系。

　　不妨把人类的活动与人类的近亲——哺乳动物的活动作一番比较。哺乳动物也具有作业活动Ⅰ-11(吃、喝、拉、撒、睡、运动、繁殖等),与人类相比一样不少,区别在于哺乳动物的作业活动只是简单的初级形态,人类的作业活动是复杂的高级形态。兔子吃草,有草就吃,没有就挨饿;老虎捕食,也是有猎物就吃,没有就挨饿。它们都是简单地向大自然索取,是纯粹的"拿来主义",不洗涤,也不烹饪。人类的吃则非常讲究:有生吃有熟吃,讲究卫生,讲究烹饪,精益求精,形成一套又一套"吃的文化"或"饮食文化"(中国的饮食文化堪称世界第一，菜肴有"八大菜系"等)。

哺乳动物只具有极其少量的精神生活Ⅰ-12，例如母子情、发情期的异性追求。人类则有家庭温暖与天伦之乐；中国有牛郎织女的爱情故事、梁山伯与祝英台式的爱情故事，欧洲有罗密欧与朱丽叶的爱情故事，还有文化娱乐和理想信仰等。全部生产活动Ⅰ-21与Ⅰ-22都是人类所特有的，某些哺乳动物有极其少量的、可以忽略不计的Ⅰ-21，例如松鼠储藏过冬的食物(老虎似乎不会)，Ⅰ-22则是都没有的。管理活动Ⅱ-1，不能说哺乳动物完全没有，例如猴群有猴王，羊群有头羊，猴王和头羊可以看作"管理者"，它们对于自己的群体进行很少的原始的"管理工作"——这种"管理工作"相对于人类而言可以忽略不计。管理活动Ⅱ-2，哺乳动物是无从谈起的。因为没有管理活动，所以，哺乳动物的作业活动谈不上什么秩序，谈不上什么效率、效益、和谐。所以可以说，第二类活动是人类所特有的，哺乳动物基本没有。正因为人类具有丰富多彩的第一类活动Ⅰ-12和复杂多样的第二类活动Ⅱ-21与Ⅱ-22，人类才得以超脱动物界。但是人类不能过分骄傲，因为即便是一些低等动物也可能有"过人之处"，例如蜂房的结构和蚁群的"社会"就令人惊叹不已。仿生学使人类从生物界学习到许多知识来改善自己。

科学研究活动既可以是科学家的生活作业，也可以是科学家的生产作业；既可以是个人行为，也可以是群体行为。艺术创作活动也是这样。

2. 什么是管理科学

有了上面管理的定义与推论，可以定义什么是"管理科学"。

定义 2：管理科学是研究管理活动规律与做好管理工作的全部知识与技能的总和，是一个内容丰富的知识体系。

图 2-4 表示了管理科学的体系结构。图中左边是管理科学的理论部分，它是具有层次结构的；图中右边是管理科学体系的实践部分，也具有层次结构，呈现金字塔形。左右图表示的两座大厦，共同构成管理科学体系。

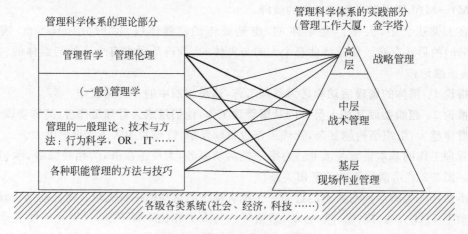

图 2-4   管理科学体系示意图

图中右边，基层管理者进行现场作业管理，高层管理者进行战略决策与战略管理，中层管理者进行承上启下的战术管理。每一层次还可以细分，尤其是中层，常常分为若干层次。

基层比较庞大,越往上越小。

　　图中左边,基层是各种职能管理的方法与技巧,包括泰勒制、TQC TQM、会计电算化、OA、MIS、CRM、ERP、SCM 等;中间层次是管理的一般理论、技术和方法,例如管理学原理(狭义的管理学)、行为科学、IT、OR、控制理论与技术等,为基层提供理论的、技术的支持;顶层是管理哲学与管理伦理。每一层次都可以细分,例如可以把管理学分出来,作为紧靠管理哲学与管理伦理的一个层次。

　　图 2-4 中左右两边是连通的。从管理科学体系的理论部分的每一层次都通向管理工作金字塔的任何层次,尤其是管理哲学与管理伦理对于所有的管理者来说,都是必不可少的思想指导。另一方面,管理工作金字塔中每一层次的实践经验加以总结都可以用来充实管理科学体系的理论部分。所以,在图 2-4 中,两边的连线都是双向作用的。右边的管理工作金字塔要趋向于扁平化,降低高度和减少层次,而左边的大厦会不断"增高",整个管理科学体系的内容将会不断丰富与发展。

　　图 2-4 左边的管理科学体系的理论部分与图 2-2 表示的系统科学体系结构的层次是对应的,只是旋转了 90 度。

　　在管理学界,"管理科学"与"管理学"两个概念谁包含谁,至今还是两种意见在争论。比照系统科学体系,应该是管理科学包含管理学,如同系统科学包含系统学一样。钱学森院士还提出:要把建筑学扩大为建筑科学,把地理学扩大为地理科学。很显然,建筑科学包含建筑学,地理科学包含地理学。类似的,还有军事科学包含军事学,教育科学包含教育学,生物科学包含生物学等。

*2.8.3　管理科学中国学派研究概述

　　管理科学中国学派的研究与创建工作,国内许多学者都在做,已经取得较大进展。本书参考文献列出了部分研究成果。

　　2005 年 8 月,国家自然科学基金委员会管理科学部发表"十一五"规划纲要,提出战略目标:奠定在未来 10～20 年中逐步建立管理科学中国学派的学科基础,得到了学术界的积极响应。有些学者在"管理科学中国学派"之前添加"现代"二字,成为"现代管理科学中国学派",使之更加具有时代气息,而且可以与古代的管理科学中国学派相区别。例如,先秦诸子(老子、孔子、墨子、孙子、韩非子等)百家争鸣、百花齐放,人人都提出了一套安邦治国和管理老百姓的思想和举措,他们实际上都是当时的管理科学家。他们形成了多个学派,成为一个庞大的学派群,就是当时的管理科学中国学派,显著地区别于同时期的希腊学派、印度学派等。

　　现代管理科学中国学派的主要特征是:
　　(1) 它是中国的:具有显著的中国特色,而且,中国人是创建该学派的主力军;
　　(2) 它是现代的:运用现代计算机和互联网技术,体现世界上最新的管理科学成就;
　　(3) 它是先进的:博采众长,推陈出新,综合集成;
　　(4) 它是世界的:具有普适性,是人类的共同财富,尤其可以为发展中国家提供借鉴;
　　(5) 它是开放的:与时俱进,具有强大的生命力,不断完善与发展,永葆青春。

　　对于特征(1)，要作一些说明。外国人对于中国的事情历来很关心，积极开展研究而且多有建树。例如，英国友人李约瑟博士（Joseph Terence Montgomery Needham，1900—1995）编写了第一部《中国科学技术史》，我们当然要感谢他"替天行道"，为中国人民做了一件大好事，但是，这件事情由中国人自己做，或者以中国人为主，外国友人参加，不是更好吗？改革开放初期，全国推广从日本引进的 TQC(Total Quality Control，全面质量管理)，后来有日本朋友交底：这是从中国学去的"鞍钢宪法"，即"两参一改三结合"（干部参加劳动，工人参加管理，改革不合理的规章制度，实行"工人、干部与技术人员三结合"），加以扩充与细化而成为 TQC 的。真可谓是"出口转内销"。美国好莱坞大片 KUNGFU Panda(《功夫熊猫》)赚取了巨额利润，KUNGFU 是中国的，Panda 是中国的，但是大片不是中国的，巨额利润当然也不是中国的……这一类故事不能重演了。研究与创建现代管理科学中国学派，欢迎外国人参加，他们的研究成果也可以纳入中国学派，但是，研究与创建工作的主体力量、主要成果应该是中国人的。我们一定不能掉以轻心。

　　研究与创建现代管理科学中国学派的底气，来自举世瞩目的"中国模式"。实践先行，理论随后。"中国学派"是"中国模式"的实践形式，"中国模式"是"中国学派"的学术形式。基于"中国模式"，研究与创建"中国学派"，这是中国学术界光荣的历史使命和难得的历史机遇，弥足珍惜。不但管理领域是这样，经济领域、社会领域等也是这样。

　　中国学派是个大学派，是个学派群。类比先秦时期的诸子百家：诸子百家是个大学派，是个学派群，其中有的是相辅相成，有的是相反相成（例如法家与儒家），都是中国学派，显著区别于希腊学派等。现代管理科学中国学派研究将会产生新的诸子百家，他们都属于中国学派。

　　有人问：有没有管理科学美国学派？答曰：有！现在流行的 management science(MS)、administration science(AS)等学术成果，就是管理科学美国学派。从泰勒到德鲁克，20 世纪的管理研究成果大多是美国人的贡献。但是，美国学派有局限性，不能照抄照搬到中国来。中国管理学界目前存在不少乱象，主要是受了美国学派的负面影响。40 年前，中国的管理研究废弛已久，管理工作比较落后，普遍患有"管理饥渴症"，对于外国的管理理论与方法采取"拿来主义"，难免良莠不分、泥沙俱下，现在需要认真鉴别和清理了。"洋为中用"作为一个基本原则与基本途径仍然要坚持，但是空间已经不大了，而且目的在于"用"，要接受实践的检验。美国学派的局限性有两个方面：一是社会性，美国的社会制度与中国大不一样；二是历史性，美国历史很短，没有农耕时代与农耕文明，美国学派是工业化时代的产物，缺乏农耕文明的温馨与和谐。工业化时代已经走到了极限地步，"后工业化时代"已经初露端倪。在后工业化时代，农耕文明将会如同凤凰涅槃一样，在一定意义上获得新生与回归。

　　一些学者提出：研究与创建现代管理科学中国学派的基本途径是"三室一厅，开拓创新"，图 2-5 是它的形象化表示。

　　"三室一厅"是指：洋为中用，古为今用，近为今用，综合集成。把"三用"比作三个研究室，其中"近为今用"是说：总结近期的经验与教训，上升到理论高度，为今天和今后所用。"一厅"即钱学森院士提出的综合集成研讨厅工作方式。

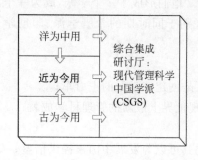

图 2-5 "三室一厅，开拓创新"的
形象化表示

所谓"近期"是指：改革开放 40 年—新中国建立以来 70 年—中国共产党成立以来的将近 100 年，还可以继续上溯：辛亥革命(1911 年)—戊戌变法(1898 年)—洋务运动(1860—1894 年)—鸦片战争(1840 年)，即中国近代史的起点。时间范围如同投石击水的波纹圈，一圈又一圈扩大，当然，越是靠近今天的时间圈研究，越是具有很强的实际意义。

"三室一厅，开拓创新"是一种科学范式，对于经济学、社会学等领域的研究也是适用的。"天降大任于斯人也"，当代中国人，尤其是学术界，应该敢于担当。

学术界还提出构建中西合璧的话语体系，这里从略，见参考文献[61]。

2.9　系统工程要为实现"中国梦"与中国的国际担当作贡献

2012 年 11 月 29 日，习近平同志说："现在，大家都在讨论中国梦，我认为，实现中华民族伟大复兴，就是中华民族近代以来最伟大的梦想。……我坚信，到中国共产党成立 100 年时全面建成小康社会的目标一定能实现，到新中国成立 100 年时建成富强民主文明和谐的社会主义现代化国家的目标一定能实现，中华民族伟大复兴的梦想一定能实现。"

2013 年 9 月和 10 月，习近平同志提出建设"新丝绸之路经济带"和"21 世纪海上丝绸之路"的战略构想，现在合称"一带一路"倡议(the Belt and Road Initiative，B&R)。"一带一路"已经连接亚、欧、非三大洲 65 个国家。

配合"一带一路"倡议的实施，习近平同志提出筹建亚洲基础设施投资银行(Asian Infrastructure Investment Bank，AIIB，简称亚投行)。2015 年 12 月 25 日，亚投行正式成立。2018 年 12 月，亚投行成员国家和地区总数扩至 93 个。其成员不但分布在亚、欧、非三大洲，还分布在北美洲(加拿大)、南美洲(巴西)、澳洲(新西兰与澳大利亚)。联合国安理会 5 个常任理事国除了美国以外都加入了亚投行。

2015 年 9 月，习近平同志在出席联合国成立 70 周年系列峰会期间，系统阐述人类命运共同体的总布局和总路径，从政治、安全、经济、文化、生态等方面，向国际社会响亮回答了"中国想要一个什么样的世界"这一重大问题，阐明了中国坚持走和平发展道路的坚定决心，展示了中国与世界一起共享繁荣的博大胸怀。

构建人类命运共同体，就是要将中国的发展机遇转变为世界的发展机遇，也将世界的发展机遇转变为中国的发展机遇，运用中国智慧、提出中国方案、使用中国力量，推动中国与世界的良性互动。中国致力于建设新型大国关系，已经与 90 多个国家和区域组织建立了不同形式的伙伴关系。人类命运共同体理念赢得国际社会普遍赞同和响应，多次写入联合国决议，进入国际话语体系。以实现"一带一路"倡议为契机，推动构建人类命运共同体。"一带一路"建设将成为人类命运共同体的试验田。地球人类必将实现天下为公，世界大同。

总揽世界大局，19 世纪及以前，英国和其他西欧国家引领全球化 1.0；20 世纪，美国引领全球化 2.0；21 世纪以来，美国呈现颓势，走向衰落，现在搞"逆全球化"，欧洲也出现"逆全球化"现象；引领全球化 3.0 的历史使命已经落在中国身上，中国担当重任。系统工程中国学派是担当历史重任的强大武器。

2.9.1 国际国内形势发生深刻变化

国际国内形势正在发生深刻变化。

21 世纪以来,我国的经济发展呈现"井喷"现象,举世惊讶。"经济井喷"现在还在继续喷发,势不可当。

1978 年,我国的经济总量(GDP)仅有 2683 亿美元,居世界第 15 位。2000 年,我国的 GDP 为 10 801 亿美元,居世界第六位。2010 年,我国的 GDP 超越日本,成为世界第二。表 2-3 把中国、美国和日本三国 2010 年、2013 年、2017 年的 GDP 进行比较分析,由表可知,中国与美国的差距迅速缩小,日本落后于中国越来越远。中国超越美国已经为期不远了。

表 2-3 中国、美国和日本的 GDP 比较分析

年份	中国 GDP/ 亿美元 (世界第二)	美国 GDP/ 亿美元 (世界第一)	中国 GDP/ 美国 GDP	日本 GDP/ 亿美元 (世界第三)	中国 GDP/ 日本 GDP
2010	5.745 133	14.624 184	39.33 %	5.390 897	106.67%
2013	9.181 377	16.799 700	54.64%	4.901 532	187.35%
2017	13.173 585	19.555 874	67.33%	4.342 164	303.46%

数据来源:IMF,网络。

大约从 2010 年开始,中国的"科技井喷""先进武器装备井喷"也开始了,而且不断加大力度。中国的综合国力、国际影响力都在不断增强。

但是,我们还必须清醒地看到存在的问题和严峻的形势。根据 IFM 的测算,2013 年中国的人均 GDP 仅 5414 美元,居世界第 89 位;美国为 48 387 美元,居世界第 14 位;日本为 45 920 美元,居世界第 18 位。2017 年中国的人均 GDP 为 8643 美元,居世界第 71 位;美国为 59 501 美元,居世界第 7 位;日本为 38 440 美元,居世界第 23 位。又,2017 年,我国香港人均 GDP 为 46 109 美元,接近第 14 位奥地利 47 290 美元;我国台湾为 24 577 美元,与第 32 位的塞浦路斯 24 577 美元相等。世界平均水平 2017 年为 10 729 美元,罗马尼亚为 10 757 美元,俄罗斯为 10 608 美元,在其上下,分别居世界第 61 位、第 62 位。

中国的发展不平衡,地区差距比较大。人与人之间的贫富差距也比较大。

中国的环境污染问题相当严重,空气、水、土地大面积污染。市场秩序比较混乱,假冒伪劣商品、有毒有害食品层出不穷,屡禁不绝。党风政纪问题比较多,干部队伍腐败现象比较严重,反腐倡廉任务艰巨。

海峡两岸还没有统一。一些地区存在不稳定因素,甚至闹地方主义、分裂主义。暴力事件、突发公共事件时有发生。

周边国际形势比较严峻,甚至比较险恶。一些国家在东海、南海等区域寻衅闹事,挑战中国的核心利益。

这些问题都是需要认真对待的。中国仍然是一个发展中国家。发展中出现的问题,必须在继续发展中解决。改革开放中出现的问题,必须在继续推进改革开放中解决。上上下下都重视了,万众一心,齐抓共管,问题总是能够解决的。

系统工程在中国已经取得了很大的成功,但是还没有实现其应有的辉煌,系统工程工作者要努力工作,实现系统工程应有的辉煌。

2.9.2　对于未来的展望

1."中国这头狮子已经醒了"

习近平主席 2014 年 3 月 27 日在法国巴黎的大会上说:"拿破仑说过,中国是一头沉睡的狮子,当这头睡狮醒来时,世界都会为之发抖。中国这头狮子已经醒了,但这是一只和平的、可亲的、文明的狮子。"

"中国梦"令中国人很鼓舞,外国朋友也很鼓舞,但是,美国和日本等一些国家的某些人很纠结,他们妄图阻挠或延缓中国梦的实现,中国的东海、南海和一些周边地区局势紧张就是明证。但是,不管别人喜欢不喜欢,中国梦是注定要实现的。

前面说了 2010—2017 年中、美、日三国经济总量的变化与格局。试问:再过 5 年会怎么样? 再过 10 年会怎么样? 西方学者预测中国经济总量跃居世界第一的年份越来越提前。"中国第一"肯定会带来一系列深刻变化。如果中国超过了美国,如果中国的经济总量达到了美国的 1.5 倍或 2 倍,美国的态度就会谦虚得多。那时,中国继续秉持泱泱大国之风度,永远不称霸,致力于构建人类命运共同体,整个世界将会比现在美好得多,和谐得多。

我们应该保持清醒的头脑:中国的人均 GDP 还比较低,10 年以后也不会太高,10 年以后,中国还会有许多问题,旧的问题解决了,新的问题又会产生,再产生、再解决,这是符合辩证法的。

现在,美国、日本等一些国家对中国的指责是没有道理的。例如,碳排放问题。中国近几年的碳排放总量比美国多一些,世界上许多人大喊大叫,把中国说成罪魁祸首,要求中国承担不适当的责任。且让我们分析一下。中国人口是美国的 4 倍,即便中国的碳排放总量是美国的 2 倍(现在只是大约 1.5 倍),中国的人均碳排放不过是美国的 1/2! 即便中国的碳排放总量是美国的 4 倍,中国的人均碳排放才不过与美国相当。世界碳排放罪魁祸首的帽子无论如何扣不到中国的头上。何况,中国作为"世界工厂",替美国和西方发达国家生产了大量的物品,所产生的碳排放理应算在他们头上,现在是中国当了"冤大头"。按道理,应该把碳排放换算为"碳消费"——谁消费什么产品,生产这件产品的碳排放就算在谁头上,不管这件产品是什么人在什么地方生产的;而且,应该计算人均碳消费,看看究竟谁的碳消费最高,应该承担什么责任?(8.9 节继续对碳排放与碳消费进行分析。)

再如军费问题。美国、日本和西方国家大吵大嚷中国的军费多,增长快,那就看看数字,做一些分析吧。据瑞典智库统计(http://www.phbang.cn/a/caijing/zonghe/2013/0420/465.html),2012 年世界各国军事支出总计 17 530 亿美元,其中美国高居首位,6820 亿美元,占美国 GDP 的 4.4%;中国位居第二,1660 亿美元,占中国 GDP 的 2%;美国军费占全世界的 38.9%,其绝对数是中国的 4.1 倍,人均数是中国的 16 倍多。各年的数字有所不同,但是,美国"独占鳌头"、压倒其他各国的情况没有改变。谁应该大幅度削减军费呢? 相比美国,中国增加一些军费有什么可以大惊小怪的呢?

大道理很明显。19 世纪"炮舰外交"的强权时代毕竟已经远去了,美国今天的霸权主义越来越推行不下去了。美国正在衰落，"无可奈何花落去"只是迟早而已，由不得美国总统怎么说；中国正在复兴，正在上升，这是谁也无法阻挡的。此长彼消，美国当世界第一还能当几年？

现在，中国的问题尽管很多，但是，相比之下，美国、日本等国的问题更多、更难办。中国的一些问题是它们制造出来的。中国现在比过去强大了一些，它们惴惴不安，就来制造麻烦，妄图消耗中国。中国现在还没有足够强大。再过 5 年、10 年，中国更加强大了，它们制造麻烦就不容易了。

2. 新的时代与新的文明正在到来

从大尺度的历史进程来看，工业化时代已经陷入困境。发达国家早就宣称自己进入了"后工业化时代"。工业化时代创造了高度的工业文明，物质财富极大地丰富了，但是，工业文明中出现了日益显著的"工业不文明"：一是环境污染，二是资源短缺乃至枯竭。举世皆然，中国比较突出。

美国是工业文明的佼佼者，但是，它的时代即将过去。新的时代正在到来，新的文明正在兴起。新的文明是生态文明，是对工业文明及其不文明的扬弃。被工业化大生产粗暴否定了的农耕文明是初级阶段的生态文明，某些方面将会涅槃，得到新生。中国具有历史悠久的高度发达的农耕文明。在工业文明方面，中国曾经错失工业革命良机，落后了，后来一次又一次进行顽强的"工业化补课"。从 1860 年开始的洋务运动是第一次"工业化补课"，1894 年被日本侵略者发动的甲午战争打断。1898 年的戊戌变法不过是"百日维新"，被强大的保守势力扑杀了。1927—1937 年又是一次全国性的工业化补课运动，被日本侵略者先后发动的"九·一八事变"(1931)与"卢沟桥事变"(1937)打断，全国进入全民抗战。1949 年新中国成立以后，学习苏联"优先发展重工业"，156 个重点建设项目奠定了中国工业化的基础。1978 年开始的改革开放，至今 40 年了，中国的工业化补课基本上大功告成，并且局部地超过西方发达国家，进入"后工业化时代"。"传承＋创新"，创造人类社会的新的文明，中国将会大有作为。

随着中华民族的伟大复兴，新时代实现了"凤凰涅槃"的中华文明将会独领风骚，给全世界以积极的巨大的影响。

3. 发展与掌控"科技双刃剑"是一项系统工程

当今世界快速而深刻的变化，充分体现在科学技术上——尤其是计算机技术、人工智能、基因工程、3D 打印等。这些变化影响着世界力量的格局，影响着中国的前途与命运，而且，影响着人的工作方式和生活习惯，影响着人的身心和人类自身的发展变化（有人预言将会出现"芯片人"，出现新的物种乃至新的人种）。

系统工程工作者操心的事情太多了，似乎是杞人忧天。现代科学已经证明：天，不可不忧，世界上有很多人在忧天。从温室效应、臭氧层破坏，到小行星撞击地球、寻找外星人（对于外星人还要有防范措施），等等，现代人之忧天，远远超越了古代的杞国人。

"科学技术是双刃剑"，这把剑越来越锋利，到处露出锋芒。谁能掌控这把双刃剑，使之兴利除弊，只行善不行恶？唯有系统工程！

系统工程风行全世界，在中国得到学术界和领导人的大力支持和积极推动，得到全民性的热烈拥护,到处开花结果,说明系统工程具有强大的魅力。

系统工程的强大魅力,在于它站在思想高地与道德高地上。系统工程强调系统观点,强调工程实践,这两条都是颠扑不破的。系统观点,就是要全面地看问题,避免片面性;就是要长远地看问题,避免急功近利;就是要谋求永续发展,不搞竭泽而渔;就是要统筹兼顾,不是"攻其一点,不及其余",等等。这些要求无疑是正确的、无可非议的,是所有的人都要努力做到的。工程实践,是人类创造财富的实际行动,改造家园的实际行动。工程实践在系统观点的指导下,两者结合起来,就可以避免违背客观规律、盲目搞什么"征服大自然"的冲动。有了这样的思想高地和道德高地,系统工程就魅力非凡。

发展与掌控科学技术这把"双刃剑"是一项意义非凡的系统工程,研究与规划人类的前途与命运更是一项意义非凡的宏大的系统工程。愿这样的系统工程做得卓有成效!

人类社会一万年以后也需要系统工程,系统工程与时俱进,永葆青春!

习题

2-1　系统工程的定义是什么?试从其他文献中再找出两种定义加以比较。

2-2　系统工程的特点是什么?

2-3　系统工程在我国的发展历程如何?

2-4　系统工程与其他学科的关系怎么样?

2-5　系统工程在现代科学技术体系中的地位是什么?

2-6　本章和第 1 章两次引用的普朗克和马克思的话是什么?谈谈体会。

2-7　中国系统工程学会的上一届和下一届学术年会在何时何地召开?年会的主题是什么?

2-8　系统工程中国学派——钱学森学派,具有哪些要点?

2-9　系统工程如何为实现中华民族伟大复兴的中国梦作贡献?

2-10　请关注管理科学中国学派研究;它与系统工程中国学派的关系如何?

2-11　请关注中国梦、"一带一路"倡议与亚投行、人类命运共同体的有关进展,并且运用系统工程基本原理进行分析。

第 3 章 系统工程若干专业简介

3.1 引言

系统工程是系统科学体系中的工程技术,是一个总类名称,它可以分为许多专业。钱学森院士 1979 年列出了表 3-1 中的 14 门系统工程专业,他说:"表中列了 14 门系统工程,其实还很不全,还会有其他的系统工程专业,因为在现在这样一个高度组织起来的社会里,复杂的系统几乎是无所不在的,任何一种社会活动都会形成一个系统,这个系统的组织建立、有效运转就成为一项系统工程。同类的系统多了,这种系统工程就会成为一门系统工程专业。所以,我们还可以再加上许多其他系统工程专业。"现在已经形成了其他若干系统工程专业,例如,中国系统工程学会下设的专业委员会已经有 27 个,还将产生更多的系统工程专业。

表 3-1 系统工程的一些专业(钱学森院士,1979 年)

系统工程的专业	专业的特有学科基础
工程系统工程	工程设计
科研系统工程	科学学
企业系统工程	生产力经济学
信息系统工程	信息学、情报学
军事系统工程	军事科学
经济系统工程	政治经济学
环境系统工程	环境科学
教育系统工程	教育学
社会(系统)工程	社会学、未来学
计量系统工程	计量学
标准系统工程	标准学
农业系统工程	农事学
行政系统工程	行政学
法治系统工程	法学

本章简要介绍工程系统工程(project systems engineering)、军事系统工程(military systems engineering)、信息系统工程(information systems engineering)

和社会系统工程(social systems engineering)等专业。工程系统工程与军事系统工程起源最早。信息系统工程是计算机技术与信息网络时代的产物,它既是一个系统工程专业,又渗透到其他各个系统工程专业之中,因为开展任何系统工程项目,都离不开信息、信息管理和管理信息系统(Management Information System,MIS)。系统工程是从工程领域和军事领域延伸和扩充到社会领域的,但是,任何工程问题和军事问题,都是社会系统之中的问题,所以,它们或多或少都带有社会系统工程的性质。下面介绍的社会系统工程,实际上是"组织管理社会主义建设的技术"。

　　现代科学技术发展很快,航天事业发展很快,军事技术发展很快,信息技术发展更快;中国坚持改革开放,经济和社会发展日新月异,举世瞩目,所以,无论是工程系统工程、军事系统工程、信息系统工程,还是社会系统工程,都发展很快,教科书要跟上描述对象的发展是很困难的,几乎是不可能的。教科书相比较现实情况,常常是滞后的。教科书的一般宗旨是,介绍有关的基本原理、基本知识,介绍已经定型的、比较成熟的、变化不大的内容,也适当介绍一些比较新的进展;同时,提醒读者关注最新进展,丰富自己的知识。本章 3.2 节—3.5 节只是作了不多的改动。3.6 节举例介绍"现代生活中的系统工程",希望能增加读者对系统工程的亲近感。

3.2　工程系统工程

　　马克思说:"一切规模较大的直接社会劳动或共同劳动,都或多或少地需要指挥,以协调个人的活动,并执行生产总体的运动——不同于这一总体的独立器官的运动所产生的各种一般职能。一个单独的提琴手是自己指挥自己,一个乐队就需要一个乐队指挥。"(《资本论》第 1 卷第 367 页)马克思的这段话精辟地阐明了组织管理工作的起源与组织管理工作的部分职能。

　　古代的能工巧匠作为个体劳动者,在生产制作的过程中,既是设计师,又是劳动者,还是管理者。随着生产规模的扩大,特别是在产业革命后出现的大工业生产中,这种三位一体的状态就不复存在了。设计和制造一部复杂的机器设备要有许多人参加,如果它的各个构件彼此不协调,即使这些构件的设计和制造从局部看是合理的、先进的,但是这部机器的总体性能可能是不合格的。因此必须有个"总设计师"来抓总,协调设计工作;必须有个"总工程师"来抓总,协调生产技术。

　　现代工程体系的规模和复杂性日益增长,出现了所谓大系统(large scale system)的工程,例如 20 世纪 40 年代,美国研制原子弹的"曼哈顿工程"参加的技术人员有 15 000 人;60年代,美国载人登月的"阿波罗计划"参加的高级工程技术人员有 42 万人。要指挥和协调规模如此巨大的社会劳动,靠一个"总设计师"或"总工程师"是不够的。他不可能精通整个系统所涉及的全部专业知识,也不可能有足够的时间来完成数量惊人的技术协调工作。我国在 20 世纪 50 年代中期开始发展国防尖端技术项目时,也碰到了同样的问题。怎样把比较笼统的初始研制要求逐步展开为成千上万个人员参加研制的具体工作? 又怎样把这些千头万绪的工作最后综合成一个技术上先进、经济上合算、研制周期短、能协调运转的实际系统,并且使这个系统成为它所从属的更大系统的有效组成部分? 这是研制任何大工程系统的基本问题。这就要求有一种组织、一个集体代替先前的单个指挥者来抓总。于是出现了"总体设计部"。

　　20世纪50年代末，我国着手实施人造卫星和运载火箭发射计划时，建立了总体设计部。总体设计部为我国人造卫星和运载火箭的研制成功作出了贡献。总体设计部由熟悉系统各方面专业知识的技术人员组成，并由知识面比较宽广的专家负责领导。总体设计部设计的是系统的"总体"，是系统的"总体方案"，是实现整个系统的"技术途径"。总体设计部一般不承担具体部件的设计，却是整个系统研制工作中必不可少的抓总单位。总体设计部把系统作为它所从属的更大系统的组成部分进行研制，对它的所有技术要求都首先从实现这个更大系统的技术协调的观点来考虑；总体设计部把系统作为若干分系统有机结合成的整体来设计，对每个分系统的要求都首先从实现整个系统技术协调的观点来考虑；总体设计部对研制过程中分系统与分系统之间的矛盾、分系统与系统之间的矛盾，都首先从总体协调的需要来选择解决方案，然后留给分系统研制单位或总体设计部自身去实施。总体设计部的实践，体现了一种科学方法，这就是系统工程。

　　下面简要介绍一下美国的北极星计划与阿波罗计划。

　　北极星计划是美国海军特种计划局1957年开始的研制北极星导弹核潜艇系统的任务。在顾问公司的协助下，创造出一种控制工程进度的先进管理方法——Program Evaluation and Review Technique(PERT，现在已经成为一个新的英语单词pert，计划协调技术或计划评审技术)。北极星计划是一项规模庞大的工程。有8家总承包公司、250家分包公司、3000家三包公司承担，其协调工作非常复杂。由于PERT和电子计算机的应用，整个任务提前两年完成。无独有偶，在此前不久，1956年美国杜邦化学公司为了协调公司内部各个业务部门之间的协作，以及为了维修设备和筹建新的化工厂，聘请顾问公司研究出Critical Path Method (CPM，关键路线法或要径法)，效果也很显著。CPM与PERT在原理上很相似，都是采用网络模型。由于PERT是军方首创，对时间进度是最关心的，而CPM是民间首创，对成本非常重视，一开始两种方法的侧重点略有差异，但是，在后来的使用与发展中，两者相互靠拢乃至融为一体，统称为PERT/CPM，在我国，科技部门称为"计划评审技术"或"计划协调技术"，民用部门和建筑公司称为"统筹法"。

　　阿波罗登月计划是举世公认的工程系统工程范例。从1961年5月至1972年12月，历时11年半，耗资300多亿美元，参加研制的美国与外国企业2万多家，大学与研究机构120所，使用大型计算机600多台，参加研制工作的人员达400多万，其中高级技术人员42万。整个计划是成功的。1969年7月21日，乘坐阿波罗11号，人类第一次登上了月球。后来发射的阿波罗飞船又多次载人登月，进行科学考察与实验。

　　表3-2是阿波罗11号宇宙飞船登月的主要环节上，计划时间与实际时间的比较。阿波罗计划也采用了PERT，并且发展成为GERT (Graphical Evaluation and Review Technique)，GERT可以处理多种复杂的随机因素。

　　阿波罗计划的成功，当然是很高的科学技术成就，但是它的总指挥韦伯说："阿波罗计划中没有一项新发明的自然科学理论和技术，而是现成技术的应用，关键在于综合。"

　　"关键在于综合"，综合即创造，综合即创新，这是系统工程的基本观点之一。

　　我国研制"两弹一星"和发展航天事业也堪称工程系统工程范例，有关材料已经发布很多，请读者自己查找和分析。

表 3-2 阿波罗 11 号宇宙飞船登月的主要环节上,计划时间与实际时间的比较

项　　目	计　划			实　际			相　差	
	日	时	分	日	时	分	小时	分钟
飞船发射	16	20	32	16	20	32		0
进入飞向月球轨道		23	16		23	16		0
进入绕月球的椭圆轨道	20	0	26	20	0	22		4
登月舱进入接近月面轨道	21	2	10	21	2	08		2
登月舱在月面登陆		3	19		3	17		2
宇航员走出登月舱踏上月面		13	19		9	56	3	23
宇航员回到登月舱		15	42		12	11	3	31
登月舱离开月面开始上升	22	0	55	22	0	55		0
宇航员进入返回地球的轨道		11	56		11	55		1
在太平洋中部坠落	24	23	51	24	23	50		1

(1969 年 7 月,按北京时间)

3.3　军事系统工程

军事系统工程是运用系统工程的理论和方法来研究军事系统的组织管理工作,其核心是军队建设和作战等问题。军队的使命是保家卫国,招之即来,来之能战,战之能胜;攻无不克,战无不胜。

电子计算机和其他电子技术在军事系统工程中发挥着越来越大的作用。电子战成为现代战争的重要组成部分。

军事系统是由许多部分构成的不可分离的整体。在人类全部的社会实践活动中,指导战争最为强调全局观念、整体观念,强调从全局出发、合理使用局部力量,最终求得全局最佳效果。在历史上,军事一直是被作为一门艺术看待的。这里所谓艺术,一是说统帅与将领们都是依靠自己的聪明才智亲自设计作战方案并直接指挥军队的,二是指这种聪明才智并不依靠科学技术。

一切技术的创立和发展都需要一定的历史条件,既要有必要,又要有可能;军事系统工程这门技术也不例外,而条件在第二次世界大战中都具备了,所以军事系统工程开始发展起来。我们来看看英、美两国的这段历史。

第二次世界大战初期,英国面临着如何抵御法西斯德国飞机轰炸的问题。当时,占领了整个欧洲的德国拥有一支强大的空军,而英国是个岛国,其东南部海岸线距离欧洲仅约 100 千米,这段距离德国飞机只需飞行 17 分钟,英国飞机要在这 17 钟之内完成预警、起飞、爬高、拦击等动作。当时英国的无线电专家沃森-瓦特(Robert Watson-Watt)研制成功一种新型无线电装置——雷达,它能在很远距离探测到来犯敌机,这样,英国部队就有时间做好反空袭工作,使英国飞机能在防空圈外、甚至在海上拦击敌机。然而,在几次防空演习中,雷达装置虽然探测到 160 千米外的飞机,但是没有一套快速传递、处理和显示信息的设备,所以探测到的信息无法有效地提供使用。这个问题使英国雷达研究人员认识到,要想成功地拦击敌机,光有探测用的雷达是不够的,还必须有一套信息传递、处理与显示设备配合使用,才能发挥英国飞机的威力。这种系统化的要求与概念,促进英国在 1940 年 8 月成立了以自然

科学家为主体的班子来研究战争中的问题。后来在美国和加拿大也纷纷成立了类似的班子。大约有总数不少于 700 名的科学家参与了涉及先进军事技术的战术研究。这种研究当时在英国称为 operational research,在美国称为 operations research,缩写都是 OR,当时的含义都是"作战研究"(现在我国翻译为"运筹学"或"作业研究")。以英国第一个 OR 小组为例,为首的是著名物理学家布拉凯持(P. M. S. Blackett),小组成员有 2 名数学家,2 名普通物理学家,1 名理论物理学家,1 名天体物理学家,3 名生理学家,1 名测量技术人员,1 名陆军军官和 1 名海军军官。这些运筹学小组的特点是跨学科性,它们运用自然科学和工程技术的方法研究防空、反潜、港口利用、商船护航、水雷布设等问题,都取得了良好的效果。美国科学家莫尔斯(P. M. Morse)与基姆伯尔(G. E. Kimball)参加了运筹小组的实际工作,战后他们出版了(1946 年内部出版,1951 年公开出版)第一本运筹学专著 *The Methods of Operations Research*,即《运筹学的方法》,对大战期间美、英等国作战运筹研究活动成果作了科学的总结。他们指出:"运筹学是为领导机关对其控制下的事务、活动采取策略而提供定量依据的科学方法,运筹学是在实行管理的领域,运用数学方法,对需要进行管理的问题进行统筹规划、作出决策的一门应用学科。"军事运筹学是军事系统工程的前身与别称。

从 20 世纪 50 年代开始,以热核武器和洲际导弹的出现为标志的现代军事手段的发展,促进了军事学术思想和作战方法发生新的变革。20 世纪 60 年代初,美国国防部长麦克纳马拉为了改变美国在战略核武器方面落后于苏联的状态,对美国的战略方针、组织机构、预算规划和武器管理进行改革,提出"计划、规划与预算系统"(the Planning,Programming and Budgeting Systems,PPBS),并取得了一定的成效。他用来实现其思想的一套方法也是军事系统工程。军事系统工程的专门机构,已成为现代化军队不可缺少的业务部门。

1991 年 1 月 17 日—2 月 28 日,发生了一场"海湾战争"(现称第一次海湾战争):以美国为首的多国联盟在联合国安理会授权下,为恢复科威特领土完整而对伊拉克进行的战争。海湾战争揭示了现代战争的基本面貌,它是高技术战争,是信息大战。在战争开始之前,利用电子技术进行战争模拟制订战略战术十分重要。

1990 年 11 月 29 日,联合国安理会通过第 678 号决议,规定 1991 年 1 月 15 日为伊拉克从科威特撤军的最后期限,伊拉克政府没有接受。1991 年 1 月 17 日凌晨,美军的空袭行动开始实施。空袭模式是,由 EF-111、EA-6B 和 EC-130H 等电子战飞机先开辟通路,担负攻击任务的 F-117、F-111DAEAF、A-6、A-10、AV-8B、F-15E、B-52 等型飞机攻击各指定目标,F-14、F-15C、F-16 和 FAA18 等飞机则担负掩护任务。日出动量达 2000～3000 架次。据美军统计,至地面进攻开始时,科威特战区伊军部队 54 万人中伤亡达 25% 以上,重装备损失达 30%～45%。1991 年 2 月 24 日当地时间凌晨 4 时整,多国部队向伊军发起了大规模诸军兵种联合进攻,将海湾战争推向了最后阶段。整个地面进攻历时 100 小时。在损失惨重的情况下,伊拉克政府无可奈何,表示接受美国提出的停火条件和愿意履行联合国安理会历次通过的有关各项决议。在此基础上,联合国安理会于 4 月 3 日以 12 票赞成、1 票反对、2 票弃权通过了海湾正式停火决议,即 687 号决议。海湾战争至此宣告结束。

据战后统计,在这场战争中,伊拉克方面参战的 43 个师共有 38 个师被重创或歼灭,6.2 万人被俘,3847 辆坦克、1450 辆装甲输送车、2917 门火炮被击毁或缴获。107 架飞机被击落、击毁或缴获。多国部队方面共有 126 人阵亡(其中美军 74 人),300 余人受伤,12 人失踪。

海湾战争是世界两极体系瓦解、冷战结束后的第一场大规模局部战争。它深刻地反映了世界在向新格局过渡时各种矛盾的变化,是这些矛盾局部激化的结果。它体现了人类社会生产力特别是科学技术的发展所引起的战争特征的革命性变化,主要是:武器装备建立在高度密集的技术基础之上;打击方式已不再以大规模毁伤为主,而是在破坏力相对降低的基础上突出打击的精确性;整个战争的范围与过程被视为一个完整的系统,战争的协同性和时间性空前突出。它也展示了新的作战手段和作战思想运用于战争而产生的作战样式的诸多新特点,主要包括:空中作战已成为一种独立作战样式;机动作战是进攻作战的基本方式;远程火力战是主要的交战手段;电子战是伴随"硬杀伤"所不可缺少的作战方式;夜战是一种富有新内涵的战斗方式。

海湾战争因多国部队在质量和技术方面占据的绝对优势,使其以高技术局部战争的代名词载入战争史册。在海湾战争中,美国动用了 12 类 50 多颗各种军用和商用卫星构成战略侦察网,为多国部队提供了 70% 的战略情报;多国部队集结了 2790 架现代化的固定翼飞机、1700 多架旋翼飞机(其中 600 多架攻击直升机),6500 余辆坦克装甲车辆以及大量自行火炮、火箭发射车、工程技术保障车辆等;多国部队虽然与伊军在数量对比上不占优势,人员比为 1/2.4,火炮数量比为 1/2.4,坦克数量比为 1/1.44,但多国部队调集的现代化装备数量却超过伊军许多倍:新式飞机数量比为 13/1,攻击直升机数量比为 16/1,在精确制导武器上多国部队拥有绝对优势。在海湾战争空中作战投掷的 8 万多吨弹药中,精确制导武器仅占总投弹量的 7%,但命中率却高达 90%;伊军共被摧毁、被俘坦克 3700 多辆,装甲车 2000 多辆。海湾战争中所体现出的技术对战争的强烈影响使海湾战争预示了另一个新时代的到来:在拥有质量优势的部队面前,单纯的数量对比已失去了意义;各种军事高技术应用导致的对信息的大量获取,也使与之对阵的敌人在战术运用方面困难重重。

海湾战争为军事系统工程提出了新方向、新课题。

中国系统工程学会设有军事系统工程专业委员会。

新的武器和军事装备不断出现,新的作战方法也不断出现,军事系统工程不断发展,请大家多加关注。

3.4　信息系统工程

3.4.1　信息系统工程的一般概念

信息系统工程是系统工程的重要分支,它运用系统工程原理和方法来开展信息系统建设与管理。信息系统工程是信息科学、系统科学、计算机科学与通信技术相结合的综合性、交叉性学科,最近 40 年来,得到了飞速的发展,它的应用的触角已深入社会生活的各个方面。包括信息系统工程在内的信息产业已成为当代社会最有生机、最有潜力的支柱产业之一。

中国系统工程学会设有信息系统工程专业委员会。

信息系统工程的含义比较广泛,包括技术领域和管理领域。我国如何实现信息化,如何以信息化带动工业化,这是信息系统工程在宏观层面首要的战略研究课题。在国家宏观战略的指导下,国家的、地区的、部门的、企事业单位的信息系统如何规划、组织、建设、运作和管理,这是一系列的信息系统工程研究课题。从技术角度来说,可以包含信息处理、通信工程、软件工程、人工智能等技术领域，但是，作为组织管理的技术，信息系统工程主要是研究各级各类管理信息系统(Management Information Systems，MIS)的构建与运作问题。

管理信息系统作为一种应用系统，在所有的企事业单位和政府部门得到了广泛的应用。管理信息系统几乎成了现代化管理的形象和代名词。一个管理信息系统的建立与运行本身就是一项系统工程。

由于信息系统是一个社会技术系统，因此，信息系统工程的研究方法不能仅限于工程技术方法。目前，信息系统工程的研究方法分为技术方法、行为方法和社会技术系统方法。

1. 技术方法

信息系统工程的技术方法研究信息系统的规范的数学模型，并侧重于系统的基础理论和技术手段。支持技术方法的学科有计算机科学、数理逻辑和运筹学。计算机科学涉及计算理论、计算方法、数据储存与访问方法；数理逻辑侧重于运用集合论、关系理论等研究信息系统的规范化方法；运筹学则强调优化组织的已选参数。

2. 行为方法

信息系统工程领域中正在成长的部分是关于行为问题的研究。许多行为问题，如系统的使用程度、系统的实施和创造设计等，不能用技术方法中采用的规范的模型来表达。需要利用行为科学的研究成果。应该重视信息系统对于个人和群体的行为、对于组织和社会的作用。需要利用心理学研究成果关注个人对信息系统的反应和人类推理的认知模型。

行为方法并不忽视技术。实际上，信息系统的技术方法经常是引发行为问题的因素。但是，行为方法的重点一般不在技术方案上，它侧重在态度、政策、行为等方面。

3. 社会技术系统方法

研究信息系统工程的人员应该了解信息系统所涉及的各个学科的观点和看法。事实上，信息系统工程的挑战性恰恰是它需要理解和包容许多不同的看法。

社会技术系统方法有助于避免对信息系统采取单纯的技术看法。例如，要正视这一现实：采用信息技术使得成本快速下降和能力迅速增强并不一定能够转化为生产率或利润的提高，同时还要从政治的角度考虑信息系统的政治影响和用途。

下面关于管理信息系统的论述，主要依据于薛华成教授主编的《管理信息系统(第5版)》(清华大学出版社，2007年)。该书已于2012年出版第6版，请参阅。

3.4.2 信息系统工程与计算机技术及信息网络的关系

信息系统工程与计算机技术及信息网络具有十分密切的关系。可以打一个比方：信息网络为信息系统工程提供了宽阔的舞台，计算机技术是信息系统工程的主要演员，信息系统工程则是演出的剧本。下面主要以管理信息系统来加以说明。

看看计算机技术的发展。计算机现在已越来越成为管理的重要工具，但是在计算机出现以前，人们已经用工具帮助运算和管理，我国发明和使用算盘已经有2600多年，算盘至今仍然是一种简单好用的算账工具。1929年出现了机械记账机。所以当第一台电子计算机于

1946 年问世以后，到 1954 年，短短几年，计算机就已用于工资计算，即用于管理了，见图 3-1。

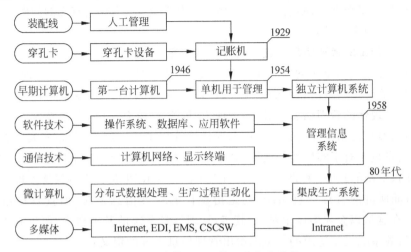

图 3-1　计算机用于管理的各个阶段

Internet—国际互联网　EDI—电子数据交换　EMS—电子会议系统

CSCSW—协同工作计算机系统　Intranet—企业内联网

从 20 世纪 70 年代末开始，管理信息系统已经和 CAD（计算机辅助设计）、CAM（计算机辅助制造）结合在一起构成统一的信息系统，叫作集成生产系统（Integrated Production Systems），我国把它称为计算机集成制造系统（Computer Integrated Manufacturing Systems，CIMS），并把它扩充为计算机集成制造和管理系统（Computer Integrated Manufacturing and Management Systems，CIMMS），这可能是 21 世纪的生产力和 21 世纪的管理系统。

20 世纪 90 年代开始，由于微机技术的进步，成本大大降低，性能大大提高，加之网络技术、多媒体技术的成熟，计算机科学在更大更深的范围对管理信息系统产生重大影响。尤其在 1993 年 9 月美国克林顿政府发布了《国家信息基础结构：行动计划》的政府报告，世界各发达国家纷纷响应，掀起信息高速公路的热潮。

信息高速公路改变了企业的外部环境，也改变着企业的内部结构。管理信息系统跨出了企业的界限。运营上推行敏捷制造（Agile Manufacturing），企业群体形成了动态联盟，以供应链系统等形式的信息系统把多个企业捆扎在一起。Internet（因特网）、EDI（电子文档交换技术）和 EMS（电子会议系统）等使这些经营方式容易实现。Internet 对企业内部的 MIS 也产生了影响，企业内联网（Intranet）成了研究的热门。Intranet 是把 Internet 的技术用于企业内部，使企业内部各种网络有了统一的界面，大大方便了使用者，使企业更容易实现无纸办公。目前计算机技术的成熟已为管理信息系统的大发展制造了良好的条件。

数学学科对管理信息系统的发展也有很大的关系。数学是关于数与形的科学，它对管理科学、运筹学和计算机的发展均起了推动作用，如今也直接对管理信息系统产生着影响。

3.4.3　管理信息系统的定义和基本概念

信息管理和管理信息系统的概念起源很早。管理信息系统是企业的神经系统。对于一个企业来说，没有计算机也有信息管理和管理信息系统，管理信息系统是任何企业不能没有的系统。所以，对于企业来说，管理信息系统只有优劣之分，不存在有无的问题。

不妨用下面两个式子来表达：

$$传统的管理信息系统 = 管理 \cap 信息 \cap 系统 \tag{3-1}$$

式子右边的"管理"是指企业的管理工作，"信息"是指实实在在的信息和当时的信息技术，"系统"是指企业管理人员的当时的系统思想（朴素的、自发的）和有关的硬件、软件。

$$现代的管理信息系统 = 管理 \cap 信息 \cap 系统 \cap 计算机技术 \tag{3-2}$$

式子右边的"管理"是指企业的管理工作和现代的管理理论，"信息"是指实实在在的信息和信息技术（信息技术有了实质性的发展），"系统"是指系统理论和企业管理人员的系统思想（经过学习的、丰富的）和有关的硬件、软件；"计算机技术"更是日新月异地发展着。

本书后面所讲的管理信息系统，均是指现代的管理信息系统，而且直接用英文缩写MIS表示。在这里以企业为谈论对象，其实，管理信息系统的基本概念、原理和方法对于学校、政府部门等系统也是适用的。下面给出管理信息系统的定义：

管理信息系统是一个以人为主导，利用计算机硬件、软件、网络通信设备以及其他办公设备，进行信息的收集、传输、加工、储存、更新和维护，以企业战略竞优、提高效率为目的，支持企业高层决策、中层控制和基层运作的集成化的人机系统。

这个定义说明，管理信息系统不仅是一个技术系统，而且是把人包括在内的人机系统，因而它是一个管理系统，也是一个社会系统。

管理信息系统正在成为一门学科，它引用其他学科的概念，把它们综合集成为一门系统性的学科。它面向管理，利用系统的观点、数学的方法和计算机应用三大要素，形成自己独特的内涵，从而形成系统型、交叉型和边缘型的学科。

管理信息系统又是一个专业，目前我国许多大学都有这个专业，香港、澳门和台湾地区的大学称为资讯管理专业。如果说其他许多专业如会计学、市场学和财务学专业等在我国均是现代化专业，而国际商务、国际贸易等均是国际化专业，那么，管理信息系统是一个未来化专业，是一个革新性专业。它所从事的工作主要在于改变世界，用科学方法和信息技术手段，在会计领域、市场领域和贸易领域等从事变革。没有这种变革的思想就不能算是一个好的管理信息系统专业人员。只有变革才能得到美好的未来，未来到处是管理信息系统的天地。

近年来，一个比较普遍的趋势是用信息系统（Information Systems，IS）代替管理信息系统。应当说，信息系统比管理信息系统有更宽的概念范围，用于管理方面的信息系统就是管理信息系统。而国外一般谈信息系统就是指管理信息系统，两者类似同义语。但在国内由于一些电子技术专业先用了信息系统的名词，主要偏重于硬件和软件技术，是和管理信息系统不同的专业，所以在国内不能简单地认为信息系统就是管理信息系统。

由管理信息系统的定义中已得到了管理信息系统的一些认识，下面以图的形式给出总体概念图，见图3-2。

管理信息系统是一个一体化系统或集成系统，就是说，管理信息系统进行企业的信息管理是从总体出发，全面考虑，保证各种职能部门共享数据，减少数据的冗余度，保证数据的兼容性和一致性。严格地说，只有信息的集中统一，信息才能成为企业的资源。数据的一体化并不限制个别功能子系统保存自己的专用数据。为保证一体化，首先，要有一个全局的系统

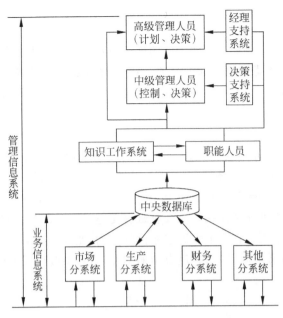

图 3-2　管理信息系统概念图

计划,每一个小系统的实现均要在这个总体计划的指导下进行;其次,通过标准、大纲和手续达到系统一体化。这样数据和程序就可以满足多个用户的要求,系统的设备也应当互相兼容,即使在分布式系统和分布式数据库的情况下,保证数据的一致性也是十分重要的。

具有集中统一规划的数据库是管理信息系统成熟的重要标志,它象征着管理信息系统是经过周密的设计而建立的,它标志着信息已集中成为资源,为各种用户所共享。数据库有自己功能完善的数据库管理系统,管理着数据的组织、输入和存取,使数据为多种用户服务。

管理信息系统用数学模型分析数据,辅助决策。只提供原始数据或者总结综合数据对管理者来说往往感到不满足,管理者希望直接给出决策的数据。为得到这种数据往往需要利用数学模型,例如联系于资源消耗的投资决策模型和联系于生产调度的调度模型等。模型可以用来发现问题,寻找可行解、非劣解和最优解。在高级的管理信息系统中,系统备有各种模型,供不同的子系统使用,这些模型的集合叫模型库。高级的智能模型能和管理者以对话的形式交换信息,从而组合模型,并提供辅助决策信息。

管理信息系统的概念是发展的。最初许多倡议者设想管理信息系统是一个单个的高度一体化的大系统,它能处理所有的组织功能。随着时间的推移,这种高度一体化的单个系统显得过于复杂,并难以实现。由于在 20 世纪 70 年代对管理信息系统过分强调集中,过分强调大而全,所以当时建立的一些管理信息系统成功的比例约占 50%。于是,管理信息系统的概念转向各子系统的联合,按照总体计划、标准和程序,根据需要,开发和实现一个个子系统。这样,一个组织不是只有一个包罗万象的大系统,而是一些相关的信息系统的集合。

有些组织所用的信息系统可能只是相关的小系统,它们均属于管理信息系统的范畴,但不是管理信息系统的全部。例如以下几个系统。

1. 统计系统

统计所研究的内容是数量数据间表面的规律,应用统计可以把数据分为较相关的和较不相关的组,它一般不考虑数据内部的性质。统计的结果把数据转换为"预信息"——还没有成为信息,它不能控制,也不能预测。因而统计系统属于低级的管理信息系统。

2. 数据更新系统

数据更新系统的早期代表是美国航空公司的 SABRE 预约订票系统。这个系统是1950—1960 年间建成的。这个系统能分配美国任一航空线上任一个航班的飞机座位。它设有 11 008 个预约点,分配 76 000 个座位,它能存取 600 000 个旅客记录和 27 000 个飞行段记录。在任何一点均可查到任一条航线航班有无空座位。但是在概念上 SABRE 系统是一个简单的数据更新系统。它既不告诉空座位的票价,更不告诉以现在的售票速度何时能将票售完,从而采取补救措施,因为它没有预测和控制,它不改变系统的行为,它也是属于低级的管理信息系统。

3. 状态报告系统

它是反映系统状态的一种系统,可以分为生产状态报告、服务状态报告和研究状态报告等系统。生产状态报告系统的代表是 IBM 公司的公用制造信息系统。美国 IBM 公司是世界著名的计算机公司。1964 年它生产出中型计算机 IBM360,把计算机的水平提高了一个台阶,但同时组织生产的管理工作也大大复杂化了。一台计算机有多达 15 000 种不同的部件,每一个部件又有若干个元件。IBM 的工厂遍布美国各地。不同的订货要求不同的部件和不同的元件,计划调度必须指出什么地方、什么工厂、生产什么部件或元件。IBM 的生产组织方式是各厂生产好规定的部件,约好同时送达用户。在用户处它们才第一次会面,然后组装。这种方式,生产装配和安装十分复杂。为了保证其正常进行,在原有管理系统上,加入任何设备都几乎无效。所以要求用一个以计算机为基础的状态报告系统。生产一台计算机整个活动要 6~12 个月,状态报告系统在此期间内监视每一部件生产的进展。在 1964 年建立了先进管理系统(AAS),它能进行 450 个业务,如订货登记、送货计划、工资和会计收入等。在 1968 年 IBM 公司又建立了公用制造信息系统(Common Manufacturing Information Systems,CMIS),运行很成功。"公用"一词的意思是报告记录的格式统一,有公用数据库使全系统的数据统一和共享。这个系统使计划调度加快,减少了库存。估计过去需用 15 周的工作,此系统只用 3 周即可完成。但是它仍然是管理信息系统的初级形式,它没有预测也没有控制功能。

存货行情系统是服务状态报告系统,它不仅反映存货的数量,而且有时间变量,它保存有最近的"指标/要价"数据。医院也广泛应用服务状态报告系统监视设备和人员的工作情况以利于紧急调度。

现代的市场要求产品不断地更新,企业越来越关心未来的产品和技术预测。但是,"十年后获利的产品,现在只能从科学家和工程师的眼中看出"。为了企业家和科学家能掌握未来,建立研究状态报告系统十分必要。这个系统的主要资料来自技术理论文章和科学报告。为了进行这种服务,美国各部均建立了一些信息系统提供资料服务。1972 年就有了 35 个系统,包括农业部、商业部、国防部和航空部等。美国国家环境卫星服务系统(NESS)不仅描述环境的状态,而且有预测功能。用以对大风暴、洪水和飓风等预测,还有数量分析和地理过程模型。1973 年政府完成了 30 万份研究报告的自动化管理系统。它可以通过国家技术信息服务系统(National Technical Information Service,NTIS)查找,及时有效地提供。政府在全国设立 100 多个办事处从事这项工作。如你租用 NTIS 报告,它能给出与你现在研究有关的报告简介,还提供参考信息如订货数、价格、人员、合作者和出版日期等。它每年可提供 200 万份文件或微文件。它的经费 20％来自政府拨款,80％自负盈亏。

4. 数据处理系统(Data Processing Systems,DPS)

数据处理系统又称作电子数据处理系统(Electronic Data Processing Systems,EDPS)或事务处理系统(Transaction Processing Systems,TPS)。

这是支持企业运行层日常操作的主要系统。它是进行日常业务的记录、汇总、综合和分类的系统。它的输入是原始单据,它的输出是分类或汇总的报表。如订货单处理、旅馆预约系统、工资系统、雇员档案系统以及领料和运输系统等。

这个系统由于处理的问题处于较低的管理层,因而问题比较结构化,也就是处理步骤较固定。其主要的操作是排序、列表、更新和生成,主要使用的运算是简单的加、减、乘、除,主要使用的人员是运行人员。

主要的 TPS 类型有销售/市场系统、制造/生产系统、财务/会计系统、人事/组织系统等。这些系统的主要功能见表 3-3。

表 3-3　TPS 系统类型

	销售/市场	制造/生产	财务/会计	人事/组织
主要功能	销售管理 市场研究 供销 定价 新产品	调度 采购 运输/接收 工程 运行	预算 总账 支票 成本会计	档案 业绩 报酬 劳动关系 培训
主要子系统	销售订货 市场研究 定价报价	材料资源计划 采购订单控制 工程计划 控制	总账 应支/应付 预算 基金管理	工资 档案 业绩 职业经历 人事计划

现代的企业若没有 TPS,简直无法工作。TPS 的故障将造成银行、超市和航空订票处的工作停止,造成极大的损失。当代的企业 TPS 所处理的数据量大得惊人,是人用手工无法完成的。例如一个银行营业所白天 8 小时所积累的业务,用手工至少加班 4 小时才能处理完,现代的计算机只需几分钟。利用计算机 TPS 系统,一个人一天可以处理 500 笔业务,如不用计算机可能要 50 人才能完成。TPS 已成为现代企业无法离开的系统。

TPS 是企业信息的生产者,其他的系统将利用它所产生的信息为企业作出更多的贡献。TPS 现在有跨越组织和部门的趋势。不同组织的 TPS 连接起来,如供应链系统和银行的清算系统相连,甚至可把这些组织结成动态联盟,因此 TPS 是企业非常重要的系统。

5. 知识工作和办公自动化系统(knowledge work and office automation systems)

随着信息社会的到来,人们的工作方式在不断变化,由主要以体力工作的方式转到主要以脑力工作的方式。知识工作成了未来企业的主要工作。知识工作者也将成为企业的主体。什么是知识工作者(knowledge workers)? 现在还没有明确的定义,一般的理解是:①这些人应有正式的大学毕业学历或学位;②他们应当有职称,如工程师、教授和医师等;③他们的工作内容主要是创造新信息。他们需要有工具、有环境和有系统支持他们的工作。

知识工作系统(Knowledge Work Systems,KWS)是支持知识工作者工作的系统。如科学和工程设计的工作站系统,又称计算机辅助设计系统(Computer Aided Design Systems,CADS),它能协助设计出新产品,产生新的信息。现在企业管理应用的协同工作计算机系统(Computer System for Collaboration Work),它允许企业中各部门如市场部、财务部和生产部的人员,在上面协同工作,然后产生一份策划或计划报告,也就是产生了新的信息。计算机辅助教学系统(Computer Aided Instruction Systems,CAIS)是支持教师工作的知识系统。知识工作系统可以大大提高知识工作的效率,缩短设计时间,改善输出的知识产品的质量。由于未来企业的效率和效益越来越依赖于知识工作,因而利用知识工作系统提高企业效率和效益得到人们越来越多的注意。

办公自动化系统(Office Automation Systems,OAS)是支持较低层次的脑力劳动者工作的系统。这些劳动者包括秘书、簿记员和办事员等,他们的工作不是创造信息,而是处理数据。所以也可以把他们称为数据工作者(data worker)。典型的办公自动化系统处理和管理文件,包括字符处理、文件印刷、数字填写、调度(通过电子日历)和通信(通过电子邮件、语音信件和可视会议等)。

知识工作者创造和生产知识,要用办公室自动化系统予以协助。更好的工具是工作站,这种工作站不仅具有文件生成能力,而且有图形和分析的能力。它们还具有很强的通信能力,可搜集各种用途的企业内部和外部的信息。现在许多工作站还能运行三维(3D)动画软件,使系统能更加逼真,达到虚拟现实(virtual reality,钱学森院士称为"灵境技术")。

知识工作系统现在是发展和增长很快的系统,将来更有前途,因而绝不要忽视它在管理上的应用,应当更好地把它和其他系统连接起来。

6. 决策支持系统(Decision Support Systems,DSS)

随着信息技术应用的深入,信息系统已不仅仅支持信息的处理,而且向上发展,支持管理的决策。要支持决策就要有分析能力和模型能力,所以决策支持系统是利用计算机分析能力和模型能力对管理决策进行支持的系统。用户可以针对管理决策的问题,建立一个模型以考查一些变量的变化对决策结果的影响。例如,用户可以观察利率的变化对一个新建制造厂的投资的影响。决策支持系统有的只提供数据支持,叫作面向数据的决策支持系统(Data Oriented DSS);有的只提供模型支持,叫作面向模型的决策支持系统(Model Based DSS),现在的决策支持系统均为既面向数据又面向模型的系统。

决策支持系统的主要特点:

① 它们的目标在于帮助解决结构不良的高层管理决策问题;

② 它们试图综合应用模型和分析技术,同时也具有传统的数据存取和检索功能;

③ 它们特别注意让不熟悉计算机的用户方便地使用,并采取交互方式;

④ 它们强调灵活性和适应性,强调 DSS 适应和跟踪用户的决策环境、方式和过程,而不是强调人适应设计者的方式和过程;

⑤ DSS 是支持而不是代替人们的认识过程。

现在 DSS 有了新的发展,主要有主管支持系统(Executive Support Systems,ESS)和群体决策支持系统(Group Decision Support Systems,GDSS)。ESS 是 DSS 功能对高层主管的剪裁,它依靠先进的存取手段,可以存取 DSS 和 MIS 数据库中的数据,而且可以存取外界包括市场行情、新的税收规定以及竞争者情况的信息等。它具有很好的图形显示能力和实用的分析能力。ESS 不仅提高主管进行决策的效率,而且提高日常办公的效率。GDSS 是支持群体进行决策的系统,这个群体可以是一个组织、一个委员会、一个工作组或是一个讨论会。GDSS 往往包含一个电子会议系统和一个协同工作的计算机系统,这种群体决策可以是同时进行或同步进行,也可以是不同时或异步进行。GDSS 是当前 DSS 发展的一个重要方面。

DSS 正朝着智能化方向发展,叫作智能决策支持系统(Intelligent Decision Support System,IDSS),主要是在原有 DSS 上加进知识库和逻辑推理能力。更高的智能,应具有学习的能力,尤其是基于案例的学习,它得到了更多的关注。

以上各种系统均是管理信息系统的一部分而不是它的全部,管理信息系统可以说是这些系统的集成。贵在集成,难在集成。管理信息系统和这些系统间的关系,见图 3-3。

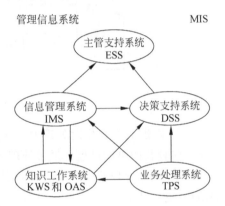

图 3-3 管理信息系统及其子系统关系图

3.4.4 管理信息系统的结构

管理信息系统的结构是指各部件的构成框架,由于对部件的不同理解就构成了不同的结构方式,其中最重要的是概念结构、功能结构、软件结构和硬件结构。

1. 管理信息系统的概念结构

从概念上看,管理信息系统由四大部件组成,即信息源、信息处理器、信息用户和信息管理者。这里,信息源是信息产生地;信息处理器担负信息的传输、加工和保存等任务;信息用户是信息的使用者,运用信息进行决策;信息管理者负责信息系统的设计实现,在实现以后,负责信息系统的运行和协调。

按照以上四大部件及其内部组织方式,管理信息系统有以下各种结构:

首先,根据各部件之间的联系可分为开环结构和闭环结构。开环结构又称无反馈结构,系统在执行一个决策的过程中不收集外部信息,并且不根据信息情况改变决策,直至产生本次决策的结果,事后的评价只供以后的决策作参考。闭环结构是在过程中不断收集信息、不断送给决策者,不断调整决策。事实上最后执行的决策已不是当初设想的决策,见图3-4。

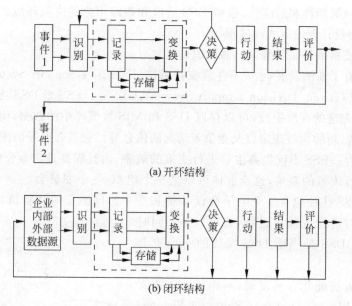

(a) 开环结构

(b) 闭环结构

图 3-4 开环与闭环控制系统

一般来说,计算机实时处理的系统均属于闭环系统,而批处理系统均属于开环系统,但对于一些较长的决策过程来说批处理系统也能构成闭环系统。

其次,根据处理的内容及决策的层次来看,我们可以把管理信息系统看成一个金字塔式的结构,见图3-5。

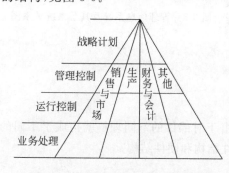

图 3-5 管理信息系统的金字塔结构

由于一般的组织管理均是分层次的,例如分为战略计划、管理控制和运行控制三层,为它们服务的信息处理与决策支持也相应分为三层,并且还有最基础的业务处理,就是打字、算账和造表等工作。由于一般管理均是按职能分条划分的,信息系统也就可以分为销售与市场、生产、财务与会计、人事及其他等。一般来说,下层的系统处理量大,上层的处理量小,所以就组成了纵横交织的金字塔结构。管理信息系统的结构又可以用子系统及它们之间的连接来描述,所以又有管理信息系统的纵向综合、横向综合以及纵横综合的概念。

大体而言,横向综合是按层划分子系统,纵向综合就是按条划分子系统,例如,把车间、科室以及总经理层的所有人事问题划分成一个子系统。纵横综合则是金字塔中任何一部分均可与任何其他部分组成子系统,达到随意组合自如使用的目的。

2. 管理信息系统的功能结构

一个管理信息系统从使用者的角度看,它总是有一个目标,具有多种功能,各种功能分别是一个子系统,子系统之间又有各种信息联系,构成一个有机结合的整体,形成一个功能结构。例如,一个企业的内部管理系统可以具有如图 3-6 所示的结构。

由图 3-6 可以看出,子系统的名称所标注的是管理的功能或职能,而不是计算机的名词。它说明管理信息系统能实现哪些功能的管理,而且说明如何划分子系统,并说明是如何连接起来的。

实际上这些子系统下面还要划分子系统,叫二级子系统。信息系统的职能结构不是组织结构。例如有一个二级子系统是职工考勤子系统,在组织结构上它可能属于生产系统,而在职能结构上它属于人事子系统。

3.管理信息系统的软件结构

支持管理信息系统各种功能的软件系统或软件模块所组成的系统结构,是管理信息系统的软件结构。一个管理系统可用一个功能/层次矩阵表示,如图 3-7 所示。

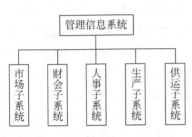

图 3-6　管理信息系统的功能结构

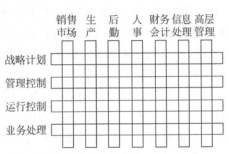

图 3-7　功能/层次矩阵

图 3-7 的每一列代表一种管理功能,图上共有 7 种。其实这些功能没有标准的分法,因组织不同而异。图中每一行表示一个管理层次,行列交叉表示一种功能子系统。下面介绍各个职能子系统的功能。

(1)销售市场子系统:它包括销售和推销。在运行控制方面包括雇用和训练销售人员、销售和推销的日常调度,还包括按区域、产品和销售数量的定期分析等。在管理控制方面,包含总的成果和市场计划的比较,它所用的信息有顾客、竞争者、竞争产品和销售力量要求等。在战略计划方面包含新市场的开发和新市场的战略,它使用的信息包含顾客分析、竞争者分析、顾客评价、收入预测、人口预测和技术预测等。

(2)生产子系统:它包括产品设计、生产设备计划、生产设备的调度和运行、生产人员的雇用和训练、质量控制和检查等。典型的业务处理是生产订货(即将成品订货展开成部件需求)、装配订货、成品票、废品票和工时票等。运行控制要求把实际进度与计划相比较,发现卡脖子环节。管理控制要求进行总进度、单位成本和单位工时消耗的计划比较。战略计划要考虑加工方法和自动化的方法。

(3)后勤子系统:它包括采购、收货、库存控制和分发。典型的业务处理包括采购征收、采购订货、制造订货、收货报告、库存票、运输票和装货票、脱库项目、超库项目、库营业额报告、卖主性能总结和运输单位性能分析等。管理控制包括每一后勤工作的实际与计划的比较,如库存水平、采购成本、出库项目和库存营业额等。战略分析包括新的分配战略分析、对卖主的新政策、"做和买"的战略、新技术信息、分配方案等。

（4）人事子系统：它包括雇用、培训、考核记录、工资和解雇等。其典型的业务处理有雇用需求的说明、工作岗位责任说明、培训说明、人员基本情况数据（学历、技术专长和经历等）、工资变化、工作小时和离职说明等。运行控制关心的是雇用、培训、终止、变化工资率和产生效果。管理控制主要进行实情与计划的比较，包括雇用数、招募费用、技术库存成分、培训费用、支付工资、工资率的分配和政府要求符合的情况。战略计划包括雇用战略和方案评价、工资、训练、收益、建筑位置以及对留用人员的分析等，把本国的人员流动、工资率、教育情况和世界的情况进行比较。

（5）财务和会计子系统：按原理说财务和会计有不同的目标，财务的目标是保证企业的财务要求，并使其花费尽可能地低。会计的目标是把财务业务分类、总结，填入标准财务报告，准备预算、成本数据的分析与分类等。运行控制关心每天的差错和异常情况报告、延迟处理的报告和未处理业务的报告等。管理控制包括预算和成本数据的分析比较，如财务资源的实际成本、处理会计数据的成本和差错率等。战略计划关心的是财力保证的长期计划、减少税收影响的长期计划、成本会计和预算系统的计划。

（6）信息处理子系统：该系统的作用是保证企业的信息需要。典型的业务处理是请求、收集数据、改变数据和程序的请求、报告硬件和软件的故障以及规划建议等。运行控制的内容包括日常任务调度、差错率和设备故障。对于新项目的开发还应当包括程序员的进展和调试时间。管理控制关心计划和实际的比较，如设备成本、全体程序员的水平、新项目的进度和计划的对比等。战略计划关心功能的组织是分散还是集中、信息系统总体计划和硬件软件的总体结构。办公自动化可以是与信息处理分开的一个子系统或者是合一的系统。当前办公自动化主要的作用是支持知识工作和文书工作。如字符处理、电子信件、电子文件以及数据与声音通信。

（7）高层管理子系统：每个组织均有一个最高领导层，如公司总经理和各职能域的副总经理组成的委员会，这个子系统主要为他们服务。其业务处理包括查询信息和支持决策、编写文件和信件便笺、向公司其他部门发送指令。运行控制层的内容包括会议进度、控制文件和联系文件。管理控制层要求各功能子系统执行计划的总结和计划的比较等。战略计划层关心公司的方向和必要的资源计划。高层战略计划要求广泛的综合的外部信息和内部信息，这里可能包括特级数据检索和分析以及决策支持系统。它所需要的外部信息可能包括竞争者的信息、区域经济指数、顾客喜好和提供的服务质量等。

4. 管理信息系统的硬件结构

管理信息系统的硬件结构说明硬件的组成及其连接方式，还要说明硬件所能达到的功能。广义而言，它还应当包括硬件的物理位置安排，如计算中心和办公室的平面安排。

硬件结构可以是用微机网，也可以是用主机终端网结构。

硬件结构还要考虑硬件的能力，例如有无实时、分时或批处理的能力等。

3.4.5　管理信息系统的开发

管理信息系统的开发是一项系统工程，有三个成功要素：合理确定系统目标、组织系统性队伍和遵循系统工程的开发步骤。这些要素均要在坚强的领导下才能完成。

首先谈谈领导问题。由于信息系统耗资巨大,历时相当长,并且是涉及管理方式变革的一项任务,因而必须主要领导亲自抓才能成功。美国的经验是信息系统之所以失败,原因是主要管理者不是参加者,而是旁观者。我国的实践也证实了这一点。因而可以说主要领导者参与其中是管理信息系统开发的先决条件。因为主要领导者最清楚自己企业的问题,最能合理地确定系统目标,他拥有实现目标的人权、财权和指挥权,他能够决定投资、调整机构和确定计算机化水平等,这是任何其他人都不能替代的。现在我国许多企业领导还缺乏管理信息系统的知识。

作为领导人员怎样领导管理信息系统的开发工作呢? 第一,领导人员应有一些管理信息系统的基本知识,能大概地知道计算机原理和其功能,以及它包括的主要设备;第二,领导人员最主要的应有提高自己企业管理水平的思想和运用现代管理科学的设想;第三,领导人员要懂得管理信息系统的开发步骤和每步的主要工作;第四,领导者要会用人,会组织队伍。

领导者推动管理信息系统的第一步是建立一个信息系统委员会,信息系统委员会是领导者的主要咨询机构,又是信息系统开发的最高决策机构,其人员包括对信息系统要求较多的各级管理组织的主要负责人,如财务科、计划科和销售科等。还包括一些有经验的管理专家,例如掌握预测技术和计划技术的专家。还应包括信息系统的系统分析员。信息系统委员会的主要工作是确定系统目标、审核和批准系统方案、验收和鉴定系统以及组建各种开发组织。

在信息系统委员会的领导下要建立一个系统规划组或系统分析组,简称系统组。系统组应有各行各业的专家,如管理专家、计划专家、系统分析员、运筹专家和计算机专家等。这支队伍可以由本单位抽人组成,如宝钢这样的大企业做到的那样。也可以请外单位的人,如请科研单位、大专院校、咨询公司派出专家和本单位专家结合组成。这样既可以摆脱主观偏见,吸收新鲜思想,又可以避免系统建成后人浮于事而造成负担。

组建队伍后,如果是进行全厂信息系统开发,则应首先进行全系统的规划,系统规划是全面的长期的计划,在规划的指导下就可以进行一个个项目的开发,见图 3-8,它画出了系统开发的各个步骤。

系统规划制定完成以后,就可根据规划的要求组织一个个项目的开发。每个项目的开发均可由四个阶段来完成,即系统分析、系统设计、系统实现和系统评价。这四个阶段组成一个生命周期。这个周期是周而复始进行的,一个系统开发完成以后就不断地评价和积累问题,积累到一定程度就要重新进行系统分析,开始一个新的生命周期。一般来说,不管系统运行得好坏,每隔 3～5 年也要进行新的一轮的开发。当然对过了几年以后的系统规划也要修订。

系统规划的主要内容包括企业目标的确定、解决目标的方式的确定、信息系统目标的确定、信息系统主要结构的确定、工程项目的确定及可

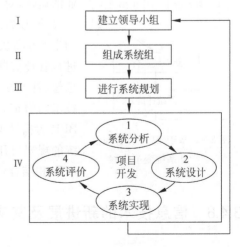

图 3-8　信息系统开发步骤

行性研究等。

系统分析的内容包括数据的收集、数据的分析、系统数据流程图的确定以及系统方案的确定等。

系统设计包括计算机系统流程图和程序流程图的确定、编码、输入输出设计、文件设计和程序设计等。

系统实现包括机器的购买、安装、程序调试、系统的切换以及系统的运行和维护等。

系统评价包括建成时的评价和运行后的评价、发现问题并提出系统更新的请求等。

在这些步骤中值得注意的有以下几点：

(1) 系统分析占了很大的工作量。只有分析得好，计划得好，以后的设计才能少走弯路。那种不重视分析，只想马上动手设计的做法是要不得的。

(2) 开发信息系统不应当把买机器放在第一位。因为只有在进行系统分析以后，才知道买什么样的计算机，买多少台。大的系统开发周期可能长达 3 年，现代计算机差不多 5 年换一代，微型机 3 年换一代，或者说 3 年以后的价格要比原来的少一半，如果一开始就买机器，没等用上动折旧了许多，实在不划算。

(3) 程序的编写要在很晚才进行。程序编写要在系统分析和设计阶段以后，弄清楚要干什么和怎么干的情况下，而且有了严格的说明时才好进行。若一开始就编程序，可能会编得不合要求，以后改不胜改，反而会浪费人力和时间。

某些企业领导对花钱买设备比较舍得，感到看得见摸得着；而投资搞规划搞软件，却舍不得。随着信息社会的到来，硬件的价格在下降，软件价格在上升，已逐渐达到对等的地步。一个开发人员的费用已大大提高了。1997 年年初，国内正规公司一个开发人员的年产值达到 10 万元。就是说，如果一个软件要 10 个人 1 年才能完成，则这个软件的价值为 100 万

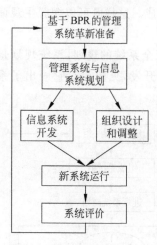

图 3-9　基于 BPR 的管理信息系统变革步骤

元。这是对单件生产而言，如果是软件产品，当然每个产品的价格将大大下降。

管理信息系统的开发要和企业的变革同时进行，现在这个趋势更加明显。"业务流程再造"（Business Process Reengineering，BPR）体现了这一点。BPR 是以过程的观点来看待企业的运作，对企业运作的合理性进行根本性的再思考和彻底的再设计，以组织和信息技术为使能器（enabler），以求企业的劳动生产率等关键的指标得到巨大的改善和提高。这就是说，在进行管理信息系统的规划和系统分析的时候，首先要考虑管理思想、管理方法、管理组织以及管理系统的变革，充分考虑信息技术的潜能，以达到系统的开发效果，使之合理性最大。以BPR 为指导思想进行管理系统的变革，才能更好地进行信息系统的规划与开发，因此现在的信息系统开发，趋向与企业进行BPR 相结合，如图 3-9 所示。

3.4.6　信息技术的新进展及其应用

信息系统工程与信息技术密切相关，信息技术的发展日新月异，令人目不暇接。人工智

能(Artificial Intelligence,AI)已经在 1.1.2 节作了简单介绍,这里介绍大数据与云计算、"互联网＋"、物联网、两化融合。它们的发展变化,以及更多的内容,请读者自行关注。

1. 大数据和云计算

21 世纪初,大数据(big data)与云计算(cloud computing)等新概念相继出现。

大数据具有 4 个基本特征:

(1) 数据体量巨大。百度资料表明,其新首页导航每天需要提供的数据超过 1.5PB(1PB＝1024TB,1TB＝1024 GB),这些数据如果打印出来将超过 5 千亿张 A4 纸。有资料说,到目前为止,人类生产的所有印刷材料的数据量仅为 200PB。

(2) 数据类型多样。现在的数据类型不仅是文本形式,更多的是图片、视频、音频、地理位置信息等多类型的数据,个性化数据占绝对多数。

(3) 处理速度快。数据处理遵循"1 秒定律",可从各种类型的数据中快速获得高价值的信息。

(4) 价值密度低。以视频为例,1 小时的视频,在不间断的监控过程中有用的数据可能只有 1～2 秒。

IBM 公司把大数据的特点归纳为 5V:Volume(大量)、Velocity(高速)、Variety(多样)、Value(低价值密度)、Veracity(真实性)。

云计算的"云",是网络与互联网的一种比喻说法。过去在图形中用云来表示电信网,后来也用来表示互联网。

云计算是基于互联网的计算,用户通过计算机、手机等方式接入数据中心,按自己的需求进行运算。云计算目前已经达到每秒 10 万亿次的运算能力。拥有这么强大的计算能力,可以模拟核爆炸、预测气候变化和市场发展趋势。

大数据与云计算相结合,是信息系统工程的新进展之一。对于处理交通事故、公安局破案等,发挥了巨大作用,使得"天网恢恢,疏而不漏"成为现实。

2. "互联网＋"

"互联网＋"(Internet plus)于 2012 年提出。通俗地说,"互联网＋"就是"互联网与各个传统行业相加",即利用信息通信技术以及互联网平台,让互联网与传统行业进行深度融合,创造新的业态。这是基于信息系统工程的一个系统工程集群,包括多个工程系统工程、经济系统工程与社会系统工程等。

"互联网＋"有六大特征:

(1) 跨界融合。"＋"就是开放、变革、融合。融合包括身份的融合,客户消费转化为投资,伙伴参与创新等。

(2) 创新驱动。粗放的资源驱动型增长方式难以为继,必须转变到创新驱动发展的道路上来。

(3) 重塑结构。信息革命、全球化、互联网打破了原有的社会结构、经济结构、地缘结构、文化结构,权力、规则、话语权不断发生变化,重塑新的结构。

(4) 尊重人性。人性的光辉是推动科技进步、经济增长、社会进步、文化繁荣的根本性力量,互联网可以实现对人性的高度尊重,发挥人的创造性。

（5）连接一切。连接是有层次的，可连接性是有差异的，连接的价值可以大幅度提高，连接一切是"互联网＋"的目标。

（6）开放生态。生态系统在这里是广义的，不但指自然界的生态系统，而且推广到社会系统（又称为"业态"）。推进"互联网＋"，就是要把过去制约创新的环节化解掉，把孤岛式创新连接起来，营造新的生态，让创业者有机会实现巨大的价值。

移动互联网（Mobile Internet）是互联网的新发展，它将移动通信和互联网结合起来，是互联网的技术、平台、商业模式和应用与移动通信技术结合并实践的活动的总称。

手机是移动互联网时代的主要终端载体，根据手机及手机应用的特点，移动互联网主要有以下一些特性：

（1）随时随地性。手机是随身携带的物品，因而具备随时随地性。

（2）个人私密性。每部手机属于一个人，都是个人使用的，相对于 PC 用户，更具有个人私密性。

（3）服务个性化。不管是通过基站定位、GPS 定位还是混合定位，都可以获取手机使用者的位置，提供个性化服务。

（4）真实关系特征。手机上的通讯录用户关系是最真实的社会关系，随着手机应用从娱乐化转向实用化，基于通讯录的各种应用也将成为移动互联网新的增长点，在确保各种隐私保护之后的联网，将会产生更多的创新型应用。

（5）终端多样化。众多的手机操作系统、分辨率、处理器，造就了形形色色的终端，一个优秀的产品要想拥有更多的用户，就需要更多考虑终端兼容。

移动互联网的这些特性区别于传统互联网，移动互联网不断产生新产品、新应用、新的商业模式。移动互联网继承了桌面互联网的优越性，又具有实时性、隐私性、便携性、准确性、可定位的特点。

现在的手机是第 4 代移动通信技术（4G），第 5 代移动通信技术（5G）的应用即将到来。

2014 年 11 月，李克强总理出席首届世界互联网大会（World Internet Conference）时指出：互联网是大众创业、万众创新的新工具。大众创业、万众创新，被称作中国经济提质增效升级的"新引擎"。浙江乌镇是世界互联网大会永久会址。

2015 年 3 月 5 日在十二届全国人大三次会议上，李克强总理在政府工作报告中首次提出"互联网＋"行动计划，他说："制定'互联网＋'行动计划，推动移动互联网、云计算、大数据、物联网等与现代制造业结合，促进电子商务、工业互联网和互联网金融（ITFIN）健康发展，引导互联网企业拓展国际市场。"

2015 年 7 月 4 日，李克强总理签批、国务院印发《关于积极推进"互联网＋"行动的指导意见》。这是推动互联网由消费领域向生产领域拓展，加速提升产业发展水平，增强各行业创新能力，构筑经济社会发展新优势和新动能的重要举措。

2015 年 12 月 16 日，在第二届世界互联网大会的"互联网＋"论坛上，中国互联网发展基金会联合百度、阿里巴巴、腾讯共同发起倡议，成立"中国互联网＋联盟"。

3. 物联网

物联网（Internet of things，IoT）是新一代信息技术的重要组成部分，也是信息化时代的重要发展阶段。顾名思义，物联网就是物物相连的互联网。它有两层含义：其一，物联网的核心和基础是互联网,是在互联网基础上的延伸和扩展的网络;其二,其用户端延伸和扩展到了任何物品与物品之间进行信息交换和通信。物联网通过智能感知、识别技术与普适计算等通信感知技术,广泛应用于网络的融合中,被称为继计算机、互联网之后世界信息产业发展的第三次浪潮。

2012 年 2 月 14 日,工信部颁布中国的第一个物联网五年规划——《物联网"十二五"发展规划》。

2012 年中国物联网产业市场规模达到 3650 亿元,比上年增长 38.6%。从智能安防到智能电网,从二维码普及到"智慧城市"落地,物联网四处开花,悄然影响人们的生活。专家指出,伴随着技术的进步和相关配套的完善,在未来几年,技术与标准国产化、运营与管理体系化、产业草根化将成为我国物联网发展的三大趋势。

物联网现在需要解决的是"最后 100 米"的问题。在"最后 100 米"可连接设备的密度远远超过"最后 1 公里",特别是在家庭。家庭物联网应用(即智能家居)已经成为各国物联网企业全力抢占的制高点。

4. 两化融合

两化融合是我国信息化与工业化的高层次深度结合,是以信息化带动工业化、以工业化促进信息化,走新型工业化道路。

两化融合包括技术融合、产品融合、业务融合、产业衍生等四个方面。

(1) 技术融合是指工业技术与信息技术的融合,产生新的技术,推动技术创新。例如,汽车制造技术和电子技术融合产生的汽车电子技术,工业和计算机控制技术融合产生的工业控制技术。

(2) 产品融合是指电子信息技术或产品渗透到产品中,增加产品的技术含量。例如,普通机床加上数控系统之后就变成了数控机床,传统家电采用了智能化技术之后就变成了智能家电,普通飞机模型增加控制芯片之后就成了遥控飞机。信息技术含量的提高使产品的附加值大大提高。

(3) 业务融合是指信息技术应用到企业研发设计、生产制造、经营管理、市场营销等各个环节,推动企业业务创新和管理升级。例如,计算机管理方式改变了传统手工台账,极大地提高了管理效率;信息技术应用提高了生产自动化、智能化程度,生产效率大大提高;网络营销成为一种新的市场营销方式,受众大量增加,营销成本大大降低。

(4) 产业衍生是指两化融合可以催生出的新产业,形成一些新兴业态,如工业电子、工业软件、工业信息服务业。工业电子包括机械电子、汽车电子、船舶电子、航空电子等。工业软件包括工业设计软件、工业控制软件等;工业信息服务业包括工业企业 B2B 电子商务、工业原材料或产成品大宗交易、工业企业信息化咨询等。

两化融合的理论逐渐成熟,两化融合的实践不断深入。我国拥有全世界数量最多的研究人员,拥有全世界最多的网络用户,信息资源首屈一指,开发潜力巨大。资源不仅仅是水和能源等实物资源,信息也是资源,有效利用就可以占领未来发展的先机。例如,在医疗领域,我国的医院承载了全世界数量最多的病人,病例资源丰富,研究丰富的病例资料,可以促进医药产业与医疗卫生事业的发展。

3.5　社会系统工程

周恩来总理生前曾殷切期望把我国在工程系统工程中的"总体设计部"模式运用到国民经济建设中。改革开放以来,党和国家的几任主要领导人都非常重视系统工程,推动系统工程的研究工作,希望运用系统工程的理论与方法解决我国改革开放和建立社会主义市场经济体制中的各种重大问题。

1979年初,钱学森、乌家培联名发表重要文章《组织管理社会主义建设的技术——社会工程》,他们指出:把系统工程应用于社会经济系统,发展社会系统工程,简称"社会工程";社会工程的对象不是一个工厂、一个企业或一个公司这样的小系统,也不是全国或大区的铁路自动调度系统、电力调节系统和通信系统这样的大系统,而是整个社会、整个国家范围宏观经济运动这样的巨系统,是最高层次的系统。因此,社会系统工程是最艰深的一门系统工程。

任何一门系统工程的实践,都需要总体设计部,社会系统工程更需要总体设计部。1980年3月,钱学森院士在一次学术报告中提出了建立国民经济总体设计机构以实现社会工程的主张。这是由自然科学家、社会科学家、工程技术专家相结合的一种科学技术组织,它根据国家目标,利用科学技术的最新成就,设计出包括工业、农业、交通运输、通信、能源、教育、科学技术、文化、人口、国防以及人民生活的最佳建设方案,供国家权力机构决策参考。准确的经济、社会和科学技术发展的统计数据,大容量高速运算的电子计算机,是实践社会工程的物质基础;运筹学、控制论、社会学、政治经济学、部门经济学、技术经济学、科学学和未来学等,是实践社会工程的理论基础。正确建立宏观经济的数学模型,把数学模型和拟议的建设方案或改进措施结合起来,在电子计算机上进行社会主义建设的仿真试验;从仿真试验的结果中,选出两个以上实现经济、社会协调发展的方案,供国家权力机构审查、决策;在建设规划和计划实施过程中,根据执行情况和政治、经济、科技的新发展,及时进行新的计算分析,提出调整规划和计划的报告,等等,这就是社会系统工程大致的实践过程。

今天,有了发达的计算机技术和信息网络,社会系统工程的实践就有了很大的可能。

钱学森院士还详细地阐述了社会形态和我国社会主义建设四大领域、九个方面,如下所述。

社会形态是一定历史时期的社会经济制度、政治制度和思想文化体系的总称,是一定历史阶段上,生产力和生产关系、经济基础和上层建筑的具体的、历史的统一。钱学森院士根据社会形态这个概念从整体上研究了社会主义建设的系统结构、组织管理问题,提出社会系统工程及其实践形式。

把社会形态的概念和社会系统结合起来,尽管社会系统很复杂,但从宏观角度看,这样复杂的社会系统,其社会形态,最基本的方面有三个,这就是经济的社会形态、政治的社会形态和意识的社会形态。经济的社会形态指经济制度,包含社会生产方式(生产、分配、交换和消费方式)和经济制度等;政治的社会形态指社会政治制度,包含国家政权性质、管理体制和法律制度等;意识的社会形态指思想文化体系,包含哲学、宗教、伦理道德以及教育、科技、文学艺术等。社会形态三个侧面相互联系、相互作用、相互影响,从而构成一个社会的有机整体,形成社会系统结构。按照马克思列宁主义理论,经济的社会形态是基础,它决定了政治的社会形态和意识的社会形态。意识的社会形态不仅受经济的社会形态的影响,而且还受政治的社会形态的制约。同时,意识的社会形态对政治的社会形态和经济的社会形态又有相对独立性和能动的反馈作用。政治的社会形态对经济的社会形态有强大的反作用。

从社会发展和文明建设来看,相应于社会形态的三个侧面,也有三种文明建设,这就是经济建设即物质文明建设,政治建设即政治文明建设,思想文化建设即精神文明建设。结合我国社会实际情况,钱学森提出了我国社会主义建设的系统结构。

(1) 社会主义物质文明建设,包含科技建设、人民体质建设。

(2) 社会主义精神文明建设,包含思想建设、文化建设。

(3) 社会主义政治文明建设(通称民主与法制建设),包含民主建设、法制建设、政体建设。这就是我国社会主义文明建设的三个方面。但国家和社会发展还要受到所处地理环境的影响,这就是系统科学讲的系统与其环境的关系。社会系统的环境是地理系统,为使社会系统和地理系统协调发展,必须进行地理系统建设,即地理建设。

(4) 我国社会系统环境建设就是社会主义地理建设,包含基础设施建设、环境保护和生态建设。

综合起来,我国社会主义现代化建设包含上述社会主义三个文明建设和地理建设,共四大领域、九个方面。在这九个方面中,科技建设是中心,体现了邓小平提出的经济建设为中心和科学技术是第一生产力的思想。

由于社会形态三个侧面相互联系,社会主义三个文明建设之间也相互联系、相互影响、相互作用。物质文明建设是基础,决定和制约着政治文明和经济文明建设;同时,精神文明和政治文明建设对物质建设又能产生巨大反作用,既可能起推动作用,也可能起阻碍甚至破坏作用,它们是物质文明建设的精神动力,并决定着物质文明建设的方向与速度。地理建设为社会主义物质文明建设提供持续而稳定的物质基础和优良的环境条件,也就是当今全人类共同关心的可持续发展。

按照系统理论,系统组分之间以及系统与环境之间只有相互协调,才能获得最好的整体功能。从这个角度来看,社会主义三个文明建设之间必须协调发展,形成良性循环,才能使我国社会主义建设的速度更快、效率更高、效益更大。反之,如果不协调,社会主义建设就会受到影响,甚至造成巨大损失。我国的改革开放,从根本上说,就是改革那些影响四大领域、九个方面建设以及它们之间不协调发展的体制与机制。

如何才能使四大领域建设协调发展,这既需要科学的理论,又需要实践的技术。从理论方面看,首先是马克思主义哲学的指导作用,还需要有研究整个社会的学问——社会学,研究经济的社会形态即物质文明建设的学问——经济学,研究政治的社会形态即政治文明建设的学问——政治学,研究意识的社会形态即精神文明建设的学问——精神文明学,研究地理系统的学科——地理科学。由于社会系统、地理系统都是开放的复杂巨系统,因此需要系统科学和数学科学等,这是从大的方面来说的。如果细分,可以说进行社会主义现代化建设需要整个现代科学技术体系的全部知识。

中国的社会主义建设是一项极为复杂的社会系统工程,改革开放也是一项极为复杂的社会系统工程。

以全人类共同关心的可持续发展问题来看,长期以来人类对自然界采取索取和征服的态度,以至于提出向大自然宣战。但实践和科学理论的发展,终于使人们明白了人类与自然之间应该是协调发展的关系,不是一味索取,不能只顾今天不管明天和后天,否则人类的生存都将受到威胁,更谈不上发展了。正是认识到这一点,世界各国政府首脑1992年在巴西召开的联合国环境与发展大会上,提出了实现可持续发展的行动纲领,得到了与会各国的一致赞同和大力支持。会后,我国及时制定了《中国21世纪议程》,可持续发展已经成为我国的发展战略之一。

2003年以来,落实科学发展观,建设资源节约型社会、环境友好型社会、循环经济、绿色经济、低碳经济、和谐社会等理念和目标被提出来,成为重大国策,这些都是社会系统工程的内容。中央领导人明确指出:"落实科学发展观,是一项系统工程,不仅涉及经济社会发展的方方面面,而且涉及经济活动、社会活动和自然界的复杂关系,涉及人与经济社会环境、自然环境的相互作用。这就需要我们采用系统科学的方法来分析、解决问题,从多因素、多层次、多方面入手研究经济社会发展和社会形态、自然形态的大系统";"构建社会主义和谐社会,是一项艰巨复杂的系统工程,需要全党全社会长期坚持不懈地努力",等等。

2012年11月,党的十八大报告指出,建设中国特色社会主义,总布局是经济建设、政治建设、文化建设、社会建设、生态文明建设五位一体。五位一体总布局是一个有机整体,其中经济建设是根本,政治建设是保证,文化建设是灵魂,社会建设是条件,生态文明建设是基础。只有坚持五位一体建设全面推进、协调发展,才能形成经济富裕、政治民主、文化繁荣、社会公平、生态良好的发展格局,把我国建设成为富强民主文明和谐的社会主义现代化国家。

从"十二五"规划制定开始,"顶层设计"这一术语的出现频率越来越高,它与"总体设计部"的思想是相通的。

从系统工程角度来看,可持续发展实质上是社会系统和地理系统之间的协调发展问题,这两个系统都是开放的复杂巨系统。在实践上,落实科学发展观,实现可持续发展,建设循环经济与和谐社会,实现五位一体总布局,进行顶层设计,都是系统工程题中应有之义,都属于社会系统工程范畴。

3.6　现实生活中的系统工程举例

3.6.1　菜篮子工程

"菜篮子工程"是个不大不小的社会系统工程。在改革开放以前,大中城市的居民吃菜问题是个大难题,经常供应不上,量少质次不新鲜,群众很不满意。另一方面,农民辛辛苦苦种出来的蔬菜经常烂在地里;或者采摘以后不能及时运输,等到运抵菜市场,已经萎黄、挤烂;北方的冬季吃不上新鲜蔬菜,连续几个月只能吃储存的大白菜和土豆。改革开放以后,菜篮子工程较好地解决了这个问题。菜篮子工程有三个重要环节(三个子系统和子系统工程):菜园子—菜摊子—菜篮子。首先需要抓好"菜园子"——让农民有积极性,多种菜、种好菜;其次,要抓好流通环节和销售工作——把"菜园子"里的蔬菜及时运出来,送到"菜摊子"即菜市场上;"菜摊子"则要做好销售服务,让城市居民自由挑选,买到满意的新鲜蔬菜,装进"菜篮子"拿回家,制作美味佳肴。"菜园子"需要农业科技提供高产优质新品种(包括

"反季节"蔬菜)；流通环节和销售工作要依靠现代物流业和信息服务提供保障,运输工作要快捷和安全(不挤不压、保持新鲜)。

不但有"菜篮子工程",还有"米袋子工程"(米、面等主粮的供应)。"市长抓好菜篮子工程,省长抓好米袋子工程",都卓有成效。

3.6.2　"拉链马路"的是是非非

在一些城市经常可以看到：刚刚建好不久的马路被挖开了,因为要埋设自来水管道；自来水管道埋设好、马路填平了,不久又被挖开,因为要埋设煤气管道；煤气管道埋设好了,马路再次填平,但是,"好景不长",不久之后马路第三次被挖开了,因为要埋设电缆或光缆,等等,反反复复多少次。这种现象很令人无奈,造成交通不便。于是老百姓调侃说："给马路装一条拉链就好了,以便随时拉开与合上。"有些人批评道：这是某些部门考虑问题没有系统性,它们做的事情不是系统工程。其实不尽如此,还要作更深入的分析。

应该说,交通部门在修建马路的时候是很有系统性的：一个城市的马路和街道是一个系统,交通部门事先有统一的规划和设计,然后按计划施工,按期交付使用；而且一条马路的修建工作进行得有条不紊,运用统筹法进行安排,其"完美"程度可以编入教科书作为案例。自来水公司在设计和安装自来水管道时也很有系统性：一个城市的自来水管道是一个系统,管线如何走,什么地方的管道直径多大,都是经过深思熟虑和精确计算的,很有系统性,它把自来水送到千家万户,无论是居民户还是单位,用水都很方便。煤气公司、电力部门和通信部门等,也是如此,各自的工作都很有系统性,每一个部门工作似乎都是系统工程。你说某个部门没有系统观点,做事情不是系统工程,它难免要不服气。

问题是多个部门的工作拼凑在一起就缺乏系统性了：各自为政,政出多门,而不是"一盘棋"。按照"系统工程升降机原理",需要上升一个层次看问题,考虑综合的系统性,多方面统筹兼顾。城市是一个综合性系统,交通运输网、自来水管道网、电力供应网和通信网等,对于城市而言都只是一个分系统(partial system)。分系统的规划与建设,必须服从整个城市的总体规划与建设,实现整体最优。所以,要克服"拉链马路"现象,必须预先做好整个城市的规划与设计,要把单个部门的系统工程上升为多个部门统筹兼顾的整个城市的系统工程,把分系统的系统工程上升为整个系统的系统工程——"城市系统工程"(城市系统工程还有更丰富的内容,要研究城市化问题,就应该研究与开展城市系统工程)。从管理的角度,需要由市长牵头,城市规划部门做好规划,多个部门和单位"合署办公""分头执行"。

"拉链马路"从负面启示我们,"一卡通"从正面启示我们：应该重视研究"系统的系统"(System of Systems,SoS),而不仅仅是某一个"系统",其实它只是一个"子系统"或"分系统",是一个"专业性系统"或"部门系统",是"系统的系统"的一个组成部分。"系统的系统"是"综合性系统",应该研究"综合性系统"。即便你研究的是"专业性系统"或"部门系统",也要从"系统的系统"和"综合性系统"的角度考虑问题,提出意见和建议。菜篮子工程,其实是研究了"系统的系统"并得到了妥善的解决。

在第 6 章,还要再谈"系统的系统"。

3.6.3　校园一卡通

大学校园近几年都实现了"一卡通"。大学的师生员工,每人只要持有一张校园卡,就可以拿着它到食堂点菜点饭,刷卡付费(扣款);拿着它到图书馆借书还书;拿着它到校医院挂号看病、付费取药;还可以用这张卡办理报到注册手续等,十分快捷和便利。几年之前可不是这样,那时有多张卡,借书卡不能吃饭,吃饭卡不能看病。卡多了不容易保管,丢了卡就很麻烦。

一卡通是系统工程,多卡通(即分别使用不同的卡)则逊色得多。

一卡通把信息化上升了一个层次,扩大了覆盖范围,把原来的吃饭子系统、借书子系统和看病子系统等诸多子系统融合起来成为一个较大的系统。

一卡通还有很大的发展空间,可以覆盖更大的范围。例如,扩大到乘坐城市的公共汽车和地铁(现在广州的"羊城通"卡可以刷卡乘车,只要把校园卡与羊城通连接即可),扩大到银行系统(校园卡与银行卡连接),还可以考虑校园卡与驾驶证连接等。

不但可以把校园卡扩充为"城市卡"或"社会卡",在所在城市和附近农村使用,进一步可以扩充为"全国卡",而且与身份证相融合。可以期待:一个中国公民,一生一世只需要一张卡,这张卡可以办理生活上和工作上的一切事情。从电子技术的角度,现在已经不存在什么障碍了,关键问题在于卡的设计与安全使用。这就涉及全国许多部门。"非不能也,乃不为也",所谓"不为",只是暂时的,大趋势是一定会实现的,而且,时间不会太长。

在现有的技术条件下,实现"全球一卡通"也没有什么困难,障碍是政治方面的。但是,美国的 Visa 卡、中国的银联卡(China Union Pay),已经可以在世界上许多国家的银行与ATM 机上提款和转账了,就是说,它们已经部分地具有"全球一卡通"的功能。

3.6.4　共享单车、共享汽车与共享经济

2017 年 5 月,来自"一带一路"沿线的 20 国青年评选出了中国的"新四大发明":高铁、扫码支付、共享单车和网购。现在,人们憧憬着共享汽车与共享经济。

共享单车大家很熟悉,就不必介绍其基本概念了。共享单车是一个很好的新生事物,却一度遭遇了"不公正待遇":许多单车(几十辆,上百辆)被堆放得像一个垃圾堆,或者被推到沟里、推到河里。这是为什么呢? 首先,是守旧的既得利益者的"报复性破坏",因为原来的自行车厂、自行车装配与销售的商店、自行车保管站都没有"生意"了,于是一些觉悟不高的守旧者就"迁怒"于共享单车。这种情况在历史上屡见不鲜,例如在泰罗制刚刚推行的时候,很多工人破坏机器。其次,一些骑车者缺少公共道德,骑车以后乱停乱放,放得东倒西歪。第三,社会性的管理工作没有跟上,例如停车场地的安排、单车返流的安排等。第四,还有一个大问题,就是 20 多家共享单车公司一哄而上,造成市场无序、恶性竞争。有些单车公司"浑水摸鱼",收取大量押金之后,老板卷款逃逸。大浪淘沙,一些劣质的共享单车公司被淘汰以后,胜出的佼佼者将会组织一个有序的高效的共享单车市场体系。

共享汽车是共享单车的延伸,"无人驾驶的共享汽车"前途无限。使用无人驾驶的共享汽车,乘客无须操心车辆驾驶问题,也无须具备驾驶执照。乘客用手机发出呼唤指令,共享

汽车就来到身边,车门打开,乘客上车,到达目的地以后,乘客下车,汽车自己开走(去停车场,或者服务新的乘客)。这样,就可以避免大量汽车在道路上跑来跑去,就不会有大量的汽车闲置在马路边或停车场,不但可以解决马路上的车辆拥挤现象,还可以空出大量的停车场,改造成购物中心与休闲广场。共享单车解决中青年人近距离的地面交通问题,共享汽车解决中长距离地面交通与老年人的地面交通问题,加上地铁,就可以有效解决大中城市的交通问题。私家车可以大大减少,少数"土豪"要显摆,坚持使用高档私家车,就对他们课以重税。

再说共享经济(Sharing Economy)。

2000 年之后,随着互联网 Web 2.0 时代的到来,各种网络虚拟社区、BBS 与信息论坛开始出现,用户在网络空间里开始与陌生人分享信息、交流与讨论。网络社区以匿名为主,社区里的分享形式主要是信息分享或者用户提供内容(UGC),不涉及任何实物的交割,大多数时候也不带来任何金钱的报酬。2010 年前后,随着 Uber、Airbnb 等实物共享平台的出现,共享开始从纯粹的无偿分享、信息分享,走向以获得一定报酬为目的、基于陌生人且存在物品使用权暂时转移的共享经济,成为一种商业模式。

共享经济有五个要素:闲置资源、使用权、连接、信息和流动性。其关键在于如何实现最优匹配,实现零边际成本,需要解决技术和制度两方面的问题。

共享经济将成为社会服务行业内一股重要力量。在住宿、交通、教育服务、生活服务及旅游领域,优秀的共享经济公司将不断涌现。新模式层出不穷,在供给端整合线下资源,在需求端不断为用户提供优质服务。

"共享"概念其实早已有之。在传统社会,朋友之间借书或共享一条信息,邻里之间互借东西,都是共享。但是这种共享受制于空间与关系两大要素:一方面,信息或实物的共享要受制于空间的限制,仅限于个人所能触达的空间之内;另一方面,共享需要有双方的信任关系才能达成。互联网与计算机,使得古老的理念获得了新生,犹如现代火箭技术使得"嫦娥奔月"成为现实一样。

习题

3-1　除了表 3-1 所列举的系统工程专业之外,再举出 3～5 个系统工程专业的名称,并且简单说说它们的特点。

3-2　查阅我国"两弹一星"研制的资料,对它们有一个比较全面的了解。

3-3　"乐队指挥"是怎样产生的? 他与乐队的关系如何?

3-4　总体设计部是怎样产生的? 什么是总体设计部思想? 它能够用到社会主义建设中来吗?

3-5　社会系统工程的基本思想是什么?

3-6　军事系统工程与运筹学的关系如何?

3-7　管理信息系统的组成部分有哪些? 为什么说管理信息系统是社会系统?

3-8　管理信息系统与计算机技术有什么关系?

3-9　为什么说"管理信息系统的开发是一项系统工程"?

3-10　为什么说"因特网是一个开放的复杂巨系统"?

3-11　什么是可持续发展？它和系统工程有什么关系？

3-12　什么是科学发展观？它和系统工程有什么关系？

3-13　什么是循环经济？它和系统工程有什么关系？

3-14　什么是和谐社会？它和系统工程有什么关系？"和而不同""同而不和"有什么区别？

3-15　循环经济与和谐社会有什么关系？

3-16　请关注共享汽车与共享经济的发展。

3-17　请关注"互联网＋"对民众生活与社会发展的影响。

3-18　请关注5G的技术发展、5G对于民众生活与社会发展的影响。

第4章 系统工程方法论

4.1 引言

方法论(methodology)和方法(method)在认识论上是两个不同的范畴。方法是用于完成一个既定目标的具体技术、工具或程序；而方法论是开展研究的一般途径，它高于方法，是对方法使用的指导。

系统工程方法论既可以是哲学层次上的思维方式、思维规律，也可以是操作层次上开展系统工程项目的一般过程或程序，它反映系统工程研究和解决问题的一般规律或模式。20世纪60年代以来，许多学者在不同层次上对系统工程方法论进行了探讨。

本章依照方法论提出的时间顺序，分别介绍霍尔系统工程方法论、软系统方法论、钱学森综合集成方法论和物理—事理—人理(WSR)系统方法论；将系统论方法与还原论方法作了对比，介绍了系统论方法的若干要点。系统工程方法论在不断发展，不断完善；同时，系统工程的理论与方法也在不断发展，不断完善。这样，系统工程可以用来有效地解决越来越多样和复杂的问题，不但是工程问题，而且是社会问题。

钱学森综合集成方法论和物理—事理—人理(WSR)系统方法论都是中国人的创造，它们都富有东方思维的特点，是中华文化的结晶。

4.2 霍尔系统工程方法论

系统工程方法论中出现较早、影响最大的是美国学者霍尔(A. D. Hall，1924—2006)提出的系统工程方法论。它采用三维结构图表示，又称为 Hall 系统工程三维结构。

A. D. Hall 长期任职于美国贝尔电话公司，是 IEEE 资深会员，并且担任美国费城宾夕法尼亚大学莫尔电气工程学院系统工程兼职教授。他对系统工程方法论进行了不懈的研究，1962 年出版专著 *A Methodology for System Engineering*，即《系统工程方法论》，1968 年发表文章 *Three-Dimensional Morphology of Systems Engineering*，即《系统工程三维形态》。

A. D. Hall 认为：对系统工程项目研究作一番观察，可以看到三个基本维度——时间维、逻辑维和专业维。如图 4-1 所示。

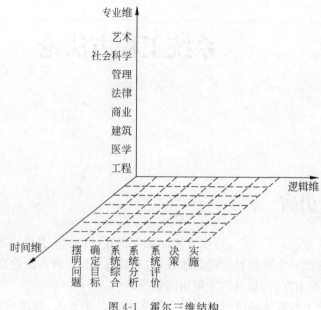

图 4-1　霍尔三维结构

1. 时间维(粗结构)

对一个具体的工程项目,从规划工作开始一直到系统更新,它的全过程可分为如下 7 个阶段(phases)。

(1) 规划阶段:制定系统工程活动的规划和战略对策。

(2) 设计阶段:提出具体的计划方案。

(3) 研制阶段(系统开发):提出系统的研制方案,并制定生产计划。

(4) 生产阶段:生产出系统的构件和整个系统,提出安装计划。

(5) 安装阶段:对系统进行安装和调试,提出系统的运行计划。

(6) 运行阶段:系统按照预期目标运作和服务。

(7) 更新阶段:以新系统取代旧系统,或对原系统进行改进使之更有效地工作。

上述 7 个阶段是按时间先后次序排列的,故有"时间维"之称。这种划分,又称为系统工程方法论的"粗结构"。

2. 逻辑维(细结构)

将时间维的每一个阶段展开,都可以划分为若干个逻辑步骤(steps),展示出系统工程的细结构,这就是逻辑维。Hall 把每一个阶段分为 7 个工作步骤,即摆明问题,确定目标,系统综合,系统分析,系统评价,决策,实施。

1) 摆明问题

收集各种有关资料和数据,把问题的历史、现状、发展趋势以及环境因素搞清楚,把握住问题的实质和要害,使有关人员做到心中有数。为了把问题的实质、要害搞清楚,就要进行调查研究。调查研究工作主要从以下两方面入手。

(1) 环境方面的调查研究。新系统产生于特定的环境;新系统的约束条件决定于环境;领导的决策的依据来自环境;新系统试制所需的资源来自环境;最后,系统的品质也只能放在环境中进行评价。环境因素可分为三类：

① 物理和技术的环境，主要包括：

(a) 已有的系统；

(b) 用于已有系统的方法；

(c) 已执行的技术标准；

(d) 内部技术情况；

(e) 自然环境；

(f) 过渡因素；

(g) 目前和将来的试制条件；

(h) 外部技术情况。

② 经济和事务的环境，主要包括：

(a) 组织结构和人员；

(b) 政策法令；

(c) 领导的气质和偏好；

(d) 价格结构；

(e) 新系统的经济条件；

(f) 事务的运作情况（包括从制作资金平衡表和收入报告，到准备用户账单或报表的各种会计职能工作等）。

③ 社会环境，主要包括：

(a) 大规模的社会因素；

(b) 个别的因素；

(c) 可能的偶然因素。

(2) 需求方面的调查研究。从广义来说，需求研究属于环境研究的一个方面，但是，由于需求研究具有特别的重要性，故有必要着重进行分析研究。

需求研究有下列 6 项要点：

① 需求的一般指标；

② 可配置的资源和约束；

③ 计划情况和市场特性；

④ 竞争状况；

⑤ 用户的购买力及其动机、爱好和习惯；

⑥ 来自需求研究的设计要求。

2) 确定目标（系统指标设计）

目标问题关系到整个任务的方向、规模、投资、工作周期和人员配备等，因而是十分重要的环节。细分的目标又称为"指标"。系统问题往往具有多目标（多指标），在摆明问题的前提下，应该建立明确的目标体系（又称为指标体系），作为衡量各个备选方案的评价标准。

在第二次世界大战中有一个著名的例子：商船是否要安装高射炮的问题，曾引起争论。有人用击落敌机的概率作为指标。据统计，商船上安装的高射炮击落来犯敌机的概率只有4%，似乎不合算，应该把这些高射炮转移到地面的高射炮阵地上。但是，有人提出商船装高射炮的目的不在于击落敌机,而在于威胁敌机使之不敢低飞投弹从而保护自己,因此,应以商船被击沉率作为评价指标。统计表明:不装高射炮的商船被击沉的比例是 25%,安装高射炮的商船被击沉的比例是 10%。所以问题的结论很明确:商船应该安装高射炮。今天的系统问题往往要复杂得多。

在确定目标和指标时应注意以下 8 条原则:

(1) 要有长远观点:选择对于系统的未来有重大意义的目标和指标。

(2) 要有总体观点:着眼于系统的全局利益,必要时可以在某些局部作出让步。

(3) 注意明确性:目标务必具体明确,力求用数量表示。

(4) 多目标时应注意区分主次、轻重、缓急,以便加权计算综合评价值。

(5) 权衡先进性和可行性:目标应该是先进而经过努力可以实现的,要注意实现目标的约束条件。

(6) 注意标准化:以便于同国际国内的同类系统进行比较,争取先进水平。

(7) 指标数不宜过多,不要互相重叠与包含。

(8) 指标计算宜简不宜繁,尽量采用现有统计口径的指标或者利用简单换算可以得到的指标。

我国一般工程项目在制定目标时考虑下述 4 个方面:

(1) 运行目标,包括重要的技术指标。

(2) 经济目标,包括直接的与间接的经济效益。

(3) 社会目标,包括项目与国家方针政策符合的程度和社会效益。

(4) 环境目标,包括环境保护与可持续发展。

目标的制定应由领导部门、设计部门、生产部门、用户、投资者和舆论界等方面共同参与,以求目标体系全面、准确。目标一经制定,不得单方面更改。

目标体系中往往会有相互矛盾的目标出现。处理矛盾的方法有两种:一种是剔除次要目标,建立无矛盾的目标体系;另一种是让矛盾的目标共存,折中兼顾。

3) 系统综合(形成系统方案)

系统综合要反复进行多次。第一次的系统综合是指按照问题的性质、目标、环境、条件拟定若干可能的粗略的备选方案。没有分析便没有综合,系统综合是建立在前面的两个分析步骤(摆明问题,确定目标)上的。没有综合便没有分析,系统综合又为后面的分析步骤打下基础。

4) 系统分析

系统分析是指演绎各种备选方案,使之优化。对于每一种方案建立各种模型,进行计算分析,得到可靠的数据、资料和结论。系统分析主要依靠模型(实物模型与非实物模型,尤其是数学模型)来代替真实系统,利用演算和模拟代替系统的实际运行,选择参数,实现优化。在系统分析的过程中,可能形成新的方案。系统工程的大量工作是系统分析,所以有人宁愿把系统工程称作系统分析,例如著名的系统工程研究机构国际应用系统分析研究所(IIASA)、兰德公司(RAND)都以系统分析著称,见附录 C、D。

5) 系统评价

在一定的约束条件下,我们希望选择最优方案。系统评价就是根据方案对于系统目标满足的程度,对多个备选方案作出综合评价,从中区分出最优方案、次优方案和满意方案送交决策者。这是又一次系统综合。注意:送交决策者的方案至少要有两个(不含下面说的零方案),一般是 3～5 个。

6) 决策

由决策者选择某个方案来实施。出于各方面的考虑,领导选择的方案不一定是最优方案。应该注意:什么也不干,维持现状,也是一种方案,称为"零方案"。在确认有别的方案比它优越之前,不要轻易否定它。

根据系统工程的咨询性,决策步骤并非系统工程人员的工作。但是对于决策技术的研究,则是系统工程的课题之一。

7) 实施

将决策选定的方案付诸实施,转入下一个阶段。

应当注意,在决策或实施中,有时会遇到送交决策的各个方案都不满意的情况。这时就有必要回到前面某个逻辑步骤重新开展研究,然后再提交决策。这种反复有时会出现多次,直到决策者接受为止。

综上所述,逻辑维中的逻辑步骤及其相互关系可用图 4-2 表示。在此过程中,不但从决策步骤可以返回到前面某一个步骤,从中间步骤也可以返回到前面某一个步骤。有的步骤要经过多次反复才能完成。步骤(2)～(5)分别可以由后面的步骤返回来做,也可以由它们分别返回到前面的某一个步骤去做,所以它们的左边连线都没有画箭头,表示可进可出。

以上逻辑步骤的进行,其时间先后要求并不是很严格。步骤的划分也不是绝对的,有的把一个步骤分成几个步骤来做;有的则反之,这要根据需要而定。

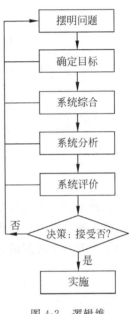

图 4-2 逻辑维

3. 活动矩阵

把时间维与逻辑维结合起来形成一个二维结构 $A=\{a_{ij}\}_{7\times7}$,称为系统工程的活动矩阵,如表 4-1 所示。

表 4-1 Hall 活动矩阵

时间阶段	逻辑步骤						
	1. 摆明问题	2. 确定目标	3. 系统综合	4. 系统分析	5. 系统评价	6. 决策	7. 实施
1. 规划阶段	a_{11}	a_{12}					a_{17}
2. 设计阶段	a_{21}						
3. 研制阶段	a_{31}					a_{36}	
4. 生产阶段							
5. 安装阶段							
6. 运行阶段							
7. 更新阶段	a_{71}						a_{77}

活动矩阵的元素 a_{ij} 可以清楚地显示人们是在哪一个阶段做哪一步工作。例如 a_{12} 表示在规划阶段确定目标；a_{21} 表示在设计阶段摆明问题；a_{36} 表示在研制阶段作出决策等。这样，就可以明确各项具体工作在全局中的地位和作用，做到心明眼亮，总揽全局。

系统方案的产生过程具有迭代性与收敛性两大特点。表 4-1 所述的系统工程展开过程借用希腊传说中的丰收女神 Almathea 之神羊角来比喻是十分形象的，如图 4-3 所示。丰收女神的神羊角原来是说：羊角号一吹，各种财富就源源不断地涌现出来。现在是说，以各种信息、物质、能量从左边输入，通过神羊角螺旋式地加工收缩，最后产生出一个理想的系统。

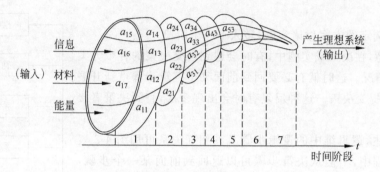

图 4-3　神羊角模型

从神羊角的大头向里看，得到图 4-4，霍尔称为系统工程活动的超细结构。它显示出开展系统工程活动的全过程，它以逻辑维的 7 个步骤为一个循环周期（一个阶段），经过多次循环而汇聚为一个理想的系统。

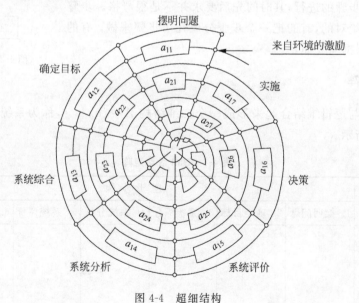

图 4-4　超细结构

4. 专业维与三维结构

系统工程可分为许多专业。以二维结构为基础，增加第三维——专业维，即形成系统工程的三维结构，如图 4-1 所示。

A. D. Hall 说："第三维涉及界定一个特定的学科(discipline)、专业(profession)或技术(technology)所需的事实、模型和程序等主体内容。这一维可用正规化或数学化结构的程度来度量。坐标刻度顺着箭头方向表示正规化程度递减,其区间分隔依次为工程、医学、建筑、商业、法律、管理、社会科学以及艺术。"

有些资料把第三维写作 Knowledge,中文译为"知识维",望文生义地说"系统工程需要多方面的知识",这不符合 A. D. Hall 的原意。

钱学森院士 1979 年曾提出系统工程的 14 门专业,如表 3-1 所示。我们可以用表 3-1 所列的 14 门专业来代替图 4-1 的专业维坐标。这样,三维结构可以看成高达 14 层的宏伟大厦。随着系统工程的发展,这座大厦还在不断增高,例如还可以加上能源系统工程、交通系统工程、金融系统工程、物流系统工程和城市系统工程等。这些专业在第三维坐标轴上的排列次序仍然按照 A. D. Hall 说的规则确定。

4.3　软系统方法论

4.3.1　对问题的认识

英国学者切克兰德(P. B. Checkland)把 A. D. Hall 的系统工程方法论称为"硬系统思想"或"硬系统方法论"(Hard System Thinking/Hard System Methodology,HST/HSM),他自己则提出一种"软系统思想"或称"软系统方法论"(Soft System Thinking/Soft System Methodology,SST/SSM)。

他首先对"问题"作了区分。"问题"是任何理论和方法研究的起点与归宿。什么是问题呢? 从问题的形成过程和问题认识的主观与客观关系来看,问题是一种待消除的状态差异,一种令人担心的事物。从心理学观点来看,问题是为达到预定目标所要排除的障碍,所有问题都包含起始状态(给定)、理想状态(目标)和环境状态(障碍)。它们通常都是既定的,而且环境是多变的,目标是可能调整的。问题起始状态的模糊化和不确定性以及理想状态因价值观念的多元化,造成事物环境条件复杂化即问题复杂化。考虑人的价值观和需求的层次递增规律,人类几乎永不休止地追求"更好的"东西,但是,由于资源有限,从而必定产生问题,问题的大小和复杂程度取决于人们需求的强烈程度和需求得到满足的程度。

问题具有时间性、空间性和层次性。认识问题进而解决问题应在确定的时间和空间范围内考查和分析问题的构成、特点与属性。从问题的结构与特点来看,问题有良结构(well-structured)与劣结构(ill-structured)之分,有硬问题与软问题之别。一般便于观察、便于建模、边界清晰、目标明确、好定义的(well-defined)问题称为具有良结构的硬问题;而把难以观测、不便建模、边界模糊、目标不定、不好定义的(ill-defined)问题称为具有劣结构的软问题。

切克兰德将工程系统工程要解决的问题叫"问题"(problem),而将社会系统工程要解决的问题叫"议题"(issue),即有争议的问题,认为前者是用数学模型寻求最优解,后者是寻求满意解。他还将工程系统工程研究的对象称为"硬系统"或"结构化问题"(hard system / structured problem)。

4.3.2　硬系统方法论的局限性

20世纪50～60年代,由于硬系统方法论在各种工程领域的成功应用,如著名的阿波罗登月计划等,不可避免地使人们把这种方法论扩大用于求解社会系统的问题,期望取得同样的成功,事实证明,这是一种奢望。由于社会系统的复杂性,当用硬系统方法论解决社会系统问题时,其局限性便暴露出来。

一个非常典型的例子是美国加利福尼亚州应用硬系统方法论解决公共政策方面的问题。20世纪60年代初,该州州长决定建立一个有关审判、信息处理、垃圾管理和大量运输事务的管理信息系统(MIS),其目的是处理公众和政府机构之间的各种信息。

如前所述,硬系统方法论在处理问题时要求有明确的目标。但"在适当的时候以恰当的方式提供足够精确的各种信息以满足公众的需要"这样的话语作为目标就太含糊了。当时的做法是建立了一个处理现有信息流的MIS,而现有信息流的作用以及是否需要其他信息等重要问题未作分析,没有考虑信息与决策之间的关系。系统建立后,由于无法提供决策所需要的信息,因而对该州的管理帮助甚小。

硬系统方法论的局限性主要集中在三个方面:

(1) 硬系统方法论认为在问题研究开始时定义目标是很容易的,因此没有为目标定义提供有效的方法,但对大多数系统管理问题来说,目标定义本身就是需要解决的首要问题。

(2) 硬系统方法论没有考虑系统中人的主观因素,把系统中的人与其他物质因素等同起来,忽视人对现实的主观认识,认为系统的发展是由系统外的人为控制因素决定的。

(3) 硬系统方法论认为只有建立数学模型才能科学地解决问题,但是对于复杂的社会系统来说,建立精确的数学模型往往是不现实的,即使建立了数学模型,也会因为建模者对问题认识上的不足而不能很好地反映其特性,因此通过模型求解得到的方案往往并不能满意地解决实际问题。

4.3.3　软系统方法论解决问题的步骤

软系统方法论认为对社会系统的认识离不开人的主观意识,社会系统是人的主观构造的产物。软系统方法论旨在提供一套系统方法,使得在系统内的成员间开展自由的、开放的讨论和辩论,从而使各种观念得到表现,在此基础上达成对系统进行改进的方案。Checkland软系统方法论的思路和步骤如图4-5所示。

1. 问题情景描述

首先,在这里有必要区分"问题"与"问题情景"。问题指的是已能明确确定下来的某些东西,而问题情景是指人们感觉到其中有问题却不能确切定义的某种环境。

图4-5第①阶段和第②阶段的目的是要明确问题情景的结构变量、过程变量以及两者之间的关系,而不是定义问题本身。明确问题情景在实践中是非常困难的。人们往往急于

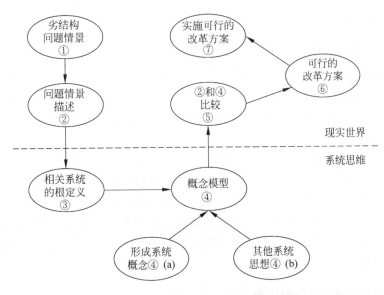

图 4-5 软系统方法论解决问题的步骤

行动、却不愿花时间了解有关情况。在这里要尽可能了解与情景有关的情况、不同人的不同观点，形成一个丰富的情景描述以便进一步研究。例如研究一个公共图书馆时，人们可能将它看成这样几种系统：当地政府建立的一个休闲场所；教育系统的一个部分；一个存储并将存储物提供公众使用的系统等。这些与问题情景密切相关的系统观点可称为问题情景的相关系统。相关系统越丰富，对问题情景的研究越有帮助。

2. 相关系统的"根定义"

第③阶段并不回答"需要建立什么系统"，而是回答相关系统的"名字是什么"之类的问题，亦即确切定义相关系统"是什么"，而不是"做什么"。这个定义是根据分析者的观点形成相关系统的概念，称之为相关系统的"根定义"。

如对于 DISCO 音乐会可以给出以下两个根定义：①它是传统商业活动系统；②它是用 DISCO 作为一种亚文化的象征来表达一种特殊生活方式的系统。对于同一个问题情景，不同的人可能给出不同的根定义。不同根定义的交集将形成该问题情景的"内核"。

根定义规范并决定建模的范围与方向，其组成要素有：

C(customer)——系统的受益者或受害者；

A(actors)——系统执行者(变换 T 的执行者)；

T(transformation process)——系统由输入到输出的变换过程；

W(weltranschauung)——赋予根定义的"维特沙"(德文音译，大意是世界观，但还有价值观、伦理道德观之意)；

O(owners)——系统所有者；

E(environmental constraints)——系统的环境约束条件。

这些要素组合起来就称为 CATWOE，其含义是：系统所有者(O)在维特沙(W)的规范下，使系统在环境约束条件(E)下，由系统执行者(A)通过变换(T)将其输入变换为输出，系统的受益者或受害者(C)就是受变换影响的人。

3. 建立概念模型

第④阶段的任务是根据根定义建立相关的概念模型。模型由内在联系的动词构成,是描述根定义所定义的系统的最小活动集。④(a)是根据系统理论建立的标准系统,用来检验概念模型是否完备,若不完备,则要说明原因。④(b)涉及其他一些系统思想,例如系统动力学、社会技术系统等,也许这些思想更适合描述当前系统,提醒分析者全面分析问题。

概念模型是根据根定义作出的,它不涉及实际系统的构成,它不是实际中正在运行的系统的重复和描述。描述中包括的活动应恰好构成定义的系统,通过"做"说明系统"是什么",与此无关的活动不应包括在内。例如,将大学定义为进行高等教育和科学研究的系统,那么据此建立的概念模型只应包含与高等教育和科研直接相关的活动,初等教育、商业活动等不应包含在内。这样建立的模型有利于摆脱现实的局限性,使人们可以进一步理解问题情景,以便改进系统功能。

4. 概念模型与现实系统的比较

第⑤阶段的工作是将建立的几个概念模型与当前系统(问题)进行比较,目的是找出两者之间的不同及其原因,以便改进。

在比较过程中,由于建立的概念模型有几个,所以无法取得一致的认识。因而在比较前,先要找出一个为多数人接受的模型。一般来说,几个概念模型的交集是一个比较理想的模型。

5. 系统更新

在以上分析的基础上,依据讨论的结果在阶段⑥确定可能的变革。作出的变革应同时满足两个标准:在给定占优势的态度和权力结构,并考虑到所考查的情景的历史的前提下,它们应是合乎需要的和可行的。阶段⑦的任务是把阶段⑥的决定付诸行动以改善问题的情景。事实上,这相当于定义一个"新问题"并且也能用同样的方法论来处理。

简而言之,软系统方法论是处理非结构化问题的程序化方法,与硬系统方法论有明显的不同。软系统方法论强调反复对话、学习,因此整个过程是一个"学习过程"。

4.3.4　软系统方法论的应用情况及评价

由于软系统方法论在处理问题时的灵活性,它对下列领域的研究和应用很有作用:

(1)有助于系统理论方面的研究与应用。工程系统工程仅适用于解决硬系统问题,软系统方法论包含了工程系统工程的内涵,因而不仅可用于解决硬系统问题,也可用于解决软系统问题。

(2)有助于决策理论的研究与应用。实践证明,无论是在宏观战略决策或是在企业经营决策中,绝大多数决策要靠人的判断来决策,特别是高层的、战略性的和非程序化的决策,往往是非结构化问题,更需要依靠人的智慧、知识和经验。软系统方法论可以为决策者提供充分发挥其知识、智慧和经验的途径,可使决策更为有效和切合实际。

（3）有助于推动其他软系统问题的研究工作。现实世界上存在大量的非结构化问题，因而软系统方法论可得到更广泛的应用。

软系统方法论的特点是：

① 与目标不明、非结构化的"麻烦"有关；

② 强调过程，即与学习和决策有关；

③ 与感性认识、世界观及人类把组织现实的内涵与环境相联系的方式有关；

④ 用模型的术语来说，它是非数量型的；

⑤ 依靠加深对问题情景的理解来改进它；

⑥ 依赖于解释社会理论；

⑦ 与对统治人类社会的社会规则的理解有关。

软系统方法论也有其不足之处，概括而言：

① 不大适合处理突发事件，不能寄希望于它"立竿见影"；

② 在解释问题情景中的权利与冲突时缺乏可信度，因此在考虑社会变革时往往是"保守"的；

③ 缺乏明确的组织变革理论，只能通过有关参与者相互之间的沟通来激发变革；

④ 没有提及行为措施的合理性与合法性的关系；人们往往忽视问题的合理解决方法与当权者利益之间的冲突。

最后，我们以表 4-2 将软系统方法论与硬系统方法论进行比较：

表 4-2　软系统方法论与硬系统方法论的比较

硬系统方法论	软系统方法论	硬系统方法论	软系统方法论
硬问题	软问题	二元论	多元论
良结构	劣结构	最优化	准优化
知物之善	知理之善	问题解决	状态改善
还原论思维	系统思维	最优方案	改革方案
目标确定	目标模糊	客观评价	主观评价
状态辨识	共识、沟通		

4.3.5　Hall-Checkland 方法论

软系统方法论的可操作性不是很好。在图 4-5 中，从"概念模型"④到"可行的改革方案"⑥，只是经过一个步骤⑤——把"问题情景描述"②与④进行"比较"，就获得了，如此简略，怎么操作？

把霍尔系统工程方法论与 Checkland 的软系统方法论组合使用，可以形成一种新的方法论：Hall-Checkland 方法论。霍尔系统工程方法论之"硬"，主要体现在时间维而不是逻辑维，逻辑维是具有普遍适用性的。只要修改时间维，就可以扩大它的适用范围。

不妨把 Hall 的时间维所说的 7 个阶段代之以一般化的第一阶段、第二阶段、第三阶段……如果所研究的问题是硬系统的良结构问题，那么，时间维仍然是 Hall 说的 7 个阶段；如果所研究的问题是软系统的劣结构问题，那么，第一阶段可以是"从议题中找出问题"，把该阶段按照逻辑维展开,也可以是 7 个步骤:摆出议题、确定(议论的)规则、系统综合、系统分析、系统评价、达成共识和确定(需要研究的)问题;然后,转入第二阶段,大体上就是 Hall 逻辑维说的 7 个步骤了。对于社会经济系统,第二阶段可以是对问题的"初步研究",第三阶段可以是"深入研究",第四阶段可以是经过甲乙双方对话以后的"修正研究"或者"补充研究""改进研究"等。第三维仍然称为"专业维",它的刻度可以是 Hall 的,也可以是钱学森院士的表 3-1,也可以根据当前的最新进展重新设计。

这样,Hall 提出的神羊角模型和超细结构,仍然是有效的。

4.4　钱学森综合集成方法论

4.4.1　综合集成的含义

"综合"(synthesis)与"集成"(integration)是系统工程中出现频率很高的术语,而且,在霍尔系统工程方法论中还有"系统综合"(system synthesis)术语。"集成"一词在其他学科出现也很频繁,例如"集成电路"(integrated circuit),此外,integration/integrate 还常常翻译为"整合"。

综合(synthesis)高于集成(integration),综合集成(meta-synthesis)的重点是综合(synthesis),又高于综合。集成比较注重物理意义上的集中和小型化、微型化,主要反映量变(这在"集装箱"和"集成电路"两个术语上看得很清楚);综合的含义更广、更深,反映质变。

钱学森院士提出的"综合集成"对应的英文术语是 meta-synthesis(而不是 meta-integration),其前缀 meta-的含义是"在……之上""在……之外",这里当取"在……之上",那么,meta-synthesis 从字面看就是"在综合之上"的意思。这就说明,综合集成的重点在综合,目的是创造、创新("综合即创造",这是系统工程常说的一句名言)。

综合集成(meta-synthesis)是在各种集成(观念的集成、人员的集成、技术的集成和管理方法的集成等)之上的高度综合(super-synthesis),又是在各种综合(含复合、覆盖、组合、联合、合成、合并、兼并、包容、结合和融合等)之上的高度集成(super-integrate)。

综合集成考虑问题的视野是"系统之上的系统"(the system of systems,SoS,又称为"体系"):包含本系统而比本系统更大的系统(the bigger system)、更大更大的系统。

综合集成的反义是"单打一""拆散""零乱"等。在方法论上,综合集成是与还原论相对应、相对立,又相补充的,即所谓相反相成、对立统一。还原论仍然有它的用处,它会继续存在、长期存在,但是,光有还原论是不够用的,综合集成也需要还原论的研究成果,两者应该结合起来,相互取长补短。离开了还原论的"系统论",就可能退化为古代的整体论。

钱学森院士认为,meta-synthesis 高于西方学者提出的统计研究中的 meta-analysis。"集大成,出智慧",综合集成法是"大成智慧工程"的方法论。

我们用图 4-6 来表示综合集成的丰富含义。

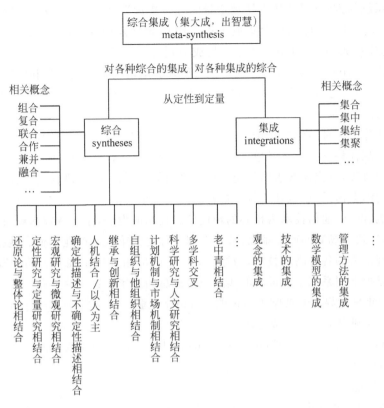

图 4-6　综合集成概念图解

4.4.2　综合集成法和综合集成研讨厅体系

1. 综合集成法的提出

综合集成法是区别于还原论的科学研究方法论,是以钱学森院士为代表的中国学者的创造与贡献。综合集成研讨厅体系是综合集成法的具体运用。

钱学森院士在 20 世纪 80 年代初提出,将科学理论、经验知识和专家判断力相结合,用半理论半经验的方法来处理具有复杂行为的系统。80 年代中期,在钱学森院士指导下,系统学讨论班进行了方法论的探讨,考察了各类复杂巨系统研究的新进展,特别是社会系统、地理系统、人体系统和军事系统 4 大类:

(1) 在社会系统中,为解决宏观决策问题,运用由几百个变量和上千个参数描述的模型、定性与定量相结合的一系列方法来开展研究。

(2) 在地理系统中,用生态系统、环境保护以及区域规划等方法开展综合研究。

(3) 在人体系统中,把生理学、心理学、西医学、中医学和其他传统医学综合起来开展研究。

(4) 在军事系统中,运用军事对阵系统和现代作战模型综合开展研究。

在对这些研究进展进行提炼、概括和抽象的基础上,1990 年,钱学森明确提出:处理开放的复杂巨系统的方法论是"从定性到定量的综合集成";作为一门技术,又称为综合集成技术;作为一门工程,亦可称综合集成工程。1992 年又发展为"从定性到定量综合集成研讨厅体系"的实践形式(以下简称"综合集成研讨厅体系",Hall for Work Shop of Meta-synthetic Engineering,HWSME)。这套方法和方法论是从整体上研究和解决问题,采取人机结合、以人为主的思维方法和研究方式,对不同层次、不同领域的信息和知识进行综合集成,达到对整体的定量认识。

综合集成作为一种科学方法论,有其自身的特点,它是在现代科学技术发展这个大背景下提出来的。现代科学技术不是单独研究一个个事物、一个个现象,而是研究这些事物、现象发展变化的过程,研究这些事物和现象相互之间的关系。今天,现代科学技术已经发展成一个很严密的综合体系,这是现代科学技术的一个很重要的特点。

以计算机、网络、通信技术为核心的现代信息技术的发展,是一场技术革命,引起社会经济形态飞跃,导致一场新的产业革命,钱学森院士称之为第五次产业革命。他指出:这场产业革命所涌现出来的各种高新技术,为综合集成法的应用提供了强有力的手段。综合集成研讨厅体系是把下列系统工程成功的实践经验汇总和升华了:

(1) 几十年来世界上开展学术讨论的 Seminar 经验。

(2) 从定性到定量综合集成方法。

(3) C^3I(Communication,Control,Command,Information)作战模拟。

(4) 情报信息技术。

(5) 人工智能。

(6) 灵境(virtual reality)技术。

(7) 人机结合的智能系统。

(8) 系统学。

(9) 第五次产业革命中的其他技术。

2. 综合集成法的特点

综合集成法的实质是把专家体系、数据和信息体系以及计算机体系结合起来,构成一个高度智能化的人机结合系统。这个方法论的成功应用,就在于发挥了这个系统的综合优势、整体优势和智能优势。它能把人的思维、思维的成果、人的经验、知识、智慧以及各种情报、资料和信息等通通集成起来,从多方面定性认识上升到定量认识。

综合集成法体现了"精密科学"从定性判断到精密论证的特点,也体现了以形象思维为主的经验判断到以逻辑思维为主的精密定量论证过程。所以,这个方法论是走精密科学之路的方法论。它的理论基础是思维科学,方法基础是系统科学与数学,技术基础是以计算机为主的信息技术,哲学基础是实践论和认识论。

需要指出的是,应用这个方法论研究问题时,也可以进行系统分解,在系统总体指导下进行分解,在分解后研究的基础上,再综合集成到整体,实现一加一大于二的涌现,达到从整体上严密解决问题的目的。从这个意义上说,综合集成法吸收了还原论和整体论的长处,同时也弥补了各自的局限性,它是还原论和整体论的结合。

综合集成法指出了解决复杂巨系统和复杂性问题的过程性以及过程的方向性和反复性。这个过程是从提出问题和形成经验性假设开始。这一步是专家体系所具有的有关科学理论、经验知识和专家判断力、智慧相结合并通过讨论班的研讨方式而形成的,通常是定性的。这样的经验性假设(如猜想、判断、方案和思路等)之所以是经验性的,是因为还没有经过精密的严格论证,并不是科学结论。从思维科学角度来看,这一步是以形象思维和社会思维为主。在研讨过程中,要充分发扬学术民主,畅所欲言,相互启发,大胆争论,把专家的创造性充分激发出来。精密的严格论证是通过人机结合、人机交互、反复对比、逐次逼近,对经验性假设作出明确结论,如果肯定了经验性假设是对的,这样的结论就是现阶段对客观事物认识的科学结论。如果经验性假设被否定,就需要对经验性假设进行修正,提出新的经验性假设,再重复上述过程。从思维科学角度来说,这一过程是以逻辑思维和辩证思维为主。在这个过程中,要充分应用数学科学、系统科学、控制科学、人工智能以及以计算机为主的各种信息技术所提供的各种有效方法和手段,如系统建模、仿真、分析和优化等。近十多年来,这方面有许多新的发展。以系统建模为例,过去用得较多的是数学建模,现在计算机建模越来越受到重视。以规则为基础的计算机建模,能描述的系统更加广泛,如圣菲研究所发展的SWARM就是这样的软件平台。

综合集成法及其研讨厅体系既可用来研究理论问题,也可用来解决实际问题。

研讨厅体系可以看作由三部分组成:以计算机为核心的现代高新技术的集成与融合所构成的机器体系、专家体系和知识体系,其中专家体系和机器体系是知识体系的载体。这三个体系构成高度智能化的人机结合体系,不仅具有知识与信息采集、存储、传递、调用、分析与综合的功能,更重要的是具有产生新知识和智慧的功能。图 4-7 是研讨厅体系的简单示意图。

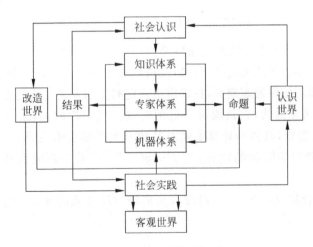

图 4-7　研讨厅体系框图

研讨厅按照分布式交互网络和层次结构组织起来,就成为一种具有纵深层次、横向分布、交互作用的矩阵体系,为解决开放的复杂巨系统问题提供了规范化、结构化的形式。作为一个简单例子,图 4-8 给出了用于作战模拟训练的包含两个层次的研讨厅体系。

图 4-9 说明综合集成法在社会系统决策支持研究中的应用。

综合集成法和研讨厅体系遵循科学和经验相结合、智慧与知识相结合的途径,去研究并解决开放的复杂巨系统的问题。从这个角度来看,综合集成研讨厅体系本身就是一个开放的、动态的体系,也是个不断发展和进化的体系。

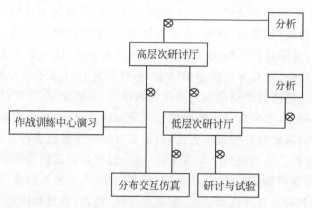

图 4-8　两个层次的研讨厅体系

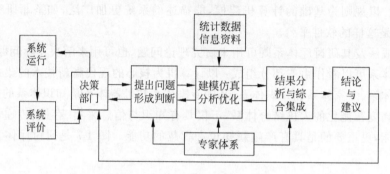

图 4-9　综合集成法在社会系统决策支持研究中的应用

钱学森院士指出："关于开放的复杂巨系统，由于其开放性和复杂性，我们不能用还原论的办法来处理它，不能像经典统计物理以及由此派生的处理开放的简单巨系统的方法那样来处理，我们必须用依靠宏观观察，只求解决一定时期的发展变化的方法。所以任何一次解答都不可能是一劳永逸的，它只能管一定的时期。过一段时间，宏观情况变了，巨系统成员本身也会有其变化，具体的计算参数及其相互关系都会有变化。因此对开放的复杂巨系统，只能作比较短期的预测计算，过了一定时期，要根据新的宏观观察，对方法作新的调整。"

这个思想对综合集成法的应用，对综合集成研讨厅体系的建设和应用，都有重要指导意义。

3. 总体设计部

钱学森院士指出："我们把处理开放的复杂巨系统的方法命名为从定性到定量综合集成法，把应用这个方法的集体称为总体设计部。"应用综合集成法（包括综合集成研讨厅体系）必须有总体设计部这样的实体机构。综合集成法是研究开放的复杂巨系统的方法论，总体设计部是实现这个方法论所必需的体制和机制，两者是紧密结合在一起的，不同于传统科学研究中的个体研究方式。

从应用角度来看，总体设计部由熟悉所研究系统的各个方面专家组成，并由知识面比较宽广的专家负责领导，应用综合集成法和综合集成研讨厅体系对系统进行总体研究。总体设计部设计的是系统的总体方案和实现途径。它把系统作为它所属的更大系统的组成部分来进行研究,对它们的所有要求都首先从实现这个更大系统相协调的观点来考虑。总体设计部把系统作为若干分系统有机结合的整体来设计,对每个分系统的要求都首先从实现整个系统相协调的观点来考虑,对分系统之间、分系统与系统之间的关系,都首先从系统总体协调的需要来考虑,进行总体分析、总体论证、总体设计、总体协调、总体规划,提出具有科学性、可行性和可操作性的总体方案。

综合集成法及其研讨厅体系是系统工程方法论的前沿成果,它还要继续丰富和完善。

近几年广泛使用的术语"顶层设计,上下互动"与总体设计部工作模式比较接近。

顶层设计是指宏观的、总体的、全局的、长远的谋划与设计。"顶层",首先是国家层面,总揽全局、高屋建瓴。顶层设计十分重要,"不能谋全局者不能谋一域,不足谋万世者不足谋一时"。如果顶层设计不搞,不从顶层推动,光靠基层的作为去小打小闹,很难解决根本问题,甚至可能走偏方向。

进行顶层设计,应该注意上下互动。第一,顶层设计者不但应该了解全局和高层的情况,也应该了解中间层和底层的情况;第二,顶层设计需要有中间层和底层的设计相配套。顶层设计是中间层和底层设计的指导,中间层和底层的设计又是落实顶层设计的基础和保障。上下互动,几上几下,不断优化,顶层设计和全局规划才能做得比较好。

顶层设计得到的方案要落实,可以有两种办法:一种是"顶层设计,基层做起";另一种是"顶层设计,顶层做起"。

顶层设计不能"毕其功于一役",不是一次性设计就万事大吉,而是需要根据实施情况适度地"滚动前进"。

4.5　物理-事理-人理系统方法论

4.5.1　物理-事理-人理系统方法论的基本概念

物理-事理-人理系统方法论,在 2.7.2 节已经作了简单介绍。

"物理"这个名词大家很熟悉。自然科学是关于"物之理"的科学,即广义的物理学。"事之理"即"事理"这个名词最早见诸钱学森院士和许国志院士等在 20 世纪 70 年代末发表的文章,例如许国志院士的《论事理》。运筹学又称为"事理学"。

1995 年,中国系统工程学会理事长、中国科学院系统科学研究所顾基发研究员和英国 Hull 大学的华裔学者朱志昌博士提出了"物理-事理-人理(Wuli-Shili-Renli,WSR)系统方法论",简称"WSR 系统方法论"。

1986 年全国软科学会议上提到了"斡件"(orgware),这是随着软科学研究的进展而出现的一个术语。它泛指除了硬件、软件之外,为沟通思想、协调关系、建立信任感而进行的各种工作。斡件属于公共关系学研究的对象。有人认为:在软科学的课题研究中,斡件占 50%,软件占 30%,硬件只占 20%,必须把斡件与不正之风、庸俗关系学区分开来。

上海交通大学吴健中教授(1930—2012)在 20 世纪 80 年代中期指出:开展系统工程项目少了斡件是不行的。他还提出:在任何层次上的研究,系统工程要用四维坐标系来考虑问题——空间的全局性、时间的长远性、事间的协调性和人间的群体性(处理好人际关系)。

这里说的硬件、软件、斡件,与物理、事理、人理有异曲同工之妙,尽管两组术语之间并不是严格的一一对应关系。

作为科学研究对象的客观世界是由物和事两方面组成的。"物"是指独立于人的意志而存在的物质客体;"事"是指人们变革自然和社会的各种有目的的活动,包括自然物采集、加工、改造,人与人的交往、合作、竞争,对人的活动所做的组织、管理等。通俗地讲,"事"就是人们做事情、做工作、处理事务。

运筹学促使科学认识从物理进到事理,事理学的研究又促使科学认识从事理进到人理。没有人的系统(自然系统)的运动总可以用"物理"加以说明,而有人的系统(社会系统)则要加上"事理""人理"去说明。

"物理"主要涉及物质运动的规律,通常要用到自然科学知识,回答有关的"物"是什么,能够做什么,它需要的是真实性。"事理"是做事的道理,主要解决如何安排、运用这些物,通常用到管理科学方面的知识,回答可以怎样去做。"人理"是做人的道理,主要回答应当如何做。处理任何事和物都离不开人去做,以及由人来判断这些事和物是否得当,并且协调各种各样的人际关系,通常要运用人文和社会学科的知识。处理各种社会问题,人理常常是主要内容。

WRS 系统方法论认为,在处理复杂问题时,既要考虑对象系统的物的方面(物理),又要考虑如何更好使用这些物的方面,即事的方面(事理),还要考虑由于认识问题、处理问题、实施管理与决策都离不开的人的方面(人理)。把这三方面结合起来,利用人的理性思维的逻辑性和形象思维的综合性与创造性,去组织实践活动,以产生最大的效益和效率。

一个好的领导者或管理者应该懂物理,明事理,通人理;或者说,应该善于协调使用硬件、软件、斡件,才能把领导工作和管理工作做好。也只有这样,系统工程工作者才能把系统工程项目搞好。

WSR 系统方法论是具有东方传统的系统方法论,得到了国际上的认同。下面给出基本术语的中英文对照:

物(Wu)——objective existence

事(Shi)——subjective modeling

人(Ren)——intersubjective human relations

物理(Wuli)——regularities in objective phenomena

事理(Shili)——ways of seeing and doing

人理(Renli)——principles underlying human inter relations

表 4-3 说明 WSR 系统方法论内容。

应该看到,任何社会系统不但是由物、事、人所构成,而且它们三者之间是动态的交互过程(dynamic interactions)。因此,物理、事理、人理三要素之间不可分割,它们共同构成了我们关于世界的知识,包括是什么、为什么、怎么做和谁去做,所有的要素都是不可或缺的,如果缺少了、忽略了某个要素,对系统的研究将是不完整的。

表 4-3　WSR 系统方法论内容

要　素	物　理	事　理	人　理
道理	物质世界,法则、规则的理论	管理和做事的理论	人、纪律、规范的理论
对象	客观物质世界	组织、系统	人、群体、人际关系、智慧
着重点	是什么 功能分析	怎样做 逻辑分析	应当怎么做 人文分析
原则	诚实,真理, 尽可能正确	协调,有效率, 尽可能平滑	人性,有效果, 尽可能灵活
需要的知识	自然科学	管理科学 系统科学	人文知识 行为科学

4.5.2　WSR 系统方法论的主要步骤

WSR 系统方法论有一套工作步骤,用以指导一个项目的开展。这套步骤大致是以下 6 步,这些步骤有时需要反复进行,也可以将有些步骤提前进行。

1. 理解领导意图(understanding desires)

这一步骤体现了东方管理的特色,强调与领导的沟通,而不是一开始就强调个性和民主等。这里的领导是广义的,既可以是管理人员,也可以是技术决策人员,还可以是一般的用户,在大多数情况下,总是由领导提出一项任务,他(他们)的愿望可能是清晰的,也可能是相当模糊的。愿望一般是一个项目的起始点,由此推动项目。因此,传递、理解愿望非常重要。在这一阶段,可能开展的工作是愿望的接受、明确、深化、修改、完善等。

2. 调查分析(investigating conditions)

这是一个物理分析过程,任何结论只有在仔细地进行情况调查之后,而不应在之前。这一阶段开展的工作是分析可能的资源、约束和相关的愿望等。一般总是深入实际,在专家和广大群众的配合下,开展调查分析,有可能出具"情况调查报告"一类的书面工作文件。

3. 形成目标(formulating objectives)

作为一个复杂的问题,往往一开始问题拟解决到什么程度,领导和系统工程工作者都不是很清楚。在理解、获取领导的意图以及调查分析,取得相关信息之后,这一阶段可能开展的工作是形成目标。这些目标会有与当初领导意图不完全一致的地方,同时在以后大量分析和进一步考虑后,可能还会有所改变。

4. 建立模型(creating models)

这里的模型是比较广义的,除数学模型外,还可以是物理模型、概念模型,运作步骤、规则等。一般通过与相关领域的主体讨论、协商,在思考的基础上形成。在形成目标之后,在这一阶段,可能开展的工作是设计、选择相应的方法、模型、步骤和规则来对目标进行分析处理,称为建立模型。这个过程主要是运用"事理"。

5. 协调关系(coordinating relations)

在处理问题时,由于不同的人所拥有的知识不同、立场不同、利益不同、价值观不同、认知不同,对同一个问题、同一个目标、同一个方案往往会有不同的看法和感受,因此往往需要协调。当然协调相关主体(inter subjective)的关系在整个项目过程中都是十分重要的,但是在这一阶段,更显得重要。相关主体在协调关系层面都应有平等的权利,在表达各自的态度方面也有平等的发言权,包括"做什么、怎么做、谁去做、什么标准、什么秩序和为何目的"等此类议题。一般在这一阶段,会出现一些新的关注点和议题,尽管在前面一些阶段可能出现过这些内容。在这一阶段,可能开展的工作就是相关主体的认知、利益协调。这个步骤体现了东方方法论的特色,属于人理的范围。

6. 提出建议(implementing proposals)

在综合了物理、事理、人理之后,应该提出解决问题的建议。建议一要可行,二要尽可能使相关主体满意,最后还要让领导从更高一层次去综合和权衡,以决定是否采用。这里,建议一词是模糊的,有时还包含实施的内容,这主要看项目的性质和目标设定的程度。

必须注意到,有时甚至实施完成了也不能算是项目的完成,还包括实施后的反馈和检查等。当然,这样也可以说是进入到一个新的 WSR 步骤循环了。

在运用 WSR 系统方法论的过程中,需要遵循下列原则:

(1) 参与。在整个项目过程中,除了系统工程人员外,领导和有关的实际工作者都要经常参与,只有这样,才能使系统中的工作人员了解意图,吸取经验,改正错误想法。

(2) 综合集成。由于问题涉及各种知识、信息,因此经常需要将它们以及参与讨论的专家的意见进行综合,集各种意见、方案之所长,相互弥补。

(3) 人机结合,以人为主。把人员、信息、计算机和通信手段有机结合起来,充分利用各种现代化工具,提高工作能力和绩效。

(4) 迭代和学习。不强调一步到位,而是时时考虑新信息,对极其复杂的问题,还要"摸着石头过河"。

(5) 区别对待。尽管物理、事理、人理三要素彼此不可分割,但是,不同的"理"必须区分对待。

(6) 开放性。项目工作的各方面、各环节必须开放。

4.5.3　WSR 系统方法论中常用的方法

在 WSR 系统方法论的指导下,要有选择地使用一些具体的方法,甚至其他的方法论,表 4-4 给出常用的若干方法。

表 4-4 WSR 系统方法论常用的方法

要 素	物 理	事 理	人 理	方 法
理解意图	了解顾客最初意图,通过谈话来收集有关领导讲话	了解顾客对目标的偏好,喜欢什么模型和评价标准	了解有哪些领导会参加决策,谁来使用这个结果	头脑风暴法,讨论会,CATWOE 分析,认知图
调查分析	调查现在已有资源和约束条件,通过现场调查和文件检索	了解用户的经验和知识背景	了解谁是真正的决策者,哪些知识是必须用的,弄清用户上下各种关系是必要的	Delphi,各种调查表,文献调查,历史对比,交叉影响法,NG 法,KJ 法
形成目标	将所有可行的和实用的目标准则,以及约束都列举出来	在目标中弄清它们的优先秩序和权重	弄清各种目标涉及的人物	头脑风暴法,目标树等
建立模型	将各种有关目标和约束数据化和规范化	选择适合的模型、程序和知识	尽量把领导的意图放入模型中	各种建模方法和工具
协调关系	对所有模型、软件、硬件、算法和数据加以协调,或称之为技术协调	对模型和知识的合理性加以协调,或称之为知识协调	在工作过程中各方面的利益、观点、关系都会由于不同而引起冲突,这就需要进行利益协调	SAST,CSH,IP,和谐理论,亚对策,超对策
提出建议	对各种物理设备和程序加以安装、调试、验证	将各种专门术语改为用户能懂和喜欢的语言	尽量让各方面易于接受、易于执行,并考虑到今后能否合法运用该建议	各种统计图表,统筹图

4.6 系统工程项目研究的一般过程

在系统工程应用研究的项目中,委托方作为甲方,是项目的提出者、决策者;系统工程项目组作为乙方承担项目,负有向甲方提交研究成果的义务,他们要为此而开展一系列的研究工作。双方的基本关系如图 4-10 所示。

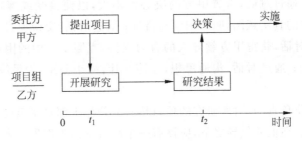

图 4-10 项目研究过程描述(1)

为了把研究工作做好,要强调信息反馈,要开展双方对话,所以,用图 4-11 来表达就更确切一些。

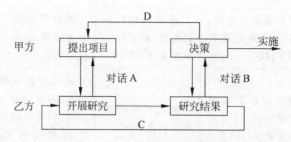

图 4-11 项目研究过程描述(2)

图 4-11 中,对话 A 是在立项阶段和项目研究初期,双方多次对话,明确问题与目标。问题与目标通常应由甲方提出。但是有时甲方提的问题很笼统,目标不明确,甲方负责人也说不清问题的关键所在。例如,甲方只是说:要发展经济,增加产值和利润,至于产值达到多少,利润实现多少,并不明确,目前影响产值与利润的主要因素是什么,亦不清楚。乙方要通过考查与研究,才能明确问题与目标——当然,必须经甲方认可。有时,甲方的目标(指标)似乎很明确,例如经济指标要翻三番、四番,实际上可能达不到。这时,乙方并不能盲目接受,为之拼凑"方案"与"论据",而是根据考查与初步研究后的结果,提出合理的建议。系统工程项目研究必须坚持科学性,而不是充当长官意志的奴仆,否则,就成了伪科学。这是在整个项目研究工作中都必须坚持的。

对话 B 是在项目研究的后期,将研究结果与甲方讨论。甲方如果满意,表示接受,项目研究可以结束。研究结果通常是多种备选方案,甲方很可能选择某种方案(决策),付诸实施。

但是,一般没有这样顺利。通过对话 B,甲方提出疑问和不满,乙方要重新开展若干研究,在图 4-11 中以反馈 C 表示。也可能是通过对话 B,甲方感到自己的目标要修改(意味着项目的要求要修改),在图 4-11 中以反馈 D 表示。

项目研究结果(成果)通常要组织专家评审、验收,一般是由甲方组织。乙方在提交甲方之前,常常自己也会组织专家评审(或者研讨)。在甲方接受研究结果,项目结束之后,乙方常常要作为研究成果报奖,进入另外的程序。

在立项和项目研究过程中,为了使得对话能够有效开展,乙方应该提出对话机制:定期或者不定期,对话人是谁等。甲方的对话人应该是甲方有关的领导人员,而且应该是确定的、固定的;同时,还应该有确定的、固定的联系人代表甲方处理有关的具体事务。

对于乙方而言,通过对话,考查甲方的决心大不大,以便接受或婉言谢绝委托的项目;通过对话,体会甲方的真实意图,明确问题与目标;通过对话,交谈项目研究的进展,加强甲方的信任感;通过对话,获得甲方领导人的有力支持,克服工作中的困难(例如下面的衙门作风和数据封锁等);通过对话,沟通思想,互谅互让,缩小差距,为最终研究成果的顺利通过创造条件。

甲方应该有一位负责的、对所研究的项目热心的领导干部自始至终来抓工作,并且作为乙方的主要对话者。在他的领导之下,应该有一个高效率的工作班子来与乙方协调配合,负责为乙方收集数据、安排考查以及必要的后勤服务等。

4.7　系统论方法的若干要点

4.7.1　系统论方法的哲学基础

凡是用系统观点来认识和处理问题的方法,亦即把对象当作系统来认识和处理的方法,不管是理论的或经验的,定性的或定量的,数学的或非数学的,精确的或近似的,都可以叫作系统论方法。系统论方法以系统论为基础,以系统工程方法论为指导。

系统科学是适应科学方法论的变革而产生的新学科,系统研究的方法论是新型的科学方法论,不应是仅仅把自然科学和社会科学的现有方法简单地推广套用于系统研究,必须立足于创新。但是系统研究的方法不能脱离现代科学成果凭空创造,只能在对现有科学方法加以吸收、提炼、改造的基础上创建出来,系统研究的方法论同现有科学的方法论有多方面的联系。学习系统论方法,既要注意这种联系,更要把握其间的区别,思想上有了创新精神,才易于掌握系统科学。

任何方法论都有它的哲学基础。学习系统科学,从事系统研究,需要有哲学思考的自觉性。系统研究方法论的哲学依据,归根到底是唯物辩证法。某些西方系统科学家不愿公开承认这一点,但他们的工作成就实质上都得益于辩证法。多数系统科学大师都明确承认辩证法对系统研究的指导作用。贝塔朗菲承认马克思的辩证法对今天被称为一般系统论的理论观念的发展作出了自己的贡献。丘奇曼(C. W. Churchman,运筹学的创立者之一)预言未来的系统分析必定会提出一种新的哲学,其"主旨概念将是辩证的学习过程"。普利高津主张"我们需要一种更加辩证的自然观"。哈肯在谈到协同学的"哲学方面"时,明确应用了对立统一、量变质变等辩证法规律。钱学森更是不遗余力地宣传系统科学必须以马克思主义哲学为指导,自觉地应用辩证法来开展系统研究。

辩证法的核心是对立统一。用之于系统研究,就是强调还原论方法和整体论方法的结合,分析方法与综合方法的结合,定性描述与定量描述的结合,局部描述与整体描述的结合,确定性描述与不确定性描述的结合,静力学描述与动力学描述的结合,理论方法与经验方法的结合,精确方法与近似方法的结合,科学理性与艺术直觉的结合等。这些结合是系统论方法之精髓所在。

4.7.2　还原论与整体论相结合

古代科学的方法论本质上是整体论(Holism),强调整体地把握对象。但是那时的科学知识很有限,对自然界观察的科学和思辨的哲学浑然一体,对许多自然现象不能合理解释。古代的整体论是朴素的、直观的,没有把对整体的把握建立在对部分的精细了解之上。随着以还原论(Reductionism)作为方法论基础的现代科学兴起,这种整体论不可避免地被淘汰了。近 400 年来科学发展所遵循的方法论是还原论,主张把整体分解为部分去研究。

还原论并非完全不考虑对象的整体性。还原论方法的奠基者之一法国哲学家、科学家笛卡儿(René Descartes,1596—1650 年)主要是从如何研究整体才算是科学方法的角度论证还原论方法的必要性的。他认为:凡是在理性看来清楚明白的就是真的,复杂的事情看不明白,应当尽可能把它分成简单的部分,直到理性可以看清其真伪的程度。还原论的一个基本信念是:相信客观世界是既定的,存在一个由所谓"宇宙之砖"构成的基本层次,只要把研究对象还原到那个层次,搞清楚最小组分即"宇宙之砖"的性质,一切高层次的问题就迎刃而解了。由此强调,为了认识整体必须认识部分,只有把部分弄清楚才可能真正把握整体;认识了部分的特性,就可以据之把握整体的特性。还原论主张"分析-重构方法"。在还原论方法中居主导地位的是分析、分解、还原:首先把系统从环境中分离出来,孤立起来进行研究;然后把系统分解为部分,把高层次还原到低层次;最后,用低层次说明高层次,用部分说明整体。在这种方法论指导下,400年来的科学研究创造了一整套可操作的方法,取得巨大成功。可以说,没有还原论就没有现在的自然科学。还原论还会继续长期存在并且发挥积极作用。系统科学并不简单否定还原论,但是必须指出:仅仅持有还原论是远远不够的。

还原论的局限性表现在:用量说明质,把质还原为量;用低层次的结构、运动说明高层次的结构、运动,把高层次的结构、运动还原为低层次的结构、运动;用部分和要素说明整体,把整体还原为部分和要素;用必然性说明偶然性,把偶然性还原为必然性;用简单性说明复杂性,把复杂性还原为简单性。其结果是不能真正说明整体的复杂性。

系统科学的早期发展在很大程度上使用的仍然是分析-重构方法,不同的是强调为了把握整体而还原和分析,在整体性观点指导下进行还原和分析。通过整合有关部分的认识以获得整体的认识。对于比较简单的系统,这样处理一般还是有效的。但是,当现代科学把简单系统问题基本研究清楚,逐步向复杂系统问题进军时,仅仅靠分析-重构方法日益显得不够用了。把对部分的认识累加起来的方法,本质上不适宜描述整体涌现性。愈是复杂的系统,这种方法对于把握整体涌现性愈加无效。

系统科学是通过揭露和克服还原论的片面性和局限性而发展起来的。古代的朴素整体论没有也不可能产生现代科学方法,但是它包含着还原论所缺乏的从整体上认识和处理问题的方法论思想。理论研究表明,随着科学越来越深入更小尺度的微观层次,我们对物质系统的认识越来越精细,但对整体的认识反而越来越模糊,越来越渺茫。现代科学表明,许多宇宙奥秘来源于整体的涌现性。还原论无法揭示这类宇宙奥秘,因为整体涌现性在整体被分解为部分时已不复存在。而社会实践越来越大型化、复杂化,特别是一系列全球问题的形成,也突出强调要从整体上认识和处理问题。

下面,我们把中医中药与西医西药进行一些比较,来看看系统论与还原论的区别,看看还原论的局限性。

中医中药是以系统论为主导,西医西药被还原论统治着。这是两者在方法论上的区别。西医把还原论发挥到了极致。到西医的大医院可以看到许多专科:外科有普通外科、胸外科、脑外科、泌尿外科、骨科等,内科也分为许多专科——消化科、呼吸科、心血管科等。每一个专科的医生都是该专科的"行家里手",医术高明,堪称专家,但是,"隔科如隔山",胸外科医生看不了脑外科疾病,消化科医生看不了呼吸科疾病。一个专科医生的跨专科知识还不如一个老病号——"久病成良医"。西医喜欢做手术,动不动就要开刀"切除"——切除扁桃体、切除阑尾、部分切除肺(胃,胆囊等)、截肢,等等;还喜欢安装支架、人造关节等植入性机械器具,对人体进行"他组织行为"。中医基于阴阳论,讲究阴阳平衡。中医认为:健康人是阴阳平衡的,如果阴阳失衡——阴虚或者阳虚、阴盛阳衰或者阳盛阴衰——人就要生病。治疗办法多种多样,大致是阴虚补阴、阳虚补阳、阴盛抑阴、阳盛抑阳等,使人体逐步恢复阴阳平衡。中医注重保守治疗,保全人体,主张调理,发挥人体的"自组织机制",很少开刀和切除。

西医西药是"头痛医头,脚痛医脚""攻其一点,不及其余"。可能一种病还没有治好,又引发另一种病,例如雷米封中毒导致耳聋,阿司匹林引起胃溃疡。西药一般都是单味药,成分单纯,针对某一种病症。每一种西药都有一张长长的说明书,说明各种可能的副作用与危险。中药是混合药,一副处方含有十多种药材,"君、臣、佐、使"互相配合,发挥正能量,抑制副作用。一服中药,堪称一个系统,具有丰富的内涵。中药,尤其是汤药,一般没有什么副作用。吃了几副药之后,再去看医生,医生要询问病人的感觉,根据反馈信息调整药方。

中医医生大多是"多科性医生",一专多能,一名医生可以看几种病,例如呼吸科疾病与消化科疾病兼治。中医医生依靠"望、闻、问、切",辨证施治。一个人感冒,中医医生要判断是"冷感冒"还是"热感冒",两种情况用药是不一样的。

西医常常否定中医,认为"中医不科学"。其实,西医与中医的医疗哲学、理论基础是不一样的。例如,中医针灸治病是客观事实,它的基础是穴位和经络系统,但是,穴位和经络系统在西医解剖学上至今还没有找到。其实,西医解剖学是"尸体解剖学",而病人是"活体",是活生生的生命体而不是尸体。中医的一些术语例如"上火""去火",在西医中没有相应的理念,不知道如何用药,但是,中国老百姓一般都能理解什么是上火,多种中草药可以去火,通过调整饮食也可以去火。

中医看病治病,很有系统性。例如,某人头痛,西医大概是开止痛片服用,中医可能是开一服泻药,让病人"去火",然后头就不痛了,治愈了。经络系统的穴位,并非就在病灶上,而是与病灶相关的若干部位。人的耳朵上、手掌上就有许多穴位,针灸耳朵的穴位,或者按摩手掌上的穴位,可以治疗身体其他部位的一些疾病,充分体现了人体的系统性。从西医理论看,这是匪夷所思的。

中医针灸在美国和其他一些西方国家早就得到了承认,允许开业,很受欢迎。

西医西药的历史比较短,伴随着化学工业的发展而发展,传入中国不过一百年左右,此前,中国人全部靠的是中医中药。中医中药历史悠久,几千年来,从帝王将相到平民百姓,有病治病,无病保健,都是靠的中医中药。清朝末年,中国已经有了四亿五千万同胞,是世界第一人口大国,怎么能够轻易否定中医中药呢? 即便在今天,中医中药仍然发挥巨大作用,尤其是在广大农村。废除中医的论调是片面的,行不通的。中医中药是中华民族宝贵的文化遗产,应该发扬光大。

客观地说:今天的西医西药尚不完备,还要继续研究和发展;今天的中医中药也不完备,也需要继续研究和发展。两者应该相互学习,取长补短。一是两者分别自主研究和发展,二是互相借鉴,逐渐融合,争取早日形成一门新的医学。在形成新医学的路线图中必定有一条基本原则,就是还原论与整体论相结合,以阴阳论为基础发展系统论。

整体论与还原论,各自都有继续存在的理由。一万年以后还需要还原论,因为对于复杂事物的确需要层层分解进行研究。但是,光有层层分解的研究是不够的,还需要居高临下的研究,总揽全局的研究。所以,需要宏观研究与微观研究相结合,整体论与还原论相结合,这才是系统论。

钱学森院士说:系统论是还原论和整体论的辩证统一。

4.7.3　定性描述与定量描述相结合

　　任何系统都有定性特性和定量特性两方面,定性特性决定定量特性,定量特性表现定性特性。只有定性描述,对系统行为特性的把握难以深入准确。但定性描述是定量描述的指导,定性认识不正确,不论定量描述多么精确漂亮,都没有用,甚至会把认识引向歧途。定量描述是为定性描述服务的,借助定量描述能使定性描述深刻化、精确化。定性描述与定量描述相结合,是系统研究方法论的基本原则之一。

　　那些成功应用定量化方法的系统理论告诉人们,首先要对系统的定性特性有个基本的认识,然后才能正确地确定怎样用定量特性把它们表示出来。即使被公认为最定量化的学科,至少它的基本假设是定性思考的结果。要建立定量描述体系,关键之一是在获得正确的定性认识前提下如何选择基本变量。例如,普利高津经过长期观察思考非平衡态的物理系统,首先定性地理解了自然界的各种“活的”结构或形态只能在系统远离平衡态的条件下自发产生出来,而后进一步理解了这种大自然的“必须以某种方式与距平衡态的距离联系起来”创造性,把这种距离看作描述自然的一个新的基本参量,最终找到定量地描述耗散结构形成演化的科学方法。

　　自牛顿(Isaac Newton,1643—1727 年)成功地用数学公式描述物体运动规律以来,定量化方法越来越受到重视,获得极大发展;定性方法被当作科学性较差的、在未找到定量方法之前的一种权宜方法。随着系统研究的对象越来越复杂,定量化描述的困难越来越严重了。系统科学要求重新评价定性方法,反对在系统研究中片面地追求精确化、数量化的呼声越来越强烈。就是说,那种不能反映对象真实特性的定量描述不是科学的描述,必须抛弃。

　　定量描述必须使用数学工具,定性描述也可以使用数学工具。由法国数学家庞加莱(Jules-Henri Poincaré,1854—1912 年)开创的定性数学是描述系统定性性质的强有力工具。特别是研究系统演化问题,我们关心的是系统未来的可能走向,而不是具体的数值,动力学方程的定性理论、几何方法和拓扑方法等都是适当的工具。

　　20 世纪 80 年代初,结合现代作战模型的研究,钱学森院士提出处理复杂系统的定量方法学是半经验半理论的,是科学理论、经验和专家判断力的结合。因为复杂巨系统特别是社会系统无法用现有的数学工具描述出来。当人们寻求用定量方法学处理复杂行为系统时,容易注重于数学模型的逻辑处理,而忽视数学模型微妙的经验含义或解释。要知道,这样的数学模型。看来“理论性”很强,其实不免牵强附会,从而脱离真实。与其如此,反不如从建模的一开始就老老实实承认理论不足,而求援于经验判断,让定性的方法与定量的方法结合起来,最后定量。这样的系统建模方法是建模者判断力的增强与扩充,是很重要的。

　　这里的人机结合与融合,实际是人脑的信息加工与计算机信息加工的结合与融合。思维科学研究表明,人脑和计算机都能有效处理信息,但两者有很大差别,各有各的优势。人脑思维的一种方式是逻辑思维,它是定量、微观的信息处理方式;另一种方式是形象思维,它是定性、宏观的信息处理方式。人的创造性主要来自创造性思维,它是逻辑思维和形象思维的结合,也就是定性与定量、宏观与微观相结合的信息处理方式。今天的计算机技术在逻辑思维方面确实能做很多事情,甚至比人脑做得还好,已有很多科学成就证明了这一点,如数学家吴文俊的定理机器证明。但在形象思维方面,目前的计算机还不能给我们以任何帮助,至于创造思维只能依靠人脑了。以人为主的人机结合使人脑的优势和机器的优势都能充分发挥出来,优势互补,相辅相成,人帮机,机帮人,和谐地工作在一起。这个人机结合的系统在思维能力和创造性方面,比单纯依靠人(专家)要强,比单纯靠机器更强,因而具有较强的处理复杂性问题的能力。从这个角度来看,希望单纯靠机器(计算机)来解决复杂性问题,至少目前是行不通的。

4.7.4　局部描述与整体描述相结合

整体是由局部构成的,整体统摄局部,局部支撑整体,局部行为受整体的约束、支配。描述系统包括描述整体和描述局部两方面,需要把两者很好地结合起来。在系统的整体观对照下建立对局部的描述,综合所有局部描述以建立关于系统整体的描述,是系统研究的基本方法。

突变论的创立者勒内·托姆(René Thom)认为,用动力学方法研究系统,既要从局部走向整体,又要从整体走向局部。对于从局部走向整体,数学中的解析性概念是有用的工具;对于从整体走向局部,数学中的奇点概念是有用的工具。一个奇点可以被看作由空间中的一个整体图形摧毁成的一点,系统在这种点附近的行为是了解系统整体行为的关键。所以,托姆认为:"在突变论中交替地使用上述两种方法,我们就有希望对复杂的整体情况作出动态的综合分析。"原则上说,一切动态系统理论都需要交替地使用从局部到整体和从整体到局部两种描述方法。

一种特殊而意义重大的局部描述与整体描述,是所谓微观描述和宏观描述。简单系统的元素同系统整体在尺度上的差别还不足以显著地构成微观与宏观的差别,但是巨系统出现了微观同宏观的显著区别,元素或基本子系统属于微观层次,系统整体属于宏观层次。系统的最小局部是它的微观组分,最基本的局部描述就是对系统微观组分的描述。对于简单系统,它的元素的基本特性可以从自然科学的基础理论中找到描述方法,对元素特性的描述进行直接综合,即可得到关于系统整体的描述。对于简单巨系统,也具备从微观描述过渡到宏观描述的基本方法,即统计描述方法。复杂巨系统至今尚无有效的统计描述,也许并不存在这种描述方法,但局部描述与整体描述相结合的原则依然适用。

4.7.5　确定性描述与不确定性描述相结合

从牛顿以来,科学逐步发展了两种并行的描述框架。一种是以牛顿力学为代表的确定论描述,另一种是由统计力学和量子力学发展起来的概率论描述。在系统理论的早期发展中两种方法都有大量应用,但总体上要么只使用确定论描述,要么只使用概率论描述,没有把两者沟通起来。采取确定论描述的有一般系统论、突变论和非线性动力学、微分动力体系等。香农信息论是完全建立在概率论描述框架上的。在控制论、运筹学等学科中,两种描述都使用,但通过划分不同分支来分别使用它们,仍然没有实现沟通。自组织理论试图沟通两种描述体系,取得一定进展,但步伐迈得还不够大。现代科学的总体发展越来越要求把两种描述框架沟通起来,形成统一的新框架。系统科学的发展尤其需要把确定论框架同概率论框架沟通起来。混沌学等新学科的发展使人们初见曙光。

4.7.6 系统分析与系统综合相结合

要了解一个系统,首先要进行系统分析:一要弄清系统由哪些组分构成;二要确定系统中的元素或组分是按照什么样的方式相互关联起来形成一个统一整体的;三要进行环境分析,明确系统所处的环境和功能对象,系统和环境如何互相影响,环境的特点和变化趋势。

如何由局部认识获得整体认识,是系统综合所要解决的问题。分析-重构方法用于系统研究,重点应该放在由部分重构整体。重构是综合的方法之一,还原论也是用这种方法,但是有它的局限性。系统综合的任务是把握系统的整体涌现性。首先是信息的综合,即如何综合对部分的认识以求得对整体的认识,或综合低层次的认识以求得对高层次的认识。从整体出发进行分析,根据对部分的数学描述直接建立关于整体的数学描述,是直接综合。一般的简单系统就是可以进行直接综合的系统。简单巨系统由于规模太大,微观层次的随机性具有本质意义,直接综合方法无效,可行的办法是统计综合。复杂巨系统连统计综合也无能为力,需要新的综合方法,4.4 节、4.5 节是有效的探索。

系统分析与系统综合相结合还意味着两者是多次反复交错地进行的,两者是互为前提、互为基础的。通过交替进行,对系统的局部认识、微观认识越来越深化,对系统的整体认识、宏观认识越来越提高。

习题

4-1 方法论与方法有什么区别?为什么要研究方法论?

4-2 霍尔系统工程方法论的三维结构是什么?逻辑维包含哪些步骤?第三维是什么?

4-3 软系统方法论的特点是什么?它与霍尔方法论有什么异同?

4-4 什么是结构性问题?什么是非结构性问题?

4-5 什么是还原论?还原论的作用与局限是什么?

4-6 综合集成法是怎样产生的?它的主要内涵有哪些?

4-7 什么是物理?什么是事理?什么是人理?

4-8 "一个好的领导者或管理者应该懂物理,明事理,通人理",为什么?

4-9 定性描述与定量描述的关系如何?

4-10 局部描述与整体描述的关系如何?

4-11 确定性描述与不确定性描述的关系如何?

4-12 什么是对立统一规律?

4-13 什么是整体论?什么是系统论?

*4-14 你读过《矛盾论》和《实践论》吗?请你认真学习。

*4-15 希望看看阴阳学说、中庸之道的资料,并且与矛盾论进行比较。

*4-16 试把中医中药与西医西药进行比较。

*4-17 请你读读《道德经》和《论语》。

第5章 系统工程的理论基础

5.1 引言

钱学森院士在20世纪80年代提出了系统科学的体系结构,如2.5节图2-2所示。在这个体系结构中,系统工程是它的工程技术。为系统工程提供理论和方法的技术科学,主要有运筹学、控制论和信息论。由于对象系统不同,应用到哪一类系统上,还要用到与这类系统有关的学科知识,并把它们有机结合起来,按照综合集成法研究和解决问题,求得整体功能或者总体效果的优化。

20世纪80年代以来,系统科学有了新的发展,例如,钱学森院士提出了研究开放的复杂巨系统,提出了综合集成法及其研讨厅体系,国外则发展了自组织理论,提出了复杂适应系统理论,等等。

系统工程的理论基础是很宽广的。表3-1列出了系统工程若干专业特有的学科基础。数学和计算机技术也可以说是系统工程的理论基础,但是,把它们看成方法和工具更恰当一些。本章介绍系统工程的理论基础,是根据系统科学体系中的技术科学而言,即介绍运筹学、控制论和信息论的基本知识。自组织理论和其他一些基本知识放在第6章介绍。

有些书和文章把系统论、控制论与信息论称为系统工程的"老三论",这是不对的。它们三者不是同一个层次上的概念。系统论是高层次的大概念,如图2-1所示,系统论在系统科学体系中,是基础科学"系统学"与马克思主义哲学之间过渡的桥梁。运筹学、控制论与信息论是在同一个层次上的,这三者才是"老三论"。第6章将介绍自组织理论,包括耗散结构理论、超循环理论与协同学,这是"新三论"。实际上,新的理论不止是"三论",自组织理论群中还有突变论等。

5.2 运筹学的基本知识

在前面的一些章节中,尤其是3.3节军事系统工程,已经介绍了运筹学的若干知识。在这里,再作必要的补充,避免过多的重复。

运筹学是在第二次世界大战中发展起来的一门学科。为达到一定目的去做某件事情、执行某项任务、开展某种活动之前,人们总想在一定的客观条件下,把事情办得更合理一些,总要借助于计算分析进行一番筹划和安排,以期得到最好的效果。这种合理安排、选优求好的朴素思想,就是运筹学的基本思想。

运筹学的朴素思想发源很早。第 1 章介绍的"田忌赛驷"就是很经典的例子。

运筹学的奠基作是 1946 年由 P. M. Morse 与 G. E. Kimball 出版的 *The Methods of Operations Research*，即《运筹学的方法》(本意是"作战研究的方法")。战后，运筹学运用于生产运作和企业管理等问题，也获得了成功，同时，运筹学也得到了进一步的发展。

在《史记·高祖本纪》中，汉高祖刘邦称赞张良"运筹帷幄之中，决胜千里之外。"其中的"运筹"二字，与 Operations Research(OR)是很好的对应，所以，我国大陆学者把 Operations Research(OR)翻译为"运筹学"。中国香港和台湾的学者，常常翻译为"作业研究"。顾基发研究员说：日本学者曾经长期用假名拼写 Operations Research，后来在中国学者的影响下也采用了"运筹学"的名称。

一般来说，运筹学研究系统资源的合理配置和有效的经营运作问题。军事运筹学研究军事指挥中的战术技术问题。运筹学重视有关活动的数量分析，建立数学模型，寻求解决问题的最优方案。

西方许多人把运筹学作为 Management Science(MS，狭义的管理科学；管理科学有"狭义"与"广义"之分)的主要内容。运筹学包含了大量的数学方法，但它本身并不是数学，由它在第二次世界大战中的创立过程可知，它和数学是完全不同的渠道。P. M. Morse 与 G. E. Kimball 指出："运筹学是为领导机关对其控制下的事务、活动采取策略而提供定量依据的科学方法，它是在实行管理的领域，运用数学方法，对需要进行管理的问题进行统筹规划、作出决策的一门应用学科。"最近的趋势把"定量"也放松了，变成了"运筹学是一种适用于系统运行的方法和工具，它是一种科学方法，它能对运行管理人员的问题提供最合适的解答"。运筹学的对象是社会，目标是最优化，它是经营管理的科学、作战指挥的科学、规划计划的科学和治理国家的科学。

运筹学应用的领域很广。运筹学的应用领域有：

(1) 国际范围问题——人口家族、通商运货、竞争协作、资源能源、发达不发达等问题；

(2) 国家社会问题——都市规划、地域开发、犯罪控制、环境污染、保健卫生、劳动就业等问题；

(3) 企业管理问题——计划、新产品的研制与评价、企业相互关系、购买与广告、流通、市场、生产管理、投资计划、劳动等问题；

(4) 系统问题——交通、情报、计算机、流通、教育、医疗等问题；

(5) 行业领域——农业、水产、钢铁、矿山、原子能、电力、石油、纺织、银行、军事等问题。

随着运筹学逐步深入应用于社会经济系统和军事系统，这些系统往往存在着大量的不确定因素和人理问题，所以，仅仅依靠数学模型和定量分析已很难处理好复杂系统的优化问题。必须将定量分析、定性分析、计算机仿真相结合，综合优化，实际上已经从运筹学过渡到了系统工程。

系统工程和运筹学是在不同的历史阶段在同一方向上发展起来的学科。运筹学是系统工程的主要理论基础，系统工程可以覆盖运筹学，犹如物理学可以覆盖力学一样。运筹学的主要内容如图 5-1 所示。

图 5-2 表示了系统工程、运筹学、管理科学和计算机技术 4 个学科的交叉关系。它们的交集是很大的。

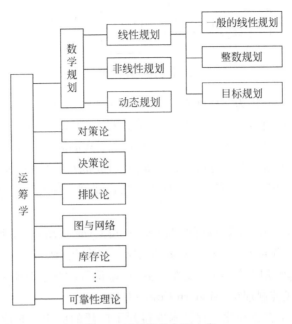

图 5-1　运筹学的主要内容

本书 2.2 节引用钱学森院士的论述,说明了系统工程与运筹学的关系:国外所称的运筹学、管理科学、系统分析、系统研究以及费用－效益分析的工程实践内容,均可以用系统的概念统一归入系统工程;国外所称的运筹学、管理科学、系统分析、系统研究以及费用－效益分析的数学理论和算法,都可以统一称为运筹学。根据本书编写的主旨,本书不多讲述运筹学方法(见本书前言),尽管如此,还是会有不少的涉及。例如,在第 7 章系统模型与仿真中,列举了几个建模的例子,它们是运筹学中常用的模型;第 9 章系统综合与评价和第 10 章系统可靠性也是与运筹学关系密切的内容,其难易程度笔者适当掌握。更多地学习运筹学,需要通过专门的课程,例如运筹学、管理的数量方法等。

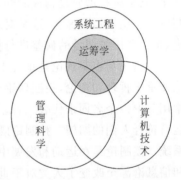

图 5-2　系统工程、运筹学、管理科学与计算机技术的相互关系

5.3　控制论的基本知识

系统工程研究的系统是人工系统,人工系统都是受人控制的系统或者是人们试图控制的系统。从控制的角度掌握系统运行的一般规律,控制系统的运行,这是控制论的主旨所在。

控制是系统建立、维持、提高自身有效性的手段。如图 5-3 所示,控制就是施控者选择适当的控制手段作用于受控者,以期引起受控者行为姿态发生符合目的的变化。不论是对于自然的、社会的或人工制造的系统,一切从这个意义上提出的问题,都是控制问题。

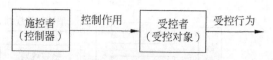

图 5-3　控制作用的一般表示

控制论(Cybernetics)作为一门独立的学科,产生于 20 世纪中叶。对控制问题进行理论研究,始于 1868 年麦克斯韦尔(J. C. Maxwell)以微分方程为工具分析蒸汽机调速器稳定性的工作。1948 年美国著名数学家维纳(Norbert Wiener)出版了第一本控制论著作 *Cybernetics or Control and Communication in the Animal and the Machine*,(《控制论或关于在动物和机器中控制和通信的科学》),标志着这门学科的诞生。维纳被誉为控制论的创始人。

钱学森院士 1954 年在美国出版的 *Engineering Cybernetics*(《工程控制论》)一书的英文版,代表了当时国际先进水平,被译为多种文字。卡尔曼(R. E. Kalman)等一批学者从 20 世纪 60 年代开始,运用微分方程、线性代数、概率论等数学工具对系统控制问题进行了深入的研究,形成现代控制理论(Modern Control Theory)。

控制论与控制理论在自动化工程技术中得到了广泛的应用。制造自动机的理想,早在古代就出现了。西汉时期(公元前 206 年—公元 8 年),我国劳动人民就发明了机械式的指南车,它是按扰动原理构成的开环自动控制系统。公元 1086—1089 年,宋代苏颂和韩公廉制成了一座水运仪像台,这是对东汉时代张衡(公元 78—公元 139 年)创造的铜壶滴漏的改进,是一个按被调量的偏差进行控制的闭环非线性自动控制系统。

控制论与控制理论是系统工程的理论基础之一。控制论与控制理论是有区别的:控制论侧重于哲理和理论,控制理论侧重于这些理论的应用。对此,我们可以不作深究,而且常常用其中一个名词来代表二者。控制论研究一般控制规律,对各种系统实行控制,使系统的运行符合人们的期望。控制论既可应用于工程技术系统,亦可应用于社会经济系统和生物系统。控制论是在运动和发展中考查系统,这就从根本上改变了研究系统的方法。控制论和信息论甚至改变了人类对于世界的看法:使得认为世界由物质和能量组成的古典概念让位于世界是由物质、能量和信息这三种成分组成的新概念。控制论在通信和自动化技术中,在生物学和医学领域中,在经济学和社会学中,都发挥了巨大的作用。

控制理论包括经典控制理论、现代控制理论和大系统理论三方面内容。限于本书宗旨与篇幅,这里我们只介绍与系统工程密切相关的几个基本概念。

20 世纪 80 年代以来,控制论和控制理论经历了巨大的挑战。由于航天事业和大型复杂生产过程管理等方面的需要,提出大量非线性控制、鲁棒性控制、柔性结构控制、离散事件系统控制等复杂问题,是已有的控制理论难以解决的。复杂系统的控制理论成为控制理论研究的一个主攻方向。作为技术科学的控制论与控制理论的研究需要系统科学的指导和帮助。

5.3.1　反馈

反馈的概念是控制论的基本的和核心的概念。所谓反馈(Feedback,亦称回授),就是系统的输出对于输入的影响,或者说是输入与输出之间的反向联系。简单地说,就是系统的输出反过来影响系统原有的输入作用。一个良好运作的企业系统,必然是一个具有完善的反馈功能的系统。系统对环境的适应性,主要靠反馈来实现。系统的反馈,主要是信息反馈。

有反馈,才能发现偏差,从而及时作出调整,采取纠偏措施,使系统朝着减少偏差的方向发展,即朝着人们预期的目标发展。反馈使整个系统处于不断的自我反省状态,从而使偏差得到不断的自我纠正。管理者如果不深入基层,不了解第一线情况,就得不到反馈信息,于是对偏差心中无数,其决策或指挥就带有很大的盲目性,就会给工作带来损失。

反馈分为正反馈与负反馈。负反馈旨在缩小系统的实际输出与期望值的偏差,使得系统行为收敛。正反馈使得系统行为发散。一般不加说明的反馈,是指负反馈。系统实现反馈功能的组成部分,称为系统的反馈环节。系统的反馈环节往往不止一个,我们将这样的系统叫作多重反馈系统或多回路系统。

下面,把企业系统作为反馈控制系统展开为图 5-4 来分析企业系统的活动过程与反馈回路。

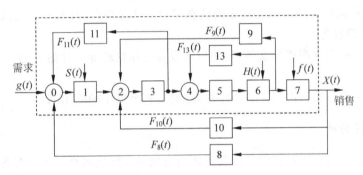

图 5-4　企业系统的活动过程与反馈回路

1. 模型说明与活动分析

系统的输入为 $g(t)$、$H(t)$、$S(t)$ 和 $f(t)$,其中:

$g(t)$——外界需求;

$H(t)$——系统的硬件输入,包括原材料、外协件、辅助材料以及能源;

$S(t)$——系统的软件输入,包括技术、情报等;

$f(t)$——系统受到的外界干扰。外界干扰是多种多样的,而且遍布于系统的各个环节。为使分析简单起见,我们集中表示在一个环节上。

系统的输出为 $X(t)$,包括硬件及软件,即产品与技术性服务等。

各个方框与结点的意义如下:

方框 1——企业的研究设计部门;

方框 3——企业的生产决策部门,例如厂务委员会;

方框 5——生产管理部门,包括计划、生产、工艺、冶金和工具等科室;

方框 6——生产与装配车间(又称生产线);

方框 7——库存与销售部门;

方框 8、9、10、11、13——反馈环节;

$F_8(t)$、$F_9(t)$、$F_{10}(t)$、$F_{11}(t)$、$F_{13}(t)$ 分别为反馈信息；

结点 0、2、4 为比较环节。

整个系统可以明显地区分为企业内部结构（系统本身）与系统外部环境两部分，用虚线隔开。

由图 5-4 可以看到：

外界需求 $g(t)$，产品销售情况的反馈信息 $F_8(t)$，由决策部门 3 来的信息 $F_{11}(t)$ 在结点 0 经过综合处理，形成对研究设计部门 1 的指令（输入）；

研究设计部门 1 根据这一指令，以及情报、技术等软件输入 $S(t)$，进行产品设计，提出设计方案（通常是多种备选方案）；

多种设计方案，市场情况的反馈 $F_{10}(t)$ 以及由生产车间 6 来的反馈信息 $F_9(t)$（主要是生产能力）在结点 2 进行综合，提交决策部门 3，形成决策（生产何种产品，生产多少数量）；这个决策再作为信息 $F_{11}(t)$ 反馈到设计部门 1，形成具体的产品设计图纸，沿着前向通路到达结点 4；

在结点 4，产品设计图纸与车间来的信息 $F_{13}(t)$ 经过综合，由生产管理部门 5 形成生产指导文件（工艺路线等）；

生产车间 6 根据生产指导文件，利用机器设备对原材料等硬件输入 $H(t)$ 进行加工和组装，形成产品；

产品经过库房与销售部门 7 进入市场，这就是整个系统的输出 $X(t)$。

2. 反馈回路分析

一个反馈环节与它所包括的一段前向通路组成一个反馈回路。下面对各个反馈回路进行扼要分析。

1）反馈环节 8 组成的反馈回路与反馈环节 11 组成的反馈回路

本企业的产品 $X(t)$ 在市场上的销售情况和用户的意见，经过反馈环节 8 形成信息 $F_8(t)$ 反馈到企业的研究设计部门 1。研究设计部门 1 根据信息 $F_8(t)$，对产品作改进设计，以扩大本企业产品的销路。同时，研究设计部门 1 根据市场需求 $g(t)$ 和技术软件 $S(t)$ 设计新产品，打入市场。

但是，研究设计部门 1 并不是仅根据信息 $g(t)$ 或 $F_8(t)$ 就能决定自己的设计任务，它还必须接受决策部门 3 来的指示 $F_{11}(t)$。反馈环节 11 的作用就在于把决策部门 3 的决策下达给研究设计部门 1。

2）反馈环节 10 组成的反馈回路与反馈环节 9 组成的反馈回路

决策部门 3 如何形成正确的决策呢？

它的根据之一是市场来的信息 $F_{10}(t)$ 和 $g(t)$。$F_{10}(t)$ 与 $F_8(t)$ 相仿，是本企业的产品在市场上的销售情况和用户的意见等。$g(t)$ 是市场需要，经过前向通路到达结点 2。

它的根据之二是研究设计部门 1 提出的关于产品开发的若干待选方案。

它的根据之三是由各生产车间来的信息 $F_9(t)$，它反映了本企业的生产能力。根据之一、之二是客观需要，根据之三是主观可能。决策部门根据需要与可能两个方面作出决策。

这一决策作为信息 $F_{11}(t)$ 反馈到研究设计部门 1，研究设计部门对于选定的方案绘制具体的设计图纸。

3) 反馈环节 13 组成的反馈回路

反馈环节 13、生产管理部门 5 以及生产车间 6 共同组成的回路担当着企业的主要生产活动与管理活动。

首先,在决策形成之后,设计部门 1 提供的设计图纸经过前向通路到达结点 4,它与生产车间 6 的信息 $F_{13}(t)$ 进行综合。此时的 $F_{13}(t)$ 与 $F_9(t)$ 相仿,反映各生产车间的生产能力。综合的结果,便是生产管理部门 5 形成生产指导文件(包括工艺路线等),安排计划,组织和指挥生产车间开展生产制作。

其次,产品正式投产以后,由生产车间 6 来的反馈信息 $F_{13}(t)$ 主要反映生产进度和质量情况,生产管理部门据此对生产过程实行监督、协调和控制,以保证生产活动的正常进行。

企业的人员流、物质流、信息流在前向通路和各个反馈回路中运行与循环,就构成了整个企业的全部活动。能源和原材料不断地输入,产品和技术服务不断地输出,企业就成为一个有活力的整体。

鉴于反馈与信息的重要性,有人说:所谓管理,就是一种按反馈回路进行的信息处理过程。

在实际企业中,各个反馈环节不一定都有相应的机构实体,甚至有时"看不见摸不到",但它们是确实存在的。信息流主要是通过反馈环节组成的回路而发挥作用。反馈失灵,就会贻误工作,必须能动地建立反馈机制、反馈回路,加工和利用信息。

5.3.2　控制任务与控制方式

1. 控制任务

控制系统是人们为完成一定的控制任务而设计制造的。从控制理论看,控制任务主要有以下几种类型。

1) 定值控制

定值控制是最简单的控制任务,在自然界、生命体、机器和社会系统中广泛存在。它是指在某些控制问题中,控制任务是使受控量 y 稳定地保持在预定的常数值 y_0。实际控制过程并不要求严格保持 $y = y_0$,只要求 y 对 y_0 的偏差 Δy 不超过许可范围 δ 即可:

$$\Delta y = | y - y_0 | < \delta, \quad \delta \geqslant 0 \tag{5-1}$$

控制系统的任务是克服或"镇压"干扰,使系统尽快恢复并维持原来确定的状态,故又称为镇定控制。

2) 程序控制

程序控制的任务是执行保证受控制量 y 按照某个预先知道的方式 $\omega(t)$ 随时间 t 而变化的预定程序的控制方式。定值控制是 $\omega(t) = C$(常数)时的特殊程序控制。

在结构上,程序控制的特点是有程序机构。受控量预定的变化规律 $\omega(t)$ 表示为程序,储存于专门的程序机构中。在系统运行过程中由程序机构给出控制指令,由控制器执行指令,保证受控量按照程序变化。

3) 随动控制

在许多情况下,控制任务是使受控量 $y(t)$ 随着某个预先不能确定而只能在系统运行过程中实时测定的变化规律 $u(t)$ 来变化。这时的控制任务是保证 y 随着 u 的变动而变动,故称为随动控制。又称为跟踪控制,因为控制任务是使受控量 $y(t)$ 尽可能准确地跟踪外部变量 $u(t)$ 的变化,直至达到目标。

4) 最优控制

定值控制、程序控制和随动控制的控制任务可以统一表述为:保证系统的受控量和预定要求相符合。三者的区别在于,这种预定要求是固定的还是可变的,变化规律是预先精确知道的还是只能在运行过程中实时监测的。但是,许多实际过程关于受控量的预定要求不仅不能作为固定值在系统中标定出来,或者作为已知规律引入系统作为程序,甚至无法在系统运行中实时获取。这类过程的控制任务应当表述为:使系统的某种性能达到最优,即实现对系统的最优控制。

2. 控制方式

给定控制任务后,还需要选择适当的控制方式或策略。常见的控制方式有以下几种。

1) 简单控制

根据实际需求和对于受控对象在控制作用下的可能结果的预期,制定适当的控制方案或指令,去作用于对象以实现控制目标。由于控制过程中信息流通是单向的,又称为开环控制,如图 5-5 所示。

图 5-5　简单控制

这种控制策略的特点是"只下达命令,不检查结果"。它的有效性依赖于控制方案的科学性和对忠实执行命令的品质的完全信任,以及假定外部干扰可以忽略不计。优点是结构简单,操作方便。

2) 补偿控制

在许多情况下,外界对系统的干扰总是存在而且不能忽略不计,在制定控制策略时,着眼于防患于未然,以消除或减少干扰的影响,在干扰给系统造成影响之前通过预测干扰作用的性质和程度,计算和制定出足以抵消干扰影响的控制作用,设置补偿装置,借助它监测干扰因素,把它量化,并准确地反映在控制计划中,并施加于受控对象,这就是补偿控制策略。图 5-6 示意了这种控制策略。

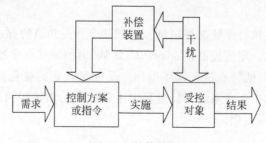

图 5-6　补偿控制

补偿控制也是开环控制。根据系统工作过程中信息流通的特点,又称为顺馈控制。

3）反馈控制

在许多情况下,需要采取反馈控制策略,着眼于实时监测受控对象在干扰影响下的行为,通过量化并与控制任务预期的目标值相比较,找出误差,根据误差的性质和程度制定控制方案,实施控制,以便消除误差,达到控制目标。这种以误差消除误差的控制策略,常称为误差控制。如图 5-7 所示,其中的上半部相当于简单控制,控制作用产生一个结果,这个结果与干扰造成的结果被一起测量,通过下半部线路反向送回输入端(即反馈),与目标值进行比较,形成误差,根据误差确定新的控制作用。如此反复施加控制作用,反复测量控制结果,反复回馈结果信息,反复修改控制作用,直到误差消除或者被控制在允许的范围之内为止。在结构上,需设置反馈信息的环节和通道,因而称为反馈控制。鉴于信息流通形成了闭合环路,又称为闭环控制。

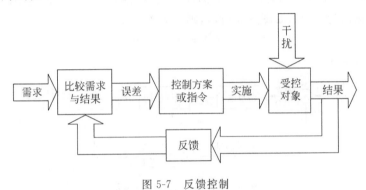

图 5-7　反馈控制

反馈控制是最有效的控制策略,获得广泛应用。当存在模型不确定性和不可测量的扰动时,反馈控制能够实现较高的品质要求。

4）递阶控制

对大系统而言,通常采用的控制方式是集中与分散相结合的递阶控制。递阶控制的一种方式是多级控制。按照受控对象或过程的结构特性和决策控制权力把大系统划分为若干等级,每个等级划分为若干小系统,每个小系统有一个控制中心,同一级的不同控制中心独立地控制大系统的一个部分,下一级的控制中心接受上一级控制中心的指令。控制过程中信息流通主要是上下级之间的信息传递。图 5-8 示意的是一个三级递阶控制的大系统。

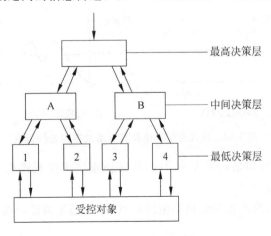

图 5-8　三级递阶控制

社会行政系统实际上是多级递阶控制。控制者和被控制者都是人，尤其是担任主要领导职务的人员。这些人员的素质和信息传递的效率，决定了系统的效率。

递阶控制的另一种方式是多段控制。按照受控过程的时间顺序把全过程划分若干阶段，每个阶段构成一个小型的控制问题，采用单中心控制，再按各段之间的衔接条件进行协调控制。

5.3.3　基本控制规律

在控制系统中，调节器是整个系统的心脏。调节器对偏差信号（设为 $e(t)$）进行转换或处理的规律，称为系统的控制规律。不同的控制规律，将对系统品质产生不同的影响。

设调节器输出为 $m(t)$，如图 5-9 所示，则函数关系

$$m(t) = F[e(t)] \tag{5-2}$$

即为系统的控制规律。

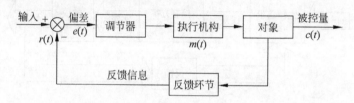

图 5-9　控制系统的一般表示

目前常用的控制规律有如下几种。

1. 位式控制规律

所谓位式控制规律，就是根据偏差的不同，调节器的输出只有两种（两位）状态：开关要么闭合，要么断开。位式控制简单、廉价，易于推广应用。但是，位式控制有一个先天性的缺点，就是被控量无稳态值，它在期望值附近不断地波动或振荡，因而控制精度不高。原因很简单：设想室温控制采用这种规律，开关全闭将使室温升高，而开关全断使室温下降。一升一降，永无稳态值，如图 5-10 所示。

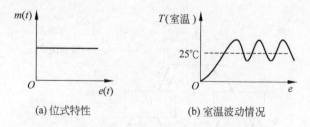

（a）位式特性　　　　　　　　（b）室温波动情况

图 5-10　位式控制规律及其对系统被控量的影响

在社会经济系统中，如果政策大收大放，势必使系统无法获得稳态而产生震荡，甚至是比较激烈的震荡。

为克服位式控制系统被控量无稳态值的缺点，可采用比例控制规律。

2. 比例控制规律

在位式控制中,系统被控量无稳态值的重要原因是由于调节器输出与偏差间无比例关系。图 5-11 所示是一个炉温控制系统的示意图,采用比例控制规律。

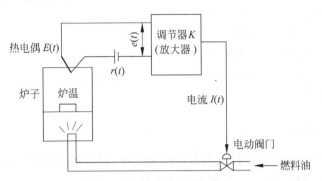

图 5-11　炉温控制系统的示意图

在图 5-11 所示的系统中,测温元件热电偶冷端电势 $E(t)$ 与炉温成对应关系。电压 $r(t)$ 是给定信号,当 $E(t)$ 与 $r(t)$ 相等时,炉温严格与希望值相等。$E(t)$ 与 $r(t)$ 是反极性串联的,二者之差即为偏差电势 $e(t)$。$e(t)$ 经比例调节器放大,得到正比于 $e(t)$ 的输出电流 $I(t)$。$I(t)$ 与 $e(t)$ 的比例系数为 K,即

$$I(t) = K \cdot e(t) \tag{5-3}$$

其中,K 的量纲为安培/伏特。

调节器的输出电流作用于一个常闭型电动阀门(即失电时阀门全闭,通电后阀门开启,且电流增大阀门开度也增大),控制阀门的开度,进而控制燃料油的进油量(亦即耗油量)而使炉温得到控制。

若炉温低于希望值,则系统将发生如下一系列的自控过程:

炉温 ↓ → $E(t)$ ↓ → $e(t)$ ↑ → $I(t)$ ↑ → 阀门开度 ↑ → 炉温 ↑

当炉温由偏低趋近希望值时,则

$e(t)$ ↓ → $I(t)$ ↓ → 阀门开度 ↓ → 阻止炉温继续上升

在这种自控过程的最终,被控量炉温获得动态平衡,被维持在一个稳态值上。

比例控制规律与系统品质如图 5-12 所示。

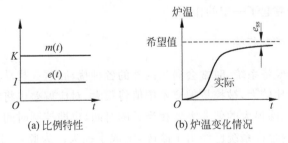

(a) 比例特性　　　　　　　(b) 炉温变化情况

图 5-12　比例控制规律及其对系统被控量的影响

比例控制规律虽然使被控量有稳态值,但其最大缺点是被控量无法与希望值相等,即出现图 5-12(b)中的两者之差 e_{ss},我们将 e_{ss} 称为静差。产生静差的原因很简单,我们可用反证法说明之。

设在图 5-11 中炉温保持在希望值上,则:

$$E(t) = r(t) \rightarrow e(t) = 0 \rightarrow I(t) = K \cdot e(t) = 0 \rightarrow 阀门全闭 \rightarrow 炉温 \downarrow$$

显而易见,炉温无法保持在希望值上,亦即系统产生了静差。

由于比例控制规律使系统有稳态值,所以在精度要求不高的场合得到了广泛的应用。然而,由于比例控制规律无法消除静差而影响了它的应用范围。对要求精度很高的场合,可以采用如下的控制规律。

3. 比例积分控制规律

如果调节器的输出 $m(t)$ 不仅与偏差 $e(t)$ 成正比,而且还对偏差 $e(t)$ 进行时间积分,则称系统具有比例积分控制规律。这种控制规律可用下式表示:

$$m(t) = K\left[e(t) + \frac{1}{T_i}\int e(t)\mathrm{d}t\right] \tag{5-4}$$

而 $m(t)$ 与 $e(t)$ 之间关系可用图 5-13 表示。

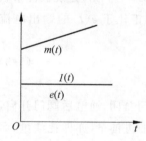

图 5-13　比例积分特性

在式(5-4)中,T_i 称为积分时间常数。T_i 值大,则积分速度慢;T_i 值小,则积分速度快。

比例积分控制规律对定值控制系统而言,在理论上达到了完全消除静差。我们对图 5-11 的炉温控制系统进行分析:如果调节器改为比例积分型的,且设静差暂不为 0。即

$$e(t) \neq 0$$

则积分作用将使输出 $I(t)$ 不断加大,从而使阀门开度不断增加,燃料油流量也不断加大,势必使炉温继续上升。只要偏差不为 0,这种积分作用始终不断地起作用,控制作用不断增强,直至将静差完全消除为止。这种控制规律显然优于前面叙述过的位式控制与比例控制两种控制规律。

社会经济系统中的"调节器"——领导决策层,事实上都在自觉不自觉地运用着这种控制规律。当他们发现本系统出现某种偏差时,往往下一道"补充规定"来纠正偏差。"补充"意味着原来的决策或措施的力度尚不够,所以再增强控制作用——这就是积分作用。如果一道"补充规定"还不够,还不足以消除偏差,则可能会下第二道、第三道的"补充规定"。这些积分功能对消除静差起了一定的作用。

4. 比例积分微分控制规律

工程系统或社会经济系统,时常会遇到内外的各种扰动,这些扰动企图使系统被控量偏离希望值。如果扰动比较大,被控量偏离希望值将很大,对应偏差也将很大。由于积分作用是逐渐累积的,所以消除很大的偏差需要相当长的时间,也即控制时间太长。在这段过渡性的、动态的控制时间内也许系统已经出了故障,酿成了损失。为此,人们研究采用了比例积分微分控制规律。这种控制规律可用下式表达。

$$m(t) = K\left[e(t) + \frac{1}{T_i}\int e(t)\,\mathrm{d}t + T_d\,\frac{\mathrm{d}e(t)}{\mathrm{d}t}\right] \tag{5-5}$$

上式是由比例、积分、微分三项叠加而成的。比例、积分的作用前面已叙述过了。这里我们仅说明微分的作用。

$m(t)$中的微分项 $KT_d\dfrac{\mathrm{d}e(t)}{\mathrm{d}t}$，其大小仅与偏差 $e(t)$ 的变化率成正比，而与 $e(t)$ 本身绝对值的大小无关。T_d 是微分时间常数，T_d 大则微分作用强，反则反之。

我们假设图 5-11 中的调节器具有比例积分微分作用。我们又假设突然往炉子里放进大批需要热处理的冷工件，这批工件对控制系统而言显然是一个很大的扰动，如果不采取微分措施，炉温势必要极大地偏离希望值，依靠比例与积分的控制作用将炉温拉回到希望值需很长的时间。现在如果投入微分控制作用，情况就大不相同了，当大的扰动刚到来时，被控量的变化率很大，对应的偏差 $e(t)$ 的变化率也很大。这时被控量变化的绝对值还不太大。$e(t)$ 的大变化率使得 $KT_d\dfrac{\mathrm{d}e(t)}{\mathrm{d}t}$ 值很大，即阀门开度先于大偏差值到来时开得很大，使炉子加热量猛增，使炉温在下降得不很厉害时就得以回升，从而避免了大偏差的出现，大大缩短了调节时间，改善了系统的动态过渡的品质，起到了防患于未然的良好效果，控制论中称之为超调作用。

在目前的常规控制系统中，比例积分微分控制规律是一种较为理想的控制规律，无论系统的动态品质还是静态品质（静差）都比较好，因而被人们广泛地采用。工程系统中的比例积分微分调节器的系列产品很多、很成熟，可供用户方便地选用。

在社会系统中，发现危害社会治安的倾向来势凶猛（虽然刚开始时危害还不太大）时，采取严打的办法或者一些矫枉过正的措施是必要的，能起到超调的作用。否则，等受害面很广、受害度很深时再纠正、再治理，已经酿成很大损失了。矫枉必须过正，不过正不能矫枉（当然，"过正"也要有个度，不能过度）。

对于控制规律掌握和自觉运用，有助于系统工程实现总体目标的优化。

应当说明，对于社会经济系统来说，由于这些系统的复杂性，我们介绍的几种主要的控制规律，其适用性远不能与工程控制系统相比。如果将工程系统中的控制规律全盘照搬到社会经济系统中，企图用自然科学中的规律去控制社会经济过程，通常是不成功的。社会经济系统是复杂的大系统、巨系统，它们另有自身的控制规律，而这些规律有的已被人们掌握，有的则仍在探索之中。对这种复杂系统的控制规律的探索、掌握和应用，是系统工程的任务之一。还应当说明，我国在改革开放中提出的经验性命题"宏观调控，微观搞活"，是系统管理的一项基本的、普遍适用的原则。

5.4　信息论的基本知识

5.4.1　信息的含义与特征

信息论是关于信息的本质和传输规律的科学理论，是研究信息的计量、发送、传递、交换、接收和储存的一门新兴学科。

　　信息论的创始人是美国贝尔电话研究所的数学家香农(Claude Elwood Shannon,1916—2001 年),他为解决通信技术中的信息编码问题,突破老框框,把发射信息和接收信息作为一个整体的通信过程来研究,提出通信系统的一般模型,同时建立了信息量的统计公式,奠定了信息论的理论基础。1948 年香农发表重要论文 *A Mathematical Theory of Communication*,即《通信的数学理论》,成为信息论诞生的标志。在信息论的发展中,还有许多科学家对它作出了卓越的贡献。例如,控制论的创始人维纳建立了滤波理论和信号预测理论,也提出了信息量的统计数学公式,有人认为维纳也是信息论创始人之一。

　　客观世界是由物质、能量、信息三大要素组成的。信息是一种客观存在。系统的反馈主要是信息反馈。研究系统不能不研究信息。要素与要素之间、局部与局部之间、局部与系统之间、系统与环境之间的相互联系和作用,都要通过交换、加工和利用信息来实现;系统的演化,整体特性的产生,高层次的出现,都需要从信息观点来理解。信息也是系统工程的基本概念,信息论是系统工程的理论基础之一。

　　人类社会是不能离开信息的。人们的社会实践活动不仅需要对周围世界的情况有所了解,作出正确的反应,而且还要与周围的人沟通才能协调行动。就是说,人类不仅时刻需要从自然界获得信息,而且人与人之间也需要进行通信,交流信息。人类获得信息的方式有两种:一种是直接的,即通过自己的感觉器官,耳闻、目睹、鼻嗅、口尝、体触等直接了解外界情况;另一种是间接的,即通过语言、文字、信号等传递消息而获得信息。通信是人与人之间交流信息的手段,语言是人类通信的最简单要素的基础。人类早期只是用语言和手势直接交流信息。文字使信息传递摆脱了直接形式,扩大了信息的储存形式,是一次信息技术革命。印刷术扩大了信息的传播范围和容量,也是一次重大的信息技术变革。真正的信息技术革命则是电报、电话、电视等现代通信技术的创造与发明,它们大大加快了信息的传播速度,增大了信息传播的容量。正是现代通信技术的发展导致了信息论的诞生。现在又有了卫星通信、信息网络等通信设施,以及 E-mail(电子邮件)、Blog(博客)、Twitter(推特)、WeChat(微信)等通信工具。

　　信息论现在已经远远地超越了通信的范围,从经济、管理和社会的各个领域对信息论都开展了研究和应用。现在,信息论可以分成两种:狭义信息论与广义信息论。狭义信息论是关于通信技术的理论,它是以数学方法研究通信技术中关于信息的传输和变换规律的一门学科。广义信息论,则超出了通信技术的范围来研究信息问题,它以各种系统、各门学科中的信息为对象,广泛地研究信息的本质和特点,以及信息的获取、计量、传输、储存、处理、控制和利用的一般规律。广义信息论包含了狭义信息论的内容,但其研究范围却比通信领域广泛得多,是狭义信息论在各个领域的应用和推广,它是一门横断学科。广义信息论,人们也称为信息科学。

　　英文 information 一词的含义是情报、资料、消息、报导和知识的意思。长期以来人们把信息看作是消息的同义语,简单地把信息定义为能够带来新内容、新知识的消息。但是后来发现信息的含义要比消息、情报的含义广泛得多,不仅消息、情报是信息,指令、代码、符号、语言和文字等,一切含有内容的信号都是信息。

　　汉语“信息”一词可以理解为信号与消息的总称,也常常泛指情报、数据和资料等。其实,信息与后面的这些名词所表达的概念是有区别的。例如,宇宙射线是一种信号,自古以来它一直存在,但是只有到了近代,当人们对物质结构有了相当认识之后,才能理解这种信号所表示的关于天体结构与运动的信息。如果某人对于交通规则一无所知,他就不会知道十字路口红绿黄灯所传递的信息。聋哑人的手势是一种信号,许多人可能不解其意。情报也是这样。一份密码情报中包含的信息在大庭广众之中可能谁也不懂。

所以,信号、消息、情报、数据与资料等它们本身并不就是信息,它们是信息的载体,其中可以包含信息、传递信息。它们的流动,就带动了信息的流动。好像火车的行驶带动旅客的流动一样。正是在这样的意义上,我们常常把各种信息载体如信号、消息、情报、数据和资料等简单地称为信息。

信息的基本特征至少有以下 6 点:

(1) 客观性:信息反映的是客观存在的事实。它的真实性是它的一切效用的基础。信息反映的事实总是某个客观事物(或系统)的某一方面的属性。

(2) 主观性:所谓信息的主观性是指信息的作用对于不同的主体是不同的,对它的接受和评价带有很强的主观性。这是信息与数据主要区别之一。

(3) 抽象性:信息的本质是什么?物理学家、信息学家、哲学家长期争论不休,仅有的共识是:信息就是信息,既不是物质也不是能量——这是维纳的名言。

(4) 可复制性:信息可以大量复制,例如资料的复印、书籍的印刷、短信或微信的转发。

(5) 可共享性(无损耗性):一条信息可以供多人使用,每人都拥有一条信息;不像苹果,一个苹果只能给一个人吃,吃完就没有了。

(6) 系统性:这是指信息之间的有机联系。客观事物是复杂的、多方面的,要反映一个事物的全貌,绝不是单个信息所能完成的。信息的作用必须通过一系列有机组合起来的体系,才能有效地发挥出来。也就是说,"只知其一,不知其二","只见树木,不见森林"并不是正确的利用信息的方法,必须形成一个科学的信息和信息处理的系统(包括指标系统和处理系统),这就是信息的系统性。

还有人从信息技术的角度归纳信息的特征:

(1) 可识别。

(2) 可转换。

(3) 可传递。

(4) 可加工处理。

(5) 可多次利用(无损耗性)。

(6) 在流通中扩充。

(7) 主客体二重性。信息是物质相互作用的一种属性,涉及主客体双方;信息表征信源客体存在方式和运动状态的特性,所以它具有客体性、绝对性;但接收者所获得的信息量和价值的大小,与信宿主体的背景有关,表现了信息的主体性和相对性。

(8) 能动性。信息的产生、存在和流通,依赖于物质和能量,没有物质和能量就没有能动作用。信息可以控制和支配物质与能量的流动。

现代科学认为,信息归根结底是物质的一种属性,信息不能离开物质和运动而单独存在。没有与物质和运动相分离的信息。一切信息都是在特定的物质运动过程中产生、发送、接受和利用的。信息的传递、交换、加工处理、存储和提取是凭借物质和运动来实施的。

还需要强调信息的时效性,信息对于接受者应是新资料、新知识,已经得知的数据、资料再作传送并不能增加信息。

5.4.2　信息的度量：熵

香农的狭义信息论第一个给出了信息的一种科学定义：信息是人们对事物了解的不确定性的消除或减少。在香农寻找信息量的名称时，数学家冯·诺依曼建议称为 entropy (熵)，理由是不确定性函数在统计力学中使用了熵的概念。在热力学中，熵是物质系统状态的一个函数，它表示微观粒子之间无规则的排列程度，即表示系统的紊乱度。维纳也说："信息量的概念非常自然地从属于统计学的一个古典概念——熵。正如一个系统中的信息量是它的组织化程度的度量，一个系统中的熵就是它的无组织程度的度量，这一个正好是那一个的负数。"这说明信息量与熵是两个相反的量，信息是负熵，它表示系统获得信息后无序状态的减少或消除，即消除不确定性的大小。从通信理论看，信息是消除事物不确定性的手段，信息量是在通信中消除了的不确定性，亦即增加的确定性。

以上所说，可以用下面的式子表示：

$$信息（量）＝ 通信前的不确定性 － 通信后尚存的不确定性 \tag{5-6}$$

设从某个消息 X 中得知的可能结果是 $x_i, i=1,2,\cdots,n$，记为 $X=\{x_1,x_2,\cdots,x_n\}$，各种结果出现的概率分别是 $P_i, i=1,2,\cdots,n$，则消息 X 中含有的信息量为

$$H(X) = -\sum_{i=1}^{n} P_i \cdot \log_2 P_i \tag{5-7}$$

$H(X)$就称为 X 的熵，用"比特"(bit)作为度量单位。

如果对于某种结果 x_k 有 $P_k=1$，那么其他各种结果 x_i 的 $P_i=0(i\neq k)$。令 $0 \cdot \log_2 0=0$，则由式(5-7)得

$$H(X) = 0 = \min \tag{5-8}$$

如果 $X = \{x_1,x_2,\cdots,x_n\}$，$P_i=\dfrac{1}{n}$，

则由式(5-7)，

$$H(X) = \log_2 n = \max \tag{5-9}$$

一般地，

$$0 \leqslant H(X) \leqslant \log_2 n \tag{5-10}$$

当 $n=2$ 时，即 $X=\{x_1,x_2\}$，若 $P_1=P_2=\dfrac{1}{2}$，

则

$$H(X) = \log_2 2 = 1 = \max \tag{5-11}$$

根据式(5-10)，对于 P_i 的各种取值，有

$$0 \leqslant H(X) \leqslant 1 \tag{5-12}$$

图 5-14 显示了有两种可能的结果时信息量的曲线，注意 $P_1=1-P_2$。

可以这样理解：某项试验，如果人们事先确知它一定成功，即 $P(成功)=1$，那么，做完试验以后，人们就不急于看到试验报告，因为试验报告不会带来什么信息，如果这项试验成功与失败的可能性各半，那么，人们就急于看到试验报告，此时试验报告包含的信息量最大。工厂的生产也是如此，如果对于市场情况不明，就一定要花力气去作市场调查。

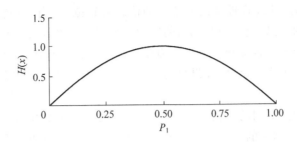

图 5-14　两种可能结果时信息量的曲线

社会越向前发展,人类的工作和生活越依赖于信息。现在,人类社会开始从工业时代向信息时代转变,信息概念在内容、形式、种类、质量、数量和规模诸方面日趋多样复杂。在技术科学层次上谈信息,总是同人的活动联系在一起的。一切人工系统都需要从信息论的观点考虑它的设计、管理、使用和改进等问题。

信息概念具有普遍意义,它已经广泛地渗透到各个领域。信息科学具有方法论性质,信息方法具有普适性。所谓信息方法就是运用信息观点,把事物看作是一个信息流动的系统,通过对信息流程的分析和处理,达到对事物复杂运动规律认识的一种科学方法。它的特点是撇开对象的具体运动形态,把它作为一个信息流通过程加以分析。信息方法着眼于信息,揭露了事物之间普遍存在的信息联系,对过去难以理解的现象从信息概念作出了科学的说明。信息论为控制论、自动化技术和现代化通信技术奠定了理论基础,为研究大脑结构、遗传密码、生命系统和神经病理学开辟了新的途径,为管理科学化和决策科学化提供了思想武器。

5.4.3　信息与管理的关系

管理的全过程,就是信息处理与流动的过程。没有信息,就无法管理。

管理信息是信息的一种类型,它从管理中产生,又为管理服务。对于一个企业来说,所谓管理信息,就是对于经过处理的数据诸如生产图纸、工艺文件、生产计划和各种定额标准等的总称。这些信息是产品生产过程的客观反映,通过处理、总结,形成一定的报表文件,并以此为依据反过来指导生产过程的不断改进和完善。例如,加工车间的作业计划,就是通过生产计划、材料单和工艺路线等原始资料的处理后产生的一种管理信息,它反过来又成为指导生产、控制生产进度和进行科学管理的有效依据和手段。

要进行有效的管理,必须对信息提出一定的要求。管理对于信息的要求,可以归结为准确、及时、适用与经济。

信息必须准确。有了准确的信息,才能作出正确的决策。如果信息不准确,搞所谓"假账真算",就不能对系统运行发挥指导作用。尤其要反对弄虚作假、"谎报军情",贻误工作。

所谓及时,有两层意思:一是对于时过境迁而不能追忆的信息要及时记录;二是信息传递的速度要快。如果信息不能及时提供各级管理部门使用,就会失去它的价值,变成废纸一堆。

所谓适用,是指信息的详简程度要适合于不同的人员。现代化工业企业内部与外部的信息是大量而复杂的,各级管理部门所要求的信息就其范围、内容和精度来说是各不相同的。必须提供适用的信息,使各级各部门的管理人员能及时看到与己有关的准确信息,以便进行有效的管理。如果让各级领导人员去阅读长篇累牍的原始资料,势必要浪费时间,不仅徒劳无功而且会贻误工作。反之,如果只向基层管理人员提供纲领性文件,他们就无法开展实际工作。

在满足准确、及时、适用的前提下,要尽量减少信息处理的费用,这就是经济性的要求。

从适用性而言,管理中的信息可按各种特性分类,不同特性的信息则适用于不同的决策。下面,我们从不同的决策要求来看信息的特性:

(1) 按时间特性分,可把信息分成历史的、现行的和未来的三类。

(2) 按信息来源分,可把信息分成内部的信息和外部的信息,对外部信息或资料,必须分析考证其正确性。

(3) 按信息涉及范围、深度及详细程度分,可把信息分成详细的和摘要的两种,如新学生报到注册,学校部门须了解每个学生的姓名、性别、年龄等详细情况,而国家教育部只需知道入学总人数、专业分布及男、女生比例等。

(4) 按信息发生率分,可把信息分成高发生率的信息与低发生率的信息。

(5) 按组织特性分,可把信息分成组织严密的信息与组织不严密(概略的)的信息两种,例如零件加工工艺信息的组织严密性强;而对某事物的看法因人而异,且不可能收集到有关全部看法的信息,这是组织不严密的信息。

(6) 按精确度分,可将信息分成高度精确的信息与适度精确的信息。

(7) 按数量化特性分,可把信息分为定量的信息与定性的信息,等等。

表 5-1 说明了信息特性与决策种类之间的关系。从表中可知,日常业务所需的信息是历史的和现行的,结果可预测的;大多数信息是企业内部本身的数据,通常要求数据有严密的组织及较高的精确度;多数是可以定量计算的。战略性决策所需的信息一般属于预测性的未来的远景数据,大部分数据来源于外界,信息的内容比较概要,且定性的部分多于定量的。战术性决策所需的信息,则介于上述两者之间。

表 5-1　信息特性与决策种类

信息特性	决策种类		
	经常性	战术性	战略性
时间性	历史的,现行的	------→	未来的
期待性	预知的	------→	突发的
来源	企业内部	------→	企业外部
涉及范围	详细的	------→	摘要的
发生率	高	------→	低
组织程度	严密	------→	概略
精确度	高度精确	------→	适度精确
数量化	定量为主	------→	定性为主

　　管理需要信息，信息也需要管理，两者结合，产生了管理信息系统（MIS），这是管理中用来进行信息处理、存储和调用的一种系统，其用途是向各级管理人员迅速及时地提供有效的情报，以便作出正确的分析和决策。第 3 章已经对 MIS 作了专门的介绍。

习题

5-1　系统工程的理论基础主要有哪些？

5-2　运筹学是如何产生的？它的主要内容有哪些？

5-3　控制论是如何产生的？它的奠基作是什么？

5-4　信息论是如何产生的？它的奠基作是什么？

5-5　什么是反馈？什么是正反馈、负反馈？它们的特点和用处是什么？

5-6　你对"信息就是信息，既不是物质也不是能量"如何理解？

5-7　信息有哪些属性？

5-8　"熵"的含义是什么？信息量如何计算？

5-9　管理对于信息的要求是什么？信息是否越多越好？

5-10　你如何获取和处理信息？请与老师和同学们交流。

5-11　信息技术的发展变化日新月异，请关注。

第6章

深化的系统概念

6.1 引言

本章目的在于加深理解系统概念。按照这些内容产生的时间先后,分别介绍了自组织理论、开放的复杂巨系统和复杂适应系统三部分内容。这些内容告诉我们:"系统"一词内涵丰富,需要从多种角度、多个领域开展研究。这一章的内容在第一遍阅读时可以先跳过去。

自组织(self-organization)是系统科学的一个重要的概念,它是复杂系统演化时出现的一种现象。自组织理论是研究客观世界中自组织现象的产生、演化等的理论。它从物理学和化学的研究开始,近50年来,在生物学、社会学、经济学和哲学等领域有许多发展和应用,产生了许多新思想、新观点与新方法,对这些领域的认识起到了促进作用,特别是对当前研究的热门领域——复杂性与复杂系统的研究提供了强有力的工具。

开放的复杂巨系统(Open Complex Giant System,OCGS)是钱学森院士提出的概念,它是系统理论的前沿,是系统科学界研究的热点和难点之一。研究开放的复杂巨系统方法论是"从定性到定量综合集成法"以及"从定性到定量综合集成研讨厅体系",总体设计部工作模式体现了这种方法论。这是以钱学森院士为代表的一批中国学者的创造和贡献,极具中国特色,它对于系统科学研究,对于我国的改革开放、建立健全社会主义市场经济体制具有巨大的指导意义。

复杂适应系统(Complex Adaptive System,CAS)理论的要点是"适应性造就复杂性",引入了"主体"(adaptive agent)等一系列重要概念,引入了"遗传算法"开展研究。CAS理论及其诞生地圣菲研究所(Santa Fe Institute,SFI)给人以许多启示。本书在附录中介绍了SFI的一些情况。

6.2 自组织理论的基本知识

6.2.1 自组织概念和自组织现象

1. 自组织和他组织

"组织"作为名词(organization),可以用作系统(system)的代称;作为动词

(organize),是指建立这个系统的行为或者过程。为了叙述的方便,这里以一个工厂(它是生产组织)为代表。从组织的主体来说,它是一个由职工所组成的集体,职工的活动以厂长所发出的指令为依据,从而形成一个整体,这个整体能够生产某种产品,或者完成某种特定的任务,也就是它具有特定的功能。在生产某种产品时所需要的活动,是靠工人之间的协调行为完成的,这种协调行为又是由厂长所支配的。这就是日常生活中的组织的概念。

如果没有外部的指令,厂长是职工们选举的,代表职工利益的,职工们自觉听从厂长的指挥,各尽其责地协同工作,完成生产任务,就称这个工厂是一个自组织结构。

人体是一个最高级的自组织结构,无论吃了什么样的食物,经过消化,最终总是得到了细胞赖以生长的营养,同时不断向外排除废物。

自组织理论对自组织的定义为:在系统形成空间的、时间的或功能的结构的过程中,如果没有外界的特定干扰,仅是依靠系统内部的相互作用来达到的,便说该系统是自组织的。这里,"特定干扰"是指外界施加的作用与影响,它与系统所形成的结构和功能之间存在直接的关系。

对应于自组织的概念是"他组织"(hetero-organization)。他组织是指:系统是由外部的组织者来组织起来的。例如,军队组织的形成在于上级(外界)的安排,每个连多少人,连长、排长等干部完全是上级指定的;传统的国有企业,完全是按照上级的计划建立和运作的。

自组织则不同,之所以出现某种组织结构,其直接原因在于系统的内部,与外界无关。如物种的进化,它是由系统内部的遗传和突变功能造成的。市场经济中由"无形的手"造成的市场均衡情况也应看成自组织现象。例如,自发组织的旅游活动,民营企业的创建,都是有关人员自己组织与安排的,而不是根据上级的指令。

自组织是系统存在的一种形式,在研究系统与环境关系时,发现它是系统存在的一种好形式,是系统在一定环境下易于存在和稳定的状态。对于他组织的许多系统,也应该适当引入自组织机制。对于生态系统,不要人为地去过度"组织"它,破坏生态平衡。以前大量围湖造田,把湖边沼泽"组织"成良田,破坏了生态,造成环境恶化。现在人类已经意识到要把自己的行为限制在生态系统自组织许可的范围内,要维持生态平衡,不要过量采伐树木,不要大量产生工业废气,要保护地球表面臭氧层,等等,使其达到自组织状态。在经济系统中,我们也不能随心所欲地组织生产、获取经济效益,必须符合自然规律和经济规律,使经济系统处在自组织状态。

但是,对于自组织现象和自组织机制不能绝对化,不能只要自组织,不要他组织,而是应该两者适度结合。例如,对于人体这样高级的自组织结构,也不能排斥他组织行为:当人体生病的时候,就需要看病,吃药、打针、开刀乃至化疗、放疗等,即介入他组织机制。

从自组织机制与他组织机制相结合的前提下,探讨市场机制与计划机制相结合、企业行为与政府行为相结合,对于改革开放和社会主义市场经济建设无疑是很有意义的。

2. 若干自组织现象

1) 贝纳尔对流(Bénard Convection)

贝纳尔对流是指 1900 年法国青年物理学家贝纳尔在其博士论文中公布的实验:取一薄层流体(如樟脑油),上下各放置一块金属平板以使其温度在水平方向上无差异。从下面对流体加热,下上两平面温度分别记为 T_1、T_2。未加热时,系统处于平衡态,各处温度一样,流体内分子作杂乱无章运动,系统在水平方向上是对称的。刚开始加热,上下温度梯度不大,从下向上的热量流与温度梯度之间为线性关系。系统内分子仍然作无规则运动,热量的传递是依靠杂乱无章运动的分子相互碰撞来实现的。在水平方向上仍然呈现为高度对称性的无序状态。继续加热,流体在竖直方向上温度梯度加大,系统相应的热量流加大,逐渐远离平衡态,处在非线性区。在温度梯度大到某一阈值时,系统性质发生突然变化,依靠分子碰撞传递能量的无序状态消失,系统呈现出规则的运动花样,所有流体分子开始有规律地定向运动,水平方向上的对称性受到破坏,从侧面看过去如图 6-1 所示,形成一个个环,有人形象称之为"贝纳尔蛋卷";从顶面向下看,则是一个个正六边形,相互挨在一起,流体从六边形中心流上来,又从六个边流下去,如图 6-2 所示。流体上下温度差的大小,是出现贝纳尔图样的条件。但是上下温度差在水平方向上是无变化的,这一水平方向上无变化的温度差,如何造成了在水平方向上流体微团的不同运动情况?而且外界的"控制"使系统上下温度差是逐渐变化的,在温度差变化初期,系统状态无任何改变,而在到达某一温度差临界值时,系统状态发生突变,这也使我们无法分析"控制"与"响应"之间的关系。贝纳尔对流显然处于非平衡状态,但同时又是一种稳定的有序的定态。贝纳尔对流表现出的无序到有序的运动,是一种自发的运动。这种运动被称为自组织。

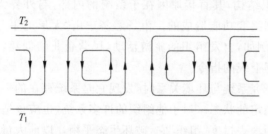 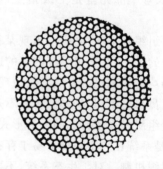

图 6-1   贝纳尔对流(从侧面看)   图 6-2   贝纳尔对流(从顶面看)

2) 贝洛索夫-扎布金斯基反应(Belousov-Zhabotinski/B-Z 反应)

1950 年,苏联化学家贝洛索夫(Belousov)做了一个振荡化学反应的实验,该实验以四价铈离子作为催化剂,用溴酸钾氧化柠檬酸。以后扎布金斯基(Zhabotinski)继续进行这一研究,用金离子作催化剂,让丙二酸被溴酸氧化。在适当控制某些反应物和生成物的条件下,两个化学反应实验都出现了化学振荡现象,前者容器中混合物的颜色周期性地在黄色和无色中变换,而在后一反应中介质时而变红,时而变蓝。这种介质颜色的周期性变化反映了介质浓度比例的周期性变化。在 Zhabotinski 反应中,还发现了容器中不同部位各种成分浓度自发地从均匀变化为不均匀的现象,呈现出宏观的、有规律的空间周期分布和各成分浓度在时间上和空间上作周期性变化的特征,见图 6-3。这表明,B-Z 反应中的化学振荡与化学波是自发组织起来的。

3) 气体激光器

在一般条件下,每一个放入激光器内的材料活性原子彼此独立地发出光波,光的频率、相位和方向都是无规则的。其中有些光波互相抵消,这时光的强度很弱。这种光就是自然光,由于它的频谱上什么频率都有,又称为"混沌光"。我们用光泵给系统输送能量(如给半

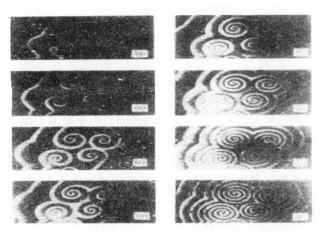

图 6-3　在石盘上进行的 B-Z 反应形成的螺旋波

导体两端加上电压），当光泵功率超过某一临界功率时，原来彼此独立的活性原子无规则发光的情况突然让位于以统一频率、相位、同方向的协同步调的活性原子的统一的发光状态。由于原子间的协同，输出的光成为单色性、方向性和相干性极好，而且强度大大加强的激光。对激光产生机制的分析表明，光泵的外部能量只是触发系统产生有序的条件，而从自然光到激光的根源在于系统内部。

　　这里说一下中文"激光"一词的来历。激光的英文是 laser，它是由一个比较长的术语演变来的，即 Light Amplification by Stimulated Emission of Radiation，缩写为 LASER，意即"通过辐射受激发射的光放大"。缩写 LASER 演变成一个新的英语单词 laser，传入中国后，学术界一时难以意译，就音译为"莱塞"。1964 年 12 月，根据钱学森院士的建议，意译为"激光"。

　　除了上述物理学、化学中的自组织现象外，在生物学、工程技术、医学、社会学，甚至在哲学、经济学领域也可以观察到众多的自组织现象。如达尔文说的物种进化现象、捕食者与被捕食者数量增减的振荡周期现象、城市的形成等，都是自组织现象。

6.2.2　自组织理论的产生与发展

　　最先发展起来的自组织理论，是比利时布鲁塞尔学派的领导人伊利亚·普里高津(Ilya Prigogine)创立的"耗散结构理论"(dissipative structure theory)。在 1967 年的"理论物理学与生物学"国际会议上，普里高津提出了耗散结构理论。这一理论指出，一个远离平衡态的开放系统(力学的、物理的、化学的、生物的乃至社会的、经济的、文化的系统)，可以通过不断地与外界交换物质、能量和信息，在外界条件达到一定的阈值时，从原有的混沌无序状态，转变为一种在时间上、空间上或功能上的有序状态。其所谓"耗散结构"，就是指这种在远离平衡条件下所形成的有序结构。很明显，它与平衡结构不同，它的产生需要开放、远离平衡态，它的维持与发展也需要与外界不断交换能量、物质与信息。

　　耗散结构理论的提出具有重要意义。它指出在开放条件下系统结构如何在不违反热力学第二定律的情况下自发地从无序跃变为有序。这为解决"克劳修斯与达尔文的矛盾"奠定了科学基础，在非生命与生命之间的鸿沟上架设了一座桥梁，对自然界的存在、演化及其两种方向的关系作出了初步的令人信服的科学解释。

"超循环理论"（hypercycle theory）是与耗散结构理论几乎同时诞生的另一自组织理论，它的创始人是德国生物物理学家曼弗雷德·艾根（Manfred Eigen）。艾根在快速化学反应的研究中特别关注生物体内发生的快速生物化学反应，并从生物分子演化的角度对此进行了考察。他对核酸和蛋白质的起源及其相互关系产生了兴趣，从实验和理论两方面进行了生物信息起源的开创性研究。这些研究使得他在1970年提出了超循环思想，在1971年发表《物质的自组织与生物大分子的进化》一文，建立了超循环理论。超循环思想与理论的提出是对核酸与蛋白质的相互作用关系、对生物学中多样性与统一性的相互关系深入思考的结果。核酸与蛋白质的相互作用构成了互为因果的封闭圈的作用链，这样才有不断丰富的循环正反馈的信息与能量耦合。艾根进一步认为，在生命起源和发展中的化学进化阶段和生物学进化阶段之间，有一个分子自组织过程。分子自组织之所以采取循环的组织形式，是因为它既要产生、保持和积累信息，又要选择、复制和进化；既要形成统一的细胞组织，又要发展出多样性。只有循环与超循环才能够最有效地达到上述要求。超循环组织和一般的自组织一样，起源于随机过程，然而只要条件具备，它又是不可避免的。

超循环理论深入地刻画了从非生命向生命进化的中间阶段，为生命起源的信息耦合、多样性展开提供了统一的基础，为偶然性与确定性之间的关系提供了深刻的解释。这样，它与其他关于非生命领域自组织的有关理论（如耗散结构论）一起就比较完整地提供了非生命自组织、非生命向生命自组织演化的过程描述与本质解释。

"协同学"（synergetics）是另一支重要的自组织理论，它是德国理论物理学家赫尔曼·哈肯（Hermann Haken）在激光研究的基础上，受普里高津耗散结构理论和艾根超循环理论启发而创立的。他发现激光是一种典型的非平衡态的物质状态转变（相变），而普里高津的耗散结构理论就是研究非平衡态的热力学现象的；他还发现，艾根研究生物分子进化过程所建立的生物进化方程与他建立的激光动力学方程极为相似。哈肯认为"一个是生物分子的进化，一个是激光模型，两个截然不同的领域却由同样类型的方程所支配，这不可能是出于巧合，在这些问题的背后可能有更基本的原理在起作用"。他在激光研究的基础上敏锐地意识到：非平衡相变是一种自组织过程，其动力机制是系统内部大量的子系统之间协同作用。1969年冬，他在斯图加特大学的演讲中首次引入"协同"概念，1971年他与他的学生格拉哈姆正式发表了《协同学：一门合作的学说》一文；1975年在《现代物理评论》上发表了题为《远离平衡及非物理系统的合作效应》一文；1977年出版了《协同学导论》一书，建立了协同学。

协同学对自组织理论的重要贡献，就是揭示了自组织的内在动力机制。耗散结构理论阐明了自组织的外部条件与内部条件，超循环理论描述了自组织进化的形式，如果说这些理论是在自组织理论的外围扫清了发展的障碍，协同学则是综合地考察了自组织发展的各种内部因素的作用，发现系统内部大量子系统的竞争、合作的协同效应，以及由此带来的序参量的支配过程，是系统自组织的动力。要说明自组织行为是怎样产生的，必须阐明系统中大量子系统的关联与合作行为的发展。哈肯发现，在旧结构瓦解、新结构孕育之时，正是系统处于变化剧烈的最活跃阶段。在这个阶段，系统内部子系统的关联引起的耦合运动与子系统各自独立的自由运动处在一种相互竞争的、不稳定的均势较量之中。这种较量是一种自我组织的过程，代表子系统间各种可能的耦合的涨落此起彼伏，风起云涌，力图破坏均势，造成统一的占支配地位的宏观运动。竞争导致协同,协同产生了一只"无形的手",又反过来操纵成千上万的子系统的运动与行为。这种相互关系的交叉、循环、发展和放大,形成了最后的有序结构。这就是"支配"过程。

在当代自组织理论群中,除了上述三个主要学说外,还有勒内·托姆(René Thom)的"突变论"(catastrophe theory),它是研究自组织现象必经的"门槛"——突变的若干数学形式以及相变与临界现象的理论。该项成果推进和丰富了对自组织进程中结构与功能复杂性演化的研究,推动了后来发展起来的"分形"(fractal)和"混沌"(chaos)的研究。这两种研究揭示了自组织结构的许多共同特性,如自相似性、维数与进化的关联、复杂性的不同层次(如排列复杂性、组织复杂性、功能复杂性)和混沌与有序的关系等。

以上这些理论在一个极短的时间内相继问世、迅速发展,形成了当今自然科学探索自组织现象的复杂性演化的前沿。从其发展的规模、速度,研究内容的丰富、深刻,涉及对象的广泛程度来看,有人甚至把它们称为当代自然科学的又一次革命。

6.2.3　自组织现象形成的条件

由于自组织理论涉及耗散结构理论、超循环理论、协同学、突变论以及后来发展起来的分形理论与混沌理论,它们除了用到一般的数学工具外,还特别需要非线性数学理论,难度较大,这里我们仅结合协同学理论介绍自组织现象形成的条件。

1. 系统必须开放

热力学第二定律指出:孤立系统的熵(entropy)永远不可能减少。熵可以看成是系统无序程度的量度。一个孤立的系统,其演化结果必然是达到熵最大的平衡态,此即"熵增加原理"。物理学所讨论的扩散现象,不论其微观机制如何,从宏观上讲,它们可以被看成孤立系统,最终要达到平衡态。因此,要想使系统朝着有序的方向发展,系统开放是必要条件。

系统开放这一条件可以更具体地从熵(记为 S)的变化上来讨论。一个开放系统的熵的改变 dS 可以分成两部分:d_iS, d_eS,且

$$dS = d_iS + d_eS \tag{6-1}$$

其中,d_iS 表示由于系统内部原因使系统熵发生改变的部分,与外界无关。在孤立系统中已经确认,无论系统内部发生什么变化,均有 $d_iS > 0$;对于开放系统,如果不考虑外界对系统熵改变的影响,仅分析系统内部机制作用对熵改变的影响,总有 $d_iS > 0$。

d_eS 表示由于系统与外界有联系,导致系统熵发生改变的部分,若与外界无联系,则 $d_eS = 0$,否则 $d_eS \neq 0$。系统与环境的关系各式各样,外界对系统熵的影响 d_eS 可正、可负、可为 0。

系统总熵变化 dS 等于这两部分之和。因此,在开放系统中只有当 $d_eS < 0$,同时 $|d_eS| > d_iS$,才有 $dS = d_iS + d_eS < 0$,即整个系统的熵减少,系统变得有序;或者说,只有在这时才有可能使系统从无序状态向有序状态转化。

归纳起来就是说:系统开放,与外界有物质和(或)能量的交换时,由于交换使系统熵减少,且减少的数值大于系统内部自发增加的熵时,整个系统的熵才有可能减少,系统才有可能向有序方向转化。

2. 远离平衡态

按热力学定义,平衡态是孤立系统经过无限长时间后,稳定存在的一种完全均匀无序的状态。系统离开平衡态(equilibrium)后,状态要发生变化(演化),其演化方向是什么呢? 普利高津给出的最小熵产生原理告诉我们:在非平衡线性区即近平衡区,系统演化的最终结果是到达熵产生最小的、与平衡态类似的非平衡定态,当环境使系统逐渐接近孤立系统时,此非平衡定态将平滑地变为平衡态,系统根本不可能形成有序结构。只有在远离平衡态时,系统处在力和流的非线性区,才有可能演化成有序结构。远离平衡态是系统出现有序结构的必要条件,而且是对系统开放的进一步要求。开放系统在外界作用下离开平衡态,开放逐渐加大,外界对系统的影响变强,将系统逐渐从近平衡区推向远离平衡的非线性区,只有这时,才有可能形成有序结构,否则即使系统开放,也无济于事。

3. 非线性相互作用

组成系统的子系统之间存在着相互作用,一般来讲,这些相互作用是非线性(nonlinearity)的,它们不满足叠加原理。因此子系统在形成系统时,会涌现出新的性质。自组织行为就是系统演化中涌现出的一种新性质,它与子系统之间非线性相互作用有密切的关系。

这里必须强调几点:非线性相互作用是系统形成有序结构的内在原因,分析相互作用机制是建立系统演化模型中最重要的工作,非线性相互作用在系统演化方程中体现为非线性微分方程。在建立模型时,会碰到分析、讨论一些不易分清内部相互作用的系统,若能肯定系统一定会出现自组织现象,则其中必定存在非线性相互作用,其演化方程必为非线性方程。此时,在建立且不断修正模型的过程中,往往需要进行简化和近似,但是做任何简化和近似时,都不能用线性微分方程来表示系统的演化,这就给我们建立模型提供了可依据的原则。

4. 涨落现象

涨落(fluctuation)现象是统计物理学研究的现象。在平衡态时,系统存在涨落,涨落大小与粒子数平方根成反比。对于由大量粒子组成的系统,涨落可以忽略不计;当系统由于某种原因偏离平衡态时,涨落会使系统很快地恢复到原来的状态。涨落既是对处在平衡态的系统的破坏,又是维持系统在稳定的平衡态的动力。在系统发生相变时涨落更起着重大的作用,处在临界点的系统,原来的定态解失稳,但系统不会自动离开定态解,只有涨落才使系统偏离定态解;偏离范围不论多大,只要有偏离就会使系统演化到新的定态解上,因此可以说涨落是使系统由原来的定态解演化到自组织的最初驱动力。如果没有涨落存在,那么不论在什么条件下,系统也不会自行脱离原来的不稳定的定态解而实现新的有序的自组织。

涨落是随机的,没有确定的方向,没有准确的发生时间,随时都可以发生。涨落可以由系统内部原因引起,称为"内涨落",一个由大量子系统构成的系统,整个系统的宏观状态确定以后,各个子系统仍然可以随机运动,子系统的随机运动造成了描写系统整体状态的物理量的涨落;涨落也可以是由于环境的随机变化引起,环境处在不停地变化当中,对系统的影响也总是在某一确定值上下摆动,最常见的是空气扰动对系统状态的影响,这就是"外涨落"。

上述这些条件是相互紧密联系的。不向外界开放,系统就无法与外界进行物质、能量、信息的交流,系统就不能远离平衡态,系统内部子系统之间的任何非线性相互作用也不能使系统脱离平衡态,系统的涨落也仅能起稳定系统,使之处在平衡态的作用,而无法形成有序状态。没有远离平衡态,系统开放也是没有用的,系统仅能在平衡态附近涨落,与外界的交流仅是类似微扰的作用,不能使系统发生本质的变化。非线性相互作用是系统内部发生质变的基础,涨落机制对于由大量子系统组成的系统总是存在的,虽然在有关理论计算中涨落不起太大的作用,但实质上涨落是系统从一个定态解变为另一个定态解、使系统发生质变的一个基础。没有涨落,其他条件再具备,系统也不会出现有序结构,而且,如果没有涨落,系统的稳定状态也不能维持;对于一个稳定的系统,各子系统之间相互作用的传递也必然会出现误差,必然存在涨落;否则,对于一个复杂系统,任何一点小的变化,不论是外界的随机扰动,还是系统内部的各种误差(这对于复杂系统是随时可能发生的),都会在系统内长期存在,无法消除,使系统处于“病态”,可以说没有涨落复杂系统就不能存在。从研究的历史来看,以前物理学是建立在线性相互作用的基础上的,系统满足叠加原理,在这样的理论框架下,系统不可能形成自组织,任何计算分析也无法讨论实际系统向有序结构演化的结果。

自组织理论已经有了比较成熟的数学描述,例如哈肯的协同学主要采用中观描述方法,提出“支配原理”和“序参量”等概念,成功地说明了一系列问题,有兴趣的读者可以阅读有关专著。

6.2.4　自组织的几种模式

自组织过程是一个动态过程。这个动态过程不仅表现在自组织过程前后系统状态的变化,表现为系统从一个均匀、简单、平衡的状态,转变为一个有序、复杂、非平衡的稳定状态,而且这一过程也体现在自组织过程以后,系统形成的稳定状态的特点。自组织过程前后系统状态的变化是有序程度的变化,是质变,物理上也称为相变。而自组织过程以后所形成的状态虽然也会发生变化,但一般它不具有有序程度变化的相变特点。例如前面所讲的贝纳尔对流现象,自组织过程以前(上下温度差未达到临界值),系统状态为水平方向无任何差别、上下存在温度梯度、宏观为静止的状态。自组织过程以后(上下温度梯度达到临界值),系统呈现从顶向下看的六角形花样,液体从每个六角形中心流上来,再沿着六个边流下去,是一个不断流动的液体图像。

自组织是最常见的生物学现象。研究生物学现象,可以使我们对自组织理论得到比较具体而深入的认识。

生物学是一门古老的学科,最初比较多的研究工作是在系统分类学方面,根据动物、植物的形态、结构、功能等特点,对它们进行分类,使人们对生物有了一个系统的、全面的认识。从系统学的角度来看,这是对生物系统的稳定的、静止的状态进行研究,而对于系统随时间演化的特点研究比较少。19 世纪英国生物学家达尔文(Charles Robert Darwin,1809—1882 年)提出进化论,从系统与环境的关系和种群层次上对生存竞争、物种起源进行了研究。奥地利遗传学家孟德尔(Gregor Johann Mendel,1822—1884 年)等人从遗传、突变角度,在细胞层次上对生物系统进化分析。这些是对生物系统演化行为的最初研究。通过研究,他们得到在一定的外界条件下,利用遗传保持物种特性,使每一种生物都能稳定的存在;

在不断地适应环境时种群中的某些特征得以不断巩固和强化，而一些不适应环境的特征逐渐弱化，直至消亡，这就形成丰富多彩的生物世界。从系统自身来看，每一稳定存在的物种，都有一套固定的基因。在时间演化过程中，基因不断复制，系统性质不变，子体与母体保持一致，这样一代一代演化，保持该物种独立存在下来。另外，在基因复制过程中，会出现错误，即出现生物学上称之为突变的现象。基因突变的出现使生物体发生改变，发生突变的个体又会将突变后的特点、性质，再通过基因复制保存下来，逐渐发展，形成新的物种。从种群来看，由于环境也是不断变化，如地球演化过程中出现过几次冰河期。环境的变化就会影响种群，种群也要随着环境的改变而发生变化，形成新的种群。生物体就是这样在遗传、突变过程中，种群在适应环境的改变过程中，既使物种得以保持，又使物种不断发展变化，最终形成现在的丰富多彩的大千物质世界。

生物总是在一定外界环境下生存，生物体一定要适应它所在的环境。系统遗传产生不变的个体，发生突变产生不同的个体，变与不变的两种个体都要接受环境的检验。不适应外界环境要求的个体必然死亡，而适应环境要求的个体被大自然选择保留下来。这就是达尔文进化论对生物个体所描写的现象。遗传、突变与自然选择的结合，构成了生物发展进化的核心内容。它们分别从生物体的内部作用和生物体的外界环境这两个方面来分析生物进化。自组织理论将达尔文生物进化行为与孟德尔遗传突变行为统一起来，形成一个统一模型，分析研究在一定条件下系统演化特点，分析演化机制和作用，并给出了定量的结果。在普利高津等人所著的《非平衡系统的自组织》一书第13章，对此有详细的论述。那里给出了生物种群发展演化的方程，对遗传、突变等生物现象用数学模型表示出来，对模型方程进行分析，得出系统种群演化的特点。现在我们把注意力集中在系统自组织过程以后出现的模式上。这些模式的类型很多，作为系统理论也不去一个一个描述不同的模式，下面将各类不同的自组织模式进行归类，对常见的几种自组织模式进行说明，从系统科学的角度，做一个大致的分析。

1. 自创生

自创生是从自组织过程形成的新状态与原有的旧状态对比角度，对自组织状态的一种描述。在系统演化过程中，自组织过程类似于相变，在一定的外界条件下，系统原来无序态失稳，由于系统内子系统之间的相互作用，自发产生新的结构和功能，相对于自组织过程前系统不存在这种状态. 我们称之为自创生。例如在流体中，我们前面分析的贝纳尔对流花样，就可看成在温度梯度达到一定临界值，在系统内出现一组新的六角形花样，就称为系统的自创生。在生物进化中，每一新物种的出现都可以看成是自创生的例子。没有自创生就不可能有生物的进化。

自创生是从自组织过程前后状态之间的关系来分析自组织。自创生的特点在于自组织的过程中，系统出现了原来不曾有的新的状态、结构和功能，新出现的状态、结构和功能，又不能用某种组织理论来分析它与过程前系统状态之间的关系，不能简单地利用控制响应理论找出新状态与组织者控制的关系，组织者无法按事前决定的方案控制系统，让其呈现某种特定的状态，它不能像指挥员指挥导弹一样，令其打到什么目标，就打到什么目标。对于新涌现的状态及结构特点，必须用前面所给出的自组织理论来讨论。通常只把新状态与自组织过程前的原来状态进行比较，新状态与原来状态相比有序程度提高称为自创生；而新状态比原来状态有序程度降低称为自坍塌。

2. 自复制

自复制是从自组织过程中,子系统之间如何相互"作用",才能保证系统形成某种新的、有序的、稳定状态的角度,来对自组织过程的一种描述,它是对自组织所形成的状态特点的一种描述。前面所讲,系统自组织过程形成的时间结构可以看成自复制的最简单情况。在化学振荡反应中,我们讨论了这类时间周期振荡的耗散结构。在丙二酸被溴酸氧化的反应中,以铈离子作为显示剂,当各类反应物浓度适当时,反应物溶液颜色随时间会出现红蓝相间周期变化。某种颜色(例如红色)的状态,每隔 1 分钟被复制出来一次,只要条件不变,自复制一直持续下去。自复制是从自组织的时间过程,从系统状态之间的关系来分析得出的特点。在自组织过程中系统演化呈现出的有序状态,从时间变化分析,某一图形经过一段时间,新呈现出来的图形与原来图形是一样的,我们称为自复制。

我们讨论由多个子系统组成的系统。对于自组织过程中形成的稳定状态,从系统的层次来看,系统的状态是不变的,仍然保持原来的情况;从子系统层次来看,其状态又是变化的,每个子系统都在变化,有生有灭。所谓自复制,在多数情况下是对系统中的子系统而言的,指系统中具有某种性质的子系统个数不因个别子系统状态的改变而改变。这就好像一个种群中某一个生物个体死亡了,又有一个同样的个体被复制出来一样,新复制出来的个体与原来的个体性质完全一样。子系统具有自复制功能,才能使系统在自组织过程中形成的有序状态得以保持下来。自复制是系统自组织过程中所形成的状态能稳定存在的原因。前面描述的化学振荡反应,也可以看成具有某种性质的离子每隔一分钟被自复制出来,致使整个系统颜色每隔一分钟变换一次。离子的定期自复制造成溶液浓度颜色的周期变化。

3. 自生长

自生长是从系统整体层次角度,对系统自组织过程所形成状态随时间演化情况的一种描述。这是对系统整体状态的分析:系统整体除了"体积"变大以外,其余形状、性质、特点均不发生变化,系统保持不变的结构、功能。这里的"体积"是一个形象的比喻,生物体自身生长发育,从小苗长成参天大树,从小鸡长成大鸡,都称为自生长,尽管它们的结构、功能也有一些小的变化。在社会系统中组织规模的扩大,子系统数目的增多,也是自生长。需要指出,自组织理论讨论的自生长,与向气球内充气、使气球体积变大,与对振动系统输入能量、使其振幅变大不同。气球充气后体积变大等问题,其状态变量数值增加可用简单物理规律或控制方法得出。气球体积变大,可通过向气球输入的空气质量、体积等物理量,利用气体定律计算出来;振动系统振幅的变大,也可通过振动方程得出。自生长是指系统演化过程中"体积"的增长在系统层次不能用通常的简单规律得出。当然,自生长也要依赖于一定的环境,但这是外界环境条件,不能按控制论进行分析。包括物质、能量、信息的输入一定要通过系统的自组织,通过子系统之间的相互作用,从而平均地变成整个系统发展的动力,使之整体扩大。例如人体的自生长,是将环境中的氧气、水、各种食物"吸进"人体以后,经过人体的新陈代谢作用,转化为人体生长所必需的成分,这些成分促进人体各部分仍按一定结构相应长大,这里完全是系统的自组织过程,是一种自组织的生长壮大作用。系统的自生长可以由同样性质的子系统数目增多来实现,这可以看成是子系统的自复制,造成了系统的自生长。自生长也可以是存在于子系统层次上,每一个子系统均保持一定的结构、功能,其在演化过程中不发生变化,而只是大小发生变化,这样由子系统的自生长实现系统的自生长。一般来说,多数情况下,子系统的自复制是系统自生长的原因。

4. 自适应

自适应是从系统与外界的关系角度,对系统自组织过程的一种描述。它强调在一定的外界环境下,系统通过自组织过程适应环境,而出现新的结构、状态或功能。自适应与自创生都是对整个自组织过程的分析,都是研究自组织过程前与自组织过程后系统状态的差别。然而自创生是从自组织系统本身的性质来分析,经过自组织过程以后,系统出现了新的结构、功能的角度来分析,是对系统本身状态的描述,是对系统内部机制的探讨。而自适应是从系统对外界环境刺激的应答、对外界环境的响应角度,是从系统与环境关系的角度,来分析系统的自组织性质。因此可以说,同样一个实际例子,强调系统内部相互作用,可称为自创生;强调系统与环境关系,可称为自适应。

实际工作中,为讨论问题方便,往往把与自组织过程前系统无结构、杂乱无章状态相比,出现新的结构称为自创生,而将系统原来具有一定结构的系统,在外界环境发生变化时,结构发生改变称为自适应。虽然从实质上来分析,上述两者区别不大,自创生产生的状态,从与环境关系来分析是自适应;自适应状态从系统出现了新的结构来看,也是自创生。但是,我们把前者称为自创生,是为了更强调自组织过程相对于自组织过程前状态来讲,是系统内部相互作用"涌现"出新的状态;而把后者称为自适应,是强调即使系统形成有序结构,只要环境发生改变,有序状态也将随之改变,体现系统有适应环境的能力。如贝纳尔流体花样出现,我们称为自创生;花样形成后,系统边界形状改变,或圆形或方形,其花样的形式也要随之改变,称为自适应。

在一定外界环境刺激下,系统必然要作出反应或响应。一个热力学系统在均匀划一的外界环境中达到热力学平衡,这是系统对环境响应最简单的形式之一,即通过与外界平衡来实现响应,与外界温度一致、与外界压强一致、与外界浓度一致等。从分析热力学系统对外界环境响应的机制可知,其所遵从的具体理论或实现的具体途径是输运理论与输运过程。对于简单的情况,系统如何进行输运与外界达到平衡,这在统计物理学中已经进行过详细的讨论。可以说任何系统都要适应环境,不适应环境的系统必然要进行"演化",直到与外界环境相适应为止。简单系统与外界环境适应过程与形式也简单。一个与外界有热量交换而无做功联系的系统,在某一恒温条件下,利用统计物理学正则理论,可以很方便地得出系统实现与外界环境平衡的热力学状态。而在其他更复杂的情况下,系统对外界环境的响应就要复杂得多。对于一个非均匀环境,系统也需要适应,但不能像通常那样运用现有的响应理论,如统计物理学、控制论等来进行分析,而需要运用自组织理论进行讨论。普利高津、哈肯等人建立的远离平衡的非平衡统计理论,通过相变、方程稳定性分析等方法讨论了一般物理、化学系统的自适应问题。对于由像生物体等具有一定智能个体(称为主体)组成的系统的自适应问题,人们也建立了相应的方法进行讨论。

上述分类讨论是从不同角度和方面对自组织过程进行的描述与分析,实际的自组织过程是复杂的。很多情况下它是上述多种分析描述的一个综合。例如一株麦苗的生长过程是一个自组织过程。在它不断生长发育阶段是自生长,二氧化碳、水、养料在植物机体内,经过光合作用,"自组织"成麦苗生长发育的养分,使麦苗植株变大。麦苗生长过程是植株整体的自生长,这里既有每一个细胞(子系统)的自生长,又有细胞的自复制,细胞数量增多,使麦苗机体扩大。一旦天气变旱,土壤中的水分减少,麦苗又要适应环境:其根系更加发达,以吸收更多水分,维持自身生长需要,这是植物的自适应。同时,在这一过程中,还存在自创生,麦苗逐渐长出麦穗,出现了新的结构。因此,在分析实际系统自组织时,需从不同角度进行分析。

6.3　开放的复杂巨系统

6.3.1　关于复杂性

按照传统的理解,简单与复杂是相对的,一个事物在未被认识之前是复杂的,一旦被认识就成为简单的了。从人类认识事物的过程看,这种情形是常见的。例如公安局破案,在破案之前,觉得扑朔迷离,复杂得很,等到破案之后,发现有些案子其实简单得很。但是,现代科学技术的发展表明,不能把复杂性全部归结为认识过程的不充分性,必须承认存在客观的复杂性,真正的复杂性应当具备自身特有的规定性,即使已被人们认识,即使找到解决办法,它仍然是复杂的。仍然拿公安局破案作比方:案子确实有复杂与简单之分。

复杂性建立在多样性、差异性之上,应当承认不同意义上的复杂性,承认不同层次有不同的复杂性,允许使用不同的复杂性定义。据劳埃德(S. Lloyd)统计,西方学者已提出 45 种复杂性定义。总的来看,复杂性还不能算作一个严格的科学概念,人们也没有给出一个公认的复杂性定义。

钱学森院士说:"复杂性的问题,现在要特别地重视。因为我们讲国家的建设,社会的建设,都是复杂的问题。""解决这些问题,科学技术就会有一个很大的发展。我们要跳出从几个世纪以前开始的一些科学研究方法的局限性。"他明确指出:凡是不能用还原论方法处理的或不宜用还原论方法处理的问题,而要用或宜用新的科学方法处理的问题,都是复杂性问题,复杂巨系统就是这类问题。

从研究方法上区分简单性与复杂性,是一个很有价值的新观点。钱学森院士反对泛泛地讨论复杂性,主张把复杂性作为一类系统属性来对待。他对系统的分类就是基于复杂性的不同层次而给出的。他主张从研究各种具体的复杂系统入手,寻找解决这些具体复杂系统问题的有效方法,通过对具体系统的深入工作,不断积累经验和知识,待条件成熟后再作概括性研究,建立理论体系。并且钱学森院士明确提出:"所谓'复杂性',实际是开放的复杂巨系统的动力学,或开放的复杂巨系统学。"从一开始就把复杂性研究明确纳入系统科学范围,这是钱学森院士有别于国外学者的一大特点。

6.3.2　开放的复杂巨系统的基本概念

1. 巨系统

1979 年,钱学森和乌家培同志在论述社会系统工程时指出:"这不只是大系统,而是

'巨系统',是包括整个社会的系统,强调这类问题的范围之大和复杂程度之高是一般系统所没有的。"这是学术界第一次提出巨系统概念。

对于巨系统概念不应苛求给出精确的分界线。大体上说,由几个、十几个元素或子系统组成的是小系统,由上百个、上千个元素或子系统组成的是大系统,如果元素或子系统数量极大,成万上亿、上百亿、万亿,那就是巨系统。

组分数目多到巨型规模,就使系统的整体行为相对于简单系统来说可能涌现出显著不同的性质。量变可以引起质变,H. Haken 等人的协同学证明这是可能的,即巨系统的统计理论说明巨系统中会出现简单系统中没有的现象,如自组织现象。巨系统通常有宏观与微观的层次划分,系统在这两个层次上的行为特性有性质上的区别,这是不同于小系统和大系统的重要特点。

2. 复杂巨系统

巨系统在客观世界中是广泛存在的。不同巨系统之间在规模上仍可能有显著差别。前面介绍的贝纳尔对流作为物理系统,微观组分的数量级为 10^{23},社会系统的规模要比它小得多。中国是世界上人口最多的国家,微观组分(人)约为 14 亿,即 1.4×10^9,两者相比,前者的规模似乎比后者大得多。但众所周知,后者的描述要比前者困难得多。大脑作为系统,空间占有十分有限,所包含的神经元约 10^{11} 数量级,比贝纳尔流的组分少 12 个数量级;若从行为特性看,它的复杂性是贝纳尔流无法比拟的,属于典型的复杂系统,而贝纳尔流不属于复杂系统。

从系统结构看,一方面是系统组分和种类的多少,另一方面是系统组分之间关联关系的复杂程度和层次结构。在巨系统中,如果组分种类繁多(几十、上百、上千或更多),并有层次结构,它们之间的关联方式又很复杂(如非线性、不确定性、模糊性和动态性等),这就是复杂巨系统。这类系统在结构、功能、行为和演化方面都非常复杂,在时间、空间和功能上都存在层次结构,以至于到今天还有大量问题并不清楚。如人脑系统,由于记忆、推理和思维功能以及意识作用,其输入——输出反应特性极其复杂。人脑可以利用过去的信息(记忆)和未知的信息(推理),以及当时的输入信息和环境作用,能作出各种复杂反应。从时间角度看,这种反应可以是实时反应、滞后反应,甚至是超前反应;也可能是虚假反应,甚至没有反应。所以,人的行为并不是简单的"条件反射"。人脑系统吸引了众多科学家研究,其微观结构在细胞层次上正在逐步研究清楚,但在宏观层次上却涌现出思维、意识等极为复杂的整体功能,它的机制至今尚未探明。这个事实也说明,应把人脑作为复杂巨系统,把微观与宏观结合起来进行研究。

总之,系统理论和方法是发展的,不同类型的系统要用不同的方法。大系统理论不能用来解决巨系统问题,简单巨系统理论不能用来解决复杂巨系统问题。

3. 开放的复杂巨系统

从贝塔朗菲起,系统研究就强调系统对环境的开放性。控制论等技术科学把开放性表述为系统具有输入、输出和干扰,自组织理论把开放性表述为控制参数对系统的影响和涨落的作用。但随着系统研究的深入发展,随着人类对工业文明造成的环境污染、资源匮乏和生态破坏等严重后果的认识,人们发现关于系统开放性的现有表述还很不够,有必要重新认识系统与环境的关系,进一步发展系统科学的开放性理论。

在开放的复杂巨系统概念中,"开放的"不仅意味着系统与环境进行物质、能量和信息的交换,接受环境的输入和扰动,向环境提供输出,而且还具有主动适应和进化的含义。首先是组成系统的个体或子系统,它们通过主动行为而获得信息,通过相互作用而交换信息,具有一定的"预见性",能够在行动中学习,积累经验,获得知识,主动地、适应地改变自己的行为,不断进步。这就使得子系统之间关系不仅复杂,而且随时间及情况不同有极大的易变性。在个体主动适应性的基础上,形成整个巨系统在环境中的学习和适应性行为,因而系统的动力学特性也具有进化的含义,通过进化以更好地适应环境。

"开放的"还意味着在分析、设计或使用系统时,要重视系统行为对环境的影响,把系统运行与环境保护结合起来考虑。从简单系统到大系统,再到简单巨系统,现有的各种系统理论都只考虑环境对系统的塑造作用(而且作了极大的简化),而不提及系统对环境的塑造作用。但处理开放的复杂巨系统问题时,必须同时考虑系统行为对环境的塑造,把系统发挥功能与保护环境结合起来,反对以牺牲环境为代价的系统优化,强调把系统优化与环境优化结合起来。这是系统思想的重大发展。

"开放的"还意味着系统不是既定的、不变的和完成了的,而是动态的和发展变化的,不断出现新现象、新问题,系统科学要求研究者必须以"开放的心态"对待问题。

开放的复杂巨系统广泛存在于现实世界。例如,人脑系统、人体系统、社会系统、地理环境系统(指地球表层以上、同温层以下包括生物圈在内的广阔系统)和星系系统等,它们之间有如图 6-4 所示的嵌套关系。

因特网是典型的开放的复杂巨系统。

开放的复杂巨系统涉及生物学、医学、地学、生态学、天文学和社会科学等学科领域。在开放的复杂巨系统中,社会系统是最复杂的一类,又称为开放的特殊复杂的巨系统。研究社会系统的系统工程分支称为社会系统工程,第 3 章已经作了介绍。

图 6-4　开放的复杂巨系统的嵌套关系

6.3.3　研究开放的复杂巨系统需要方法论的转变

还原论在科学发展中发挥过重要作用,它是把事物分解开来进行研究,然后再拼凑起来,以为低层次和局部问题弄清楚了,高层次和整体问题也就自然清楚了。对于一个层次的问题,还原论是适用的,但对有多种层次结构的复杂巨系统来说,还原论却遇到了实质性的困难。把复杂性问题简单化,或用研究简单问题的还原论及其方法去研究复杂巨系统问题,其结果是不会成功的。

研究开放的复杂巨系统研究需要有新的方法论,一方面要吸收已有方法论的长处,同时也要有新的发展。在科学发展史上,一切以定量研究为主要方法的科学,被称为"精密科学",而以思辨方法和定性描述为主的科学被称为"描述科学"。自然科学属于"精密科学",社会科学则属于"描述科学"。社会科学是以社会现象为研究对象的科学,社会现象的复杂性使其定量描述很困难,这可能是它不能成为"精密科学"的主要原因。尽管科学家们为使社会科学从"描述科学"向"精密科学"过渡作出了巨大努力,并已取得了成效,例如在经济科学方面,但整个社会科学体系距"精密科学"还有很大距离。马克思预言:"自然科学往后将会把人类的科学总括在自己的下面,正如同关于人类的科学把自然科学总括在自己下面一样,正将成为一个科学。"钱学森、于景元、戴汝为等学者称这种自然科学与社会科学成为一门科学的过程为自然科学与社会科学的一体化。

科学发展到今天,我们应该研究究竟用什么样的科学方法来实现这个一体化,特别是自然科学和社会科学的有机结合。开放的复杂巨系统及其方法论对两者的有机结合和实现一体化的目标有重要意义。

开放的复杂巨系统研究对系统科学体系中的技术科学也将起到推动作用。以控制论为例,在维纳的控制论之后,出现的工程控制论、生物控制论、经济控制论和社会控制论等,只有工程控制论有了实质性的进展,不仅对指导工程实践发挥了重要作用,而且其中所提炼的概念、原理、方法以及建立起来的理论方向,对现代控制理论的形成和发展都起到重要作用。相比之下,生物控制论、经济控制论和社会控制论没有取得像工程控制论、现代控制论那样的进展,原因在哪里呢? 现在看来,生物控制论、经济控制论和社会控制论的研究对象都是复杂巨系统,研究和控制这类系统,完全靠已有的方法遇到了困难,需要有新的方法。从综合集成方法的特点来看,它是可以用来研究这些系统的控制问题,从而推动生物控制论、经济控制论和社会控制论的发展,这也体现了系统学对控制论的推动作用。

从工程技术层次上来看,开放的复杂巨系统研究也推动了系统工程的发展。随着科学技术的发展、生产力的提高和社会进步,现代社会实践越来越丰富和复杂,它具有很强的综合性、动态性和系统性,突出地表现在空间活动范围上越来越大,时间尺度变化上越来越快,层次结构上越来越复杂,结果和影响上越来越广泛和深远。

经典科学相信客观世界本质上是简单的,复杂性是披在简单性之上的面纱,随着科学的发展必将揭开这层面纱,把复杂性还原为简单性。因此,在面对复杂的问题时,总是设法把复杂性简化掉,即把复杂性当作简单性处理。当对象是典型的简单系统,或者属于不够典型的复杂性问题时,这样处理是可行的或近似可行的。当对象属于真正的复杂性问题时,这样处理必然把产生复杂性的根源简化掉,得到的结果不再能够反映对象的固有特性。把复杂性当作复杂性处理,是复杂性研究的方法论原则。这并非否定复杂性研究也需要简化,而是强调存在不同的简化路线或指导思想。过去 400 年中发展起来的简化理论和方法,不适用于正在兴起的复杂性科学的需要。复杂性问题要求性质不同的简化路线,即必须在保留系统产生复杂性之根源的前提下进行简化。一种简化处理即使理论上十分漂亮,只要它没有保留系统产生复杂性的根源,就不是复杂性科学的简化方法。

方法论的转变包括以下几个要点。

1) 把非线性当作非线性处理

经典的简单性科学包含许多非线性问题,其基本的处理办法是把问题线性化,用线性模型近似代表非线性的原型,这就是把非线性当作线性来处理。线性化无疑把问题大大简化了,但同时也就把非线性产生的许多非平庸特性(如自激振荡、分岔、突变和混沌等)给简化掉了。当对象具有强非线性、特别是本质非线性时,系统研究真正关心的恰是这些非平庸特性,线性化处理无法保留这些非平庸特性,失去实际系统具有的本质特征。

必须采取全新的简化方法,在保留非线性的前提下寻找描述非线性的简化方法。非线性科学就是把非线性当作非线性来研究的科学,也必须在把非线性当作非线性的前提下进行必要的简化处理。

2) 把远离平衡态当作远离平衡态处理

经典科学视平衡态为系统的唯一正常状态,把非平衡态理解为干扰因素造成的非正常状态,力求将平衡态下获得的结论线性地推广于非平衡态。但普利高津发现,系统在平衡态及其附近只能表现出简单的平庸行为,在离开平衡态足够远时才能够表现出各种非平庸的复杂行为。他率先突破平衡态物理学观点的束缚,把远离平衡态当作远离平衡态处理,创立了耗散结构论,给自组织现象以深刻的理论说明。

3) 把混沌(chaos)当作混沌处理

简单性研究认为系统的定态只可能是平衡态或周期态,把非周期运动视为一种过渡态,随着系统逼近定态就会逐步消失。由于这种观念的束缚,尽管 19 世纪中叶以来的科学家不断接触到混沌现象,却总是把它们当作随机噪声。混沌学家的非凡之处在于率先摆脱这种传统见解,摒弃了把混沌性简化为非混沌性来处理的惯用方法,承认确定性系统可能内在地产生出随机性,非周期运动也可能是系统的一种定态,并着手建立描述这种奇异行为的新理论。把混沌运动固有的不规则性、复杂性当作表面现象忽略掉,简化为规则的周期运动,或者当作随机扰动,是经典科学的方法论原则。其结果是把一般非线性系统固有的混沌运动人为地排除掉。从描述系统行为的非周期性入手,把混沌当作混沌来处理,是混沌学的方法论原则。

4) 把分形(fractals)当作分形处理

分形有两个基本特征,一是粗糙性(不规则性),二是自相似性(部分与整体相似)。按照经典科学的方法处理,就是选定一个适当的尺度,把小于这个尺度的一切曲折性、不规则性忽略掉,化复杂的分形图形为至少是分段光滑的规整图形。这样做固然大大简化了问题,同时也就人为地消除了它固有的粗糙性和自相似性。芒德布罗反其道而行之,把粗糙性和自相似性当作这类对象的本质特征对待,即把分形当作分形来描述,创立了全新的分形几何学及其方法论。

5) 把模糊性当作模糊性处理

事物类属的不分明性或者亦此亦彼性,称为模糊性(fuzzy,fuzziness)。对于模糊性,有两种截然相反的处理方法。经典的方法是强行划定界限,人为地使每个对象都有明确的类属,即把模糊性简化为精确性来处理。另一种方法是承认事物固有的模糊性,用元素对集合的隶属度逐步变化来反映事物从属于某类到不属于该类的逐步变化,以模糊集合作为模糊事物的基本数学模型。从方法论看,这就是把模糊性当作模糊性来处理。

非线性、远离平衡、混沌、分形和模糊性都是复杂性的某种表现。把非线性当作对线性的偏离,把远离平衡态当作对平衡态的扰动,把混沌当作复杂的规则运动,把分形当作复杂的规整图形,把模糊性当作复杂的精确性,都是把复杂性当作简单性来处理,结果只能是失败的。把非线性当作非线性,把远离平衡态当作远离平衡态,把混沌当作混沌,把分形当作分形,把模糊性当作模糊性,都是把复杂性当作复杂性来处理,都将带来科学的重大进步。系统产生复杂性的根源多种多样,如开放性、不可逆性、不可积性、动力学特性、智能性、人的理性和非理性等。在每一种情形下都有两种截然不同的简化处理方式,只有在保留这些因素的前提下进行简化，即把复杂性当作复杂性处理，才是复杂系统理论所要求的简化。

非线性、远离平衡、混沌、分形和模糊性在简单巨系统中都可能出现，对这些复杂性的处理仍然有路可寻，因而还不是最高层次的复杂性。生命、社会和思维等领域的复杂性，通常出现在复杂巨系统中，要比上述几种复杂得多，研究它们尤其需要实行把复杂性当作复杂性处理的方法论原则。坚持这个原则首先遇到的是方法论问题。对于这类系统，用还原论方法来处理是不行的（如果处理的是一个层次的系统问题，还原论方法可能还是适用的），因为从可观测的整个系统到子系统层次很多，中间的层次又不完全清楚，甚至有几个层次都无法确定，即使各个层次都清楚了，整个系统功能也不等于子系统功能的简单叠加，现有科学方法宝库中还没有适当的武器。

6.4 复杂适应系统

6.4.1 适应性造就复杂性

1994 年，美国圣菲研究所（Santa Fe Institute，SFI）计算机科学家霍兰（J. H. Holland）发表了他对复杂适应系统（Complex Adaptive System，CAS）的研究成果，被称为复杂适应系统理论（下面记为 CAS 理论）。CAS 理论的基本思想可以用一句话概括：适应性造就复杂性。它是从对系统演化规律的思考出发，对复杂性的产生机制进行研究。

CAS 理论把系统中的成员称为具有适应性的主体（adaptive agent），简称为主体。所谓具有适应性，就是指它能够与环境以及其他主体进行交互作用。主体在这种持续不断的交互作用的过程中，不断地"学习"或"积累经验"，并且根据学到的经验改变自身的结构和行为方式。整个宏观系统的演变或进化，包括新层次的产生，分化和多样性的出现，新的、聚合而成的、更大的主体的出现等，都是在这个基础上逐步派生出来的。

按照某些传统的看法，复杂性主要来自系统的外部。例如，结构的复杂性、系统内部的分工或分化，常常归之于外部力量（有人认为是神）的创造。系统行为之复杂和不可预测，也总是归之于外部的随机性的干扰。这种看法由来已久。近 300 年发展起来的自然科学，回答了以前的人类所不知道的许多问题，然而，对于复杂性究竟是从何而来的这个基本问题，却似乎没有什么进步。而且，由于对热力学第二定律的片面理解，认为任何事物的发展都按照这样一条道路：从不对称到对称，从有结构到无结构，从有差别到无差别，一句话，从复杂到简单，归于"热力学平衡"。这种认识与丰富多彩的大千世界是不相容的。然而，由于还原论的束缚，人们对于这种矛盾视而不见，仍然不得不把复杂性的来源归之于神秘的、外来的力量。

现代系统科学的发展打破了这种形而上学的看法，特别是对于自组织现象的研究，引导人们从系统内部寻找复杂性的起源。然而，最初研究的自组织现象，在某种意义上还是比较简单的，这些系统中的元素（或个体）还是被动的、"死的"，并没有自身的目的和主动性。这就使得这一阶段的理论与方法，难以有效地应用到生物、生态、经济和社会等领域。

CAS 理论正是在这方面向前迈进了一大步，即把系统的成员看作是具有自身目的与主动性的、积极的、"活的"主体。更重要的是，CAS 理论认为，正是这种主动性以及它与环境的反复的、相互的作用，才是系统发展和进化的基本动因；宏观的变化和个体分化都可以从个体的行为规律中找到根源。霍兰把个体与环境之间这种主动的、反复的交互作用用"适应性"一词加以概括,这就产生了 CAS 理论的基本思想——适应性造就复杂性。

6.4.2　CAS 理论的基本概念

系统中的个体一般称为元素、部分或子系统。复杂适应系统理论采用了主体这个词(具有适应能力的个体),是为了强调它的主动性,强调它具有自己的目标、内部结构和生存动力。Agent 这个词本来是经济学中的用语,表示代理人或代理商的意思。霍兰借用这个词,明显地表示:经济系统是他建立 CAS 理论时心目中的主要背景之一。

围绕主体这个核心的概念,霍兰进一步提出了研究适应和演化过程中特别要注意的 7 个有关概念:聚集、非线性、流、多样性、标识、内部模型和积木。这 7 个概念可以分为两组:前 4 个为一组,描述个体的某种特性,它们在适应和进化中发挥作用;后 3 个为一组,描述个体与环境进行交流时的机制。

1. 聚集(aggregation)

主要用于个体通过"黏着"(adhesion)形成较大的所谓的多主体的聚集体(aggregation agent)。由于个体具有这样的属性,它们可以在一定条件下,在双方彼此接受时,组成一个新的个体——聚集体,在系统中像一个单独的个体那样行动。

在复杂系统的演变过程中,较小的、较低层次的个体通过某种特定的方式结合起来,形成较大的、较高层次的个体,这是一个十分重要的关键步骤。这往往是宏观形态发生变化的转折点。然而,对于这个步骤,以往的、基于还原论的思想是很难加以说明和理解的。

事实上,聚集现象在许多系统中都存在。例如,在生物界中,共生现象越来越多地得到重视和研究。近年来,人们发现,在一些高等生物体内存在着许多独立的低等生物。这些低等生物完全是独立的个体,按照自身的规律生存和发展。它把高等生物体内的条件作为自己的生存环境,进行着物质、能量与信息的流通与处理,例如人体细胞中的线粒体:一方面,它们是完整意义下的、独立自主的生物;另一方面,在长期的演化过程中,它们必须也只能在人体内这种环境中生存。如果按传统意义下的系统元素去理解,则这两方面的矛盾将是无法解决的。因为,在传统的思维框架中,部分或元素是"死的"、被动的和没有自己的目的与意志的;如果它有自己的目的、意志和主动性,那就只会对系统起瓦解作用。这就把上述的两个方面绝对地、不可调和地对立起来、割裂开来。生物界的事实告诉我们,这种思维方式是不符合客观实际的。托马斯(L. Thomas)以许多生动的共生体的事例说明了这方面的情况。如果我们把目光转向社会生活,那么这种例证又可以增加许多。个人与社会,雇员与企业,以及企业集团的形成等,都反映了不同层次的主体之间的有效的协调和共生。

聚集这个概念正是归纳与反映了复杂系统在这方面的行为特征。由于承认了个体的主动作用,由于克服了在整体与局部之间非此即彼的、绝对的对立,CAS 理论提供了理解与描述上述现象的新视角。聚集不是简单的合并,也不是消灭个体的吞并,而是新的类型的、更高层次上的个体的出现;原来的个体不仅没有消失,而是在新的更适宜自己生存的环境中得到了发展。这就是后面将要讲到的"黏着"的意义。

聚集的概念对于层次的理解也提供了有益的启发。层次之间是有质的差别的。把层次之间的差别仅仅理解为量的差别,是一种常见的误解。然而,层次之间的质的差别究竟是怎样涌现出来的? 在这里,聚集也起了关键的作用。

2. 非线性(nonlinearity)

个体以及它们的属性在发生变化时,并非遵从简单的线性关系,特别是在个体和系统或环境的反复的交互作用中,这一点更为明显。近代科学之所以在许多方面遇到了困难,重要原因之一就是它把自己的眼界局限于线性关系的狭窄范围内,从而无法描述和理解丰富多彩的变化和发展。CAS 理论认为个体之间的相互影响不是简单的、被动的、单向的因果关系,而是主动的"适应"关系。以往的"历史"会留下痕迹,以往的"经验"会影响将来的行为。在这种情况下,线性的、简单的和直线式的因果链不复存在,实际的情况往往是各种反馈作用(包括负反馈和正反馈)交互影响的、互相缠绕的复杂关系。正因为这样,复杂系统的行为才会如此难以预测;也正因为这样,复杂系统才会经历曲折的进化过程,呈现出丰富多彩的性质和状态。

CAS 理论把非线性的产生归之于内因,归之于个体的主动性和适应能力。这就进一步把非线性理解为系统行为的必然的、内在的要素,从而大大丰富和加深了对于非线性的理解。正因为如此,霍兰在提出具有适应性的主体这一概念时,特别强调其行为的非线性特征,并且认为这是复杂性产生的内在根源。

3. 流(flow)

在个体与环境之间,以及个体相互之间存在着物质流、能量流和信息流。这些流的渠道是否通畅,周转迅速到什么程度,都直接影响系统的演化过程。

自古以来人们就认识到各种流的重要性,并且把这些流的顺畅当作系统正常运行的基本条件。例如,中医所谓的"气""血",就是典型。通则健康发展,不通则生百病。又如,信息系统工程对信息流的分析和设计,也是从流的分析入手,去认识和理解复杂系统。越复杂的系统,其中的各种交换(物质、能量和信息)就越频繁,各种流也就越错综复杂。所以,复杂适应系统理论把对于各种流的分析,当作一个值得注意的重要问题。

4. 多样性(diversity)

在适应过程中,由于种种原因,个体之间的差别会发展与扩大,最终形成分化,出现多样性,这是 CAS 的一个显著特点。多样性的概念目前已经在许多领域中得到了广泛的使用,这是一个很大的进步。

长期以来,人们误以为世界的统一性就意味着单一性。经过 20 世纪科学的多方探索,人们已经开始承认多样性并且认真地面对它了。生物的多样性已经成为国际论坛上的热门话题,已经以国际公约的形式表达了人们的共识。文化的多样性也已经得到了越来越多的认同。系统复杂性的重要内涵之一就是个体之间的差别、个体类型的多样性。当前的复杂性研究着眼于个体类型多种多样的情况,CAS 理论则进一步研究这种多样性是怎样产生的,即研究分化的过程。霍兰指出,正是相互作用和不断适应的过程,造成了个体向不同的方向发展变化,从而形成了个体类型的多样性。从整个系统来看,这事实上是一种分工。如果和前面讲到的聚集结合起来看,这就是从宏观尺度上看到的系统结构的"涌现",即所谓自组织现象的出现。

5. 标识(tagging)

为了相互识别和选择,个体的标识在个体与环境的相互作用中是非常重要的,无论在建模中,还是实际系统中,标识的功能与效率是必须认真考虑的因素。

标识的作用主要在于实现信息的交流。流的概念包括物质流、能量流和信息流,起关键作用的是信息流,信息流对物质流与能量流起支配作用。在以往的系统研究中,信息和信息交流的作用没有得到足够的重视。这是对于复杂系统行为的研究难以深入的原因之一。CAS 理论把信息的交流和处理作为影响系统进化过程的重要因素加以考虑。强调流和标识就为把信息因素引入系统研究创造了条件。

现在大家都承认,信息是人类社会经济生活中的基本要素之一。然而,在复杂系统中,它是怎样发挥作用的呢? 对此一直没有深入的研究,以前的系统研究中缺乏对于信息流的具体机制的思考。标识的意义就在于提出了个体在环境中搜索和接收信息的具体实现方法。

在经济学中,由于承认了信息的不平衡、不对称,深入研究了信息和信息流的作用,使得经济学研究的方法与深度有了突破性的进步,产生了新的经济学分支——信息经济学。可以预见,在复杂系统的研究中,对信息和信息流的深入研究,必将对系统科学的发展产生积极的作用,开辟新的思路。

6. 内部模型(internal models)

每个个体都是有复杂的内部机制的。对于整个系统来说,这就统称为内部模型,它是有层次的。

7. 积木(building blocks,亦译为构件)

复杂系统常常是在一些相对简单的构件的基础上,通过改变它们的组合方式而形成的。因此,事实上的复杂性往往不在于构件的多少和大小,而在于原有积木的重新组合。

内部模型和积木的作用在于加强层次的概念。客观世界的多样性不仅表现在同一层次中个体类型的多种多样,还表现在层次之间的差别和多样性。当我们跨越层次的时候,就会有新的规律与特征出现。这样一来,我们需要深入考虑的就是这样一些问题:怎样合理地区分层次,不同层次的规律之间怎样相互联系和相互转化。内部模型和积木的概念就是用来回答这些问题的。概括地说,它们提供了这样一条思路:把下一层次的内容和规律,作为内部模型"封装"起来,作为一个整体参与上一层次的相互作用,暂时"忽略"或"搁置"其内部细节,而把注意力集中于这个积木和其他积木之间的相互作用和相互影响上,因为在上一层次中,这种相互作用和相互影响是关键性的、起决定性作用的主导因素。了解计算机技术的读者不难看出,这种思想与计算机领域中的模块化技术以及近年来广为传播的"面向对象的方法"是完全一致的。

霍兰在他的报告中,用了大量例子来解释这些概念在各种领域中的用处。通过这 7 个方面的表述,主体的特点就充分表现出来了:它是多层次的、与外界不断交互作用的、不断发展和演化的、活生生的个体。这就是 CAS 理论思想的独到之处。

6.4.3　CAS 理论的主要特点

CAS 理论的核心思想——适应性造就复杂性——具有十分重要的认识论意义。可以说,这是人们在系统运动和演化规律的认识方面的一个飞跃。下面从 4 个方面来说明。

1. 主体是主动的、活的实体

这一点是 CAS 和其他建模方法的关键区别。这个特点使得它能够有效地应用于经济、社会和生态等其他方法难以应用的复杂系统。

从元素到主体,并不是一个简单的名称的改变。对于系统的组成部分,以前一般称为元素、单元、部件或子系统。作为与系统、全局、整体相对而言的概念,元素、单元和部件,都是作为一个被动的、局部的概念而提出的。主体概念则把个体的主动性提高到了系统进化的基本动因的地位,从而成为研究与考察宏观演化现象的出发点。这一思路具有十分明显的突破性。复杂性正是在个体与其他个体之间主动交往、相互作用的过程中形成和产生的。在这里既没有脱离整体、脱离环境的个体,也没有抽象的、凌驾于“个体”之上的整体。个体的主动性是这里的关键。个体主动的程度,决定了整个系统行为的复杂性程度。

这里所说的主动性或适应性,是一个十分广泛的、抽象的概念,并不一定就是生物学意义上的“活的”意思。只要是个体能够在与其他个体的交互中表现出随着得到的信息不同,而对自身的结构和行为方式进行不同的变更,就可以认为它具有主动性或适应性。适应的目的是生存和发展。这样,关于“目的”的问题,也可以在这里得到比较合理的理解和解释,而不至于走到神学那里去。

2. 个体之间、个体与环境之间的相互影响和作用是系统演变和进化的主要动力

以往的建模方法往往把个体本身的内部属性放在主要位置,而没有把个体之间,以及个体与环境之间的相互作用给予足够的重视。CAS 方法的这个特点使得它能够运用于个体本身属性极不相同,但是相互关系却有许多共同点的不同领域。

这种相互作用的观点是很有启发性的。我们说个体是整体的基础,并非指孤立的、单独的个体是整体的基础。如果是这样,我们就又回到还原论的观点。个体的相互作用才是整体的基础。当我们说“整体大于部分之和”的时候,指的正是这种相互作用带来的“增值”。复杂系统丰富多彩的行为正是来源于这种“增值”。这种相互作用越强,系统的进化过程就越复杂多变。

另外,这里的相互作用主要是指个体与其他个体之间的相互作用。强调这一点有两方面的意义。一方面,这里并没有一个凌驾于所有个体之上的整体的“代表”。对于每一个个体而言,整体的作用正是通过其他个体表现出来的。同时,每一个个体对于别的个体也起着“环境”的作用,或在不太确切的意义上讲,起着“代表”整体的作用,因为严格地说,每一个个体都不能独自代表全局。这就较好地说明了整体与个体之间的对立统一关系。另一方面,在这些相互作用中,个体之间的关系存在着从“平等”到“分化”的发展过程。这就是说,在系统演化的早期,个体的潜力,或者说潜在的能力是差不多的。原则上,每一个个体都有多种发展前途的可能性。在相互作用的过程中,由于各种因素(包括随机因素)的作用,有的个体

向这个方向发展,有的个体向那个方向发展,在发展中产生了结构,对称性被打破。这样,整个系统就变得比较复杂了。这就是从简单到复杂的演化。也就是说,相互作用是"可记忆的",它表现为进化过程中每个个体的结构和行为方式的变化,环境的影响以不同的方式"存储"在个体内部。

CAS 理论发展了系统科学中历来强调的相互作用的思想,使得进化的观念具体化了。这里把适应性的概念从生物学中引入了系统研究的领域。显然,对于系统科学的思想方法这是非常有用的充实和扩展,进一步丰富了系统思想的内容。

3. 把宏观和微观有机地联系起来

CAS 通过主体和环境的相互作用,使得个体的变化成为整个系统的变化的基础,统一地加以考察。极端的还原论观点把宏观现象的原因简单地归结为微观,否认从微观到宏观之间存在着质的飞跃。另一种比较普遍的观念是:把统计方法当作从微观向宏观跨越的唯一途径或唯一手段。应当承认,基于概率论的统计方法确实是从微观到宏观的重要桥梁之一,宏观系统的某些属性可以理解为微观个体的某些属性的统计量,如气体温度之于分子的动能,总体国民教育素质之于每个社会成员的教育程度。这显然是重要的,因为它正确地反映了微观与宏观关系的一个方面。然而,问题在于,这是不是反映宏观和微观关系的唯一方法? 曾经有人做过这样的计算:如果地球上的有机物只是由于按照统计规律的偶然结合而产生的话,那么,从地球诞生到今天,连第一个蛋白质分子都还没有产生! 显然,除了统计规律之外,一定还存在着其他的机制或渠道,它们同样也建立起微观与宏观之间的联系。CAS理论在这方面给我们提供了一条新的思路。

如果个体没有主动性(例如气体中的分子),那么,它们的运动和相互关系的确只要用统计方法加以处理就行了。支配这样的系统的规律,确实主要就是统计规律。然而,如果个体是"活的",有主动性和适应性,以前的经历会"固化"到它的内部,那么,它的运动和变化就不再是一般的统计方法所能描述的。例如前面讲到的分化过程,显然就不是只靠统计方法所能加以说明的。

在微观和宏观的相互关系问题上,CAS 理论提供了区别于单纯的统计方法的新的理解。如果把这种想法加以推广,把宏观和微观看作是相对的层次的话,那么,它为我们认识、理解和跨越层次提供了十分有益的思路。

4. 引进了随机因素的作用,使 CAS 理论具有更强的描述和表达能力

考虑随机因素并不是 CAS 理论所独有的特征,然而 CAS 理论处理随机因素的方法是很特别的:它从生物界的许多现象中吸取了有益的启示,其集中表现为遗传算法(Genetic Algorithm,GA)。关于遗传算法,请阅读有关的资料,这里只是就其特色略加说明。

通常考虑随机因素的方法是引入随机变量,即在变化的某一环节中引入外来的随机因素,按照一定的分布规律影响演变的过程。在这种方式中随机因素的作用是"暂时的",只在一个特定步骤上起作用。它只是通过其对系统状态的某些指标产生一定的量的影响。在这种影响过后,事物只是在状态参数上有所变化,而运作的规律和内部的机制并没有质的变化,系统不会因此而"演化"。显然,这正是前面所说的,把系统的元素看作"死的"对象所导致的局限性的表现。

遗传算法的基本思想在于：随机因素的影响不仅影响状态,而且影响组织结构和行为方式。"活的"、具有主动性的个体会接受教训,总结经验,并且以某种方式把"经历"记住,使之"固化"在自己以后的行为方式中。正因为这样,CAS 理论提供了模拟生物、生态、经济和社会等复杂系统的巨大潜力,明显地超越了以往的一般的随机方法。

正是由于以上这些特点,CAS 理论具有了与其他方法不同的、更具特色的、新的功能和特点。CAS 理论的提出对于人们认识、理解、控制和管理复杂系统提供了新的思路。

CAS 理论虽然提出不久,由于其思想新颖和富有启发,已经在许多领域得到了应用。在经济、生物、生态与环境以及其他一些社会科学与自然科学中,CAS 理论的概念与方法都得到了不同程度的应用和验证。CAS 理论对于人们的思维方法具有不少启发,它的影响正在逐步传播到各个领域,推动着人们对于复杂系统的行为规律进行进一步的深入研究。

"适应性造就复杂性",这是产生复杂性的机制之一,而不见得是复杂性的唯一来源。CAS 理论不排除可能有其他的产生复杂性的机制与渠道。然而,大量事实表明,由适应性产生的复杂系统,即所谓复杂适应系统,确实是一大类十分重要的、常见的复杂系统。它从一个侧面概括了生物、生态、经济和社会等一大批重要系统的共同特点。关于复杂适应系统的理论,无疑是现代系统科学的一个富有启发性的、值得重视的领域。

6.5　系统的系统(SoS)

"系统的系统"(System of Systems,SoS,又称为"体系"),严格来说,并不是一个新概念,而是"系统"(system)定义之中的应有之义,是系统定义的演绎和延伸。

本书在 1.2.1 节中说:

定义:系统,是由相互联系、相互作用的许多要素结合而成的具有特定功能的复合体。

这个"复合体"又称为"整体"或"总体";"要素"又称为"元素"、"部分"、"局部"或"零部件",在一定的意义上,又称为"子系统"。系统整体与构成系统的部分是相对而言的,整体中的某些部分可以被看成是该系统的子系统,而整个系统又可成为一个更大规模系统中的一个组成部分或者子系统。

但是,强调 SoS,仍然具有特别的意义,研究 SoS,以 SoS 为对象开展系统工程研究和系统工程项目,标志着系统研究和系统工程进入了一个新阶段。许多问题变得更好理解,并且可以处理得更好。例如,"拉链马路"就是忽视了 SoS 造成的,"校园一卡通"就是成功的 SoS。再看"供应链管理",一条供应链,就是把核心企业(系统)与它的上下游相关企业(多个系统)联系在一起,组成一个 SoS。一部小小的智能手机就是多种技术功能系统的综合集成:不但能够打电话、发短信、发微信,还能显示时间和日期、作为闹钟、计算、拍照、录音、录像、指路(导航)以及存储二维码飞机票、代替登机牌通过安检口,等等。

SoS 区别于单一性的专业性系统、部门性系统,可以称为综合性系统,也可以称为复合系统、复杂系统或超系统。SoS 一般是由现有系统扩大而形成的,SoS 的系统工程(复合型系统工程)主要是做"加法"而不是"减法",称为"加法思维",体现了综合集成。

中国工程院院士王众托教授较早地开展了"系统的系统"的研究,在他编著的《系统工程》(21 世纪管理科学与工程规划教材,北京大学出版社,2010 年)中,第 12 章是"系统工程中的复杂系统与'系统的系统'",最后一节就是"系统的系统"。书中说:"系统的系统是由一些已存在的系统(都已能够独立运行)加上新的系统而形成的系统家族或系统联邦。随着社会系统和科学技术的发展以及人与组织之间的联系日益密切,今后这类'系统的系统'必然会越来越多,系统工程学科不能不对它们加以密切关注。"

例如,国外的书:

Systems of Systems,Edited by Dominique Luzeaux,Jean-Rene Ruault;Wiley,2008.

System of Systems Engineering,Innovations for the 21st Century,Edited by Mo Jamshidi;Wiley,2009.

习题

6-1　自组织理论是如何产生的? 它的奠基作有哪些?

6-2　自组织与他组织的区别是什么? 各有什么利弊?

6-3　自组织理论在管理中如何运用?

6-4　什么是复杂性? 复杂性是主观的还是客观的?

6-5　什么是开放的复杂巨系统?

6-6　为什么说因特网是开放的复杂巨系统?

6-7　研究开放的复杂巨系统的方法论是什么?

6-8　如何理解系统的开放性?

6-9　如何理解系统的随机性? 随机性有哪些种类?

6-10　CAS 理论的 7 个重要概念是什么?

6-11　"适应性造就复杂性",请你举几个例子说明。

6-12　主体的含义和特点是什么?

6-13　形成自组织的条件是什么?

6-14　试述自创生、自复制、自生长、自适应等几种自组织模式的特点。

6-15　什么是非线性? 为什么"要把非线性当作非线性处理"?

6-16　什么是平衡态与非平衡态? 为什么"要把远离平衡态当作远离平衡态处理"?

6-17　什么是混沌? 为什么"要把混沌当作混沌处理"?

6-18　什么是分形? 为什么"要把分形当作分形处理"?

6-19　什么是模糊性? 为什么"要把模糊性当作模糊性处理"?

6-20　什么是"系统的系统(SoS)"?

6-21　什么是综合型系统工程与专业性系统工程?

6-22　请你关注系统理论的研究进展,尤其是关注复杂性研究的进展。

6-23　系统工程的"老三论"与"新三论"分别是哪些理论?

第7章

系统模型与仿真

System di esmus Lalldeng Demitioning Progross ven Gefat, Dow
System Engineering Improntion 117
Education Dr. 2009.

7.1 引言

系统(system)、模型(model)、仿真(simulation)三个概念是一根链条上的三个环节,对它们的研究是一个工作程序的三个步骤。研究系统要借助模型,有了模型要进行运作——这就是仿真。根据仿真的结果,修改模型,再进行仿真(反复若干次);根据一系列仿真的结果,得出现有系统的调整、改革方案或者新系统的设计、建造方案。中间穿插若干其他环节。这就是系统工程研究解决实际问题的工作过程。

本章介绍系统模型的基本概念和构建系统模型的若干思路,介绍系统仿真的几种方法。其中,系统模型部分需要重点掌握,系统仿真部分作为一般了解。

7.2 系统模型的定义和作用

定义:系统模型,是对于系统的描述、模仿和抽象,它反映系统的物理本质与主要特征。

列宁说:"物质的抽象、自然规律的抽象、价值的抽象以及其他等等,一句话,一切科学的(正确的、郑重的、非瞎说的)抽象,都更深刻、更正确、更完全地反映着自然。"

系统模型高于实际的某一个系统而具有同类系统的共性。所谓"同类",其意义是比较广泛的,例如一个机械系统与一个电路系统,似乎很不相同,但是在"相似系统"的意义上,它们可以是同类的,可以用一个便于建造的系统去代替另一个系统进行研究。在第 6 章叙述的自组织理论中,哈肯研究激光现象所建立的激光动力学方程与艾根研究生物分子进化过程所建立的生物进化方程极为相似,两个截然不同的领域却由同样类型的方程所支配,事实证明,这不是出于巧合,而是有更基本的原理在起作用:都是自组织过程。

模型方法是系统工程的基本方法。研究系统一般都要通过它的模型来研究,甚至有些系统只能通过模型来研究。

在系统工程中,模型是系统的代名词。我们说某一个模型,就代表着某一类系统,反之,我们说某一个系统,就意味着使用它的某一种模型。

对于同一个系统,从不同的角度,或用不同的方法,可以建立各种模型。同一个模型,特别是数学模型,对它的参数和变量赋予具体各异的物理意义,可以用来描述不同的系统。

构造模型是为了研究系统原型。对模型一般有以下要求:

(1) 真实性,即反映系统的物理本质;

(2) 简明性,模型应该反映系统的主要特征,简单明了,容易求解;

(3) 完整性,系统模型应包括目标与约束两个方面;

(4) 规范化,尽量采用现有的标准形式,或对于标准形式的模型加以某些修改,使之适合新的系统;因为标准形式的模型往往有成熟的解法,往往有标准的计算机程序可以调用;规范化的要求并不排斥创造新的模型;相反,应该积极创造新的模型,使之规范化,从而可以解决同一类的若干问题。

以上各条要求往往相抵触,特别是其真实性与简明性这两条。所以,掌握以下原则是重要的:模型的作用,不在于、也不可能表达系统的一切特征,而是表达它的主要特征,特别是表达我们最需要知道的那些特征。一个成功的模型须在以上各条要求之间恰当地权衡与折中。

模型的完整性,实际上体现了建立一个系统的需要与可能两个方面。一个系统的完整的数学模型,特别是其解析形式,通常由目标函数和约束条件两个方面组成,以线性规划模型最为典型。

建立系统模型是一种创造性的劳动,不仅是一种技术,而且是一种艺术。所谓"戏法人人会变,各有巧妙不同",对于同一个系统,不同的人员建立的模型可能大不相同,有巧拙优劣之分。企图提出一些教条,对一切系统都能照搬照用,显然是不现实的。必须一切从实际出发,具体问题具体分析。必须实事求是,从理论与实践的结合上解决问题。

系统模型的种类很多,下面介绍模型的分类,目的在于从不同的角度来认识模型的多样性,选择建立适当的模型以研究系统。

7.3　系统模型的分类

7.3.1　系统模型的分类方法

1. 模型分类方法之一

从模型的形式来分,模型可以分为三大类:物理模型、数学模型和概念模型。

1) 物理模型

所谓"物理的"(physical),是广义的,具有物质的、具体的、形象的含义。物理模型又可分为以下几种:

(1) 实体模型——即系统本身,当系统的大小刚好适合在桌面上研究而又没有危险性的时候,就可以把系统本身作为模型(这里所谓"桌面上"是广义的,当然包括"落地式")。

实体模型包括抽样模型,例如标准件的生产检验、胶卷和药品的检验,是从总体中抽取一定容量的样本来进行,样本就是实体模型。

　　(2) 比例模型——即对于系统的放大或缩小,使之适合在桌面上研究。

　　(3) 模拟模型——根据相似系统原理,利用一种系统去代替另一种系统。这里说的"相似系统",是指物理形式不同而有相同的数学表达式、特别是相同的微分方程的系统。在工程技术中,常常是用电学系统代替机械系统、热学系统进行研究。

　　2) 数学模型

　　这是用数学语言对系统所作的描述与抽象。依据所用的数学语言不同,数学模型可以分为以下几类:

　　(1) 解析模型——用解析式子表示的模型。

　　(2) 逻辑模型——表示逻辑关系的模型。如方框图、计算机程序等。

　　(3) 网络模型——用网络图形来描述系统的组成元素以及元素之间的相互关系(包括逻辑关系与数学关系),例如统筹法的统筹图。

　　(4) 图像与表格——这里说的图像是坐标系中的曲线、曲面和点等几何图形,以及甘特图、直方图、切饼图等,它们通常伴有数据表格。

　　(5) 信息网络与数字化模型——这是一类新的模型。

　　3) 概念模型

　　这是指如下形式的模型:任务书、明细表、说明书、技术报告和咨询报告等,以及表达概念的示意图。这种模型不如数学模型或物理模型来得好,在工程技术中很难直接使用。但是在系统工程的工作之初,问题尚不明晰,物理模型和数学模型都很难建立,则不得不采用这一模型。

　　对各种模型都要一分为二。物理模型来得形象生动,但是不易改变参数。数学模型容易改变参数,便于运算、求最优解,但是很抽象,有时不易说明其物理意义。各类模型对于系统研究的关系如图 7-1 所示。

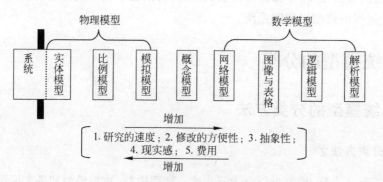

图 7-1　系统模型分类与特征比较

系统工程力求采用数学模型,开展定量研究,实现从定性到定量综合集成。

2. 模型分类方法之二

　　这种分类方法如图 7-2 所示。各种模型的意义如下:

　　(1) 同构模型——模型与系统之间存在一一对应关系(同构关系);

　　(2) 同态模型——模型与系统的一部分存在着一一对应关系(同态关系);

　　(3) 形象模型——将研究对象经过某种度量的或标尺的变换而得到的模型,模型与对

象之间仅存在度量与尺度的差异,如地球仪等;

　　(4)模拟模型——在不同性质的系统之间建立起同构或同态关系,如电路振荡与机械振动的模拟模型;

　　(5)符号模型——对象的组成元素与相互间关系都由逻辑符号表示;

　　(6)数学模型——用数学符号与公式来描述研究对象的结构与内在关系;

　　(7)启发式模型——运用直观、观察、推理或经验,并联系已知的理论与已构成的模型知识,这样建立的模型称为启发式模型;

　　(8)白箱模型——对研究对象内部的结构和特性完全清楚了解而建立的模型;

　　(9)黑箱模型——对研究对象内部的结构与特性完全不了解而建立的模型;

图 7-2　模型分类方法之二

　　(10)灰箱模型——对系统内部结构与特性只有部分了解而建立的模型。

　　还有不少对系统模型的分类方法,例如:

　　按照变量的性质,可将数学模型分为确定性模型与随机性模型;

　　按照变量之间的关系,分为线性模型与非线性模型;

　　按照模型中是否显含时间 t,分为动态模型与静态模型;

　　按照变量取值是否连续,分为连续型模型和离散型模型;

　　根据学科性质,可以分为运筹学模型、计量经济学模型、投入产出模型、经济控制论模型、系统动力学模型等。

7.3.2　模型库与模型体系

　　各种模型的集合,称为模型库。尺有所短,寸有所长,任何一种模型,都有自己的优点与不足。多种模型互相取长补短,组成模型体系,才能解决复杂系统的综合性问题。例如,系统动力学模型适于长期的、总量的研究,对于近期的、细节的研究则不精确,计量经济学和线性规划模型恰恰相反;系统动力学与计量经济学模型主要利用时间序列的历史数据,而线性规划与投入产出模型利用横断面数据。在系统工程项目研究中,把各种适用的模型拿来组成一个模型体系,既可以利用纵剖面的历史数据,又可以利用横断面的最新数据;既可以进行宏观的、总量的、长期的研究(战略研究),又可以进行微观的、细节的、近期的研究(战术研究)。同时,还要利用代尔菲(Delphi)法、层次分析法(AHP)等,把一些定性因素量化,实现定量分析与定性分析相结合的研究。

　　模型体系与模型库不同。首先,模型库中的模型是形式的模型,是"封存待用"的模型,可以用于任何适用的场合,因而具有普遍适用的意义;而模型体系中的模型已经启封运用于某个特定的课题,它们在形式的框架中已经装进了具体的内容。其次,模型库中封存的各种模型之间没有有机的联系,模型体系则是依据课题研究的需要,从模型库中选择合适的模型加以配置的。模型体系具有整体的功能。模型库好比是装有全部棋子的木盒,模型体系则是在棋盘上摆布的阵势。

在同一个系统的各种模型中,不同的模型可能具有类似的功能,例如预测功能。于是,同一种功能可以用几种不同的模型来实现,它们相互验证、补充和加强。此外,同一种模型也可以在系统的不同层次上建立并交互运行。例如线性规划模型,可以建立在全厂层次上,安排全厂的生产计划,也可以在车间层次上,安排具体一些的生产计划,它们构成线性规划模型群。模型群是模型体系中的分体系,即完成局部任务的小一些的模型体系。

在一个模型体系中,各个模型的变量允许而且欢迎有交集,即某些变量可以既出现在这个模型中,又出现在那个模型中。其好处是可以相互印证运算结果,修改模型参数,保证研究成果的合理性。

对于系统工程的项目研究而言,选择模型、建立模型体系是十分重要的。而对于系统工程的基本建设而言,开发新模型、充实模型库是十分重要的。系统工程项目研究经验的积累,必将导致新模型的开发、新方法的出现、新概念与新理论的诞生,从而推动系统工程学科的发展。

7.4   系统模型的构建

建立系统模型是一种创造性的劳动。建模方法难以一一列举,这里简单介绍几种思考方法:直接分析法、数据分析法、情景分析法和代尔斐法。

1. 直接分析法

当研究的问题比较简单又足够明确时,可以根据物理的、化学的、经济的规律,通过一般的推理分析,将模型构造出来,这就是直接分析法。

2. 数据分析法

有些对象的结构性质不很清楚,但可以对反映系统功能的数据进行分析来探讨系统结构模型。这些数据是已知的,或者是事先按照需要收集起来的。

数据分析法包括抽样调查与统计分析(例如全国人口普查),统计分析包括时间序列分析、相关分析和横断面数据分析。时间序列分析和相关分析通常是用最小二乘法寻找拟合曲线或回归曲线,然后合理外推,预测系统未来的情况。横断面数据分析(某一年度或其他时点的数据)在经济计量学中有多种模型,线性规划与投入产出分析也是利用横断面数据进行分析。

统计模型一定要进行统计检验。

3. 情景分析法

情景分析法通常用于建立概念模型。情景分析法是设想未来行动所处的环境和状态,预测相应的技术、经济和社会后果。情景分析法大多数靠经验、直觉和逻辑推理。

4. 代尔斐法(Delphi Technique)

这是一种专家调查法。它通过多轮征询专家群体中的个人意见并且进行统计分析,使专家意见的总体质量不断改善。实践表明,代尔斐法构造的集体讨论模式,可以起到和情景分析模型同样的作用,预测的后果较之会议讨论往往要准确些,适合预测事件何时发生、某项指标在未来的数值(数量级)等。

7.4.1　数学模型的构建

建立数学模型的一般步骤如下:

(1) 明确目标;

(2) 找出主要因素,确定主要变量;

(3) 找出各种关系(内含的科学定律、产品生产的物耗、能耗等);

(4) 明确系统的资源和约束条件;

(5) 用数学符号、公式表达各种关系和条件;

(6) 代入数据进行"符合计算",检查模型是否反映所研究的问题;

(7) 简化和规范模型的表达形式。

由于现实系统的复杂性和易变性,往往需要修正现有的模型。有时建立的模型过于复杂,求解困难,这就要把模型加以简化与近似。下面介绍几种对模型进行修正与简化的方法。

(1) 去除一些变量。例如应用优选法模型时,如果变量太多,试验次数就会大大增加。我们可以根据已有的经验,抓住其中一两个主要变量进行优选试验,往往可以事半功倍。

(2) 合并一些变量。即把性质类同的一些变量合并为一个变量,以减少变量的数目。例如,国民经济平衡模型,本来要考虑成千上万种产品,在我国 1997 年度投入产出表中,为了计算方便,就把它合并为 6 大类、40 个大部门、124 种产品(产品部门);《中国国民经济核算体系(2002)》把我国的国民经济分为 21 个产业部门。

(3) 改变变量的性质。通常采用的办法有:①把某些变量看成常量;②把连续变量看作离散变量;③把离散变量看作连续变量;④限定变量在一定范围内变动。

(4) 改变变量之间的函数关系。把非线性关系近似为线性关系可以简化问题,这是常常采用且行之有效的办法,但是,自组织理论告诉我们:对于线性化要保持警惕性,如果在线性化求得解答之后能尝试一下求解原来的非线性问题,也许会有意外的收获。在随机模型中,常用一些熟知的概率分布函数,例如正态分布、指数分布等,去代替那些不太好处理的概率分布函数。

(5) 改变约束。增加某些约束,或去掉某些约束,或对约束进行一些修改。一般地,增加约束后得到的解答偏低,称之为保守的或悲观的解。减少约束后得到的解答偏高,称之为冒进的或乐观的解。虽然两者都不是真正的解,但是可以指出解的范围,这在对系统进行初步估计时是很有用处的。

模型有粗细之分。一般地说,在研究一个新系统时,首先是搞一个简单的粗模型,求得对于系统的解能有一个概略的了解,找到前进的方向,然后,将模型逐步细化,求得较为精确的解。

下面通过几个例子说明线性规划、统筹法两类数学模型的形式与构建的方法。对于本书读者的基本要求是能够建立类似的模型，并不要求求解；对于工科读者，建议还是运用其他课程学到的知识（或者适当补充一些知识）练习求解为好。

【例 1】（线性规划/任务安排问题）某工厂有甲、乙两种产品需要安排生产，单位利润分别是 600 元与 400 元。生产每单位甲产品，需要用一车间 2 天时间和二车间 3 天时间，生产每单位乙产品，需要用一车间 1 天时间和二车间 3 天时间。现在一车间共有 10 天可使用，二车间有 24 天可使用。乙产品的市场需求量最多是 7 单位。问：甲、乙两种产品各生产多少，可使总利润为最高？试建立其数学模型。

解：根据题意，可以建立表 7-1。

表 7-1　已知条件

产品与资源	甲　产　品	乙　产　品	资　　源
一车间	2	1	10
二车间	3	3	24
需求量	不限	7	
利润	6	4	

记总利润为 ϕ，设甲产品 x_1 单位，乙产品 x_2 单位，由表 7-1 很容易建立下面的模型：

$$\phi_{max} = 6x_1 + 4x_2 \quad (a)$$

$$\text{s. t.} \begin{cases} 2x_1 + x_2 \leqslant 10 & (b) \\ 3x_1 + 3x_2 \leqslant 24 & (c) \\ x_2 \leqslant 7 & (d) \\ x_1, x_2 \geqslant 0 & (e) \end{cases} \quad (7\text{-}1)$$

式中，s. t. 为 subject to 的缩写，表示"约束条件"。由于 x_1 与 x_2 为产品所拟生产的数量，故有非负约束(e)式。整个模型(7-1)是说：在约束条件(b)～(e)的要求下，求目标函数(a)式的极大值。

该模型的最优解是 $x_1 = 2$，$x_2 = 6$，最高总利润 $\phi_{max} = 3600$（元）

该模型只有两个变量，可以用图解法求解。更多个变量的线性规划模型，不能使用图解法，可以采用单纯形法（simplex method），它是线性规划问题的"万能解法"，有标准程序可以上计算机求解。

【例 2】（线性规划/运输问题）设有甲、乙、丙 3 个仓库，存有某种货物分别为 7 吨、4 吨和 9 吨。现在要把这些货物分送 A、B、C、D 4 个商店，其需要量分别为 3 吨、6 吨、5 吨和 6 吨，各仓库到各个商店的每吨运费以及收、发总量如表 7-2 所示。

表 7-2　一个运输问题　　　　　　运费单位：元/吨

仓　　库	商　　店				发量(吨)
	A	B	C	D	
甲	5	12	3	11	7
乙	1	9	2	7	4
丙	7	4	10	5	9
收量(吨)	3	6	5	6	20

现在要求确定一个运输方案：从哪一个仓库运多少货到哪一个商店，使得各个商店都能得到货物需要量，各个仓库都能发完存货，而且总的运输费用最低？试建立其数学模型。

解：记总运费为 Z，设 x_{ij} 为 i 仓库运到 j 商店的货物量，其中 $i=1,2,3$，分别代表甲、乙、丙仓库，$j=1,2,3,4$ 分别代表 A、B、C、D 商店，则根据题意可得

$$Z_{\min}=5x_{11}+12x_{12}+3x_{13}+11x_{14}+$$
$$x_{21}+9x_{22}+2x_{23}+7x_{24}+$$
$$7x_{31}+4x_{32}+10x_{33}+5x_{34}$$

由发量关系得

$$\text{s. t.}\begin{cases}x_{11}+x_{12}+x_{13}+x_{14}=7\\x_{21}+x_{22}+x_{23}+x_{24}=4\\x_{31}+x_{32}+x_{33}+x_{34}=9\end{cases}\tag{7-2}$$

由收量关系得

$$\text{s. t.}\begin{cases}x_{11}+x_{21}+x_{31}=3\\x_{12}+x_{22}+x_{32}=6\\x_{13}+x_{23}+x_{33}=5\\x_{14}+x_{24}+x_{34}=6\\x_{ij}\geqslant0,\ i=1,2,3,j=1,2,3,4\end{cases}$$

该模型的最优解之一是

$x_{11}=2$，$x_{13}=5$，$x_{21}=1$，$x_{24}=3$，$x_{32}=6$，$x_{34}=3$(吨)，　其他 $x_{ij}=0$；

最低总运费 $Z_{\min}=86$(元)

还有一组最优解：

$x_{13}=5$，$x_{14}=2$，$x_{21}=3$，$x_{24}=1$，$x_{32}=6$，$x_{34}=3$(吨)，其他 $x_{ij}=0$；

最低总运费 $Z_{\min}=86$(元)

运输问题是一类特殊的线性规划问题，它可以用单纯形法求解，同时，它具有自己的特殊解法——表解法。

类似的问题还有很多，这就是所谓的规划问题，归纳起来，有两种意思：

第一，对于给定的人力、物力、财力等资源进行规划，以实现利润最高；

第二，对于给定的任务进行规划，争取用最少的人力、物力、财力等资源去完成它，即实现成本最低。

它们都包括目标函数与约束条件两个方面，构成一个完整的数学模型。

所谓线性规划是指这样的最优化模型：其目标函数与约束条件都是线性的代数表达式。

在线性规划模型中，目标函数有求极大与求极小两种，它们都可以化为求极大的形式；非负约束之外的约束条件有的是大于等于式子，有的是小于等于式子，有的是等式，它们都可以统一化为大于等于式子。从而，各种线性规划模型都可以化为统一的标准形式，运用标准程序上计算机求解。

【例 3】 试根据表 7-3 提供的资料绘制某公路工程统筹图。

表 7-3　某公路工程任务分解表

作业代号	作业名称	工时/天	先行作业
A	测量	1	/
B	挖土方	10	A
C	填路基	2	B
D	安装排水设施	5	B
E	清除杂物	1	B
F	路面施工	3	C、D
G	路肩施工	2	C、E
H	清理工地	1	F、G

解: 绘制统筹图如图 7-3 所示。

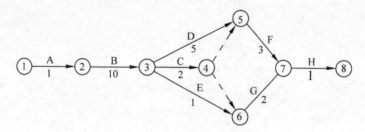

图 7-3　工程统筹图

运用统筹法的计算公式,可以计算得到该项任务的总工期 $T=20$ 天。从起点到终点的作业连线称为路线(path),可以用路线上的结点号顺序表示。总工期 20 天是由一条路线 (1,2,3,5,7,8)决定的,这条路线称为"紧急路线"(或"关键路线",Critical Path,CP)。要确保整个任务按期完成,必须优先保证紧急路线按期完成。在统筹法中,有一套办法确保工程任务按期或者适当提前完成,而且同时可以考虑总成本最低。

7.4.2　模拟模型的构建

1. 物理模拟模型

【例 4】 某公司拥有几个加工厂,它们的位置如图 7-4(a)所示。现在公司想建造一个转运仓库,要使运输的总费用最小,这仓库应设何处?

假设公司各工厂 S_i 的位置为 (x_i, y_i),其运输费用为货重乘距离,再乘以吨千米运费(这里不妨设为 1)。假设各处需求货量各为 $W_1, W_2, W_3, \cdots, W_n$,则仓库 S 的位置 (x, y) 应使总费用 $C(x, y)$ 达到最小,即:

$$\min C(x, y) = \sum_{i=1}^{n} W_i \sqrt{(x - x_i)^2 + (y - y_i)^2} \tag{7-3}$$

对于这个看起来并不复杂的目标函数,求最优解却不太容易,一般可用迭代法求其近似解。如果运用比拟思考法,可以考虑力矩平衡的模型。当力矩平衡时,总力矩和最小,对应于费用和最小。所以考虑用图 7-4(b)的力学模型来求解。其构造方法：水平支起一块带有坐标刻度的平板，在相应各工厂所在的坐标位置处钻孔，在每一个小孔中穿过一根细绳，其一端垂在板下吊一个砝码，其重量为 W_i，W_i 与工厂 i 的用料 W_i 成一定的比例，另一端都在板面上拴住一个小环。当系统平衡时小环停留下来的位置 $S(x,y)$ 就是最佳场址的一个很好的近似。

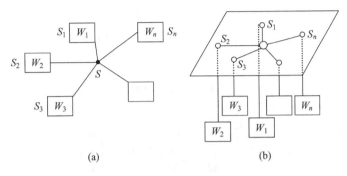

(a)   (b)

图 7-4   加工厂位置图

2. 电路系统与机械系统的相似性

比拟思考法又称类比法或移植法。在科学研究中，人们发现了相似性规律：自然界和人类社会活动的若干现象纵有外表形态的种种不同，却常常寓有相同的或近似的内在规律。例如电路振荡与机械振动，单摆简谐运动与 L-C 振荡等。我们可以根据相似性建立研究对象的模型。下面举例说明。

【例 5】　设有质量-阻尼-弹簧系统（MNK 系统），如图 7-5 所示，试建立其微分方程与状态方程。

解：取坐标轴 y，其原点 O 为系统静平衡时质量 M 的质心位置。弹簧力 Ky 与位移 y 的方向相反，阻尼力 $N\dot{y}$ 与速度 $\dot{y}$ 的方向相反，由牛顿力学第二定律，有

$$M\ddot{y} = F(t) - Ky - N\dot{y}$$

即

$$M\ddot{y} + N\dot{y} + Ky = F(t) \tag{7-4}$$

此即描述该 MNK 系统的微分方程。给定初始条件 $y(0)$ 与 $\dot{y}(0)$，即可求解运动曲线 y-t 或 $\dot{y}$-t。下面将式(7-4)改写为状态方程。

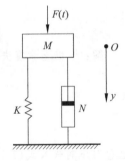

图 7-5   MNK 系统

描述这一系统的状态最少需要两个变量，例如 M 的位置 y 与速度 $\dot{y}$，故选状态变量 x_1、x_2 构成状态矢量为

$$\boldsymbol{X} = \begin{bmatrix} x_1 \\ x_2 \end{bmatrix} = \begin{bmatrix} y \\ \dot{y} \end{bmatrix} \tag{7-5}$$

于是

$$\dot{\boldsymbol{X}} = \begin{bmatrix} \dot{x}_1 \\ \dot{x}_2 \end{bmatrix} = \begin{bmatrix} \dot{y} \\ \ddot{y} \end{bmatrix} \tag{7-6}$$

即

$$\begin{cases} \dot{x}_1 = x_2 \\ \dot{x}_2 = -\dfrac{K}{M}x_1 - \dfrac{N}{M}x_2 + \dfrac{F}{M} \end{cases} \tag{7-7}$$

写成矩阵形式

$$\begin{bmatrix} \dot{x}_1 \\ \dot{x}_2 \end{bmatrix} = \begin{bmatrix} 0 & 1 \\ -\dfrac{K}{M} & -\dfrac{N}{M} \end{bmatrix} \begin{bmatrix} x_1 \\ x_2 \end{bmatrix} + \begin{bmatrix} 0 \\ \dfrac{1}{M} \end{bmatrix} \cdot F \tag{7-8}$$

或记为

$$\dot{\boldsymbol{X}} = AX + BF \tag{7-9}$$

其中

$$A = \begin{bmatrix} 0 & 1 \\ -\dfrac{K}{M} & -\dfrac{N}{M} \end{bmatrix}, \quad B = \begin{bmatrix} 0 \\ \dfrac{1}{M} \end{bmatrix} \tag{7-10}$$

式(7-8)、式(7-9)与式(7-10)即为该系统的状态方程。

【例 6】 图 7-6 为一个由电感、电阻与电容组成的电路(LRC 系统)。作为输入，加入电源电压 $U_m(t)$，则电路内产生电流 $I(t)$，在 R、C、L 上的压降分别为 $U_R(t)$、$U_C(t)$、$U_L(t)$。试建立其微分方程与状态方程。

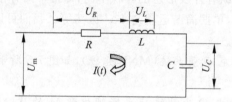

图 7-6　LRC 系统

解： 根据克希霍夫电压定律，有

$$U_m(t) - U_L(t) - U_C(t) - U_R(t) = 0 \tag{7-11}$$

又有

$$U_L = L\frac{\mathrm{d}I}{\mathrm{d}t}, \quad U_R = RI, \quad U_C = \frac{1}{C}\int I\mathrm{d}t \tag{7-12}$$

把它们分别代入式(7-11)，则有

$$L\frac{\mathrm{d}I}{\mathrm{d}t} + RI + \frac{1}{C}\int I\mathrm{d}t = U_m \tag{7-13}$$

因为 $I = \dfrac{\mathrm{d}Q}{\mathrm{d}t}$，$Q$ 为电量，则上式可写为

$$L\frac{\mathrm{d}^2Q}{\mathrm{d}t^2} + R\frac{\mathrm{d}Q}{\mathrm{d}t} + \frac{1}{C}Q = U_m \tag{7-14}$$

现选一组状态变量 $x_1 = Q$，$x_2 = I = \dfrac{\mathrm{d}Q}{\mathrm{d}t}$，用矢量表示：

$$\boldsymbol{X} = \begin{bmatrix} x_1 \\ x_2 \end{bmatrix} = \begin{bmatrix} Q \\ I \end{bmatrix}, \quad \dot{\boldsymbol{X}} = \begin{bmatrix} \dot{x}_1 \\ \dot{x}_2 \end{bmatrix} = \begin{bmatrix} \dot{Q} \\ \dot{I} \end{bmatrix} \tag{7-15}$$

所以状态方程为

$$\begin{cases} \dot{x}_1 = x_2 \\ \dot{x}_2 = -\dfrac{1}{LC}x_1 - \dfrac{R}{L}x_2 + \dfrac{1}{L}U_{\mathrm{m}} \end{cases} \tag{7-16}$$

用矩阵方程表示则为

$$\begin{bmatrix} \dot{x}_1 \\ \dot{x}_2 \end{bmatrix} = \begin{bmatrix} 0 & 1 \\ -\dfrac{1}{LC} & \dfrac{R}{L} \end{bmatrix} \cdot \begin{bmatrix} x_1 \\ x_2 \end{bmatrix} + \begin{bmatrix} 0 \\ \dfrac{1}{L} \end{bmatrix} \cdot U_{\mathrm{m}} \tag{7-17}$$

将式(7-17)与式(7-8)相比较,则有以下对应关系:

力 F 与源电压 U_{m};速度 $\dfrac{\mathrm{d}y}{\mathrm{d}t}$ 与电流 I;位移 y 与电量 Q;质量 M 与电感 L;阻尼系数 N 与电阻 R;弹簧刚度 K 与电容 C 的倒数 $\dfrac{1}{C}$。

这就表明机械系统与电路系统可以互相模拟。这两个系统称为"相似系统"。这种相似性称为"力-电压相似性"。还有一种"力-电流相似性",用例 7 来说明。

【例 7】 设有如图 7-7 所示的电路系统,试建立其微分方程与状态方程。

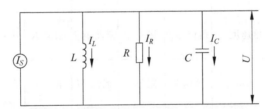

图 7-7　电路系统

解:根据克希霍夫电流定律,有

$$I_L + I_R + I_C = I_S \tag{7-18}$$

式中

$$I_L = \frac{1}{L}\int U\mathrm{d}t, \quad I_R = \frac{U}{R}, \quad I_C = C\frac{\mathrm{d}U}{\mathrm{d}t} \tag{7-19}$$

方程(7-18)可写为

$$\frac{1}{L}\int U\mathrm{d}t + \frac{U}{R} + C\frac{\mathrm{d}U}{\mathrm{d}t} = I_S \tag{7-20}$$

考虑到磁通 ψ 与 U 之间存在以下关系

$$\frac{\mathrm{d}\psi}{\mathrm{d}t} = U \tag{7-21}$$

所以方程(7-20)可写为

$$C \cdot \frac{\mathrm{d}^2\psi}{\mathrm{d}t^2} + \frac{1}{R} \cdot \frac{\mathrm{d}\psi}{\mathrm{d}t} + \frac{1}{L}\psi = I_S \tag{7-22}$$

选择状态变量 $x_1 = \psi, x_2 = \dot{\psi}$,则状态方程为

$$\begin{cases} \dot{x}_1 = x_2 \\ \dot{x}_2 = -\dfrac{1}{LC}x_1 - \dfrac{1}{RC}x_2 + \dfrac{I_s}{C} \end{cases} \tag{7-23}$$

用矩阵表示

$$\begin{bmatrix} \dot{x}_1 \\ \dot{x}_2 \end{bmatrix} = \begin{bmatrix} 0 & 1 \\ -\dfrac{1}{LC} & -\dfrac{1}{RC} \end{bmatrix} \begin{bmatrix} x_1 \\ x_2 \end{bmatrix} + \begin{bmatrix} 0 \\ \dfrac{1}{C} \end{bmatrix} \cdot I_s \tag{7-24}$$

将式(7-24)与机械系统的式(7-8)比较,具有以下的相似性:电流 $I_s \sim$ 力 F,电容 $C \sim$ 质量 M,电阻的倒数 $\dfrac{1}{R} \sim$ 阻尼系数 N,电感的倒数 $\dfrac{1}{L} \sim$ 弹簧刚度 K,电压 $U = \dot{\psi} \sim$ 速度 $\dot{y}$,磁通 $\psi \sim$ 位移 y。这就是"力-电流相似性"。

下面不加推导,再列出一些相似系统之间的对应关系,如表 7-4 所示。

表 7-4　相似系统的对应关系

系　统	参　　数						方　　程
电路系统	电压 U	电流 I	电量 Q	电阻 R	电感 L	电容 C	$L \cdot \dfrac{\mathrm{d}I}{\mathrm{d}t} + RI + \dfrac{1}{C}\displaystyle\int I \mathrm{d}t = U$
直线机械运动	力 F	速度 v	位移 y	阻尼 N	质量 M	刚度 K	$M \cdot \dfrac{\mathrm{d}v}{\mathrm{d}t} + Nv + K\displaystyle\int v \mathrm{d}t = F$
回转机械运动	力矩 T	角速度 ω	角位移 θ	阻尼 β	惯性矩 J	刚度 K	$J \cdot \dfrac{\mathrm{d}\omega}{\mathrm{d}t} + \beta q + K\displaystyle\int \omega \mathrm{d}t = T$
液压系统	压力 P	流量 q	容积 V	阻尼 β	惯性 M	液容 C	$M \cdot \dfrac{\mathrm{d}q}{\mathrm{d}t} + \beta q + \dfrac{1}{C}\displaystyle\int q \mathrm{d}t = P$
气流系统	压力 P	流量 q	容积 V	阻尼 β	惯性 M	气容 C	$M \cdot \dfrac{\mathrm{d}q}{\mathrm{d}t} + \beta q + \dfrac{1}{C}\displaystyle\int q \mathrm{d}t = P$

在表 7-4 中,电路系统的方程是列出的一阶微分方程,由 I 与 Q 的关系,很容易把它改写为二阶微分方程。其他系统的方程也可类似地改写。在表 7-4 中是按电压 U 为驱动函数来列写对应关系的。由例 7 可知,还可以把电流作为驱动函数来写出另一组对应关系。

7.4.3　实体模型:案例研究

在社会系统研究中,经常用到案例研究。案例是真实存在的系统,从模型论来说,就是一个实体模型。一个典型案例,无论是成功的案例,还是失败的案例,都是同类系统的一个标本。通过案例研究,可以得出既有特殊性、又有一般性或普遍性的结论。

著名学者费孝通先生(1910—2005 年)年轻时因为研究江村经济的一个案例而一举成名,他的这项研究和写出的著作给人们很多启示。下面作一简单介绍,希望大家重视案例研究。

1936 年暑假期间,26 岁的费孝通先生到他的家乡江苏省吴江县庙港乡开弦弓村去进行了 1 个多月的调查,写下了许多调查素材。调查完全为私人性的,因为时间和经济的限制,他不敢做大,只能以一个村为单位。然后他乘坐轮船从上海到威尼斯,再到英国,进入伦敦经济学院人类学系攻读博士学位。行船两个多星期,他把开弦弓村的调查材料整理成篇。他的导师看到整理出来的材料,主张费孝通以此为基础撰写博士论文。1938 年春季,费孝通的论文《开弦弓村,一个中国农村的经济生活》答辩通过,伦敦大学授予他博士学位。接着,Routledge 书局予以出版,书名改为《中国农民的生活》(博士论文与该书均为英文)。后来,该书多次重印。由于 1939 年以后中国的社会形势与变革,费孝通先生没有参与有关事项。1981 年,在费孝通先生没有参与的情况下,因为该书,英国皇家人类学会授予他赫胥黎奖——这是国际人类学的最高奖项。1984 年,费孝通先生年事已高,感到有必要把这本书翻译成中文,却抽不出时间和精力来做,于是,委托助手进行翻译,书名为《江村经济》,1985 年由江苏人民出版社出版。

7.5　系统仿真

7.5.1　系统仿真的概念与分类

系统仿真(system simulation)又称系统模拟,是用实际的系统结合模拟的环境条件,或者用系统模型结合实际的或模拟的环境条件,利用计算机对系统的运行进行实验研究和分析的方法。其目的是力求在实际系统建成之前,取得近于实际的结果。通过系统仿真,可以估计系统的行为和性能;可以了解系统的各个组成部分之间的相互影响,以及各个组成部分对于系统整体性能的影响;可以比较各种设计方案,以便获得最佳设计;可以对一些新建系统的理论假设进行检验;可以训练系统的操作人员。

在研究、分析一个系统时,对随时间变化的系统特性通常是运用模型进行研究。当一个复杂系统无法用数学关系或数学模型求解时,通过仿真得到系统性能随时间而变化的情况,从仿真过程中收集数据,得到系统的性能测度。

仿真过程包括两个阶段:建立模型和对模型进行实验、运行。

根据系统模型的基本类型,系统仿真可分为物理仿真、数字仿真、物理-数字仿真。物理仿真是按相似原理建立具有真实系统物理性质的物理模型,并在物理模型上进行实验的过程。物理仿真,也称为实物仿真,例如飞行器的风洞试验等。物理仿真具有真实感强、直观、形象的特点,但是建模周期长、成本高、缺乏柔性。

数字仿真是指建立系统的数学模型,在计算机上对数学模型进行仿真实验的过程。数字仿真以电子数字计算机为工具,现在通常所说的计算机仿真即是指此。此外还有电子模拟计算机仿真,现在运用得比较少。

如果在仿真中同时使用物理模型和数学模型,并将它们通过计算机软硬件接口连接起来进行实验,就称为物理-数字仿真,或半实物仿真。

灵境技术(Virtual reality technology,VR)也是一种系统仿真方法。它最初是用地面舱训练飞行员。地面舱在支架上可以作 6 个自由的运动,周围展示飞行中看到的蓝天白云和居高临下看到的地面,使地面舱中的飞行员就好像真的驾驶飞机在天空飞行一样。这样可以大大减少开支,保证安全性。这种技术现在也用来训练汽车驾驶员,甚至用于游乐场的游戏机。

美国麻省理工学院(MIT)教授福瑞斯特(Jay W. Forrester,1918—2016)创立的系统动力学(System Dynamics,SD)提出了一种系统仿真方法,在社会经济系统研究中得到了比较广泛的使用。美国圣菲研究所(SFI)研制了一种软件平台 SWARM,用于复杂系统研究。有兴趣的读者可以自学。

系统仿真在工程系统工程中是行之有效的,在社会系统工程中目前只能局部运用,而且应该在定性研究的指导下进行。

7.5.2　数字技术的系统仿真原理

1. 离散模型的数字技术

下面仍然举例说明。

【例 8】　设一个机关干部在上班时有一批文件需要处理,每份文件的处理时间不等。他一份接着一份处理,每当他处理完一份文件时,如果他的工作已经持续了一个小时或一个小时以上,那么他就休息 5 分钟。我们可以记录处理这些文件的时间,并且用一个计数器来显示剩下的待处理文件数。于是,在刚上班时,我们首先把计数器拨在文件的初始数量即总数上(假定当天不再到达新文件,如果到达新文件则放在第二天处理),当该机关干部处理完一份文件后,计数器上的数目就减少1;当计数器上的数目减到零时,他的工作将最终结束。仿真结果见表 7-5。

表 7-5　文件处理工作的仿真

文件编号 i	开始时间 t_b/min	工作时间 t_w/min	结束时间 t_f/min	累计时间 t_c/min	休息标志 F	任务量 N_i($N_0=57$)
1	0	45	45	45	0	56
2	45	16	61	61	1	55
3	66	5	71	5	0	54
4	71	29	100	34	0	53
5	100	33	133	67	1	52
6	138	25	163	25	0	51
7	163	21	184	46	0	50

表中第 i 行对应第 i 份文件的处理。第 5 列累计时间 $t_c(i)$ 是两次休息之间持续工作的时间。第 6 列休息标志 F 只取 0 与 1 两个值:如果按照前面的规定,在第 i 份文件处理完后应该休息,则 $F=1$;否则,$F=0$。其他各列的意义比较明白,不必解释。

表中的计算工作,是一行接一行地从左到右进行。第 1 行($i=1$)表示处理第 1 份文件,开始时间 $t_b(1)=0$,处理时间 $t_w(1)=45$min,所以其结束时间 $t_f(1)=0+45$min$=45$min,其累计时间 $t_c(1)$ 亦为 45min。由于 45min 还不够长,所以还不能够休息,则休息标志 $F=0$。此时,计数器显示的文件数目 N,将从原来的总数 57 减少1,变为 56,即 $N_1=N_0-1=57-1=56$(件),还剩下 56 件文件待处理。

因为休息标志 $F=0$,而计数器显示 $N_1\neq0$,所以要继续工作。处理第 2 份文件的开始

时间 $t_b(2)=45\text{min}$，其所需工作时间 $t_w(2)=16\text{min}$，则结束时间 $t_f(2)=45+16=61\text{min}$，且累计时间 $t_c(2)=61\text{min}>60\text{min}$。此时应该休息 1 次，休息标志 $F=1$。计数器显示的任务量为 55，即 $N_2=N_1-1=56-1=55$。

由于休息 1 次为 5 分钟，所以处理第 3 份文件的开始时间 $t_b(3)=t_f(2)+5=66\text{min}$。这样，继续进行下去，直至计数器显示的待处理文件数 $N=0$ 或者 $t_f(i)$ 已达到某个规定时刻（例如下班时间），就结束整个过程。

这里的模型是简单的，可以人工手算。当问题很复杂时，要迅速及时地计算、记录与保存数据，就必须拥有一台电子计算机并且编出合适的计算程序。

2. 连续模型用的数字技术

连续模型的数字仿真，需要用差分方程代替微分方程，把连续模型离散化。下面举例说明。

【例 9】　已知空气调节器的销售量与住房建筑面积直接有关，如图 7-8 所示，曲线 $x(t)$ 与 $y(t)$ 分别表示两者的变化，水平直线 H 表示住房建筑面积的极限（饱和线）。

当数值 $(H-y)$ 减少时，住房建筑面积的增长速度（即曲线 $y(t)$ 的斜率）就减小，于是有方程式

$$\dot{y}=k_1(H-y) \tag{7-25}$$

且设当 $t=0$ 时，$y=0$。k_1 为增长系数。

而市场对空气调节器的需求变化，正比于住房建筑面积与已装空气调节器的住房数量之差，则有

$$\dot{x}=k_2(y-x) \tag{7-26}$$

且设 $t=0$ 时，$x=0$。k_2 为增长系数。

方程(7-25)与式(7-26)共同组成空气调节器销售量的增长模型。这个模型很简单，可以用解析法求解。但是，如果考虑更复杂的情况，用解析法求解就会变得很困难，甚至不可能进行。例如，饱和线 H 可能是不稳定的，它会随着人口的增长而增长或者随着经济状况的变化而涨落；系数 k_1 与 k_2 都可能不断变动，等等。

可以用上面已经得到的模型说明连续模型的数字仿真。假设计算是以均匀的时间间隔进行，已经计算到时刻 t_i，这时，系统的两个变量值分别为 y_i 与 x_i，如图 7-9 所示。

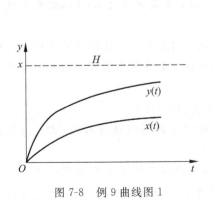

图 7-8　例 9 曲线图 1

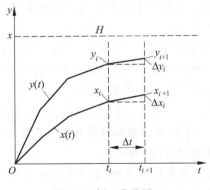

图 7-9　例 9 曲线图 2

假定在间隔 Δt 内，速度$\dot{y}$与$\dot{x}$均为常数，则它们分别近似为住房建筑面积和空气调节器销售量在单位时间内的变化率，即

$$\dot{y} = \frac{\Delta y_i}{\Delta t}, \quad \dot{x} = \frac{\Delta x_i}{\Delta t} \tag{7-27}$$

由此，微分方程(7-25)与式(7-26)可以写成差分方程

$$\begin{cases} \Delta y_i = k_1(H - y_i) \cdot \Delta t & (7\text{-}28) \\ \Delta x_i = k_2(y_i - x_i) \cdot \Delta t & (7\text{-}29) \end{cases}$$

因为 x_i 与 y_i 已在前面的计算步骤中求得，所以，不难求得 x 与 y 在 $t = t_{i+1}$ 时的值 x_{i+1} 与 y_{i+1}。然后，利用求得的 x_{i+1} 与 y_{i+1}，重复进行计算。由图 7-9 可知，每一次计算是求出一个时刻的两个斜率以及该时刻点上的两个垂直线段，从而得到分别由一系列点连接而成的两条折线。仿真的输出，就是用这样的折线去逼近连续曲线，并把它作为系统的实际输出。

这种方法是对于微分方程进行数值积分计算，其精确度取决于积分步长(即 Δt)的大小。如果能采用比变量变化速度更小的步长，则可以得到满意的精确度。

7.5.3 电子数字计算机仿真原理

在生产管理、社会和经济问题中，常常遇到一些随机性质的系统仿真，编制程序运用电子数字计算机进行仿真是很方便的。为了说明其原理，这里举两个简单的例子，它们足够简单，可以用人工进行仿真。从这些例子中，可以对数字计算机仿真的概念和仿真步骤有一个直观的和发展的了解。

【例 10】 简单的机器维修问题的人工仿真。

假定某工厂有一群机器，它们以每小时一部的平均速率发生故障。发生故障的机器中，有一半机器需要花 1 小时对它进行修理，另一半要用 1.5 小时对它进行修理。机器停工 1 分钟将损失 1 元。不管维修人员是忙是闲，每人每小时需付工资 6 元。一部故障机器上每次只能用一个修理员工作。研究这个问题的目标是确定维修人员的最佳数量，使总费用最小。这个机器维修问题中有一个随机因素：发生故障的一部机器有可能要修理 1 小时，也有可能要修理 1.5 小时。这个随机因素可以采用抛掷一个硬币的办法来模仿它：规定抛掷硬币如果出现正面(H)，表示这部机器要修理 1 小时；如果出现反面(T)，就表示这部机器要修理 1.5 小时。

将对这个"机器-修理员系统"的行为仿真 10 次。首先对一个修理员的情况进行仿真并算出它所产生的总费用；然后对两个修理员情况进行仿真并算出它所产生的总费用，等等。对不同修理员人数的总费用计算公式是

$$TC_K = (6)(T)(K) + (1)(DT) \tag{7-30}$$

式中，TC_k 为 K 个修理人员总费用；T 为工作时间/人；K 为修理员人数；DT 为机器发生故障的持续时间(以小时计)。

仿真步骤是很简单的，表 7-6 给出了这个机器维修问题的表格式仿真模型。从这个表中可以看到，当用 1 个修理人员时，机器总共要等待 15 小时才能修好，这时的总费用是

$$TC_1 = 6 \times 14 \times 1 + 1 \times 15 \times 60 = 984(元)$$

表 7-6　机器修理工作的仿真

仿真工作时间	机器故障序号	抛掷硬币	修理机器时间/小时	开修时间/小时		完修时间/小时		等待时间/小时	
				人数		人数		人数	
				1	2	1	2	1	2
1	1	T	1.5	1	1	2.5	2.5	0	0
2	2	T	1.5	2.5	2	4.0	3.5	0.5	0
3	3	H	1	4.0	3.0	5.0	4.0	1.0	0
4	4	H	1	5.0	4.0	6.0	5.0	1.0	0
5	5	T	1.5	6.0	5.0	7.5	6.5	1.5	0
6	6	T	1.5	7.5	6.0	9.0	7.5	1.5	0
7	7	T	1.5	9.0	7.0	10.5	8.5	2.0	0
8	8	H	1	10.5	8.0	11.5	9.0	2.5	0
9	9	T	1.5	11.5	9.0	13.0	10.6	2.5	0
10	10	H	1	13.0	10.0	14.0	11.0	3.0	0
								15.0	0

当用两个修理人员时,没有等待时间产生,即 $DT=0$,所以这时的总费用是

$$TC_2 = 6 \times 11 \times 2 + 0 = 132(元) < TC_1$$

这就表明:应该安排两个修理人员工作,虽然有时他们有空闲的时间。既然在两个修理员的情况下不发生故障机器等待修理的情况,那就没有必要使用两个以上的修理员。

图 7-10 是这个问题仿真的简化框图。这种简单的情况是很容易实现人工仿真的,但是当仿真次数增大,当机器故障也是随机现象时,而且维修时间不像目前这个简单的随机特性时,靠人工仿真来得到结果是很吃力的,有时是不可能的,就必须用计算机进行仿真。

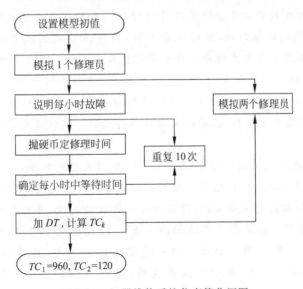

图 7-10　机器维修系统仿真简化框图

【例11】 火炮系统的仿真。

仿真过程有4个步骤:问题的提出和仿真模型的构造;做一次简单情况下人工仿真;编写一个计算机仿真程序,并在计算机上实现;分析仿真结果。

1. 问题的提出和仿真模型的构造

假若有一个 N 门火炮组成的火力系统。每门火炮命中率是一样的,而且是已知数,现在要求设计一个火炮系统来摧毁敌人目标。发射是持续式进行的,只要1门火炮击中目标,其后的火炮就停止发射。这样的控制过程是通过指挥仪来实现的。此火力系统的示意图如图 7-11 所示。

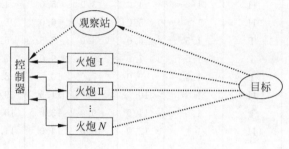

图 7-11 火炮系统示意图

为了有效地击中目标,该火力系统应当配备几门火炮最为合适? 显然,配备的火炮少,则摧毁目标的可能性就小。随着火炮数目增加,摧毁的可能性也就增大,但火炮数量太多,也是一种浪费。此外,如果操作技术提高了,或者武器性能改进了,也会引起单炮命中率的变化,当命中率改变时,火炮的数目应该做怎样的调整呢? 诸如此类的问题,可以用计算机仿真技术来解决。在实际中,类似的问题经常会遇到。例如在生产或设计工作中确定备用设备的数量时,就是属于这一类问题。

为了构造仿真模型,要对系统进行分析。首先要明确研究系统的目的。考察系统效果的指标是敌人目标被摧毁的概率。假定以 A 表示敌人目标被摧毁这一随机事件,如果在 Q 次试验中 A 事件出现的次数为 m,当 Q 充分大时,事件 A 出现的概率为 m/Q,此指标是本系统的目标函数。显然它是与火炮命中率和火炮数目有关的。其次要明确:系统的可变参数是什么? 显然,火炮命中率和火炮数目是可控因素,这两个因素变化直接影响系统的效果。最后,要明确系统的行为。在这个简单的系统中只有一个活动,就是火炮发射。并且,规定:一旦有1门火炮命中目标,此后的火炮就不再发射。这就规定了系统的活动准则,也即规定了仿真准则。

根据上述分析,把系统的运行过程描述为:有 N 门火炮的系统,每门火炮命中率是 p;敌人目标出现,系统进入活动,火炮依次发射;如果第一门火炮没有命中目标,第二门火炮发射;如果 N 门火炮都没有击中目标,则认为这一轮试验失败,并把失败次数记录下来,然后开始第二轮模拟发射。如果在第二轮试验中有1门火炮射中目标,则认为这一轮试验成功,然后再开始第三轮发射。如此一轮一轮重复试验下去,直到 Q 轮试验进行完毕。然后统计出多少轮试验失败,多少轮试验成功,就可以计算出命中敌人目标的概率是多少。

根据上述有关系统的逻辑描述,可以把这种描述用框图形式表示出来,则上述模拟流程就构成了计算机仿真模型。该系统的仿真框图如图 7-12 所示。按照该图,在发射前,要规定火炮的数目 N、命中率 p 和模拟次数 Q。这些就是系统开始进行仿真活动的初始数据和条件。为了叙述方便起见,令 $N=2,p=0.5,Q=20$。

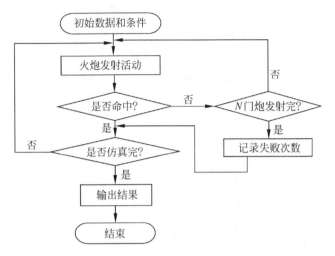

图 7-12　火炮发射系统的仿真模型

火炮发射由一个计数器来记录,在这里,计数器由 J 表示,若发射 1 枚炮弹,J 就加 1,用计算机语句表示就是 $J=J+1$,这个语句的含义是变量 J 的存储单元中内容加上 1 再存回到这个单元中。这个式子不是代数公式。

当发射 1 枚炮弹后,要考虑它是否命中目标。是否命中目标是与火炮命中率 p 有关的随机事件。用在区间 $(0,1)$ 之间均匀分布的随机数来确定这个事件的结果。如果 $p=0.5$,那么规定落在 $(0,0.5)$ 之间的随机数对应发射成功,而规定落在 $(0.5,1)$ 之间的随机数对应失败的情况。

N 门火炮中只要有 1 门发射命中目标,就认为发射成功一次,此后再模拟下一轮发射。

若 N 门火炮中没有一门火炮击中目标,即 $J=N$,就认为这一轮试验失败。这时,由计数器 F 记录失败的次数。然后再去进行下一轮仿真。

上述过程,一轮一轮进行下去,直到进行完 20 轮为止,然后输出结果。

2. 进行简单的人工仿真

正如很多科学计算在计算机上进行时需要手工验算一样,在进行计算机仿真之前,如果能进行一次手工仿真,对于检查模型的正确性和节省计算机使用时间都是有好处的。但是对于一些复杂的大系统,要作手工仿真是非常困难和烦琐的,大多数情况下是不可能的。这里选用了非常简单的系统参数,以便进行人工仿真。令命中率 $p=0.5$,就是为了人工仿真之便。因为这种命中率的火炮发射的模拟可以用抛掷一枚硬币来实现。假如抛掷一个质量均匀的硬币,规定出现正面表示击中目标,若出现反面就表示失败,并且为了人工模拟方便,假定只有两门火炮 $N=2$。

这样在每一轮试验中至多抛掷 2 次硬币。如果第一次获得成功,就不掷第二次。如果某一轮试验成功,以 1 表示,失败以 0 表示。20 轮结果如表 7-7 所示,其中 H 表示正面,T 表示反面。

从表 7-7 可以看出,总共进行了 20 轮试验,其中 16 次是成功的,所以击中目标概率是 16/20＝0.8,从这种人工仿真中,可以初步地了解仿真模型的基本概念以及随机数的含义和用途。这个简单的人工仿真过程很容易扩展到计算机仿真过程。

从表 7-7 可以看出,如果命中率 p 不等于 0.5,而是 0.3594,那么用抛掷硬币办法来模拟火炮射击就成为不可能了。如果火炮门数增加,以及仿真次数增加,工作量随之加大,人工仿真即便可以进行,也是不可取的。这时势必导致改用计算机仿真来代替人工仿真。

表 7-7　抛掷硬币模拟火炮射击 $p＝0.5,N＝2$

模 拟 次 数	第一次抛掷	第二次抛掷	结　　论
1	H		1
2	H		1
3	T	H	1
4	H		1
5	T	T	0
6	H		1
7	T	H	1
8	T	H	1
9	T		0
10	H		1
11	H		1
12	T	H	1
13	H		1
14	H		1
15	H		1
16	H		1
17	H		1
18	T	T	0
19	T	T	0
20	H		1

3. 编制计算机仿真程序

为了用计算机来进行仿真,必须根据仿真模型来编写计算机程序。该例的一种计算机仿真程序如下(这个程序比较原始,但能够简单明了地说明问题。对于比较复杂的问题,可以采用其他比较先进的计算机语言来编程)。

```
10      LNPUT   N,P,Q
20      FOR   I＝1  TO  Q
30      FOR   J＝1  TO  N
40      RI＝RND(X)
50      IF  R1＜P  THEN 80
60      NEXT  J
70      F＝F＋1
80      NEXT  I
```

```
90      S1 = F/Q
100     S2 = 1 - S1
110     PRINT   P, N, S1, S2
120     GOTO    10
130     END
```

程序中 RND(X)是计算机中随机数函数发生器,它在(0,1)区间上产生均匀分布随机
数。分别取 $p=0.5, 0.33, 0.25$; $N=2, 3, 4$,代入程序运行,结果如表 7-8 所示。

表 7-8 程序运行结果

命 中 率	火 炮 数	失 败 率	摧 毁 率
0.5	2	0.244	0.756
	3	0.137	0.863
	4	0.07	0.93
0.33	2	0.449	0.551
	3	0.31	0.69
	4	0.195	0.805
0.25	2	0.555	0.445
	3	0.411	0.589
	4	0.325	0.675

4. 分析模拟结果

对于上面的问题,也可以用数学分析方法来解决。令 s_1 表示失败的概率,s_2 表示摧毁
敌人目标成功的概率,N 表示火炮数目,p 表示每门火炮的命中率。很显然,每一轮试验中,
N 门火炮同时都失败概率为

$$s_1 = (1-p)^N \tag{7-31}$$

那么摧毁目标的概率为

$$s_2 = 1 - s_1 = 1 - (1-p)^N \tag{7-32}$$

利用这个公式,就可以计算出不同火炮数目和不同命中率情况下摧毁目标的概率,计算
数据列于表 7-9。

表 7-9 火炮在各种条件下的命中率

(1)	(2)	(3)	(4)	(5)	(6)	(7)
命中率	火炮数	仿真结果	计算结果	σ	$s+3\sigma$	$s-3\sigma$
0.5	2	0.756	0.750	0.0136	0.7906	0.7092
	3	0.863	0.875	0.0105	0.9065	0.8435
	4	0.930	0.936	0.0077	0.9605	0.9146
0.33	2	0.551	0.551	0.0157	0.5983	0.5039
	3	0.690	0.699	0.0145	0.7428	0.6557
	4	0.805	0.798	0.0127	0.8365	0.7604
0.25	2	0.445	0.438	0.0157	0.4846	0.3904
	3	0.589	0.578	0.0156	0.6250	0.5313
	4	0.675	0.684	0.0147	0.7277	0.6395

表 7-9 列出了仿真数据和计算数据。由此可看到不管用哪种方法,所得结果都是一种统计值。因此,要看它们的误差范围。

我们已定义击中目标的随机事件 A,此事件出现的概率是 s,再定义一个变量 δ_i,表示第 i 次试验中事件 A 的出现与否。当事件 A 出现,$\delta_i=1$,否则 $\delta_i=0$。这样对于 Q 次独立试验,事件 A 出现的次数为

$$m = \sum_{i=1}^{N} \delta_i \tag{7-33}$$

事件 A 出现的频率为 m/Q,当 Q 充分大时,它近似地服从正态分布,它的数学期望值是

$$E\left(\frac{m}{Q}\right) = \frac{Qs}{Q} = s \tag{7-34}$$

均方差是

$$\sigma = \sqrt{s(1-s)/Q} \tag{7-35}$$

由正态分布可知,变量 m/Q 以 0.997 概率落在 $(s-3\sigma, s+3\sigma)$ 的范围内,亦即

$$\left|\frac{m}{Q} - s\right| < 3\sqrt{s(1-s)/Q} \tag{7-36}$$

有关这个系统的误差估计的数据列在表最后三列(5)、(6)、(7)中。从表 7-9 中也可看到:无论是仿真所得数据,还是根据数学公式计算所得的数据都落在允许的误差范围之内。这就是说,通过计算机仿真所得的数据是可信的。

到这里,基本上完成了火炮系统的计算机仿真工作。至于如何利用仿真结果来进行决策,这将由决策者根据有关情况来选取。例如,在命中率为 0.25 的条件下,要使总的摧毁目标概率在 50% 以上时,至少要配备 3 门火炮。如果射击技术提高了,当命中率为 0.33 时,只要 2 门火炮就可以了。

7.5.4 系统仿真的一般步骤

1. 系统仿真的一般步骤

现在把系统仿真的一般步骤作一下小结,见图 7-13。

图中第一步是描述问题,即把要解决的问题尽可能地描述为简明的形式,以便清楚地说明要提出些什么问题,为了回答这些问题需要进行哪些测量。必须根据所要求解的问题性质来建立一个模型。

任何一个系统都并非只有单一的模型。在研究过程中,为了了解系统的性能及其改善情况,可以建立多种不同的模型。首先应试探能否得到一个可以用解析法来求解的模型。即使得到这种模型不太容易,也应该试探一下,因为这样做的结果会有助于仿真研究。

其次,当决定采用仿真技术时,应该制定仿真研究计划。由于仿真的实验性质,所以,应该通过主要参数的变化来制定仿真计划。该计划在仿真过程中可能要加以修订。

最后,如果仿真是在电子数字计算机上进行,那么,就必须编写仿真程序。当然,这一步也可以和上一步即制定仿真计划同时进行。

在做了这些工作之后而在仿真运行之前,还有一个步骤:确认模型的有效性。它关系到仿真研究的效果。此后,进入运行阶段。早期运行获得的结果用来对模型的合理性进行

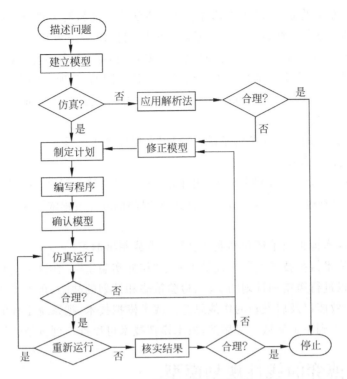

图 7-13 系统仿真的一般过程

重新评价。常常要对模型进行修正,剔除一些不必要的参数,然后重新运行。

对于随机性模型,仿真输出结果是统计量。一次运行的结果,只是对研究对象的一次采样。需要多次重复运行。至于需要重复运行多少次,要根据系统的性质和对仿真结果的要求而定。图 7-13 描述了系统仿真的一般过程和主要步骤。

2. 综合运用多种仿真手段

最后简单介绍军事系统工程中的战术模拟技术,又称蒙特-卡罗战争博弈(Monte-Carlo War Game)。它是一种随机型的战斗仿真,综合运用多种仿真手段。

战术模拟技术包括的类型有以下几种:

1) 人工进行的战斗模拟

这是利用沙盘、地图、三维地形板、识别器、杀伤率方程以及蒙特-卡罗方法,按照给定的规则和数据条件,对战斗程序进行仿真。仿真时,交战双方的指挥和参谋人员在分隔的作战室中按照实战方式各自进行策略运筹;演习裁判在专门的控制室里把双方的一对策略结合成一个局势,馈送给双方作战室;交战双方再根据这一局势开始新的运筹与决策;从而推演整个战斗过程。其全部计算靠人工进行。打个比方,这种仿真类似于常见的陆军棋游戏。

所谓蒙特-卡罗方法,是用法国和意大利交界处的著名赌城蒙特-卡罗(Monte-Carlo)命名的模拟随机因素作用的一种数学方法。按照这种方法,随机因素在事物演变过程中的作用,是由随机数来扮演的。随机数可以由种种不同的方法产生,最简单的方法是掷骰子或者抽取扑克牌,也可以由随机数表中任取或者由电子计算机产生。如果事先知道或者估计出某一偶然性事件发生的概率,就可以选择合适的方法产生随机数来进行模拟。例如,若某一战区在某一时期下雨的可能性为 25%,那么就可以用抽出一张梅花牌代表下雨,而抽出其他花色的纸牌代表不下雨。这是一种随机抽样,要重复进行许多回合。在非随机因素保持不变的情况下,每一回合引入随机因素的结果通常是不同的,将所得的大量结果用图像标识出来,就可以看出随机因素对过程的影响以及各种可能结局的概率分布。

2) 计算机辅助战术模拟

这是在人工进行的战术模拟的基础上,利用小型计算机代替人工进行数学计算。

3) 计算机化战术模拟

这是在沙盘地图对阵模型的基础上,用计算机语言描述战斗程序,并且用电子计算机进行处理。电子计算机有极高的运算速度,可以把较长时间的战斗过程浓缩为较短时间进行仿真。

4) 军事演习

广义地讲,战术模拟技术还包括实兵进行的野战军事演习。

综上所述,战术模拟技术实际上提供了一个"作战实验室"。在这个实验室里,利用模拟的作战环境,可以进行策略和计划的实验、检验策略和计划的缺陷、预测策略和计划的效果、评估武器系统的效能以及启发新的作战思想。战术模拟技术,把系统工程的模型、仿真和最优化决策方法引入到军事领域。很显然,战术模拟技术可以推广到其他领域。

*7.6　公平博弈的线性规划模型

2.3.1 节中的田忌赛驷的故事脍炙人口,但是,其中"暗藏玄机":田忌在谋士孙膑的建议下,采取了"后发制人"的策略——他先看准齐王出何等驷,然后才出自己相应的驷,所以能够一负二胜。换言之,齐王当了"冤大头"。

现在设想:如果齐王看破"玄机",改变游戏规则,让田忌先出驷,将会如何?答案很肯定:田忌三场皆输;如果是在"互相保密"的前提下双方同时出驷,又会如何?田忌是否一定三场皆输?不一定。这是一类典型的博弈论问题——二人零和有限矩阵博弈,而且可以建立线性规划模型求解。

先说一下博弈三要素。

(1) 局中人:参加竞争的各方称为"局中人",他们各有自己的决策权。这里是齐王与田忌两个局中人,称为"二人博弈";多于两个局中人的博弈称为"多人博弈"。

(2) 策略:各个局中人的备选方案就是他可以采取的"策略"。齐王或田忌依次出场的三驷次序便分别是他们的策略。他们各有六个"纯策略"可以选取:(上、中、下),(上、下、中),(中、上、下),(中、下、上),(下、上、中),(下、中、上)。六个纯策略的全体,称为齐王(或田忌)的策略集合。在一个博弈中,如果各个局中人的策略个数为有限的,称为"有限博弈",否则就称为"无限博弈"。

(3) 博弈的得失:一局博弈,当各方取定一组策略博弈之后就得到一种结局,各方有得有失,一方所得便是他方所失。在赛马中,如果田忌出(上、中、下)对齐王的(上、中、下),则齐王三胜而田忌三负;如果田忌出(下、上、中)对齐王的(上、中、下),则齐王一胜二负而田忌一负二胜,此时,齐王失千金而田忌得千金。这种得失(胜负)是全体局中人所取定的一组策略的函数。把全体局中人所取定的策略组合称为"局势",则得失(胜负)是局势的函数。如果在任一"局势"下,全体局中人的得失总和为零,则称为"零和博弈",否则称为"非零和博弈"。

在双方互相保密的情况下,为了不让对方得利,每一方都要示对方以莫测,而自己总是要冒险的。那么这时的最优策略是什么呢? 在这种博弈中,各个局中人的决策要不被对方猜到,就应该随机地选取各个纯策略,因此形成"混合策略"。在各种混合策略中可以找到的最优策略,叫作"最优混合策略"。

至于"矩阵博弈",是说结局的得失可以排列为一个收益矩阵(又称为支付矩阵)。

根据故事,可以写出田忌赛驷的收益矩阵见表 7-10,其中数字的单位是"千金",表示齐王的收益(即田忌对齐王的支付)。

表 7-10　齐王的收益矩阵

田忌(B) 齐王(A)	B_1 (上中下)	B_2 (上下中)	B_3 (中上下)	B_4 (中下上)	B_5 (下上中)	B_6 (下中上)
A_1(上中下)	3	1	1	1	-1	1
A_2(上下中)	1	3	1	1	1	-1
A_3(中上下)	1	-1	3	1	1	1
A_4(中下上)	-1	1	1	3	1	1
A_5(下上中)	1	1	1	-1	3	1
A_6(下中上)	1	1	-1	1	1	3

在表 7-10 中,第 1 行表示田忌的 6 种纯策略 $B_1,B_2,\cdots,B_6$;第一列表示齐王的 6 种纯策略 $A_1,A_2,\cdots,A_6$。田忌与齐王各以某种概率选取自己的纯策略以求获胜,某人的概率的集合称为他的混合策略。下面求解田忌与齐王的最优混合策略。

解:设齐王的策略为 $X=(x_1,x_2,x_3,x_4,x_5,x_6)$,田忌的策略为 $Y=(y_1,y_2,y_3,y_4,y_5,y_6)$,根据表 7-10,可建立线性规划模型(7-37)或(7-38),它们互为对偶。

(P)　$Z_{\min}=\sum_i x_i$,

$$\text{s.t.}\begin{cases}3x_1+x_2+x_3-x_4+x_5+x_6\geqslant 1\\x_1+3x_2-x_3+x_4+x_5+x_6\geqslant 1\\x_1+x_2+3x_3+x_4+x_5-x_6\geqslant 1\\x_1+x_2+x_3+3x_4-x_5+x_6\geqslant 1\\-x_1+x_2+x_3+x_4+3x_5+x_6\geqslant 1\\x_1-x_2+x_3+x_4+x_5+3x_6\geqslant 1\\x_i\geqslant 0,i=1,2,\cdots,6\end{cases}\quad(7\text{-}37)$$

(D)　$W_{\max}=\sum_j y_j$,

$$\text{s.t.}\begin{cases}3y_1+y_2+y_3+y_4-y_5+y_6\leqslant 1\\y_1+3y_2+y_3+y_4+y_5-y_6\leqslant 1\\y_1-y_2+3y_3+y_4+y_5+y_6\leqslant 1\\-y_1+y_2+y_3+3y_4+y_5+y_6\leqslant 1\\y_1+y_2+y_3-y_4+3y_5+y_6\leqslant 1\\y_1+y_2-y_3+y_4+y_5+3y_6\leqslant 1\\y_j\geqslant 0,j=1,2,\cdots,6\end{cases}\quad(7\text{-}38)$$

求解可得,齐王的最优混合策略为

$$X = \left(\frac{1}{3},0,0,\frac{1}{3},\frac{1}{3},0\right)$$

田忌的最优混合策略为

$$Y = \left(0,\frac{1}{3},\frac{1}{3},0,0,\frac{1}{3}\right)$$

博弈的值为

$$v = Z_{\min} = W_{\max} = 1(千金)$$

就是说:齐王分别以 1/3 的概率选取纯策略 A_1、A_4、A_5,田忌分别以 1/3 的概率选取纯策略 B_2、B_3、B_6,博弈结果是田忌向齐王支付的期望值为 1 千金(即齐王赢得 1 千金,或者说田忌输了 1 千金)。这是由博弈的局势(在互相保密的条件下进行博弈,齐王不当"冤大头")决定的。因为相比之下,田忌的驷属于"弱势群体",他能够获得的最好结果只能是"输得最少"。(解毕)

下面再作两点说明。

(1) 该例的最优解并非唯一。可以求得另一组最优解:

$$X = \left(\frac{1}{6},\frac{1}{6},\frac{1}{6},\frac{1}{6},\frac{1}{6},\frac{1}{6}\right),Y = \left(\frac{1}{6},\frac{1}{6},\frac{1}{6},\frac{1}{6},\frac{1}{6},\frac{1}{6}\right)$$

根据线性规划求解理论,如果有两组最优解,就有无数多组最优解——这两个最优解的凸组合都是最优解。

把上面说的两组最优解记为 X_1、X_2、Y_1、Y_2,齐王的凸组合最优解可以写作

$$X = aX_1 + bX_2$$

式中,$0 \leq a \leq 1, 0 \leq b \leq 1, a+b=1$。

田忌的凸组合最优解可以写作

$$Y = cY_1 + dY_2$$

式中,$0 \leq c \leq 1, 0 \leq d \leq 1, c+d=1$。

(2) 本节的模型与结论只具有理论上的意义。因为它要求多次反复比赛,即便不能是"无限次数的博弈"而是"有限次数的博弈",博弈的次数也要相当多,其混合策略才有实际意义。

习题

7-1　系统模型的含义是什么?对模型的要求是什么?

7-2　什么是模型的真实性?

7-3　系统模型有哪些种类?

7-4　什么是数学模型?数学模型分为哪些类型?

7-5　试以数学模型为例,说明模型完整性的含义。

7-6　什么是模型体系?为什么要运用模型体系?

7-7　系统仿真的含义是什么?系统仿真有哪些种类?

7-8　系统模型与系统仿真的作用是什么?

7-9　请关注系统建模与系统仿真的新进展。

第 8 章

系 统 分 析

8.1 引言

系统分析(Systems Analysis,SA)是系统工程的重要内容。8.2 节介绍系统分析的基本概念,接着安排三节,由一般到具体,着重介绍有关经济分析与经济效益的若干概念与分析方法。它们对于评价系统总体效果是非常重要的。系统总体效果最优,必须包括经济效益和社会效益在内。技术经济分析是系统分析的一个重要方面,8.3 节介绍它的一般概念。成本—效益分析是技术经济分析的一个组成部分,8.4 节介绍它的基本方法,并且着重说明资金的时间价值以及由此而来的等值计算问题。量本利分析是成本—效益分析的一种专门形式,放在 8.5 节介绍。然后,8.6 节介绍可行性研究的基本知识。可行性研究是系统工程的一个专题,它具有广泛的内容。量本利分析、成本—效益分析以及技术经济分析均可纳入这一专题。不仅如此,可行性研究几乎要用到系统工程的全部原理与方法。开展一个项目的可行性研究,其本身就是一项系统工程。8.7 节介绍 PESTEL 分析与 SWOT 分析。8.8 节介绍若干常用的方法,包括代尔菲法、头脑风暴法等。最后,8.9 节提供了 3 个简单的系统分析案例。

8.2 系统分析的基本概念

8.2.1 系统分析有广义与狭义之分

系统分析有广义与狭义之分。广义的系统分析是把系统分析作为系统工程的同义语,4.2 节已经作了说明。狭义的解释是把系统分析作为系统工程的一个逻辑步骤。这个步骤是系统工程的核心部分。不管是何种解释,都可以看出系统分析的重要性。系统分析是系统工程的重要标志。

美国学者奎德(E. S. Quade)对系统分析作这样的说明:所谓系统分析,是通过一系列的步骤,帮助决策者选择决策方案的一种系统方法。这些步骤是:研究决策者提出的整个问题,确定目标,建立方案,并且根据各个方案的可能结果,使用适当的方法(尽可能用解析的方法)去比较各个方案,以便能够依靠专家的判断能力和经验去处理问题。很显然,这是广义的系统分析。

在霍尔系统工程方法论中,系统分析是系统工程逻辑维的一个步骤。在它之前的逻辑步骤是系统综合——提出系统实现的几种粗略的方案,系统分析就是针对这些方案进行分析、演绎,建立数学模型进行计算,优化选择系统参数。在系统分析之后的逻辑步骤是系统评价,它实际是又一次的系统综合,即把系统分析的结果进行综合,然后评价各个备选方案的优劣。

还可以把系统分析理解为对所研究的问题进行全面的、系统性的分析。包括分析系统本身——它的结构、性能、优点(优势)、缺点(弱点、劣势)、潜力和隐患等;还包括分析系统的环境、背景、历史等。

有两点应该注意:一是"问题导向",二是"具体问题具体分析"。就是说:根据所研究的问题,寻找一切可以使用的方法,包括各种定性和定量的方法,从定性与定量的结合上开展研究。

系统分析要注意吸纳其他学科的成果。在计算机技术和信息技术等学科中,大量运用系统、系统分析以及系统综合、系统集成等概念和方法,应该把它们适当充实到系统工程的一般理论与方法中。又如,供应链管理很好地体现了系统思想,尽管其中没有运用多少系统工程术语,但如果赋予系统论的解释,它会更加出色,也可以"收编"到系统工程中来。

开展系统分析,还要注意案例研究,从案例中得到启发和借鉴。

8.2.2　兰德型系统分析

"系统分析"一词由于美国兰德(RAND)公司的工作而出名,并且有所谓"兰德型系统分析"之称。

兰德型系统分析的要素为目标、替代方案、费用、模型和准则等。具体说明如下。

(1) 目标:系统的目标是对于系统的要求,是系统分析的前提。对于系统分析人员来说,最初的也是最重要的事情就是摆明问题,了解系统所要实现的目标,以避免方向性错误。

(2) 方案:方案是试图实现目标的各种途径和办法。应该提出多种替代方案,没有方案就没有分析的对象。方案可能不是很容易就找得出来,一定要探索和提出多种方案。应该注意,"什么也不做"或者说"安于现状",这通常也是一种方案("一动不如一静"),只要还没有证明它是不可行的或者不及其他方案,就不应放弃它。此外,必须至少提出两种有所作为的方案。

(3) 费用(或成本):这里所谓费用是指每一方案为实现系统目标所需消耗的全部资源(用货币表示)。要研究费用的构成,计算系统的"寿命周期总费用"(Life Cycle Cost,LCC)。各种方案的费用构成可能很不一样,但必须用同一种方法去估算它们,才能进行有意义的比较。

(4) 模型:模型是对于系统本质的描述,是方案的表达形式。凭借模型,对方案进行分析计算和模拟,获取各种方案的效能数字和其他信息。

(5) 准则:准则是目标的具体化,是系统效能的量度,用以评价各种替代方案的优劣。准则必须定得恰当,便于度量。

兰德型系统分析是广义的系统分析。同时,兰德型系统分析重视费用(成本)与效益的分析与评价,因此往往称为费用—效益分析或成本—效益分析(cost-effectiveness analysis)。

除了以上 5 项要素以外,有时还把"结论"与"建议"作为后续的两项要素,兹说明如下。

(6)结论:系统分析小组的人员必须占有大量的原始资料、运算记录和基础数据,这些东西并不需要全部提交给决策人员,但系统分析人员要把自己的研究成果归纳为详略适当的结论与附件,其中一定不要用难懂的术语与复杂的数学证明与推导,要让决策人员容易理解和使用。

(7)建议:系统分析人员应根据分析结果提出理由充足的、关于行动方向的科学建议。同时,分析人员应当牢记:他的作用只是阐明问题与提供建议,而不是坚持某种主张与进行决策。

8.2.3 系统分析应该避免的问题

系统分析应该避免以下若干弊病:①问题定义不明确;②问题定义不恰当;③系统范围规定得不合适;④方案有重大缺陷或方案个数太少;⑤准则不适当;⑥立场不公正;⑦数据不真实;⑧模型不正确;⑨模型使用不当;⑩对相关因素处理不当;⑪采用了不正确的假设;⑫忽视了不确定因素;⑬样本不足;⑭缺少反馈;⑮没有及时与决策者对话;⑯各自为政,缺少联系;⑰忽视了主观因素;⑱过早地作出结论,等等。

8.3 技术经济分析

技术经济分析是系统分析的一个重要方面。所谓技术经济分析,就是对技术方案的经济效益进行分析、计算和评价,从中区分出技术上先进、经济上合理的优化方案,为决策工作提供科学的依据。

8.3.1 技术与经济的关系

1. 技术的含义

所谓技术,是指根据生产实践经验和自然科学原理,为实现一定的目的而提出的解决问题的各种操作技能,以及相应的劳动工具、生产的工艺过程或作业方法。也可以说,技术是对于包括劳动工具、劳动对象和劳动者技能在内的一种范畴的总称。它是变革物质、进行生产的手段,是科学与生产相联系的纽带,是改造自然、推动经济发展和社会进步的力量。

作为技术的延伸,出现了"软技术"。

2. 经济的含义

"经济"一词是多义的。第一是指生产关系,如经济制度、经济基础等名词中的经济概念;第二是指物质财富的生产以及相应的交换、分配、消费,例如通常所说的经济活动即指生产与流通过程;第三是指节约与收支情况,例如日常生活及生产中常说的"经济实惠"等。技术经济分析术语中的"经济"一词,其含义主要是指节约与收支情况。

3. 技术与经济的关系

在人类社会物质生产中,技术与经济是密切相关的,它们是互相促进、互相制约的两个方面。经济发展的需要是技术进步的原动力和方向,技术进步则是推动经济发展的重要条件和手段。科学技术是第一生产力。

技术的经济目的性是十分明显的。对于任何一种技术,都不能不考虑其经济效益。技术不断发展的过程同时也是其经济效益不断提高的过程。随着技术进步,人类能够用较少的人力、物力获得更多更好的产品或服务。从这一方面看,技术的先进性同它的经济合理性是一致的。先进的技术通常具有较高的经济效益。

另一方面,在技术的先进性及其经济性之间又存在着一定的矛盾。因为在实际生产中采用何种技术,不能不受当时当地的自然条件与社会条件的约束,而条件不同,同一种技术所带来的经济效益也不同。某种技术在特定条件下体现出较高的经济效益,在另一种条件下则不是这样。可能从长远发展来看应该采用某种技术,而从近期利益来看却需要采用另外一种技术。所以考查技术不仅要看先进性,还要看适用性。

研究技术和经济之间的合理关系,寻求技术和经济协调发展的规律,是技术经济学的重要任务。技术经济分析作为系统工程的一项内容,主要是应用技术经济学的研究成果,同系统思想和定量化系统方法相结合,服务于系统工程的实践活动。

技术经济分析必须兼顾社会效益。任何技术,不但可以带来正面效应,也可以带来负面效应。当代社会,人的物质享受大大丰富了,但是生活质量却出现很多问题:环境污染、生态恶化、臭氧层空洞、水土流失和资源枯竭等。所以,不少学者提出疑问:科学技术究竟给人类带来了什么?是福还是祸?我们今天能发展,后代还能不能发展?人类已经发出呼声:要与大自然和平共处,要实现可持续发展。进行技术经济分析时应该对此充分重视。

8.3.2　技术经济分析的基本指标

进行技术经济分析,必须有一套指标体系,用来衡量生产活动的技术水平和经济效益。不同的工业部门或企业,其技术经济指标体系不尽相同,都是同自身的产品、原材料、机器设备和工艺过程等相适应的。但是,在各种指标体系中,有一些指标是构成其他指标的基本要素,而且在技术经济分析中是首先要考查的,称为基本指标,例如产值、成本、收入、投资和价格等。

1. 产值——总产值与净产值

(1) 总产值:这是企业或部门在一定时期内生产活动成果的货币表现。它可以按下式计算

$$S = \sum_{i=1}^{n} k_i x_i \tag{8-1}$$

式中,k_i 为第 i 种产品(或服务)的价格;x_i 为第 i 种产品(或服务)的产量(或工作量)。

这里所说的产品与服务,包括成品、半成品、在制品和其他生产活动成果。

从政治经济学的观点看,总产值由三部分构成:

$$S = C + V + M \tag{8-2}$$

式中,C 为已消耗的生产资料的转移价值;V 为劳动者为自己创造的价值;M 为劳动者为

社会创造的价值。

从国民经济宏观而言,总产值计算包含了许多重复,这是不合理的,所以,在我国目前的国民经济核算体系中已经不采用总产值指标。在微观经济分析中,总产值仍然可以作为一个参考指标。

(2)净产值:这是企业或部门在一定时期内生产活动新创造的价值。它反映生产活动的净成果,是计算国民收入的基本依据。计算净产值有生产法与分配法两种方法。

生产法,是以总产值减去生产过程中的物质消耗(原材料、燃料、外购电力、生产用固定资产折旧等)所得的余额为净产值。记净产值为 N,可表示为

$$N = S - C \tag{8-3}$$

其中 S 与 C 的含义同式(8-2)。

分配法,是从国民收入初次分配的角度出发,把构成净产值的各种要素直接相加之和作为净产值。用公式表示为

$$N = V + M \tag{8-4}$$

或

$$净产值 = 工资 + 税金 + 利润 + 其他 \tag{8-5}$$

联系式(8-2),由式(8-3)与式(8-4)所得的结果应该相等。但在实际运用中,两者计算结果往往不一致。按生产法计算比较准确,但是计算工作比较复杂;按分配法计算则要简单一些。

2. 成本

企业的产品成本,即企业制造(或销售)产品所发生的费用,主要包括消耗掉的生产资料价值和支付出的劳动报酬。产品成本的构成如表 8-1 所示。产品成本与产品价值之间的关系如表 8-2 所示。

表 8-1　产品成本的构成

原材料	燃料和动力	工资和动力	废品损失	车间经费	企业管理费	销售费用
		车间成本				
		工厂成本				
		完全成本				

表 8-2　产品价值的构成

产品价值 W									
物化劳动的价值补偿 C						活劳动创造的新价值			
劳动手段的价值补偿 C_1		劳动对象的价值补偿 C_2				为自己劳动 V		为社会劳动 M	
基本折旧费	大修理费用	原材料	燃料	动力	其他消耗材料	工资	奖金	利润 M_1	税金 M_2
产品成本:$C_1 + C_2 + V$									

表 8-2 中的基本折旧费与大修理费用主要包含在表 8-1 的车间经费中,部分包含在企业管理费中。两者分析问题的角度有所不同。

3. 收入——销售收入与纯收入

销售收入是售出产品(或服务)后的收入,即已售出的产品(或服务)的价值。它与总产值不同,总产值包括已生产的与正在生产的产品的价值。

纯收入又称作盈利,是销售收入扣除产品成本后的余额。它是产品价值中劳动者为社会创造的新价值,包括税金和利润。

4. 投资

投资是指为实现技术方案所花费的资金,分为固定资产投资和流动资金。

固定资产投资是指新建、改建、扩建和恢复各种生产性和非生产性固定资产所花费的资金。所谓固定资产,其特点是能长期使用而不改变本身的实物形态,其价值随着生产过程的持续进行以其本身的磨损(折旧)而逐渐转移到产品成本中。

流动资金是指用于购买生产所需的原材料、半成品、燃料、动力以及支付工资与各种活动费用的投资。其特点是随着生产过程和流通过程的持续进行,不断地由一种形态转化为另一种形态。

通常所说的基本建设投资,其中绝大部分用于厂房、设备、仪表和建筑物的购置并形成固定资产;少部分用于施工管理、购置施工机械、生产准备以及人员培训等方面,这部分不形成固定资产。

5. 价格

价格是商品价值的货币表现。工业品的价格由产品成本、税金和利润构成。它分为出厂价格、批发价格和零售价格三种,其构成情况如表8-3所示。

表8-3　工业品价格的构成

生产成本	税金	利润	批发商业流通费用	批发商业利润税金	零售商业流通费用	零售商业利润税金
	出厂价格					
		批发价格				
			零售价格			

由表8-3可看到,商品从生产企业到顾客手中,每经过一道中间环节,其价格就会增加,现在,常常有出厂价(格)、直接销售和货仓式销售,减少了中间环节,价格自然便宜了许多。正发展中的网购也是如此。

8.3.3　技术经济分析的若干相对指标

1. 反映资金占用的指标

(1) 每百元产值占用的流动资金:它一般是年度定额流动资金的平均占用额与同期总产值之比。

（2）每百元产值占用的固定资产：它一般是固定资产年度平均原值与同期总产值之比。

2. 利润率指标

（1）资金利润率：利润总额与所占用资金总额（固定资金和流动资金）之比。
（2）工资利润率：利润总额与工资总额之比。
（3）成本利润率：利润总额与产品成本之比。
（4）产值利润率：利润总额与产值之比。

3. 劳动生产率

它反映劳动者的生产能力，通常是用劳动者在单位劳动时间内所生产的产品数量计算，或者用单位产品所耗费的劳动时间计算。

4. 其他相对指标

例如单位产品原材料、燃料和动力的消耗量，原材料利用率，等等。

8.3.4 技术经济分析的可比性

技术经济分析的可比性是指不同的技术方案之间比较经济效益时所必须具备的前提条件。对两个以上的技术方案进行技术经济效益比较时，必须在满足需要、消耗费用、价格指标以及时间四个方面具备可比条件。

1. 满足需要可比

满足需要可比是指相比较的各个技术方案能够满足同样的社会实际需要，彼此之间可以互相替代。一个方案与另一个方案相比较，首先必须在满足社会需要上是相当的，例如都是汽车制造方案，都能满足社会对汽车的某种需要。其次，还应考虑到方案能提供的数量与社会实际需要量是否符合的问题。如果两者不符，提供量小于需要量，社会需要得不到充分满足；提供量大于需要量，就会造成积压，给社会带来损失。短缺经济与过剩经济都是不好的。因此，一个方案与另一个方案相比较，必须满足相同的社会需要，否则它们之间就不能互相替代，就不能互相比较。无论哪一个技术方案，总是以其一定的品种、质量和数量的产品来满足社会需要的，故不同技术方案在满足需要方面可比，就是在产量、质量和品种方面使之可比。

2. 消耗费用可比

消耗费用可比是指在计算和比较费用指标时，必须考虑相关费用，各种费用的计算必须采取统一的原则和方法。

"考虑相关费用"就是不仅计算比较方案本身的各种费用，而且要从整个国民经济系统出发，计算和比较因实现本方案而引起生产上相关的环节（或部门）所增加（或节约）的费用。某一部门或某一生产环节的消耗增减，必然会引起与之相关的其他部门或生产环节的耗费变化。例如，机械工业是为国民经济各部门提供机器、设备、仪器、仪表等劳动手段的，机械制造技术方案的经济效益不仅表现在本部门,最终必定会在国民经济系统的其他生产部门得到反映。所以,只有用系统的观点,全面地考虑相关的费用,消耗费用才是可比的。

"采用统一的原则"是指在计算技术方案的消耗费用时,各个方案的费用结构和计算范围应当一致。

"采用统一的方法"是指计算各项费用的方法必须一致。

3. 价格可比

对各个技术方案进行技术经济效益比较时,无论是投入的费用,还是产出的收益,都要借助于价格来计算,所以价格必须是可比的。

价格可比是指在计算各技术方案的经济效益时,必须采用合理的、一致的价格。

"合理的价格"是指价格能够反映产品价值,各种产品之间比价合理。价格不合理怎么办? 一种办法是采用计算价格或理论价格代替现行市场价格,以最大限度地排除现行市场价格中人为因素的影响。另一种办法是避开现行价格,采用计算相关费用的方法。例如,计算电力机车方案的经济效益时,不用电能价格,而用电厂和输电线路的全部费用;同时,在计算蒸汽机车方案的经济效益时,也不用煤炭价格,而用计入煤矿和煤炭运输的全部消耗费用,这样就可以符合价格可比的条件。国外在进行投资效益评价时,采用影子价格(shadow price)。

"一致的价格"是指价格种类的一致。由于技术进步和劳动生产率的提高,产品价格是在变化的,故在进行技术方案经济效益比较时应采用相应时间期的价格指标。

下面介绍我国国民经济核算中的"当年价格""可比价格"与"不变价格"的含义。

(1) 当年价格:即报告期当年的实际价格。如1999年我国国内生产总值为81 910.9亿元,它反映1999年在我国领土范围内所生产的、以货币表现的产品和劳务总量。

(2) 可比价格:指计算各种总量指标所采用的扣除了价格变动因素的价格,可进行不同时期总量指标的对比。按可比价格计算总量指标有两种方法:一种是直接用产品产量乘某一年的不变价格计算;另一种是用价格指数进行缩减。

(3) 不变价格:指以同类产品某年的平均价格作为固定价格,用于计算各年的产品价值。按不变价格计算的产品价值消除了价格变动因素,不同时期对比可以反映生产的发展速度。

我国国家统计局制定了全国统一的不变价格,过若干年会调整一次。从1952年到1957年使用1952年工(农)业产品不变价格,从1957年到1970年使用1957年不变价格,从1971年到1980年使用1970年不变价格,从1981年到1990年使用1980年不变价格,从1991年开始使用1990年不变价格,从2001年开始使用2000年不变价格,从2006年开始使用2005年不变价格,从2011年开始使用2010年不变价格。从2016年开始使用2015年不变价格。现在已经形成惯例:五年一调整。

一般而言,GDP总量用当年的现行价格计算,增速用不变价计算。请大家分析下面的数据:

国家统计局发布的《中华人民共和国2017年国民经济和社会发展统计公报》说:

初步核算,全年国内生产总值827 122亿元,比上年增长6.9%。其中,第一产业增加值65 468亿元,增长3.9%;第二产业增加值334 623亿元,增长6.1%;第三产业增加值

427 032 亿元,增长 8.0%。

第一产业增加值占国内生产总值的比重为 7.9%,第二产业增加值比重为 40.5%,第三产业增加值比重为 51.6%。全年最终消费支出对国内生产总值增长的贡献率 58.8%,资本形成总额贡献率为 32.1%,货物和服务净出口贡献率为 9.1%。全年人均国内生产总值 59 660 元,比上年增长 6.3%。全年国民总收入 825 016 亿元,比上年增长 7.0%。

为了进行国际比较,现在一般是按照汇率换算成美元。表 2-2 列出了中国、美国和日本三国经济情况的一些比较。

4. 时间可比

时间可比主要应该考虑下面两个方面的问题。

(1) 对经济寿命不同的技术方案作经济效益比较时,必须采用相同的计算期作为比较的基础。如果有甲、乙两个方案,它们的经济寿命分别为 10 年和 5 年,不能拿甲方案在 10 年期间的经济效益去与乙方案在 5 年期间的经济效益作比较。因为甲、乙两个方案时间上不可比,只有采用相同的计算期,计算它们在同一时期内的费用与效益,才有可比性。

目前采用的计算期有两类:

当相比较的各个技术方案的经济寿命有倍数关系时,采用寿命的最小公倍数。例如上述甲、乙两个方案,它们经济寿命的最小公倍数为 10 年,则两个方案的计算期也应为 10 年,设想乙方案重复建设一次,即以两个乙方案的效益与费用与一个甲方案的效益与费用相比较,见图 8-1。

当相比较的各个技术方案的经济寿命没有倍数关系时,一般采用 15 年为计算期,即计算各个技术方案在 15 年期间的效益和费用,作互相比较。

图 8-1 方案的计算期比较

(2) 技术方案在不同时间内发生的效益和费用,不能将它们直接简单相加,必须考虑时间因素的影响。资金具有时间价值,其有关概念及计算方法将在 8.4 节介绍。

以上可比条件,简言之,即"口径相同"。

8.4 成本—效益分析

8.4.1 成本—效益分析的基本概念

成本—效益分析是在多个备选方案之中,通过成本与效益的比较来选择最佳方案。

所谓成本,是以货币形式表示的各种耗费之和。所谓效益,则是用成本换来的价值、功能或效果,它可以用货币来表示,也可以用其他意义的指标来表示,例如安全性、可靠性、声誉、完成任务的概率、完成任务的工期等单项指标或综合性指标。在不同的问题中采用不同的指标。现在,人们开始进一步考虑社会效益和生态效益。

8.4.2　成本—效益分析的基本方法

设有两个方案,其成本分别为 C_1 与 C_2,其效益分别为 E_1 与 E_2,评价标准通常有三种:

(1) 效益相同时,取成本最小者:设 $E_1 = E_2$,$C_1 > C_2$,则取第二方案。

(2) 成本相同时,取效益最大者:设 $C_1 = C_2$,$E_1 > E_2$,则取第一方案。

(3) 当成本与效益均不相同时,定义效益与成本的比率为

$$V = \frac{E}{C} \tag{8-6}$$

取比值 V 最大者。

设

$$V_1 = \frac{E_1}{C_1}, \quad V_2 = \frac{E_2}{C_2}$$

当 $V_1 > V_2$ 时取第一方案;

当 $V_1 = V_2$ 时,认为两个方案等价。如果还要评价其优劣,应该考虑其他指标或途径。

成本—效益分析也可以采用图解法,有两种作图法。

(1) 取成本 C 为横坐标,效益 E 为纵坐标,作各个方案的成本—效益曲线,设如图 8-2 所示。

在图 8-2 中,两个方案的成本效益曲线交于 A 点。此时,两个方案的成本相同,效益也相同。对于评价标准(1),是用水平线去截取,显然,

当 $E_1 = E_2 > E_A$ 时,$C_1 > C_2$,就是说,第二方案优于第一方案;

当 $E_1 = E_2 < E_A$ 时,$C_2 > C_1$,就是说,第一方案优于第二方案。

对于评价标准(2),是用垂直线去截取,显然,

当 $C_1 = C_2 > C_A$ 时,$E_2 > E_1$,就是说,第二方案优于第一方案;

当 $C_1 = C_2 < C_A$ 时,$E_1 > E_2$,就是说,第一方案优于第二方案。

对应于评价标准(3),由图 8-2 按照式(8-6)不难计算比值 V,从而进行选择。

(2) 取横坐标表示方案,纵坐标表示成本 C 与效益 E,分别作成本曲线与效益曲线,如图 8-3 所示。

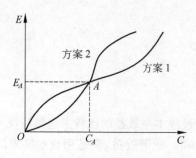

图 8-2　两个方案的效益成本比较

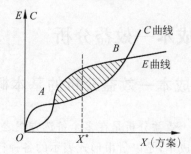

图 8-3　多个方案的成本效益比较

很显然,此时要求效益也用货币单位表示。如果不能,可以将成本与效益分别化为某种相对指标,例如均按百分数计算。图中,成本曲线与效益曲线均随决策变量 X 的取值而变

化。例如,X 值表示某种产品的产量,不同的产量表示不同的方案,从而 X 坐标即表示不同的方案。图中两条曲线交于 A、B 两点。在 A 点以下,B 点以上,成本均高于效益,故不予考虑;在 A、B 两点之间,效益高于成本,当 $X=X^*$ 时,其差额为最大,故方案 X^* 为最优。实际上,这种方法是采用了以下计算公式

$$V = E - C \tag{8-7}$$

式中,E 与 C 必须量纲一致。

8.4.3　资金的时间价值

资金与时间有密切关系,资金具有时间价值。今天可以用来进行投资的一笔现金比将来同一数量的资金更有价值。因为,当前可用的资金能够立即进行投资并在将来获得更多的资金。将来才能收取的资金则不能在今天投资,也无法赚得更多的资金。

资金的时间价值可以这样说:若将资金存入银行,相当于资金所有者放弃了对这些资金的使用权力,按放弃时间长短所得到的代价称为资金的时间价值,通常用利息来表示。如果是向银行借贷而占用资金,则要付出一定的利息作为代价。要评价方案的经济效益,应该考虑资金的时间价值,对各方案的成本与效益进行适当的折算,使它们具有可比性。

利息通过利率来计算。利率是经过一定期限后的利息额与本金之比,通常用百分数表示。例如,本金 100 元,一年以后的利息为 6 元,则年利率 $i=6/100\times100\%=6\%$。计算利率的时间单位有年、月、日等。

利息的计算有单利法与复利法之分。用单利法计息时,仅用本金计算利息,不把先前周期的利息加入本金,即利息不再产生利息。用复利法计息时,便把先前周期的利息加入本金,即利息再生利息。基本计算公式如下。

单利法基本计算公式为

$$F = P(1 + i \cdot n) \tag{8-8}$$

复利法基本计算公式为

$$F = P(1 + i)^n \tag{8-9}$$

式中,P 为本金(现值);i 为利率;n 为计算利息的周期数;F 为本金与全部利息之和,简称本利和(将来值)。

复利法比较符合资金在社会再生产过程中实际运动的情况。下面主要按复利法介绍。

8.4.4　资金的等值计算

考虑到资金的时间价值,同一笔资金在不同时点上的数值是不等的。反过来可以说,在不同时点上数值不等的资金折合到同一时点上可能是相等的。这种折合就是资金的等值计算,分以下各种情况叙述。为了便于对比,所举各例均按年利率 $i=5\%$,周期数 $n=5$ 年,来考虑"资金额 1 万元"的问题。

1. 整付本利和问题

问题:一次整付本金 P,利率为 i,经过 n 期后的本利和为多少?

可将问题用图 8-4 所示时间标尺来说明。

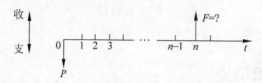

图 8-4   整付本利和问题图示

计算公式为

$$F = P(1+i)^n \overset{\triangle}{=} P \cdot \mu_{PF} \tag{8-10}$$

式(8-10)即为复利法基本公式(8-9),其中 $\mu_{PF} = (1+i)^n$ 称为"整付本利和系数"。

【例 1】   现金 1 万元存入银行,年利率为 5%,问:5 年后本利和将为多少?

解:

$$F = P \cdot (1+i)^n = 10\,000 \times (1+0.05)^5 = 12\,762.86(元)$$

2. 整付现付问题

由式(8-10)进行逆运算

$$P = \frac{F}{(1+i)^n} \overset{\triangle}{=} F \cdot \mu_{FP} \tag{8-11}$$

式中

$$\mu_{FP} = \frac{1}{(1+i)^n} = \frac{1}{\mu_{PF}}$$

称为"整付折现系数"。

式(8-11)说明,在利率为 i 时,n 期后的一笔资金 F 如何折算为现值。

【例 2】   如果银行年利率为 5%,为在 5 年后获得本利和 1 万元,现在应一次存入多少现金?

解:

$$P = \frac{F}{(1+i)^n}$$

$$= \frac{10\,000}{(1+0.05)^5}$$

$$= 7835.26(元)$$

现在进一步说明资金等值的概念。如果年利率为 8%,由式(8-10),现在的 100 元(资金 Ⅰ)在 5 年后为

$$100 \times (1+0.08)^5 = 146.93(元)$$

反之,由式(8-11),5 年后的 146.93 元(资金 Ⅱ)折合为现值为

$$146.93 \times \frac{1}{(1+0.08)^5} = 100(元)$$

可以得出,资金Ⅰ与Ⅱ是等值的。这两笔资金同在任一时点上的数值应该相等,例如在第 3 年末,资金Ⅰ与资金Ⅱ的数值为

$$100 \times (1 + 0.08)^3 = 125.97$$

$$= 146.93 \times \frac{1}{(1 + 0.08)^{5-3}} (元)$$

这两笔资金等值概念可用图 8-5 表示。

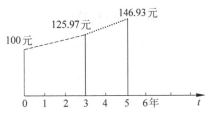

图 8-5 资金等值概念的图示

3. 等额分付本利和问题

问题:如果每期期末发生(储蓄或借贷)等额本金 A,利率 i,经过 n 期后本利和为多少?如图 8-6 所示。

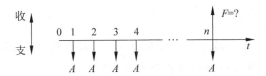

图 8-6 等额分付本利和问题的图示

解:反复运用式(8-10),可得表 8-4。

表 8-4 等额分付本利和问题计算

期 数	期末本金	n 期末将来值
1	A	$A(1+i)^{n-1}$
2	A	$A(1+i)^{n-2}$
⋮	⋮	⋮
$n-2$	A	$A(1+i)^2$
$n-1$	A	$A(1+i)$
n	A	A

n 期后本利和(总额)为

$$F = A + A(1+i) + A(1+i)^2 + \cdots + A(1+i)^{n-1}$$

上式右边为等比级数前 n 项,故

$$F = A \cdot \frac{(1+i)^n - 1}{i} \triangleq A \cdot \mu_{AF}, \qquad (8-12)$$

式中

$$\mu_{AF} = \frac{(1+i)^n - 1}{i}$$

称为"等额分付本利和系数"。式(8-12)即为等额分付本利和计算公式。

【例3】 某企业每年末从利润中提取 2000 元存入银行,为在 5 年后新建职工俱乐部用,如果年利率为 5%,问:该俱乐部的投资为多少?

解:

$$F = A \cdot \frac{(1+i)^n - 1}{i} = 2000 \times \frac{(1+0.05)^n - 1}{0.05} = 11\,051.26 (元)$$

4. 等额分付现值问题

将式(8-12)代入式(8-11),得

$$P = \frac{F}{(1+i)^n} = A \cdot \frac{(1+I)^n - 1}{i(1+i)^n} \triangleq A \cdot \mu_{AP} \tag{8-13}$$

式中

$$\mu_{AP} = \frac{(1+i)^n - 1}{i(1+i)^n} = \frac{(1+i)^n - 1}{i} \cdot \frac{1}{(1+i)^n} = \mu_{AF} \cdot \mu_{FP}$$

μ_{AF} 称为"等额分付现值系数"。式(8-13)表示:每期期末发生等额资金 A,利率为 i,经过 n 期后的本利和折合为现值 P 是多少?

式(8-13)亦可这样推导

$$P = \frac{A}{1+i} + \frac{A}{(1+i)^2} + \cdots + \frac{A}{(1+i)^n} = A\frac{(1+i)^n - 1}{i(1+i)^n}$$

【例4】 如果某工程投产后每年纯收入2000元,按年利率5%计算,能在5年内连本带利把投资全部收回,问:该工程开始时投资为多少?

解:

$$P = A \cdot \frac{(1+i)^n - 1}{i(1+i)^n} = 2000 \times \frac{(1+0.05)^5 - 1}{0.05 \times (1+0.05)^5} = 8658.95(元)$$

5. 等额分付积累基金问题

由式(8-12)进行逆运算得

$$A = F \cdot \frac{i}{(1+i)^n - 1} \triangleq F \cdot \mu_{FA} \tag{8-14}$$

$$\mu_{FA} = \frac{i}{(1+i)^n - 1} = \frac{1}{\mu_{AF}}$$

μ_{FA} 称为"等额分付积累基金系数"。

式(8-14)表示:为在第 n 期末积累起基金 F,在利率为 i 的情况下每期末需等额投入多少资金? 如图8-7所示。

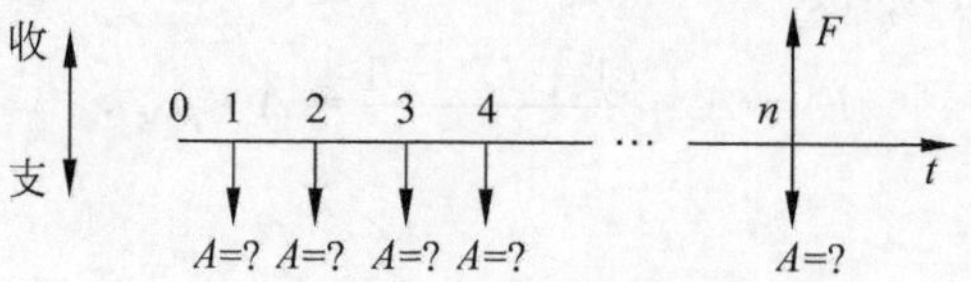

图8-7 等额分付积累基金问题的图示

【例5】 为在5年后得到10 000元基金,在年利率为5%的情况下,每年末应等额发生多少现金?

解:

$$A = F \cdot \frac{i}{(1+i)^n - 1} = 10\,000 \times \frac{0.05}{(1+0.05)^5 - 1} = 1809.75(元)$$

6. 等额分付资本回收问题

问题：初始投资为 P，年利率为 i，为在 n 期末将投资全部收回，每期期末应等额回收多少？如图 8-8 所示。

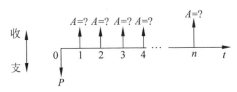

图 8-8　等额分付资本回收问题的图示

要回答这个问题，只需由式(8-13)进行逆运算

$$A = P \cdot \frac{i(1+i)^n}{(1+i)^n - 1} \tag{8-15}$$

$$\mu_{PA} = \frac{i(1+i)^n}{(1+i)^n - 1} \triangleq F \cdot \mu_{FA}$$

式中，μ_{PA} 称为"等额分付资本回收系数"。

【例 6】　设有货款 10 000 元，年利率 5%，在第 5 年末还完，问，每年末应等额偿还多少？

解：

$$A = P \cdot \frac{i(1+i)^n}{(1+i)^n - 1} = 10\,000 \times \frac{0.05 + (1+0.05)^5}{(1+0.05)^5 - 1} = 2309.78 （元）$$

7. 投资回收期

在式(8-15)中，如果已知 A、P 与 i，要求期数 n，这是投资回收期的计算问题。由式(8-15)不难推得如下公式

$$n = \frac{-\lg(1 - P \cdot i/A)}{\lg(1+i)} \tag{8-16}$$

由式(8-13)亦可推得式(8-16)。

8. 单利法的几个公式

单利法的基本公式(8-8)可解决整付本利和问题，即

$$F = P(1 + i \cdot n)$$

将此公式变形，可解决整付现值问题：

$$P = \frac{F}{1 + i \cdot n} \tag{8-17}$$

利用式(8-8)，类似于式(8-12)的推导，得

$$F = A + A(1+i) + A(1+2i) + \cdots + A[1 + (n-1)i]$$
$$= nA \left[1 + \frac{1}{2}(n-1)i \right] \tag{8-18}$$

此即期末等额分付本利和公式。

如果每期期末发生等额本金 A，利率为 i，共 n 期，其本利和折合为现值是多少？准确的

计算公式为

$$P = \frac{A}{1+i} + \frac{A}{1+2i} + \cdots + \frac{A}{1+ni} = \sum_{k-1}^{n} \frac{A}{1+k \cdot i} \qquad (8-19)$$

此即单利法的期末等额分付现值公式,其右边为调和级数(即每一项的倒数构成等差级数)。如果先按式(8-18)计算,然后代入式(8-17),可得

$$P = \frac{nA\left[1 + \frac{1}{2}(n-1)i\right]}{1+in} \qquad (8-20)$$

8.5   量本利分析

量本利分析是"产量—成本—盈利分析"的简称,通常又称为盈亏平衡分析或盈亏转折分析。它是成本—效益分析的一种专门形式。

分别记产量、成本、盈利为 Q、C、P,它们三者是密切相关的。假定销售量等于产量,设单位产品的售价为 k,则有以下基本关系

$$P = k \cdot Q - C = S - C \qquad (8-21)$$

式中

$$S = k \cdot Q \qquad (8-22)$$

为销售收入。由此可见,企业要增加盈利 P,有两条途径:一是降低成本 C,二是增加销售收入 S,两条途径是交叉作用,相互影响的。假设产品单价 k 不变,要增加销售收入 S,就必须扩大产量 Q,扩大产量通常能降低单位成本,降低单位成本就可以降低售价,降低售价可以扩大销售量。量本利分析就是要找出各种因素的最佳组合,从而使得企业的盈利 P 为最大。

8.5.1   固定成本与可变成本

总成本 C 可以分为两大部分:固定成本 F,可变成本 V,即

$$C = F + V = F + v \cdot Q \qquad (8-23)$$

式中

$$v = \frac{V}{Q} \qquad (8-24)$$

称为单位产品平均可变成本。

所谓固定成本是指不受产量增减的影响而相对固定的费用。例如折旧费、车间经费、企业管理费等。辅助工人工资等变动不大或者不明显地随着产量的增减而变化的费用(间接人工成本)亦归入固定成本。

可变费用是指随着产量增减而正比例地增减的费用。例如直接构成产品的原材料的费用、生产工人工资(直接人工成本)、外购件和外协件的成本、直接在加工制造中消耗的动力费用等。

在固定成本与可变成本之间还有"半可变成本",例如通风、照明、保养等费用。它们在一定程度上是固定的;随着生产的扩大,它们也要增加,但是又不同产量的增加成正比。在量本利分析中,根据经验或统计资料,将半可变成本按照适当的比例分配到固定成本与可变

成本中。

成本的划分以及成本与销售收入 S、盈利 P 的关系,可以用表 8-5 表示。

表 8-5　销售收入与成本的构成

销售收入 S	总成本 C	生产成本	直接人工成本	可变成本 V
			直接原材料、燃料、动力	
			外购件、外协件等	
			间接人工成本	固定成本 F
			折旧费	
			车间经费	
			管理费用等	
		销售费用		
	盈利 P			

8.5.2　盈亏平衡图

进行量本利分析的主要工具是盈亏平衡图。它是选择产量 Q 为横坐标,选择款项(C, S)为纵坐标,建立坐标系,根据方程式(8-23)～式(8-25)作图,如图 8-9 所示。图中,销售收入 S 与总成本 C 的交点 A 称为“盈亏平衡点”。在 A 点右上方,$S>C$,$P>0$,在 A 点左下方,$S<C$,$P<0$,为亏损区。A 点的横坐标 Q_0 为盈亏平衡产量,通常直接把 Q_0 称为盈亏平衡点。

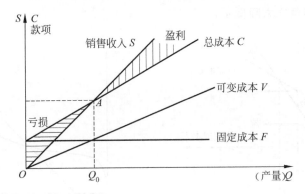

图 8-9　盈亏平衡图

将方程(8-23)代入式(8-21),得

$$P = k \cdot Q - (F + v \cdot Q) \tag{8-25}$$

再令 $P=0$,就得到 Q_0 的计算公式:

$$Q_0 = \frac{F}{k - v} \tag{8-26}$$

【例 7】　设某厂生产某种产品的情况为:固定成本 $F=20\,000$ 元,单位可变成本 $v=3$ 元,销售单价为 $k=5$ 元,试分析盈亏情况。

解:由式(8-26)得

$$Q_0 = \frac{F}{k - v} = \frac{20\,000}{5 - 3} = 10\,000（单位）$$

此即盈亏平衡点,当产量 $Q>Q_0$ 时,盈利;当产量 $Q<Q_0$ 时,亏损。例如,当 $Q=15\,000$ 万(单位)时,由式(8-25),得

$$P=k\cdot Q-(F+v\cdot Q)$$
$$=5\times15\,000-(20\,000+3\times15\,000)$$
$$=10\,000(元)$$

即可盈利 1 万元。又如,当 $Q=8000$(单位)时,

$$P=5\times8000-(20\,000+3\times8000)=-4000(元)$$

即亏损 4000 元。

可以作出图 8-9 的盈亏平衡图进行分析,这里从略。

8.5.3　多个盈亏平衡点问题

在图 8-9 中,各条成本线与销售收入线都是直线,而实际情况可能并非如此,可能是阶梯线或曲线。

例如,当产量大幅度增加时,工厂原有的机器设备不够用,就得添置新的机器设备。这时,固定成本就会产生一个跳跃,总成本也相应改变,就会出现多个盈亏平衡点,如图 8-10 中点 A_1、A_2、A_3。

又如,在新产品试制时,其可变成本是曲线,因而总成本也是曲线,如图 8-11 所示。这是因为刚开始试制时,产量低而费用高;当取得经验、经过调整后,工艺定型,产量骤增,单位产品的可变成本就大大降低了。

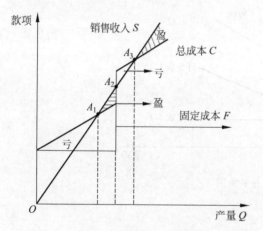

图 8-10　多个盈亏平衡点

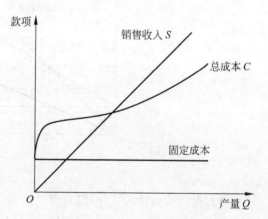

图 8-11　成本为曲线的盈亏平衡图

此时,式(8-24)与式(8-23)要改变如下

$$v=\frac{\mathrm{d}V}{\mathrm{d}Q}=\frac{\mathrm{d}C}{\mathrm{d}Q} \tag{8-27}$$

$$C=F+\int_0^Q v\cdot\mathrm{d}Q \tag{8-28}$$

【例 8】　设某产品的总成本服从函数 $C=a_1+a_2Q+a_3Q^2$,且已知当产量 Q 分别为 6、10、20(百件)时,其总成本分别为 104、160、370(千元)。设该产品的售价为 200 元/件。试

作盈亏分析。

解：（1）计算系数 a_1、a_2、a_3，确定成本函数表达式

按题意，应有以下方程组

$$\begin{cases} 104 = a_1 + 6 \times a_2 + 36 \times a_3 \\ 160 = a_1 + 10 \times a_2 + 100 \times a_3 \\ 370 = a_1 + 20 \times a_2 + 400 \times a_3 \end{cases}$$

求解方程组，即可得到 a_1、a_2、a_3 的数值。但是，用拉格朗日插值公式求解更方便一些。

$$y = y_1 \frac{(x-x_2)(x-x_3)}{(x_1-x_2)(x_1-x_3)} + y_2 \frac{(x-x_1)(x-x_3)}{(x_2-x_1)(x_2-x_3)} + y_3 \frac{(x-x_1)(x-x_2)}{(x_3-x_1)(x_3-x_2)}$$

这里，$C \sim y$，$Q \sim x$，将已知数据代入，可得

$$C = 104 \times \frac{(Q-10)(Q-20)}{(6-10)(6-20)} + 160 \times \frac{(Q-6)(Q-20)}{(10-6)(10-20)} + 370 \times \frac{(Q-6)(Q-10)}{(20-6)(20-10)}$$

得

$$C = 50 + 6Q + \frac{1}{2}Q^2 \tag{8-29}$$

（2）计算单位可变成本

根据式(8-27)，得

$$v = \frac{\mathrm{d}C}{\mathrm{d}Q} = 6 + Q \tag{8-30}$$

（3）计算销售收入 S 与利润 P

已知产品售价为 200 元/件，进行单位换算

$$s = \frac{200 \times 100}{1000}Q = 20Q$$

则

$$P = S - C = 20Q - \left(50 + 6Q + \frac{1}{2}Q^2\right)$$

即

$$P = -\frac{1}{2}Q^2 + 14Q - 50 \tag{8-31}$$

选定"产量-款项"坐标系，作 S、C、P 曲线如图 8-12 所示。

（4）结合图 8-12 进一步分析

A 点与 B 点均为盈亏平衡点，其对应产量分别为 4.2 与 23.8 百件，即 420 件与 2380 件。在 A，B 两点之间为盈利区，在 A，B 两点之外为亏损区。

最大利润 P_{max} 可由式(8-31)对 Q 求导获得

$$\frac{\mathrm{d}P}{\mathrm{d}Q} = -Q + 14 \triangleq 0$$

$$Q^* = 14（百件）$$

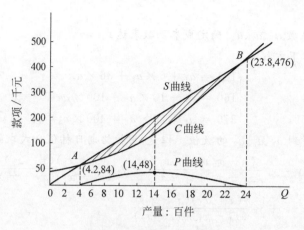

图 8-12　例 2 的盈亏平衡图

代回式(8-31),得 P 曲线上 H 点的高度为

$$P_{\max} = 48(千元) = 48\ 000\ 元$$

8.5.4　经营安全率

我们仍以图 8-9 来讨论。且改画如图 8-13 所示。

在图 8-13 中,定义经营安全率 α 为

$$\alpha = \frac{Q_A - Q_0}{Q_0} \times 100\% \qquad (8\text{-}32)$$

式中,Q_A 为实际产量;α 越大越好;当 $\alpha = 0$ 时,$Q_A = Q_0$ 为盈亏平衡点;当 $\alpha < 0$ 时,则为亏损状态。增大产量 Q_A 可以增大 α 值;若能使 Q_0 降低,也可以增大 α 值,一般可以根据表 8-6 来判定企业经营状况。

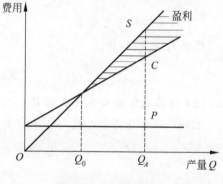

图 8-13　盈亏平衡图

表 8-6　经营安全率

经营安全率 α	$\geqslant 30\%$	$25\% \sim 30\%$	$15\% \sim 25\%$	$10\% \sim 15\%$	$\leqslant 10\%$
经营状况	健康	较好	一般	较差	危险

8.6　可行性研究

8.6.1　可行性研究的基本概念

可行性研究(feasibility study),就是对于一个想要去实践的项目,在明确的目标和限制条件下作出科学的回答:这个项目是否可以上马? 如果上马,采取何种方案为好? 回答这

两个问题,有一套比较完整严格的程序和方法,它们构成可行性研究的丰富内容。进行一项工程建设,要力求技术上先进、经济上合算、实践上可能和发展上协调,为此,在工程建设开展之前,必须就这些方面进行一系列技术的、经济的分析研究工作。简言之,建设项目的可行性研究就是在工程建设开展之前进行的包括技术经济分析和成本—效益分析在内的系统分析。它是选择工程项目和进行方案决策的前提和依据。

建设项目可以分为两类。一类为自给补偿性项目,如工厂、矿山、旅馆等,即项目建成后生产出来的产品可以出售或提供服务,取得收益来抵偿投资的耗费并取得盈利。另一类是社会福利项目,如公路、桥梁、污水处理等,计算盈利比较困难,但建成后对国民经济和社会发展带来的好处与投资进行比较,也是能进行评价的。

1978 年联合国工业发展组织(United Nations Industrial Development Organization, UNIDO)编辑出版了《工业项目可行性研究编制手册》,为发展中国家提供借鉴。改革开放以来,我国开始重视可行性研究,发布了一系列管理办法。开展可行性研究要注意两个问题:一是要熟悉和遵守国家有关规定,二是要坚持科学性和公正性,不要把可行性研究变成"可批性研究",为决策者希望上马的"政绩工程"拼凑理由。

可行性研究的对象,一般包括新建、改建、扩建的工业项目、公用设施、科研项目、地区开发、技术措施的采用与技术政策的制定等。本节主要就工业项目的建设来介绍可行性研究。

可行性研究的工作深度,要求能判定是放弃还是继续研究,直到最后作出行与不行的决策。研究的结果主要回答 6 个方面的问题:要干什么,为什么而干,何时干为宜,在哪儿干,谁来承担,如何进行。国外常用 5W1H 表示这 6 点,即 What,Why,When,Where,Who,How。

可行性研究具有以下作用:

(1) 作为确定工程建设的依据。决策者在决定是否兴办某工程项目时,主要就看可行性研究的结论如何。

(2) 作为向银行贷款的依据。银行审查可行性研究报告,确认借出资金投入建设后有偿还能力,才同意贷款。

(3) 作为向当地政府包括环保当局申请建设执照的依据。

(4) 作为该项目与有关部门签订合同的依据。

(5) 作为本工程建设基础资料的依据。

(6) 作为科研试验、设备制造的依据。

(7) 作为企业组织管理、机构设置、职工培训等工作安排的依据。

由于可行性研究所涉及的问题范围很广,开展可行性研究必须有掌握各种知识的专门人才参加,互相协作配合。例如,需要工业经济、企业管理、市场分析和财务会计等方面的专家,以及工艺、机械、土木等各类工程技术人员参加。这些人员要由专门承担可行性研究的单位组织起来共同工作。

承担可行性研究的单位,要经过资格审定,要对工作成果(论证报告书)的可靠性、准确性承担责任。同一建设项目应有两个单位同时独立进行可行性研究,其中有一个单位应同项目提出者没有直接的隶属关系。要为可行性研究单位创造条件,使之客观地、公正地、顺利地开展工作,任何单位和个人不得加以干涉。

以前,由于忽视可行性研究,给我国经济造成了巨大损失。一些工程项目盲目上马、仓促上马,耗费几十亿元、几百亿元,遇到种种困难和障碍,被迫停建、缓建或修改方案,教训是十分沉痛的。巨大的投资长期不能形成生产能力,不能产生经济效益,还要支付维护保养费用和其他补贴,使得本来还不够富裕的经济状况变得更加拮据。有些产品一哄而上,尚未投放市场就面临淘汰的局面。忽视可行性研究造成的决策失误,都是大的失误,往往是难以挽回的。现在,可行性研究已经受到了普遍的重视。但是,又出现了另一个倾向,而且比较严重:为地方官员上马"形象工程"拼凑理由,把可行性研究变成"可批性研究",让不该上马的"形象工程"获得上级部门的批准。这种倾向应该纠正。

8.6.2 可行性研究在项目发展周期中的地位

图 8-14 表示了可行性研究在项目发展周期中所处的地位。其中,项目发展周期可以划分为三个时期:投资前时期、投资时期与运行时期。前两个时期又可分为若干阶段。

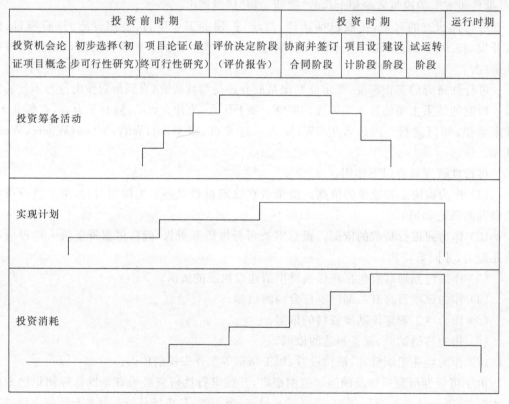

投资前时期				投资时期				运行时期
投资机会论证项目概念	初步选择(初步可行性研究)	项目论证(最终可行性研究)	评价决定阶段(评价报告)	协商并签订合同阶段	项目设计阶段	建设阶段	试运转阶段	

图 8-14 项目发展周期

1. 投资前时期

该时期可分为四个阶段。

(1) 投资机会论证:主要是建立"项目概念"(project idea),其目的是初步探讨有没有建立项目的必要,即有没有委托咨询公司进一步做可行性研究的必要。这个论证,可以由企业

（即委托方）自己来做，也可以由企业自己主持并组织一部分人来做，也可以委托咨询公司来做，提出的报告就叫"项目概念"。

（2）初步选择阶段：投资机会论证是粗浅的，如果项目概念可以确立，则企业一般就请咨询公司进行"初步可行性研究"。初步可行性研究是在项目概念的基础上，进行核算和研究，以判断项目概念的正确性，它是介于项目概念与可行性研究之间的中间阶段。它要研究产品性能与用户需要、销售的可能性、原材料来源、厂址的区域、主要工艺和流程、职工的来源及其技术水平、投资估算、投产后的经营状况预测和财务盈利分析。如果初步可行性研究结论认为项目生存能力不大，就不必做进一步的研究了；如果认为项目是有前途的，经过企业认可，就进一步做"最终可行性研究"。

（3）项目论证阶段：这一阶段要做的工作就是"最终可行性研究"，又称为"详细的可行性研究"或"技术经济可行性研究"，研究的成果叫"最终可行性研究报告"。其内容与初步可行性研究相似，但深度要深得多。其工艺、原材料、厂址等许多重要条件都要经过技术人员的试验、研究、调查、勘测和钻探，取得必要的参数，落实工艺过程中的改进部分，落实新工艺新技术的中间试验并明确工业性生产的可靠性，如采用其他公司的专利，则要做应用上的研究。在详细落实各种工艺条件、自然条件和社会条件的基础上进行建设资金和生产经营上的核算，并最终以经济效益来论证项目生存能力。

（4）评价决定阶段：这个阶段主要是由项目提出者根据最终可行性研究报告的结论，作出判断与决策。同时，项目提出者也要请给予贷款的银行进行评价。在项目提出者和贷款银行共同作出"行"与"不行"的决定以后，这个阶段就算结束了。

2. 投资时期

这个时期是投资耗费的高潮时期，也就是建设的实施时期。该时期分成四个阶段。

（1）协商和签订合同阶段：这个阶段主要是把有关资金的借贷、原材料供应、能源供应、劳动力的来源与培训、生产协作和销售等各方面的业务关系进行协商，以彼此都能接受的条件，互相承担责任，用文字的形式签订合同，使经济责任具有法律效力。这个阶段是工程建设的重要阶段，是为项目的顺利建成投产创造条件。因为一个项目在建设过程和经营过程中，要与社会上的有关企业发生千丝万缕的联系，这是现代社会生产组织中的必然现象，称为生产的社会化。合同是社会化生产把企业与企业联结起来的主要手段。实践证明，合同的法律责任比口头承诺和道义责任的效果好得多。合同的协商和签订直接涉及企业的经济利益，所以都委派具有技术和管理知识、经验丰富并熟悉商务的人来做合同工作。合同的签订，使下一个设计阶段的工作具有更可靠的依据。

（2）项目设计阶段。

（3）建设阶段。

（4）试运转阶段。

3. 运行时期

工程交付后，正式投入运行生产。

8.6.3 可行性研究报告的主要内容

可行性研究的结果,是写出可行性研究报告。工业项目的可行性研究报告,一般要求具备以下主要内容。

1. 总论

(1) 项目提出的背景(改扩建项目要说明企业现有状况)、投资的必要性以及经济意义和社会意义。

(2) 研究工作的依据和范围。

2. 需求预测和拟建规模

(1) 国内外需求情况的预测。

(2) 国内现有企业生产能力的估计。

(3) 销售预测、价格分析、产品竞争能力和进入国际市场的前景。

(4) 拟建项目的规划、产品方案和发展方向的技术经济比较和分析。

3. 资源、原材料、燃料及公用设施情况

(1) 经过储量委员会正式批准的资源储量、品位、成分以及开采、利用条件的评述。

(2) 原料、辅助材料和燃料的种类、数量、来源和供应可能。

(3) 所需公用设施的数量、供应方式和供应条件。

4. 建厂条件和厂址方案

(1) 建厂的地理位置、气象、水文、地质、地形条件和社会经济现状。

(2) 交通、运输及水、电、气的现状和发展趋势。

(3) 厂址比较与选择意见。

5. 设计方案

(1) 项目的构成范围(指包含的主要单项工程)、技术来源和生产方法、主要技术工艺和设备选型方案的比较,引进技术、设备的来源国别,设备的国内外分交或与外商合作制造的设想,改扩建项目要说明对原有固定资产的利用情况。

(2) 全厂布置方案的初步选择和土建工程量估算。

(3) 公用辅助设施和厂内外交通运输方式的比较和初步选择。

6. 环境保护

调查环境现状,预测项目对环境的影响,提出环境保护和三废治理的初步方案。

7. 企业组织、劳动定员和人员培训(估算数)

(略)

8. 实施进度的建议

（略）

9. 投资估算和资金筹措

（1）主体工程和协作配套工程所需的投资。
（2）生产流动资金的估算。
（3）资金来源、筹措方式及贷款的偿付方式。

10. 社会及经济效益评价

建设项目的经济效益要进行静态的和动态的分析，不仅计算项目本身的微观效果，而且衡量项目对国民经济和社会发展所起的宏观效果。

可行性研究报告的内容可以用图 8-15 表示。

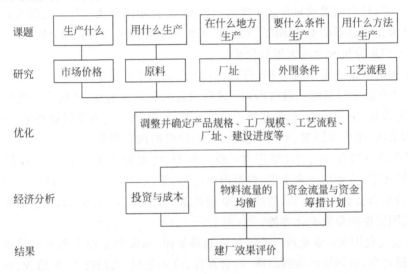

图 8-15 可行性研究报告的内容

8.7 PESTEL 分析与 SWOT 分析

8.7.1 PESTEL 分析

PESTEL 分析是由 PEST 分析发展而来。PEST 分析是从四个方面（四大因素）对所研究的系统（例如一个地区、部门或企业集团）进行背景分析，四大因素是：政治因素（political）、经济因素（economic）、社会因素（social）和技术因素（technological）。

PESTEL 分析是在 PEST 分析基础上加上环境因素（environmental）和法律因素（legal），共计六个方面或称六大因素。

PESTEL 分析又称大环境分析，是分析宏观环境的有效工具。下面对六大因素进行具体说明。

(1) 政治因素：是指对系统运行具有实际与潜在影响的政治力量和有关的政策、法律及法规等因素。

(2) 经济因素：是指系统外部的经济结构、产业布局、资源状况、经济发展水平以及未来的经济走势等。

(3) 社会因素：是指系统所在的社会环境中,成员的历史发展、文化传统、价值观念、教育水平以及风俗习惯等因素。

(4) 技术因素：技术因素不仅包括那些引起革命性变化的发明,还包括与企业生产有关的新技术、新工艺、新材料的出现和发展趋势以及应用前景。

(5) 环境因素：系统是在环境中活动的,环境影响系统的功能与行为,对于企业而言,自然条件、市场条件、交通与通信条件等环境因素都是十分重要的。

(6) 法律因素：系统外部的法律、法规、司法状况和公民法律意识所组成的综合系统。

在 PESTEL 分析中,文化因素和历史因素都并入社会因素考虑了。这当然是可以的,但是,这样一来,社会因素就显得过于庞大。例如,要把中国和美国作对比研究,在文化和历史方面的巨大差别是不能不考虑的。可以把文化因素和历史因素从社会因素中拿出来进行分析,把六大因素分析变为八大因素分析。

下面是美国某企业集团运用 PESTEL 分析所考虑的六大因素。

(1) 对企业战略有影响的政治因素：政府的管制和管制解除、政府采购规模和政策、特种关税、专利数量、中美关系、财政和货币政策的变化、特殊的地方及行业规定、世界原油、货币及劳动力市场、进出口限制、他国的政治条件、政府的预算规模。

(2) 对企业战略有影响的经济因素：经济转型、可支配的收入水平、规模经济、消费模式、政府预算赤字、劳动生产率水平、股票市场趋势、进出口因素、地区间的收入和销售消费习惯差别、劳动力及资本输出、财政政策、欧盟政策、居民的消费趋向、通货膨胀率、货币市场利率、汇率、国民生产总值变化趋势。

(3) 社会文化因素：企业或行业的特殊利益集团、国家和企业市场人口的变化、生活方式、公众道德观念、对环境污染的态度、社会责任、收入差距、人均收入、价值观、审美观、对售后服务的态度、地区性趣味、偏好评价。

(4) 技术因素：企业在生产经营中使用了哪些技术？这些技术对企业的重要程度如何？外购的原材料和零部件包含哪些技术？上述的外部技术中哪些是至关重要的？为什么？企业是否可以持续地利用这些外部技术？这些技术最近的发展动向如何？哪些企业掌握最新的技术动态？这些技术在未来会发生哪些变化？企业对以往的关键技术曾进行过哪些投资？企业的技术水平和竞争对手相比如何？企业及其竞争对手在产品的开发和设计、工艺革新和生产等方面进行了哪些投资？外界对各公司的技术水平的主观排序怎么样？企业的产品成本和增值结构是什么？企业的现有技术有哪些能应用？利用程度如何？企业需要实现目前的经营目标需要拥有哪些技术资源？公司的技术对企业竞争地位的影响如何？是否影响企业的经营战略？

(5) 环境因素：其他企业的概况(数量、规模、结构和分布等)、该行业与相关行业发展趋势(起步、摸索和落后)、对相关行业影响、对其他行业影响、对非产业环境影响(自然环境、道德标准等)、媒体关注程度、可持续发展空间(气候、能源、资源和循环)、全球相关行业发展(模式、趋势和影响)。

(6) 法律因素:世界性公约和条约、基本法(宪法、民法等)、劳动保护法、公司法和合同法、行业竞争法、环境保护法、消费者权益保护法、行业公约。

8.7.2　SWOT 分析

1. 什么是 SWOT 分析

SWOT 分析在战略与规划研究中是常用的方法之一。SWOT 分析从以下四个方面对系统(例如企业、区域经济系统等)进行分析:优势(strength)、劣势(weakness)、机会(opportunity)和威胁(threats),如图 8-16 所示。其中,优势和劣势是系统的内部要素,机会和威胁是系统的外部要素(来自环境)。

SWOT 分析又称为态势分析。从整体上看,SWOT 可以分为两部分:第一部分为 SW,主要用来分析内部条件;第二部分为 OT,主要用来分析外部条件。利用这种方法可以从中找出对自己有利的、值得发扬的因素,以及对自己不利的、要避开的东西,从而发现存在的问题,找出解决办法,并明确以后的发展方向。根据 SWOT 分析,可以将问题按轻重缓急分类,明确哪些是目前急需解决的问题,哪些是可以稍微推后一点的事情,哪些属于战略目标上的障碍,哪些

优势 S	劣势 W
机会 O	威胁 T

图 8-16　SWOT 分析的四要素

属于战术上的问题,将这些事项列举出来,依照矩阵形式排列,然后用系统分析的思想,把各种因素匹配起来加以分析,从中得出一系列相应的结论,帮助领导者作出正确的决策和规划。

进行 SWOT 分析时,主要有以下几个方面的内容:

(1) 分析环境因素:运用各种调查研究方法,找出系统所处的各种环境因素和内部因素。环境因素包括机会(O)和威胁(T),它们是外部环境对系统发展直接有影响的有利因素和不利因素,属于客观因素。

(2) 分析内部因素:包括优势因素(S)和弱点(W)因素,它们是系统在其发展中自身存在的积极因素和消极因素,属主动因素。在调查分析这些因素时,不仅要考虑到历史与现状,而且更要考虑未来发展问题。

(3) 构造 SWOT 矩阵:将调查得出的各种因素根据轻重缓急或影响程度等排序,构造 SWOT 矩阵。在此过程中,将那些对系统发展有直接的、重要的、大量的、迫切的和久远的影响因素优先排列出来,而将那些间接的、次要的、少许的、不急的和短暂的影响因素排列在后面。

(4) 制定行动计划:在完成内外因素分析和构造 SWOT 矩阵之后,便可以制定出相应的行动计划。制定计划的基本思路是:发挥优势,克服弱点;利用机会,化解威胁;考虑过去,立足当前,着眼未来。运用系统综合的方法,将所考虑的各种因素相互匹配起来,得出指导系统未来发展的若干备选方案。

2. SWOT 分析的步骤与注意事项

以企业为例,进行 SWOT 分析一般有以下 7 个步骤。

(1) 组建一个团队(至少是三人小组),坐下来讨论;

(2) 使用一块书写板；

(3) 考虑企业内部的优势和劣势，写下来；

(4) 考虑企业外部的机会和威胁(主要是市场方面)，也写下来；

(5) 从战略上部署企业如何充分地利用机会，尤其是那些能够发挥企业的优势、能够迅速见效的机会；

(6) 接下来考虑如何减轻企业的劣势；

(7) 看看如何利用企业的优势和市场的杠杆力量去避开那些威胁。

这是一个简化的使用 SWOT 的方法，即便只是粗略地依照上面的步骤来做一遍，也会对企业的未来发展有所感知，收到立竿见影的效果。

运用 SWOT 分析要注意以下事项：

(1) 必须对企业的优势与劣势有客观的认识；

(2) 必须区分企业的现状与前景；

(3) 必须尽可能考虑得全面一些；

(4) 必须与竞争对手进行具体比较，看看你是优于还是劣于你的竞争对手。

在进行 SWOT 分析时，常常发生下列情况。

(1) 优势和劣势分不清：如果说"本企业的某某功能很好，是优势"，这是对的；如果说"政府信息化力度不够，是劣势"，这就不对了，这是"危机"。

(2) 优势和机会分不清：如果说"本企业周围有很多外资企业，信息化环境很好，这是优势"，这是不对的，这是"机会"。

怎样判断一个要素在 S、W、O、T 之间的归属呢？办法很简单，S 和 W 是内因，你的企业、人才和产品等，比别人好的是"优势"，不如别人的叫"劣势"；O、P 是外因，产业政策、市场环境和客户资源等，对自己有利的叫"机会"，对自己不利的叫"危机"或"挑战"，见图 8-17。

	对自己有利	对自己不利
内因	优势 S	劣势 W
外因	机会 O	威胁 T

图 8-17　SWOT 的框图分析

还需要注意：SWOT 分析需要形成多种多样的 D(decisions，可供选择的决策，即备选方案)，而形成 D 需要将四要素排列组合。建议在进行 SWOT 分析时，每个方面都列举 3 个因子：

S1、S2、S3；W1、W2、W3；O1、O2、O3；T1、T2、T3。

然后把所有的因子排列组合。

利用优势，克服劣势(SW)：S1W1、S1W2、S1W3；S2W1、S2W2、S2W3；S3W1、S3W2、S3W3。

利用优势，抓住机会(SO)：S1O1、S1O2、S1O3；S2O1、S2O2、S2O3；S3O1、S3O2、S3O3。

利用优势，消除威胁(ST)：S1T1、S1T2、S1T3；S2T1、S2T2、S2T3；S3T1、S3T2、S3T3。

……

抓住机会,消除威胁(OT)：O1T1、O1T2、O1T3；O2T1、O2T2、O2T3；O3T1、O3T2、O3T3。

剔除其中的无效组合,对留下来的组合逐一给出一个 D；把重要的、可行的 D 找出来,按照重要性排序；找出最重要的几个 D,开展深入细致的研究,为领导提供决策咨询。

8.8　若干常用的方法

8.8.1　代尔菲法

对于预测对象尚未掌握足够的数据资料,或者社会与环境因素的影响是主要的,因而难以进行定量预测时,就采用定性预测的方法。定性预测方法一般用于远景估计和长期规划。

定性预测的基本方法是专家调查法。例如,向专家作调查访问或者召集专家进行座谈会,就是专家调查法的直接方式。这种直接调查的方法简便易行,但是受人们的心理因素影响较大,特别是面对面开座谈会时,并不总是所有的专家都能做到知无不言、言无不尽。

这里介绍的代尔菲(Delphi)法亦是一种专家调查法。它是依靠若干专家背靠背地发表意见,各抒己见；同时,对专家们的意见进行统计处理和信息反馈,经过几轮循环,使得分散的意见逐次收敛,最后达到较高的准确性。这种方法是美国兰德公司于 1964 年发明的。

1964 年,兰德公司的数学家发明这种方法后,曾组织了 76 名美国专家和 6 名欧洲专家,预测未来 50 年内的科学突破、人口增长、新武器系统、航天技术、自动化技术和战争可能性六个方面(称为预测目标)的 49 个问题(称为预测事件)。经过四轮专家征询和评估后,有 31 个事件得到满意的结果。后来科学技术的进展表明,这些预测结果是很准确的。

1. 代尔菲法的基本程序

1) 确定目标

目标选择应是本系统或本专业中对发展规划有重大影响而意见较为分歧的课题。预测期限以中、远期为宜(例如预测到 2050 年)。

2) 选择专家

代尔菲法的主要工作之一是通过专家对未来事件的发生与否作出概率估计,因此,专家选择是预测成败的关键。其主要要求有下列几项。

(1) 要求专家总体的权威程度较高。

(2) 专家的代表面应该广泛,通常应包括技术专家、管理专家、情报专家和高层决策人员。

(3) 严格执行专家推荐与审定的程序。审定的内容主要是了解专家对预测目标的熟悉程度,是否有时间参加预测等。

(4) 专家人数要适当。人数过少当然不行；而人数过多,则数据收集和处理的工作量大,预测周期长,对预测结果的准确性提高并不多。一般以 20～50 人为宜,大型预测可达 100 人左右。

3) 设计评估意见征询表

代尔菲法的征询表格没有统一的格式,但是要求符合以下原则。

(1) 表格的每一栏目要紧扣预测目标,力求使预测事件与专家所关心的问题保持一致。

（2）表格简明扼要。设计得好的表格通常是使专家思考的时间长、应答填表的时间短。

（3）填表方式简单。对不同类型的事件（如方针政策、技术途径、实现时间、费用分析、关键技术的重要性、迫切性和可能性等）进行评估时，尽可能让专家以数字或字母表示其评估结果。

4）专家征询的轮次与轮间的信息反馈

经典代尔菲法一般包括 3～4 轮征询。

（1）第一轮：事件征询。发给专家的征询表格只提出预测目标，而由专家提出应预测的事件。例如，美国国际部组织一次预测，第一轮只提出一个预测目标。到 2000 年时，有哪些关键技术将对未来战争发生重大影响？专家们从不同的角度，提出了集成电路、计算机、激光、空间技术等 100 多项事件；组织者经过筛选、分类、归纳和整理，用准确的技术语言制定出事件一览表，作为第二轮征询表发给专家。

（2）第二轮：事件评估。专家对第二轮表格中的各个事件作出评估。评估的主要内容有：

① 产量评估或新技术突破的年份预测；

② 事件的正确性、迫切性和可能性评估；

③ 方案择优（择优选一或择优排队）；

④ 投资比例的最佳分配。

专家的评估结果应当以最简单的方式表示。如上述第①项用年份或产量数字表示；第②项以方案的顺序号表示；第③项以等级号（例如 1、2、3）或分值（五分制或百分制）表示；第④项以百分比或费用数字表示。不要求专家阐述其评估理由；即使是回答型事件，也只要求阐述其基本论点而不要求提供详细论据。第二轮征询表收回后，立即进行统计处理，求出专家总体意见的概率分布，并制定第三轮征询表。

（3）第三轮：轮间信息反馈与再征询。将前一轮的评估结果进行统计处理，得出专家总体的评估结果的分布，求出其均值与方差，将这些信息反馈给各位专家，并对他们进行再征询。专家在重新评估时，可以根据总体意见的倾向（由均值反映）及其分散程度（由方差反映）来修改自己在前一轮的评估意见，而无须说明修改的理由。

（4）第四轮：轮间信息反馈与再征询。类似于第三轮，这样就能得到一致程度较高的结果，从而写出预测结果报告。至此，预测工作即告结束。

在实际预测中，对于经典代尔菲法有时作出某些变通，并称为派生代尔菲法。例如：

（1）取消第一轮征询，由组织者根据已掌握的资料直接拟订事件一览表，以减轻专家负担并缩短预测周期；

（2）提供背景材料和数据，以缩短专家查找资料或计算数据的时间，使得他们能在较短的时间内作出自己的评估；

（3）部分地取消反馈，等等。

2. 评估结果的处理

代尔菲法的一项重要工作是在每轮征询之后的结果分析和处理。在处理之前，要将定性评估结果进行量化。常用的量化方法是将各种评估意见分为程度不同的等级，或者将不同的方案用不同的数字表示。然后求出各种评估意见的概率分布。在概率分布中，由均值来表示最有可能发生的事件，由方差来表示不同意见的分散程度，以便作出下一轮评估。

前述四类事件(即第二轮介绍的四项主要评估内容)的处理方法和表达方式如下。

1) 产量和年份预测数据的处理

一般用四分位图表示处理结果。现以 13 位专家对军用微处理机在部队装备的年份评估为例,其评估值按顺序排列如下:

1987 1988 1989 1990 1991 1993 1994 1994 1994 1995 1996 1997 1999(年)
　　　　　　　　　(A)　　　　　　(B)　　　　　(C)

在处理时,将该时间轴分为四等份,B 为中分位点,它所对应的年份为中位数 1994 年,A 为下四分位点,C 为上四分位点,上、下四分位点之间的区间是 1990—1995 年,表示了专家意见的分散程度,如图 8-18 所示。如果在下一轮征询中将这些信息反馈给各位专家,那么,原来预测年份为 1987、1988、1989 以及 1996、1997、1999 年的几位专家就有较大可能放弃或修改各自的评估意见,自动向中位数靠拢,使得评估结果相对集中。经过几轮征询后,可以得到一致程度很高的结果。

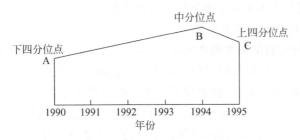

图 8-18　专家意见的分散程度示意图

2) 事件的正确性、迫切性和可能性

评估结果的处理分为分值评估和等级评估两种。分值评估可采用五分制或百分制。等级评估可采用等级序号作为量化值。

在分值评估中,计算均值和方差的公式为

$$\bar{x} = \frac{\sum\limits_{i=1}^{m} x_i}{m} \tag{8-33}$$

$$\sigma^2 = \frac{1}{m-1} \sum_{i=1}^{m} (x_i - \bar{x})^2 \tag{8-34}$$

式中,m 为专家总人数;x_i 为第 i 位专家的评分值。

在等级评估中,计算均值和方差的公式为

$$\bar{x} = \sum_{i=1}^{N} x_i n_i \Big/ \Big(\sum_{i=1}^{N} n_i - 1 \Big) \tag{8-35}$$

$$\sigma^2 = \sum_{i=1}^{N} (x_i - \bar{x})^2 n_i \Big/ \Big(\sum_{i=1}^{N} n_i - 1 \Big) \tag{8-36}$$

式中,N 为评估等级数目;x_i 为等级序号($1, 2, \cdots, n$);n_i 为评为第 i 等级的专家人数。

专家根据前一轮所得出的均值与方差信息来修改自己的意见,从而使 $\bar{x}$ 值逐次接近最后的评估结果,同时,使 σ^2 越来越小。这样,事件的准确性越来越高,意见的离散程度越来越小。

3) 方案选择的结果处理

用优先程度的顺序号作为量化值进行数据处理,或者用优先程度的分值进行数据处理。

在分值评估时,还可计算另一个指标:满分频率。记满分频率为 k_j,则

$$k_j = \frac{m_j}{m} \tag{8-37}$$

式中,m_j 表示对第 j 方案给满分的专家人数;k_j 越大,表示第 j 方案的重要性越高。

为表示对第 j 方案的专家意见一致程度,可以采用变异系数 v_j

$$v_j = \frac{\sqrt{\sigma_j^2}}{\bar{x}_j} = \frac{\sqrt{\dfrac{1}{m-1}\sum_{i=1}^{m}(x_{ij} - \bar{x}_j)^2}}{\dfrac{1}{m}\sum_{i=1}^{m}x_{ij}} \tag{8-38}$$

式中,x_{ij} 为第 i 位专家对第 j 方案的评估值;$\bar{x}_j$ 为第 j 方案的均值;σ_j^2 为第 j 方案的方差;v_j 越小,表示专家们对于第 j 方案的意见一致性越好。

4) 投资比例最佳分配的结果处理

投资比例最佳分配的结果处理也采用上述各公式计算均值与方差等。

最后,再谈谈数据的加权处理问题。鉴于专家们从事的工作及其经验各不相同,对各种问题的应答不可能都具有相同的权威程度。为了提高预测精度,除了要求专家对他所不熟悉的问题不作评估外,组织者对他所了解的问题也要根据其熟悉程度进行加权处理。最简单的加权方法是在统计专家人数时,将每位专家的权威系数计算在内。例如,在择优选一的评估中,计算第 k 方案的百分比加权公式为

$$K_{J_k} = \sum_{i=1}^{n_k} C_{J_i} \Big/ \sum_{i=1}^{n} C_{J_i} \tag{8-39}$$

其中:K_{J_k} 为在 J 事件中选中第 k 方案的百分比;n 评估 J 事件的专家总人数;n_k 为选中 J 事件中第 k 方案的专家人数;C_{J_i} 为第 i 位专家了解 J 事件的权威系数;C_{J_i} 主要根据专家的经历、职务、年龄以及专家的自我评定等情况来确定。

3. 几点注意

(1) 专家之间的横向保密性是代尔菲法的一大特点与关键。通常,应邀参加预测的专家们互不知晓,每一位专家并不了解别人发表了何种意见,每一位专家都只与预测工作的组织者发生纵向联系。这样做,是为了完全消除心理因素的影响。

(2) 选择专家时不仅要注意选择精通技术、有一定名望、有学科代表性的专家,同时要注意选择边缘学科、社会学和经济学等方面的专家。选择专家时还要考虑到他是否有足够的时间填写意见征询表。经验表明:一位身居要职的著名专家匆忙填写的征询表,其价值往往不如一位普通专家认真填写的征询表。

(3) 并非所有的专家都熟悉代尔菲法,因此,预测工作的组织者在制定征询表的同时,要对代尔菲法作出说明。重点是讲清代尔菲法的特点、实质、轮间反馈的作用以及均值、方差等统计量的意义;还要讲清征询意见的横向保密性。

(4) 专家评估的最后结果是建立在统计分布的基础上的,它具有一定的不稳定性。不同的专家总体,其直观评估意见和一致性不可能完全一样。这是代尔菲法的主要不足之处。

但是,由于代尔菲法简单易行,对许多非技术性因素反应敏感,能对多个相关因素的影响作出判断,因而,它是一种值得推广的定性预测方法。

8.8.2　头脑风暴法及其他

1.头脑风暴法

头脑风暴法(Brain Storming,BS),由美国 BBDO 广告公司的奥斯本(A. F. Osborn)提出。头脑风暴法是一种会议形式。会议在非常融洽和轻松的气氛中进行,不受任何框框限制来提改进方案。主持者是非常有经验的人,他一般不发表意见,以免影响会议的自由气氛。会议有四条原则:不互相批评;自由鸣放;欢迎提出大量的方案;要求善于结合别人意见来继续思考,对别人提出的方案加以发展(这种做法称为方案的"免费搭车")。因此,其主要特点是自由思考,互相启发。这样做,往往能在与会者头脑中掀起"创造的风暴"。真可谓:"水尝无华,相荡乃成涟漪;石本无火,相击而发灵光。"国外经验证明:采用头脑风暴法提出方案的数量,要比同样一些人单独提方案多 70%。下面介绍一下此法是如何进行的。

1) 准备工作

这主要是指会议主持者要做好事先准备。他对在咨询中可能产生的各种情形应做到心中有数,但他在会议上不说出自己的见解。

2) 召开会议

参加者不宜太多,也不能太少,以 6～10 人为好。成员应是各方面、各专业的人。主持人要有热情、有干劲、善于制造气氛。他对别人提的方案要敏感,并适当给予赞扬。会场要布置得舒适大方,窗明几净。整个会议要作记录或录音。

3) 要注意功能定义的表现方式

功能定义都是用文字表达的,同样的意思可用不同的文字来表达。所以,功能定义是否恰当,对提出方案很有影响,有时甚至会得出完全不同的结果。

4) 提方案

提方案时,不要谈既有的办法,只根据功能定义去考虑用什么方法和手段可以完成这种功能。可以提各种各样的方案,一个会议提上一二百个,甚至几百个,是很正常的。会议主持者应表现出充分的信心,并随时给予启发引导。

5) 对方案作评价

会议结束后,主持人对提出的方案从技术上到经济上作评价。例如对新产品方案的咨询,在技术上要考虑产品质量、可靠性、安全性、生产条件、技术水平、工艺性及生产上的一些制约条件,在经济上考虑直接劳务费、材料费、设备的投资以及由于改进和变更所引起的费用等。

头脑风暴法的优点很多。它是产生新思想的催化剂;是科学的调研方法,避免了过去某些调查受到一两个权威所左右,并且有意无意地去迎合领导的意图的现象。国外常把头脑风暴法的基本精神拓广开来。例如,在训练经营领导时也运用头脑风暴法。

头脑风暴法的活动,往往也用于对战略性问题的探索上。把科学家、哲学家、技术专家、管理专家、经济学家、社会学家和历史学家请来,相聚一堂,为某个战略性问题发表意见。他们在一起高谈阔论。有时在科学家们思路枯竭、停滞不前时,哲学家一句妙语,竟能使人顿开茅塞;或许在管理专家、经济学家们争论不休时,历史学家一个典故,往往使人豁然开朗,出现"柳暗花明又一村"的局面。因此,这种咨询活动是不断涌现新思想、新观念、新方案和新成就的有效方法之一,将会迸发出集体智慧之光。

2. 头脑写照法

下面简单介绍头脑写照法中的两种具体方法。

1) 小卡片技术

小卡片技术是一种特殊的创造性技术。邀请5～10人参加,他们把对某个问题的意见写在小卡片上(不必署名),在提问后先粗略地按不同的基本思想对小卡片加以整理,然后在粗略分类的基础上按各种关系继续进行详细整理。这种方法的优缺点正好与头脑风暴法相反:

(1) 人人都在一定的时间内能充分提出自己的意见;

(2) 使用起来比较简单、迅速;

(3) 使用这种方法时其他与会者的意见可能对整理者产生直接的影响;

(4) 需要特殊的辅助工具(小卡片可用任何形式贴在墙上)。

2) 635法

635法是一种逐步使用头脑风暴法的创造性技术。

635法的基本原理可用以下的过程来说明:

(1) 选定六位参加者;

(2) 每个参加者在5分钟之内把3个可以解决所提出问题的方案写在一张纸条上;

(3) 把写完方案的纸条依次传给下一位参加者;

(4) 每个参加者在从上一位参加者那里得到的纸条上再写出与人家不相同的3个解决问题的方案;

(5) 现在,在每一张纸条上已经有6个解决问题的方案,再将纸条传给下一个参加者……

这个过程在30分钟以后结束。每一张纸条上提出了6×3个解决问题方案,这样,总共有108个方案。

因为共有6个解决问题的人,每5分钟提出3个解决问题的方案,所以这种方法称为"635法"。

这种方法还可略加改变。例如,与头脑风暴法不同,在使用这种方法时不一定要把参加者集中到同一个地点。

8.9 系统分析的案例

下面的案例1、案例2,均引自杜玠《系统工程原理》(湖南省系统工程学会农业系统工程研究会等单位编印,1982年6月),此处略有改动。案例3来源于光明日报2013-08-12的一篇文章,原作者:孙东川。

案例1 阿拉斯加原油输送方案

本案例是 20 世纪 70 年代初研究如何由阿拉斯加东北部普拉德霍湾油田向美国本土运输原油的问题。输油管道于 1977 年 5 月 31 日竣工。

1. 任务和环境

要求每天运送 200 万桶。油田处在北极圈内,海湾长年处于冰封状态,陆地更是常年冰冻,最低气温达-50℃。

2. 提出竞争方案

方案竞争的第一阶段,提出了两个方案。

方案Ⅰ:由海路用油船运输。

方案Ⅱ:用带加温系统的油管输送。

方案Ⅰ的优点是每天仅需四至五艘超级油轮就可满足输送量的要求,似乎比铺设油管省钱,但存在的问题有:第一,要用破冰船引航,既不安全又增加了费用;第二,起点和终点都要建造大型油库,这又是一笔巨额花费,而且考虑到海运可能受到海上风暴的影响,油库的储量应在油田日产量的 10 倍以上。归纳起来这一方案的主要问题是不安全、费用大和无保证。

方案Ⅱ的优点是可以利用成熟的管道输油技术,但存在的问题是:第一,要在沿途设加温站,这样管理复杂,而且要供给燃料,而运送燃料本身又是一件相当困难的事情;第二,加温后的输油管不能简单地铺在冻土里,因为冻土层受热溶化后会引起管道变形,甚至造成断裂。为了避免这种危险,有一半的管道需要用底架支撑和作保温处理,这样架设管道的成本要比铺设地下油管高出 3 倍。

3. 决策人员的处理策略

(1)考虑到安全和供油的稳定性,暂把方案Ⅱ作为参考方案做进一步的细致研究,为规划做准备。

(2)继续拨出经费,广泛邀请系统分析人员提出竞争的新方案。

4. 提出了竞争方案Ⅲ

其原理是把含 10%～20%氯化钠的海水加到原油中,使在低温下的原油成乳状液,仍能畅流,这样就可以用普通的输油管道运送。这个方案获得了很高的评价,并取得了专利。其实,这原理早就用于制作汽车的防冻液,把这一原理运用到这个工程中来,并断定它能解决问题,这是一个有价值的创造。

5. 又出现竞争方案Ⅳ

正当人们在称赞Ⅲ的时候,另有两人提出了竞争方案Ⅳ。这两人对石油的生成和变化有丰富的知识,他们注意到埋在地下的是油、气合一的,这时它们的熔点是很低的,经过漫长的年代以后,油气才渐渐分离。他们提出将天然气转换为液态以后再加到原油中以降低原油的熔点,增加流动性,从而用普通的管道就可以同时输送原油和天然气。与方案Ⅲ相比,不仅不需要运送无用的海水而且也不必另外铺设输送天然气的管道。这一方案的出现使得人们赞赏不已。由于采用这一方案,仅铺设费就节省近60亿美元,比方案Ⅲ省了一半。

从这个例子我们看到了系统分析的实际价值。如果当初仅在方案Ⅰ、Ⅱ上搞优化,即确定最好的管道直径、壁厚、加压泵站的压力和距离等,是无论如何也得不到方案Ⅳ所达到的巨大效益的。

这个例子同时也说明了系统分析人员的工作性质和应该具有的知识结构,以及系统分析工作与专业工程技术工作之间相辅相成的关系。

案例2　不变负担准则:日本节能小汽车

20世纪70年代初,石油危机爆发后,西方各国石油供应短缺,汽油价格大幅度上涨,汽车用户的交通负担显著加重,从而汽车销售量锐减,全世界的汽车业面临严重的危机。

日本汽车工业为了应对这场危机,对汽车设计和生产进行改革,大量生产廉价而节能的小汽车,适应石油涨价后变化了的市场需求。这样,日本汽车工业不但顺利地渡过危机,而且很快打入了欧美汽车市场。1980年日本汽车总产量已经超过美国,跃居世界第一位。

日本汽车工业应对市场危机采取的行动策略称为"不变负担准则"。这种准则站在用户的立场上,很好地解决了产品寿命全周期总成本的问题。

问题解决前的已知信息:国民年收入10 000美元,油价平均上涨4倍,汽车售价每辆5 000美元,平均寿命5年,平均日耗油3加仑,涨价前每加仑汽油售价0.2美元。

分析计算见表8-7。

表8-7　石油涨价前后的费用分析

费　用	石油涨价前	石油涨价后
汽车费/年收入	$5000 \div 5/10\,000 = 10\%$	10%
汽油费/年收入	$365 \times 3 \times 0.2/10\,000 = 2.7\%$	$2.7\% \times 4 = 10.8\%$
合计:交通费/年收入	12.7%	20.8%

由表可知,石油涨价后,交通费占年收入的比例上升为20.8%,大大超过了涨价前的12.7%,这对许多汽车用户来说,是难以承受的负担,所以,他们不得不改乘公共汽车上下班和外出。这就是汽车销量大幅度下跌,汽车市场出现危机的根本原因。

如何应对这场危机?美国第三大汽车公司克莱斯顿公司掉以轻心,认为美国人讲究阔气,不在乎多花汽油费,于是照样生产耗油量大的豪华型汽车,结果跌了跟头,几乎倒闭。日本人则改变生产方针,改变汽车设计,生产出廉价而节能的轻型轿车,使得用户在石油涨价后所支付的交通费用仍能维持不变。

实现不变负担准则从降低汽车造价和节约用油两条途径努力。根据当时汽车工业采用新技术的情况,节省汽油的具体措施有:

(1) 车体轻型化,可节油20%;

(2) 采用电脑控制引擎工作,可节油10%;

(3) 使用酒精与汽油混合的燃料,可节油10%。

三项之和为节油40%,提高公路质量和改善交通管理也可使汽车节油,但是涉及面过大,非工厂一家所能办到,所以暂时不考虑。这样,汽车日耗油量可从3加仑下降到1.8加仑,全年汽油费占年收入的比例降低到 6.5%,加上汽车费所占比例的 10%,其和为16.5%,仍然超过石油涨价前的 12.7%,为了要使用户交通费用负担不变,还必须从汽车的设计与制造方面设法降低成本,从而降低汽车售价,其目标是

$$10\ 000 \times 5 \times (12.7\% - 6.5\%) = 3100(美元)$$

即每辆新车的售价必须从 5000 美元降为 3100 美元。其措施是:

(1) 采用工程塑料代替钢铁,不仅降低了汽车造价,而且减轻车体自重 20%,从而节油 20%,一举两得;

(2) 改革生产工艺;

(3) 提高劳动生产率;等等。

其结果是:日本汽车轻巧实用,每辆汽车售价 3000 美元,耗油比美国汽车节省 40%,占领了市场。

案例 3　是碳排放,还是碳消费?

"碳排放"(carbon emissions)现在是全世界关注的热门话题。中国的碳排放总量近几年上升到世界第一位,美国等西方国家竭力对中国施压,要求中国减少碳排放。中国政府已经采取多种措施积极控制和降低单位 GDP 的碳排放量,在全国提倡低碳生活。但是,美国和其他西方国家继续罔顾基本事实和基本道理指责中国。

中国是一个发展中国家,中国不能不继续发展,这是基本事实,所以,在一段时间里,中国的碳排放总量不可避免地还要继续增加一些。可以设限,但是限额不能太低,要参照西方发达国家的人均排放水平或者消费水平来研究设定一个合理的额度。

中国碳排放总量第一具有客观的合理性。其原因:第一,中国人口世界第一,是美国的 4 倍多;第二,中国现在是"世界工厂",中国制造的产品很多是供给美国人等西方人消费的,他们消费这些产品不计算碳排放,中国为他们生产这些产品所产生的碳排放却算在中国的账上,这是不公平的,中国当了"冤大头"。

由此看来,相比"碳排放","碳消费"(carbon consumption)这个概念较客观、公正,更具有科学性。其理由是:消费者消费的每一件物品,都是社会生产制造出来的(包括个人自己生产制造),生产制造这件物品产生多少碳排放,就作为该消费者的碳消费。

建议建立个人和国家的"碳消费账户"。一个人消费的物品,包括全部私人物品和公共物品都要计算碳消费(在数量上等于生产该物品产生的碳排放),计入其碳消费账户,私人的电话机、电视机、汽车等物品的碳消费量要计入,使用公交、火车、飞机、机场、道路、桥梁等公共交通工具和公共设施的碳消费量也要折算计入。对于一个人的碳消费总量,可以规定一个合理标准(额度),超过这个标准就要多收费;超过得太多则不允许,要严格禁止。

在这个世界上,人人都是碳消费者,人人都是碳排放者。如果养宠物,宠物也有碳消费,要计入其主人的碳消费账户。因此有必要测算"个人基本碳消费量",其定义为:维持一个人温饱生活水平的碳消费量。把基本碳消费量放宽一点,作为对个人碳消费的合理标准(额度)。小康生活的碳消费量会高于它,奢华生活的碳消费量更是大大高于它。作为每个人与生俱来的生存权利,基本碳消费额度应该是免费的,超过部分则要收费,如同现在实行的"梯级电价""梯级水价",要制定"梯级碳消费价"。

一个国家,其全体居民的碳消费,加上政府等公共部门的碳消费,就是这个国家的碳消

费总量。一个国家的碳消费总量除以本国人口总数,就是这个国家的人均碳消费。

中国制造的产品,中国人不消费,就不能计入中国的碳消费账户;美国人消费了,就应计入美国的碳消费账户。当然,美国制造的产品,美国人不消费,就不计入美国的碳消费账户。总之,谁消费产品,就计算谁的碳消费,列入其碳消费账户,而不是列入生产者的账户。

建议联合国研究制定适用于全世界的"人均基本碳消费额度",制定超额部分的梯级碳消费价格,可以先在一些国家进行试点。

在实行基本碳消费额度方面,可以借鉴中国以前发布票、发粮票的办法。可能有人说,那是短缺经济时代的办法,现在不是短缺经济时代,中国和许多国家生产能力过剩,东西卖不出去。其实,这是把不同的问题混淆了。须知,人类只有一个地球,资源是有限的,全球能够容忍的碳排放总量也是有限的。2011 年 10 月 31 日,全世界总人口已经超过 70 亿,每天还在继续增加,地球总有一天会人满为患。从碳消费的角度讲,全世界总有一天会面临短缺时代。现在,我们要问两个问题:一是维持一个人的小康生活水平,基本碳消费额度是多少? 二是整个地球能够容忍的碳排放总量极限值是多少,即整个地球能够提供的碳消费总量极限值是多少? 有了这两个数据,就可以计算世界人口总数之极限值,采取一系列公平合理的措施,控制世界人口。

其实,问题还要严重得多。现在美国人口为 3 亿多,大约占世界总人口的 4%,消耗的能源却占全世界的 25%,合理吗? 很不合理! 公平吗? 很不公平! 做一道简单的算术题:25%×4＝100%,就是说,按照美国人消耗世界能源 25%的比重计算,4 倍于美国人口的中国,可以把全世界的能源消耗殆尽,那么,美国人还怎么过日子呢? 更不用说其他国家了。这就说明:美国人过日子太浪费了,侵犯了其他人的消费权利和生存权利,美国人的生活模式不可持续,更不可推广。美国人的消费水平太高,必须提倡节约,杜绝浪费,把美国人的消费水平降下来;而中国人的消费水平还低得很,应该适当提高,否则,不公平。中国人一向勤俭节约,重视修旧利废,发展循环经济,这样的好传统、好品质、好作风应该保持和发扬,并在全世界推广。

附记 本案例引自《是碳排放,还是碳消费?》(孙东川),北京:光明日报,2013.8.12

习题

8-1 什么是系统分析?

8-2 什么是技术经济分析? 其中"技术"与"经济"的含义是什么?

8-3 什么是成本—效益分析?

8-4 什么是盈亏平衡分析? 盈亏平衡点如何求得?

8-5 什么是固定费用? 什么是可变费用?

8-6 什么是方案的可比性?

8-7 资金为什么具有时间价值? 资金的等值计算有哪些基本类型?

8-8 复利法的基本公式是什么? 它与单利法有什么区别?

8-9 试了解我国银行的计息方法和存贷款利率。

8-10 什么是可行性研究? 它的重要性是什么? 如何保证它的科学性与公正性?

8-11 什么是 PESTEL 分析? 它包含哪些要素?

8-12　什么是 SWOT 分析？它包含哪些要素？这些要素如何分类？

8-13　代尔菲法的要点是什么？它的基本步骤有哪些？

8-14　头脑风暴法的要点是什么？

8-15　从"不变负担准则"可以得到什么启示？

*8-16　从 3 个案例中得到什么启示？

8-17　你认为"碳排放"与"碳消费"两个说法哪个比较合理？为什么？

8-18　寻找或编写一个系统分析案例。

第9章

系统综合与评价

9.1 引言

　　系统综合是系统工程的重要的特征性内容,它与系统分析多次交错进行。在图 4-2 中,系统评价的实质是在系统分析之后的又一次系统综合,其目的是对评价对象(多种备选方案)给出综合性的结论:这些方案是否可行? 如果可行,它们的优劣如何? 对于优劣程度要分别给出数量化的依据,按照优劣程度排出备选方案的次序,提出建议方案,送交决策者进行决策。系统评价是系统工程的后期工作,是直接为决策服务的。

　　在实务领域,"分析"类同于分解、拆卸等,"综合"类同于组合、组装等。

　　一般而言,综合比分析要困难得多。例如,一只钟表,你可以把它分解(分析),但是,你能够把零部件重新组装(综合)起来吗? 即便你能够把它们重新组装起来,你能够保证它原有的精确度和准确性吗? 一支队伍,遣散很容易,重新组织起来就不容易了。大系统呢? 复杂巨系统呢? 组建一个新的系统,通常是很困难的。

9.2 系统综合与评价的复杂性

9.2.1 困难所在与解决办法

　　中国系统工程主要推动者之一、中国科学院院士张钟俊教授(1915—1995)告诫我们:研究系统切忌"瞎子摸象"。

　　当评价对象为单目标时,其评价工作是容易进行的;当系统为多目标时,这项工作就困难得多了。可以打这样的比方:在一群人之中要评选个子最高的,这很容易办到;要评选最胖的,也还不难;要评选一个最高又最胖的,或者评选一个最健康的,这就不容易了。

　　系统工程的问题还要复杂得多。系统往往是多目标的(或称多指标的),这些目标或指标构成一个体系。例如,评选优秀学生,必须考虑德、智、体诸方面,每一方面又分成若干项目;购买一台电子计算机,需要考虑价格、运算速度、存储容量、输入/输出能力、可维护性以及从厂商得到的服务与支持等;开发一种新产品,必须考虑研制周期、研制费用、期望利润、原材料供应、市场容量和竞争对象等因素。对于复杂系统,一方面,要把它分解为若干子系统,分别建立其模型,应用系统分析的方法,求得各个指标的最优解;另一方面,要把这些工作综合起来,对于一个完整的系统方案作出明确的评价,对于不同的方案作出孰优孰劣的比较,而且是用数字来说话。当找到的方案满足评价指标体系的要求时,工作才算完成;否则,还要进行下一轮工作。

1. 困难所在

系统评价工作的困难主要有以下两项:

(1) 有的指标没有明确的数量表示,甚至同使用人或评价人的主观感觉与经验有关,例如系统使用的方便性、舒适性。

(2) 不同的方案可能各有所长。设有两个方案 A_1、A_2,如果在全部指标上,方案 A_1 均优于或等于 A_2,这时当然很容易取舍;但是情况常常是:在一些指标上,A_1 比 A_2 优越,而在另一些指标上,A_2 比 A_1 优越,这时就很难定夺。指标越多,方案越多,问题就越是复杂。

2. 解决办法

针对这两项困难,解决的办法是:

(1) 各项指标数量化。

(2) 所有指标归一化。

各项指标数量化之后,必须使之量纲一元化,才能做到所有指标归一化。例如,汽车的时速与油耗均是数量化指标,但是它们的量纲不同,还不能把它们简单地加在一起。

量纲一元化的重要方法是无量纲化。可以将各种方案在同一项指标下加以比较,采用排队打分法,使各种方案都得到无量纲的"分";当各项指标都有了得分以后,可以采用加权平均法计算每一方案的总分,根据总分的高低评价各个方案的优劣。

举一个例子说明以上两点。在 1.1.2 节说:2008 年第 29 届北京奥运会参加比赛的国家及地区有 204 个,参赛运动员有 11 438 人。在北京奥运会上,中国运动员获得了令人自豪的成绩:大陆运动员获得金牌 51 枚,银牌 21 枚,铜牌 28 枚,总数 100 枚;台湾运动员获得了铜牌 4 枚;加起来总数为 104 枚。美国的成绩:金牌 36 枚,银牌 38 枚,铜牌 36 枚,总数 110 枚。我国金牌数世界第一,奖牌总数第二,美国金牌数世界第二,奖牌总数第一。有人提出一种打分计算法:1 枚金牌 3 分,1 枚银牌 2 分,1 枚铜牌 1 分,加和得到总分;设 x、y,z 分别为金牌、银牌、铜牌数,则总分

$$F = 3x + 2y + z$$

那么,中国的总分是 227 分,美国是 220 分。这实际上是加权求和。

3. 当前出现的弊端

系统评价工作是经常遇到的。例如,评选三好学生、考核干部、评价地区社会经济科技发展水平、评价投资环境、评价生活质量和评价综合国力,等等。现在重视科学发展观,这也涉及系统评价问题。一些地方官员大搞"GDP 挂帅",竭泽而渔,破坏生态,污染环境,必须要有合理的评价指标体系来制约他们的行为。

现在各行各业都很注意业绩考核,业绩考核需要运用系统评价方法。不同行业的考核指标是不一样的。但是,当前出现了一些弊端,主要是考核指标短期化,过度数量化。在高校尤其严重,片面推行"年度考核",把创造性劳动等同于简单劳动,导致教授和研究生心浮

气躁,急功近利,不能静下心来做学问。在考核指标上,"风物长宜放眼量",发表论文要重质量而不是重数量。应该提倡宁静致远,把学问做深做好。譬如果树栽培,"桃三杏四梨五年",栽下小树苗,一两年就要摘果子是不可能的。曹雪芹一辈子都在写《红楼梦》尚未写完,现在的一些"作家",一年可以出几本书,"著作等身",但是,谁的水平高?谁的作品有价值?陈景润终其一生,把哥德巴赫猜想的证明推进到"1+2"的地步,距离摘取"1+1"之明珠还差一步之遥,但是,他的成就是举世景仰的。如果对曹雪芹和陈景润实现"年度考核",他们肯定通不过,因而要下岗,合适吗?

9.2.2 方案的初选:非劣解

要解决系统问题(构建新系统、改造已有的系统或者解决某一个复杂问题),我们把每种可能的方案都称为一个"可行解",首先从中区分出"劣解"与"非劣解",淘汰劣解,保留非劣解,然后再用其他方法进一步评选。

所谓劣解,指的是这样一种可行解:它的各项指标不优于且至少有一项指标劣于另一个可行解。设有 n 项指标,每项指标的评价值为 F_i,则对于劣解 X 来说,必然可以找到另一个可行解 X_0,使得

$$F_i(X) \leqslant F_i(X_0), \quad i = 1, 2, \cdots, n \tag{9-1}$$

其中至少有一个 F_i 使得"<"成立,这里"<"表示"劣于"(不同的指标,可能是以小为劣,例如汽车的时速,也可能是以大为劣,例如汽车的油耗)。

最优解当然是要在非劣解中去找。

图 9-1 表示二维指标空间,可行解域右上方的边界就是非劣解集。

表 9-1 与表 9-2 给出如何区分劣解的例子,设其中的数字以大为优。在表 9-1 中很明显,方案 C 在两项指标上均劣于 B 或 A,故方案 C 为劣解。但是方案 A 与 B 各有所长,现在无法进一步区分,它们都是非劣解。在表 9-2 中,对于方案 C,可以找到方案 A,使得式(9-1)成立,故方案 C 为劣解。

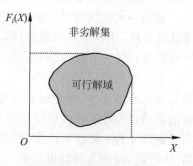

图 9-1 可行解与非劣解

表 9-1 劣解与非劣解示例之一

方　案	F_1	F_2	性　质
A	10	11	非劣解
B	12	10	非劣解
C	9	8	劣解

表 9-2 劣解与非劣解示例之二

方　案	F_1	F_2	F_3	性　质
A	5	8	7	非劣解
B	4	9	2	非劣解
C	4	8	7	劣解
D	3	10	6	非劣解
E	2	9	8	非劣解

9.2.3　系统评价与系统分析和决策的关系

系统评价问题解决之后,决策便是顺理成章、水到渠成的事。要决策,先要评价。评价是决策的准备。评价与决策有两点区别:第一,系统评价是一项技术工作,由研究者即系统工程项目组承担,决策则是一项领导工作,是领导者的权力与责任;第二,评价是决策的依据,但是重大问题的决策往往还有一些"看不见的"(或"不公开的")因素在起作用,这些因素往往难以纳入系统工程项目组的评价工作之中。

系统评价与系统分析和决策的关系如图 9-2 所示。

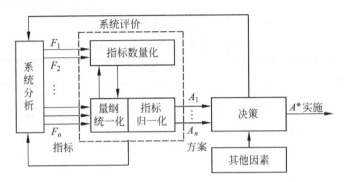

图 9-2　系统评价与系统分析和决策的关系

9.3　指标评分法

9.3.1　排队打分法

如果指标因素有明确的数量表示,例如汽车的时速、油耗和工厂的产值、利润等,就可以采用排队打分法。设有 m 种方案,则可采用 m 级记分制:最优者记 m 分,最劣者记 1 分,中间各个方案可以等步长记分(步长 1 分),也可以不等步长记分,灵活掌握;或者各项指标均采用 10 分制,最优者满分为 10 分。

9.3.2　专家打分法

这是一种感觉评分法或经验评分法,用于没有明确数量表示的指标评分。

例如,对多台设备的可操作性进行评价,可以请若干名专家(即有经验的操作者)来试车,按其主观感觉和经验,对每台设备按一定的记分制来打分。对每台设备分别作出良、可、差的判断,记录下来;然后分别给以 3、2、1 分,再相加求和,最后将和数除以操作者的人数,就是各台设备的得分。

【例 1】　设有 5 台设备,15 个操作者,其操作感受情况记录为表 9-3,评分结果也表示在表中。显然,样机 Ⅵ 的可操作性最佳,样机 Ⅴ 次之。

对于各个得分 F_j,可以化为百分制得分 B_j(最高分为 100 分)

$$B_j = \frac{F_j}{F_{\max}} \times 100 \qquad\qquad (9\text{-}2)$$

式中

$$F_{\max} = \max_j \{F_j\}$$

如果式(9-2)右端不是乘以 100,而是乘以 10,则化为 10 分制得分(最高分为 10 分)。

也可将得分 F_j 作以下处理

$$f_j = \frac{F_j}{\sum\limits_{j=1}^{n} F_j} \qquad\qquad (9\text{-}3)$$

f_j 称为"得分系数"。

例 1 的得分作以上转化后的结果如表 9-4 所示。

表 9-3　样机操作的感觉与评分

操 作 者	样　机				
	I	II	III	IV	V
1	差	可	差	可	良
2	良	差	差	差	可
3	可	差	良	可	差
4	可	可	良	可	差
5	差	差	可	可	可
6	可	可	良	良	可
7	差	差	可	良	可
8	可	可	可	良	良
9	良	可	良	良	良
10	差	可	可	良	良
11	可	可	差	良	可
12	可	良	良	良	良
13	良	可	良	良	良
14	良	可	可	良	可
15	可	可	可	良	良
列计　　良(a)	4	1	6	9	8
可(b)	7	10	6	5	6
差(c)	4	4	3	1	1
$3a+2b+c=S$	30	27	33	38	37
得分：$F=S/15$	2.00	1.80	2.20	2.53	2.47

表 9-4　分值的转换

方　案	样　机					
	I	II	III	IV	V	$\sum$
得分 F_j	2.00	1.80	2.20	2.53	2.47	11
百分制 B_j	79.1	71.1	86.9	100	97.6	—
10 分制	7.91	7.11	8.69	10	6.76	—
得分系数 f_j	0.182	0.164	0.200	0.230	0.224	1.00

9.3.3 两两比较法

这也是一种感觉(经验)评分法。它是将方案两两比较而打分,然后对每一方案的得分求和,并进行百分化处理等。打分时可以采用 0-1 打分法、0-4 打分法或多比例打分法等。下面分别说明。

1. 0-1 打分法(强制确定法)

设有 n 种方案,排成一个 $n \times n$ 方阵,其元素

$$a_{ij} = \begin{cases} 1, & \text{当方案 } i \text{ 比 } j \text{ 优时} \\ 0, & \text{当方案 } i \text{ 比 } j \text{ 劣时} \\ \text{不填}, & \text{当 } i = j \text{ 时} \end{cases} \tag{9-4}$$

很显然,有 $a_{ji} = 1 - a_{ij}$。即当 $a_{ij} = 1$ 时,$a_{ji} = 0$;当 $a_{ij} = 0$ 时 $a_{ji} = 1$。a_{ij} 总是表示第 i 方案得到的分数。若第 i 方案与第 j 方案相当,分不出优劣时,则令 $a_{ij} = a_{ji} = 0.5$。

表 9-5 是一个例子。

按照式(9-4)打分,通常有一个方案的得分为 0,有时需要避免这种情况,可以规定 $a_{ii} = 1$。于是,对应于表 9-5,可以得到表 9-6。

表 9-5 0-1 打分表

方案 i	方案 j					得分 F_i
	Ⅰ	Ⅱ	Ⅲ	Ⅳ	Ⅴ	
Ⅰ	—	1	1	0	1	3
Ⅱ	0	—	1	0	1	2
Ⅲ	0	0	—	0	1	1
Ⅳ	1	1	1	—	1	4
Ⅴ	0	0	0	0	—	0
∑						10

表 9-6 另一种 0-1 打分表

方案 i	方案 j					得分 F_i
	Ⅰ	Ⅱ	Ⅲ	Ⅳ	Ⅴ	
Ⅰ	1	1	1	0	1	4
Ⅱ	0	1	1	0	1	3
Ⅲ	0	0	1	0	1	2
Ⅳ	1	1	1	1	1	5
Ⅴ	0	0	0	0	1	1
∑						15

2. 0-4 打分法

这种打分法比 0-1 打分法来得细一些。当两个方案 i 与 j 同等优越时,则令 $a_{ij} = a_{ji} = 2$;

当方案 i 比 j 稍微优越时,令 $a_{ij}=3, a_{ji}=1$;当方案 i 比 j 显著优越时,令 $a_{ij}=4, a_{ji}=0$。表 9-7 表示了一个例子。

表 9-7　0-4 打分表

方案 i	方案 j					得分 F_i
	I	II	III	IV	V	
I	—	4	3	0	2	9
II	0	—	4	1	3	8
III	1	0	—	1	4	6
IV	4	3	3	—	3	13
V	2	1	0	1	—	4
$\sum$						40

3. 多比例打分法

0-4 打分法可以看成一种比例打分法,两个方案的得分分别成如下比例:$4:0, 3:1, 2:2$,两者得分之和为 4。在多比例打分法中,两者得分之和为 1,其比例可以 $1:0, 0.9:0.1, 0.8:0.2, 0.7:0.3, 0.6:0.4, 0.5:0.5$,这样的分档就更加细了。表 9-8 说明了一个例子。

表 9-8　多比例打分表

方案 i	方案 j					得分 F_i
	I	II	III	IV	V	
I	—	1	0.8	0.1	0.5	2.4
II	0	—	0.9	0.3	0.6	1.8
III	0.2	0.1	—	0.2	0.9	1.4
IV	0.9	0.7	0.8	—	0.8	3.2
V	0.5	0.4	1.1	0.2	—	1.2
$\sum$						10

表 9-5～表 9-8 都是一个评分员作两两比较时的打分结果。为了提高打分的准确性(客观性),可以请多个评分员用共同的打分法各自独立地打分,然后求得分的平均值。

9.3.4　体操计分法

体育比赛中许多评分、计分法可以应用到系统工程中。例如,体操计分法:请 n 名有资格的裁判员各自独立地对表演者(这里是系统或方案)按 10 分制评分,得到 n 个评分值,然后舍去最高分和最低分,将中间的 $n-2$ 个分数相加,除以 $n-2$ 就是最后的得分。

9.3.5　连环比率法

连环比率法是一种确定得分系数或加权系数的方法,用表 9-9 来说明。

具体的操作方法如下。

(1) 填写暂定分数列(由上而下)。对比 A_1 与 A_2,设前者的优越性是后者的 2 倍,则对应于 A_1 填写 2.0;对比 A_2 与 A_3,设前者的优越性仅为后者的一半,则对应于 A_2 填写 0.5;类似地,对应于 A_3 与 A_4 填写 3.0 与 1.5;最后 A_5 填写 1.0。

(2) 填写修正分数列(由下而上)。取 A_5 为基础值,其修正分数为 1.00;用 1.00 乘以 A_4 的暂定分数 1.5,得到 A_4 的修正分数为 1.50;用 1.50 乘以 A_3 的暂定分数 3.0,得到 A_3 的修正分数为 4.50;类似地,得到 A_2 与 A_1 的修正分数为 2.25 与 4.50。

表 9-9　连环比率法打分表

方　案	暂 定 分 数	修正分数 F_i	得分系数 f_i
A_1	2.0	4.50	0.33
A_2	0.5	2.25	0.16
A_3	3.0	4.50	0.33
A_4	1.5	1.50	0.11
A_5	1.0	1.00	0.07
$\sum$	—	13.75	1.00

对所有修正分数求和

$$\sum_{j=1}^{5}(A_j \text{ 的修正分数}) = 13.75$$

(3) 计算得分系数 f_j

$$f_j = \frac{A_j \text{ 的修正分数}}{\sum_j (A_j \text{ 的修正分数})} \tag{9-5}$$

例如

$$f_1 = \frac{4.50}{13.75} = 0.33$$

$$f_2 = \frac{2.25}{13.75} = 0.16$$

很显然,f_j 满足如下关系式

$$0 \leqslant f_j \leqslant 1, \quad \sum_j^n f_j = 1 \tag{9-6}$$

这正是统计学中对于权系数的定义(按照习惯,权系数记为 W_j)。用连环比率法确定权系数时,只需把"优越性"的比较换为"重要性"的比较即可。

9.3.6　逻辑判断评分法

逻辑判断评分法是根据一定的功能相对逻辑关系,确定其功能系数的一种方法。这里用例子来说明。

某产品有 12 个元器件是主要零(部)件,它们提供了整个产品的主要功能,利用逻辑判断评分法,可以最终确定综合性指标价值系数,如表 9-10 表示。

表 9-10　逻辑判断评分表

零件序号	(1) 成本系数/%	(2) 功能相对关系	(3) 功能分数	(4) 功能系数/%	(5) 价值系数
1	25.55	$F_1 > F_2$	458	25.14	0.98
2	15.44	$F_2 > F_3$	383	21.99	1.42
3	25.83	$F_3 > F_4 + F_5 + F_8$	351	20.15	0.78
4	1.17	$F_4 > F_5$	173	9.93	8.49
5	1.29	$F_5 > F_6$	132	7.58	5.88
6	16.7	$F_6 > F_7$	95	5.45	0.33
7	0.12	$F_7 > F_8 + F_9$	73	4.19	34.92
8	2.36	$F_8 > F_9$	33	1.90	0.81
9	3.80	$F_9 \geqslant F_{10} + F_{11}$	27	1.55	0.41
10	0.98	$F_{10} > F_{11}$	16	0.92	0.99
11	2.64	$F_{11} > F_{12}$	11	0.63	0.24
12	4.17	基准	10	0.57	0.14
合计	100		1742	100	

在表 9-10 中,第(1)列"成本系数"和第(2)列"功能相对关系"为已知,12 个零(部)件的序号是按功能由高到低的顺序,在表中由上到下排列。这个顺序,事先已用强制确定法求出。现在的任务是通过逻辑判断,得出各零(部)件的功能相对关系。

由下而上,逐个进行比较,写出第(3)列"功能分数"、第(4)列"功能系数"以及第(5)列"价值系数":

(1) 把功能最低的零件 12 的功能分数定为 10;

(2) 以此为基准,由下而上,由功能低的零(部)件向功能高的零(部)件依次对每个零(部)件估分,在估分中应注意符合第(2)列功能相对关系的限制;

(3) 第(4)列功能系数的确定是由各零(部)件的功能分数除以功能分数的合计值;

(4) 第(5)列价值系数为功能系数与成本系数的比值,可以按照前面说的方法,化为百分制等。

在步骤(2)中,在满足功能相对关系限制的条件下,功能分数取多大? 要看实际情况。例如,因为 $F_{11} > F_{12}$,而 $F_{12} = 10$,所以 F_{11} 取为 11;而 $F_{10} > F_{11}$,表中 F_{10} 取 16,这是由本例的具体情况决定的。

9.4　指标综合的基本方法

指标综合的基本方法是加权平均法。在使用加权平均法对各个方案进行指标综合之前,各项指标均已数量化,并且已化为统一的记分制。

加权平均法具有两种形式,分别称为加法规则与乘法规则。

下面,记方案 A_i 对指标 F_j 的得分(或得分系数)为 a_{ij},将 a_{ij} 排列为评价矩阵,如表 9-11 所示。

表 9-11　加权平均法的基本表

指标因素 F_j	F_1	F_2	$\cdots$	F_n	综合评价值 Φ_i
权重 w_j	w_1	w_2	$\cdots$	w_n	
方案 A_i　A_1	a_{11}	a_{12}	$\cdots$	a_{1n}	
A_2	a_{21}	a_{22}	$\cdots$	a_{2n}	
$\vdots$	$\vdots$	$\vdots$		$\vdots$	
A_m	a_{m1}	a_{m2}	$\cdots$	a_{mn}	

9.4.1　加法规则

图 9-3 给出了加权平均法(加法规则)的一般思路。方案 i 的综合评价值 ϕ_i 按如下公式计算

$$\phi_i = \sum_{j=1}^{n} w_j a_{ij}, \quad i = 1, 2, \cdots, m \tag{9-7}$$

式中,w_j 为权系数,满足如下关系式

$$0 \leqslant w_j \leqslant 1, \quad \sum_{j=1}^{n} w_j = 1 \tag{9-8}$$

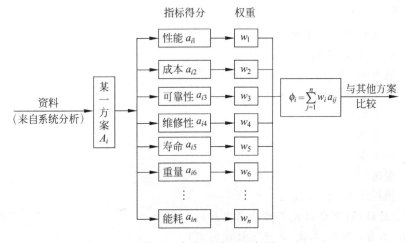

图 9-3　加权平均法示意图

【例 2】　设有 3 个方案,5 项指标,数据如表 9-12 所示,试计算各个方案的评价值。

表 9-12　加法规则例题

指标 F_j	F_1	F_2	F_3	F_4	F_5
权重 w_j	0.4	0.3	0.15	0.1	0.05
方案 A_i　A_1	7	6	9	10	2
A_2	8	6	4	2	8
A_3	4	9	5	10	6

解：按式(9-7)计算各个方案的评价值 ϕ_i

$$\phi_1 = 0.4 \times 7 + 0.3 \times 6 + 0.15 \times 9 + 0.1 \times 10 + 0.05 \times 2$$
$$= 2.8 + 1.8 + 1.35 + 1 + 0.1 = 7.05$$

$$\phi_2 = 0.4 \times 8 + 0.3 \times 6 + 0.15 \times 4 + 0.1 \times 2 + 0.05 \times 8$$
$$= 3.2 + 1.8 + 0.6 + 0.2 + 0.4 = 6.20$$

$$\phi_3 = 0.4 \times 4 + 0.3 \times 9 + 0.15 \times 5 + 0.1 \times 10 + 0.05 \times 6$$
$$= 1.6 + 2.7 + 0.75 + 1 + 0.3 = 6.35$$

因为 $\phi_1 > \phi_3 > \phi_2$,所以方案 A_1 最优。

在应用加权平均法时,有以下几点值得注意:

(1) 列写指标因素应考虑周全,避免重大的遗漏;

(2) 指标之间应该互相独立,避免交叉,尤其要避免包含与被包含关系;

(3) 指标宜少不宜多,宜简不宜繁;

(4) 要考虑搜集数据的可能性与方便性,尽量利用现有的统计数据;

(5) 对于各项指标因素分配的权重要适当。

前三点可以概括为"最小覆盖原理"。关于指标因素的周全性,当然随具体问题而异,不同的系统,其指标因素是大不一样的,下面举例说明。

【例3】 某种武器系统有以下 50 项指标因素(分为 10 类,每一项指标因素前面第一个数字为总编号,第二个数字为所在类目中的编号):

(一)主要战术技术性能

1	1. 射程与起飞重量比
2	2. 最小射程(死区)
3	3. 速度(平均)
4	4. 战斗重量与起飞重量比
5	5. 垂直破甲厚度
6	6. 可靠性
7	7. 命中率
8	8. 射速
9	9. 操纵方式
10	10. 隐蔽性(可分离或不可分离发射)
11	11. 装备(单兵、车载、直升飞机或固定)
12	12. 发射方式(无架、有架、管式等)

(二)结构工艺性

13	1. 导弹本身结构工艺性(战斗部、动力装置、弹体、控制系统)
14	2. 瞄准装置的结构工艺性(机械、光学系统、整机)
15	3. 发射装置结构工艺性
16	4. 制导系统结构工艺性

(三)控制系统品质

17	1. 控制系统的稳定性
18	2. 控制系统的误差
19	3. 抗干扰能力(光、电、火焰等)
20	4. 初始飞行品质(易控、不易控)

（四）生产检测系统

21	1. 生产检测系统的复杂程度
22	2. 导弹生产周期
23	3. 检测设备与配套
24	4. 自动化程度
25	5. 互换性
26	6. 工装(工、卡、量具等)

（五）技术与资料

27	1. 技术成熟程度
28	2. 资料齐全程度
29	3. 掌握程度
30	4. 外协程度

（六）勤务处理

31	1. 运输
32	2. 展、收时间
33	3. 储存时间
34	4. 检测
35	5. 更换
36	6. 作战环境的适应能力
37	7. 保养

（七）建设速度

38	1. 计划时间
39	2. 筹建时间
40	3. 试生间时间
41	4. 批量生产时间

（八）国内适应能力

42	1. 车辆配套能力
43	2. 直升机配套能力
44	3. 配套件配套能力
45	4. 材料来源
46	5. 投资能力

（九）教育与训练

| 47 | 1. 教育时间(工人) |
| 48 | 2. 训练射手的难易程度 |

（十）成本

| 49 | 1. 导弹系统成本(单发导弹、发射装置、瞄准控制装置、车辆成本、成套设备) |
| 50 | 2. 资料与专利成本 |

　　对于武器系统，以前往往只考虑其"主要战术技术性能"（对于主要战术技术性能又往往只考虑到12项因素中的少数几项），不大注意其"结构工艺性"与"成本"，更加忽略"教育与训练"等方面的问题，这当然是片面的，不合理的。

　　如果是引进的外国装备，必须考虑"技术与资料""国内适应能力"等各项因素，否则容易吃亏上当。

　　【例4】　兰德公司评价交通运输系统方案的指标体系，如图9-4所示。

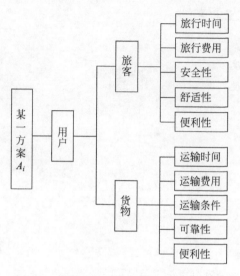

图9-4　交通运输系统方案评价指标体系

　　式(9-8)要求的加法规则的权系数规范，有时可以忽略，单独使用式(9-7)即可。例如在1.1.2节中，奥运会奖牌总分运用式(1-1)计算，就是一例。另外，如果对于式(1-1)增加式(9-8)要求的权系数，使其"规范化"，也是可以的。

9.4.2　乘法规则

　　乘法规则用下列公式来计算各个方案的评价值 ϕ_i

$$\phi_i = \prod_{j=1}^{n} a_{ij}^{w_j}, \quad i = 1, 2, \cdots, m \tag{9-9}$$

式中，a_{ij} 为方案 i 的第 j 项指标的得分；w_j 为第 j 项指标的权重。

　　对式(9-9)两边求对数，得

$$\lg \phi_i = \sum_{j=1}^{n} w_j \lg a_{ij}, \quad i = 1, 2, \cdots, m \tag{9-10}$$

　　对照式(9-7)，可知这是对数形式的加权平均法。

　　乘法规则应用的场合是要求各项指标尽可能取得较好的水平，才能使总的评价较高。它不容许哪一项指标处于最低水平上。只要有一项指标的得分为零，不论其余的指标得分是多高，总的评价值都将是零，因而该方案将被淘汰。例如一个系统的各项技术指标尽管很好，但是有碍于政治上的因素，还是会被否决的，即"一票否决制"。

相反,在加法规则(9.4.1 节)中,各项指标的得分可以线性地互相补偿。一项指标的得分比较低,哪怕有某项指标取零分,其他指标的得分都比较高,总的评价值仍然可以比较高。任何一项指标的改善,都可以使得总的评价提高,例如衡量人民群众生活水平,衣、食、住、行任何一个方面的提高都意味着生活水平的提高。在应用中,往往对单项指标得分总和都规定"分数线",例如高考和考研的录取工作。

下面介绍"理想系数法"(即 TOPSIS 法),实际上它是乘法规则的应用。

理想系数法的步骤如下:

(1) 先用某种评分方法对每种方案的各项功能进行评分;

(2) 按下式计算功能满足系数 f_i

$$f_i = \frac{该方案之总分 F_i}{理想状态总分 F} \tag{9-11}$$

(3) 按下式计算经济满意系数 e_i

$$e_i = \frac{基本成本 - 该方案预计成本 C_i}{基本成本} \tag{9-12}$$

(4) 计算方案的理想系数 ϕ_i

$$\phi_i = \sqrt{f_i \cdot e_i} \tag{9-13}$$

理想系数 ϕ_i 是在功能和成本两个方面综合衡量方案距离理想状态的程度。显然,有

$$0 \leqslant f_i \leqslant 1, \quad 0 \leqslant e_i \leqslant 1, \quad 且 0 \leqslant \phi_i \leqslant 1$$

若 $\phi_i = 0$,则方案完全不理想;若 $\phi_i = 1$,则方案符合理想状态。应当保留 ϕ_i 数值高的方案。

【例 5】 对于林火探测系统有 4 种可行方案,它们从技术上按照表 9-13 所示标准进行评分,评分结果与功能满足系数如表 9-14 所示。

式(9-12)中的成本基数(基本成本)按林火平均损失的 1/30 计算,这里取为 119 万元。各方案的经济满意系数如表 9-15 所示,最后按式(9-13)算得各方案的理想系数亦如表 9-15 所示,显见,应选择方案 D 或 C。

对比式(9-13)与式(9-9),可以看到,在式(9-13)中,是取

$$W_1 = W_2 = 1/2$$

表 9-13 例 5 的评分标准

方案	理想状态	好的方案	较好方案	较差方案	差的方案	不予考虑
评分	5	4	3	2	1	0

表 9-14 例 5 的计算表

方 案	功 能						总分 F_i	功能满足系数 $f_i = F_i/F$
	可靠性	连续性	气候环境影响	信息传递速度	后勤供应	维修保养		
A. 飞机瞭望	4	3	2	5	4	3	21	$f_A = 0.70$
B. 机载红外照相	5	3	3	5	4	2	22	$f_B = 0.73$
C. 地面红外仪	4	5	5	4	3	4	25	$f_C = 0.83$
D. 人工瞭望塔	4	4	4	4	3	5	24	$f_D = 0.80$
理想状态	5	5	5	5	5	5	30	$F = 30$

表 9-15 例 5 的计算结果

方 案	方案预计成本/万元	经济满意系数 e_i	理想系数 ϕ
A. 飞机瞭望	37.5	$e_A = 0.68$	$\phi_A = 0.690$
B. 机载红外照相	75.5	$e_B = 0.36$	$\phi_B = 0.513$
C. 地面红外仪	19.2	$e_C = 0.84$	$\phi_C = 0.835$
D. 人工瞭望塔	10.9	$e_D = 0.91$	$\phi_D = 0.853$

*9.5 指标综合的其他方法

指标综合,除加权平均法以外,还有一些其他的方法。其基本思想都是使多项指标因素归一化(除最后的"指标分层法"外)。美国匹茨堡大学教授萨蒂(T. L. Saaty)于 20 世纪 70 年代末提出的层次分析法(Analytic Hierarchy Process,AHP)是兼有系统分析与系统综合功能的一种方法,对于系统评价也是比较有用的,9.6 节将予以介绍。

9.5.1 比率法

当一个系统同时并存两项同向单调的指标因素的时候,可以用比率法将它们化为单一指标:相对指标或无量纲指标。

回顾一下物理学中关于密度的概念:

$$密度\ \rho = \frac{质量\ m}{体积\ V} \tag{9-14}$$

引入密度的概念,并且规定水的密度为 1,就很好地解决了各种物质(比如说木头和钢铁)的轻重浮沉问题。某物质的密度 $\rho = 7.8\text{g/cm}^3$,就是说"每单位体积(1cm^3)内含有该种物质 7.8 个质量单位(g)",这就是一种相对指标。

在成本—效益分析中用到了利率 i,是一项无量纲的指标,它表示"每单位资金的期利息额"。例如,年利率 $i = 10\%$,就表示每 1 元资金的年利息为 0.1 元,或每 100 元资金的年利息为 10 元。用到的效益成本比 E/C,当 E 与 C 同时为货币单位时,比值 E/C 为无量纲指标;当 C 为货币单位而 E 为其他单位,例如产品件数时,比值 E/C 就表示"每单位成本所能生产的产品件数",这也是一种用相对指标。在投入产出分析中用到了直接消耗系数与完全消耗系数等相对指标。

9.5.2 乘除法

设系统具有 n 项指标因素($n > 2$):$f_1(X), f_2(X), \cdots, f_n(X)$,均大于 0,如果要求其中 k 项指标例如 $f_1(X), f_2(X), \cdots, f_k(X)$ 达到最小,其余 $(n-k)$ 项指标即 $f_{k+1}(X), f_{k+2}(X), \cdots, f_n(X)$ 达到最大,则可定义

$$U(X) = \frac{f_1(X) \cdot f_2(X) \cdot \cdots \cdot f_k(X)}{f_{k+1}(X) \cdot f_{k+2}(X) \cdot \cdots \cdot f_n(X)} \tag{9-15}$$

为单一指标,求其最小值;或定义

$$U'(X) = \frac{f_{k+1}(X) \cdot f_{k+2}(X) \cdot \cdots \cdot f_n(X)}{f_1(X) \cdot f_2(X) \cdot \cdots \cdot f_k(X)} \tag{9-16}$$

为单一指标,求其最大值。

9.5.3 功效系数法

设系统具有 n 项指标 $f_1(X), f_2(X), \cdots, f_n(X)$,其中有 k_1 项越大越好,k_2 项越小越好,其余 $(n-k_1-k_2)$ 项要求适中。现在分别为这些指标赋予一定的功效系数 $d_i, 0 \leqslant d_i \leqslant 1$,其中 $d_i = 0$ 表示最不满意,$d_i = 1$ 表示最满意;一般地,$d_i = \phi_i(f_i(X))$,对于不同的要求,函数 ϕ_i 有着不同的形式,如图 9-5 所示,当 f_i 越大越好时选用(a),越小越好时选用(b),适中时选用(c)所;$f_i(X)$ 转化为 d_i 后,用一个总的功效系数

$$D = \sqrt[n]{d_1 \cdot d_2 \cdot \cdots \cdot d_n} \tag{9-17}$$

作为单一指标,希望 D 越大越好($0 \leqslant D \leqslant 1$)。

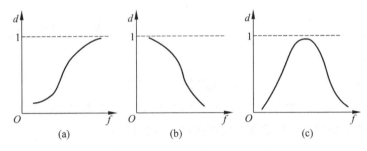

图 9-5　功效系数曲线

D 的综合性很强,例如,当某项指标 d_k 很不满意时,$d_k = 0$,则 $D = 0$,如果各项指标都令人满意,$d_k \approx 1$,则 $D \approx 1$。

【例 6】　设某产品有 4 项指标:f_1 表示产量,允许在 40~100 件之间变化;f_2 表示产品的硬度,允许在 3.2~4.4 之间变化之间;f_3 表示能耗,允许在 6.0~8.5 千瓦之间变化;f_4 表示产品合格率,不允许低于 50%;显然 f_1 与 f_4 越高越好,f_3 越低越好,而 f_2 设以适中为好,它们的功效函数 $\phi_i(i = 1, 2, 3, 4)$ 如图 9-6 所示,今有两种工艺方案,满足 4 项指标的情况见表 9-16,试评价两种方案的优劣。

表 9-16　两种工艺方案的指标

方　案	指　标			
	f_1	f_2	f_3	f_4
A_1	58	3.7	6.5	80
A_2	57	4.1	6.5	85

解:由表 9-16 可见,两种方案中,指标值 f_3 是相同的,其他指标各有所长,难以判别哪种方案好。根据表 9-16 的数据查找图 9-6 各曲线,得到功效系数如表 9-17 所示。

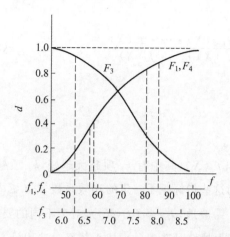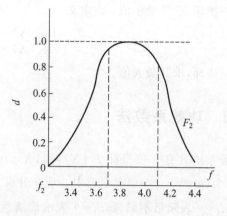

图 9-6　例 6 的功效系数曲线

表 9-17　两种工艺方案的指标转换

指　　　标	d_1	d_2	d_3	d_4	D
A_1	0.43	0.94	0.94	0.84	0.752
A_2	0.41	0.8	0.94	0.90	0.726

总的功效系数

$$D = \sqrt[4]{d_1 \cdot d_2 \cdot d_3 \cdot d_4}$$

分别算得 $D_1 = 0.752$，$D_2 = 0.726$，显见 $D_1 > D_2$，因此，方案 A_1 比 A_2 好。

式(9-17)其实是加权平均法乘法规则式(9-9)的特例：

$$w_1 = w_2 = \cdots = w_n = \frac{1}{n}$$

9.5.4　主次兼顾法

设系统具有 n 项指标因素 $f_1(X), f_2(X), \cdots, f_n(X), X \in R$，如果其中某一项指标最为重要，设为 $f_1(X)$ 希望它取极小值；那么可以让其他指标在一定约束范围内变化，来求 $f_1(X)$ 的极小值，就是说，将问题化为单项指标的数学规划：

$$\min f_1(X), \quad X \in R'$$
$$R' = \{X \mid f' \leqslant f_i(X) \leqslant f''_i, i = 2, 3, \cdots, n. \ X \in R\} \tag{9-18}$$

例如，一个化工厂，要求产品的成本低、质量好，同时还要求污染少，如果降低成本是当务之急，则可以让质量指标和污染指标满足一定约束条件而求成本的极小值；如果控制污染是当务之急，则可以让成本指标和质量指标满足一定约束条件而求污染的极小值，等等。

9.5.5　指标规划法

设系统具有 n 项指标因素，对于每一项指标 $f_i(X)$ 预先规定了一个最优值(或者希望达到的理想值)f_i^*,要求各项指标值 $f_i(X)$ 尽可能地接近 f_i^*,这时可以用指标规划法定义某种单项指标 $U(X)$,求其极小值。具体来说,$U(X)$ 可以取以下各种形式。

1. 定义一

$$U(X) = \sum_{i=1}^{n} [f_i(X) - f_i^*]^2 \tag{9-19}$$

为单一指标,求其极小值。

实际上,式(9-19)表达了最小二乘法的概念。如果对各项 $f_i(X)$ 的重视程度不同;可以用加权最小二乘法:

$$U(X) = \sum_{i=1}^{n} w_i [f_i(X) - f_i^*]^2 \tag{9-20}$$

2. 定义二

$$U(X) = \max_i | f_i(X) - f_i^* | \tag{9-21}$$

为单一指标,求其极小值。

3. 取各理想值 f_i^* 为各项指标分别可能达到的最优值(例如极小值)

$$f_i^* = \min_{X \in R} f_i(X), \quad i = 1, 2, \cdots, n \tag{9-22}$$

于是得到一个理想点

$$F^* = (f_1^*, f_2^*, \cdots, f_n^*)^T$$

它是各项指标的共同归宿。一般不大可能实现该理想点 F^*,因为各项指标不大可能同时达到各自的最优值。可作指标矢量

$$F(X) = (f_1(X), f_2(X), \cdots, f_n(X))^T$$

则可定度指标矢量的模

$$U(X) = \| F(X) - F^* \| \tag{9-23}$$

为单一指标,求其极小值。

模的具体形式可以不同,得到的最优解也不同。一般可以取

$$\| F(X) - F^* \| = \left\{ \sum_{i=1}^{n} [f_i(X) - f_i^*]^P \right\}^{\frac{1}{P}}$$
$$= L_P(X) \tag{9-24}$$

式中,$P \in (1, +\infty)$,而 $P=2$ 用得最多,这时模 $U(X) = L_2(X)$ 其实就是欧氏空间中的距离;要求模最小,就是要求找到的解(方案)与理想点 F^* 的距离为最近,如图 9-7 所示。而当 $P \to +\infty$ 时,

$$L_{+\infty}(X) = \min | f_i(X) - f_i^* |$$

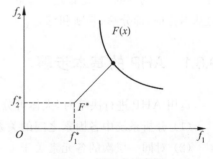

图 9-7 理想点示意图

9.5.6 指标分层法

指标分层法就是:把各项指标按其重要性先排一个队,重要的排在前面。例如已排成

序列 $f_1(X), f_2(X), \cdots, f_n(X)$。然后对第 1 项指标求最优(设为最小),找出所有最优解的集合 R_1,再在 R_1 内对第 2 项指标求最优,其所有最优解的集合记为 $R_2, \cdots$,如此继续,直到求出第 n 项指标的最优解为止。上述过程可以记作

$$\begin{cases} f_1(X^{(1)}) = \min_{X \in R_0} f_1(X) \\ f_2(X^{(2)}) = \min_{X \in R_1} f_2(X) \\ \vdots \\ f_n(X^{(n)}) = \min_{X \in R_{n-1}} f_n(X) \end{cases} \tag{9-25}$$

式中

$$R_i = \{X \mid \min f_i(X), X \in R_{i-1}\}, i = 1, 2, \cdots, n-1 \tag{9-26}$$

且 $R_0 = R$。这种方法的前提是:$R_1, R_2, \cdots, R_{n-1}$ 均不是空集,而且其中均不止一个元素。这在实际问题中往往很难做到,于是发展了一种比较宽容的方法,这种方法在求后一个指标的最优解时,不必在前一个指标的最优解集合中找,而是在一个对最优解有宽容的集合中去找。这时,只需要把式(9-26)改写为

$$R_i = \{X \mid f_i(X) < f_i(X^{(1)}) + a_i, X \in R_{i-1}\}, \quad i = 1, 2, \cdots, n-1 \tag{9-27}$$

式中,$R_0 = R$,而 $a_i > 0$,表示宽容限度。

9.6　层次分析法

层次分析法(Analytic Hierarchy Process,AHP)是由美国匹茨堡大学教授萨蒂(T. L. Saaty)于 20 世纪 70 年代末提出的,它是一种多层次权重解析法。AHP 以定性与定量相结合的方法处理各种决策因素,将人的主观判断用数量形式表达和处理,系统性强,使用灵活、简便,在社会经济研究的多个领域得到了广泛的应用。

AHP 的应用需要掌握一些简单的数学工具,而从数学原理上 AHP 有深刻的内容,但从本质上讲首先是一种思维方式。它把复杂问题分解成各个组成因素,又将这些因素按支配关系分组形成递阶层次结构;通过两两比较的方式确定层次中诸因素的相对重要性;然后综合专家的判断,确定备选方案相对重要性的总的排序。整个过程体现了人的决策思维的基本特征,即分解、判断和综合。

9.6.1　AHP 的基本步骤

运用 AHP 进行决策时,大体可分为 4 个步骤进行:

(1) 分析系统中各因素之间的关系,建立系统的递阶层次结构模型;

(2) 对同一层次的各元素关于上一层次中某一准则的重要性进行两两比较,构造两两比较判断矩阵,进行层次单排序和一致性检验;

(3) 由判断矩阵计算被比较元素对于该准则的相对权重;

(4) 计算各层元素对系统目标的合成权重,并进行层次总排序和一致性检验。

下面分别说明这 4 个步骤的实现方法。

1. 建立递阶层次结构模型

应用 AHP 分析社会的、经济的以及科学管理领域的问题,首先要把问题条理化、层次化,构造出一个层次分明的结构模型。在这个结构模型下,复杂问题被分解为人们称之为元素的组成部分。这些元素又按其属性分成若干组,形成不同层次。同一层次的元素作为准则对下一层次的某些元素起支配作用,同时它又受上一层次元素的支配。这些层次大体上可以分为 3 类。

(1) 最高层:这一层次中只有一个元素,一般它是分析问题的预定目标或理想结果,因此也称目标层。

(2) 中间层:这一层次包括为实现目标所涉及的中间环节,它可以由若干个层次组成,包括所需考虑的准则、子准则,因此也称为准则层。

(3) 最低层:表示为实现目标可供选择的各种措施、决策方案等,因此也称为措施层或方案层。

上述各层次之间的支配关系不一定是完全的,即可以存在这样的元素,它并不支配下一层次的所有元素而仅支配其中部分元素。

这种自上而下的支配关系所形成的层次结构,称为递阶层次结构。一个典型的层次结构表示见图 9-8。

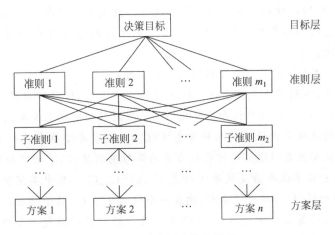

图 9-8 递阶层次结构模型

递阶层次结构中的层次数与问题的复杂程度及需分析的详尽程度有关,一般可以不受限制。每一层次中各元素所支配的元素一般不要超过 9 个。这是因为支配的元素过多会给两两比较判断带来困难。一个好的层次结构对于解决问题是极为重要的,因而层次结构必须建立在研究者和决策者对所面临的问题有全面深入的认识的基础上。如果在层次的划分和确定层次元素间的支配关系上举棋不定,那么最好重新分析问题,弄清各元素间的相互关系,以确保建立一个合理的层次结构。

递阶层次结构是 AHP 中一种最简单的层次结构形式。有时一个复杂的问题仅仅用递阶层次结构难以表示,这时就要采用更复杂的形式,如循环层次结构、反馈层次结构等。它们都是递阶层次结构的扩展形式。

现举例来说明递阶层次结构模型的建立方法。

【例7】 科研课题的选择

对于一个研究单位,科研课题的选择是组织管理的首要任务。课题选择合适与否直接关系到科研单位贡献大小和发展方向。因而它是一项关键性的技术决策和管理决策。选题必须考虑到贡献大小、人才培养、可行性及对本单位今后发展的影响4个准则,与这4个准则相联系的主要因素(指标)又有以下几项。

(1) 实用价值,即科研课题所具有的经济价值和社会价值或完成后预期的经济效益或社会效益。它与成果贡献以及人才培养、今后发展等都有关。

(2) 科学意义,即科研课题的理论价值及其对某个科技领域的推动作用。它不仅关系到科研成果的贡献大小,也关系到科研人员学术水平的提高及单位今后的发展方向。

(3) 优势发挥,即选题要充分发挥本单位学科及专业人才优势。它与人才培养、课题可行性及今后发展均有关系。

(4) 难易程度,即科研课题的难易程度要与自身各种条件所决定的成功可能性相一致,这是与可行性直接有关的因素。

(5) 研究周期,即科研课题预计所需花费的时间,这也是直接影响可行性的因素。

(6) 经费支持,即科研课题所需的经费、设备以及经费来源、有关单位支持情况等。这也是与可行性及今后发展有关的因素。

当然对于不同规模和不同性质的研究单位还可以考虑更多的或不同的因素,如课题的先进性、对科研基地的建设和实验室建设的促进等。这里主要考虑以上几点。

根据上述遴选科研课题要考虑的因素以及它们之间的隶属关系,可把各个因素自上而下划分为4个层次:

最高层即目标层(A)的目标是合理遴选科研课题;

中间层有两层,准则层1包括合理选择课题的4个准则,即科研成果贡献(B_1)、人才培养(B_2)、课题可行性(B_3)以及单位今后发展(B_4);准则层2包括上面提到的6条指标,其中与成果贡献有关的是实用价值(C_1)与科学意义(C_2);与人才培养有关的是实用价值(C_1)、科学意义(C_2)及优势发挥(C_3);与可行性有关的是难易程度(C_4)、研究周期(C_5)、财政支持(C_6)和C_1、C_2、C_3;与单位今后发展有关的是C_1、C_2、C_3、C_6。其中实用价值又可分为经济价值(C_{11})与社会价值(C_{12})两个子指标,构成一个仅隶属于C_1的子层次;

第4层即最低层是备选课题层,列出所有可供选择的科研课题1至N。图9-9表示了这一问题的层次结构模型。

2. 构造两两比较判断矩阵

在建立递阶层次结构模型以后,上下层次之间元素的隶属关系就被确定了。假定以上一层元素C为准则,所支配的下一层次的元素为$u_1,u_2,\cdots,u_n$,目的是要按它们对于准则C的相对重要性赋予相应的权重$w_1,w_2,\cdots,w_n$。当$w_1,w_2,\cdots,w_n$对于C的重要性可以直接定量表示时(如利润多少、消耗材料量等),它们相应的权重可以直接确定。但是对于大多数社会经济问题,特别是比较复杂的问题,元素的权重不容易直接获得,这时就需要通过适当的方法导出它们的权重,AHP所用的导出权重的方法就是两两比较的方法。

这一步中,专家要反复地回答问题:针对准则C,两个元素u_i和u_j哪一个更重要,重要多少,并按1~9比例标度对重要性程度赋值。表9-18中列出了1~9标度的含义。例

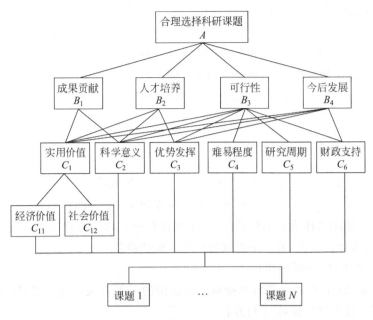

图 9-9　选择科研课题的层次结构模型

如图 9-10 上实用价值下支配的元素为经济价值和社会价值。如果认为经济价值比社会价值明显地重要,那么它们的重要性之比的标度应取为 5,而社会价值与经济价值重要性的比例标度应取为 1/5。这样对于准则 C,n 个被比较元素构成了一个两两比较判断矩阵

$$\boldsymbol{A} = (a_{ij})_{n \times n} \qquad (9\text{-}28)$$

式中,a_{ij} 就是元素 u_i 和 u_j 相对于 C 的重要性的比例标度。

显然判断矩阵具有下述性质:

$$a_{ij} > 0, \quad a_{ji} = \frac{1}{a_{ij}}, \quad a_{ii} = 1 \qquad (9\text{-}29)$$

称判断矩阵 $\boldsymbol{A}$ 为正互反矩阵。它所具有的性质,使对一个 n 个元素的判断矩仅需给出其上(或下)三角的 $n(n-1)/2$ 个元素就可以了。也就是说只需作 $n(n-1)/2$ 个判断即可。

表 9-18　1～9 标度的含义

标　度	含　义
1	表示两个元素相比,具有同样重要性
3	表示两个元素相比,前者比后者稍重要
5	表示两个元素相比,前者比后者明显重要
7	表示两个元素相比,前者比后者强烈重要
9	表示两个元素相比,前者比后者极端重要
2,4,6,8	表示上述相邻判断的中间值
倒数	若元素 i 与元素 j 的重要性之比为 a_{ij},那么元素 j 与元素 i 重要性之比为 $a_{ji}=\dfrac{1}{a_{ij}}$

在特殊情况下,判断矩阵 A 的元素具有传递性,即满足等式

$$a_{ij} \cdot a_{jk} = a_{ik} \tag{9-30}$$

例如,当 u_i 和 u_j 相比的重要性比例标度为 3,而 u_j 和 u_k 的重要性比例标度为 2,如果又认为 u_i 和 u_k 重要性比例标度为 6,那么它们之间的关系就满足式(9-30)。但一般并不要求判断矩阵满足这种传递性。当式(9-30)对 A 的所有元素均成立时,判断矩阵 A 称为一致性矩阵。

3. 单一准则下元素相对权重的计算

在这一步我们要根据 n 个元素 $u_1, u_2, \cdots, u_n$ 对于准则 C 的判断矩阵 A,求出它们对于准则 C 的相对权重 $w_1, w_2, \cdots, w_n$,相对权重可写成向量形式,即 $\boldsymbol{\omega} = (w_1, w_2, \cdots, w_n)^{\mathrm{T}}$。由于权重向量经常被用来作为对象的排序,因此也常常把它称为排序向量。这里要解决两个问题,一个是权重计算方法,另一个是判断矩阵一致性检验。

1) 权重计算方法(特征根法)

特征根法是 AHP 中较早提出并得到广泛应用的一种方法。它对 AHP 的发展在理论上有重要作用。设有判断矩阵 A 与方程

$$A\boldsymbol{\omega} = \lambda_{\max} \boldsymbol{\omega} \tag{9-31}$$

这里 $\lambda_{\max}$ 是 A 的最大特征根,$\boldsymbol{\omega}$ 是相应的特征向量。所得的 $\boldsymbol{\omega}$ 经归一化后就可作为权向量。这种方法称为特征根法,简记为 EM。由正矩阵的 Perron 定理可知 $\lambda_{\max}$ 及相应的特征向量 $\boldsymbol{\omega}$ 存在且唯一,$\boldsymbol{\omega}$ 的分量均为正分量,可以用幂法求出 $\lambda_{\max}$ 及相应的特征向量 $\boldsymbol{\omega}$。

2) 一致性检验

在计算单准则下排序权向量时,如果出现"甲比乙极端重要,乙比丙极端重要,而丙又比甲极端重要"的判断一般是违反常识的。因此需要对判断矩阵的一致性进行检验,其步骤如下:

(1) 计算一致性指标 $C.I.$(consistency index)。

$$C.I. = \frac{\lambda_{\max} - n}{n - 1} \tag{9-32}$$

(2) 查找相应的平均随机一致性指标 $R.I.$(random index)。

表 9-19 给出了 1~15 阶正互反矩阵计算 1000 得到的平均随机一致性指标。

表 9-19 平均随机一致性指标 $R.I.$

矩阵阶数	1	2	3	4	5	6	7	8	9	10	11	12	13	14	15
$R.I.$	0	0	0.52	0.89	1.12	1.26	1.36	1.41	1.46	1.49	1.52	1.54	1.56	1.58	1.59

(3) 计算一致性比例 $C.R.$(consistency ratio)。

$$C.R. = \frac{C.I.}{R.I.} \tag{9-33}$$

当 $C.R. < 0.1$ 时,认为判断矩阵的一致性是可以接受的。当 $C.R. \geqslant 0.1$ 时应该对判断矩阵作适当修正。对于一阶、二阶矩阵总是一致的,此时 $C.R. = 0$。

为了检验一致性,必须计算矩阵的最大特征根 $\lambda_{\max}$。这可以在求出 $\boldsymbol{\omega}$ 后,用公式

$$\lambda_{\max} = \frac{1}{n} \sum_{i=1}^{n} \frac{(\boldsymbol{A\omega})_i}{w_i} = \frac{1}{n} \sum_{i=1}^{n} \frac{\sum_{j=1}^{n} a_{ij} w_j}{w_i} \qquad (9\text{-}34)$$

求得,式中$(\boldsymbol{A\omega})_i$表示向量$\boldsymbol{A\omega}$的第i个分量。

(4) 计算各元素对目标层的合成权重。

上面得到的仅仅是一组元素对其上一层中某元素的权重向量。最终是要得到各元素对于总目标的相对权重,特别是要得到最低层各方案对于目标的排序权重,即所谓"合成权重",从而进行方案选择。合成排序权重的计算要自上而下,将单准则下的权重进行合成,并逐层进行总的判断一致性检验。

假定已经算出第$k-1$层上n_{k-1}个元素相对于总目标的排序权重向量$\boldsymbol{\omega}^{(k-1)} = (w_1^{(k-1)}, w_2^{(k-1)}, \cdots, w_{n_{k-1}}^{(k-1)})^{\mathrm{T}}$,第$k$层上$n_k$个元素对第$k-1$层上第$j$个元素为准则的排序权重向量设为$\boldsymbol{P}_j^{(k)} = (P_{1j}^{(k)}, P_{2j}^{(k)}, \cdots, P_{n_k,j}^{(k)})^{\mathrm{T}}$,其中不受$j$支配的元素的权重为零。令$\boldsymbol{P}^{(k)} = (P_1^{(k)}, P_2^{(k)}, \cdots, P_{n_{k-1}}^{(k)})$,这时$n_k \times n_{k-1}$的矩阵,表示$k$层上元素对$k-1$层上各元素的排序,那么第$k$层上元素对总目标的合成排序向量$\boldsymbol{\omega}^{(k)}$由下式给出

$$\boldsymbol{\omega}^{(k)} = (w_1^{(k)}, w_2^{(k)}, \cdots, w_{n_k}^{(k)})^{\mathrm{T}} = \boldsymbol{P}^{(k)} \boldsymbol{\omega}^{(k-1)} \qquad (9\text{-}35)$$

或

$$w_i^{(k)} = \sum_{j=1}^{n_{k-1}} p_{ij}^{(k)} w_j^{(k-1)} \quad i = 1, 2, \cdots, n \qquad (9\text{-}36)$$

并且一般地有

$$\boldsymbol{\omega}^{(k)} = \boldsymbol{P}^{(k)} \boldsymbol{P}^{(k-1)} \cdots \boldsymbol{\omega}^{(2)} \qquad (9\text{-}37)$$

这里$\boldsymbol{\omega}^{(2)}$是第二层上元素对总目标的排序向量,实际上它就是单准则下的排序向量。

同样地从上到下逐层进行一致性检验。若已求得以$k-1$层上元素j为准则的一致性指标$C.I._j^{(k)}$,平均随机一致性指标$R.I._j^{(k)}$以及一致性比例$C.R._j^{(k)}$,$j = 1, 2, \cdots, n_{k-1}$,那么$k$层的综合指标$C.I.^{(k)}$,$R.I.^{(k)}$,$C.R.^{(k)}$应为

$$C.I.^{(k)} = (C.I._1^{(k)}, \cdots, C.I._{n_{k-1}}^{(k)}) \boldsymbol{\omega}^{(k-1)} \qquad (9\text{-}38)$$

$$R.I.^{(k)} = (R.I._1^{(k)}, \cdots, R.I._{n_{k-1}}^{(k)}) \boldsymbol{\omega}^{(k-1)} \qquad (9\text{-}39)$$

$$C.R.^{(k)} = \frac{C.I.^{(k)}}{R.I.^{(k)}} \qquad (9\text{-}40)$$

当$C.R.^{(k)} < 0.1$时认为递阶层次结构在k层水平以上的所有判断具有整体满意的一致性。

下面把例 7 中遴选科研课题问题按步骤(2)、(3)、(4)予以完成。

首先构造第二层中 4 个元素对目标层的判断矩阵。认为科研课题成果贡献(B_1)与人才培养(B_2)相比,贡献比人才稍重要,而与课题的可行性同等重要,和发展方向同等重要,等等。各个判断表示在下面的判断矩阵中,并用特征根法计算得到结果。

$A-B$	A	B_1	B_2	B_3	B_4	$\omega^{(2)}$	
	B_1	1	3	1	1	0.30	$\lambda_{\max} = 4.00$
	B_2	1/3	1	1/3	1/3	0.10	$C.I. = 0.00$
	B_3	1	3	1	1	0.30	$R.I. = 0.89$
	B_4	1	3	1	1	0.30	$C.R. = 0.00$
							$C.R.^{(2)} = 0.00$

类似地可以得到其他各个单准则下判断矩阵及其计算结果。

B_1-C	B_1	C_1	C_2	$p_1^{(3)}$
	C_1	1	3	0.75
	C_2	1/3	1	0.25

$\lambda_{max}=2.00$
$C.I._1^{(3)}=0.00$
$C.R._1^{(3)}=0.00$

B_2-C	B_2	C_1	C_2	C_3	$p_2^{(3)}$
	C_1	1	1/5	1/3	0.10
	C_2	5	1	3	0.64
	C_3	3	1/3	1	0.26

$\lambda_{max}=3.04$
$C.I._2^{(3)}=0.02$
$R.I._2^{(3)}=0.52$
$C.R._2^{(3)}=0.04$

B_3-C	B_3	C_3	C_4	C_5	C_6	$p_3^{(3)}$
	C_3	1	1	3	2	0.33
	C_4	1	1	3	2	0.33
	C_5	1/3	1/3	1	1/2	0.10
	C_6	1/2	1/2	2	1	0.24

$\lambda_{max}=4.08$
$C.I._3^{(3)}=0.03$
$R.I._3^{(3)}=0.89$
$C.R._3^{(3)}=0.03$

B_4-C	B_4	C_1	C_2	C_3	C_4	$p_4^{(3)}$
	C_1	1	1/5	1/3	1	0.10
	C_2	5	1	3	5	0.56
	C_3	3	1/3	1	3	0.24
	C_4	1	1/5	1/3	1	0.10

$\lambda_{max}=4.00$
$C.I._4^{(3)}=0.00$
$R.I._4^{(3)}=0.89$
$C.R._4^{(3)}=0.00$

C 层次对于 A 的总排序 $\omega^{(3)}=(w_1^{(3)},w_2^{(3)},\cdots,w_6^{(3)})^{\mathrm{T}}$ 可用表 9-20 所示。

表 9-20 C 层合成排序

C \ B	$\omega_1^{(2)}=0.30$ $p_1^{(3)}$	$\omega_2^{(2)}=0.10$ $p_2^{(3)}$	$\omega_3^{(2)}=0.30$ $p_3^{(3)}$	$\omega_4^{(2)}=0.30$ $p_4^{(3)}$	$\omega^{(3)}=P^{(3)}\omega^{(2)}$ $\omega_1^{(3)}=\sum_{j=1}^{4}p_{ij}^{(3)}\omega_j^{(2)}$
C_1	0.75	0.14	0	0.10	0.27
C_2	0.25	0.64	0	0.56	0.31
C_3	0	0.26	0.33	0.24	0.20
C_4	0	0	0.33	0	0.10
C_5	0	0	0.10	0	0.03
C_6	0	0	0.24	0.10	0.10

$$C.I.^{(3)}=(C.I._1^{(3)},C.I._2^{(3)},C.I._3^{(3)},C.I._4^{(3)})\omega^{(2)}$$
$$=(0,0.04,0.03,0)\cdot(0.30,0.10,0.30,0.30)^{\mathrm{T}}$$
$$=0.013$$
$$R.I.^{(3)}=(R.I._1^{(3)},R.I._2^{(3)},R.I._3^{(3)},R.I._4^{(3)})\omega^{(2)}$$
$$=(0,0.52,0.89,0.89)\cdot(0.30,0.10,0.30,0.30)^{\mathrm{T}}$$
$$=0.319$$

$$C.R.^{(3)} = \frac{C.I.^{(3)}}{R.I.^{(3)}} = 0.04 < 0.1$$

满足整体一致性要求。

　　还可以继续作出方案层的排序,此处从略。最后得到的层次总排序权值如表 9-21 所示。

表 9-21　层次总排序权值表

层次 A / 权值 / 层次 B	A_1	A_2	⋯	A_m	B 层次总排序权值
	a_1	a_2	⋯	a_m	
B_1	b_{11}	b_{12}	⋯	b_{1m}	$\sum_{j=1}^{m} a_j b_{1j}$
B_2	b_{21}	b_{22}	⋯	b_{2m}	$\sum_{j=1}^{m} a_j b_{2j}$
⋮	⋮	⋮	⋮	⋮	⋮
B_n	b_{n1}	b_{n2}	⋯	b_{nm}	$\sum_{j=1}^{m} a_j b_{nj}$

　　下面以一个比较简单的例子显示完整的求解过程与结果。

　　【例 8】　层次分析法在产品开发方法评价中的应用

　　对产品开发设计方法的评价最终体现在实现产品的功能特性、开发周期及其他经济性指标上。影响产品设计方法选择的评价指标可归结为:性能指标 B_1、技术指标 B_2、经济指标 B_3 三方面(准则层 1)和 12 项具体指标 C_i(准则层 2),最底层即为待评价层和待比较的设计方法 S_j。评价指标内容如下:性能指标 B_1 指产品的现实质量特性值,是评价产品功能实现程度的指标,包括可用性、稳健性、可靠性和寿命;技术指标 B_2 是指评价设计方案、满足设计要求和技术性要求的程度,评价指标有可加工性、结构工艺性、可装配性、加工工艺性、标准化和可装夹性;经济性指标 B_3 包括方案成本、利润、实施的费用和产品开发过程中所持续的周期。例如,某玩具厂开发一种婴儿学步车,要求达到的性能指标是:

　　(1) 可用性(C_{11}):是指该车主要用于婴儿早期学习走路,也可用于给婴儿喂食和站立。

　　(2) 稳健性(C_{12}):是指生产该车时,产品合格率较高且合格率的波动小。

　　(3) 可靠性(C_{13}):是指婴儿在学步时,无论是路面高低不平、上下坡,还是婴儿走路的快慢不一等各种不利因素存在的情况下,能保证婴儿的安全。

　　(4) 寿命(C_{14}):是指在婴儿学会走路前,能够保证学步车的各个部件没有损坏。

　　要求达到的技术指标是:

　　(1) 可加工性(C_{21}):是指童车的各个部件易于加工的程度。

　　(2) 可装夹性(C_{22}):是指各个部件在加工过程中易于装夹的程度。

　　(3) 加工工艺性(C_{23}):是指学步车整车加工工艺流程。

　　(4) 结构工艺性(C_{24}):是指学步车整车外观。

　　(5) 可装配性(C_{25}):是指消费者在使用和存放的交替过程中,可自己进行装配的程度。

（6）标准化(C_{26})：是指学步车各部件的通用性和标准化的程度。

要求达到的经济指标是：

（1）时间(C_{31})：是指生产该学步车所需要的时间。

（2）费用(C_{32})：是指生产该车的总成本。

解：1.建立对产品设计方法评价的递阶层次结构

根据上述分析,可以建立对产品设计方法评价的递阶层次结构见图 9-10。

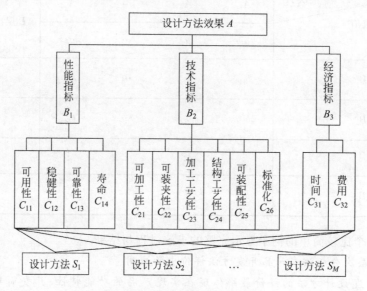

图 9-10　例 8 的递阶层次结构

2. 确定判断矩阵,进行单排序向量及一致性检验

图 9-10 所示的产品设计方法评价的层次分析结构,用不同设计方法设计的产品对 12
个具体指标的权重分配不同,这里采用 1～9 标度构造各层的判断矩阵,见表 9-22～
表 9-25。

表 9-22　A—B 判断矩阵

A	B_1	B_2	B_3	W
B_1	1	3	4	0.62
B_2	1/3	1	2	0.24
B_3	1/4	1/2	1	0.12

$\lambda_{max}=3.03$　C. I.$=0.015$　R. I.$=0.58$　C.R.$=0.025<0.1$

表 9-23　B—C_{1i} 判断矩阵

B	C_{11}	C_{12}	C_{13}	C_{14}	W
C_{11}	1	2	3	4	0.467
C_{12}	1/2	1	2	3	0.278
C_{13}	1/3	1/2	1	2	0.16
C_{14}	1/4	1/3	1/2	1	0.095

$\lambda_{max}=4.028$　C. I.$^{(1)}=0.009$　R. I.$^{(1)}=0.9$　C. R.$=0.01<0.1$

表 9-24　**B—C_{2i}判断矩阵**

B	C_{21}	C_{22}	C_{23}	C_{24}	C_{25}	C_{26}	W
C_{21}	1	2	2	3	4	5	0.339
C_{22}	1/2	1	1	2	3	4	0.205
C_{23}	1/2	1	1	2	3	4	0.205
C_{24}	1/3	1/2	1/2	1	2	3	0.125
C_{25}	1/4	1/3	1/3	1/2	1	3	0.08
C_{26}	1/5	1/4	1/3	1/3	1/3	1	0.045

$\lambda_{max}=6.114$　　$C.I.^{(2)}=0.023$　　$R.I.^{(2)}=1.24$　　$C.R.=0.019<0.1$

表 9-25　**B—C_{3i}判断矩阵**

B	C_{31}	C_{32}	W
B_1	1	2	0.62
B_2	1/3	1	0.24

$\lambda_{max}=2$　　$C.I.^{(3)}=0$　　$R.I.^{(3)}=0$　　$C.R.=0<0.1$

3. 对目标层的总排序和总的一致性检验

目标层的权重计算及总排序,如表 9-26 所示。

表 9-26　**目标层的权重计算及总排序**

B	C_{11}	C_{12}	C_{13}	C_{14}	C_{21}	C_{22}	C_{23}	C_{24}	C_{25}	C_{26}	C_{31}	C_{32}
B_1 0.62	0.467	0.278	0.16	0.095								
B_2 0.24					0.339	0.205	0.205	0.125	0.08	0.045		
B_3 0.14											0.67	0.33
目标权重	0.29	0.172	0.1	0.059	0.081	0.049	0.049	0.03	0.019	0.011	0.094	0.046
排序	1	2	3	6	5	7	7	9	10	11	4	8

层次总排序一致性检验计算如下

$$C.I. = \sum_{i=1}^{3} B_i C.I.^{(i)} = 0.62 \times 0.009 + 0.24 \times 0.023 = 0.011$$

$$R.I. = \sum_{i=1}^{3} B_i R.I.^{(i)} = 0.62 \times 0.9 + 0.24 \times 1.24 = 0.856$$

则 $C.R. = \dfrac{C.I.}{R.I.} = 0.013 < 0.1$ 满足一致性要求。

基于实现以上各项指标的设计方法有 S_1、S_2、S_3 三种,邀请 10 位专家利用代菲尔法对上述不同设计方法进行评分,评分时要求按本文提出的结构模型中的 12 项指标分别打分,并规定每项指标采用 10 分制。评价的结果见表 9-27,表中各项指标的得分为 10 位专家对该项指标评价的累计得分。通过计算可以得出设计方法 S_1、S_2、S_3 的综合得分,从表 9-27 可以看出设计方法 S_1 综合得分为 82.2,方法 S_2 的综合得分为 85.5,方法 S_3 的综合得分为 78.2,因此可以认为,采用方案 S_2 效果较好。

表 9-27　评价结果

方案	指标												综合得分
	C_{11}	C_{12}	C_{13}	C_{14}	C_{21}	C_{22}	C_{23}	C_{24}	C_{25}	C_{26}	C_{31}	C_{32}	
	0.29	0.172	0.1	0.059	0.081	0.049	0.049	0.03	0.019	0.011	0.094	0.046	
S_1	82.5	84.5	87	82	83.5	80	77	78.5	83.5	76	80	76	82.2
S_2	88	84.5	90	84	80	85.5	84	82	84	87.5	84	82	85.5
S_3	78	80.5	79	80	80	73.5	78.5	74	77	74.5	77	74	78.2

9.6.2　AHP 基本思想的讨论

1. 比例标度的确定

用 AHP 对社会经济系统诸因素测度过程中,存在两种相对标度。一种是规定性标度,它用于在某一准则或属性下一组元素两两比较的相对强度的测定,这就是比例标度。在 AHP 中比例标度采用 1～9 之间的整数及其倒数。用比例标度测量的结果表示为正互反判断矩阵,因而这个矩阵也可以看作是这组元素在此属性下的测度。另一种标度是导出性标度。它是[0,1]中的实数,用于表示被比较元素相对重要性的测度。导出性标度是由比例标度按一定方法派生出来的。它涉及 AHP 排序原理,对于比例标度,问题是采用 1～9 之间的整数及其倒数是否合理? 它与现有的具有实际物理意义的标度有何关系? 这种比例标度是否存在扩展可能性,等等。

首先,选择 1～9 之间的整数及其倒数作为比例标度的主要原因是它符合人们进行判断时的心理习惯。由于在 AHP 中属性的测度是通过两两比较确定的,因而认为被比较对象对于它们所从属的性质或准则应有较为接近的强度,否则比较判断的定量化就没有多大意义,也缺乏必要的精度。正如用 1 千米与 1 厘米去比没有多大意义一样。这就是说比例标度的范围应有所限制。如果出现被比较对象的性质的强度在数量级上相差过于悬殊的情况,可以将数量级小的那些对象合并,或将大数量级的对象分解,再实施两两比较,使被比较对象的性质的强度保持在接近的数量级上。

其次,再来研究人们比较判断习惯的特点。当人们表达一对因素在某种属性下的相对强度时,通常采用相等、较强(弱)、明显强(弱)、很强(弱)、绝对强(弱)这类语言表达。如果再分得细一些,可以在相邻两级中再插入一级,这正好是 9 级。因而用 9 个数字表达人们的比较判断是够用的。采用 1～9 之间的整数表示这 9 个级别是既方便又实用的。同时当第一个因素在某种属性上与第二个因素相比为 5 时,按照心理习惯,第二个因素与第一个因素相比就是 5 的倒数 1/5,这就是说人们的两两比较判断本质上具有互反性。从而比例标度可取为 1～9 的整数及其倒数。那么能否取 1～9 之间的非整数作为比例标度呢? 一般地说没有这种必要。事实上我们要处理的正是难以给出测度的社会经济系统,对一个难以定量的对象提供一个过于精确的标度显然是事倍功半的。

采用 1～9 比例标度的另一个依据与心理学的研究有关。实验心理学表明,普通人在对一组事物的某种属性同时作比较,并使判断基本保持一致性时,所能够正确辨别的事物个数在 5~9。心理学的这一结论意味着在保持判断具有大体一致性条件下,普通人同时辨别事物能力的极限个数是 9。这一方面说明每一个判断矩阵的阶数不应该超过 9,同时又说明对 9 个事物采用 1~9 的 9 个标度是适当的。除此以外,采用 1~9 的整数值比起其他可能的标度,例如 0.1~0.9,10~90 等都要简单。作为离散的标度值,相邻标度相差为 1 是符合人们的习惯的。当然也不排斥采用其他标度的可能性。例如,事物的性质强度十分接近时,可采用 1.1~1.9 标度,等等。

需要指出的是,采用比例标度的方法是在无法对属性规定具有明确的物理意义的标度情形下进行测度的手段,通过这种两两比较从而使元素在这种属性下有序化。比例标度本身不具有实际物理意义,例如说方案甲比方案乙在经济效益上稍好,按 AHP 比例标度的定义应赋值 3,这并不意味着方案甲的经济效益是方案乙的 3 倍。总而言之,AHP 的比例标度反映的是人们对定性因素的比较判断。尽管由此导出的测度对复杂的社会经济系统建立某种秩序有重要意义,但一般地并不具有实际的物理意义。

2. 两两比较的必要性

由两两比较判断的方式导出各因素相对于某一属性的排序是 AHP 的特色。为此必须给出判断矩阵,每个判断矩阵需要作 $n(n-1)/2$ 次两两比较。然而为了得到元素的排序,事实上只要按一定的规则,例如所有元素都与某一元素相比即可获得排序向量,也就是说只需作 $n-1$ 次比较就可以了。那么为什么要强调进行 $n(n-1)/2$ 次两两比较呢? 初次接触 AHP 的人往往会对此提出疑问,并随之在自己的决策问题中用 $n-1$ 个比较判断代替判断矩阵。实际上这样做恰恰是舍弃了两两比较的精髓。设想如果仅用 $n-1$ 次判断决定元素的排序,那么其中任何一个判断错误必将导致不合理的排序。而进行 $n(n-1)/2$ 次两两比较判断,则可以集中决策者提供的更多信息,在人们通过不同角度的反复比较中,最终导出一个较合理的反映决策者的判断的排序。同时由于人的认识是复杂的、多样的,用 $n(n-1)/2$ 次判断可以避免系统性判断错误,降低个别判断失误的影响。因此希望每个比较能独立进行,以尽可能地避免最后结果的失误。举例说明进行 $n(n-1)/2$ 次比较的必要性。假设方案 A_1, A_2, A_3 对某个准则的判断矩阵为

$$
\begin{array}{c}
\begin{array}{ccc} A_1 & A_2 & A_3 \end{array} \\
\begin{array}{c} A_1 \\ A_2 \\ A_3 \end{array}
\left[\begin{array}{ccc}
1 & 1/2 & 1 \\
2 & 1 & 1/3 \\
1 & 3 & 1
\end{array}\right]
\end{array}
$$

若只取其第一行的 $n-1=2$ 次比较得到的排序为 $\boldsymbol{\omega}_1 = (0.25, 0.5, 0.25)^{\mathrm{T}}$;若按整个判断矩阵计算权向量为 $\boldsymbol{\omega}^* = (0.26, 0.28, 0.46)^{\mathrm{T}}$,整个次序完全不同了。由此可见只作 $n-1$ 次判断是不全面的。

那么在 AHP 中是否对每个准则都必须作 $n(n-1)/2$ 次比较判断呢? 实际上在一些特殊情形下,譬如某个决策者对某些两两比较没有把握或不想发表意见时可以用少于 $n(n-1)/2$ 个判断去导出排序权重。在一般情形下,只要有可能,进行 $n(n-1)/2$ 次比较,对于导出可靠的排序权值是很有好处的。

习题

9-1　系统评价的重要性是什么?

9-2　系统评价的困难是什么?

9-3　建立系统评价指标体系要注意哪些原则?

9-4　如何使得定性指标数量化?

9-5　指标综合的基本方法是什么? 加法规则和乘法规则各有什么特点?

9-6　加法规则和乘法规则的基本公式是什么?

9-7　试设计一个评价三好学生的指标体系(包括指标及其权重)。

9-8　考核干部通常是从德、能、绩、勤四个方面进行综合评价,请你设计一个评价指标体系(包括指标及其权重)。

9-9　注意从学术刊物上搜集指标评分和指标综合的其他方法。

9-10　注意从学术刊物上发现系统评价的案例。

9-11　AHP 的主要思路和基本步骤是什么?

9-12　AHP 为什么要进行一致性检验?

9-13　1~9 标度法的一般意义是什么?

第10章

系统可靠性

10.1 引言

本章介绍系统可靠性(system reliability),目的在于加深理解系统概念。本章中,我们将会看到:同样的几个元件,组成不同结构的系统,其系统可靠性是大不一样的。就是说,对于系统 $S=\{E,R\}$ 而言,关系的集合 R 比要素的集合 E 更重要,系统工程或者管理工作的意义主要在于协调各种关系,从而提高系统的总体功能。

对于社会系统而言,因为人具有主观能动性和复杂性,极大地区别于物理的元器件,其可靠性也要复杂得多,但是,"关系的集合 R 比要素的集合 E 更重要"这句话不但依然成立,而且更加重要。做好人的工作,提高人的素质,改善人际关系,提高一个集体的和谐程度,这是最重要的。同时,也要有合理的结构安排和必要的制度保证。

10.2 系统可靠性的基本概念

10.2.1 从联合国安理会表决制谈起

联合国安全理事会的决议必须由五个常任理事国一致通过方为有效,每一国都拥有否决权。从可靠性理论的角度来看,这是一个串联系统,可以用图 10-1 表示。

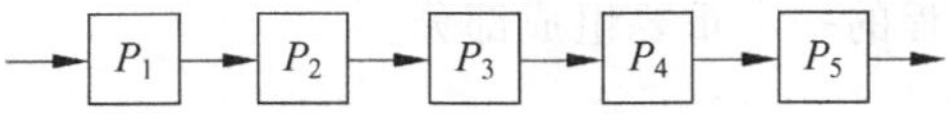

图 10-1 联合国安全理事会常任理事国的表决机制

图中,p_i 分别表示各个常任理事国的通过概率,$0 \leqslant p_i \leqslant 1, i=1,2,\cdots,5$,五国处于同等地位,下标 i 仅为一种标号,不代表任何先后次序,各个方框在图 10-1 中的排列次序是可以任意交换的。整个系统的通过概率 P 为

$$P = \prod_{i=1}^{5} p_i \tag{10-1}$$

很显然,$0 \leqslant P \leqslant p_i \leqslant 1$。

在每一个具体问题上,各个 p_i 值是不相等的。为了分析的方便,我们用 p 表示所有 p_i 的几何平均值,则式(10-1)变为

$$P = p^5 \tag{10-2}$$

设

$$p = 0.5$$

则

$$P = 0.5^5 = 0.031\ 25 \approx 3\%$$

就是说,如果每一国的通过概率为 50%,则五国一致通过的概率仅为 3%。

设

$$p = 0.9$$

则

$$P = 0.9^5 = 0.590\ 49 < 60\%,即五国一致通过的概率尚弱于 60\%。$$

若

$$p = 0.99$$

则

$$P = 0.99^5 = 0.951$$

一个串联系统如果有 100 个相同的元件,则

$$p = 0.9\ 时,P = 0.9^{100} = 2.656 \times 10^{-5}$$
$$p = 0.99\ 时,P = 0.99^{100} = 0.366$$

由此可知,串联系统的工作效率是非常低的。随着系统中元件数目的增多,串联系统的可靠性迅速降低,甚至使系统不能正常工作,丧失其功能。

国外经验表明,在研制中投入 1 美元改进维修性,全寿命周期费用(LCC)可望减少 50～100 美元的效益。重视可靠性工作,给予经费的支持,效果十分明显。美国某中近程导弹的导航塔系统,原来的 MTBF(平均无故障工作时间)仅 17 小时,每年的维修费用为 15 560 美元,后来以总投资 3% 的资金用来提高可靠性,使 MTBF 提高到 140 小时,每年维修费用为 1818 美元,其可靠性提高 8 倍,维修费用降为原来的 1/8.6。

现在,在各种复杂系统的设计与制造中,都把可靠性作为一项重要的指标来考虑。可靠性指标与性能、成本、时间等技术经济指标同时作为评价系统优劣的主要指标。可靠性工作贯穿在系统的规划、设计、制造、使用和维修的整个过程之中。可靠性技术是一门综合性的工程技术,是系统工程的一个重要组成部分。

10.2.2　系统可靠性的含义

系统的可靠性是指:系统在规定条件下和规定时间内完成规定功能的能力。

就狭义上讲,"可靠"的反义就是"容易发生故障"。设计与制造尽可能不发生故障的系统,这是可靠性工作的目的,而与此有关的一切工程方法就是可靠性技术。产品和系统在使用过程中需要维护修理,以保持其可靠性。"维修性"是同狭义的可靠性共生的概念,它表示对于可修复系统进行维修的难易程度或性质。一般来说,系统在维修时是要停止工作的,希

望维修时间要短,维修工作要简易。

从广义上讲,可靠性工程已经扩展出维修性工程、保障性工程和测试性工程,简称 R. M. S. T,即"广义可靠性"的概念。

1994 年版 ISO 9000 把 R. M. S. T. 改称 Depend Ability(可信性)。可信性是用于表述可用性及其影响因素(可靠性、维修性和保障性)的集合术语,可信性仅用于非定量的总体描述。这个概念是随着科学技术的发展,尤其是军事技术的发展而发展起来的。

可信性的概念体现了系统可靠性的思想,其目标是:提高产品的可用性和任务成功性、减少维修人力和保障费用等。即从产品的研制、生产、试验、使用、维修及保障都要与其他各项工作协调,以取得产品最佳的效能与最低的全寿命周期费用(LCC)。

研究系统可靠性的目的之一是要考虑经济性,即全寿命周期费用(LCC),如图 10-2 所示。其中曲线 I 为系统研制和购置费用,曲线 II 为系统的使用、维护费用,曲线 I 和 II 之和为全寿命周期费用。

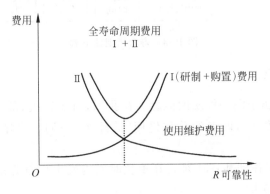

图 10-2　全寿命周期费用(LCC)

所谓的产品的"寿命周期"是从产品开始构思到最终将产品报废处理之间的时间区间。寿命周期分为 6 个阶段:

(1) 概念与定义阶段;

(2) 设计与开发阶段;

(3) 生产阶段;

(4) 安装阶段;

(5) 运行与维修阶段;

(6) 处理阶段。

按 GJB 451—90,可将时间分解成图 10-3。

10.2.3　可靠性指标的特征量

1. 可靠度

系统的可靠度是指:系统在规定条件下和规定时间内完成规定功能的概率。它是时间的函数,记为 $R(t)$,$0 \leqslant R(t) \leqslant 1$。

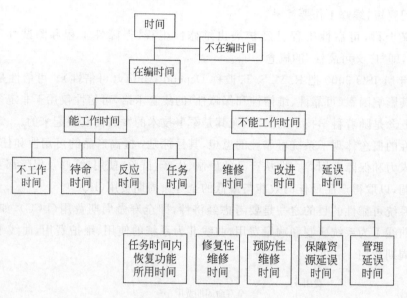

图 10-3　寿命周期的分解

2. 故障率或失效度

故障率与失效度属于同一性质的概念。在我国,对于整机、部件等系统用"故障率",对于元器件则用"失效度",两者的总称仍用"故障率"一词。故障率与失效度均用 $\lambda(t)$ 表示。

故障率是指系统工作到某一时刻 t,在单位时间内发生故障的概率。故障率一般用时间单位表示,例如%(10^3h)。

对于可靠性高、失效率很小的元件,所采用的时间单位为 fit(菲特),1fit=10^{-9}h。例如目前在国内,阻容元件为 10fit,固体组件为 100fit,硅晶体管为 10~50fit。

设可靠度为 $R(t)$,不可靠度为 $F(t)$,则

$$R(t) + F(t) = 1$$

或

$$F(t) = 1 - R(t) \tag{10-3}$$

由 $F(t)$ 对时间 t 求导

$$f(t) = \frac{\mathrm{d}F(t)}{\mathrm{d}t} = -\frac{\mathrm{d}R(t)}{\mathrm{d}t} \tag{10-4}$$

$f(t)$ 称为故障密度函数。而故障率 $\lambda(t)$ 用下式定义

$$\lambda(t) = \frac{f(t)}{R(t)} = -\frac{\mathrm{d}R(t)}{\mathrm{d}t} / R(t) \tag{10-5}$$

所以,$\lambda(t)$ 为系统在时刻 t 尚未发生故障,而在随后的 $\mathrm{d}t$ 时间里可能发生故障的条件概率密度函数。

如果 $\lambda(t)$ 已知,则有

$$R(t) = \mathrm{e}^{-\int_0^t \lambda(t)\mathrm{d}t} \tag{10-6}$$

当 $\lambda(t)$ 为常数 λ 时,则有

$$R(t) = e^{-\lambda t} \tag{10-7}$$

就是说,当 $\lambda(t)$ 为常数时,$R(t)$ 服从指数分布,如图 10-4 所示。

故障率分为瞬时故障率和平均故障率,单讲故障率时一般是指瞬时故障率。

平均故障率定义为:

$$平均故障率 = \frac{某段时间内的故障数}{该段工作时间} \tag{10-8}$$

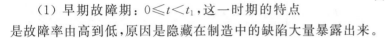

图 10-5 为可维修产品的典型故障率曲线(称为"浴盆曲线"),按其时间阶段,分为早期故障期、偶然故障期和耗损故障期三个阶段。

图 10-4　$R(t)$ 曲线

(1) 早期故障期:$0 \leqslant t < t_1$,这一时期的特点是故障率由高到低,原因是隐藏在制造中的缺陷大量暴露出来。

(2) 偶然故障期:$t_1 \leqslant t < t_2$,这一时期的特点是故障率大体保持不变,其可靠度是指数分布,如图 10-4 所示。

(3) 耗损故障期:$t_2 \leqslant t < T$,T 为寿命周期;这一时期由于产品老化、磨损而使故障率升高。

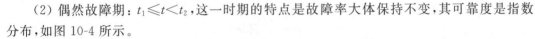

图 10-5　可维修产品的典型故障率曲线(浴盆曲线)

产品的使用寿命可以略大于偶然故障期。早期故障期可作为产品的"老炼期",以提高其可靠性。所谓老炼,就是产品在投入使用之前,先让它工作一段时间,在此期间,部分产品由于隐藏的缺陷而损坏了,留下的产品则具有较小的故障率,因而其可靠性较高。

3. 故障时间

(1) 平均故障前时间(Mean-Time-To-Fault,MTTF),是不可修复的产品在发生故障前时间的均值。

它是在规定的条件下和规定的时间内,产品的寿命单位总数与故障产品总数之比。

(2) 平均故障间隔时间(Mean-Time-Between-Faults,MTBF),是可修复产品在相邻两次故障之间的平均工作时间。设相隔两次故障之间的工作时间为 Δt_i,$i = 1, 2 \cdots, n$,则故障间平均工作时间为

$$\mathrm{MTBF} = \frac{\sum_{i=1}^{n} \Delta t}{n} \tag{10-9}$$

下面将 MTBF 简记为 θ,其单位为小时。θ 又称为"平均无故障工作时间",理解为:设有 n 件产品,工作到时刻 t_i 有 n_i 件发生故障,则

$$\theta = \frac{\sum_{i=1}^{m} t_i n_i}{n} \tag{10-10}$$

(注意：$\sum n_i = n$)在极限情况下，即当 $n \to +\infty$ 时，求和过程变为积分过程，上式变为

$$\theta = \int_0^\infty t f(t) \, \mathrm{d}t$$

由式(10-4)，

$$\theta = \int_0^\infty t \left(-\frac{\mathrm{d}R}{\mathrm{d}t} \right) \mathrm{d}t = \int_0^\infty -t \, \mathrm{d}R$$

利用分部积分法，得

$$\theta = -tR \bigg|_0^\infty + \int_0^\infty R \cdot \mathrm{d}t$$

其中第一项为 0，则

$$\theta = \int_0^\infty R \, \mathrm{d}t \tag{10-11}$$

当 $R = \mathrm{e}^{-\lambda t}$ 时，有

$$\theta = \frac{1}{\lambda} \tag{10-12}$$

就是说，此时平均无故障工作时间 θ 是系统故障率 λ 的倒数。

对于不可修复产品，平均无故障工作时间又称为产品寿命。

由式(10-12)，可将式(10-7)改写成

$$R(t) = \mathrm{e}^{-t/\theta} \tag{10-13}$$

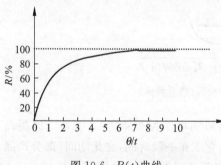

图 10-6 $R(t)$ 曲线

图 10-6 表示以 θ/t 为横坐标，根据式(10-13)画出的可靠度曲线。由图可知，要得到较高的可靠度，θ 必须是工作时间 t 的许多倍。而当倍数 θ/t 大于一定数值以后，可靠度 R 的增加很缓慢。

【例 1】　设某小型计算机系统平均工作 1000 小时发生 4 次故障，则

$$\theta = \frac{1000}{4} = 250 \text{(小时)}$$

若连续工作时间 $t = 100$ 小时，则可靠度

$$R(t) = \mathrm{e}^{-t/\theta} = \mathrm{e}^{-0.4} = 0.67$$

即 67%。若要达到 $R(t) = 90\%$，则应有 $\theta \approx 10t$；若要达到 $R(t) = 99\%$，则应有 $\theta \approx 100t$。

4. 维修度 M(t)与修复率 μ(t)

所谓维修度，是指可修复产品在规定条件下维修时，在规定时间内完成维修工作的概率，它是时间的函数，记为 $M(t)$。

维修度对于时间的导数，称为维修密度函数，记为 $m(t)$

$$m(t) = \frac{\mathrm{d}M(t)}{\mathrm{d}t} \tag{10-14}$$

进一步,可以定义"修复率"$\mu(t)$。所谓修复率是指:到某时刻还在进行维修的产品,它在单位时间内修复的概率,其表达式为:

$$\mu(t) = \frac{m(t)}{1 - M(t)} = \frac{\mathrm{d}M(t)}{\mathrm{d}t} \cdot \frac{1}{1 - M(t)} \tag{10-15}$$

若 $\mu(t) =$ 常数 μ,则

$$M(t) = 1 - \mathrm{e}^{-\mu \cdot t} \tag{10-16}$$

就是说,此时 $M(t)$ 亦服从指数分布。

式(10-16)所说的是瞬时修复率。此外,还有平均修复率,它定义为后面所说的"平均维修时间"$\overline{M}$ 的倒数

$$\mu = \frac{1}{\overline{M}} \tag{10-17}$$

5. 维修时间

维修工作分为预防性检修与事后维修。预防性检修是指,按照规定的程序,有计划地进行定点检查、试验和重新调试等工作,其目的在于使故障尽可能不在使用中发生,即防患于未然;所谓事后维修,是在故障发生后进行的维修。

维修时间分为以下几种:

(1) 平均修复时间 $\overline{M}_{ct}$:事后维修所需时间的平均值,又称"平均事后维修时间"。

(2) 平均维修时间 $\overline{M}$:维修所需时间的平均值。对于进行预防性检修的产品

$$\overline{M} = \overline{M}_{pt} + \overline{M}_{ct} \tag{10-18}$$

式中,$\overline{M}_{pt}$ 为平均预防检修时间。

(3) 中值维修时间 $\widetilde{M}$:当维修度函数 $M(t) = 0.5$ 时的维修时间。即当 $t = \widetilde{M}$ 时,$M(t) = 0.5$。一般情况下,中值维修时间 $\widetilde{M}$ 与平均维修时间 $\overline{M}$ 是不一样的。

(4) 最大维修时间 $M_{\max}$:取 $\alpha = 5\% \sim 10\%$,当维修度函数 $M(t) = 1 - \alpha$ 时的维修时间。也就是说,当 $t = M_{\max}$ 时,$M(t) = 1 - \alpha$。

维修度函数 $M(t)$ 与几种维修性时间指数的关系如图 10-7 所示。

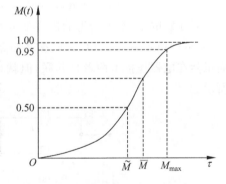

图 10-7　维修度函数 $M(t)$ 与几种维修性时间指数的关系

6. 可用性 A

可用性是指可修复产品在某特定时刻维持其功能的概率,记为 A,由下式计算

$$A = \frac{\text{能工作时间 } U}{\text{能工作时间 } U + \text{不能工作时间 } D} \tag{10-19}$$

这相当于运转率。

若可靠度与维修度均服从指数分布,则上式可以改写为

$$A = \frac{\mu}{\mu + \lambda} = \frac{1}{1 + \rho} \tag{10-20}$$

式中

$$\rho = \frac{\lambda}{\mu} \tag{10-21}$$

称为"维修系数"。其含义是产品每单位工作时间的平均维修时间。一般有 $\rho \ll 1$,但是对于飞机则 $\rho = 20 \sim 30$。

10.3 系统可靠性模型

由多个元器件组成的系统,从可靠性技术角度,可以分为不可修复系统与可修复系统;或者,无储备系统与有储备系统;或者,串联系统、并联系统、复合系统与桥路系统;等等。

它们是在不同的标准下分类的。同一种系统可以有不同的命名,例如串联系统一般是无储备系统。本节按照第三种分类的类别来叙述。而在后两节,将用到其他分类的类别。

10.3.1 串联系统

如果组成系统的任一个元件失效,都会导致整个系统发生故障,这种系统就称为串联系统。这里所谓串联,是指功能关系而不是指元件连接的物理关系。例如,前面所提到的,联合国安全理事会的表决方式是一种串联系统。再如,一般雷达系统是由天线、馈线、伺服、发射、接收、显示及电源等分系统组成,只要其中一个分系统发生故障,雷达就不能工作,各分系统之间构成一个串联模型,其可靠性数学模型为

$$R_{雷达} = R_{天线} \cdot R_{馈线} \cdot R_{伺服} \cdot R_{发射} \cdot R_{接收} \cdot R_{显示} \cdot R_{电源}$$

要注意的是,本书所讲的模型是可靠性结构模型,不能混同于电器连接的物理模型。如图 10-8(a)所示是一个 LC 并联振荡回路,不论 L 或 C,任何一个失效,都导致回路失效,因而虽然在电器连接上两者是并联,但就可靠性结构模型而言,它是串联系统,如图 10-8(b)所示。

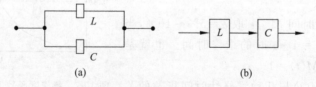

图 10-8 串联系统(按照可靠性结构)

设系统由 n 个元件组成,则系统的可靠度为

$$R = R_1 \cdot R_2 \cdot \cdots \cdot R_n = \prod_{i=1}^{n} R_i \tag{10-22}$$

当各元件的可靠度都符合指数规律 $R_i = \mathrm{e}^{-\lambda_i t}$ 时,可得

$$R = \mathrm{e}^{-\lambda_1 t} \cdot \mathrm{e}^{-\lambda_2 t} \cdot \cdots \cdot \mathrm{e}^{-\lambda_n t} = \mathrm{e}^{-\sum_{i=1}^{n} \lambda_i t} \tag{10-23}$$

由式(10-23)可知,系统的故障率为

$$\lambda = \lambda_1 + \lambda_2 + \cdots + \lambda_n = \sum_{i=1}^{n} \lambda_i \tag{10-24}$$

【例 2】 设有一个小型计算机系统,其主机 $\lambda_1 = 2 \times 10^{-4}/h$,键盘 $\lambda_2 = 10^{-3}/h$,磁盘机 $\lambda_3 = 4 \times 10^{-4}/h$,屏幕显示器 $\lambda_4 = 4 \times 10^{-4}\,h$,行式打印机 $\lambda_5 = 2 \times 10^{-3}/h$,则该系统的故障率为

$$\lambda = \sum_{i=1}^{5} \lambda_i = 4 \times 10^{-3}/h$$

故障间平均工作时间为

$$\theta = \frac{1}{\lambda} = 250h$$

系统可靠度为

$$R(t) = e^{-0.004t}$$

系统能够可靠地工作 100h 的概率为

$$R(100) = e^{-0.4} = 0.67$$

10.3.2 并联系统

如果仅当组成系统的全部元件都失效时,整个系统才发生故障,这种系统就称为并联系统。

设并联系统由 n 个元件组成,如图 10-9 所示,第 i 个元件的可靠度为 R_i,不可靠度为 F_i,其系统的不可靠度为

$$F = F_1 \times F_2 \times \cdots \times F_n = \prod_{i=1}^{n} F_i$$

若 R_i 服从指数分布

$$R_i = e^{-\lambda_i t}$$
$$F_i = 1 - R_i = 1 - e^{-\lambda_i t}$$

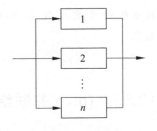

图 10-9 并联系统

系统的不可靠度为

$$F = \prod_{i=1}^{n} F_i = \prod_{i=1}^{n} (1 - R_i) \tag{10-25}$$

或

$$F = \prod_{i=1}^{n} (1 - e^{-\lambda_i t}) \tag{10-26}$$

系统的可靠度为

$$R = 1 - F = 1 - \prod_{i=1}^{n} (1 - R_i) \tag{10-27}$$

或

$$R = 1 - \prod_{i=1}^{n} (1 - e^{-\lambda_i t}) \tag{10-28}$$

以上式(10-25)、式(10-27)是适合任何并联系统的一般公式,而式(10-26)、式(10-28)仅适合 $R_i = e^{-\lambda_i t}$ 的情况。当 $n = 2$ 时,由式(10-28),得

$$R = e^{-\lambda_1 t} + e^{-\lambda_2 t} - e^{-(\lambda_1 + \lambda_2)t} \tag{10-29}$$

又

$$\theta = \int_0^\infty R dt = \frac{1}{\lambda_1} + \frac{1}{\lambda_2} - \frac{1}{\lambda_1 + \lambda_2} \tag{10-30}$$

当 $\lambda_1 = \lambda_2 = \lambda$ 时

$$R = 2e^{-\lambda t} - e^{-2\lambda t} \tag{10-31}$$

$$\theta = \frac{3}{2\lambda} \tag{10-32}$$

就是说,两个相同元件并联组成的系统,其平均无故障工作时间 θ 比单个元件的 $\theta_i = \frac{1}{\lambda}$ 大 50%,而若 $R_1 = R_2 = 0.9$,则

$$R = 1 - (1-0.9)^2 = 0.99$$

如果是 n 个元件组成并联系统,$\lambda_1 = \lambda_2 = \cdots = \lambda_n = \lambda$,则

$$R = 1 - (1-e^{-\lambda t})^n \tag{10-33}$$

$$\theta = \frac{1}{\lambda} + \frac{1}{2\lambda} + \cdots + \frac{1}{n\lambda} \tag{10-34}$$

【例 3】　设元件可靠度 $R_i = e^{-\lambda t}$,$i = 1, 2$。取 $n=2$,以 λt 为横坐标,分别作串联系统与并联系统的可靠度曲线,如图 10-10 所示,显而易见

$$R_并 > R_i > R_串, \quad \lambda t \neq 0$$

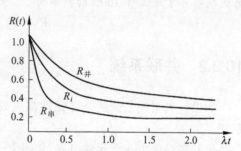

图 10-10　串联系统、并联系统与元件可靠度比较

10.3.3　(m, n) 并联结构模型与数学模型

如果系统 S 由 m 个可靠度相同的分系统组成并联结构系统,其中有 n 个分系统正常时系统才正常工作,称此系统为 (m, n) 并联结构系统,其可靠度为

$$R_S = \sum_{i=n}^{m} C_m^i R^i (1-R)^{m-i}$$

如果组成系统的分系统为指数分布,λ 为常数,则系统的平均故障间隔时间

$$MTBF = \frac{1}{\lambda} \sum_{i=0}^{m-n} \frac{1}{m-i}$$

当系统由两个可靠度相同的分系统组成并联结构,有一个分系统可靠工作即能正常工作,则系统的平均故障间隔时间

$$MTBF = \frac{1}{\lambda} \sum_{i=0}^{2-1} \frac{1}{2-i} = \frac{1}{\lambda} \sum_{i=0}^{1} \frac{1}{2-i} = \frac{3}{2\lambda}$$

这就是我们所熟知的最简单并联系统的结果。

当系统由三个可靠度相同的分系统组成并联结构,有任意两个分系统可靠工作,系统才能可靠工作,则系统的平均无故障工作时间

$$MTBF = \frac{1}{\lambda} \sum_{i=0}^{3-2} \frac{1}{3-i} = \frac{1}{\lambda} \sum_{i=0}^{1} \frac{1}{3-i} = \frac{5}{6\lambda}$$

这就是在可靠性结构模型中经常提到的最简单表决系统的结果。

10.3.4　串并联复合系统

1. 基本形式之一

如图 10-11 所示,系统由 m 个子系统并联构成,第 i 个子系统由 n_i 个元件串联组成,元件 (i,j) 的可靠度为 R_{ij},子系统 i 的可靠度为

$$R_i = \prod_{j=i}^{n_i} R_{ij}$$

整个系统的可靠度为

$$R = 1 - \prod_{i=1}^{m}(1-R_i) = 1 - \prod_{j=1}^{m}\left(1 - \prod_{j=1}^{n_i} R_{ij}\right) \tag{10-35}$$

当所有元件的可靠度都相同且各个子系统中元件个数都相等,即 $R_{ij}=R_e$ 且 $n_i=n$ 时

$$R = 1 - (1-R_e^n)^m \tag{10-36}$$

2. 基本形式之二

如图 10-12 所示,系统由 n 个子系统串联构成,第 j 个子系统由 m_j 个元件并联组成,元件 (i,j) 的可靠度为 R_{ij},则子系统 j 的可靠度为

$$R_j = 1 - \prod_{i=1}^{m_j}(1-R_{ij})$$

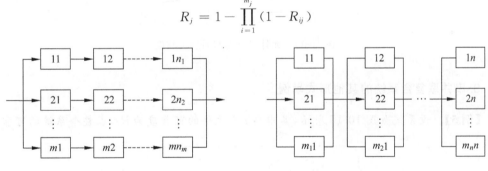

图 10-11　串并联复合系统之一　　　　图 10-12　串并联复合系统之二

整个系统的可靠度为

$$R = \prod_{j=1}^{n} R_j = \prod_{j=1}^{n}\left[1 - \prod_{i=1}^{m_j}(1-R_{ij})\right] \tag{10-37}$$

当所有元件的可靠度都相同且各子系统的元件个数都相等,即 $R_{ij}=R_e$ 且 $m_j=m$ 时

$$R = [1-(1-R_e)^m]^n \tag{10-38}$$

【例 4】　设有复合系统 Ⅰ、Ⅱ 如图 10-13 所示,各个元件的可靠度均为 $R_e=e^{-\lambda t}$,试分析系统的可靠度与平均无故障工作时间。

解:由式(10-36),得系统 Ⅰ 的可靠度为

$$R_1 = 1-(1-e^{-2\lambda t})^2 = 2e^{-2\lambda t} - e^{-4\lambda t}$$

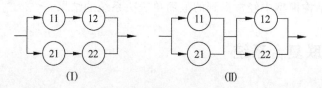

图 10-13　两种复合系统

平均无故障工作时间为

$$\theta = \frac{2}{2\lambda} - \frac{3}{4\lambda} = \frac{3}{4\lambda}$$

由式(10-38)，得系统 II 的可靠度为

$$R_{II} = \left[1 - (1 - e^{-2\lambda t})^2\right]^2 = 4e^{-2\lambda t} - 4e^{-3\lambda t} + e^{-4\lambda t}$$

平均无故障工作时间为

$$\theta_{II} = \frac{4}{2\lambda} - \frac{4}{3\lambda} + \frac{1}{4\lambda} = \frac{11}{12\lambda}$$

以 λt 为横坐标，作元件可靠度与系统可靠度曲线如图 10-14 所示，显而易见 $R_{II} > R_{I}$。

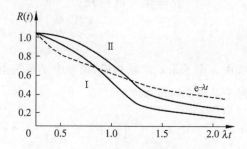

图 10-14　元件可靠度与系统可靠度

3. 串并联复合系统的其他形式举例

【例5】　设系统如图 10-15 所示，其中第 i 个元件的可靠度为 R_i，求整个系统的可靠度。

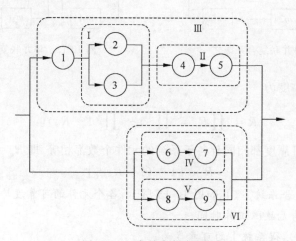

图 10-15　串并联复合系统

解：用虚线将系统划分为子系统，它们的可靠度为

$$R_{I} = 1-(1-R_2)(1-R_3)$$
$$R_{II} = R_4 \cdot R_5$$
$$R_{III} = R_1 \cdot R_1 \cdot R_{II}$$
$$R_{IV} = R_6 R_7$$
$$R_{V} = R_8 R_9$$
$$R_{VI} = 1-(1-R_{IV})(1-R_{V})$$

整个系统的可靠度为

$$R = 1-(1-R_{III})(1-R_{IV})$$

设所有元件的可靠度相同，$R_i = 0.9$，则

$$R_{I} = 0.09, \quad R_{II} = 0.81$$
$$R_{III} = 0.721\,71, \quad R_{IV} = 0.81$$
$$R_{V} = 0.81, \quad R_{VI} = 0.9639$$

算得：

$$R = 0.989\,953\,7$$

10.3.5 桥路系统

桥路系统如图 10-16 所示，它不能分解为串联—并联子系统来进行可靠度计算。考虑图 10-17 所示的桥式开关网络，各个开关闭合的概率等于图 10-16 中对应元件的可靠度，那么，在图 10-17 中从端点 I 到端点 O 形成通路的概率之和就等于图 10-16 的系统可靠度。计算过程如表 10-1 所示。其中设每个元件的可靠度均为 0.9；1 表示开关闭合，0 表示开关断开；在端点 I 与 O 之间形成通路就意味着系统处于工作状态，不形成通路则意味着系统处于故障状态，分别记以 S 与 F。

例如表 10-1 序号 7 说明：开关 C 与 D 闭合，其余断开，此时由端点 I 到 O 形成通路，其概率为

$$p_7 = \bar{p}_A \cdot \bar{p}_B \cdot p_C \cdot p_D \cdot \bar{p}_E$$
$$= (1-0.9) \times (1-0.9) \times 0.9 \times 0.9 \times (1-0.9)$$
$$= 0.000\,81$$

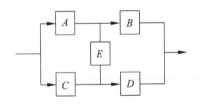

图 10-16　桥路系统

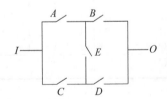

图 10-17　等价于图 10-16 的开关网络

又如序号 14 说明：开关 B、C、E 闭合，开关 A 与 D 断开，此时由端点 I 到 O 也形成通路，其概率为

$$p_{14} = \bar{p}_A \cdot p_B \cdot p_C \cdot \bar{p}_D \cdot p_E$$
$$= (1-0.9) \times 0.9 \times 0.9 \times (1-0.9) \times 0.9$$
$$= 0.007\,29$$

等等。

共有 $2^5=32$ 种情况,其中有 16 种情况是形成通路的,它们的概率之和为 0.978 48,即图 10-16 所示系统的可靠度 $R=0.978\ 48$。

这种列表计算法称为布尔真值表法,又称为状态枚举法。

分析系统可靠性问题还有上下限法、故障树法等,这里就不介绍了。

表 10-1　桥路系统的计算

状态序号	A	B	C	D	E	工作或故障	R_i
1	0	0	0	0	0	F	
2	0	0	0	0	1	F	
3	0	0	0	1	0	F	
4	0	0	0	1	1	F	
5	0	0	1	0	0	F	
6	0	0	1	0	1	F	
7	0	0	1	1	0	S	0.000 81
8	0	0	1	1	1	S	0.007 29
9	0	1	0	0	0	F	
10	0	1	0	0	1	F	
11	0	1	0	1	0	F	
12	0	1	0	1	1	F	
13	0	1	1	0	0	F	
14	0	1	1	0	1	S	0.007 29
15	0	1	1	1	0	S	0.007 29
16	0	1	1	1	1	S	0.065 61
17	1	0	0	0	0	F	
18	1	0	0	0	1	F	
19	1	0	0	1	0	F	
20	1	0	0	1	1	S	0.007 29
21	1	0	1	0	0	F	
22	1	0	1	0	1	F	
23	1	0	1	1	0	S	0.007 29
24	1	0	1	1	1	S	0.065 61
25	1	1	0	0	0	S	0.000 81
26	1	1	0	0	1	S	0.007 29
27	1	1	0	1	0	S	0.007 29
28	1	1	0	1	1	S	0.065 61
29	1	1	1	0	0	S	0.007 29
30	1	1	1	0	1	S	0.065 61
31	1	1	1	1	0	S	0.065 61
32	1	1	1	1	1	S	0.590 49
$\sum$							0.978 48

10.4　系统可靠性设计

本节介绍实现系统可靠性指标的一些技术措施,主要介绍冗余技术。至于如何将规定的系统可靠性指标合理分配给子系统与元器件,则称之为系统可靠性分配问题,在 10.5 节介绍。

为了提高系统的可靠性,有可能导致系统的成本增加,因此在进行系统可靠性设计时,必须对系统的性能、成本及维护使用条件等因素全面考虑,综合平衡。例如,为了提高系统的可靠性,往往要增添备份元器件,这就会增加系统的尺寸与重量,增加系统的生产成本,但是,系统的运行费用往往会降低从而补偿增加的开支。

10.4.1 冗余技术

所谓冗余技术,就是采用并联备份元件,设计出有储备的系统,从而提高系统可靠性,依据备份元件参加工作的时机,储备可以分为"热储备"(即"工作储备")与"冷储备"(即"非工作储备")两大类,而热储备又有几种不同情况,下面一一介绍。

1. 并联热储备

并联热储备采用图 10-9 所示的并联系统。这是将几个元件并联起来同时工作,执行同一功能,只要不是所有元件都发生故障,系统就不会发生故障。前面已经说过,当有两个相同元件组成并联热储备系统时,其平均无故障工作时间 θ 可以提高 50%。

2. 表决式储备

这也是一种热储备,如图 10-18 所示,系统中由三个(或更多个)相同元件 A、B、C 并联,执行同一功能,但要在汇合点 D 实行多数表决,认为多数是正确的,与之不同的元件则被认为是错误的,必须检修。

三重表决系统的可靠度为

$$R = 3\ (\mathrm{e}^{-\lambda t})^2 - 2\ (\mathrm{e}^{-\lambda t})^3 \tag{10-39}$$

平均无故障工作时间为

$$\theta = \frac{3}{2\lambda} - \frac{2}{3\lambda} = \frac{5}{6\lambda} \tag{10-40}$$

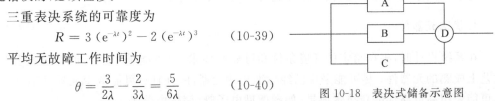

图 10-18 表决式储备示意图

3. (r,n)储备系统

以 n 个相同元件并联,只要其中 r 个元件工作,系统便能正常工作,则称为 (r,n) 储备系统,又称为 "r 出于 n" 系统。它与表决式储备系统的区别在于: r 不必是 n 中的多数。所以,表决式储备系统其实是 (r,n) 储备系统的特例。

(r,n) 储备系统可靠度为

$$R = R_e^n + nR_e^{n-1}(1-R_e) + \cdots + \frac{n!}{r!(n-r)!}R^r\ (1-R_c)^{n-r} \tag{10-41}$$

式中, R_e 为元件的可靠度。若 $R_e = \mathrm{e}^{-\lambda t}$,则系统的平均无故障工作时间为

$$\theta = \frac{1}{n\lambda} + \frac{1}{(n-1)\lambda} + \frac{1}{(n-2)\lambda} + \cdots + \frac{1}{r\lambda} \tag{10-42}$$

当 $n=3, r=2$ 时,由式(10-41)与式(10-42)算得的结果同式(10-39)、式(10-40)一致。

4. 冷储备

如图 10-19 所示,两个(或更多个)相同元件 A、B 并联但不同时都工作,当工作元件失效时,系统立即切换到备份元件上,备份元件开始工作,这样,系统的功能得以继续维持。这

种储备方式称为冷储备,即非工作储备。切换动作可以手动或自动,但是都需要有检测故障的传感器 C 与切换开关 K。

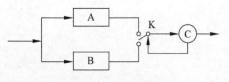

图 10-19　冷储备示意图

假设在图 10-19 中,C 与 K 的可靠度为 1,则系统的可靠度为

$$R = e^{-\lambda t}(1+\lambda t) \tag{10-43}$$

平均无故障工作时间为

$$\theta = \frac{2}{\lambda} \tag{10-44}$$

即系统的平均无故障工作时间 θ 为单个元件的 2 倍。这是很明显的。

对于由 n 个相同元件组成的冷储备系统,如果只需其中 1 个元件工作,$(n-1)$ 个元件备用,则系统的可靠度为

$$R = e^{-\lambda t}\left(1+\lambda t + \frac{(\lambda t)^2}{2!} + \cdots + \frac{(\lambda t)^{n-1}}{(n-1)!}\right) \tag{10-45}$$

平均无故障工作时间为

$$\theta = \frac{n}{\lambda} \tag{10-46}$$

10.4.2　提高系统可靠性的其他技术措施

为了提高系统可靠性,从设计角度还可采取以下措施。

1. 优选元器件

在系统设计时,根据给定的环境条件和可靠性要求,尽可能采用已经正式投入生产的、工艺上成熟的元器件;尽可能采用已经标准化的元器件,并且尽可能减少元器件串联环节;尽可能采用高可靠性的新技术成果,如超微型电子管、固体电路等。

2. 降额设计

电子设备可靠性降额设计,主要是指构成电子设备的元器件使用中所承受的应力(主要是电应力和温度应力)低于其设计的额定值,以达到延缓参数退化,增加工作寿命,提高使用可靠性的目的。

3. 动态设计

对于电子元器件而言,随着环境变化、电源电压变化等,不仅有漂移性变化,还伴随着储存和使用时间在进行着不可逆的特性参数值的退化变化。

设计师如果忽略这个变化,在电子元器件的标称值公差范围内进行设计,结果是,在实验室常温条件下,设备的性能参数满足要求,进行环境实验时就不能通过;厂内测试很好,一到外场就不能通过;或用户使用一段时间后就意见纷纷。为此,只好增加大量"可调"或"半可调"旋钮,使得使用者无所适从,外场只好派出大量技术人员进行"保驾"。这样增加了后勤保障费用,并降低了设备的使用可靠性,增加了设备的寿命周期费用(LCC)。

所以,在进行工作状态设计时,应进行环境应力与电应力分析及元器件和机械结构在这

两种应力作用下的变化对电路和设备可靠性影响的灵敏度分析,进行动态设计。无人值守的电子设备的设计更要如此。

4. 环境防护设计

环境条件就是指产品在储存、运输和工作过程可能遇到的一切外界影响。环境条件对产品的可靠性有着重大的影响,如温度、湿度、霉菌、烟雾、尘埃和电磁干扰等。所以要进行抗干扰设计、"三防"设计等。

5. 缓冲减震设计

电子设备装载在诸如飞机、舰船、装甲车等平台上,在它整个寿命周期内,经历各种机械环境,如振动、冲击等,所以要进行缓冲减震设计。

6. 热设计

温度对电子产品可靠性的影响很大。热设计是影响电子产品的性能和可靠性的重要因素之一,热设计技术得到广泛应用。

7. 维修措施

采取维修措施可以提高系统的可靠性,这是不言而喻的。有些系统并非要求一次不间断工作时间越长越好,那么,可以利用工作间歇时间维修;或者即使发生故障,但能及时修复,使得相对工作时间越长越好。

如果把维修措施与冗余技术结合起来,那就更好了。例如由两个元件组成的一个并联热储备系统,其中一个元件失效并不导致系统发生故障,如果能够及时修复失效元件(在工作元件失效以前),使系统始终处于有备份元件的状态,那么,就能确保系统可靠地工作。

系统的维修性设计是可靠性设计的重要内容之一。

*10.5　系统可靠度分配

系统可靠度分配就是把设计书规定的系统可靠度或容许故障率合理分配给子系统和元件,建立子系统和元件的可靠性指标,以便有关的设计人员付诸实现。

要进行分配,就必须明确目标函数与约束条件。可以把可靠度作为约束条件,给出其最低值,在其约束下使成本、重量、体积等系统参数尽可能小;也可以给出成本、重量、体积等参数的限定值,作为约束条件,要求作出系统可靠度尽可能高的分配。具体选用哪一条途径,应根据系统的用途,视哪一些参数应予优先考虑而决定。在人造卫星、宇宙飞船的设计中通常采用后一种途径。

10.5.1　代数分配法

代数分配法可以分为简单分配法与按比例分配法。

1. 简单分配法

1) 串联系统的分配

设串联系统由 n 个子系统组成,若给每个子系统都分配以相同的可靠度,则由式(10-22),有

$$R_i = \sqrt[n]{R}, \quad i=1,2,\cdots,n \tag{10-47}$$

【例6】 若系统可靠度 $R=0.9$,$n=3$,则

$$R_i = \sqrt[3]{0.9} = 0.9655, \quad i=1,2,3$$

2) 并联系统的分配

设并联系统的分配由 n 个子系统组成,若给每个子系统都分配以相同的可靠度,则由式(10-27),有

$$R_i = 1 - \sqrt[n]{1-R}, \quad i=1,2,\cdots,n \tag{10-48}$$

【例7】 若系统可靠度 $R=0.9$,$n=3$,则

$$R_i = 1 - \sqrt[3]{1-0.9} = 0.5358$$

2. 按比例分配法

这种分配法的原则是按子系统的现有不可靠度成比例地分配允许不可靠度,从而得到要求的可靠度。这是一种近似方法,因为对于串联系统,由式(10-3)与式(10-22),有

$$R = R_1 \cdot R_2 \cdot R_3 \cdot \cdots \cdot R_n$$
$$1 - F = (1-F_1)(1-F_2)(1-F_3)\cdots(1-F_n)$$
$$\approx 1 - F_1 - F_2 - F_3 - \cdots - F_n$$

则

$$F \approx F_1 + F_2 + F_3 + \cdots + F_n \tag{10-49}$$

按比例分配法正是以近似以式(10-49)为依据的。

【例8】 设串联系统 $n=3$,$R=0.9$,子系统现有可靠度分别为 $0.94,0.90,0.96$,要求子系统可靠度的合理分配值。

解: 计算过程如表10-2所示。

表10-2 例8的计算

子系统	现有 R_i	现有 F_i	允许 F_i	要求 R_i
1	0.94	0.06	0.03	0.97
2	0.90	0.10	0.05	0.95
3	0.96	0.04	0.02	0.98
$\sum$	$R=0.812\,16$	$F=0.20$	$F=0.10$	$R=0.903\,07$

表中:

$$现有 F_i = 1 - 现有 R_i$$
$$现有 F = \sum 现有 F_i = 0.20$$
$$允许 F = 1 - 0.9 = 0.10$$

$$\frac{0.10}{0.20} = \frac{1}{2}$$

$$允许 F_i = 现有 F_i \times 1/2$$

$$要求 R_i = 1 - 允许 F_i$$

按照最右边一列的数据(要求 R_i)进行分配,实现系统可靠度 $R=0.903\,07$,略大于 0.9。

并联系统的可靠度很容易实现,用简单分配法即可解出,不必用按比例分配法作较多的计算。

10.5.2　加权分配法

加权分配法是考虑到各个子系统对于整个系统的重要程度,即子系统发生故障引起整个系统发生故障的概率为依据,来分配子系统的可靠度。这是由美国国防部研究开发局所属美国电子设备可靠性顾问组(AGREE)于 1957 年 6 月提出的报告,该报告后来成为美国军方有关可靠性文件及标准的基础。

先规定几个符号。

θ_i——第 i 个子系统的平均寿命(或平均无故障工作时间);

t_i——系统需要第 i 个子系统工作的时间;

w_i——第 i 个子系统的故障引起系统发生故障的概率;

n_i——第 i 个子系统的组件数;

$$\sum_{i=1}^{k} n_i = n(系统由 k 个子系统组成)$$

其他符号用法同前。

设系统由 k 个子系统组成,每个子系统均由独立的标准组件构成,子系统的可靠度服从指数分布。考虑对整个系统的影响程度以后,设第 i 个子系统的实际可靠度为 R_i',则

$$R_i' = 1 - w_i(1 - R_i) \tag{10-50}$$

或

$$R_i' = 1 - w_i(1 - e^{-t_i/\theta_i}) \tag{10-51}$$

于是整个系统的可靠度为

$$R_i = \prod_{i=1}^{k} R_i' = \prod_{i=1}^{k} [1 - w_i(1 - e^{-t_i/\theta_i})] \tag{10-52}$$

由于第 i 个子系统由 n_i 组件组成,这些组件不论是用在哪个子系统上,带给整个系统的可靠度都是相等的,则

$$R_i' = R^{n_i/n} \tag{10-53}$$

即

$$1 - w_i(1 - e^{-t_i/\theta_i}) = R^{n_i/n} \tag{10-54}$$

解之,得第 i 个子系统的平均寿命 θ_i

$$\theta_i = \frac{-t_i}{\ln\left[1 - \frac{1}{w_i}(1 - R^{n_i/n})\right]} \tag{10-55}$$

当 x 很小时,有近似公式

$$e^{-x} \approx 1 - x \tag{10-56}$$

用式(10-56)代入式(10-54),有

$$R^{n_i/n} \approx 1 - w_i\left(\frac{t_i}{\theta_i}\right) \approx e^{-w_i t_i/\theta_i}$$

解之,得

$$\theta_i = \frac{n w_i t_i}{n_i(-\ln R)} \tag{10-57}$$

又由式(10-53)与式(10-50),可得第 i 个子系统的可靠度为

$$R_i = 1 - \frac{1 - R^{n_i/n}}{w_i} \tag{10-58}$$

【例9】 机载电子设备要求工作 12 小时的可靠度 $R=0.923$,该设备各个子系统的有关数据如表 10-3 所示,试作可靠度分配。

表 10-3 例 9 的计算

子系统 i	组件数 n_i	工作时间 t_i	权因子 w_i
1. 发射机	102	12	1.0
2. 接收机	91	12	1.0
3. 控制设备	212	12	1.0
4. 起飞用自动装置	95	3	0.3
5. 电源	40	12	1.0
合 计	$n=570$		

解:将有关数据代入式(10-57),得:

$$\theta_1 = \frac{570 \times 1.0 \times 12}{102 \times (-\ln 0.923)} = 837(\text{小时})$$

$$\theta_2 = \frac{570 \times 1.0 \times 12}{91 \times (-\ln 0.923)} = 938(\text{小时})$$

$$\theta_3 = \frac{570 \times 1.0 \times 12}{242 \times (-\ln 0.923)} = 353(\text{小时})$$

$$\theta_4 = \frac{570 \times 0.3 \times 3}{95 \times (-\ln 0.923)} = 68(\text{小时})$$

$$\theta_5 = \frac{570 \times 1.0 \times 12}{40 \times (-\ln 0.923)} = 2134(\text{小时})$$

由式(10-58)可求得 R_i,为简化计算,亦可采用式(10-13):$R_i = e^{-t_i/\theta_i}$,则

$$R_1 = e^{-12/837} = 0.9858$$
$$R_2 = e^{-12/938} = 0.9873$$
$$R_3 = e^{-12/353} = 0.9666$$
$$R_4 = e^{-3/68} = 0.9568$$
$$R_5 = e^{-12/2134} = 0.9944$$

最后,需验算系统可靠度

$$R = \prod_{i=1}^{5} R_i' = \prod_{i=1}^{5}[1 - w_i(1-R_i)] = 0.9233$$

其中

$$R_4' = 1 - 0.3 \times (1 - 0.9568) = 0.9870$$
$$R_i' = R_i, \quad i = 1, 2, 3, 5$$

10.5.3　拉格朗日乘子法

拉格朗日乘子法的原理如下。设有函数 $Z = F(x, y)$,要在条件 $G(x, y) = 0$ 的约束下求其极值。建立一个新函数

$$H(x, y) = F(x, y) + \rho G(x, y) \tag{10-59}$$

式中,ρ 称为拉格朗日乘子,满足下列方程组

$$\begin{cases} \dfrac{\partial F}{\partial x_0} + \rho \dfrac{\partial G}{\partial x_0} = 0 \\ \dfrac{\partial F}{\partial y_0} + \rho \dfrac{\partial G}{\partial y_0} = 0 \end{cases} \tag{10-60}$$

式中,点 (x_0, y_0) 为函数 $F(x, y)$ 及 $H(x, y)$ 的极值点。

下面用拉格朗日乘子法来求解可靠度分配的例题。

【例 10】　设子系统 i 的可靠度 R_i 与它的制造费用 x_i 之间关系可表示为

$$R_i = 1 - e^{-\alpha_i (x_i - \beta_i)}$$

式中 α_i 与 β_i 为子系统 i 的已知常数。设系统由 k 个子系统串联组成,系统可靠度为 R,要把它分配给各个子系统,使得制造总费用 $Z = \sum\limits_{i=1}^{k} z_i$ 为最小。

解：这是在条件

$$R = \prod_{i=1}^{k} R_i \text{ 或 } G = R - \prod_{i=1}^{k} R_i$$

的约束下,求函数 $Z = \sum\limits_{i=1}^{k} z_i$ 的最小值。引入拉格朗日乘子 ρ,作新函数

$$H = \sum_{i=1}^{k} x_i + \rho \Big(R - \sum_{i=1}^{k} R_i \Big), \quad i = 1, 2, \cdots, k \tag{10-61}$$

求 $\dfrac{\partial H}{\partial x_i} = 0$ 时的 ρ,则

$$\rho = -\frac{R_i}{R} \cdot \frac{1}{\alpha_i (1 - R_i)}, \quad i = 1, 2, \cdots, k \tag{10-62}$$

将式(10-62)与条件 $R = \prod\limits_{i=1}^{k} R_i$ 联立,可解得 R_i,则

$$z_i = \beta_i - \frac{\ln(1 - R_i)}{\alpha_i} \tag{10-63}$$

设 $n = 2, R = 0.72, \alpha_1 = 0.9, \beta_1 = 4.0, \alpha_2 = 0.4, \beta_2 = 0.0$,代入式(10-62),得

$$\frac{R_1}{0.72 \times 0.9 \times (1 - R_1)} = \frac{R_2}{0.72 \times 0.4 \times (1 - R_2)}$$

又

$$R = R_1 R_2 = 0.72$$

联立求解,得

$$R_1 = 0.9, \quad R_2 = 0.8$$

代入式(10-63),得

$$z_1 = 6.65, \quad z_2 = 4.02$$
$$Z_1 = z_1 + z_2 = 10.58$$

10.5.4　动态规划法

设系统由 n 个子系统串联组成。为了提高系统的可靠性,可以采用冗余技术,将子系统设计为元件并联系统,于是整个系统就是如图 10-12 所示的串并联复合系统。采用冗余技术,并联元件多了,整个系统的成本、重量、体积均会增加。因此,在系统成本、重量、体积等参数额定值的限制下,确定各个子系统的并联元件数,使得整个系统的可靠度最高。

设子系统 i 中有 u_i 个并联元件时,其可靠度为 $R_i(u_i)$;设子系统 i 中单个并联元件的成本 c_i,重量为 w_i,系统的总费用限制为 C,总重量限制为 W,则可建立以下模型

$$R_{\max} = \prod_{i=1}^{n} R_i(u_i)$$

$$\begin{cases} \prod_{i=1}^{n} c_i u_i \leqslant c \\ \sum_{i=1}^{n} w_i u_i \leqslant W \\ u_i \geqslant 0 \text{ 且整数}, \quad i = 1, 2, \cdots, n \end{cases} \tag{10-64}$$

这是一个非线性整数规划,求解是比较困难的。用动态规划模型比较方便。

取阶段变量 k 表示子系统序号;

状态变量 x_k 表示从子系统 k 到 n 所允许使用的费用之和, $x_1 = C$;

状态变量 y_k 表示从子系统 k 到 n 所允许具有的重量之和, $y_1 = W$;

决策变量 u_k 为子系统 k 中的并联元件数;

于是可建立状态转移方程

$$\begin{cases} x_{k+1} = x_k - c_k u_k \\ y_{k+1} = y_k - w_k u_k \end{cases} \tag{10-65}$$

允许决策集合为

$$D_k(x_k, y_k) = \left\{ u_k \mid 0 \leqslant u_k \leqslant \min\left(\frac{x_k}{c_k}, \frac{y_k}{w_k}\right), u_k \text{ 为整数} \right\} \tag{10-66}$$

指标函数为

$$J_k = \prod_{i=k}^{n} R_i(u_i) \tag{10-67}$$

求其极大值。递推方程为

$$\begin{cases} J_{n+1}^* = 1 \\ J_k^* = \max_{u_k \in D_k} \{ R_k(u_k) \cdot J_{k+1}^* \}, \quad k = 1, 2, \cdots, n \end{cases} \tag{10-68}$$

这里指标函数为连乘形式而不是连加形式,但是仍然满足递推关系。而可靠度 $R_i(u_i)$ 是 u_i 的严格单调上升函数,且 $0 \leqslant R_i(u_i) \leqslant 1$。

习题

10-1　系统可靠性的定义是什么?

10-2　什么是串联系统? 什么是并联系统? (注意它们与电路系统的区别)

10-3　衡量系统可靠性的主要指标有哪些?

10-4　系统可靠性与元件可靠性有什么关系?

10-5　提高系统可靠性的途径有哪些?

10-6　本章介绍的内容,哪些可以运用到管理工作中?

10-7　社会系统的可靠性如何衡量? 如何提高?

10-8　试分析人的可靠性。

第11章

投入产出分析

11.1 引言

随着现代生产的发展,国民经济系统或者大型企业的各部门之间的联系日益增强,它们在经济上和技术上的相互依存关系越来越紧密,千丝万缕,错综复杂,"牵一发而动全身",系统性和整体性越来越强。

例如,我们来分析一下:生产1吨钢需要耗用多少度电?钢厂炼钢要用电,这仅仅是一方面;另一方面,炼钢要用生铁、炉料、耐火砖和冶金设备等,这些原材料与设备的生产也需要用电。冶炼生铁又需要铁矿石、焦炭和冶金设备等,开矿又是一项极其复杂的事情,它们都需要用电。更不必说炼钢工人需要穿衣吃饭,而农业与轻纺工业的生产也需要用电。所有的人员还需要生活用电。所以,要完全地算出生产1吨钢需要多少电,不仅要考虑炼钢与电力这两个部门之间的关系,还要考虑炼钢与其他冶炼、采矿、机械制造、仪器仪表以及农业、纺织业、服务业等许多部门的技术经济联系;而且,冶金设备、矿山设备和其他作业机械都要用钢来制造,这些钢从哪里来?把它们生产出来也需要用电。于是,问题变成"循环而无穷"。

类似的问题很多。例如,培养1名大学生需要花多少钱?学生的家庭要花钱,学校要花钱,为此提供的各种社会服务要花钱。假设有一所大学,在校学生为1万人,5年之内翻一番,达到2万人,那么,要增设许多教学设施,教室、实验室、图书馆和操场;要增设学生的生活设施,宿舍、食堂和商店(超市);要增加许多教师,教师有家庭,要有住房,家属要安排工作,孩子要上托儿所、幼儿园、小学、中学;校门口的公共汽车班次也要增加,于是要增加车辆、司机、调度人员、维修人员,这些人员也有家庭,要有住房,他们的家属也要安排工作,孩子要上托儿所、幼儿园、小学、中学;而托儿所、幼儿园、小学、中学也要扩建,也要增加教师,这些教师也有家庭,又有住房、家属、孩子等问题,问题又变成"循环而无穷"。

如此复杂的经济问题,是可以进行定量研究的。所谓"循环而无穷",必定是收敛的而不是发散的,否则,全社会连1吨钢也生产不出来,连1名大学生也培养不出来。投入产出分析非常有效地解决了诸如此类的问题,而且,并没有用到多少高深的数学工具。它的数学模型——投入产出表是按照部门产品流向分析很自然地填写出一张表格,接下来的计算只是初等数学和矩阵的四则运算,其中"最难的"运算是矩阵求逆,而矩阵求逆在计算方法上是很简单的,高阶矩阵的求逆是烦而不难,交给计算机去做是很方便的。

投入产出分析(Input-Output Analysis)就是对这种错综复杂的技术经济联系进行定量分析的手段。它从经济系统的整体出发,分析各个部门之间产品的输入(投入)与输出(产出)的数量关系,确定达到平衡的条件。投入产出分析是由美国经济学家里昂节夫(Wassily W. Leontief,1906—1999)于 1936 年首次提出。它可以用于国民经济系统,也可以用于地区经济系统、部门经济系统以及企业经济系统。目前,它们在世界各国得到了广泛的应用。

我国在 1974—1976 年,利用 1973 年统计数据编制了第一张中国投入产出表,该表为改革开放之初我国制订翻两番奋斗目标发挥了很大作用。从 1987 年开始,我国采取"逢 2 逢 7"的年份编表的做法。本章引用了我国 1973 年、1997 年和 2007 年的投入产出表。其中,1997 年投入产出表有 6 部门表,便于编入教材。

本章 11.5 节"从《中国 1997 年投入产出表》看我国经济状况"是一个很好的内容,本书第 1 版、第 2 版均有这一节。11.6 节"从《中国 2007 年投入产出表》看我国经济状况"是第 3 版新增的,也是很好的内容,而且,这两节的内容可以进行对比分析,看看 1997—2007 年十年间中国经济发生的规模性与结构性积极变化;书中利用表格数据进行了一些对比分析,读者们还可以进行更多的分析。在第 1 版曾经有附录 A5"里昂节夫与投入产出分析",在第 2 版因为考虑附录的体例一致性把它删除了,现在把材料加以补充,作为第 11.7 节。

从系统工程的观点来看,投入产出分析充分运用了系统思想,其研究方法,尤其是数学工具的运用是很巧妙的。投入产出分析和里昂节夫生平都给人很多启示。

11.2　投入产出表的一般结构

投入产出表是进行投入产出分析的主要工具。它是建立在对部门产品流向分析的基础上的。任何一个部门的产品,按其流向来说可以分为三个部分:一部分留作本部门生产消耗用,二是提供给其他部门用于中间消耗,三是直接供给人民群众消费、储备和出口贸易。最后这部分产品是直接满足社会最终需要的,称为最终产品。前两部分也可统称为中间消耗或中间产品。

【例1】　设一个经济系统由三个部门组成:农业、制造业和服务业。每个部门都有自己的产出,而每个部门的投入除了来自其他部门外,还需要投入劳动力,如表 11-1 所示。这就是该经济系统的投入产出表。

表 11-1　按实物单位计算

投　　入	产　　出				
	中间产品			最终产品	总产出
	农业	制造业	服务业		
农业	80	160	0	160	400
制造业	40	40	20	300	400
服务业	0	40	10	50	100
劳动	60	100	80	10	250

表 11-1 中的数字是按实物单位计算的。每一行表示一个部门的产品在各个部门中的分配和使用,每一列表示一个部门的生产所需各个部门的投入。例如由第 1 行(农业)可以看到,农业产品总产出 400 单位,其中 80 单位用于农业本部门,160 单位用于制造业生产过程,160 单位作为最终产品出售给消费者;而由第 1 列可以看到,农业为了生产这 400 单位的总产出,必须消耗 80 单位本部门的产品,由制造业投入 40 单位的产品,并且,使用 60 单位的劳动。

注意在上表中,最右边一列表示了各部门的总产出,但是没有哪一行是表示各个部门的总投入。这是因为各个部门产品的实物单位不相同,所以不能纵向相加得到总投入。如果把表中的数字化为按货币单位计算,就可以克服这一点。

【例 2】　设在表 11-1 中,农业产品的单位价格为 0.5 元,制造业产品单位价格为 1 元,服务业的单位价格为 2 元,而单位劳动的工资为 2 元,那么由表 11-1 可以得到表 11-2。

表 11-2　按货币单位计算

投　　入	产　　出				
	中间产品			最终产品	总产出
	农业	制造业	服务业		
农业	40	80	0	80	200
制造业	40	40	20	300	400
服务业	0	80	20	100	200
劳动	120	200	160	20	500
总投入	200	400	200	500	1300

在表 11-2 中所有的数字都是以货币(元)为单位,因此不但各行(产出)可以相加,而且各列(投入)也可以相加。最后一行的数字为各列相加得到的总投入,也就是各个部门的生产总成本。

在表 11-2 中,每个部门的生产总成本正好与其总产出相等,这意味着利润为零。如果消耗减少,产出增加,或者价格发生变化,利润就不为零。在实际的投入产出表中就是这样。这时,可以在表中增加一个称为"新创造的价值"行,来使得各列的总和等于其对应行的总和。

设一个经济系统有 n 个部门组成,部门 i 的总产出记为 x_i,最终产品记为 R_i,从部门 i 流向部门 j 的中间产品记为 x_{ij},则相应于表 11-2 得到投入产出表的一般形式,见表 11-3。

表 11-4 用粗线划分为四大块,按照左上、右上、左下与右下的次序,分别把它们命名为第Ⅰ、Ⅱ、Ⅲ、Ⅳ象限。

第Ⅰ象限为 $n \times n$ 矩阵,它由 n 个部门纵横交叉组成,其纵向称为"主栏",反映中间投入,横向称为"宾栏",反映中间使用。所以,矩阵中的每个数字都具有双重意义:从横向看,反映产出部门的产品(包括货物和服务)提供给各投入部门作为中间使用的数量;从纵向看,反映投入部门在生产过程中消耗各产出部门的产品的数量。第Ⅰ象限充分揭示了国民经济各部门之间相互依存、相互制约的技术经济联系,反映了国民经济各部门之间相互依赖、相互提供劳动对象以供生产和消耗的过程,是投入产出表的核心。

表 11-3　投入产出表的一般形式(货币形式)

投　入		产　出									
		中间产品				合计	最终产品				总产出
		1	2	…	n		消费	储备	出口等	合计	
部门 1		x_{11}	x_{12}	…	x_{1n}					R_1	x_1
2		x_{21}	x_{22}	…	x_{2n}					R_2	x_2
⋮		⋮	⋮		⋮					⋮	⋮
n		x_{n1}	x_{n2}	…	x_{nn}					R_n	x_n
合计											
折旧		d_1	d_2	…	d_n						
新创造的价值	工资 利润等	v_1 m_1	v_2 m_2	…	v_n m_n						
	合计										
总产出		x_1	x_2	…	x_n						

表 11-4　我国 1997 年投入产出表的结构(按当年生产者价格计算)

投　入		产　出														
		中间使用			最终使用											
					最终消费					资本形成总额						
					居民消费											
		种植业	…	行政机关及其他行业	中间使用合计	农村居民	城镇居民	小计	政府消费	合计	固定资本形成总额	存货增加	合计	最终使用合计	进口	其他	总产品
中间投入	种植业															
	……	第Ⅰ象限						第Ⅱ象限								
	行政机关及其他行业															
	中间投入合计															
增加值	固定资产折旧															
	劳动者报酬	第Ⅲ象限						第Ⅳ象限								
	生产税净额															
	营业盈余															
	增加值合计															
	总投入															

　　第Ⅱ象限反映各部门的总产品中用于最终产品的部分。它反映该经济系统的社会经济联系。最终产品的内容通常包括消费、储备、出口以及基建投资。第Ⅱ象限是第Ⅰ象限在水

平方向上的延伸,主栏和第Ⅰ象限的部门分组相同;宾栏是最终消费、资本形成总额、出口等各种最终使用。第Ⅱ象限反映各生产部门的产品用于各种最终使用的数量和构成,描述了已退出或暂时退出本期生产过程的产品流向,体现了国内生产总值经过分配和再分配后的最终使用。

第Ⅰ象限和第Ⅱ象限组成的横表,反映国民经济各部门产品的使用去向,即各部门产品中间使用和最终使用的数量。

第Ⅲ象限是新创造的价值,包括劳动报酬(工资、津贴、补助等)和社会纯收入(利润、税金、公积金和公益金等)。它反映国民收入的初次分配情况。各部门固定资产折旧也划归第Ⅲ象限。第Ⅲ象限是第Ⅰ象限在垂直方向上的延伸,主栏是固定资产折旧、劳动者报酬、生产税净额和营业盈余等各种最初投入;宾栏的部门分组与第Ⅰ象限相同。这一部分反映各产品部门的增加值(即最初投入)的构成情况,体现了国内生产总值的初次分配。

第Ⅰ象限和第Ⅲ象限组成的竖表,反映国民经济各部门在生产经营活动中的各种投入来源及产品价值构成,即各部门总投入及其所包含的中间投入和增加值的数量。

投入产出表第Ⅰ、Ⅱ、Ⅲ象限三大部分相互连接,从总量和结构上全面、系统地反映了国民经济各部门从生产到最终使用这一完整的实物运动过程中的相互联系。

第Ⅳ象限反映国民收入再分配的情况,比较复杂,在投入产出分析中通常略去不谈。

表 11-5 是我国 1997 年投入产出表的结构。我国 1997 年投入产出表的规模为 124 个产品部门,比 1992 年表增加了 5 个部门。其中,农业 5 个部门,工业 84 个部门,建筑业 1 个部门,运输业 10 个部门,仓储业 1 个部门,邮电业 2 个部门,商业、饮食业 2 个部门,其他服务业 19 个部门。为作简化分析,把它归纳为 40 个部门的投入产出表和 6 个部门的投入产出表。

这里要指出:投入产出表中的“部门”,既不是通常在经济管理中按隶属关系划分的行政部门(例如管辖纺织厂的同时还管辖纺织机械厂和化学纤维厂的纺织工业部门),也不是一般在计划统计中按同类生产企业组成的经济部门(即企业部门,例如作为钢铁企业总体的黑色冶金工业部门),而是由所用原材料相同、工艺技术相同、经济用途相同的同类产品组成的“生产部门”,即“产品部门”,又称为“纯部门”。这样,要揭示黑色冶金部门与机器制造部门之间的生产联系,就必须把黑色冶金部门的企业所制造的机床产品剔除出来加到机器制造部门,而把机器制造部门的企业所冶炼的钢铁产品剔除出来加到黑色冶金部门。根据相应的统计资料和必要的抽样调查,使企业部门转化为产品部门,每个部门只包括与本部门专业相适应的同类产品,这是进行投入产出分析的首要环节。

部门划分多少为宜?须视计划工作和经济分析工作的需要而定。部门分得较少,将许多部门归并成一个部门,影响资料的准确性,如果分得太细,则收集资料和编制表格的工作量很大,而且投入产出表中等于零的 x_{ij} 会越多,填满率(即表中不等于零的格子数与全部格子数之比)会越低。美国曾经计算过填满率,情况如表 11-6 所示。根据国外经验,部门划分的数目一般在 20～200 之间为宜。

由于编制投入产出表所需的资料与现行的计划统计口径是不相一致的,因此,在划分部门时要考虑到资料收集的可能性,并尽可能利用原有的资料。

表 11-5 1997 年度中国投入产出表的 6 个部门投入产出基本流量表（按当年生产者价格计算）（待续，右接下页） 单位：亿元

投　入	中间投入　农业	工业	建筑业	运输邮电业	商业饮食业	非物质生产部门	中间使用合计	最终使用·居民消费　农村居民消费	城镇居民消费	居民消费合计
农业	3964.1	8625.1	72.1	11.2	583.6	156.1	13 412.2	6741.3	3619.6	10 360.9
工业	4612.5	61 350.2	10 198.0	1665.4	3546.3	6211.0	87 583.4	7388.8	9266.4	16 655.2
建筑业	49.0	116.3	10.1	116.9	57.8	678.4	1028.5	0	0	0
运输邮电业	252.4	2781.2	633.0	206.7	221.3	633.7	4728.3	154.5	361.2	515.7
商业饮食业	447.5	4998.3	831.5	118.4	1191.4	903.3	8490.3	1288.3	1674.4	2962.7
非物质生产部门	610.2	2859.7	643.3	326.3	1262.3	3195.5	8897.4	2225.4	3059.0	5284.4
中间投入合计	9935.8	80 730.7	12 388.0	2444.9	6862.7	11 778.1	124 140.2	17 798.3	17 980.7	35 779.0
固定资产折旧	584.8	5350.7	286.9	942.4	648.6	2498.9	10 312.2			
劳动者报酬	12 978.7	14 141.5	3457.9	1246.2	3219.5	6496.6	41 540.4			
生产税净额	433.0	6533.9	407.4	231.8	1350.7	1288.2	10 244.9			
营业盈余	745.1	8586.5	845.3	804.5	1217.4	1407.6	13 606.6			
增加值合计	14 741.6	34 612.7	4997.5	3225.0	6436.2	11 691.2	75 704.1			
总投入	24 677.4	115 343.4	17 385.5	5669.8	13 298.8	23 469.3	199 844.2			

表 11-5（续，右接上页）

单位：亿元

投入		产出									
		最终使用									
		最终消费		资本形成总额				出口	进口	其他	总产出
		政府消费	最终消费合计	固定资本形成总额	存货增加	资本形成总额	最终使用合计				
中间投入	农业	0	10 360.9	593.8	469.6	1063.4	11 832.6	408.3	−400.0	−167.5	24 677.4
	工业	0	16 655.2	7241.2	2543.2	9784.4	39 851.2	13 411.6	−11 695.5	−395.8	115 343.4
	建筑业	0	0	16 747.3	0	16 747.3	16 771.8	24.5	−50.1	−364.7	17 385.5
	运输邮电业	0	515.7	58.4	36.8	95.1	1018.0	407.1	−24.2	−52.2	5669.8
	商业饮食业	0	2962.7	326.7	253.8	580.5	4832.5	1289.3	−43.1	19.1	13 298.8
	非物质生产部门	8724.9	14 009.3	186.9	0	186.9	15 198.6	1002.4	−546.2	−80.5	23 469.3
	中间投入合计	8724.9	44 503.8	25 154.2	3303.4	28 457.6	89 504.7	16 543.2	−12 759.1	−1041.5	199 844.2
增加值	固定资产折旧										
	劳动者报酬										
	生产税净额										
	营业盈余										
	增加值合计										
总投入											

说明：表 11-5 与表 11-8、表 11-9 均引自国家统计局国民经济核算司《1997 年度中国投入产出表》，中国统计出版社，1999 年 9 月第 1 版。在表 11-5 的原表中，计量单位为万元。小数点前面多达 10 位数字，在本书中不便于排版，所以，计量单位改为亿元，减少了数位。

表 11-6 部门划分数与填满率

划分的部门(产品数)	不等于零的格子数	填满率(%)
17	279	96.5
31	804	83.6
85	3846	53.5
188	10 245	28.9

11.3 投入产出表中的基本关系

11.3.1 产出分配方程

在投入产出表中,每一行满足以下关系:

$$x_i = \sum_{j=1}^{n} x_{ij} + R_i, \quad i = 1, 2, \cdots, n \tag{11-1}$$

就是说,每一部门的总产出,等于该部门流向各个部门作为中间消耗用的产品(包括自身消耗)与提供给社会的最终产品之和。这个关系式称为"产出分配方程"。

11.3.2 产值方程

当投入产出表以货币为单位时(见表 11-3),从纵向关系看,第 i 部门的总成本 c_i 为

$$c_i = \sum_{j=1}^{n} x_{ji} + d_i + v_i, \quad i = 1, 2, \cdots, n \tag{11-2}$$

以 c_i 加上利润 m_i,即为第 i 部门的总产值:

$$x_i = c_i + m_i = \sum_{j=1}^{n} x_{ji} + d_i + v_i + m_i, \quad i = 1, 2, \cdots, n$$

$$x_i = \sum_{j=1}^{n} x_{ji} + z_i, \quad i = 1, 2, \cdots, n \tag{11-3}$$

式(11-3)称为"产值方程"。其中

$$z_i = d_i + v_i + m_i$$

11.3.3 投入产出方程

当式(11-1)以货币单位计算时,对于同一个部门 i 来说,式(11-1)与式(11-3)左端相等,因此有

$$\sum_{j=1}^{n} x_{ij} + R_i = \sum_{j=1}^{n} x_{ji} + z_i, \quad i = 1, 2, \cdots, n \tag{11-4}$$

等式两边消去相同项 x_{ii}，则得

$$\sum_{\substack{i=1 \\ j \neq i}}^{n} x_{ij} + R_i = \sum_{\substack{i=1 \\ j \neq i}}^{n} x_{ji} + z_i, \quad i = 1, 2, \cdots, n \tag{11-5}$$

式(11-5)表示从第 i 部门流向其他部门的中间产品加上该部门的最终产品（左边），等于该部门从其他部门投入的中间产品加上本部门新创造的价值（工资、利润等）（右边），因此称式(11-5)为"投入产出方程"。

方程式(11-1)、式(11-3)与式(11-5)反映了一个经济系统达到平衡的条件。

由式(11-4)，显然有

$$\sum_{i=1}^{n} \left(\sum_{j=1}^{n} x_{ij} + R_i \right) = \sum_{i=1}^{n} \left(\sum_{j=1}^{n} x_{ji} + z_i \right)$$

即

$$\sum_{i=1}^{n} \sum_{j=1}^{n} x_{ij} + \sum_{i=1}^{n} R_i = \sum_{i=1}^{n} \sum_{j=1}^{n} x_{ji} + \sum_{i=1}^{n} z_i$$

而

$$\sum_{i=1}^{n} \sum_{j=1}^{n} x_{ij} = \sum_{i=1}^{n} \sum_{j=1}^{n} x_{ji}$$

则

$$\sum_{i=1}^{n} R_i = \sum_{i=1}^{n} z_i$$

就是说：第Ⅱ象限与第Ⅲ象限在总量上相等。

11.3.4 直接消耗系数

由表 11-1 可以知道，生产 400 单位的农业产品需要投入 80 单位农业产品、40 单位制造业产品以及 60 单位的劳动。现在要问：如果要生产 500 单位的农业产品，需要的各种投入量将是多少？在投入产出法中采用了线性假设：当产出的水平变动幅度不大时，所需要的各种投入量按比例变动。这种假设使我们能够根据一个给定的投入产出表来计算各种产出水平时需要的投入量。例如由表 11-1，要生产 500 单位农业产品，其投入需要量就可以将表中第 1 列数据乘以 1.25 得到，即需要投入 100 单位农业产品，50 单位制造业产品以及 75 单位的劳动。

为了计算与分析的方便，引入"直接消耗系数" a_{ij}

$$a_{ij} = \frac{x_{ij}}{x_j}, \quad i, j = 1, 2, \cdots, n \tag{11-6}$$

a_{ij} 表示第 j 部门生产单位产品所需要的第 i 部门的投入量。

如果已知 a_{ij}，对于设定的产出 x_j，则投入 x_{ij} 可按下式计算

$$x_{ij} = a_{ij} \cdot x_j, \quad i, j = 1, 2, \cdots, n \tag{11-7}$$

a_{ij} 又称为"技术系数"或"投入系数"，因为它反映了部门之间的技术条件与投入定额。a_{ij} 的单位可以是度/吨、台/度，等等；若 x_{ij} 与 x_j 均以货币为单位，则 a_{ij} 是无量纲参数。

【例 3】　应用式(11-6)，由表 11-1 可以得到直接消耗系数，如表 11-7 所示。

表 11-7　由表 11-1 计算的直接消耗系数

部　门	农　业	制　造　业	服　务　业
农业	0.2	0.4	0.0
制造业	0.1	0.1	0.2
服务业	0.0	0.1	0.1
劳动	0.15	0.25	0.8

记部门 i 的净产出为 N_i，则

$$N_i = x_i - x_{ii}$$

当净产出为正数时

$$x_i - x_{ii} > 0$$

即

$$x_i - a_{ii} x_i > 0$$
$$x_i (1 - a_{ii}) > 0$$
$$1 - a_{ii} > 0$$

则

$$a_{ii} < 1$$

所以，只有当 $a_{ii} < 1$ 时，部门 i 才有净产出。当 $a_{ii} = 0$ 时，部门 i 的全部产出都消耗在本部门，没有剩余。当 $a_{ii} > 1$ 时，就需要运用库存或者依靠进口来弥补。

表 11-8 是对应于表 11-5 的 1997 年度中国的 6 个部门直接消耗系数表。表 11-9 是对应于表 11-8 的 1997 年度中国投入产出表的 6 个部门完全消耗系数表。

11.3.5　技术结构矩阵

将式(11-7)代入式(11-1)，得

$$x_i = \sum_{j=1}^{n} a_{ij} x_j + R_i, \quad i = 1, 2, \cdots, n \tag{11-8}$$

记

$$\boldsymbol{X} = \begin{bmatrix} x_1 \\ x_2 \\ \vdots \\ x_n \end{bmatrix}, \quad \boldsymbol{R} = \begin{bmatrix} R_1 \\ R_2 \\ \vdots \\ R_n \end{bmatrix},$$

$$\boldsymbol{A} = \{a_{ij}\}_{n \times n} = \begin{bmatrix} a_{11} & a_{12} & \cdots & a_{1n} \\ a_{21} & a_{22} & \cdots & a_{2n} \\ \vdots & \vdots & & \vdots \\ a_{n1} & a_{n2} & \cdots & a_{nn} \end{bmatrix} \tag{11-9}$$

矩阵 $\boldsymbol{A}$ 称为该经济系统的"技术结构矩阵"。

将方程组(11-8)改写为一个矩阵方程

表 11-8 对应于表 11-5 的 1997 年度中国投入产出表的 6 个部门直接消耗系数表

部门	代码	农业 1	工业 2	建筑业 3	运输邮电业 4	商业饮食业 5	非物质生产部门 6	中间使用合计 TIU
中间投入	农业	0.160 638 8	0.074 777 4	0.004 144 8	0.001 971 6	0.043 884 2	0.006 652 9	0.067 113 3
	工业	0.186 913 2	0.531 891 7	0.586 581 6	0.293 722 9	0.266 663 6	0.264 645 2	0.438 258 5
	建筑业	0.001 983 8	0.001 008 1	0.000 580 4	0.020 626 7	0.004 348 2	0.028 906 6	0.005 146 6
	运输邮电业	0.010 230 0	0.024 112 4	0.036 409 2	0.036 450 7	0.016 637 6	0.027 001 0	0.023 659 8
	商业饮食业	0.018 133 7	0.043 333 8	0.047 827 7	0.020 882 4	0.089 584 2	0.038 487 2	0.042 484 6
	非物质生产部门	0.024 728 3	0.024 793 0	0.037 005 2	0.057 551 2	0.094 919 0	0.136 157 6	0.044 521 8
	中间投入合计	0.402 627 7	0.699 916 3	0.712 548 8	0.431 205 5	0.516 036 7	0.501 850 5	0.621 184 6
增加值	固定资产折旧	0.023 697 3	0.046 389 5	0.016 502 8	0.166 214 8	0.048 769 7	0.106 471 6	0.051 601 3
	劳动者报酬	0.525 933 5	0.122 603 8	0.198 893 3	0.219 801 3	0.242 086 3	0.276 812 3	0.207 863 6
	生产税净额	0.017 546 3	0.056 647 1	0.023 432 0	0.040 878 1	0.101 567 0	0.054 887 4	0.051 264 5
	营业盈余	0.030 195 2	0.074 443 3	0.048 623 1	0.141 900 4	0.091 540 2	0.059 978 2	0.068 086 0
	增加值合计	0.597 372 3	0.300 083 7	0.287 451 2	0.568 794 5	0.483 963 3	0.498 149 5	0.378 815 4
	总投入	1.000 000 0	1.000 000 0	1.000 000 0	1.000 000 0	1.000 000 0	1.000 000 0	1.000 000 0

表 11-9 对应于表 11-8 的 1997 年度中国投入产出表的 6 个部门完全消耗系数表

部门	代码	农业 1	工业 2	建筑业 3	运输邮电业 4	商业饮食业 5	非物质生产部门 6
	农业	0.247 636 9	0.221 290 8	0.147 934 5	0.081 572 8	0.136 639 7	0.090 990 7
	工业	0.591 643 5	1.400 311 1	1.513 630 9	0.834 603 2	0.843 117 8	0.854 212 8
	建筑业	0.005 729 3	0.007 505 8	0.007 914 2	0.026 363 9	0.011 671 2	0.037 415 3
	运输邮电业	0.030 961 4	0.067 477 2	0.082 972 5	0.064 791 5	0.047 270 8	0.059 075 2
	商业饮食业	0.056 610 7	0.124 561 6	0.134 544 4	0.071 649 2	0.149 631 5	0.096 558 4
	非物质生产部门	0.061 224 0	0.093 729 4	0.111 165 7	0.106 229 9	0.158 080 3	0.200 888 2

$$X = AX + R \qquad (11\text{-}10)$$

于是有

$$(I - A)X = R \qquad (11\text{-}11)$$

式中，I 为 $n \times n$ 单位矩阵。

将方程(11-11)展开，其方程组形式如下

$$\begin{cases} (1 - a_{11})x_1 - a_{12}x_2 - a_{13}x_3 - \cdots - a_{1n}x_n = R_1 \\ -a_{21}x_1 + (1 - a_{22})x_2 - a_{23}x_3 - \cdots - a_{2n}x_n = R_2 \\ \qquad\qquad\qquad \vdots \\ -a_{n1}x_1 - a_{n2}x_2 - \cdots - a_{n,n-1}x_{n-1} + (1 - a_{nn})x_n = R_n \end{cases} \qquad (11\text{-}12)$$

在矩阵 A 为确定的前提下，方程组(11-12)中包含 $x_1, x_2, \cdots, x_n$ 与 $R_1, R_2, \cdots, R_n$ 共 $2n$ 个变量。利用方程组(11-12)，可以进行以下计算：

(1) 如果在经济系统中，各部门的总产量 $x_1, x_2, \cdots, x_n$ 已经确定，则可计算出各部门的最终产量 $R_1, R_2, \cdots, R_n$；

(2) 反之，如果各部门的最终产量 $R_1, R_2, \cdots, R_n$ 已经确定，则可计算出各部门的总产量 $x_1, x_2, \cdots, x_n$；

(3) 在经济系统中，各部门的总产量 x_i 与最终产量 R_i 中只要已知 n 个，就可以计算出其余 n 个未知数。

但是，至此仍无法回答诸如"生产 1 吨钢总共需要用多少度电"的问题。要回答这样的问题，必须引入"完全消耗系数"。

11.3.6　完全消耗系数

完全消耗包括直接消耗与间接消耗，间接消耗又分为许多层次。如图 11-1 所示，炼钢直接消耗电、生铁、耐火材料、炼钢设备等，冶炼生铁、制造耐火材料、制造炼钢设备等也需要消耗电，这是对电的第一次间接消耗，其中冶炼 1 吨铁矿石要消耗电 194.63 度。冶炼生铁需要铁矿石与炼铁设备等，开采铁矿石与制造炼铁设备也需要消耗电，这是对电的第二次间接消耗。开采矿石需要矿山设备又需要消耗电，这是对电的第三次间接消耗，如此等等，而且由图 11-1 不难看出，消耗过程构成循环，所以间接消耗的层次是无限多的。生产 1 吨钢对电的完全消耗量，应该等于对电的直接消耗加上对电的所有各次间接消耗的总和。当然，该总和是一个有限数，根据我国 1973 年投入产出表的数据，生产 1 吨钢对电的直接消耗是 199 度，对电的完全消耗是 690 度，完全消耗量为直接消耗量的 3.47 倍。

如何计算完全消耗系数？下面介绍两种思路。

思路 1　根据图 11-1，采用无穷级数的形式建立计算公式。以 b_{ij} 表示第 j 部门生产单位产品对第 i 部门的完全消耗系数，则有

$$b_{ij} = a_{ij} + \sum_{k=1}^{n} a_{ik} \cdot a_{kj} + \sum_{s=1}^{n}\sum_{k=1}^{n} a_{is} \cdot a_{sk} \cdot a_{kj} + \sum_{t=1}^{n}\sum_{s=1}^{n}\sum_{k=1}^{n} a_{it} \cdot a_{ts} \cdot a_{sk} \cdot a_{kj} + \cdots$$
$$i, j = 1, 2, \cdots, n \qquad (11\text{-}13)$$

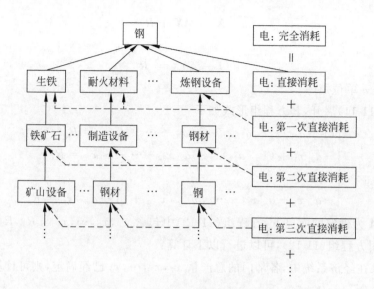

图 11-1　计算完全消耗系数的思路之一

记 $\boldsymbol{B} = \{b_{ij}\}_{n \times n}$,称为"完全消耗系数矩阵",则方程组(11-13)可以改写为

$$\boldsymbol{B} = \boldsymbol{A} + \boldsymbol{A}^2 + \boldsymbol{A}^3 + \cdots \tag{11-14}$$

由于直接消耗矩阵 $\boldsymbol{A}$ 具有列和小于 1 的性质,且 $\boldsymbol{A}$ 的最大特征根之模小于 1,则有

$$\boldsymbol{I} + \boldsymbol{A} + \boldsymbol{A}^2 + \boldsymbol{A}^3 + \cdots = (\boldsymbol{I} - \boldsymbol{A})^{-1}$$

于是,式(11-14)可以改写为

$$\boldsymbol{B} = (\boldsymbol{I} - \boldsymbol{A})^{-1} - \boldsymbol{I} \tag{11-15}$$

式(11-15)即为所求。

矩阵 $(\boldsymbol{I} - \boldsymbol{A})^{-1}$ 称为里昂节夫逆矩阵,其元素称为里昂节夫逆系数,它表示第 j 部门增加一个单位最终产品时,对第 i 部门的完全需要量。

思路 2　如图 11-2 所示,钢对电的完全消耗等于炼钢对电的直接消耗与生铁、耐火材料、炼钢设备等对电的完全消耗之和,而这些生铁、耐火材料、炼钢设备是炼钢所直接消耗的。用公式表示如下

$$b_{ij} = a_{ij} + \sum_{k=1}^{n} b_{ik} \cdot a_{kj}, \quad i,j = 1,2,\cdots,n \tag{11-16}$$

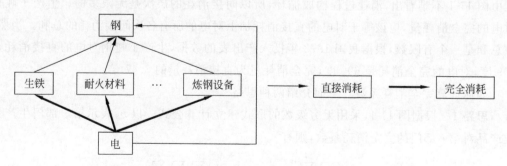

图 11-2　计算完全消耗系数的另一种思路

用矩阵表示：

$$B = A + BA \tag{11-17}$$

因矩阵$(I-A)$非奇异——对于实际的经济系统来说,这一点总是满足的——故上式可改写为

$$
\begin{aligned}
B &= A(I-A)^{-1} \\
&= (I-A)^{-1} - (I-A)^{-1} + A(I-A)^{-1} \\
&= (I-A)^{-1} - (I-A)(I-A)^{-1} \\
&= (I-A)^{-1} - I
\end{aligned}
$$

与式(11-15)相同。

【例 4】　试根据表 11-7 计算完全消耗系数。

解法 1：由表 11-7 可知

$$
A = \begin{bmatrix} 0.2 & 0.4 & 0 \\ 0.1 & 0.1 & 0.2 \\ 0 & 0.1 & 0.1 \end{bmatrix}
$$

则

$$
I-A = \begin{bmatrix} 0.8 & -0.4 & 0 \\ -0.1 & 0.9 & -0.2 \\ 0 & -0.1 & 0.9 \end{bmatrix}
$$

$$
(I-A)^{-1} = \begin{bmatrix} \dfrac{197.5}{149} & \dfrac{90}{149} & \dfrac{20}{149} \\[2ex] \dfrac{11.25}{74.5} & \dfrac{90}{74.5} & \dfrac{20}{74.5} \\[2ex] \dfrac{11.25}{670.5} & \dfrac{90}{670.5} & \dfrac{765}{670.5} \end{bmatrix}
$$

$$
= \begin{bmatrix} 1.326 & 0.604 & 0.134 \\ 0.151 & 1.208 & 0.268 \\ 0.017 & 0.134 & 1.141 \end{bmatrix}
$$

最后,得

$$
B = (I-A)^{-1} - I = \begin{bmatrix} 0.326 & 0.604 & 0.134 \\ 0.151 & 0.208 & 0.268 \\ 0.017 & 0.134 & 0.141 \end{bmatrix}
$$

解毕。

解法 2：为了加深理解完全消耗系数 b_{ij} 的含义,我们根据思路 1 作近似计算。设对于表 11-7 所示的经济系统,要得到农业部门 1000 单位的总产出,下面由表 11-7 直接计算所需各部门的直接投入与间接投入,如表 11-10 所示。

表 11-10 直接投入和间接投入

生产部门	初始产出	直接投入	间接投入						总计
			第(1)轮	第(2)轮	第(3)轮	第(4)轮	第(5)轮	…	
农业	1000	200	80	28	10.8	4.12	1.588	…	324.508
制造业	0	100	30	13	4.9	1.91	0.735	…	150.545
服务业	0	0	10	4	1.7	0.66	0.258	…	16.617

表中,"直接投入"一列数字很容易计算,即:

$$\begin{bmatrix} 0.2 \\ 0.1 \\ 0 \end{bmatrix} \times 1000 = \begin{bmatrix} 200 \\ 100 \\ 0 \end{bmatrix}$$

就是说,要求农业部门产出 1000 单位,必须由农业部门投入 200 单位,并由制造业投入 100 单位。而这 200 单位与 100 单位分别要由农业部门与制造业部门生产出来,于是需要另外的消耗,根据表 11-7 计算第(1)轮间接投入。

$$\begin{bmatrix} 0.2 \\ 0.1 \\ 0 \end{bmatrix} \times 200 + \begin{bmatrix} 0.4 \\ 0.1 \\ 0.1 \end{bmatrix} \times 100 = \begin{bmatrix} 80 \\ 30 \\ 10 \end{bmatrix}$$

同理,计算第(2)轮间接投入:

$$\begin{bmatrix} 0.2 \\ 0.1 \\ 0 \end{bmatrix} \times 80 + \begin{bmatrix} 0.4 \\ 0.1 \\ 0.1 \end{bmatrix} \times 30 + \begin{bmatrix} 0 \\ 0.2 \\ 0.1 \end{bmatrix} \times 10 = \begin{bmatrix} 28 \\ 13 \\ 4 \end{bmatrix}$$

如此等等,可以无穷地计算下去。表 11-10 中计算了 5 轮间接投入,然后求和,如表 11-10 最右列"总计"所示。总产出是农业部门 1000 单位,因此,近似的完全消耗系数为

$$(0.324\,508, 0.150\,545, 0.016\,617)^{\mathrm{T}}$$

它与解法 1 得到的矩阵 **B** 的第 1 列数字相当接近。其余计算略。解毕。

对于多数产品来说,其完全消耗系数要比直接消耗系数大得多。例如,根据苏联 1972 年的统计,精制钢对电力的消耗,前者比后者大 13 倍之多。

表 11-9 是对应于表 11-8 的 1997 年度中国的 6 个部门完全消耗系数表。更大的表格不便于引用,可以直接查阅中国统计出版社出版的投入产出表。

表 11-11 是苏联的一张货币型投入产出表,表 11-12 与表 11-13 分别是它的直接消耗系数表和完全消耗系数表。由表 11-11 或表 11-12 看到,其中有许多空格,就是说,相关的部门之间没有直接的技术经济联系,但是,在表 11-13 中空格很少,就是说,没有间接的技术经济联系的部门是很少的[①]。

---

① 这三张表的篇幅与内容适合教学,所以在此引用;这三张表几经转引,数字多有出入,笔者进行了加工,使三张表互相协调、对应。

表 11-11　货币型投入产出表

按百万卢布计

部门	代码	1 农业	2 燃料工业	3 电力生产	4 森林、木材、造纸工业	5 建筑材料工业	6 轻工业	7 食品工业	8 机器制造和金属加工	9 运输和邮电业	10 商业和公共饮食业	11 物资技术供应	12 建筑业	13 印刷业	14 其他部门	15 生产消耗合计(1~14)	最终产品 16 消费	最终产品 17 积累	最终产品 18 出口	最终产品 19 合计(16~18)	20 产品总值
农业	1	639	—	—	—	—	63	461	—	—	—	18	—	—	—	1181	372	757	409	1538	2719
燃料工业	2	2	—	3	—	—	—	—	—	2	—	1	—	—	3	11	1	—	—	1	12
电力生产	3	10	1	32	11	54	12	13	28	17	6	1	4	—	3	192	29	—	—	29	221
森林、木材、造纸工业	4	8	—	—	139	—	—	12	—	—	—	2	21	19	—	201	96	5	71	172	373
建筑材料工业	5	9	—	—	—	9	—	—	4	—	—	4	116	—	1	143	24	—	130	154	297
轻工业	6	15	—	—	—	—	45	1	3	8	6	—	—	—	—	78	456	2	488	946	1024
食品工业	7	56	—	—	—	—	—	227	—	—	1	—	—	—	—	284	1078	—	676	1754	2038
机器制造和金属加工	8	4	—	1	—	—	—	—	—	14	—	—	13	1	3	36	14	6	511	531	567
运输和邮电业	9	29	—	11	11	11	41	42	32	29	36	60	45	—	—	347	196	—	863	1059	1406
商业和公共饮食业	10	—	—	—	—	—	—	—	—	2	—	2	—	—	—	4	371	—	36	407	411
物资技术供应	11	9	—	5	7	4	37	38	14	—	—	—	5	—	—	119	73	—	—	73	192
建筑业	12	—	—	—	—	—	—	—	—	—	—	—	—	—	—	—	—	664	—	664	664
印刷业	13	2	—	—	—	—	—	2	—	—	—	14	1	—	4	23	22	—	—	22	45
其他部门	14	—	—	—	—	—	—	—	1	—	—	5	1	1	4	12	19	—	—	19	31
折旧	15	134	1	11	14	22	9	13	13	46	26	5	22	1	4	318	2	—	—	2	320
进口产品	16	198	2	122	26	90	585	395	325	577	5	12	189	6	2	2534	1259	690	—	1949	4483
物质消耗合计(1~16)	17	1115	4	189	209	191	792	1211	423	717	84	103	405	27	13	5483	4012	2124	3184	9320	14803
新创造的价值 劳动工资	18	1208	6	18	77	103	103	89	108	578	96	66	272	25	11	2760	636	—	—	636	3396
新创造的价值 利润和周转税	19	396	2	14	87	3	129	738	36	111	231	23	−13	−7	7	1757	571	—	—	571	2328
产品总值	20	2719	12	221	373	297	1024	2038	567	1406	411	192	664	45	31	10000	5219	2124	3184	10527	20527

表11-12　直接消耗系数（由表11-11得到）

物质生产部门	农业	燃料工业	电力生产	森林木材造纸工业	建筑材料工业	轻工业	食品工业	机器制造和金属加工	运输和邮电业	商业和公共饮食业	物资技术供应	建筑业	印刷业	其他部门
代码	1	2	3	4	5	6	7	8	9	10	11	12	13	14
1. 农业	0.235	—	—	—	—	0.0615	0.2262	—	—	—	0.0938	—	—	—
2. 燃料工业	0.0007	—	0.0136	—	—	—	0.0029	—	—	—	—	—	—	—
3. 电力生产	0.0037	0.0833	0.1448	0.0295	0.1818	0.0117	0.0064	0.0494	0.0121	0.0146	0.0052	0.0060	—	0.0968
4. 森林木材.造纸工业	0.0029	—	—	0.3727	0.0303	—	0.0064	0.0053	0.0078	0.0049	0.0104	0.0316	—	0.0645
5. 建筑材料工业	0.0033	—	—	—	—	—	—	0.0071	—	—	0.0208	0.1747	—	0.0323
6. 轻工业	0.0055	—	—	—	—	0.0439	0.0005	0.0053	0.0057	0.0146	—	—	—	—
7. 食品工业	0.0206	—	—	0.0027	—	—	0.1114	—	—	0.0024	—	—	—	—
8. 机器制造和金属加工	0.0015	—	0.0498	0.0295	—	—	—	0.0564	0.0199	—	0.0052	0.0030	—	—
9. 运输和邮电业	0.0107	—	0.0226	0.0188	0.0370	0.0400	0.0206	0.0018	0.0206	0.0876	0.3125	0.0678	—	—
10. 商业和公共饮食业	—	—	—	—	0.0034	0.0361	0.0186	0.0247	—	0.0049	—	—	—	—
11. 物资技术供应	0.0033	—	0.0226	—	0.0135	—	0.0010	—	—	—	—	0.0075	—	—
12. 建筑业	—	—	—	—	—	—	—	—	—	—	—	—	—	—
13. 印刷业	0.0007	—	—	—	—	—	—	—	0.0007	—	—	—	0.4222	0.0222
14. 其他部门	—	—	—	—	—	—	—	—	—	—	—	0.0015	0.0222	0.1290

表 11-13 完全消耗系数（由表 11-12 得到）

物质生产部门	代码	农业 1	燃料工业 2	电力生产 3	森林木材造纸工业 4	建筑材料工业 5	轻工业 6	食品工业 7	机器制造和金属加工 8	运输和邮电业 9	商业和公共饮食业 10	物资技术供应 11	建筑业 12	印刷业 13	其他部门 14
1. 农业		0.3175	0.0003	0.0033	0.0039	0.0024	0.0895	0.3381	0.0038	0.0007	0.0023	0.1239	0.0015	—	0.0007
2. 燃料工业		0.0011	0.0013	0.0160	0.0008	0.0030	0.0003	0.0037	0.0008	0.0002	0.0003	0.0003	0.0007	0.0001	0.0019
3. 电力生产		0.0078	0.0980	0.1761	0.0569	0.2214	0.0162	0.0120	0.0615	0.0164	0.0192	0.0175	0.0492	0.0055	0.1431
4. 森林、木材、造纸工业		0.0068	0.0004	0.0045	0.5956	0.0017	0.0018	0.0140	0.0100	0.0131	0.0091	0.0214	0.0520	0.0046	0.1187
5. 建筑材料工业		0.0046	0.0001	0.0016	0.0008	0.0319	0.0012	0.0017	0.0080	0.0002	0.0001	0.0220	0.1806	0.0015	0.0385
6. 轻工业		0.0077	—	0.0004	0.0004	0.0004	0.0468	0.0028	0.0060	0.0062	0.0159	0.0027	0.0005	—	0.0001
7. 食品工业		0.0305	—	0.0001	0.0001	0.0001	0.0021	0.1332	0.0001	—	0.0028	0.0029	—	—	—
8. 机器制造和金属加工		0.0024	0.0001	0.0015	0.0057	0.0012	0.0015	0.0014	0.0016	0.0204	0.0019	0.0119	0.0049	0.0005	0.0006
9. 运输和邮电业		0.0181	0.0057	0.0687	0.0614	0.0568	0.0571	0.0361	0.0704	0.0241	0.0924	0.3243	0.0844	—	0.0143
10. 商业和公共饮食业		—	—	—	0.0035	0.0035	—	—	0.0018	—	—	0.0001	0.0006	—	0.0001
11. 物资技术供应		0.0056	0.0022	0.0268	0.0315	0.0190	0.0386	0.0229	0.0267	0.0014	0.0013	0.0020	0.0122	0.0002	0.0060
12. 建筑业		—	—	—	—	—	—	0.0024	—	—	—	—	—	—	—
13. 印刷业		0.0016	—	—	—	—	0.0001	—	—	—	—	0.0002	—	0.7307	—
14. 其他部门		0.0003	0.0025	0.0306	0.0015	0.0058	0.0005	0.0004	0.0017	0.0012	0.0006	0.0007	0.0031	0.0443	0.1518

11.4 投入产出表的应用

投入产出分析作为一种现代的数量经济方法,在规划经济发展、预测未来经济发展、论证各项经济政策和影响、研究产业结构和产品结构等方面具有重要的效用。

首先,投入产出分析是从最终使用出发制定计划的有效工具。对经济增长提出一个目标后,可以相应测算出各项最终使用的总量和结构,进而计算出各部门的生产量和发展速度,最后在此基础上进行需要与可能的平衡论证,从而制定出确实可行的计划。

其次,利用投入产出表检验计划的平衡协调情况。通过从生产到使用,从使用到生产正反两个方向的测算,验证国民经济计划是否符合综合平衡的原理,是否结构合理,从中找出问题,修正计划。

最后,运用投入产出分析可以进行大规模的项目评估。一项具有相当规模的基建项目,需要国民经济各部门生产的产品做基础,事先均要进行可行性的论证,计算出需要和生产之间的数量关系。在这方面,投入产出分析是一种非常有效的工具。当项目竣工投产后,在增加生产某种产品的过程中,又要直接、间接地消耗其他部门的产品,从而在国民经济中引起一系列连锁反应,使各部门的产品产量发生变化,利用投入产出表也可以测算这方面的变化情况。

另外,投入产出分析还在政策模拟、方案评估、研究重大经济结构方面有着广泛的应用天地。随着社会各界的不断应用开发,投入产出分析在进行系统分析、定量分析中将发挥越来越大的作用。

对于改革开放、发展社会主义市场经济,对于宏观经济调控、宏观经济决策、宏观经济管理,对于加强企业经营管理、提高企业经济效益都具有十分重要的作用。例如用于国民经济发展计划和规划的制定、验证、调整,用于政策模拟、经济预测,用于产业结构和产品结构的调整,用于分析研究经济效益,用于研究环境和污染的治理等,以及用于强化企业核算,制定企业生产计划,改进企业生产工艺等。

下面将着重介绍投入产出分析在计划和预测、政策模拟、重大经济比例关系等方面的应用。本节内容来源自《1997 年度中国投入产出表》(中国统计出版社,1999 年 9 月第 1 版)。

11.4.1 投入产出分析在计划和预测方面的应用

由于投入产出表集生产、分配、交换、消费于一身,充分描述了社会再生产的全过程,揭示了国民经济各部门、各产品之间的技术经济联系,因而它在制定计划、调整计划、论证计划、优化计划和经济预测等方面能够发挥重大作用。

1. 投入产出表是从最终使用出发制订计划的有效工具

所谓从最终使用出发制订计划,就是先预测出计划期的各种最终使用(如总投资、总消费、进口和出口等)的总量和结构;再利用投入产出模型计算出国民经济各部门的生产量和发展速度;最后在此基础上作出需要与可能之间达到平衡的一种制订国民经济发展计划方法。其主要步骤如下。

1）确定计划期的总消费

总消费包括居民消费和社会消费的总量及其构成。

对于居民消费,在预测计划期的居民消费总量时,一般应根据因素分析法分析计划期影响居民消费变化的诸因素,并结合计划期的各种情况作出计算。这些因素包括:由人口变化而引起的消费需求、由新增劳动力引起的消费需求和由消费水平变化而引起的消费需求等。在预测计划期的居民消费结构时,既可以利用住户家庭调查资料,也可以利用统计分析方法或其他经济数学方法,还可以通过对报告期投入产出表中居民消费结构调整等方法得到。

对于社会消费,计划期的总量既可以根据计划期科学、教育、文化等事业的发展情况进行预测,也可以根据历史上居民消费与社会消费的比例进行预测。其计划期的结构一般都通过对报告期投入产出表中社会消费结构调整而得到。

2）确定计划期的总投资

确定计划期的总投资,要分别确定计划期的固定资产大修理、固定资产更新改造、基本建设和库存增加。

3）确定计划期的进出口

对于进出口,一般应根据我国进出口政策、经济政策、发展速度和国内资源的供求关系进行预测而得到。

4）确定计划期的直接消耗系数矩阵

随着生产的发展和科技的进步,报告期投入产出表的直接消耗系数也需要进行适当修正,也就是需要预测计划期的直接消耗系数矩阵。

如果计划期距报告期较近,产业结构、产品结构、价格结构和生产技术变化不大,则可不必修正报告期投入产出表的直接消耗系数矩阵,而视之为计划期的;如果计划期距报告期较远,则产业结构、产品结构、价格结构和生产技术变化比较大,需修正报告期投入产出表的直接消耗系数矩阵,以得到计划期的直接消耗系数矩阵。

5）利用投入产出模型测算计划期国民经济各部门的总产出

测算公式为

$$\boldsymbol{X}^{(t)} = (\boldsymbol{I} - \boldsymbol{A}^{(t)})^{-1} \boldsymbol{Y}^{(t)} \tag{11-18}$$

式中,$\boldsymbol{X}^{(t)}$ 为计划期各部门总产出的列矢量;$\boldsymbol{A}^{(t)}$ 为已预测的计划期的直接消耗系数矩阵;$\boldsymbol{Y}^{(t)}$ 为已预测的计划期的最终使用的列矢量;$\boldsymbol{I}$ 为单位矩阵。

由上式计算而得的 $\boldsymbol{X}^{(t)}$ 就是计划期各部门的总产出。从最终使用出发制定计划,有一个很经典的例子。美国政府聘用里昂节夫在 1944 年编出了 1939 年投入产出表,根据这个表计算了部分产品对于钢的完全消耗系数,见表 11-14。从这些系数中可以看出,金属制造业、机动车辆和工业设备、建筑业名列前茅。美国劳动统计局根据战后这三个行业有较大发展的估计,预测钢产量将比战时最高产量还要大。当时,美国一些企业界人士曾对此表示怀疑,但后来的事实证明预测是对的。根据投入产出表的计算,预测到 1950 年美国的钢锭产量应该是 9800 万吨,而 1950 年钢锭的生产为 9680 万吨,说明预测是相当成功的。

表 11-14 1939 年每千美元产品所需要的钢的吨数

部 门	吨/1000 美元	部 门	吨/1000 美元
建筑业	1.65	食品加工	0.26
金属制造业	2.9	燃料和动力	0.22
机动车辆和工业设备	2.5	木材、纸、印刷、家具	0.46
商业和饮食业	0.23	农业	0.15
化工	0.3	运输	0.28
橡胶产品	0.2	其他	0.66

2. 加强计划的综合平衡

利用投入产出表加强计划的综合平衡,主要包括以下两个方面的内容。

1) 检验计划的平衡协调

这种检验可以采取从生产到使用或从使用到生产两种办法来进行。

从生产到使用,就是从计划期国民经济发展速度出发,利用投入产出模型计算计划各部门可提供的最终使用量,来验证计划期安排的使用,检验计划期安排的使用与计划期安排的生产之间的协调程度。此时所用的公式为

$$Y^{(t)} = (I - A^{(t)})X^{(t)} \tag{11-19}$$

式中,$X^{(t)}$ 为计划期各部门总产出的列矢量;$A^{(t)}$ 为计划期的直接消耗系数矩阵;$Y^{(t)}$ 为预测的各部门计划期可提供的最终使用量。

从使用到生产,就是根据计划期各种最终使用出发,利用投入产出模型计算计划期国民经济各部门的发展速度,来验证计划期安排的生产,检验计划期安排的生产与计划期安排的使用之间的协调程度。此时所用的公式为

$$X^{(t)} = (I - A^{(t)})^{-1}Y^{(t)} \tag{11-20}$$

式中,$Y^{(t)}$ 为计划期安排的各种最终使用的列矢量;$X^{(t)}$ 为预测的各部门计划期的总产出。

2) 对计划调整方案进行验证

当国民经济发展计划不协调时,或生产大于使用,或使用大于生产,都必须对计划进行调整。对调整后的计划是否协调,仍需用投入产出模型进行验证,这是因为对某一部门产品的需求量变化,将会引起国民经济各部门的连锁反应。

对计划的调整方案进行验证所使用的公式为

$$\Delta Y^{(t)} = (I - A^{(t)})\Delta X^{(t)} \tag{11-21}$$

或

$$\Delta X^{(t)} = (I - A^{(t)})^{-1}\Delta Y^{(t)} \tag{11-22}$$

式中,$A^{(t)}$ 为计划期的直接消耗系数矩阵;前式的 $\Delta X^{(t)}$ 为计划调整国民经济部门的总产出增量,后式的 $\Delta X^{(t)}$ 为需要调整的计划期国民经济各部门的总产出增量;前式的 $\Delta Y^{(t)}$ 为需要调整的计划期最终使用增量,后式的 $\Delta Y^{(t)}$ 为计划调整的最终使用增量。

3. 大规模建设项目评估

在中长期计划中总要进行一些大规模建设项目。这些项目开工建设,会对国民经济各方面提出要求;项目建成后,又会对国民经济发生重大影响,例如改变生产的部门结构、影

响居民消费等。因此,进行大规模建设项目评估,做好大规模项目建设与国民经济发展之间的平衡协调和计划是非常必要的。投入产出模型是大规模建设项目评估的科学工具。

1) 大规模项目开工建设前的需求测算

利用投入产出模型进行大规模项目建设前的需求测算时,首先要将大规模项目建设以及随之而进行的一系列附属工程建设所需要的投资品作为一个最终使用的投资品增加矢量 $\Delta \boldsymbol{Y}$

$$\Delta \boldsymbol{Y} = (0,\cdots,\Delta y_k,\cdots,\Delta y_t,\cdots,0)^{\mathrm{T}} \tag{11-23}$$

这里,$\Delta y_k,\cdots,\Delta y_t$ 是建设项目及随之进行的一系列附属工程建设所需要的第 $k,\cdots,t$ 种投资品。然后,根据公式

$$\Delta \boldsymbol{X} = (\boldsymbol{I} - \boldsymbol{A})^{-1} \Delta \boldsymbol{Y} \tag{11-24}$$

就可以计算出由于进行大规模项目建设所需投资品 $\Delta \boldsymbol{Y}$ 而引起的对生产的需求 $\Delta \boldsymbol{X}$,即由此而产生的对各部门总产出的影响,从而就可以确定在生产能力一定的条件下,根据经济发展的需要是否应该进行此大规模项目建设。

2) 大规模项目建成投产后的波及影响测算

大规模项目建成投产后,社会将增加某种产品。生产这些新增加的产品既要直接消耗,又要间接消耗国民经济各部门的产品,这在整个国民经济中又将产生连锁反应。利用投入产出模型可以测算出这种连锁反应和对国民经济各部门的需求。

(1) 如果新建项目投产后生产的是新产品,在测算这种新产品的生产对国民经济各部门的需求和影响时,可以把这种新产品生产时所发生的各种消耗作为最终使用的增加,从而得到最终使用的增量 $\Delta \bar{\boldsymbol{Y}}$,然后利用公式

$$\Delta \bar{\boldsymbol{X}} = (\boldsymbol{I} - \boldsymbol{A})^{-1} \Delta \bar{\boldsymbol{Y}} \tag{11-25}$$

就可以测算出对国民经济各部门产生的连锁反应和需求 $\Delta \bar{\boldsymbol{X}}$。

(2) 如果新建项目投产后生产的是已有的产品,并且假设这种产品就是投入产出表中的第 n 种产品。此时,在测算生产该产品对国民经济各部门的需求和影响时,可利用下述公式

$$\begin{bmatrix} \Delta X_1 \\ \Delta X_2 \\ \vdots \\ \Delta X_{n-1} \end{bmatrix} = (\boldsymbol{I} - \boldsymbol{A}_{n-1})^{-1} \begin{bmatrix} a_{1n} \\ a_{2n} \\ \vdots \\ a_{n-1,n} \end{bmatrix} \Delta X_n \tag{11-26}$$

式中,ΔX_n 是新建项目投产后生产的第 n 种产品的总产出;$\boldsymbol{A}_{n-1}$ 为直接消耗系数矩阵 $\boldsymbol{A}$ 去掉第 n 行和第 n 列后的子矩阵;

$$(a_{1n},a_{2n},\cdots,a_{n-1,n})^{\mathrm{T}} \tag{11-27}$$

为直接消耗系数矩阵 $\boldsymbol{A}$ 的第 n 列的前 $n-1$ 个元素组成的列矢量;

$$(\Delta X_1,\Delta X_2,\cdots,\Delta X_{n-1})^{\mathrm{T}} \tag{11-28}$$

为新建项目投产后所生产的第 n 种产品的总产出 ΔX_n,对国民经济各部门产生的需求和影响。

3) 大规模项目建设对劳动者收入、对居民消费的影响测算

任何一个大规模项目建设在建设和投产后都将引起劳动力的投入,由此而产生劳动者收入的变化,进而对居民消费也产生影响。利用投入产出模型也可以测算出这些变化和

影响。

　　计算各部门劳动者收入变化的公式为

$$\Delta V = \Delta \hat{X} \cdot \hat{X}^{-1} V \tag{11-29}$$

式中，ΔV 为各部门劳动者收入增量的列矢量；

$$\Delta V = (\Delta V_1, \Delta V_2, \cdots, \Delta V_n)^{\mathrm{T}} \tag{11-30}$$

$\hat{X}^{-1}$ 为各部门总产出的对角矩阵的逆矩阵；$\Delta \hat{X}$ 为大规模项目建设需要各部门的总产出增量的对角矩阵（对角线元素即需要各部门的总产出增量，在 2)中已计算出）；V 为各部门劳动者收入的列矢量。

　　计算大规模项目建设因劳动者收入变化而对居民消费产品的影响的公式为

$$\Delta W = D \cdot \Delta V' \tag{11-31}$$

式中：ΔW 为大规模项目建设因劳动者收入变化而对居民消费产生的影响的列矢量；D 为投入产出表中居民消费构成的列矢量；$\Delta V'$ 为大规模项目建设所引起的各部门劳动者收入的增量中用于居民消费的数量。

4. 多方案计划及其优化

　　要编制一个优化的计划方案，一般的办法：一是进行多方案的计算，由决策者从多种方案中选取一个较优的方案；二是结合数学规划建立优化模型来计算出优化计划方案。前者单用投入产出模型就能做到，后者则要将投入产出模型与线性规划结合才能得到。

　　利用投入产出模型做多方案计算时，可以计算不同经济政策所产生的后果，也可以考虑各种不同的目标在计划期的影响和后果。例如，可以计算计划期人民生活水平提高的不同幅度对生产的影响、相应的各个生产计划方案，计划期不同投资率相同情况下生产的安排情况，以及在不同生活水平的提高与不同投资安排的配合下，计划期各部门的生产情况等。将这些计算结果与计划期的各个部门生产能力、资源状况和能源交通的可能情况做平衡协调后，就能找出一个比较优化的方案。

11.4.2　投入产出分析在政策模拟方面的应用

　　政策模拟是用模型对政策的实施结果做试验，以便说明不同经济政策带来的后果和影响。由于投入产出模型反映了国民经济各部门的技术经济联系和社会再生产各环节间的内在联系，因此当把与各种经济政策有关的一些变量，如价格、工资和税收等作为已知的控制变量时，利用投入产出模型就能够模拟各种不同经济政策可能带来的后果和影响，为制定各种经济政策服务。

1. 价格政策模拟

　　价格是一个十分重要的经济杠杆，通过产品价格的调整可以调节社会产品的生产、流通和分配，可以调节供求关系。要充分发挥价格的经济调节供求关系，必须建立合理的价格体系，必须测算调价而产生的影响。投入产出模型是建立合理的价格体系、测算调价所产生的影响的有力工具，也是制定调价方针的重要依据。

　　部分物价变动,则以这部分产品为直接中间消耗的产品,其成本将直接受到影响。但是,如果考虑到间接消耗,那么成本受影响的产品,数量将大大增多。以表 11-13 与表 11-12 作对比,若燃料要提价,从表 11-12 看,直接受到影响的只有电力和食品两个部门。但从表 11-13 可以发现,表中的 14 个部门,没有一个部门不受到影响。如果利润、工资和税收保持不变,则物价将全面上涨。

　　因此,部门间的完全消耗系数表,可作为调整物价时的重要工具来利用。

　　1) 投入产出的价格模型

　　根据投入产出表,可以建立投入产出的价格模型。该模型为

$$
\begin{cases}
p_1 = \sum_{i=1}^{n} a_{i1} p_i + n_1 \\
\quad\vdots \\
p_n = \sum_{j=1}^{n} a_{in} p_i + n_n
\end{cases}
\tag{11-32}
$$

式中,$p_i(i=1,2,\cdots,n)$ 为第 i 种产品的价格;$n_i(i=1,2,\cdots,n)$ 为第 i 种产品的单位最初投入。上式用矩阵形式表示则为

$$
\boldsymbol{P} = [(\boldsymbol{I}-\boldsymbol{A})^{-1}]^{\mathrm{T}} \boldsymbol{N}
\tag{11-33}
$$

式中,$\boldsymbol{P}$ 为各种产品价格的列矢量;$\boldsymbol{A}$ 为直接消耗系数矩阵;$\boldsymbol{N}$ 为各产品的单位最初投入的列矢量。

　　利用投入产出价格模型,可以研究现行价格与各类商品统一利率和税率下比较合理的价格之间的差距,从而确定价格调整的方向和调整的力度。

　　2) 测算产品调价的影响

　　各种产品的价格之间有着十分密切的联系,某一种产品价格的变动,必然会使与其有直接或间接生产联系的产品的成本发生变化,从而引起其他产品价格也要变动。例如,当铁矿石价格变动后,将直接影响到生铁价格变动,生铁价格的变动又直接影响到钢的价格变动,钢的价格变动又直接影响到机器制造、运输设备和金属制品等价格的变动。显然,铁矿石价格变动直接引起生铁的价格变动,间接引起钢、机器制造、运输设备和金属制品的价格变动,产生了一系列的连锁反应。在调整产品价格时,需要测算出这一系列连锁反应,以考虑对国民经济影响,对人民生活的影响。下面给出的测算公式是在假定产品价格的变动都是由于成本中的物质消耗费用和服务费用变化而引起的,而且是在不考虑企业可能采取的各种降低物质消耗和服务费用、不考虑供求对价格影响的前提下的。

　　(1) 测算一种产品或服务价格变动对其他产品或服务价格的影响。

　　假设第 n 种产品价格提高 Δp_n 后,测算对其他产品或服务价格波及影响幅度的公式为

$$
\begin{bmatrix} \Delta p_1 \\ \Delta p_2 \\ \vdots \\ \Delta p_{n-1} \end{bmatrix} = [(\boldsymbol{I}-\boldsymbol{A}_{n-1})^{-1}]^{\mathrm{T}} \begin{bmatrix} a_{n1} \\ a_{n2} \\ \vdots \\ a_{n,n-1} \end{bmatrix} \Delta p_n
\tag{11-34}
$$

式中,$\boldsymbol{A}_{n-1}$ 为投入产出表直接消耗系数矩阵 $\boldsymbol{A}$ 去掉第 n 行和第 n 列后的子矩阵;$(a_{n-1},\cdots,a_{n-1,n-1})^{\mathrm{T}}$ 为直接消耗系数矩阵 $\boldsymbol{A}$ 的第 n 行的前 $n-1$ 个元素的列矢量;$\Delta p_i(i=1,2,\cdots,n-1)$ 就是由于第 n 种产品(或服务)提价 Δp_n 后所产生的波及影响,即相应的提价幅度。

上式可以简化为：

$$
\begin{bmatrix} \Delta p_1 \\ \Delta p_2 \\ \vdots \\ \Delta p_{n-1} \end{bmatrix} = \begin{bmatrix} \bar{b}_{n1}/\bar{b}_{nn} \\ \bar{b}_{n2}/\bar{b}_{nn} \\ \vdots \\ \bar{b}_{n,n-1}/\bar{b}_{nn} \end{bmatrix} \Delta p_n \tag{11-35}
$$

式中

$$
\bar{b}_{nj}(j=1,2,\cdots,n) \tag{11-36}
$$

为里昂节夫逆矩阵的第 n 行、第 j 列元素。

(2) 测算多种产品或服务价格变动对其他产品或服务价格变动的影响。

假设投入产出表中后面的 k 种产品或服务的价格变动,其分别提高 $\Delta p_{n-k+1},\Delta p_{n-k+2},\cdots,$ Δp_n,那么测算由此而引起的第 $1,2,\cdots,n-k$ 种产品或服务价格波及影响幅度,即提价幅度 $\Delta p_1,\Delta p_2,\cdots,\Delta p_{n-k}$ 的公式为

$$
\begin{bmatrix} \Delta p_1 \\ \Delta p_2 \\ \vdots \\ \Delta p_{n-k} \end{bmatrix} = \left[(\boldsymbol{I} - \boldsymbol{A}_{n-k})^{-1} \right]^{\mathrm{T}} \boldsymbol{A}_{k,n-k}^{\mathrm{T}} \begin{bmatrix} \Delta p_{n-k+1} \\ \Delta p_{n-k+2} \\ \vdots \\ \Delta p_n \end{bmatrix} \tag{11-37}
$$

式中,$\boldsymbol{A}_{n-k}$ 为直接消耗系数矩阵 $\boldsymbol{A}$ 去掉后面的 k 行和 k 列后的子矩阵,$\boldsymbol{A}_{k,n-k}^{\mathrm{T}}$ 为直接消耗系数矩阵。$\boldsymbol{A}$ 的后面的 k 行和前面的 $n-k$ 列交叉的元素的矩阵 $\boldsymbol{A}_{k,n-k}$ 的转置矩阵为

$$
\boldsymbol{A}_{k,n-k}^{\mathrm{T}} = \begin{bmatrix} a_{n-k+1},1 & a_{n-k+2},1 & \cdots & a_{n1} \\ a_{n-k+1},2 & a_{n-k+2},2 & \cdots & a_{n2} \\ & & \vdots & \\ a_{n-k+1,n-k} & a_{n-k+2,n-k} & \cdots & a_{n,n-k} \end{bmatrix} \tag{11-38}
$$

3) 测算产品调价对价格总指数、消费品价格指数、投资品价格指数的影响

在利用投入产出模型测算出若干种(或一种)产品或服务调价而引起其他产品或服务价格的变动幅度后,还可以利用投入产出模型测算出由此而引起的价格总指数、消费品价格指数、投资品价格指数的变化幅度。

计算调价后价格总水平变动的幅度及公式为

$$
Q = \frac{\Delta \boldsymbol{P}^{\mathrm{T}} \boldsymbol{X}}{\boldsymbol{I}^{\mathrm{T}} \boldsymbol{X}} \tag{11-39}
$$

式中,$\Delta \boldsymbol{P}^{\mathrm{T}}$ 为由 k 种产品或服务调价的幅度,以及由此而引起的其他产品或服务价格变动的幅度以及这 k 种产品的调价幅度的行矢量

$$
\Delta \boldsymbol{p}^{\mathrm{T}} = (\Delta p_1,\Delta p_2,\cdots,\Delta p_n) \tag{11-40}
$$

$\boldsymbol{X}$ 为各产品总产出的列矢量；$\boldsymbol{I}^{\mathrm{T}}$ 为由 1 组成 n 维行矢量 $\boldsymbol{I}^{\mathrm{T}} = (1,1,\cdots,1)$。

计算调价后消费品价格变动幅度 $\boldsymbol{Q}_1$ 的公式为

$$
\boldsymbol{Q}_1 = \frac{\Delta \boldsymbol{P}^{\mathrm{T}} \boldsymbol{D}}{\boldsymbol{T}^{\mathrm{T}} \boldsymbol{D}} \tag{11-41}
$$

式中,$\boldsymbol{D}$ 为投入产出表中的消费列矢量。

计算调价投资品价格变动幅度 $\boldsymbol{Q}_2$ 的公式为

$$Q_2 = \frac{\Delta \boldsymbol{P}^{\mathrm{T}} \boldsymbol{W}}{\boldsymbol{I}^{\mathrm{T}} \boldsymbol{W}} \tag{11-42}$$

式中,$\boldsymbol{W}$ 为投入产出表中投资列矢量。

2. 工资(或劳动报酬)的政策模拟

从投入产出价格模型中不难看出:当一个或若干个部门的工资(或劳动报酬)发生变化时,也必然要引起价格的变化,由此又将引起消费的变化,由消费的变化又将引起生产的变化,这些变化情况都可以通过投入产出模型测算。

1) 工资(或劳动报酬)变化对产品或服务价格的影响

测算工资(或劳动报酬)变化对产品或服务价格影响的公式为

$$\Delta \boldsymbol{P} = \left[(\boldsymbol{I} - \boldsymbol{A})^{-1} \right]^{\mathrm{T}} \Delta \boldsymbol{V} \tag{11-43}$$

式中,$\Delta \boldsymbol{P}$ 为因工资(或劳动报酬)变化而引起的各种产品或服务价格变化的幅度的列矢量,

$$\Delta \boldsymbol{P} = (\Delta p_1, \Delta p_2, \cdots, \Delta p_n)^{\mathrm{T}} \tag{11-44}$$

$\Delta \boldsymbol{V}$ 为各部门的工资(或劳动报酬)系数变化幅度的列矢量,

$$\Delta \boldsymbol{V} = (\Delta v_1, \Delta v_2, \cdots, \Delta v_n)^{\mathrm{T}} \tag{11-45}$$

2) 工资(或劳动报酬)变化对消费的影响的公式为

$$\Delta \boldsymbol{W} = \boldsymbol{D} \cdot \Delta \boldsymbol{V}' \tag{11-46}$$

式中,$\Delta \boldsymbol{W}$ 为因工资(或劳动报酬)变化对各种消费需求的增量的列矢量;$\boldsymbol{D}$ 为投入产出表中居民消费的构成的列矢量;$\Delta \boldsymbol{V}'$ 为工资(或劳动报酬)系数变化后的增量中用于居民消费的数量。

3) 工资(或劳动报酬)变化而引起的消费需求对生产的影响

上面已经给出测算工资(或劳动报酬)变化对各种消费品需求的增量的列矢量,在此基础上可以进一步测算出这些消费品需求对生产的影响,计算公式为

$$\Delta \boldsymbol{X} = (\boldsymbol{I} - \boldsymbol{A})^{-1} \Delta \boldsymbol{W} \tag{11-47}$$

式中,$\Delta \boldsymbol{X}$ 为满足新增消费和需求 $\Delta \boldsymbol{W}$ 而引起的各部门总产出的增量的列矢量;$\Delta \boldsymbol{W}$ 为工资(或劳动报酬)变化对各种消费品需求的增量的列矢量。

4) 工资(或劳动报酬)变化对价格总指数、消费品价格指数、投资品价格指数的影响

计算这些价格指数的公式与计算因产品调价引起的价格指数变化的公式相一致。

3. 税收政策模拟

利用投入产出表也能测算税收变化对价格建设、生产和居民消费的影响。

1) 税收变化对价格的影响

测算税收变化对价格影响的公式为

$$\Delta \boldsymbol{P} = \left[(\boldsymbol{I} - \boldsymbol{A})^{-1} \right]^{\mathrm{T}} \Delta \boldsymbol{S} \tag{11-48}$$

式中,$\Delta \boldsymbol{P}$ 是因税收变化而引起的各部门产品价格变化幅度的列矢量;$\Delta \boldsymbol{S}$ 为各部门产品的税收变化幅度的列矢量

$$\Delta \boldsymbol{S} = (\Delta s_1, \Delta s_2, \cdots, \Delta s_n)^{\mathrm{T}} \tag{11-49}$$

2) 税收变化对建设的影响

国家通过税收集中资金,并将其用到生产和建设上。因此,当税收变化后,对建设将产

生影响,利用投入产出模型测算税收变化对建设影响的计算公式为

$$\Delta Y_T = T \Delta K \tag{11-50}$$

式中,ΔY_T 为税收变化后需要各部门提供的投资品增量的列矢量;T 为投入产出表中固定资产投资构成的列矢量;ΔK 为增加税收后用于固定资产投资的增量。

3) 税收变化对生产的影响

税收变化后,增加了固定资产投资,由此而产生了对投资品的需求 ΔY_T,此对各部门的总产出(即生产)又将产生影响,利用投入产出模型测算对生产产生的影响的公式为

$$\Delta X = (I - A)^{-1} \Delta Y_T \tag{11-51}$$

4) 税收变化对劳动者收入和居民消费的影响

税收增加后,在其他条件不变的情况下,企业要保持原有的利润水平,就意味着产品价格将有所提高。由于产品价格变化,将引起消费品价格的变化,从而产生对劳动者收入的影响,利用投入产出模型也能测算出这些影响。如果税收增加后不降低劳动者的实际收入水平,则要根据价格指数变动的情况对劳动者收入进行适当调整。对此,利用投入产出模型也可以进行测算。

4. 固定资产折旧政策和利润政策模拟

利用投入产出模型也可以对固定资产折旧政策、利润政策进行模拟,有关计算与上述税收政策模拟相类似。

5. 投资政策模拟

利用投入产出模型可以进行各种与投资有关的测算,模拟投资政策,为制定投资政策提供科学依据。

(1) 通过研究国民经济各部门、各产品在国民经济中的地位和作用,以及国民经济的综合平衡,可以确定需要进行重点投资的部门。例如,通过影响力系数的计算,找到那些可以加快国民经济发展的部门;又如,通过需求与生产能力的平衡,找到制约国民经济发展的薄弱环节,等等,作为确定投资方向和投资数量的重要依据。

(2) 利用投入产出模型中投资的构成,根据里昂节夫逆矩阵,可以测算出由投资而引起对各部门生产需求,从而结合生产的可能为投资安排提供依据。

(3) 计算不同建设周期和效果的投资对国民经济的影响,为确定不同建设周期和不同效果的投资决策提供参考。

(4) 建立动态投入产出模型,直接将投资与生产建立联系。

11.4.3　其他应用

1. 研究国民经济各种重大比例关系

要做好国民经济综合平衡,必须研究并安排好国民经济各种重大比例关系。利用投入产出模型不仅能从社会再生产的角度深入分析和研究这些比例关系,而且还能从数量上揭示这些重大比例关系的实质。

利用投入产出模型可以研究的国民经济重大比例关系主要是：

(1) 两大部类比例关系；

(2) 农、轻、重比例的关系；

(3) 物质生产与非物质生产比例关系；

(4) 一、二、三产业之间的比例关系；

(5) 总消费与总投资比例关系；

(6) 国民经济各部门之间比例关系，等等。

2. 改进微观经济管理，提高微观经济效益

投入产出分析对于改进微观经济管理，提高微观经济效益方面有广阔的应用天地，主要应用在以下方面：

(1) 强化微观核算，达到微观统计、会计、业务三大核算的统一；

(2) 调整企业的产品结构；

(3) 制定企业的生产计划；

(4) 改进企业产品的生产工艺；

(5) 节约挖潜，加强物资管理；

(6) 提高企业经济效益，等等。

在投入产出表的应用中，除上面较详细介绍的几个方面以外，还有许多重要的应用。例如，产业结构和产品结构的调整，产业结构和产品结构政策的制定，重大专项问题的研究，环境污染治理问题的研究，人才和教育问题的研究，国际经济的对比研究，外贸和汇率的研究，等等，特别在发展社会主义市场经济方面可以发挥巨大的作用。

*11.5　从《中国 1997 年投入产出表》看我国经济状况

《中国 1997 年投入产出表》提供了丰富的宏观经济信息，可以对我国当年的经济规模、产业结构及经济增长因素等进行系统的分析。

1. 经济规模

1) 总产出

投入产出表中的总产出是一个国家(或地区)一年内生产的全部产品和服务的价值总量，反映了生产活动的总规模。1997 年，我国全社会总产出为 199 844.2 亿元，按现价计算，比 1995 年的 156 544.9 亿元增长了 27.7%，年均增长 13%。其中，第一产业为 24 677.4 亿元；第二产业为 132 728.9 亿元；第三产业为 42 438 亿元。按物质产品与服务分组，全年生产物质产品 176 374.9 亿元，提供非物质服务的价值总量为 23 469.3 亿元。

2) 增加值

投入产出表中的增加值是在核算期内生产全部产品和服务的过程中新创造的价值和固定资产的转移价值，其价值量等于总产出扣除中间投入。剔除进出口、金融服务等特殊项目产生的差异后，它与国内生产总值(GDP)口径一致。按可比价计算，1997 年国内生产总值比上年增长 8.8%，处于适度、较快的增长区间。从 1997 年投入产出表中可以看出，当年全

国共实现增加值 75 704.1 亿元,其中,第一产业实现增加值 14 741.6 亿元;第二产业实现 39 610.1 亿元;第三产业实现 21 352.3 亿元。

从收入角度衡量,增加值由固定资产折旧、劳动者报酬、生产税净额与营业盈余四部分组成,其结构如表 11-15 所示。

表 11-15　1992 年与 1997 年增加值结构

增加值	1992 年		1997 年	
	金额(亿元)	比例(%)	金额(亿元)	比例(%)
固定资产折旧	3537.4	13.3	10 312.2	13.6
劳动者报酬	12 052.4	45.2	41 540.4	54.9
生产税净额	3273.8	12.3	10 244.9	13.5
营业盈余	7780.6	29.2	13 606.6	18.0
合计	26 644.3	100	75 704.1	100

从表 11-15 可以看出,与 1992 年国内生产总值的结构相比,固定资产折旧与生产税净额保持相对稳定,分别增加 0.3 与 1.2 个百分点,劳动者报酬增加 9.7 个百分点,而营业盈余变动幅度最大,下降了 11.2 个百分点。营业盈余和劳动者报酬在增加值中比例的变化,表明收入分配在更多地向个人倾斜。

3) 最终使用

从支出角度看,1997 年全国最终消费为 44 503.8 亿元,固定资本形成总额 25 154.1 亿元,出口 16 546.2 亿元,进口 12 759.1 亿元。可见,尽管我国进出口贸易发展迅速,国民经济的对外依存度不断提高,但支出的主体仍然是国内消费和固定资本形成总额,由此可见,内需是带动经济增长的主要动力。

图 11-3 从生产与支出两个方面反映了国民经济的全貌。

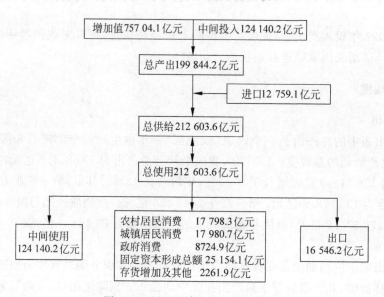

图 11-3　国民经济生产与使用示意

2. 产业结构

1）三类产业结构

按现价计算，1997 年三类产业的总产出分别比 1992 年增长 1.72 倍、2.13 倍与 1.5 倍；年增长 21%、26% 与 37.3%。进入 20 世纪 90 年代以来总产出的三类产业构成如表 11-16 所示。

表 11-16 总产出的三类产业结构变化

年 份	第一产业	第二产业	第三产业
1990 年	18.2%	63.9%	18.0%
1992 年	13.3%	62.0%	24.8%
1995 年	13.0%	67.3%	19.7%
1997 年	12.4%	66.4%	21.1%

表 11-16 数据表明，随着经济的发展和工业化进程的深入，第一产业总产出的比重稳定而缓慢地下降，这是产业结构变化最显著的特点。第二产业仍然是我国经济的主体，特别是在经济急剧扩张时期，更容易成为投资的热点和经济增长的主动因。1995 年，经历了几年高速增长后，第二产业总产出在全社会总产出中的比重较 1992 年提高了 5.3 个百分点。在我国经济成功地实现"软着陆"后，经济过热现象得到有效的遏制，第二产业比重有所回落。第三产业一直是我国经济发展中的薄弱环节，经过产业调整，其增长速度明显加快，在社会总产出中的比重也在提高。

按现价计算，1997 年三类产业的增加值分别比 1992 年增长 1.52 倍、2.26 倍与 1.47 倍，比 1995 年增长 21.25%、30.96% 与 25.3%，体现出农业稳定增长，第二、三产业迅速发展的特点。1990 年以来三类产业增加值的结构如表 11-17 所示。

表 11-17 增加值的三类产业结构

年 份	第一产业	第二产业	第三产业
1990 年	28.7%	46.5%	24.8%
1992 年	22.0%	47.5%	32.4%
1995 年	20.5%	50.9%	28.7%
1997 年	19.5%	52.3%	28.2%

与总产出的结构变化类似，第一产业增加值的比重持续下降也是一个长期的趋势。值得注意的是，由于 1997 年第二产业的增加值率比 1995 年上升 1.1 个百分点，而第三产业的增加值率却下降了 4.8 个百分点，因此，第二产业增加值在国内生产总值中的比重反而有所上升，第三产业的比重则略有下降，与总产出的结构变化方向相反。

三类产业结构变化表明，我国"二、三、一"的产业格局并未改变，工业仍然是经济增长的主导因素。因此，加强农业的基础地位，调整工业内部结构，提高经济增长的效益和质量，加快第三产业的发展，使各产业协调发展，是今后产业政策调整的基本要求。

2）物质生产部门与非物质生产部门的比例

1997 年，物质生产部门与非物质生产部门总产出分别占全社会总产出的 88.26% 与

11.74%,1995 年相应比例为 90.02%与 9.98%,变动幅度为 1.76 个百分点。物质生产部门与非物质生产部门的增加值占国内生产总值的比例比较稳定,1997 年为 84.56%与 15.44%,1995 年分别为 85.50%与 14.50%,仅有 0.94 个百分点的变动幅度。

　　3) 工业内部结构

1997 年投入产出表共划分 84 个工业部门,其中,金属制品业、粮油及饲料加工业、棉纺织业、服装及其他纤维制品制造业、钢压延加工业、电力生产和供应业、其他普通机械制造业、其他电气机械及器材制造业、汽车制造业和其他食品加工制造业等部门的总产出所占份额居于前列。不同类型的工业部门在工业总产出中的比例如图 11-4 所示。

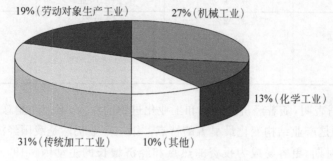

图 11-4　工业部门内部结构

　　由图 11-4 可看出,以食品工业、纺织工业、服装业等为代表的传统加工工业,与人民的吃穿等基本生活消费息息相关,是工业最重要的组成部分,占全部工业总产出的 31%。

　　机械工业 1997 年实现总产出 30 530 亿元,占工业总产出的 27%。金属制品业、机械制造业、汽车制造业等机械工业部门技术密集,劳动力产值水平高,成长性强,代表了产业发展的方向,随着经济的发展和产业结构的升级,将会成为国民经济的主导产业。

　　劳动对象生产工业主要包括冶金、电力、煤炭、炼焦和石油天然气工业等,为其他部门提供能源和原材料,是国民经济的基础产业部门。在工业化初期,劳动对象生产工业是最重要的部门,随着工业化的深入,其所占份额会缓慢地下降。1997 年,劳动对象生产工业总产出占工业总产出的比重为 19%,退居传统加工工业与机械工业之后,这与工业化国家发展的经验相吻合。

　　化学工业占工业总产出的比重为 13%,这类部门资本密集,科技含量高,也是工业中十分重要的部门。

3. 部门间的技术经济联系

　　分析部门间的技术经济联系的工具是影响力系数和感应度系数。

　　1) 感应度系数

　　感应度系数是反映当国民经济各部门均增加一个单位最终使用时的感应程度,也就是该部门为满足其他部门生产的需要而提供的产出量。当感应度大于 1 时,表示该部门受到的感应程度高于社会平均感应度水平;当感应度小于 1 时,表示该部门受到的感应程度低于社会平均感应度水平。

　　表 11-18 列出了根据 1997 年投入产出表计算的各部门感应度系数中位于前 20 位的部

门。由表中可以看出,感应度系数排在前列的部门,初级产品中有种植业、煤炭采选业、石油
开采业和畜牧业;原材料工业包括钢压延加工业、石油加工业与有色金属冶炼业;加工制
造业中有棉纺织业、其他普通机械制造业、有机化学产品制造业、金属制品业、其他化学产品
制造业、造纸及纸制品业、塑料制品业、其他电气机械及器材制造业、汽车制造业与电子元器
件制造业等;电力生产和供应业属于能源工业;商业属于流通部门;金融业是唯一进入前
20 位的服务部门。显然,感应度系数较大的部门绝大多数属于农业、能源及原材料生产的
基础产业部门和一些传统的加工制造业,作为物质产品价值实现的重要环节的商业流通对
国民经济各部门的发展也有很强的制约作用。需要指出的是,金融服务业的感应度系数有
了较大幅度的提高,表明现代经济发展中金融服务发挥着越来越重要的作用。在经济发展
与结构调整中,保持感应度系数较大的部门持续稳定地增长,对于国民经济的协调发展具有
十分重要的意义。

表 11-18　1997 年部门感应度系数

编　　号	部　　门	感应度系数
1	商业	4.675
2	种植业	3.774
3	电力生产和供应业	3.408
4	钢压延加工业	2.961
5	石油加工业	2.784
6	其他普通机械制造业	2.622
7	有机化学产品制造业	2.529
8	金属制品业	2.434
9	煤炭采选业	2.400
10	其他化学产品制造业	2.367
11	石油开采业	2.277
12	棉纺织业	2.204
13	造纸及纸制品业	2.118
14	塑料制品业	2.014
15	其他电气机械及器材制造业	1.949
16	汽车制造业	1.928
17	电子元器件制造业	1.894
18	金融业	1.828
19	有色金属冶炼业	1.690
20	畜牧业	1.656

2) 影响力系数

影响力系数是反映国民经济某一个部门增加单位最终使用时,对国民经济各部门所产
生的生产需求波及程度。当影响力系数大于 1 时,表示该部门的生产对其他部门所产生的
波及影响程度超过社会平均影响水平;当影响力系数小于 1 时,则表示该部门的生产对其
他部门所产生的波及影响程度低于社会平均影响水平。

表 11-19 列出了 1997 年影响力系数大于 1.15 的部门。表中的数据显示,影响力系数
大于 1.15 的部门除其他社会服务业外都集中在制造业中,这些部门对全社会的需求波及效

应很强,对社会生产有较强的辐射作用。

表 11-19 1997 年部门影响力系数

编　号	部　门	影响力系数
1	自行车制造业	1.342
2	日用电子器具制造业	1.296
3	有色金属压延加工业	1.294
4	其他电气机械及器材制造业	1.288
5	文化办公用机械制造业	1.286
6	电子计算机制造业	1.260
7	农林牧渔水利机械制造业	1.252
8	汽车制造业	1.220
9	丝绢纺织业	1.215
10	其他电子及通信设备制造业	1.214
11	金属制品业	1.212
12	日用电器制造业	1.211
13	化学纤维制造业	1.206
14	皮革毛皮羽绒及其制品业	1.201
15	化学农药制造业	1.201
16	塑料制品业	1.200
17	钢压延加工业	1.199
18	电机制造业	1.199
19	铁路运输设备制造业	1.188
20	有机化学产品制造业	1.187
21	其他交通运输设备制造业	1.184
22	其他社会服务业	1.182
23	铁合金冶炼业	1.176
24	船舶制造业	1.160
25	水泥制品及石棉水泥制造业	1.152

4. 最终需求与生产的关系

在 1997 年国内生产总值的支出结构中,居民消费、政府消费、固定资本形成总额与出口在全社会总产出中所占的比重分别为 16.9%、4.1%、11.8% 与 7.8%,居民消费在最终需求中居于首位,固定资本形成总额居第二位。

在全社会总产出中,36 488.5 亿元是由农村居民消费诱发的,占总产出的 18.3%;38 493.4 亿元是由城镇居民消费诱发的,占总产出的 19.3%;18 398 亿元是由政府消费诱发的,占总产出的 9.2%;61 277.5 亿元是由固定资本形成诱发产生的,占总产出的 30.7%;5313.7 亿元由存货增加及其他诱发,占总产出的 2.7%;出口诱发产生总产出 39 873 亿元,占 19.95%。

1) 最终消费

最终消费由城镇居民消费、农村居民消费和政府消费三部分组成。

从消费结构看,我国仍然具备比较明显的二元经济特征。城镇居民只占全国人口的

29.9%,但消费总量与农村居民基本持平,总产出的诱发额还高于农村居民 1%,表明城乡生活水平的差距还比较大。

（1）农村居民消费

农村居民消费支出比较集中于衣、食、住等基本的生存需要方面,种植业、畜牧业、其他食品加工制造业、商业、房地产业和酒精及饮料酒制造业等位居消费结构的前列,占消费总额的 51.8%。值得注意的是,农村居民对商业服务的消费支出显著上升,已占总消费的 6.1%,说明大生产、大流通的社会化生产体系已经逐步取代农村传统的自给自足的生产方式,商业成为农村经济循环不可或缺的一环。

1997 年,农村居民每消费 1 亿元,诱发社会总产出 2.05 亿元。农村居民消费诱发度较高的部门与其消费结构基本一致,也集中于提供衣、食、住等基本生活需要的部门。由于这类部门影响力系数较低,因此,在最终消费项目中,农村居民单位消费的诱发产出量是最低的。

（2）城镇居民消费

城镇居民的消费结构与农村居民的消费结构有着明显的差异。表 11-20 列出了位于城镇居民消费构成前 10 位的部门。

表 11-20　城镇居民消费结构（%）

编　　号	部　　门	占总消费比例
1	畜牧业	9.8%
2	服装及其他纤维制品制造业	6.5%
3	商业	6.2%
4	其他食品加工制造业	6.0%
5	种植业	5.8%
6	粮油及饲料加工业	5.2%
7	卫生事业	4.1%
8	渔业	3.1%
9	饮食业	3.1%
10	金融业	3.0%

城镇居民的消费结构呈现出分散化与多元化的特点。由于食品等基本生活消费品的需求收入弹性随着经济发展呈下降趋势,因此,城镇居民用于食品、服装的消费明显低于农村居民。卫生事业消费占城镇居民总消费的 4.1%,说明在生活水平提高后,居民对于健康问题十分关注。

城镇居民消费 1 亿元,诱发 2.14 亿元的社会总产出。城镇居民消费诱发度较高的部门有煤气生产和供应业、卫生事业、烟草加工业、水产品加工业、粮油及饲料加工业、渔业和其他食品加工制造业等,这些部门由城镇居民消费诱发的总产出占部门总产出的 40% 以上。

（3）政府消费

政府消费占最终消费的 19.6%,它只涉及行政机关、教育事业、卫生事业、公用事业、综合技术服务业、地质及水利管理、科学研究事业、文化艺术及电影电视业、农林牧渔服务业、社会福利事业、体育事业和居民服务业等部门。

由于政府消费的部门都是影响力系数较低的服务部门,因此,政府消费 1 亿元诱发社会总产出 2.11 亿元,低于城镇居民消费诱发量。

2)固定资本形成总额

1997 年固定资本形成总额为 25 154.1 亿元,只比 1995 年增长 24%。固定资本形成总额反映了部门投资水平。位于固定资本形成总额前列的部门包括建筑业及其他专用设备制造业、汽车制造业和其他普通机械制造业等重工业部门。

因为形成固定资本的部门大多属于影响力系数与感应度系数都比较大的部门,因此,固定资本形成总额每增加 1 亿元,诱发社会总产出增长 2.436 亿元,诱发比例在最终支出项中居第一位。表 11-21 列出了诱发度(即诱发额与总产出的比值)超过 0.5 的部门。表中数据表明,建筑业及多数重工业的总产出主要是由固定资本形成总额诱发的,其总产出的增长主要是由投资驱动的。

表 11-21　部门诱发额与部门总产出的比例

编　　号	部　　门	诱　发　度
1	建筑业	0.970
2	水泥制品及石棉水泥制造业	0.803
3	水泥制造业	0.773
4	锅炉及原动机制造业	0.703
5	农林牧渔水利机械制造业	0.702
6	其他专用设备制造业	0.683
7	铁路运输设备制造业	0.675
8	金属加工机械制造业	0.675
9	砖瓦、石灰和轻质建筑材料制造业	0.671
10	耐火材料制造业	0.662
11	钢压延加工业	0.654
12	其他非金属矿物制品业	0.623
13	航空航天器制造业	0.600
14	炼钢业	0.591
15	非金属矿及其他矿采选业	0.589
16	其他普通机械制造业	0.568
17	木材及竹材采运业	0.567
18	黑色金属矿采选业	0.562
19	陶瓷制品业	0.534
20	汽车制造业	0.526

3)进口

国内总产出与进口之和称为总供给,进口总额与总供给的比例即为进口率。1997 年我国进口总额为 12 759.1 亿元,进口率为 6%,1992 年、1995 年相应的比例是 6.395% 与 6.892%。1997 年的进口规模相对缩小,与当年实行适度从紧的宏观经济政策有很大的关系。

我国进口的集中度较大,其他专用设备制造业、电子元器件制造业、其他化学产品制造业、钢压延加工业、石油开采业、石油加工业、有机化学产品制造业、其他普通机械制造业和其他电子及通信设备制造业等进口量居前 10 位的部门占进口总额的 42.76%。从进口的部门分布看，我国主要进口是科技含量高、有利于提高我国技术装备水平的机电产品。

4）出口

1997 年我国出口总额为 16 543.2 亿元，占总产出的比重为 7.8%，而 1992 年、1995 年的相应比重是 7.2% 与 7.75%，这表明出口在国民经济中的地位和作用日益重要，是保持国民经济持续稳定增长的重要因素。

国内中间产品需求、最终需求与出口之和称为总需求，出口额占总需求的比例即为出口率。1997 年出口率是 7.78%，1992 年、1995 年的相应比例是 6.74% 与 7.215%。出口率的不断增长说明了我国更积极主动地参与国际分工，不断扩大经济的对外开放程度。

在出口结构中，服装及其他纤维制品制造业、商业、针织品业、皮革毛皮羽绒及其制品业、金属制品业、电子计算机制造业、玩具体育娱乐用品制造业、其他电气机械及器材制造业、棉纺织业等位居前列。可见，我国出口创汇的部门仍然主要是服装、玩具等劳动力密集型产业，高附加价值的机电、化工等产业还未形成出口优势，对外贸易结构还有待进一步的优化。

由表 11-22 可知，与 1992 年、1995 年相比，1997 年出口商品中，农产品所占比重持续下降，服务业比重上升，在工业产品内部，制造业比重 1995 年略有下降、1997 年有所上升，初级矿产品比重 1995 年略有上升、1997 年有所下降，反映了随着经济的发展，产业结构的改变，也改变了贸易的比较优势，对外贸易逐步向高级化方向发展。

表 11-22　中国出口产品结构

出 口 商 品	1992 年（%）	1995 年（%）	1997 年（%）
农产品	5.18	2.96	2.47
工业产品	93.56	87.0	80.84
初级矿产品	3.0	3.12	2.36
制造业	90.4	83.9	78.48
服务业	3.4	5.19	6.06

由于出口的部门大部分属于制造业，影响力系数较高，因此出口诱发额也较高，仅次于固定资本形成总额。1997 年，每出口 1 亿元，诱发社会总产出 2.41 亿元。出口诱发额度较高的部门有针织品业、玩具体育娱乐用品制造业等，这些部门的产出主要是由出口诱发的。

*11.6　从《中国 2007 年投入产出表》看我国经济状况

《中国 2007 年投入产出表》，中国统计出版社，2009 年 9 月出版。本节引用其部分材料，反映我国国民经济运行情况。

11.6.1　编表说明

投入产出调查和编制投入产出表是经国务院批准的一项长期性和周期性工作。我国在逢 2 逢 7 的年份编制投入产出基本表。《中国 2007 年投入产出表》是继 1987 年、1992 年、

1997 年、2002 年投入产出基本表之后,国家统计局编制的第五张全国投入产出基本表。

投入产出核算是国民经济核算体系的重要组成部分,它在协调专业统计和实现国内生产总值三种计算方法的衔接方面具有重要功能。同时,投入产出表又是一个强有力的分析工具,广泛应用于生产分析、需求分析、价格分析、能源和环境分析等领域。《中国 2007 年投入产出表》在我国宏观经济分析和管理工作中发挥了重要作用。

《中国 2007 年投入产出表》是在系统总结以往投入产出调查和编表经验基础上编制的。它具有以下特点。

1. 进一步细化部门分类

《中国 2007 年投入产出表》参照《国民经济行业分类》(GB/T 4754—2002),将国民经济生产活动划分为 135 个部门。其中,农林牧渔业 5 个部门,采矿业 5 个部门,制造业 81 个部门,电力、燃气及水的生产和供应业 3 个部门,建筑业 1 个部门,交通运输业、仓储和邮政业 9 个部门,信息运输、计算机服务和软件业 3 个部门,批发和零售业 1 个部门,住宿和餐饮业 2 个部门,金融业 2 个部门,房地产业 1 个部门,其他服务业 22 个部门。

《中国 2007 年投入产出表》的部门分类与 1987 年、1992 年、1997 年、2002 年投入产出基本表的部门分类比较,分别增加了 17 个、16 个、11 个和 13 个,是 1987 年以来部门分类最细的一张投入产出表。

2. 采取条块结合的调查方式

2007 年全国投入产出调查采取条块结合的调查方式。铁道部、国家邮政局分别负责铁路运输业和邮政业的调查。国家统计局负责组织其他部分调查。其中,固定资产投资统计司负责固定资产投资构成调查,工业统计司负责规模以上及规模以下工业企业成本费用调查,国民经济核算司负责其他部分的调查。

3. 衔接海关统计与总产出核算的口径

《中国 2007 年投入产出表》在编制过程中,考虑来料加工生产活动总产出按加工费计算而海关进出口统计按商品全价计算的差异,在编制进口和出口向量时,对贸易进出口数据进行了调整处理。即从全部贸易方式进口中扣减来料加工装配进口,作为进口数据;从全部贸易方式出口中扣减来料加工装配出口,并加上来料加工装配的加工费,作为出口数据。这样,实现了投入产出表进出口数据与总产出核算口径的衔接,进一步完善了 2007 年投入产出表的核算方法。

11.6.2　基本结构和主要概念

1. 基本表式和结构

《中国 2007 年投入产出表》的基本表式如表 11-23 所示。

投入产出表从总量和结构上全面、系统地反映国民经济各部门从生产到最终使用这一完整的实物运动过程中的相互联系。在投入产出表中,有以下几个基本平衡关系(这些关系在 11.3 节已用数学表达式说明）。

表 11-23　中国 2007 年投入产出表（按当年生产者价格计算）　计量单位：万元

投　入	产　出														
	中间使用		最终使用												
			最终消费支出					资本形成总额							
			居民消费支出												
	农业	⁝	公用管理和社会组织	中间使用合计	农村居民	城镇居民	小计	政府消费支出	合计	固定资产形成总额	存货增量	合计	出口	最终使用合计	进口	其他	总产出
中间投入 农业																	
⋯	第Ⅰ象限				第Ⅱ象限											
⋯																
公共管理和社会组织																
中间投入合计																
增加值 劳动者报酬																
生产税净额	第Ⅲ象限				第Ⅳ象限											
固定资产折旧																
营业盈余																
增加值合计																
总投入																

（1）行平衡关系：中间使用＋最终使用－进口＋其他＝总产出。

（2）列平衡关系：中间投入＋增加值＝总投入。

（3）总量平衡关系：总投入＝总产出；每个部门的总投入＝该部门的总产出；中间投入合计＝中间使用合计。

2. 主要指标解释

1）宾栏指标

（1）总产出：指常住单位在一定时期内生产的所有货物和服务的价值。总产出按生产者价格计算，它反映常住单位生产活动的总规模。常住单位是指在我国的经济领土内具有经济利益中心的经济单位。

（2）中间使用：指常住单位在本期生产活动中消耗和使用的非固定资产货物和服务的价值，其中包括国内生产和国外进口的各类货物和服务的价值。

（3）最终使用：指已退出或暂时退出本期生产活动而为最终需求所提供的货物和服务。根据使用性质分为三部分。

① 最终消费支出：指常住单位在一定时期内为满足物质、文化和精神生活的需要，从本国经济领土和国外购买的货物和服务的支出。它不包括非常住单位在本国经济领土内的

消费支出。最终消费支出分为居民消费支出和政府消费支出。

居民消费支出指常住住户在一定时期内对于货物和服务的全部最终消费支出。它除了常住住户直接以货币形式购买货物和服务的消费支出外,还包括以其他方式获得的货物和服务的消费支出——单位以实物报酬及实物转移的形式提供给劳动者的货物和服务;住户生产并由本住户消费了的货物和服务,其中的服务仅指住户的自有住房服务;金融机构提供的金融媒介服务;保险公司提供的保险服务。居民消费支出划分为农村居民消费支出和城镇居民消费支出。

政府消费支出指政府部门为全社会提供的公共服务的消费支出和免费或以较低的价格向住户提供的货物和服务的净支出。前者等于政府服务的产出价值减去政府单位所获得的经营收入的价值,后者等于政府部门免费或以较低价格向住户提供的货物和服务的市场价值减去向住户收取的价值。

② 资本形成总额:指常住单位在一定时期内获得的固定资产和存货减去处置的固定资产和存货的净额,包括固定资本形成总额和存货增加两部分。

固定资本形成总额指常住单位在一定时期内获得的固定资产减去处置的固定资产的价值总额。固定资产是通过生产活动生产出来的,且其使用年限在一年以上、单位价值在规定标准以上的资产,不包括自然资产。可分为有形固定资本形成总额和无形固定资本形成总额。有形固定资本形成总额包括一定时期内完成的建筑工程、安装工程和设备器具购置(减处置)价值,商品房销售增值,以及土地改良,新增役、种、奶、毛、娱乐用牲畜和新增经济林木价值。无形固定资本形成总额包括矿藏勘探、计算机软件等获得(减处置)价值。

存货增加指常住单位在一定时期内存货实物量变动的市场价值,即期末价值减期初价值的差额,再扣除当期由于价格变动而产生的持有收益。存货增加可以是正值,也可以是负值,正值表示存货上升,负值表示存货下降。它包括购进的原材料、燃料和储备物资,以及产成品、在制品和半成品等存货。

③ 出口和进口:出口包括常住单位向非常住单位出售或无偿转让的各种货物和服务的价值;进口包括常住单位从非常住单位购买或无偿得到的各种货物和服务的价值。由于服务活动的提供与使用同时发生,因此服务的进出口业务并不发生出入境现象,一般把常住单位从非常住单位得到的服务作为进口,非常住单位从常住单位得到的服务作为出口。

2) 主栏指标

(1) 总投入:指一定时期内我国常住单位进行生产活动所投入的总费用,既包括新增价值,也包括被消耗的货物和服务价值以及固定资产转移价值。

(2) 中间投入:指常住单位在生产或提供货物与服务过程中,消耗和使用的所有非固定资产货物和服务的价值。

(3) 增加值:指常住单位生产过程创造的新增价值和固定资产转移价值。它包括劳动者报酬、生产税净额、固定资产折旧和营业盈余。

① 劳动者报酬:指劳动者因从事生产活动所获得的全部报酬。包括劳动者获得的各种形式的工资、奖金和津贴,既包括货币形式的,也包括实物形式的,还包括劳动者所享受的公费医疗和医药卫生费、上下班交通补贴、单位支付的社会保险费、住房公积金等。

② 生产税净额:指生产税减生产补贴后的差额。生产税指政府对生产单位从事生产、销售和经营活动以及因从事生产活动使用某些生产要素(如固定资产、土地和劳动力)所征

收的各种税、附加费和规费。生产补贴与生产税相反,指政府对生产单位的单方面转移支付,因此视为负生产税,包括政策性亏损补贴、价格补贴等。

③ 固定资产折旧:指一定时期内为弥补固定资产损耗按照规定的固定资产折旧率提取的固定资产折旧,或按国民经济核算统一规定的折旧率虚拟计算的固定资产折旧。它反映了固定资产在当期生产中的转移价值。各类企业和企业化管理的事业单位的固定资产折旧是指实际计提的折旧费;不计提折旧的政府机关、非企业化管理的事业单位和居民住房的固定资产折旧是按照统一规定的折旧率和固定资产原值计算的虚拟折旧。原则上,固定资产折旧应按固定资产当期的重置价值计算,但是目前我国尚不具备对全社会固定资产进行重估价的基础,所以暂时只能采用上述办法。

④ 营业盈余:指常住单位创造的增加值扣除劳动者报酬、生产税净额、固定资产折旧后的余额。

3. 主要系数及计算方法

在利用投入产出表进行经济分析时,需要计算投入产出表的各种系数。主要系数如下:

1) 直接消耗系数 a_{ij}

2) 完全消耗系数 b_{ij}

3) 里昂节夫逆矩阵 $\bar{\boldsymbol{B}} = (\boldsymbol{I} - \boldsymbol{A})^{-1}$

以上系数计算方法在 11.3 节已介绍过。

4) 分配系数

分配系数是指国民经济各部门提供的货物和服务(包括进口)在各中间使用和最终使用之间的分配使用比例。用公式表示为

$$h_{ij} = \frac{x_{ij}}{\boldsymbol{X}_i + \boldsymbol{M}_i} \quad (i = 1,2,\cdots,n; \ j = 1,2,\cdots,n,n+1,\cdots,n+q) \tag{11-52}$$

当 $j=1,2,\cdots,n$ 时, x_{ij} 为第 i 部门提供给第 j 部门中间使用的货物或服务的价量;$j = n+1,n+2,\cdots,n+q$ 时,x_{ij} 为第 i 部门提供给第 j 项最终使用的货物或服务的价值量;q 为最终使用的项目数。$\boldsymbol{M}$ 为进口,$\boldsymbol{X}_i + \boldsymbol{M}_i$ 为 i 部门货物或服务的总供给量(国内生产+进口)。

5) 产品比例

产品比例表示每个产业部门的产出中各种产品所占比例。用公式表示为

$$c_{ij} = \frac{\bar{\boldsymbol{x}}_{ij}}{\boldsymbol{X}_j} \quad (i,j = 1,2,\cdots,n) \tag{11-53}$$

式中,$\bar{x}_{ij}$ 表示第 j 产业部门生产第 i 种产品的价值量;X_j 表示第 j 产业部门的总产出。

6) 市场份额

市场份额表示每个产业部门生产的某种产品占该产品总量的比例。用公式表示为

$$d_{ij} = \frac{\bar{\boldsymbol{x}}_{ij}}{\boldsymbol{X}_j} \quad (i,j = 1,2,\cdots,n) \tag{11-54}$$

式中,$\bar{x}_{ij}$ 表示第 j 产业部门生产第 i 种产品的价值量;X_j 表示第 i 产品部门的总产出。

7) 最终使用结构系数

最终使用结构系数是国民经济各部门提供给某项最终使用货物或服务的价值量占该项

最终使用总额的比重。用公式表示为

$$S_{ij} = \frac{y_{ij}}{\sum\limits_{k=1}^{n} y_{kj}} \quad (i = 1, 2, \cdots, n; \ j = 1, 2, \cdots, q) \tag{11-55}$$

式中，y_{ij} 为第 i 部门提供给第 j 项最终使用的货物或服务的价值量；$\sum\limits_{k=1}^{n} y_{ki}$ 为第 j 项最终使用总额。

8）增加值结构系数

增加值结构系数是指国民经济各部门的增加值各项占该部门增加值合计的比重。用公式表示为

$$L_{ij} = \frac{N_{ij}}{N_j} \quad (i = 1, 2, \cdots, p; \ j = 1, 2, \cdots, n) \tag{11-56}$$

式中，N_{ij} 为第 j 部门的第 i 项增加值量；N_j 为第 j 部门的增加值合计；p 为增加值的项目数。

9）影响力系数和感应度系数

（1）影响力系数。

影响力系数是反映国民经济某一部门增加 1 个单位最终使用时，对国民经济各部门所产生的生产需求波及程度。影响力系数 F_j 的计算公式为

$$F_j = \frac{\sum\limits_{i=1}^{n} \overline{b}_{ij}}{\dfrac{1}{n} \sum\limits_{i=1}^{n} \sum\limits_{j=1}^{n} \overline{b}_{ij}} \tag{11-57}$$

式中，$\sum\limits_{i=1}^{n} \overline{b}_{ij}$ 为里昂节夫逆矩阵的第 j 列之和，表示 j 部门增加 1 个单位最终产品，对国民经济各部门产品的完全需要量；$\dfrac{1}{n} \sum\limits_{i=1}^{n} \sum\limits_{j=1}^{n} \overline{b}_{ij}$ 为里昂节夫逆矩阵的列和的平均值。

当 $F_j > 1$ 时，表示第 j 部门的生产对其他部门所产生的波及影响程度超过社会平均影响水平（即各部门所产生波及影响的平均值）；当 $F_j = 1$ 时，表示第 j 个部门的生产对其他部门所产生的波及影响程度等于社会平均影响水平；当 $F_j < 1$ 时，表示第 j 部门的生产对其他部门所产生的波及影响程度低于社会平均影响水平。显然，当影响力系数 F_j 越大，表示第 j 部门对其他部门的拉动作用越大。

（2）感应度系数。

感应度系数是反映国民经济各部门均增加 1 个单位最终使用时，某一部门由此而受到的需求感应程度。感应度系数 E_i 计算公式为

$$E_i = \frac{\sum\limits_{j=1}^{n} \overline{b}_{ij}}{\dfrac{1}{n} \sum\limits_{i=1}^{n} \sum\limits_{j=1}^{n} \overline{b}_{ij}} \quad (i = 1, 2, \cdots, n) \tag{11-58}$$

式中，$\sum\limits_{j=1}^{n} \overline{b}_{ij}$ 为里昂节夫逆矩阵的第 i 行之和，反映当国民经济各部门均增加 1 个单位最终

使用时,对 i 部门的产品的完全需求; $\dfrac{1}{n}\sum\limits_{i=1}^{n}\sum\limits_{j=1}^{n}\bar{b}_{ij}$ 为里昂节夫逆矩阵的行和的平均值,反映当国民经济各部门均增加 1 个单位最终使用时,对全体经济部门产品的完全需求的均值。

当 $E_i > 1$ 时,表示第 i 部门受到的感应程度高于社会平均感应度水平(即各部门所受到的感应程度的平均值);当 $E_i = 1$ 时,表示第 i 部门受到的感应程度等于社会平均感应度水平;当 $E_i < 1$ 时,表示第 i 部门受到的感应程度低于社会平均感应度水平。

10) 最终需求各项的生产诱发系数

这个系数反映某一项单位最终需求(消费、投资或者出口)所诱发的各部门的生产额。生产诱发系数越大,其生产波及效果也越大。计算公式为

$$K = \left[I - (I - \hat{M})A\right]^{-1} \times \left[(I - \hat{M})S + E\right] \tag{11-59}$$

式中,A 为直接消耗系数矩阵,E 为出口结构系数列向量,S 为最终使用结构系数,$\hat{M}$ 为进口系数矩阵,它是一个对角矩阵,对角线上的第 i 个元素表示 i 部门的进口占该部门国内使用的比重。

11.6.3 《中国 2007 年投入产出表》编制流程

《中国 2007 年投入产出表》编制基本流程如下。

1. 各产品部门总产出

各产品部门总产出(总投入)可通过编制全社会产出表取得。根据各部门总产出计算和处理方法不同,分为工业部门和其他部门两部分。

1) 工业部门

根据工业统计状况,将工业生产活动分为规模以上大中型工业、规模以上小型工业和规模以下工业三部分分别计算。

(1) 规模以上大中型工业:2007 年规模以上大中型工业产出表根据现行工业统计制度中《工业产销总值及主要产品产量》(B201 表)有关数据按投入产出部门汇总计算。

(2) 规模以上小型工业:考虑小型工业企业生产活动比较单一,将行业总产值视同为产品部门总产出。2007 年规模以上小型工业产出表,就是将规模以上小型工业企业分行业总产值按照投入产出部门进行合并,并按顺序对角化得到。

(3) 规模以下工业:在"纯"部门假设条件下,2007 年规模以下工业产出表根据当年规模以下工业抽样调查分行业大类总值、规模以上小型工业分投入产出部门的总产值结构分解并按顺序对角化得到。

将规模以上大中型工业、规模以上小型工业和规模以下工业三张产出表汇总得到全社会工业产出表。由于现行工业总产值不含销项税,根据增值税率将其调整为含销项税的工业总产值,得到符合投入产出核算口径的工业各产品部门总产出。

2) 其他部门

在全社会产出表中,除工业部门以外,其他产业部门的总产出视同为产品部门产出,数据集中在产出表的主对角线上,也就是说各产业部门总产出等于产品部门总产出,所以在编

制产出表时,只要计算出这些部门的产业部门总产出,就等于得到了产品部门总产出。计算这些产业部门总产出所需资料包括统计系统(国家统计系统和部委统计系统)统计资料、行政管理资料(如财政决算资料)和会计决算资料(如银行、保险、运输等活动)。由于这些部门活动性质不同,所以总产出的计算方法也不相同,有的按营业收入(或销售收入)计算,有的按经常性业务支出加固定资产折旧计算。将这些产业部门总产出按顺序对角化就得到工业以外部门的产出表。

3) 计算含销项税的全社会总产出

根据增加值销项税税率,放大有关产品部门总产出,得到含销项税的全社会产出表,汇总得到各产品部门的生产者价格总产出。

2. 按购买者价格计算中间投入构成

中间投入构成是投入产出表的核心部分。这部分资料主要是通过投入产出重点调查取得具有代表性的中间投入结构,综合总量指标推算。要获得中间投入构成,需要对投入产出各产品部门成本和费用构成表进行调整,即将成本费用指标转化为投入产出部门指标。此外,各工业产品部门还需要将消耗数据调整为含增值税口径。

3. 增加值及其构成

根据现行国内生产总值核算分类,农林牧渔业、工业、建筑业、交通运输仓储和邮政业、批发和零售业以及其他部门的增加值,有的可以直接取自现行的国内生产总值核算资料,有的需要根据相关资料(如年报统计资料、财政决算和会计决算)进行计算,并于现行的国内生产总值核算资料进行衔接,得到满足投入产出部门分类要求的产品部门增加值。

增加值构成的编制方法有两种:一是根据有关统计、会计和业务核算资料,采用收入法计算;二是利用投入产出重点调查取得的增加值结构,结合总量指标推算。

4. 最终使用及其构成

最终使用总量数据取自按支出法计算的国内生产总值核算资料,包括农村居民消费、城镇居民消费、政府消费、固定资本形成总额、存货增加、出口、进口和其他 8 项,部分项目需要进行适当调整,如在出口和进口数据上分别加上我国运输企业为进口商品提供的运输服务价值、进口关税和进口产品消费税,并调整来料加工装配进口和出口。

各最终使用项的构成主要利用农村住户调查、城市住户调查、财政决算、预算外支出、固定资产投资构成专项调查、海关统计、国际收支统计、有关部门的财务、统计和业务等资料计算。

5. 数据平衡与修订

在得到按购买者价格计算的中间投入构成、增加值构成、最终使用构成和总产出初步数据后,对根据不同资料来源计算的上述指标进行平衡和修订。平衡修订工作分为以下三个步骤:首先从最终使用项出发,研究各项构成是否合理,对不合理的数据进行修订;其次是研究中间投入构成中主要消耗是否合理,对不合理的数据进行修订;最后在达到基本平衡的基础上进行数学平衡。

6.扣除流通费用,编制生产者价格投入产出表

编制投入产出表所需资料大部分来自使用部门,其核算价格为购买者价格。为了编制生产者价格投入产出表,需要编制流通费用矩阵,将其从购买者价格投入产出表中扣除,得到生产者价格投入产出表。

11.6.4　编表的数据口径

1.编表价格

本表按生产者价格编制,即含增值税的生产者价格。它等于购买者价格扣减流通费用(包括商业附加费和运输费)。

2.进口和出口

进口商品采用到岸价格加关税,出口商品采用离岸价格(一种购买者价格)扣除流通费用。商品进出口构成数据利用海关商品贸易统计资料编制,其中,扣减了来料加工装配进口和出口,考虑了来料加工装配出口的加工费。获得进出口构成数据主要依据国际收支平衡表及其有关资料加工计算。

3.废品废料

本表中“废品废料”部门范围与以往年份有所不同,它由两部分组成:一是《国民经济行业分类(2002)》中的“废弃资源和废旧材料回收加工业”;二是投入产出核算中传统的废品废料。各部分的核算方法不同:“废弃资源和废旧材料回收加工业”部分,核算方法与其他工业部门相同;投入产出核算中传统的废品废料部分,总投入构成中的中间投入为零,增加值等于其销售值,增加值构成只包括营业盈余一项,其价值等于增加值。

4.电力总产出

由于现行的电力供应企业总产值统计中包括购电成本,因此,和 2002 年投入产出表比较,本表的“电力、热力的生产和供应业”列中,对本部门的中间投入中包括了购电成本。

5.居民自有住房服务

本表将居民自有住房服务视同为一种物业管理活动,计入房地产业。

6.城镇居民对建筑业的消费

本表中,城镇居民对建筑业的消费主要指居民住房装潢产出,属于建筑装饰活动,计入建筑业。

7.公共管理和社会组织为中间使用部门提供的服务

本表中,公共管理和社会组织为中间使用部门提供的服务主要指行业性团体和其他社

会团体提供的服务活动,如各类行业协会、联合会、商会、工商会(轻工联合会、五金协会、旅游协会等)、企业间联合组织、企业经理联合组织、综合性联合会和联谊会等的活动。

8. 农林牧渔业营业盈余

本表将农林牧渔业营业盈余作为混合收入的一部分,计入劳动者报酬。

9. 增加值数据

本表的增加值合计与 2007 年 GDP 数据略有差异,主要是进口关税处理方法不同、保险服务分摊、废品废料部门的特殊处理等因素引起。

10. 最终使用数据

本表的最终使用合计扣除进口与 2007 年支出法 GDP 数据略有不同,主要是因进口关税、来料加工装配进出口的处理方法不同等因素引起。

11. 附录

附录一为"进出口数据调整表",详细说明了 2007 年投入产出表中进口、出口数据的调整方法。附录四为"商品进出口分类与投入产出部门分类对照表",收集在随书附赠的光盘中,供研究参考(这里说的 4 个附录均未收录本书)。

11.6.5　从 2007 年投入产出表分析我国的经济状况

投入产出表从生产投入和产出使用的角度揭示国民经济各部门相互依存相互制约的技术经济关系,是进行宏观经济分析和政策效应模拟的有效工具。通过中国 2007 年投入产出表提供的丰富宏观经济信息,可以对我国 2007 年的经济规模、产业结构及经济增长等进行系统的描述和分析。

1. 经济规模

1) 总产出

总产出是指一定时期内,一个国家(或地区)常住单位生产的全部货物和服务的价值。总产出按生产者价格计算,反映常住单位生产活动的总规模。

2007 年我国全社会总产出 818 859.0 亿元。其中,第一产业为 48 893.0 亿元,第二产业为 577 580.8 亿元,第三产业为 192 385.1 亿元[①]。

2) 增加值

增加值是指常住单位在生产过程中创造的新增价值和固定资产的转移价值。在投入产出表中,可以按生产法计算,也可以按收入法计算,两者计算结果相等。

按生产法计算,增加值等于总产出减去中间投入。2007 年投入产出表体现出的按生产

---

① 三大产业产出合计数与总数的微小差异是由于数据四舍五入造成,后面出现同样的问题不再赘述。

法计算的国内生产总值为 266 043.8 亿元,其中第一产业增加值 28 659.2 亿元,第二产业增加值 134 495.3 亿元,第三产业增加值 102 889.4 亿元。三次产业增加值所占比重分别为 10.8%、50.6% 和 38.7%。

按收入法计算的增加值包括了劳动者报酬、生产税净额、固定资产折旧和营业盈余。按收入法计算的国内生产总值为 266 043.8 亿元,其中劳动者报酬为 110 047.3 亿元,生产税净额为 38 518.7 亿元,固定资产折旧为 37 255.5 亿元,营业盈余为 80 222.3 亿元。

3) 最终使用

最终使用包括最终消费支出、资本形成总额和出口三个部分。2007 年全国最终消费支出为 131 743.5 亿元,资本形成总额为 110 919.4 亿元,出口 95 541.0 亿元,最终使用合计 338 203.9 亿元,进口为 74 020.6 亿元。

2. 产业结构

1) 三次产业结构的增加值

从三次产业结构的增加值看,我国产业结构仍然保持"二三一"格局。工业还是经济增长的主导因素。表 11-24 列出了三次产业结构的增加值。

表 11-24　三次产业结构的增加值

年　　份	第一产业(%)	第二产业(%)	第三产业(%)
1995	19.8	47.2	33.0
1997	18.1	47.5	34.4
2000	14.8	40.3	31.0
2002	13.5	44.8	41.7
2005	12.5	48.3	39.2
2007	10.8	50.6	38.7

注:2002 年前的数据来自第一次经济普查后修订的 GDP 生产核算数据。2002 年及以后的数据是投入产出表的数据。

2) 工业内部结构

目前我国经济中,工业仍居于主导地位,是经济增长的主要动力。工业内部结构的协调与否,对于整个经济结构是否合理有着重要影响。表 11-25 列出了工业各部门总产出在全部工业总产出中所占的比重。

表 11-25　工业各部门总产出的结构

工 业 部 门	绝对数(万元)	比重(%)
采矿业	291 808 994	5.7
食品工业	417 903 947	8.1
纺织服装业	432 699 283	8.4
木材、家居、造纸、印刷和文教用品行业	259 269 381	5.0
石油加工及化学工业	830 726 568	16.1
非金属矿物制品业	228 043 740	4.4
金属冶炼加工业	788 014 509	15.3
设备和机械制造业	1 456 899 653	28.3
其他制造业	105 494 012	2.0
电力、燃气及水的生产和供应业	337 731 041	6.6

3. 部门间的技术经济联系

分析部门间的技术经济联系,应用最为广泛的是影响力系数和感应度系数。

1) 影响力系数

影响力系数是反映国民经济某一部门增加 1 个单位最终产品时,对国民经济各部门所产生的需求波及程度。当影响力系数大于 1 时,表明该部门的生产对其他部门所产生的波及影响程度超过社会平均影响水平;当影响力系数小于 1 时,表明该部门的生产对其他部门所产生的波及影响程度低于社会平均影响水平。

表 11-26 列出了 2007 年影响力系数位于前 20 位的部门。

表 11-26　影响力系数

顺　　序	投 入 部 门	影响力系数
1	电子计算机制造业	1.368
2	文化、办公用机械制造业	1.347
3	通信设备制造业	1.338
4	雷达及广播设备制造业	1.330
5	家用视听设备制造业	1.299
6	汽车制造业	1.286
7	家用电力和非电力器具制造业	1.276
8	输配电及控制设备制造业	1.275
9	电子元器件制造业	1.271
10	电线、电缆、光缆及电工器材制造业	1.265
11	塑料制品业	1.247
12	电机制造业	1.241
13	其他电气机械及器材制造业	1.240
14	其他交通运输设备制造业	1.238
15	起重运输设备制造业	1.238
16	铁路运输设备制造业	1.220
17	专用化学产品制造业	1.218
18	农林牧渔专用机械制造业	1.211
19	涂料、油墨、颜料及类似产品制造业	1.205
20	化学纤维制造业	1.203

对比表 11-19,前 20 位的排序及其数值有较大变化。例如,在表 11-19 中,排在第 1 位的是"自行车制造业",影响力系数是 1.342;"电子计算机制造业"排在第 6 位,影响力系数是 1.260;在表 11-26 中,"自行车制造业"在前 20 位中未出现,"电子计算机制造业"高居第 1 位,影响力系数为 1.368。两相比较,电子计算机制造业是新兴产业,技术含量高,也就是说,我国国民经济的产业结构改善了(注意,2007 年与 1997 年两个投入产出表的部门划分不尽一致,所以,两个表的部门并非完全对应)。

2）感应度系数

感应度系数是放映国民经济各部门均增加 1 个单位最终使用时，某一部门由此而受到的需求感应程度。当感应度系数大于 1 时，表示该部门受到的感应程度高于社会平均感应度。当感应度系数小于 1 时，表示该部门受到的感应程度低于社会平均感应度水平。

表 11-27 列出了 2007 年感应度系数位于前 20 位的部门。

表 11-27　感应度系数

顺　序	投入产出部门	感应度系数
1	电力、热力的生产和供应业	6.767
2	石油及核燃料加工业	4.171
3	石油和天然气开采业	4.042
4	农业	3.794
5	电子元器件制造业	3.731
6	钢压延加工业	3.497
7	基础化学原料制造业	3.276
8	有色金属冶炼及合金制造业	2.611
9	批发零售业	2.590
10	煤炭开采和洗选业	2.323
11	金属制品业	2.395
12	金融业	2.349
13	其他通用设备制造业	2.335
14	塑料制品业	2.250
15	汽车制造业	2.109
16	造纸及纸制品业	2.057
17	合成材料制造业	2.005
18	专用化学产品制造业	1.978
19	有色金属延压加工业	1.876
20	道路运输业	1.650

在表 11-18 中，"造纸及纸制品业"排在第 13 位，感应度系数是 2.118；"汽车制造业"排在第 16 位，感应度系数是 1.928。在表 11-27 中，两者的排位颠倒了，"汽车制造业"排在第 15 位，感应度系数是 2.109，比 1997 年加大了；"造纸及纸制品业"排在第 16 位，感应度系数是 2.057，比 1997 年减小了。说明什么呢？请读者加以分析（注意，2007 年两个部门的总产量和总产值与 1997 年相比都增大了）。

4. 产品部门的使用结构

从货物和服务的使用去向来看，各部门生产的货物和服务，有的作为中间使用，有的作为最终使用。一般来说，原材料和能源部门多用于中间使用，它们是国民经济生产的基础部门。其他一些部门，例如食品、轻纺、机械设备和服务等，它们生产的货物和服务可以直接满足消费或者投资的需求，主要用于最终使用。

1) 中间使用率

中间使用占总供给(总产出与进口之和)的比重称为中间使用率,表 11-28 列出了中间使用率大于 90% 的部门。

表 11-28　中间使用率大于 90% 的部门

部　门	中间使用率(%)
水泥、石灰和石膏制造业	1.0276
仓储业	1.0039
林业	0.9992
有色金属矿采选业	0.9947
砖瓦、石材及其他建筑材料制造业	0.9937
水泥及石膏制品制造业	0.9935
石油和天然气开采业	0.9909
炼铁业	0.9908
租赁业	0.9889
造纸及纸制品业	0.9794
煤炭开采和洗选业	0.9778
石油及核燃料加工业	0.9769
非金属矿及其他矿采选业	0.9686
炼钢业	0.9668
有色金属冶炼及合金制造业	0.9664
印刷业和记录媒介的复制业	0.9656
耐火材料制品制造业	0.9629
黑色金属矿采选业	0.9629
电力、热力的生产和供应业	0.9623
废品废料	0.9618
合成材料制造业	0.9605
涂料、油墨、颜料及类似产品制造业	0.9588
石墨及其他非金属矿物制品制造业	0.9566
专用化学产品制造业	0.9422
毛纺织和染整精加工业	0.9415
有色金属压延加工业	0.9414
饲料加工业	0.9398
麻纺织、丝绢纺织及精加工业	0.9365
管道运输业	0.9321
钢压延加工业	0.9250
炼焦业	0.9244
化学纤维制造业	0.9102
装卸搬运和其他运输服务业	0.9065
木材加工及木、竹、藤、棕、草制品业	0.9029

2）最终消费支出

最终消费支出由农村居民消费支出、城镇居民消费支出和政府消费支出三部分组成。

（1）农村居民消费支出。表 11-29 为前 10 位的部门，包括了农业、食品和服装等日常消费部门，处于第二位的是房地产业，这是因为它包括了农村居民自有住房虚拟消费支出。

表 11-29　农村居民消费支出前 10 位的部门

编　　号	部　　门	消费量（万元）	占农村消费的比重（%）
1	农业	29 090 841	12.0
2	房地产业	22 668 914	9.3
3	批发零售业	20 602 804	8.5
4	畜牧业	16 964 396	7.0
5	教育	14 747 571	6.1
6	餐饮业	12 844 474	5.3
7	纺织服装、鞋、帽制造业	7 784 629	3.2
8	屠宰及肉类加工业	6 886 002	2.8
9	电信和其他信息传输服务业	5 712 916	2.3
10	烟草制品业	5 426 025	2.2

（2）城镇居民消费支出。表 11-30 为前 10 位的部门，除了农业和服装部门外，还包括了房地产业、餐饮、教育和卫生等服务部门。

表 11-30　城镇居民消费支出前 10 位的部门

编　　号	部　　门	消费量（万元）	占城镇消费的比重（%）
1	批发零售业	56 874 280	7.9
2	房地产业	52 976 493	7.3
3	餐饮业	43 712 614	6.1
4	卫生	42 998 316	6.0
5	纺织服装、鞋、帽制造业	30 743 330	4.3
6	居民服务业	30 551 666	4.2
7	教育	28 145 427	3.9
8	畜牧业	25 375 559	3.5
9	农业	24 948 489	3.5
10	金融业	22 360 058	3.1

比较表 11-29 与表 11-30，可以看出农村居民与城镇居民消费支出的结构异同。前 10 位的部门中，同时出现的部门有 7 个，在农村居民中排在前 7 位；而且"房地产业"都排在第 2 位；这两点可以谓之"同"。不同的是其余 3 个部门，农村居民是"屠宰及肉类加工业""电信和其他信息传输服务业""烟草制品业"，城镇居民是"卫生""居民服务业""金融业"；在谓之"同"的 7 个部门中，除了"房地产业"都排在第 2 位之外，其余排位都不同，尤其是农村居民排在第 1 位的"农业"，城镇居民排在第 9 位。为什么？留给读者思考。

（3）政府消费支出。政府消费支出是政府部门为全社会提供公共服务的消费支出。

2007 年投入产出表中的政府消费支出是 35 190.9 亿元,占全部最终消费的 26.7%。

3)进出口

进出口反映了一个国家的经济与国际经济之间的联系。

(1)进口

进口与总供给的比例称为进口率。2007 年我国的进口产品前 10 位的部门如表 11-31,主要集中于电子元器件、仪器仪表行业等高技术产品,以及原油和金属矿等基础原材料。

表 11-31　进口前 10 位的部门

编　　号	部　　门	进口额(万元)	进口率(%)
1	电子元器件制造业	114 561 867	45.9
2	石油和天然气开采业	57 682 693	37.7
3	仪器仪表制造业	36 281 070	54.5
4	基础化学原料制造业	33 477 599	26.4
5	电子计算机制造业	27 898 809	16.5
6	黑色金属矿采选业	27 858 536	43.5
7	其他专用设备制造业	24 790 625	31.9
8	合成材料制造业	24 082 025	23.3
9	商务服务业	23 139 999	19.0
10	汽车制造业	19 515 993	7.3

(2)出口

出口占总产出的比重,称为出口率。2007 年我国的出口产品前 10 位的部门如表 11-32,主要集中于电子计算机设备和电子产品,以及纺织服装和钢铁、金属制品等。

表 11-32　出口前 10 位的部门

编　　号	部　　门	出口额(万元)	出口率(%)
1	电子计算机制造业	92 807 505	65.8
2	通信设备制造业	47 985 985	59.0
3	针织品、编织品及制品制造业	46 744 049	89.8
4	电子元器件制造业	40 415 433	30.0
5	批发零售业	40 075 644	13.9
6	纺织服装、鞋、帽制造业	37 420 544	34.4
7	金属制品业	35 585 167	20.1
8	钢压延加工业	31 238 604	11.0
9	商务服务业	30 725 992	31.1
10	家用电力和非电力器具制造业	22 348 727	34.2

对比表 11-31 与表 11-32,两者的构成是大不一样的。出口高居首位的是"电子计算机制造业",第 2 位是"通信设备制造业",这两者都是科技含量比较高的产业;出口第 3 位的是"针织品、编织品及制品制造业",这是劳动力密集型产业,仍然是我国的标志性产业;"电子元器件制造业"在进口表中高居首位,在出口表中居第 4 位;在出口表中高居首位的"电子计算机制造业",在进口表中居第 5 位;两者都是有出口有进口,属于结构性互补;"家用

电力和非电力器具制造业"也是科技含量比较高的产业,在出口表中排在第 10 位,而在进口表中没有,说明我国在这方面已经形成优势。

我国是"逢二逢七"编制投入产出表,由国家统计局国民经济核算司编制,中国统计出版社出版。"五年编一表,一表用五年",这是国际惯例,我国也是这样,已经有相当成熟的经验与做法。据报道,《中国 2012 年投入产出表》已于 2018 年 6 月出版,有兴趣的读者可以自行查阅。

11.7 里昂节夫与投入产出分析

11.7.1 里昂节夫生平

瓦西里·里昂节夫(Wassily W. Leontief,1906—1999),1906 年出生于俄国。他的父亲曾任圣彼得堡大学经济学教授。1925 年,里昂节夫以优异的成绩毕业于列宁格勒大学经济系,同年移居德国,在柏林大学继续学习经济学,1928 年获得博士学位。1928 年冬,他应当时的中国政府铁道部之邀,到南京任职铁道部顾问一年。1929 年回到德国,在基尔大学世界经济研究所工作。1931 年春移居美国,先在纽约的全国经济研究所工作,不久后转到哈佛大学经济系任教,由学校资助进行投入产出分析的研究。

里昂节夫学识渊博。在上大学期间,他就读遍了当时列宁格勒图书馆所藏的法、英、德文的经济学书籍,深受重农学派、马克思和洛桑学派的影响。这为他后来的研究工作打下了坚实的基础。

早在 1924 年,苏联政府为了统一计划和安排全国的生产活动,曾经编制 1923—1924 年国民经济平衡表,其中包括各种产品生产与消耗的棋盘式平衡表。20 世纪 30 年代,里昂节夫在前人工作的基础上提出了投入产出法,并且利用美国经济统计资料编制了美国经济 1919 年和 1929 年的投入产出表。1936 年,他发表了《美国经济体系中投入产出的数量关系》一文,阐述了美国 1919 年投入产出表的编制工作、投入产出理论和相应的数学模型,以及资料来源和计算方法。1941 年,他出版了第一本专著《美国经济的结构,1919—1929》。此后,里昂节夫一直锲而不舍、孜孜不倦地研究投入产出法,不断取得新的进展和研究成果。由于他在投入产出分析领域中开创性的研究和杰出的贡献,荣获 1973 年诺贝尔经济学奖。

1974 年,里昂节夫带领美国经济学家代表团来中国访问。在中国期间和回到美国后,他多次盛赞中国社会主义建设的成就。

1975 年,他由哈佛大学退休,转任纽约大学经济学院经济分析研究所所长。

11.7.2 投入产出分析在美国

投入产出分析的产生,是由于社会化大生产和社会生产力高度发展,在客观上对经济理论和经济管理科学化、数量化、精确化的迫切要求。

第二次世界大战后期,投入产出分析受到了美国政府和公众的重视。美国劳工部为了研究战后的生产和就业问题,聘请里昂节夫为顾问,指导编制美国 1939 年的投入产出表,并根据这个表作了 1950 年美国充分就业下各部门产出的估计。

接着,美国空军又同劳工部合作编制战后 1947 年 200 个部门的美国投入产出表。1959 年,美国商务部决定配合国民经济核算定期编制美国投入产出表。在编制了 1953 年投入产出表后,美国每隔五年就编制一次全面的投入产出表。

与此同时,里昂节夫和哈佛大学经济规划小组把投入产出分析方法用于一系列专门领域的经济研究,其中包括以下几个方面。

(1) 美国对外贸易。19 世纪以来,国际贸易中的比较利益原理一直是无可非议的,1953 年里昂节夫发表了《国内生产和对外贸易:美国资本地位的再审查》一文,对这一原理提出了挑战。根据比较利益原理,人们一般都认为美国既是资本丰富又属于高工资国家,那么,出口产品就应该以资本密集的产品为主。但是,里昂节夫根据对美国 1947 年投入产出情况的分析表明:如果把直接投入和间接投入都计算在内,美国出口品中更多的却是劳动密集产品。

(2) 地区平衡和裁军对经济影响。20 世纪 60 年代,里昂节夫利用投入产出分析方法研究裁军使军用转为民用对部门产出和就业的影响。他还进行了多地区的投入产出分析,研究各地区之间直接的和间接的在经济上相互依存的产业部门的投入产出关系,以及裁军对产业部门和地区的产出和就业的影响。

(3) 环境污染问题。这是里昂节夫和哈佛经济规划小组在 20 世纪 70 年代初的研究课题,他们把污染的产生和消除作为一个部门,放在投入产出表中进行研究。

(4) 世界经济增长。这是里昂节夫 20 世纪 70 年代初在联合国的赞助下所研究的课题,内容包括世界经济增长对环境的影响,对自然资源世界基地的需求,以及发达国家和发展中国家经济增长的关系问题。

11.7.3 投入产出分析的发展

1. 投入产出分析的普及和推广

里昂节夫提出投入产出分析方法后,最初并没有得到各国政府和经济学界的重视,直到第二次世界大战发生后,各国政府加强了对经济的控制和干预,迫切需要有一种比较科学、比较精确的经济计量方法,投入产出技术才引起人们的关注,得到普及和推广,并被应用到经济运行中。

目前,投入产出分析的发展趋势主要有:

(1) 随着运筹学的发展,把投入产出模型与运筹学方法结合起来,编制最优化模型;

(2) 产出分析与计量经济学结合起来,如用回归分析法、用经济计量模型进行经济分析等;

(3) 利用计算机技术进行自动编表;

(4) 利用投入产出分析的方法研究其他一些问题,如能源问题、环境保护问题及国际贸易、人口问题、就业问题等一些社会现象;

(5) 动态投入产出模型的应用和研究,等等。

由于投入产出分析的科学性、先进性和实用性,自 20 世纪 50 年代以来世界各国纷纷研究采用,编制投入产出表。

2. 投入产出原理的发展

早期的投入产出表比较简单,而且是静态型的。它是由一个中间使用流量矩阵,及其右边联结的一个最终使用矢量、下边联结的最初投入矢量组成。经过几十年的发展,投入产出表的原理已经比较成熟,并在深度方面又有很大的发展。这些发展是:

(1) 外生变量内生化,静态模型向动态模型发展;

(2) 投入产出表的直接消耗系数的修订和预测;

(3) 投入产出的优化模型;

(4) 投入产出分析与其他数量经济分析方法相结合、相渗透。

3. 投入产出分析及其应用的扩展

投入产出分析在应用方面也有很大的扩展,此扩展不仅体现在应用的深度,还体现在应用的广度方面,包括:

(1) 地区间研究;

(2) 核算劳动、固定资产、投资;

(3) 研究环境污染及其治理;

(4) 特殊领域的应用,包括收入分配、人口、教育、国际贸易、生态保护等。

4. 投入产出分析和国民经济核算体系

随着投入产出分析的发展和国民经济核算体系的完善,投入产出表已成为国民经济核算体系的重要组成部分,联合国统计司于 1968 年将其纳入 SNA 体系(国民账户体系)之中;于 1971 年将其纳入 MPS 体系(物质产品平衡表体系)之中(SNA 体系和 MPS 体系统称国民经济核算体系,而国民经济核算体系有时也单指 SNA 体系)。

投入产出表纳入国民经济核算体系中,完善了国民经济核算体系,扩充了国民经济核算体系的功能,丰富了国民经济核算体系的内容,使国民经济核算体系的诸核算间建立了联系。所以,投入产出分析已经成为世界各国国民经济核算体系的重要支柱。

11.7.4　投入产出分析在中国

我国的投入产出分析工作是从 20 世纪 50 年代末、60 年代初开始的。当时一些经济理论界人士和高等院校教师开始研究投入产出分析,个别高等院校还开设了投入产出分析课程。

1962 年,国家统计局和国家计委召开座谈会,专门研究投入产出分析在我国的发展和应用问题。但是,由于当时苏联反对在经济研究和计划中应用包括投入产出分析在内的现代经济数学方法,视之为资产阶级的方法,斥之为"数学游戏",这种"左"的思想对我国产生了较大影响,使得刚刚开始研究的投入产出分析方法和技术也遭到了严厉的批判。1966 年中断了刚刚开始的投入产出分析研究工作,一直持续到 1974 年。

1974—1976 年,在国家统计局和国家计委的组织下,由国家统计局、国家计委、中国科学院、中国人民大学和北京经济学院等单位联合编制了 1973 年全国 61 种产品的实物型投入产出表。这张表在改革开放之初为制定"翻两番"的指标和计划发挥了巨大的作用。

1978 年党的十一届三中全会以后,党和国家的工作重点转移到经济建设上来,为投入产出分析的研究和应用创造了条件。投入产出表的编制工作、投入产出分析的研究和应用工作得到迅速的发展。

1980 年,国家统计局布置山西省统计局编制山西省 1979 年投入产出表,以探索编制全国投入产出表的经验。1982 年,国家统计局和国家计委组织有关部门试编了 1981 年全国投入产出表;1984 年,编制了 1983 年全国投入产出表(延长表)。

到 1987 年年底,除个别地区外,全国各省、自治区、直辖市都编制了本地区投入产出表。一些部门编制了部门投入产出表,一些企业编制了企业投入产出表。

1987 年 3 月,为适应我国改革开放的需要,加强国民经济宏观调控,促进宏观决策科学化,国务院办公厅发出《关于进行全国投入产出调查的通知》,在全国进行调查,编制《中国 1987 年投入产出表》,并决定以后每五年编表一次。《中国 1987 年投入产出表》于 1988 年年底编制完成。《中国 1987 年投入产出表》从改革开放,发展社会主义市场经济的需要出发,根据我国经济运行的实际,设计了"积木式、板块化"的科学结构,具有多种转换功能,其编制技术先进,实用性强,应用效果显著,达到了国际先进水平。

投入产出分析已在我国进行了成功的应用,投入产出表已成为我国宏观经济调控、宏观经济决策和宏观经济管理缺之不可的重要工具。

习题

11-1　投入产出表建立的基础是什么?

11-2　部门产品流向分析有哪些流向?最终产品有哪几种?

11-3　什么是中间产品?什么是最终产品?

11-4　投入产出表分为哪 4 个象限?每个象限的含义是什么?

11-5　投入产出表的行与列分别有什么含义? x_{ij} 的含义从横向看和从纵向看分别是什么?

11-6　投入产出表中有哪些主要的数量关系?

11-7　什么是直接消耗系数?如何计算?

11-8　什么是完全消耗系数?如何计算?

11-9　从投入产出分析和 W. W. Leontief 其人,你可以得到哪些启示?

11-10　请关注最新出版的投入产出表,并且与本章有关内容作对比分析。

第12章 系统工程人才的素质与培养，系统工程的基本命题与基本原理

12.1 引言

"百年大计，人才为本；人才大计，教育为本"。我国的社会主义建设事业需要大批称职的系统工程人才，他们从何而来？靠教育和培养。这里说的系统工程人才，既包括专门从事系统工程工作的业务人员——不妨借用国外的称呼，称为"系统工程师"，也包括其他从事系统工程教育和研究的人员，以及热心于系统工程的领导干部和管理人员。

现在，有一个趋势已经很明显：系统工程不但是技术，是方法，而且，系统工程本身已经成为一种具有普遍意义的科学方法论，即用系统的观点考虑问题（尤其是复杂系统的组织管理问题），用工程的方法来研究和求解问题。这种方法论正在被越来越多的领导人员、各级干部和广大群众所掌握，对于做好各级各类组织管理工作，对于发展系统工程与管理学科，都具有重要的指导意义。

本章12.2节、12.3节，分别谈系统工程人才的素质与培养；为了方便记忆和运用，12.4节归纳了系统工程基本命题60条，12.5节归纳了系统工程基本原理12条，12.6节是一个简短的结束语。

12.2 系统工程人才的素质

许多著名学者指出：合理而有效地利用人类的财富，综合又最优地把科学技术应用于社会问题的最大障碍是缺乏优秀的系统工程师。

A. D. 霍尔曾明确指出，系统工程师应有如下五个特征：

(1) 能够用系统工程的观点抓住复杂事物的共性；

(2) 具有客观判断及正确评价问题的能力；

(3) 富有想象力和创造性；

(4) 具有处理人事关系的机敏性；

(5) 具有掌握和使用信息资源的丰富经验。

这种观点得到了不少人和企业的拥护，并按照这些要求去培养人才。

笔者认为，系统工程师需要有很高的思想素质、业务素质和道德修养，概括来说有以下几点。

1. 要具有系统观点

系统工程师要具有系统观点,这是最重要的一点。这句话看起来似乎是不言而喻的,但是要真正做到并不容易。系统观点也是与时俱进,不断发展的。我们以"企业办社会"和"社会办企业"为例来作一番说明。

"企业办社会"和"社会办企业"是两个截然相反的命题,具有不同的时代背景。

"企业办社会",在我国曾经非常盛行。个个企业都追求"小而全""大而全",在一个企业中什么都有:产品生产线、原材料仓库、产成品仓库、运输车队、采购队伍、推销队伍以及庞大的后勤——自办职工食堂、住宅,自办托儿所、幼儿园乃至小学和中学,自办电话站、粮站、煤球店,等等,一言以蔽之,"企业办社会"。同样地,"大学办社会"也是如此。在传统的计划经济体制之下,大家习以为常,厂长、校长们以"小而全""大而全"为骄傲:人家有不如自己有,万事不求人。在今天看来显得很不合时宜。

说到底,社会是一个大系统,企业、学校等各种大大小小的系统,其实都只是社会大系统的组成部分。那些"小而全""大而全"的企业,其实是社会大系统中的一个个"孤岛"。在一个"孤岛"上,许多事情需要做,但是,不见得都能做得好,因为这个企业除了自己的核心业务以外,其他事情不可能都做到专业化水平,很可能是外行干活的低水平。试想:一个机械制造厂的厂长,办得好电话站和房地产吗? 即便下面有人办事,他作为厂长,有多少精力去为这些"非核心业务"操心呢? 大学校长对于后勤服务和小学与幼儿园教育,也不见得懂多少。而且,厂长、校长为许多的"非核心业务"分散了时间和精力,他们对"核心业务"的运作和管理势必受到不良影响。

供应链管理(Supply Chain Management,SCM)在 20 世纪 80 年代产生。有人说:"21世纪的竞争是供应链与供应链的竞争,而不再是单个企业与单个企业的竞争",这是很有道理的,是符合系统观点和系统工程基本原理的。SCM 的提出者并非系统工程工作者,这并不妨碍我们的论述,恰恰相反,说明系统观点和系统工程基本原理具有普遍适用性和真理性,系统观点和系统工程基本原理在各行各业都可以反映出来。

供应链管理其实是针对"企业办社会"弊端进行了改革和创新:把业务相关的若干企业连接成一条供应链,供应链上的每一个企业都集中精力搞好自己的核心业务,例如一个制造企业,它就集中精力搞好自己的核心业务——生产制造,其上游业务交给上游企业去做,下游业务交给下游企业去做,上游企业还有自己的上游企业,下游企业还有自己的下游企业,大家都做好自己的核心业务,这样,供应链上的每一个环节、每一项业务都是专业化水平的,再加上整个供应链的合理运作与管理,那么,整个供应链和供应链上的各个企业的运作与管理都可以实现高水平。还有第三方物流公司、第三方信息平台,也以专业化水平做好企业与企业之间的货物运输和信息服务。至于后勤服务的种种事项,统统交给社会上的专业公司去做,例如,把电话站交给电信局(电信公司)去办;把幼儿园、小学交给社区去办;职工住房问题,实现商品房制度,由职工向房地产公司购房,住宅区交给物业公司去管理,这种模式已经在实行,其效果比工厂自己建房、自己管理住房要好得多,等等。如果有一项事情某公司做不好,那么,运用市场机制,选择另外一家专业化公司来做就是了。这样,就能把"企业办社会"变为"社会办企业"。同样,把"大学办社会"变为"社会办大学"。每一个企事业单位都是真正作为"社会大家庭"中的一个成员,合理地投入社会大系统之中运作,企事业单位的效率会提高许多,社会的协调与和谐也会好得多。

这就给我们一个重要的启示:系统工程要想搞得好,必须树立"大系统,大背景"的观念。如果你面对的是一个小系统,也必须自觉地纳入"大系统,大背景"去考虑。

研究任何一个系统,必须联系它的环境来开展研究。所谓"环境",首先是该系统所在的地区、所在的部门,其中包含自然因素、经济因素、技术因素和社会因素等。该系统所在的地区和部门,又是存在于更大的环境与背景之中,上升一个层次或者几个层次,一直到达中华人民共和国这个复杂巨系统的大背景、大环境。任何一个企业、一所大学,都必须考虑国家的法律和政策、政治局面和宏观经济形势等。

中华人民共和国又是存在于地球上,还必须考虑地球人类的大问题、大背景。难道不是这样吗?现在,资源枯竭、环境恶化、臭氧层空洞、温室效应等问题,是地球全人类共同面临的严重问题,可持续发展已经成为全人类的共识。任何一个企业的生产能够不考虑环境保护问题吗?污染环境的企业必须治理自己造成的污染,否则就要"关、停、并、转"。DDT 农药已经不能再使用,氟利昂冰箱已经不能再生产。这些在以前不足为虑的事情,现在都是大问题了,因为它们和地球人类的可持续发展联系在一起。任何一个大学生、任何一个居民都不能不接受社会文明理念和可持续发展观念,不随地吐痰、不乱扔垃圾,这些"区区小事"都是与大背景、大问题紧密联系的。一个企业的产品要出口,必须考虑外国的法律、风俗民情、历史文化因素等,现在已经是常识了,其实,这是系统思想深入人心的表现:考虑大背景。

SARS、禽流感等疫情,可以把世界各国各地区的人民不分宗教和民族都紧急动员起来,"心往一处想,劲往一处使",共同战而胜之。

Internet 已经把整个世界"一网打尽"。"人类只有一个地球",而且是一个小小的"地球村"。联合国、WTO、WHO,在世界上发挥着越来越大的作用。这是时代的主流。同时,也存在一些支流:单边主义、霸权主义、分裂主义、逆全球化、恐怖活动、民族矛盾、地区冲突等。支流毕竟是支流,不是主流。

本书一开头就说过:从系统工程的角度看,当今时代是系统工程时代。那么,作为系统工程师,必须比其他人更加自觉地运用系统观点考虑问题。无论是研究一个地区的发展问题,还是研究一个企业的发展问题,都必须坚持"大系统,大背景"。

2. 要成为 T 型人才

T 型人才是说:要有长长的一横——比较宽的知识面,要有长长的一竖——至少在某一个领域有足够的深度。知识面包括自然科学、工程技术、经济、法律、哲学和艺术修养等。

作为一名系统工程师,所从事的研究项目不大可能总是固定在某一个狭小的领域。这一个项目可能是教育规划,下一个项目可能是社会治安,再下一个项目可能是公共交通,等等,那么,就要求系统工程师必须善于学习。对于一个属于新领域的项目,一开始他是"外行",他必须尽快地"入门",掌握该领域的基本知识并且逐步深入,几个月之后,他成为"半内行",能够和该领域的专家对话。所以,成为一名系统工程师,不但是光荣的,而且是艰苦的,一定要有这个思想准备。

系统工程师应该是自然科学与人文学科融合的人才。中国工程院院士、华中理工大学前校长杨叔子教授指出:"如果只懂科学、不懂人文,或者只懂人文、不懂科学,那只能算是'半个人',我们要走出'半个人'的时代。"他要求他指导的机械工程的博士研究生,要把《老子》和《论语》(前七章)作为必读书(见李政道、杨振宁等著:《学术报告厅·科学之美》,中国青年出版社,2002 年 1 月。第 259—287 页,杨叔子:《科学与人文的融合》)。

系统工程师应该不但学会做事(做科学的事),而且学会做人(做正直的人)。自然科学与人文并重,一般规范与个性共存。

系统工程师的哲学修养很重要。1998 年,安徽教育出版社出版了中国科学院前院长卢嘉锡主编的 100 多万字的两卷本《院士思维》,130 多名院士写了自己的治学之道,发人深省,启迪智慧。中国科学院院长路甬祥为《院士思维》一书撰写《正确的科学思维方式是科技工作者的灵魂(序言)》,他写道:"大凡在近现代科学上能独树一帜、在理论上有划时代发明创造的卓越科学家和发明家,往往都十分重视在哲理思维引导下的科学思维,并在科技方法论上显示了新颖独特的风格。近代自然科学革命的先驱者哥白尼创立日心地动说,最直接的启示就来自古希腊的自然哲学。他从长期天体观测实践中深信:'理论是月亮的光辉,事实是太阳的光辉。'这一富有哲理的名言反映了他在科学思维中始终坚持科学理论依赖客观事实而反射光辉的辩证逻辑。20 世纪的科学巨人爱因斯坦,从科学探索中深知哲学'是全部科学研究之母'。同时,他又强调'想象力是科学研究中的实在因素','真正可贵的因素是直觉'。薛定谔在创立量子力学和分子生物学的实践中,亲身体验到哲学思维的科学方法论功能,形象地称'哲学是科学家的支柱、脚手架、先遣队'。著名物理学家玻恩留下了'真正的科学是富有哲理性的','每一个现代物理学家……都深刻地意识到自己的工作是同哲学思维错综地交织在一起的'等名言。提出基本粒子结构'坂田模型'的著名日本科学家坂田昌一临终前写下了肺腑之言:'恩格斯的《自然辩证法》在我 40 年的研究生活中经常地授给我珠玉般宝贵的光辉。'我国杰出科学家钱学森院士在 1985 年更直截了当地断言:'应用马克思主义哲学指导我们的工作,这在我国是得天独厚的……马克思主义哲学确实是一件宝贝,是一件锐利的武器。我们搞科学研究时(当然包括搞交叉科学研究),如若丢掉这件宝贝不用,实在是太傻了。'他在我国首创并率先开展了在马克思主义哲学指导下的'思维科学'等交叉学科研究。我国以李四光、竺可桢、吴有训、华罗庚、周培源、严济慈等为代表的优秀科学家,为我们树立了以先进哲学思维为导向,依托多种科学思维形式,创出光辉科技业绩的榜样。"

这段话广征博引,使我们认识到哲学修养的重要性——尤其是马克思主义哲学修养的重要性和我们中国人得天独厚的优势,应该珍惜。作为系统工程师,无疑应该向这些科学大师学习。

3. 具有协调能力

开展一个系统工程项目,是以团队的力量开展工作。所谓团队主要是项目组,项目组还有外围力量。项目组组长必须是称职的系统工程师——不但是 T 型人才,而且有比较丰富的经验,德高望重。项目组一般应该有以下一些成员:精通数量分析、能够建立数学模型的人(若干名,以便建立多种数学模型)、懂得经济学的人、懂得法律的人、能够熟练运用计算机的人和项目所属学科的专家等。其中项目所属学科的专家如果本单位没有,就要物色外单位的专家,至少要聘请地道的专家作为项目组的顾问,发挥实实在在的作用。

项目组成员应该有合理的年龄结构——老、中、青都要有,他们的研究能力、计算机操作能力、与外界打交道的能力是不一样的,互相之间可以优势互补,形成群体优势。

项目组要善于跟外界打交道,包括委托单位、政府部门、研究机构,这些单位和部门的领导人和办事人员。

项目组组长要组织、安排、带领整个项目组一起工作,要跟外界打好交道,就必须具有较强的协调能力。要懂得“人理”,善于运用“翰件”,能够化解矛盾,团结别人。“相辅相成”“相反相成”这两句成语可以作为做好协调工作的座右铭。

4. 具有实事求是的科学精神和正直的品格

系统工程项目是科学研究,是为用户(通常是领导)决策提供咨询服务的研究,系统工程师必须具有实事求是精神。为此,必须以科学的态度,开展独立的、公正的研究;必须为人正直,刚直不阿,不做“御用文人”;必须对科学负责,对人民负责;不把可行性研究扭曲为“可批性研究”——不管事实真相,昧着良心为某领导希望上马的“政绩工程”(或“形象工程”)拼凑“理由”换取上级的批准。

5. 正确看待系统工程研究成果的咨询性

系统工程的研究项目,一定要舍得花大力气去搞。系统工程师要具备高度的责任心,“为伊拼得人憔悴”,所提的建议方案一定要精益求精,使得所提方案一旦被采用,能够经得起事实和历史的检验。但是,建议方案再好,也只能是起决策咨询作用,决策者可能采纳,也可能不采纳。这时,系统工程师一定要有正常的心态。

12.3　系统工程人才的培养

有关系统工程的教育,美国称为 systems engineering(SE),或者 OR/MS 教育。OR 即 operations research(运筹学),MS 即 management science。美国的大学普遍设有这类专业,在培养目标、科研项目和师资力量上各有侧重。有的侧重于管理,有的侧重于工程,因而设置的系、科名称不尽相同。有些大学同时招收大学生和研究生,有的大学只招收研究生。还有些大学同时设有几个系,如斯坦福大学就设有工业工程系(招收大学生和研究生)、运筹学系和经济工程系等(只招收研究生)。

20 世纪 60 年代末,日本深感缺乏系统工程师所造成的困难,不得不从美国引进这方面的技术和资料,并于 20 世纪 70 年代初组织出版了《系统工程讲座》丛书,尽力加速培养系统工程人才。据称,美国 20 世纪 70 年代初期有系统工程师 17.5 万人;日本 1975 年有系统工程师 11 万多人。

下面简单介绍我国系统工程人才培养情况。从 1980 年开始,北京和全国各地就纷纷举办系统工程培训班;其中,中国科协和中央电视台联合举办系统工程培训班,钱学森、许国志、宋健等著名学者亲自登台讲课。接着,系统工程、兵器系统工程、航空宇航系统工程等专业的本科生、研究生乃至博士后流动站在许多大学迅速兴办起来。1997 年,国务院学位委员会和国家教育委员会联合颁发《授予博士、硕士学位和培养研究生的学科、专业目录》(简称《目录》)增设了第 12 门类“管理学”,它包括 5 个一级学科,第 1 个一级学科 1201 管理科学与工程,它的下面没有统一划分二级学科;上一个版本的目录中的系统工程、航空宇航系统工程、兵器系统工程、农业系统工程,以及管理科学、管理工程、管理信息系统、建筑经济及管理、工业工程、科学与科技管理、物资流通工程等 11 个二级学科全部或者部分地并入了该一级学科；该学科的研究范围包含 6 个方面：管理科学、工业工程与管理工程、系统工程、信息管理及管理信息系统、工程管理和科技管理。《目录》规定，该一级学科可授予管理学或工学学位。此外，在"理学"门类，有一级学科 0711 系统科学，下设 2 个二级学科：071101 系统理论，071102 系统分析与集成；在"工学"门类，有二级学科 081103 系统工程。就是说，系统工程和系统科学的高级专门人才分别在管理学、理学和工学三大门类中培养。后来多次修订的《目录》延续了这种情况。

根据我国的情况，系统工程人才培养的基本途径有三条，下面作具体介绍。

1. 培养研究生

培养硕士研究生和博士研究生，包括管理科学与工程、系统科学、系统工程专业或研究方向的研究生，也包括其他管理类学科、专业的研究生。研究生层次的人才培养，应该把系统工程方法论、系统工程的理论与方法作为重点课程。

2. 在本科生中普遍开设系统工程课程

由于系统工程需要比较宽的知识面和比较丰富的实践经验，这是本科生所不具备的，所以，不适合在本科生中直接培养系统工程师，但是，应该在本科生中普遍开设系统工程课程，学习系统工程基本知识，培养系统工程兴趣，为他们中间有些人以后成为系统工程师打下基础。许多人以后不一定专门从事系统工程工作或者管理工作，但是，系统思维、系统工程的基本训练对于他们今后无论从事什么工作都是大有裨益的。

3. 在干部培训工作中开设系统工程课程

各行各业的干部，实际上都是做组织管理工作的，系统工程方法论对于他们是普遍适用的。尤其是领导干部，他们所领导和管理的地区、部门，都是复杂系统甚至是复杂巨系统，他们所做的工作，实际上都是规模较大的系统工程。他们具有丰富的工作经验，自觉不自觉地都在运用系统思想、开展系统工程。"心有灵犀一点通"，通过学习，他们很快就会增加自觉性，从必然王国到自由王国，成为出色的系统工程人才。

现在，中央领导人非常重视干部培训，从中央党校、国家行政学院到省市党校与行政学院，都积极开展各级各类干部的培训工作，这是很有意义、十分重要的工作。系统工程应该与干部培训工作紧密结合，作为一门重要课程纳入干部培训课程体系。

这里需要强调：系统工程人才的培养，不光是在课堂上学习书本知识，而且要在社会实践中学习和磨炼，尤其要开展系统工程应用项目研究。

12.4 系统工程基本命题 ABC

这里归纳了 60 条系统工程基本命题，开头的 3 条是总的指导思想，高屋建瓴，其余各条分为 A 组、B 组、C 组，大体上是按照系统工程概念、系统概念、系统工程展望来分组的，总其名曰"系统工程基本命题 ABC"。

这些命题具有相对独立性，同时，也有一些"同类相聚"的关联，读者在看某一条命题的时候，最好同时看看前后几条命题，可以多一些理解。

（1）革命导师马克思说："自然科学往后将包括关于人的科学，正像关于人的科学包括自然科学一样：这将是一门科学。"系统科学就是"这门科学"的雏形，开放的复杂巨系统研究及其方法论是"这门科学"的基石。

（2）物理学家普朗克说："科学是内在的整体，它被分解为单独的整体不是取决于事物的本身，而是取决于人类认识能力的局限性。实际上存在着从物理学到化学，通过生物学和人类学到社会学的连续的链条，这是任何一处都不能被打断的链条。"系统科学就是研究和连接这根链条的。

（3）毛主席著作"老三篇"——《为人民服务》《纪念白求恩》和《愚公移山》是系统工程工作者的座右铭。

A 组

（4）《组织管理的技术——系统工程》（钱学森，许国志，王寿云）。

（5）《组织管理社会主义建设的技术——社会工程》（"社会工程"是"社会系统工程的简称"；钱学森，乌家培）。

（6）"系统工程是组织管理系统的规划、研究、设计、制造、试验和使用的科学方法，是一种对所有系统都具有普遍意义的科学方法"（钱学森，许国志，王寿云）。

（7）系统工程是组织管理系统的技术，是具有普遍意义的科学方法。

（8）系统工程学科是系统科学体系中的工程技术，它的技术科学基础主要是控制论、信息论与运筹学。

（9）系统工程学科于 20 世纪 50 年代中期产生于美国，但是，系统工程实践古已有之，尤其是在中国。大禹治水、都江堰、万里长城等，都是古人杰出的系统工程实践。

（10）我国在 1956—1970 年研制"两弹一星"，美国在 1961—1972 年实施 Apollo 登月计划，都是系统工程的范例。

（11）中国是系统工程大国与强国，系统工程中国学派——钱学森学派形成于 20 世纪 90 年代初，这是世界先进水平，引领发展潮流。

（12）40 年来，系统工程与改革开放携手前进，相辅相成，共同发展。

（13）系统工程在中国的大发展，有三点原因：(1)以人民科学家钱学森院士为代表的学术界大力倡导与积极开展研究；(2)中央领导人以及从中央到地方的各级干部大力支持；(3)广泛的群众基础与深厚的文化底蕴：中国民众普遍具有系统思维与实干精神的传统优势，具有改革开放的热切愿望，系统工程一呼即应。

（14）系统工程不但是技术、是方法，而且已经成为一种具有普遍意义的科学方法论，它能够被广大干部和群众普遍掌握和应用，即：用系统的观点研究问题（尤其是复杂系统的组织管理问题），用工程的方法解决问题。

（15）系统的观点，就是全面、综合、发展地看问题；工程的方法，就是按照一定的程序真抓实干，以实现预定的目标；工程项目有大规模的群众参与，齐心协力做事情。

（16）"三百六十行，行行有管理"，行行都是系统，行行都可以开展系统工程，都可以成为系统工程的分支。

（17）"人人都是管理者"，系统工程人人能做，既不神秘也不深奥，通过学习，人人都可以掌握系统工程的理论与方法。

(18) 人人都要培养"系统工程自觉",即：自觉地运用系统观点看问题,运用系统工程理论与方法来求解系统问题。

(19) 干部工作与系统工程具有天然的联系,干部所做的工作实际上就是系统工程实践；领导干部尤其应该具有"系统工程自觉",成为出色的系统工程工作者。

(20) 大学生村官应该努力学习与运用系统工程,做好村官工作,以后成为出色的干部,成为出色的系统工程工作者,逐步担当重任。

(21) 系统工程求解任何问题,都要提出多种备选方案,提交决策者选择。

(22) 研究开放的复杂巨系统,要运用钱学森院士倡导的从定性到定量综合集成法及其综合集成研讨厅体系。

(23) 物理-事理-人理(WSR)系统方法论指出：一个好的管理者应该懂物理,明事理,通人理。

(24) "治大国若烹小鲜",两者是不同层面的系统工程。

(25) 无论是治国理政的大事,还是你的学习与工作、你的家庭事务,都可以作为系统工程项目开展研究,找出多种备选方案。

(26) 要研究"系统的系统"(system of systems,SoS),做 SoS 工程。

(27) 创建现代管理科学中国学派,是一项艰巨复杂的系统工程；创建的基本途径是"三室一厅,开拓创新",即洋为中用,古为今用,近为今用,综合集成。其中"近为今用"是重点,"近为今用"就是总结近期的经验教训,上升到理论高度,为今天和今后所用。

(28) "三室一厅,开拓创新",是一种具有普遍意义的科学范式。

B 组

(29) 系统,是由相互联系、相互作用的许多要素组成的具有特定功能的综合体。

(30) 系统到处都有,但是并不是任何事物都可以随意戴上一顶"系统"之冠的；系统具有明确的定义与内涵。

(31) 系统思想,源远流长,是中华文化的显著特色与内在优势。

(32) 系统思想,人人皆有,"心有灵犀一点通",贵在学习提高,从不自觉到自觉,从必然到自由。

(33) 世界上的一切事物都处在系统之中,没有什么能够孤立于系统之外。

(34) 每个人都生活在一定的社会系统之中,没有哪一个人能够例外；每一个社会系统又存在于一定的自然系统之中。

(35) 每项工作都是在一定的系统之中开展,没有哪一项工作是孤立的、独立的。

(36) 系统工程的研究对象是社会系统,而不是单纯的自然系统。

(37) 人类社会是一个多层次、多形态、互相嵌套、开放的复杂巨系统。现在,偌大的地球成为一个小小的"地球村",地球村的事情是一个 SoS,全球化是一个 SoS 工程。

(38) 系统大于部分之和,$F > \sum f_i$,系统工程的主旨是实现 $1+1>2$。

(39) $S = \{E,R\}$,R 比 E 更重要,系统工程的工作重点在于集合 R 中的各种关系调整。

(40) 系统＋环境＝更大的系统,在某个系统中解决不了的问题,要放到更大的系统中去研究和求解。

C 组

(41) 人类社会当今处在系统工程时代,还将继续处于系统工程时代。

（42）系统化、工程化、信息化、智能化与综合集成，是当今世界潮流的五大特征，还在继续发展中。

（43）"人类只有一个地球"，绿色经济、低碳经济、循环经济、可持续发展，都是符合系统工程的，"过度消费""用了就扔""透支地球"，都是不符合系统工程的。

（44）统筹兼顾、科学发展观符合系统工程，"单打一""竭泽而渔"、只顾眼前利益不顾长远利益，不符合系统工程。

（45）"识大体，顾大局""全局一盘棋""全国一盘棋"符合系统工程；以邻为壑、地方主义不符合系统工程。

（46）"和而不同"符合系统工程，"同而不和"不符合系统工程；应该求大同，存小异。

（47）战略决定成败，各级各类系统都要认真研究制订与及时修订系统的发展战略与规划。

（48）系统工程工作者需要有很高的道德修养与业务素质，积极参加与承担系统工程项目研究。

（49）系统工程工作者要成为 T 型人才：既要有长长的一横——具有比较宽的知识面，还要有长长的一竖——在某一个领域要有足够的深度。

（50）系统工程人才多多益善，一是靠大学培养，二是靠干部培训；应该把系统工程纳入干部培训课程体系。

（51）建设有中国特色的社会主义，是一项宏伟的、复杂的系统工程。

（52）中国特色社会主义进入了新时代，将实现中华民族的伟大复兴。

（53）系统工程中国学派进入了新阶段，将会发展到新高度。

（54）实现中华民族伟大复兴的"中国梦"，是一项艰巨复杂、宏伟壮丽的系统工程。

（55）实施"一带一路"伟大倡议，是一项艰巨复杂、宏伟壮丽的系统工程。

（56）构建人类命运共同体，是一项艰巨复杂、宏伟壮丽的系统工程。

（57）系统工程工作者要有良心、有担当，以天下为己任。

（58）系统工程工作者是乐观主义者，他们相信：中国与世界的前途是光明的、美好的。

（59）系统工程工作者是实干主义者，不怕困难与挫折，他们秉持的观念是："冷眼向洋看世界，热风吹雨洒江天！"

（60）人类社会一万年以后也需要做系统工程，系统工程将与时俱进，永葆青春！

12.5　系统工程基本原理 12 条

系统工程基本原理不但来源于学术研究，而且来源于社会实践。

大道至简，要言不繁。我们尝试用简洁、形象的语言表述系统工程基本原理。

这里归纳了 12 条基本原理。还可以归纳出更多的基本原理。古语曰"少则得，多则惑"，我们秉持"少而精"的原则，希望读者记得住、用得上。

这些基本原理也可称为"组织管理工作的基本原理"，因为系统工程是组织管理系统的技术，是具有普遍意义的科学方法。

基本原理之一（**最优性原理**）："一个系统，两个最优。"

"一个系统"是说：系统工程项目研究任何问题，都把研究对象作为一个系统——把要研究解决的问题进行系统化处理。"系统化处理"是指:确定系统边界,区分系统与环境。

"两个最优"是说:研究的目标是系统总体效果最优,而且实现总体目标最优的方案也要是最优的。

鉴于系统及其环境的复杂性,最优方案往往很难找到,退而求其次,把"最优"调整为"优化",即寻找"满意度"尽可能高的方案。

基本原理之二(涌现性原理):"系统大于部分之和",即 $1+1>2$。

"系统大于部分之和",来源于"整体大于部分之和"(The whole is more than the sum of parts),它是亚里士多德(Aristotéles,公元前 384 年—公元前 322 年,古希腊哲学家)提出的命题。20 世纪 30 年代,一般系统论(General System Theory,GST)的创始人贝塔朗菲(Ludwig von Bertalanffy,1901—1972,美籍奥地利理论生物学家)引用了它,使它焕发青春。

这句话可以表述为 $1+1>2$,即"一加一大于二"。右边的 2 是两个要素孤立的功能之和,"$1+1$"是两个要素组成一个系统之后的功能。系统具有涌现性,诸要素相互作用,使得系统具有诸要素原来独立存在时所没有的性质和功能,并且可能产生新的要素。

"大于"并不是必然的,而是需要一定的条件,否则可能出相反的情况。俗话说"一个巧皮匠,没张好鞋样;两个笨皮匠,彼此有商量;三个臭皮匠,赛过一个诸葛亮",这是正面的例子。因为三个皮匠之间可以协商、分工、合作,激发创造性,从而大大提高劳动生产率和经营效率。"一个和尚挑水吃,两个和尚抬水吃,三个和尚没水吃"则是负面的例子:因为三个和尚之间互相推诿,每个和尚都怕吃亏,只想依赖别人而缺乏担当。如果把三个皮匠的合作机制移植过来,则三个和尚不但可以有水吃,而且可以做出一番事业来。

系统工程希望实现"大于",大得越多越好。如何实现呢?主要办法是调整和理顺要素与要素之间、子系统与子系统之间、子系统与系统之间的关系、系统与环境之间的关系,大家齐心协力,协同配合做事情。

$S=\{E,R\}$,在系统的组成要素给定的情况下,调整关系可以提高系统的功能,这是系统工程的着眼点,是组织管理工作的作用,改革开放的实践充分证明了这一点。

基本原理之三(升降机原理):系统工程项目研究要顾及三个层次,几上几下,逐步改进。

把对象系统记为 A,这是基本层次。研究系统 A,需要上升一个层次——把系统 A 与它的环境合起来作为一个更大的系统 B 进行研究;还要下降一个层次——研究系统 A 内部的各个子系统 C,研究这些子系统如何为实现系统 A 的总体目标而努力。

这样,研究解决系统 A 的问题需要几上几下,逐步改进和完善。借用一句电梯(升降机)广告语"上上下下的享受",该原理又称为"系统工程升降机原理"。

基本原理之四(四维空间原理):系统工程项目研究要在四维空间中开展。

所谓四维空间,是指三维空间加上时间维。

三维空间是我们生活的物理空间,是立体空间。应该立体化研究问题,而不是平面化,更不是一维化即"单打一",例如"GDP 挂帅"。

时间维是说,要考虑事物的前因后果,预计发展与变化,实现可持续发展。

人类社会必须实现可持续发展,建立循环经济与和谐社会。要实现代际公平,而不是"吃祖宗饭,造子孙孽"。做任何事情都不能竭泽而渔,不能破坏和污染环境,影响当代人与子孙后代的生存与发展。要时刻牢记：人类只有一个地球！

2012 年 11 月 29 日，党的十八大刚刚开过，习近平总书记明确提出实现中华民族伟大复兴的"中国梦"，包含"两个一百年"的奋斗目标。为了确保实现第二个"一百年"的奋斗目标，2017 年 10 月，党的十九大作出"两个十五年"的战略安排，即从 2020 年到 2035 年，在全面建成小康社会的基础上，再奋斗十五年，基本实现社会主义现代化；从 2035 年到本世纪中叶，再奋斗十五年，把我国建成富强、民主、文明、和谐的社会主义现代化强国。时间维很明确。中国梦要在四维空间中实现。

如何看待我国社会当前存在的若干问题？世界上一切事物都是发展变化的，发展变化是有规律、分阶段的。例如，环境污染问题、官员贪污腐化问题、商品假冒伪劣问题等，都是发展过程中的阶段性问题，随着国家的继续发展与政策调整会逐步克服的，近几年已经有较大的好转。西方发达国家也曾经有过这些问题而且很严重，我国香港地区也是如此，它们在几十年前已经越过了那个阶段，现在这些方面都做得比较好（但是，不能排除仍然会有个别不良现象出现）。"牢骚太盛防肠断，风物长宜放眼量。"对于社会不良现象一定要重视，要认真克服，但是不能急躁，不能悲观失望。系统工程工作者是乐观主义者。

基本原理之五（加减法原理）：系统工程项目研究要做好加减法。

研究系统 A，可以减去某些部分，变成系统 A−，研究 A− 将会怎么样？也可以加上某些部分，扩大为系统 A＋，研究系统 A＋ 将会怎么样？这就是"系统工程加减法原理"。

运用系统工程加减法原理，不但可以找到改善系统 A 的多种备选方案，也有益于解决系统 A＋ 的相关问题。

习近平总书记 2015 年 2 月 10 日指出："疏解北京非首都功能、推进京津冀协同发展，是一个巨大的系统工程。目标要明确，通过疏解北京非首都功能，调整经济结构和空间结构，走出一条内涵集约发展的新路子，促进区域协调发展，形成新增长极。"这是系统工程加减法原理的生动体现。

几十年来，北京变得越来越大，被形容为"摊大饼"。"大有大的难处"，住房问题、交通问题、用水问题、医疗问题等越来越突出和严重，所以需要做减法：疏解北京的非首都功能。北京做减法，减到哪里去？邻接北京的天津市与河北省需要做加法：接受北京疏解出来的非首都功能。天津市接受哪些疏解出来的功能？河北省接受哪些疏解出来的功能？不是来者不拒、多多益善，而是要有利于天津市的发展，有利于河北省的发展，各有所选，三者作为"一盘棋"考虑，推进京津冀协同发展。在计算机沙盘上反复推演如何做加减法，找出多种优化方案，提交有关部门和领导人进行决策。

基本原理之六（系统论原理）：坚持整体论与还原论相结合的系统论。

系统论是把整体论与还原论相结合所得到的创新。

整体论认为：研究一种事物，必须从整体上把握系统；整体是不可分割的，分割出来的局部与存在于整体中的局部在功能上是不一样的。以往的整体论比较粗糙，难以揭示事物的运动规律和提供把握事物发展的有效措施。整体论应该发展与完善。

还原论认为：研究大的复杂事物无从下手，就把整体分解为若干部分去研究；如果某个部分还嫌大嫌复杂，就继续分解，越分越细；认为把细节搞清楚了，整体问题就搞清楚了。贝塔朗菲较早地看到了还原论的局限性，他说："当生物学的研究深入到细胞层次以后，对生物体的整体认识和对生命的认识反而模糊和渺茫了；所以，在细分研究的进程中，要常常回过头来开展系统的整体研究。"他提出了"一般系统论"。

还原论功不可没，不能废弃。没有还原论就没有近现代的自然科学。社会科学的分门别类研究也得益于还原论方法。还原论在一千年以后仍然有用。

不妨以西医和中医为例来说明。

西医是典型的还原论产物。一个大医院有许多专科，拿外科来说，有普通外科、胸外科、脑外科、肾外科、手外科等，越分越细。西医看病是"头痛医头，脚痛医脚"，而且，离开了化验与各种仪器与机器的检测（X 光透视，CT 检查，超声波检查等），几乎什么都不能做。每一个专科的医生都是一个方面的专家，但是，"隔行如隔山"，到了别的专科就是外行了。有些西药的副作用很大，药物过敏、中毒现象比较常见，治疗一种疾病的同时可能引发另一种疾病，例如阿司匹林可能引起胃溃疡，链霉素可能导致耳聋。

中医是基于整体论的。医生综合运用"望闻问切"的方法，诊断就诊者得了什么病。耳针疗法能够治疗身体其他部位的某些疾病；手针疗法、脚针疗法也是如此。一服中药就是一个系统：含有十几味单药，单药分为"君臣佐使"，药性不一，协同作用。医生很重视信息反馈，一张药开 3～5 服药，病人服用完了复诊，根据他们服药的效果对处方进行部分调整。中药的副作用很小，几乎没有。高明的中医医生会巧用"毒药"。中医认为：人体生病，是因为"阴阳失衡"，通过服药或者针灸等手段，调整机体，恢复阴阳平衡。

西医的诊疗对象是器官与细胞（低层次小系统），中医的诊疗对象是人的身体（整体的人，高层次大系统）。西医是"分而治之"，各管一小部分；外科的职业习惯是开刀切除。中医则是"统而治之"，采取保守疗法与保全疗法，不轻易开刀与切除。

西医认为中医"不科学"，其实是西医不懂得中医的科学性。例如，针灸能够治病是谁也不能否认的，美国在 1972 年就允许开针灸诊所了；针灸在全世界越来越红火。但是，针灸的穴位与经络系统至今在西医解剖学上也没有找到。这是中医的问题还是西医的问题？西医的科学性也是有所不足的。

中医已经向西医学习了许多诊断技术（测量，化验）；西医也向中医学习了一些东西，例如现在也注意采取保全疗法，不轻易切除扁桃体、阑尾和盲肠等，因为这些器官并非是以前认为的"废物"，而是确有其用的。

目前的中医和西医各有长处和不足，两者都要继续发展，互相学习，取长补短。应该推进中西医结合与交融，产生一门新的医学，为人类的健康服务。新的医学，既能按照整体论来判断人体的健康与否，又能精细分析病情、精准用药，那么，这种医学就高于现在的中医，也高于现在的西医，从哲学的角度看，就是整体论与还原论结合，上升到系统论了。

基本原理之七（合作共赢原理）：系统成员利益共享、风险分担，实现合作共赢。

做什么事情都有利益与风险，系统成员做到利益共享、风险分担，实现合作共赢，是一条基本原理。

一项系统工程实践的各个参与方都是相对独立的利益主体。任何一方独占或者过多占有利益都不行；只获取利益、不承担风险也不行。各方可以是在同一个层面上的横向合作，也可以是在不同层面上的纵向合作，形成供应链关系或者平台关系，都要遵照合作共赢原理。

"利益共享"与"风险分担"体现了权利与义务的一致性。这是中国传统道德的演绎："和衷共济，风雨同舟""有福同享，有难同当"。

"利益共享，风险分担"是手段、是原因，"合作共赢"是目的、是结果。

基本原理之八（WSR 原理）：系统工程工作者要懂物理，明事理，通人理。

中国系统工程学会前理事长顾基发研究员与英籍华裔学者朱志昌博士等学者 1995 年提出了"物理-事理-人理系统方法论"（Wuli-Shili-Renli System Approach），他们认为，系统工程工作者应该懂物理，明事理，通人理。这种方法论体现了中国智慧，在国际上获得了很高评价。Wuli-Shili-Renli（WSR）是物理-事理-人理的汉语拼音。

基本原理之九（宏观微观原理）：宏观调控，微观搞活。

"宏观调控，微观搞活"是 20 世纪 90 年代对我国经济体制改革经验的总结，是一个科学的论断，具有普遍适用性。

宏观与微观，在不同的领域有不同的规定性。任何一个系统，不论其规模大小与层次高低，均有其宏观与微观。属于系统整体的、影响系统全局的属性、功能、行为、现象等，都是系统的宏观；属于系统内部某一层次的属性、功能、行为、现象等，都是系统的微观。复杂巨系统具有多个层次，高层次是低层次的宏观，低层次是高层次的微观。

宏观必须调控，否则系统不能良好运行，有可能瓦解。一个乐队，如果没有统一的指挥，"各吹各的号，各唱各的调"，能成何气候？有了宏观调控，才能维护全局利益，才能保持系统的凝聚力和整体性。宏观调控是系统存在和实现目标的内在要求。

微观必须搞活，否则系统也不能良好运行，可能僵死。传统的计划经济模式是高度集权，压抑了系统的各个组成部分的主动性、灵活性与随机应变能力，下级对上级惟命是从；而上级有可能是官僚主义、瞎指挥。这种模式不能适应激烈的市场竞争。

宏观调控要做到"控而不死"，微观搞活要做到"活而不乱"。

"宏观调控，微观搞活"是他组织机制与自组织机制的适当结合。自组织机制是说：系统的组建与运行是自发的、主动的，没有外力干预。他组织机制是说：系统的组建与运行是在外力干预下进行的，是被动的。系统可以因此分为自组织系统与他组织系统。

一般认为，民营企业是自组织系统，国有企业是他组织系统。前者的优越性在于充分运用自组织机制，企业老板可以发挥很高的积极性、主动性和创造性。后者深受政府部门的关爱，容易做大做强，但是，必须执行"上级指示"；如果上级指示是正确的、高明的，当然很好，否则就会很糟糕。

企业的运作与管理，应该兼取自组织机制和他组织机制。国有企业改革，要较多地引入自组织机制。但是，绝对意义上的自组织系统是没有的，不能迷信自组织机制和自组织行为。大系统具有层次性，高层次对于低层次必然要进行干预，低层次的自主性是有限的；否则，各自为政，就会损害整个系统的运行效率和整体利益。大型国有企业是这样，民营企业做大之后也是这样。绝对意义上的他组织机制是行不通的，铁板一块的他组织系统难以健康发展。传统的计划经济体制失败了，前苏联解体了，就是有力的证明。事实上，上面控制得再严厉，下面总会有自组织行为，"上有政策，下有对策"是普遍性的客观存在。上级要给下级适当的自主权。

复杂巨系统一定要把自组织机制与他组织机制适度结合，实行"宏观调控，微观搞活"。

基本原理之十（弹钢琴原理）：统筹规划，协调发展。

毛主席在《党委会的工作方法》中说："学会'弹钢琴'。弹钢琴要十个指头都动作，不能有的动，有的不动。但是，十个指头同时都按下去，那也不成调子。要产生好的音乐，十个指头的动作要有节奏,要互相配合。"

"弹钢琴"是统筹兼顾的形象化说法。统筹兼顾并不排斥抓重点,不能排斥集中力量办大事。抓重点,集中力量办大事,是我国成功研制"两弹一星"的宝贵经验。即便今天国力比较强了,办大事仍然要抓重点,集中力量做好它。特别重要的国家大事,就是要实行"举国体制",这是中国特色社会主义的优越性。

"一次规划,分步实施""滚动式"发展,都是该原理的应有之义。

系统的各个部分要协调发展,动态平衡。社会经济系统的各个部分、各种人员可以有差距,但是差距不能太大。尤其是贫富差距,无论是地区的,还是社会群体的,差距太大了就会影响安定团结,要积极想办法缩小差距,取得平衡。

基本原理之十一(综合集成原理):从定性到定量综合集成。

定性研究与定量研究相结合,从定性到定量综合集成,这是钱学森院士提出的系统工程方法论,包括综合集成法与综合集成研讨厅体系。综合集成研讨厅体系由三部分组成:以计算机为核心的机器体系、专家体系、知识体系。

定性研究为定量研究提供指导、把握方向;定量研究为定性研究提供依据、打牢基础,两者交叉进行,多次反复,实现从定性到定量综合集成。

定量研究的方法,主要是运筹学方法、统计学方法(相关分析、回归分析)等。

定性研究的方法,有 Delphi 法,层次分析法(AHP),PESTEL 分析与 SWOT 分析等;更多的是经验与直觉。

钱学森院士主张研究思维科学。在现代科学技术体系中,思维科学是与系统科学并列的科学技术部门。人类思维分为逻辑思维、形象化思维、创造性思维。灵感、顿悟,属于创造性思维。例如,钱学森院士 1956 年力排众议,主张优先发展火箭与导弹。这是基于他对世界科学技术发展的综合性了解,基于他的真知灼见,是由创造性思维得到的定性的真知灼见,而不是定量研究的结论。此后,中国开始研制"两弹一星",获得了辉煌的成功。邓小平同志提出"一国两制"构想,也是创造性思维,是基于他的丰富的工作经验、对于国内外形势的深刻认识与他的政治智慧。

基本原理之十二(总体设计部原理):顶层设计,上下互动。

在"两弹一星"研制过程中,出现了"总体设计部"的新型工作机构,卓有成效。周恩来总理生前希望把这种机构的工作机制移植到国民经济建设中来。

"顶层设计,上下互动"体现了总体设计部原理。

要有"顶层设计",把握全局,高屋建瓴。要有"上下互动",上情下达、下情上传,避免官僚主义和分散主义等不良倾向,克服"上有政策,下有对策"的消极现象。

"上下互动"是一种博弈,通过博弈,改进利益分配与政策措施。既实现系统总体效果优化,也实现局部利益的优化或补偿。

12.6 结束语

人类认识世界是一个漫长的历史过程,这个过程永远不会完结。真理只有相对性,没有绝对性。系统工程也是这样。人们做事情,当然要考虑得周全一些,目的在于兴利除弊。但是,"凡事有一利必有一弊",做事情的正面效应(利益)是很容易看到的,其负面效应(弊病)

往往是很不容易看到的。有些负面效应需要滞后很长时间才能显示出来，例如恩格斯告诫的"大自然的报复"，以及 DDT 农药的后果、地球温室效应、臭氧层空洞等。现在世界上还存在着各种国家的、民族的、地区的、不同利益集团的矛盾和冲突，影响着信息的流动与交换，影响着人们的思考与选择，影响着最优方案的求解与实施。

任何事情出现了失误，出现了负面效应，并不可怕，把有关的问题找出来，作为系统工程项目继续加以研究。

系统工程工作者尤其要实事求是，不能回避矛盾，不能夸大其词，不能好高骛远。

系统工程工作者必须常常反思，包括对于已经做过的项目"回头看"。毛主席说："人类总得不断总结经验，有所发现，有所发明，有所创造，有所前进。停止的论点，悲观的论点，无所作为和骄傲自满的论点，都是错误的。"（摘自《周恩来总理在第三届全国人民代表大会第一次会议上的政府工作报告》，1964 年 12 月 31 日人民日报）

系统是永恒的存在，系统工程是人类永恒的作为；以前是不自觉、半自觉的作为，现在变成自觉的作为，以后是更加自觉的作为，更加有效的作为。

系统工程在中国已经取得了伟大的成功，但是，还没有实现它应有的辉煌。系统工程在中国可谓是"得天独厚"：不但得到了以钱学森院士为代表的科学界的大力倡导和推动，而且得到了历届党和国家领导人的大力倡导和推动，系统工程在我国已经是家喻户晓。各级领导和社会各界对系统工程寄予了厚望。从"菜篮子工程"到登月工程，系统工程的成功案例可以举出很多很多；但是，人们对它的期望更高，在许多方面，系统工程的实践与人们的期望值还存在着不小的差距。

40 年的实践证明：系统工程需要改革开放，改革开放需要系统工程，两者与时俱进。改革开放和社会主义市场经济建设为系统工程提供了广阔的舞台，系统工程为改革开放和社会主义市场经济建设提供了强大的武器。

落实科学发展观，实现中华民族伟大复兴的"中国梦"需要系统工程。实施"一带一路"倡议需要系统工程。构建人类命运共同体需要系统工程。

计算机和信息网络为开展系统工程项目提供了极其便捷的工作条件。

系统工程，任重道远。

"天降大任于斯人也"，系统工程工作者大有用武之地，要使系统工程早日实现其应有的辉煌！

习题

12-1　你愿意成为一名系统工程工作者吗？为什么？

12-2　"T 型人才"的含义是什么？

12-3　如何培养系统工程人才？

12-4　你同意本章归纳的系统工程基本命题吗？能再归纳几个基本命题吗？

12-5　你同意本章归纳的系统工程基本原理吗？能再归纳几条基本原理吗？

12-6　你所在的省市近 3 年中有哪些大的系统工程项目（从新闻媒体上寻找）？它们做得怎么样？

12-7　你的身边或校园里，哪些事情符合系统思想和系统工程基本原理？哪些事情不符合系统思想和系统工程基本原理？各举 2～3 个例子。

12-8　"可持续发展是系统思想的最高体现,人类社会实现可持续发展是最大的系统工程",你同意这句话吗？为什么？

12-9　系统工程与改革开放是什么关系？为什么？

12-10　科学发展观的内涵是什么？为什么需要树立科学发展观？

12-11　"中国梦"和"两个百年"的奋斗目标与系统工程是什么关系？

12-12　中国梦与"一带一路"倡议、"人类命运共同体"是什么关系？

12-13　"人类社会一万年以后也需要做系统工程",你同意这个观点吗？

12-14　请牢记本章引用的马克思的话和普朗克的话。

12-15　为什么要把毛主席的"老三篇"作为座右铭？

12-16　请回顾全书,提出你对本书与本课程的改进意见。

钱学森院士的生平与系统工程

1. 三大乐章

钱学森(1911—2009),浙江杭州人,中国科学院院士、中国工程院院士。

钱学森院士是 20 世纪后半叶与 21 世纪前 10 年中国最著名的科学家,在世界上具有崇高的声誉和威望,是世界级科学巨人。

从系统工程的角度看,钱学森院士一生的科学事业都与系统工程密切相关,可以归纳为三大乐章:第一章是序曲,第二乐章是以实践为主的系统工程,第三乐章是以理论研究为主的系统工程,并且拓展为系统科学体系。

第一乐章:1935—1955 年。这 20 年他在美国度过,先是求学深造,不久就投入了前沿性科学研究。1938 年获得麻省理工学院航空工程硕士学位,1939 年获得加州理工学院航空、数学博士学位。1936 年 9 月,他转入美国加州理工学院航空系,在世界著名力学大师冯·卡门教授指导下,从事航空工程理论和应用力学的学习研究,与导师共同完成高速空气动力学研究课题,建立了"卡门-钱近似公式",28 岁就成为世界知名的空气动力学家。钱学森提出的火箭与航空领域中的若干重要概念、超前设想和科学预见,尤其是执笔撰写有关美国战后飞机和火箭、导弹发展展望的报告,奠定了他在力学和喷气推进领域的领先地位。他开创了工程控制论、物理力学两门新兴学科。在麻省理工学院和加州理工学院担任教授。

1948 年他就准备回国。1950 年夏,他启程回国时遭到美国政府阻拦与关押,后来被软禁在家五年之久。在他个人和中国政府的协同努力之下,1955 年 9 月 17 日他携家眷登上轮船离开美国,在海上航行十多天,经香港于 10 月 8 日回到北京。

1954 年,钱学森出版重要著作 *Engineering Cybernetics* 即《工程控制论》的英文版,在国际学术界引起了震动,立即被多个国家翻译出版。该书荣获中国科学院 1956 年度一等科学奖。工程控制论属于系统科学体系中的技术科学,系统和系统控制是它的基本研究对象。控制论、信息论和运筹学是直接支持系统工程的技术科学,这本书可以看作系统工程的理论准备。

回国以后,钱学森院士担任中国科学院力学研究所所长,他在该研究所组建了运筹学研究室,研究室主任是与他乘坐同一条轮船回国的许国志教授(1919—2001,江苏扬州人)。

第二乐章:1955—1978 年。这一时期他的主要精力集中在开创我国的火箭、导弹和航天事业上,这是工程系统工程,是实践的系统工程,包括制定战略目标和实施计划,经常奋战在工程实践的第一线。在周恩来总理、聂荣臻元帅的直接领导下,钱学森院士是技术上的主将,在当时十分艰难困苦的条件下,研制出我国的导弹和卫星来,创造了世界公认的奇迹。这样的工程实践需要有一套科学的组织管理的技术,这就是系统工程,包括综合集成思想与"总体设计部"工作模式。

第三乐章:1978—2009 年。在长达 31 年的岁月中,钱学森院士锲而不舍,倡导和推进系统工程与系统科学,直至生命的最后一息。

1978 年,钱学森院士 67 岁,接近古稀之年。按照世俗的眼光,他已经功成名就,可以养尊处优、安享晚年了。但是,"老骥伏枥,志在千里",钱学森院士又奏响了光辉的第三乐章——倡导和推动系统工程与系统科学在全国的大发展。这不是偶然的,而是前两个乐章的延续。

1978 年 9 月 27 日,钱学森、许国志和王寿云在上海《文汇报》联合署名发表重要文章《组织管理的技术——系统工程》,这是系统工程在中国的进军号角。1979 年年初,钱学森、乌家培联合署名发表《组织管理社会主义建设的技术——社会工程》("社会工程"是"社会系统工程"的简称)。系统工程在全国很快就引起了普遍的重视。1980 年,中国科协和中央电视台联合举办系统工程系列讲座,钱学森院士承担了两讲:一讲是他与王寿云联名撰稿,他亲自登台,讲述《系统思想和系统工程》;二讲是他与张沁文联名撰稿《农业系统工程》,由张沁文登台讲述。钱学森院士还亲自到许多会议、国家部门、部队单位发表讲演,倡导和推动系统工程,《论系统工程》一书收录的文章有不少是反映这方面的工作的。

在钱学森、张钟俊、宋健、关肇直、许国志等 21 位知名科学家的共同倡议下,经过一年多的筹备,1980 年 11 月 18 日中国系统工程学会在北京正式成立。钱学森院士担任中国系统工程学会名誉理事长,直至生命的终点。他对学会建设和学科发展进行了许多指导,例如,《论系统工程》一书中的《对当前中国系统工程学会工作的两点建议》一文,就是钱学森院士在中国系统工程学会 1983 年新春学术座谈会的讲话。

钱学森院士非常关心系统工程人才的培养工作。1979 年 11 月,上海机械学院(现名上海理工大学)成立系统工程研究所,钱学森院士亲临讲话,洋洋数千言。中国人民解放军国防科学技术大学 1979 年建立数学与系统工程系,就是钱学森院士的建议。20 世纪 80 年代国务院学位委员会修订学科与专业目录,在钱学森院士的热心呼吁下,系统工程专业列入了目录。受此鼓舞,全国许多高校成立了系统工程研究室、研究所或系,开设系统工程课程,举办系统工程专业,招收和培养本科生;很快又上升到培养硕士研究生和博士研究生,以及博士后与访问学者等高层次人才,这些都是与钱学森院士的大力推动密切相关的。1985 年钱学森院士在《关于现代领导科学与艺术的几个问题》的讲话中建议:以后培养军队师级干部应达到硕士水平,军级干部应达到博士水平。当时不少人觉得高不可攀,现在,这个目标已经实现而且超越了,有力地推动了我军的现代化建设。

为了创建系统学,钱学森院士创办了"系统学讨论班",从 1986 年 1 月 7 日开始,每月一次,连续 7 年不间断。钱学森院士每次都参加,发挥主导作用。1992 年之后,由于健康原因,他出门行动不便,就改为在他家里组织小讨论班。系统学讨论班的成果汇集在《创建系统学》一书中。

钱学森院士是一位自觉运用马克思主义哲学指导自己研究工作的科学家。1985 年,他说:"应用马克思主义哲学指导我们的工作,这在我国是得天独厚的。……马克思主义哲学确实是一件宝贝,是一件锐利的武器。我们搞科学研究时(当然包括搞交叉科学研究),如若丢掉这件宝贝不用,实在是太傻了。"他在给一位朋友的信中说:"我近 30 年来一直在学习马克思主义哲学,并总是试图用马克思主义哲学指导我的工作。马克思主义哲学是智慧的源泉!"正是因为这个原因,钱学森院士在吸取国外现代科学技术进展的时候,能够去掉种种局限,站得更高一些。许国志院士等学者认为:钱学森院士在许多科学问题上的认识,要比国际上超前十年甚至更多。

系统工程中国学派就是钱学森学派,在 20 世纪 90 年代初即已形成。

钱学森院士是中国系统工程的旗帜。中国的系统工程学术界应该永远高举这面旗帜。

为了祖国和人民,为了社会主义建设事业和改革开放,为了系统工程和系统科学的发展,钱学森院士这样一位大科学家不但高瞻远瞩,大气磅礴,指挥方向,而且身先士卒,冲锋陷阵,亲自写作与演讲、开座谈会,其精神感人至深。钱学森精神可以归纳如下:

(1) 热爱祖国和人民,与祖国和人民心连心;

(2) 热爱中国共产党和社会主义,积极参与改革开放;

(3) 自觉运用马克思主义哲学,站得高看得远;

(4) 永不疲倦地探索,勇于开拓和创新;

(5) 重视应用与实践,亲力亲为做实际工作。

2. 钱学森院士大事年表(1911—2009 年)

(主要依据 http://baike.so.com/doc/4620943.html)

1911 年 12 月 11 日出生于上海(祖籍浙江杭州)。3 岁时随父母到北京,在北京度过了童年与少年。

1929 年,考入交通大学学习。(当时,交通大学在上海)

1934 年,交通大学机械工程系毕业,考取清华大学赴美留学公费生。

1935 年,留学美国,进入麻省理工学院航空系学习。

1936 年,获麻省理工学院航空工程硕士学位,转入加州理工学院航空系学习。

1939 年,获美国加州理工学院航空、数学博士学位。1938 年 7 月至 1955 年 8 月,从事空气动力学、固体力学、火箭、导弹、工程控制论等领域研究,与导师冯·卡门共同完成高速空气动力学研究课题,建立"卡门-钱近似公式",成为世界知名的空气动力学专家,时年 28 岁。

1943 年,任加州理工学院助理教授。

1945 年,任加州理工学院副教授。

1947 年,任麻省理工学院教授。

1949 年,任加州理工学院喷气推进中心主任、教授。

1950 年,启程回国,受到美国政府阻拦和迫害,遭到软禁,失去自由。

1954 年,《工程控制论》英文版出版,该书俄文版、德文版、中文版分别于 1956 年、1957 年、1958 年出版,1980 年《工程控制论》(修订版)出版,2007 年《工程控制论》(新世纪版)出版。

1955 年,在周恩来总理的关怀下,钱学森回到中国。

1956 年,任中国科学院力学研究所所长、研究员(在力学所工作到 1972 年);在政协第二届全国委员会第二次全体会议上,被增选为政协第二届全国委员会委员。

1957 年,获中国科学院自然科学奖(1956 年度)一等奖;当选为中国力学学会第一届理事会理事长(1982 年当选为中国力学学会名誉理事长);任国防部第五研究院院长,兼任该院一分院(即今天的中国运载火箭技术研究院)院长;在中国科学院第二次学部委员(院士)大会上,被增聘为中国科学院学部委员(院士);在法国巴黎召开的国际自动控制联合会成立大会上,当选为该会第一届理事会常务理事。

1958 年,任中国科学技术大学近代力学系主任。加入中国共产党。

1959 年,当选为第二届全国人民代表大会代表;后来相继当选为第三、四、五届全国人民代表大会代表。

1960 年,任国防部第五研究院副院长,不再兼任该院一分院院长。根据钱学森自己的要求,他此后的主要行政职务一直为副职:第五研究院副院长、第七机械工业部副部长、国防科学技术委员会副主任等,专司中国国防科学技术发展的重大技术问题。

1961 年,当选为中国自动化学会第一届理事会理事长。

1962 年,《物理力学讲义》出版。

1963 年,《星际航行概论》出版。

1965 年,任第七机械工业部副部长。

1968 年,兼任中国人民解放军第五研究院(即今天的中国空间技术研究院)院长。

1969 年,当选为中国共产党第九次全国代表大会代表和第九届中央委员会候补委员;后来相继当选为第十、十一、十二、十三、十四、十五次全国代表大会代表,第十、十一、十二届中央委员会候补委员。

1970 年,任国防科学技术委员会副主任,不再兼任中国人民解放军第五研究院院长。

1978 年,9 月 27 日,钱学森,许国志,王寿云联合署名在上海《文汇报》发表重要文章《组织管理的技术——系统工程》,吹响了系统工程在中国的进军号角。

1979 年,中美正式建立外交关系,获美国加州理工学院"杰出校友奖"(Distinguished Alumni Award)。钱学森没有到美国领奖,2001 年钱学森 90 岁生日时,他在美国的好友 Frank E. Marble 教授受美国加州理工学院校长 D. Baltimore 委托,专程到北京将"杰出校友奖"的奖状和奖章面授给他。同年,当选为中国宇航学会名誉理事长。

1980 年,当选为中国科学技术协会第一届全国委员会副主席,当选为中国系统工程学会名誉理事长(直至 2009 年 10 月 31 日生命的终点);1986 年当选为中国科学技术协会第三届全国委员会主席。

1981 年,在中国科学技术协会第四届全国委员会第一次全体会议上,被授予中国科学技术协会名誉主席称号;当选为中国空气动力学研究会(1989 年更名为中国空气动力学会)名誉理事长。

1982 年,任国防科学技术工业委员会科学技术委员会副主任;《论系统工程》出版;1988 年《论系统工程》(增订版)出版,这两个版本的出版单位都是湖南科学技术出版社。

1984 年,在中国科学院第五次学部委员(院士)大会上,被增选为中国科学院主席团执行主席;1992 年,在中国科学院第六次学部委员(院士)大会上,被聘请为中国科学院学部主席团名誉主席。

1985 年,因对中国战略导弹技术的贡献,钱学森作为第一获奖者和屠守锷、姚桐斌、郝复俭、梁思礼、庄逢甘、李绪鄂等获全国科技进步特等奖。

1986 年,在政协第六届全国委员会第四次全体会议上,被增选为政协第六届全国委员会副主席,后来相继当选为政协第七、第八届全国委员会副主席。同年 6 月,美国南加州华人科学家工程师协会对他授奖。

1987 年,被聘为国防科学技术工业委员会科学技术委员会高级顾问;《社会主义现代化建设的科学和系统工程》出版。

1988 年,兼任政协第七届全国委员会科学技术委员会主任;获(1985 年度)国家科技进步奖特等奖;《关于思维科学》出版。

1988 年,《论人体科学》出版;《创建人体科学》、《人体科学与现代科技发展纵横观》和《论人体科学与现代科技》分别于 1989 年、1996 年、1998 年出版。

1989 年,获国际技术与技术交流大会和国际理工研究所授予的"W. F. 小罗克韦尔奖章"和"世界级科学与工程名人""国际理工研究所名誉成员"称号,这是现代理工界的最高荣誉。到当时为止,世界上仅有 16 名现代科技专家获得这项荣誉,钱学森是其中唯一的中国学者。钱学森没有到美国去领奖,代他领奖的是当时的中国驻美大使韩叙。

由于 20 世纪 50 年代美国政府的错误造成了不良后果却不予消除,钱学森自从 1955 年离开美国之后,去过世界上许多国家,却再也没有去过美国。这是一名中国科学家的尊严,一位中国人的尊严。

1991 年 1 月,钱学森、于景元、戴汝为联合署名在《自然杂志》发表重要文章《一个科学新领域——开放的复杂巨系统及其方法论》,这是系统工程发展的又一个里程碑。10 月,获国务院、中央军委授予的"国家杰出贡献科学家"荣誉称号和中央军委授予的一级英雄模范奖章。《钱学森文集(1938—1956 年)》出版。

1994 年,在中国工程院第一次院士大会上,被选聘为中国工程院院士;《论地理科学》和《城市学与山水城市》出版。

1995 年,获何梁何利基金颁发的首届(1994 年度)"何梁何利基金优秀奖"(后改称"何梁何利基金科学与技术成就奖")。

1996 年,《城市学与山水城市》(增订版)出版。1999 年,作为该书续集的《山水城市与建筑科学》出版;《科学的艺术与艺术的科学》出版。

1996 年,在交通大学百年校庆之际,由江泽民总书记题写馆名,第一个以中国科学家名字命名的图书馆——"钱学森图书馆",在西安交通大学隆重举行命名仪式,该图书馆坐落在西安交通大学的新世纪广场。

1998 年,被聘为中国人民解放军总装备部科学技术委员会高级顾问。在中国科学院第九次院士大会和中国工程院第四次院士大会上,被授予"中国科学院资深院士""中国工程院资深院士"称号。

1999 年,获中共中央、国务院、中央军委颁发的"两弹一星功勋奖章"。

2000 年,《钱学森手稿(1938—1955 年)》出版。

2001 年,获霍英东奖金委员会颁发的第二届"霍英东杰出奖"(中国地区);经国际小行星中心和国际小行星命名委员会审议批准,将中国科学院紫金山天文台发现的国际编号为 3763 号小行星正式命名为"钱学森星";《论宏观建筑与微观建筑》、《第六次产业革命通信集》和《创建系统学》出版。

2001 年,记录钱学森光辉历程的"钱学森业绩馆"在西安交通大学开馆,并向社会开放。馆中收藏展出的有钱学森 1929—1934 年在交大机械工程系铁道专业学习时的水利工程学试卷、钱学森赠给母校的一批珍贵手稿和著作,包括《钱学森手稿》、《论宏观建筑与微观建筑》、《创建系统学》以及介绍和反映他的科学思想、科技成就及辉煌人生历程的论著及其他作品。

2007年1月,上海交通大学出版社出版《钱学森系统科学思想文库》,包含4本书:《工程控制论》(新世纪版)、《论系统工程》(新世纪版)、《创建系统学》(新世纪版)以及《钱学森系统科学思想研究》,均由中国系统工程学会、上海交通大学编撰。

2008年2月,被评为"2007年感动中国年度人物"。

2009年9月14日,被评为100位新中国成立以来感动中国人物之一。

2009年10月31日上午8时6分,在北京逝世。享年98岁。

3. 钱学森院士语录

(1) 我的事业在中国,我的成就在中国,我的归宿在中国。

(2) 在美国期间,有人好几次问我存了保险金没有,我说1块美元也不存。因为我是中国人,根本不打算在美国住一辈子。

(3) 我在美国前三四年是学习,后十几年是工作,所有这一切都在做准备,为了回到祖国后能为人民做点事,因为我是中国人。

(4) 我姓钱,但我不爱钱。

(5) 我个人仅仅是沧海一粟,真正伟大的是党、人民和我们的伟大国家。

(6) 我作为一名中国的科技工作者,活着的目的就是为人民服务。如果人民最后对我的一生所做的各种工作表示满意的话,那才是最高的奖赏。

(7) 难道搞科学的人只需要数据和公式吗?搞科学的人同样需要有灵感,而我的灵感,许多就是从艺术中悟出来的。

(8) 我们不能人云亦云,这不是科学精神,科学精神最重要的就是创新。

(9) 我是一名科技人员,不是什么大官,那些官的待遇,我一样也不想要。

(10) 中国大学老是"冒"不出杰出人才,这是很大的问题。

(11) 常常是最后一把钥匙打开了神殿门,不要失去信心,只要坚持不懈,就终会有成果的。

(12) 正确的结果,是从大量错误中得出来的;没有大量错误作台阶,也就登不上最后正确结果的高座。

(13) Nothing is final! (没有什么认识是最后的!)

(14) Knowledge was boundless. (学无止境。)

(15) 高等学校的学习,是打基础的时期,应该强调学好基础课程。

(16) 科学工作千万不能固执己见。缺乏勇于认错的精神,是会吃大亏的。

(17) 组织管理的技术——系统工程。

(18) 组织管理社会主义的技术——社会工程(社会工程是社会系统工程的简称)。

(19) 应用马克思主义哲学指导我们的工作,这在我国是得天独厚的。……马克思主义哲学确实是一件宝贝,是一件锐利的武器。我们搞科学研究时(当然包括搞交叉科学研究),如若丢掉这件宝贝不用,实在是太傻了。

(20) (他在给一位朋友的信中说)我近30年来一直在学习马克思主义哲学,并总是试图用马克思主义哲学指导我的工作。马克思主义哲学是智慧的源泉!

附录 B

中国的系统工程与
系统科学研究机构

>>>>

1. 中国系统工程学会与地方的系统工程学会

（1）中国系统工程学会（SESC）^①

中国系统工程学会（Systems Engineering Society of China，SESC）是由从事系统科学和系统工程的科技工作者、企事业单位和社会团体自愿结成的全国性、学术性、非营利性的社会组织。1979 年由钱学森、张钟俊、宋健、关肇直、许国志等 21 名专家学者共同倡议并筹备。1980 年 11 月 18 日在北京正式成立。由自然科学领域的科学家钱学森和社会科学领域的经济学家薛暮桥担任名誉理事长。学会的挂靠单位是中国科学院数学与系统科学研究院。第一届理事会理事长关肇直（1980—1985），第二、三届理事长许国志（1985—1994），第四、五届理事长顾基发（1994—2002），第六、七届理事长陈光亚（2002—2010），第八、九届理事长汪寿阳（2010—2018），第十届理事长杨晓光（2018 至今）。

学会的宗旨：学会根据中国共产党章程的规定，设立中国共产党的组织，开展党的活动，为党组织的活动提供必要条件。以习近平新时代中国特色社会主义思想为指导，遵守宪法、法律、法规和国家政策，践行社会主义核心价值观，遵守社会道德风尚。团结广大系统科学和系统工程科技工作者，为促进系统工程的发展，繁荣系统科学事业，促进系统工程科学知识的普及与推广，促进系统工程科技人才的成长和提高，以提高我国宏观管理科技水平，为科技创新、国民经济发展服务。

主要任务：围绕本学科领域组织开展国内外学术交流、促进理论与应用研究、科技普及、教育培训、书刊编辑、决策咨询、项目论证、成果鉴定、资格评审、国际合作及科技服务。

现有分支机构情况如下。

专业委员会 27 个：军事系统工程专业委员会、系统理论专业委员会、社会经济系统工程专业委员会、模糊数学与模糊系统专业委员会、农业系统工程专业委员会、教育系统工程专业委员会、信息系统工程专业委员会、科技系统工程专业委员会、交通运输系统工程专业委员会、过程系统工程专业委员会、决策科学专业委员会、人-机-环境系统工程专业委员会、林业系统工程专业委员会、草业系统工程

---

① 中国系统工程学会办公室南晋华供稿。

专业委员会、系统动力学专业委员会、医疗卫生系统工程专业委员会、金融系统工程专业委员会、船舶和海洋系统工程专业委员会、能源资源系统工程分会、服务系统工程分会、物流系统工程专业委员会、水利系统工程专业委员会、应急管理系统工程专业委员会、港航经济系统工程专业委员会、可持续运营与管理系统分会、系统可靠性工程专业委员会和智能制造系统工程专业委员会;

工作委员会 6 个:学术工作委员会、国际学术交流工作委员会、教育与普及工作委员会、编辑出版工作委员会、青年工作委员会、应用与咨询服务工作委员会。

已加入的国际组织:1986 年加入国际模糊系统协会(IFSA);1994 年参加国际系统研究联合会(IFSR),中国系统工程学会前理事长顾基发研究员 2002—2006 年担任该联合会理事会主席。

学会开展科学技术奖励活动,设有"系统科学与系统工程科学技术奖"。

以中国科协为业务主管的公开出版刊物有 8 种,其中本学会第一主办期刊有 5 种:《系统工程理论与实践》《系统工程学报》、*Journal of Systems Science and Systems Engineering*、《交通运输系统工程与信息》、*Journal of Systems Science and Information*。本学会非第一主办有 3 种:《模糊系统与数学》《系统工程与电子技术》、*Journal of Systems Engineering and Electronics*。

中国系统工程学会主办的刊物有:

《系统工程学报》(双月刊),1986 年创刊,主编唐万生。

《系统工程理论与实践》(月刊),1981 年创刊,主编汪寿阳。

Journal of Systems Science and Systems Engineering(双月刊),1992 年创刊,主编顾基发。

《模糊系统与数学》(双月刊),1987 年创刊,主编刘应明。

《交通运输系统工程与信息》(双月刊),2001 年创刊,主编毛保华。

《系统工程与电子技术》(月刊),1979 年创刊,主编施荣。

Journal of Systems Engineering and Electronics(双月刊),1990 年创刊,主编施荣。

Journal of Systems Science and Information(双月刊),2013 年创刊,主编汪寿阳。

学会每两年召开一届全国系统工程学术年会。历届学术年会情况如下。

中国系统工程学会成立大会暨第一届学术年会(北京),1980 年 11 月 18—22 日。

第二届学术年会(长沙),1982 年 4 月 28 日—5 月 2 日。

从第三届学术年会开始确定年会主题(也是正式出版的年会论文集的名称):

第三届学术年会(武汉),1983 年 11 月 21—26 日,主题:系统工程为国民经济和国防建设服务。

第四届学术年会(武汉),1985 年 7 月 14—19 日,主题:2000 年中国研究与系统工程。

第五届学术年会(安徽歙县),1987 年 10 月 21—24 日,主题:发展战略与系统工程。

第六届学术年会暨学会成立 10 周年纪念大会(天津),1990 年 8 月 1—6 日,主题:科学决策与系统工程。

第七届学术年会(上海),1992 年 10 月 14—16 日,主题:企业发展与系统工程。

第八届学术年会(北京),1994 年 11 月 16—18 日,主题:复杂巨系统理论方法应用。

1995 年 12 月 18 日,召开学会成立 15 周年纪念会(北京),出版《学会成立十五周年纪念特辑》。

　　第九届学术年会(南京),1996 年 11 月 27—30 日,主题:系统工程与市场经济。

　　第十届学术年会(广州),1998 年 12 月 2—4 日,主题:系统工程与可持续发展战略。

　　第十一届学术年会暨学会成立 20 周年纪念大会(宜昌),2000 年 10 月,主题:系统工程与复杂性研究。

　　第十二届学术年会(昆明),2002 年 11 月 1—4 日,主题:西部开发与系统工程。

　　第十三届学术年会(长沙),2004 年 10 月 28—30 日,主题:小康战略与系统工程。

　　第十四届学术年会(厦门),2006 年 10 月 31 日—11 月 2 日,主题:科学发展观与系统工程。

　　第十五届学术年会(南昌),2008 年 10 月 22—25 日,主题:和谐发展与系统工程。

　　第十六届学术年会暨学会成立 30 周年纪念大会(成都),2010 年 10 月 13—15 日,主题:经济全球化与系统工程。

　　第十七届学术年会(镇江),2012 年 10 月 26—28 日,主题:社会经济发展转型与系统工程。

　　第十八届学术年会(合肥),2014 年 10 月 24—27 日,主题:协同创新与系统工程。

　　第十九届学术年会(北京),2016 年 10 月 28—30 日,主题:系统工程与创新发展。

　　第二十届学术年会(成都),2018 年 10 月 26—28 日,主题:"一带一路"与系统工程和系统科学。

　　第二十一届学术年会暨学会成立 40 周年纪念大会,预计 2020 年在西安召开。

　　各专业委员会每 1～2 年召开一次学术会议。各工作委员会每 1～2 年召开一次工作会议。

　　学会地址:北京中关村东路 55 号　　邮政编码:100190

　　学会网址:http:www.sesc.org.cn；联系电话:010-82541431

　　(2)省级系统工程学会

　　目前,已经有 22 个省、自治区、直辖市成立了系统工程学会:

　　湖南省系统工程学会(1981 年 11 月,长沙)

　　安徽省系统工程学会(1984 年 7 月,合肥)

　　北京市系统工程学会(1984 年 8 月,北京)

　　上海市系统工程学会(1985 年 3 月,上海)

　　河南省系统工程学会(1986 年 11 月,郑州)

　　湖北省系统工程学会(1986 年 11 月,武汉)

　　甘肃省系统工程学会(1986 年 12 月,兰州)

　　黑龙江省系统工程学会(1987 年 4 月,哈尔滨)

　　福建省系统工程学会(1987 年 7 月,厦门)

　　云南省系统工程学会(1987 年 7 月,昆明)

　　四川省系统工程学会(1987 年 11 月,成都)

　　广东省系统工程学会(1988 年 3 月,广州)

　　天津市系统工程学会(1988 年 5 月,天津)

　　辽宁省系统工程学会(1988 年 12 月,沈阳)

江苏省系统工程学会(1989 年 5 月,南京)

新疆维吾尔自治区系统工程学会(1989 年 8 月,乌鲁木齐)

海南省系统工程学会(1990 年 9 月,海口)

广西壮族自治区系统工程学会(1990 年 12 月,南宁)

山西省系统工程学会(1993 年 6 月,太原)

江西省系统工程学会(2001 年 10 月,南昌)

贵州省系统工程学会(2009 年 10 月,贵阳)

河北省农业系统工程学会(1982 年 12 月,石家庄)

其中,湖南省系统工程学会从 1983 年 7 月创刊《系统工程》,现为月刊,中国期刊全文数据库(CJFD),中国核心期刊遴选数据库,中国科技期刊核心期刊,全国中文核心期刊。

(3) 市、县级系统工程学会

西安系统工程学会(1980 年 3 月)

大连市系统工程学会(1982 年 11 月)

乐山市系统工程学会(1983 年 1 月)

郑州市系统工程学会(1984 年 9 月)

娄底系统工程学会(1985 年 1 月)

厦门市系统工程学会(1985 年 4 月)

巴彦淖尔盟系统工程学会(1986 年 2 月)

宣州市系统工程学会(1986 年 3 月)

武汉市系统工程学会(1987 年 2 月)

广州市系统工程学会(1987 年 6 月)

大庆市系统工程学会(1987 年 7 月)

柳州市系统工程学会(1987 年 8 月)

曲靖地区系统工程学会(1988 年 6 月)

三明市系统工程学会(1988 年 11 月)

宁国县系统工程学会(1988 年 12 月)

黄淮海系统工程学会(1989 年 6 月)

昆明市系统工程与软科学学会(1989 年 12 月)

扬州市系统工程学会(1990 年 6 月)

徐州市系统工程学会(1991 年 6 月)

珠海市系统工程学会(2004 年 11 月),等

(4) 企业单位的系统工程学会

上海市石化地区系统工程学会(1982 年 6 月)

宝钢系统工程学会(1991 年 12 月)等

2. 中国航天系统科学与工程研究院(CAASSE)[①]

1999 年 7 月 1 日,中国航天科技集团公司(简称"中国航天")(China Aerospace Science

---

① 本材料由薛惠锋院长、杨景博士撰写。

and Technology Corporation,CASC)成立。其前身源于 1956 年成立的国防部第五研究院（钱学森院士为首任院长），后来历经第七机械工业部、航天工业部、航空航天工业部和中国航天工业总公司等历史沿革。中国航天是拥有"神舟""长征"等著名品牌和自主知识产权、主业突出、自主创新能力强、核心竞争力强的特大型国有企业，经营范围是运载火箭、载人飞船、战略导弹等，官网为 http：www.spacechina.com。

2003 年，中国航天 707 研究所、710 研究所、工程咨询中心、经济研究中心等机构重组为中国航天工程咨询中心。2011 年，时值钱学森院士 100 周年诞辰之际，中国航天工程咨询中心更名为"中国航天系统科学与工程研究院"（China Aerospace Academy of Systems Science and Engineering,CAASSE)。2015 年 11 月，该研究院又挂牌"中国航天科技集团公司军民融合促进中心"。2016 年 4 月 24 日，中国首个航天日，该研究院正式挂牌"中国航天科技集团公司第十二研究院"，简称"中国航天第十二院"。院长薛惠锋教授担任国际宇航科学院院士、中国系统工程学会副理事长。

中国航天第十二院下设规划推进研究所（一所）、系统工程研究所（二所）、信息工程研究所（三所）、科技情报与知识推进研究所（四所）、信息控制研究所（五所）、航天印刷所（六所）、工程科技发展战略研究所（八所）、网信保密工程研究所（九所）、航天工程咨询推进研究所（十所）、人工智能技术工程研究所（十二所）、北京航天宏康信息技术有限公司、北京航天神建工程设计有限公司、航天网信有限公司、航天神洁环保科技有限公司、北京航天兴科高新技术有限公司。

中国航天第十二研究院（中国航天系统科学与工程研究院），是由中央批准、中编办发文，在原航天 707 所、710 所等五家单位的基础上重组成立的，肩负着中央赋予的"打造钱学森智库；支撑航天、服务国家；成为军民融合发展的抓总单位"三大使命。

从 1986 年 1 月 7 日开始，人民科学家钱学森院士就在十二院的前身之一航天 710 所等地，持续十多年举办"系统学讨论班"，使这里成为系统工程的策源地之一，成为系统工程中国学派的重要基地，打造了一整套智库基础设施和方法工具体系，这就是钱学森智库的开端。

十二院率先将系统工程运用于国家宏观经济、人口政策决策，并因此获得国家科技进步一等奖。受中央有关部门委托，开展了"口述钱学森工程""群星灿烂工程"等重大项目，在人民大会堂隆重举行了钱学森归国 60 周年纪念大会，举办多期在国内外具有较高知名度的"钱学森论坛"，与美国权威学术期刊 Science 共同发行了《系统工程在中国》专刊。

十二院与央视联合制作了《国家记忆——钱学森与中国航天 60 年》专题片，收视率高居榜首；策划发行了《祖国不会忘记——献给共和国的脊梁们》《丰碑》《脊梁》等纪念专著，与浙江、内蒙古、山东等有关市县的中小学共建了钱学森班，是传承钱老精神、传播系统思想的国家力量。

十二院是中国载人航天的原始创新单位，论证提出了"从飞船起步"的方案，获得中央采纳；支撑了《2011 中国的航天》白皮书、航天及国防科技工业"十一五""十二五""十三五"规划的编制；为探月工程、高分辨率对地观测系统等国家重大专项的顶层设计提供了重要支撑，彰显了航天发展"大总体"和"策源地"的作用。

十二院是我国第一台大型计算机的应用单位，开通了我国第一条国际互联网专线，建设了我国第一个实现全国联网的计算机网络系统，是中国航天的信息化建设的总体部。十二院是中国航天四大发射基地测控系统的研制单位,为载人航天、探月工程、各型卫星发射等重大任务提供了全方位的测控、通信保障;在武器装备信息化、信息安全、"低慢小"航空器协同防控等领域,形成了一系列独有的品牌。

十二院打造了一系列高端情报品牌,以日报、月报、年报、专报等形式向中办、国办、军办等决策机关报送内参,形成了航天和国防军工领域情报推进的总体地位。

十二院具备了"天空地"一体化通信集成能力,卫星导航、遥感、通信综合应用能力,并将其运用到智慧城市、智慧园区、智慧工厂等智慧系列专项的建设中,推动了安监、环保、政务、应急等多个领域治理模式的创新。

为实现军民融合战略,国家有关部门联合授予了十二院"军民融合促进中心"的平台,赋予十二院军民融合产业发展的抓总单位的职能。十二院拥有 3.7 万项航天尖端专利技术、联合拥有近 17 万项国防专利技术,以技术转化和产业化为主攻方向,推动尖端技术和常规技术融合应用和产业化示范。建立了全国首个"航天(国防)技术转移中心",以航天高技术为核心资源,推进技术交易、成果转化、资本积聚、产业孵化平台建设。推动了"航天等离子点火""航天等离子煤制乙炔"等军民融合产业示范工程,通过航天技术转移转化,服务于宁夏、内蒙古等地的多个资源型城市转型升级。

十二院着力打造了三支人才队伍:由 80 余名两院院士、高级将领、高层领导、知名企业家组成的钱学森决策顾问委员会,由 150 余名长江学者、国家杰出青年专家组成的钱学森创新委员会,由多学科博士后、研究生组成的创新团队,为建设高端智库、开展重大科技攻关,奠定了"开放型、创新型、协同型"的坚实队伍基础。

十二院拥有各类资质 20 余项,包括武器装备科研生产许可证、涉密信息系统集成资质、国防武器装备科研生产一级保密资质的多项军工资质,通过了 GB/T 19001—2008 国标质量管理体系认证、GJB 9001B—2009 国标质量管理体系认证,拥有甲级工程咨询资质、中国国家认证认可监督管理委员会计量认证、探月工程软件评测机构资质认证等资质。

十二院拥有国家级平台 8 个,行业级平台近 50 个,是中国航天工程科技发展战略研究院、国家两化融合创新推进联盟、中国卫星全球服务联盟、中国电子商务联盟、中国网信军民融合促进会(筹)等国家级平台的依托单位,是钱学森数据推进实验室(筹)的依托单位,是国家保密科技测评中心航天中心、中国航天科技集团公司军民融合促进中心、中国航天社会系统工程实验室中国航天科技集团公司系统论证中心、中国航天科技集团公司知识产权中心、中国航天科技集团公司软件评测中心、航天育种中心等行业级平台的挂靠单位。

中国航天科技集团公司第十二研究院,坚持以钱学森思想为本位,以系统科学与工程为技术,以敢超战略为理念,"建强创佳,争优做大",力争在推进航天强国建设的关键时刻发挥无可替代的关键作用!

"钱学森智库"与"钱学森论坛"是中国航天系统科学与工程研究院的两项创举。

3. 中国科学院系统科学研究所(ISS,CAS)[①]

中国科学院系统科学研究所(Institute of Systems Science, ISS,CAS)于 1979 年 10 月成立。在著名科学家关肇直、吴文俊、许国志等老一辈科学家的倡导下,由原数学研究所控

---

① 本材料由杨晓光研究员等人于 2018 年 12 月 30 日更新。

制论、运筹图论、统计、基础数学等方面的科研人员,组建了中国科学院系统科学研究所。首任所长是关肇直院士,继任所长成平研究员、陈翰馥院士、郭雷院士、高小山研究员,现任所长张纪峰研究员,副所长杨晓光研究员。

系统科学研究所是基础型研究所,具有学科多、研究领域广的特点,主要从事系统科学和与系统科学有关的数学及交叉学科的基础研究和应用基础研究,系统科学研究所以多学科交叉为特点,在系统控制、数学机械化、系统运筹与管理、统计与科学计算、复杂系统、预测科学以及某些近代数学分支等多个学科领域的研究具有鲜明的特色和突出的优势。

研究所自成立以来,累计获奖 300 余项,包括:获首届国家最高科学技术奖 1 项;获国家自然科学奖一等奖 1 项、二等奖 6 项、三等奖 4 项;获国家科技进步奖特等奖 1 项、一等奖 1 项、二等奖 2 项、三等奖 7 项;获中国科学院杰出科技成就奖 2 项、自然科学一等奖 4 项、科技进步特等奖 1 项、科技进步一等奖 6 项、科技成果一等奖 2 项、重大成果奖 5 项;获重要国际奖励 30 项;获其他奖励 300 余项。先后有十多位中国科学院院士、中国工程院院士就职于系统科学研究所。

系统科学研究所现有 79 位科研人员,其中研究生导师 70 人,中国科学院院士 4 人、发展中国家科学院院士 3 人、瑞典皇家工程科学院外籍院士 1 人、IEEE Fellow 6 人、IFAC Fellow 4 人、南非科学院院士 1 人、欧洲科学与艺术院院士 1 人、国际系统与控制科学院院士 5 人、杰出青年基金获得者 12 人、百人计划入选者 12 人。

系统科学研究所的研究方向分布在"数学""统计学""系统科学""计算机科学与技术""管理科学与工程"5 个一级学科中。近 40 年来从该研究所毕业并获博士学位、硕士学位者千余名,培养了两位中国科学院院士、三十余位"杰青"。系统科学研究所是首批被国家批准的具有博士后流动站的单位之一,现有在站博士后 25 人。

系统科学研究所学术活动活跃,多次组织大型国际学术会议。由该研究所主办的刊物有《系统科学与数学》、*Journal of Systems Science and Complexity*、中国系统工程学会会刊《系统工程理论与实践》,还有《数学的实践与认识》、*Journal of Systems Science and Information*、《控制理论与应用》、*Control Theory and Technology*、《系统与控制纵横》等。这些刊物在国内外均有重要影响。

系统科学研究所与国内外许多学术团体和机构保持密切联系,并在其中发挥着重要作用。据不完全统计,100 余人次在 70 余种期刊丛书中任顾问、主编、副主编、编委,30 余位研究人员在国内外 40 多个重要学术组织和重要国际评奖委员会中担任重要职务。

中国系统工程学会 1980 年 11 月成立以来,一直挂靠在该研究所。

4. 上海系统科学研究院①

上海系统科学研究院(Shanghai Academy of Systems Science,SHASS)由中国科学院系统科学研究所和上海理工大学合作组建,经上海市有关部门批准,于 2005 年 1 月 22 日正式成立。上海市副市长严隽琪和两院院士郭雷、戴汝为、刘源张、汪应洛、王众托等专家学者出席了成立大会。钱学森院士和吴文俊院士致信祝贺。

2015 年起,上海系统科学研究院由中国科学院系统科学研究所和上海理工大学联合组

① 本材料由车宏安教授供稿。

建,扩展为由中国科学院系统科学研究所、上海理工大学和北京师范大学系统科学学院联合组建。中国科学院郭雷院士担任院长。

上海系统科学研究院旨在集聚中国科学院和上海的科学家,为系统科学的深入研究搭建全新的平台。研究院采取"小实体、大网络"的新型组织方式,旨在借助网络等现代通信设施,联系全国优势力量,开展系统科学与工程学科建设、科学研究、学术交流、人才培养等方面的工作,努力推动系统科学及交叉学科的发展,并为我国及上海的社会经济建设做出积极贡献。

自 2017 年开始,由上海系统科学研究院、中国科学院系统科学研究所、北京师范大学系统科学学院、北京交通大学交通系统科学与工程研究院、中国系统工程学会等单位联合发起,已经召开了两届中国系统科学大会。会议旨在为系统科学及其相关领域的国内外专家学者提供一个学术交流平台,促进相关学科的交流、发展和融合,促进新方向、新领域的产生。第一届中国系统科学大会于 2017 年 5 月在北京西郊宾馆举办。第二届中国系统科学大会由北京师范大学系统科学学院承办,2018 年 5 月 12—13 日在北京友谊宾馆举办。会议采取大会报告、专题研讨、会前会、分组报告等形式进行交流。第三届中国系统科学大会由国防科技大学承办,将于 2019 年 5 月在长沙举办。

上海系统科学研究院主办了多项学术活动,如第一届复杂性科学国际会议、第三届全国复杂网络学术会议、复杂系统研究与系统生物学论坛、全国复杂网络研讨班、自组织理论和非线性系统动力学示范课、钱学森系统科学思想报告会、2010 年系统科学学科建设研讨会、2016 年系统科学学科建设研讨会、系统科学与社会治理研讨会等;编辑出版了《复杂网络》《复杂网络理论与应用研究》《钱学森系统科学思想研究》《系统科学与系统工程学科发展报告》等。

5. 中国系统科学研究会(CISS)

中国系统科学研究会(China Institute of the System Science,CISS)成立于 1999 年 10 月 28 日,它是组织和开展系统科学理论与应用研究的全国性学术性群众团体。地址:北京市海淀区西三环北路 100 号北京市金玉大厦 6F。研究会会刊《系统科学学报》(季刊)委托山西理工大学主办,国际标准刊号 ISSN 1005-6408,国内统一刊号 CN 14-1333/N,是全国中文核心期刊、CSSCI 来源期刊。

研究会会长乌杰研究员,曾任山西省副省长(1989—1993)、国家经济体制改革委员会副主任兼经济体制与管理研究所所长(1993—1998)等职务。

2002 年 8 月 2 日至 6 日,中国系统科学研究会(CISS)与国际系统科学协会(International Society for Systems Science,ISSS)在中国上海国际会议中心联合举办 ISSS 第 46 届年会。年会主题:系统思维、管理、复杂性与变革。协办单位:中国系统工程学会、中国软科学研究会、中国上海交通大学;支持单位:中国自然科学基金委员会管理科学部。

中国系统科学研究会每年召开一次,下面是最近几次年会的情况:

2008 年 8 月,中国系统科学研究会第十一届年会在山西大同召开,年会主题是"系统范式:和谐经济•科学发展";2010 年 8 月,中国系统科学研究会第十三届年会在内蒙古呼伦贝尔召开,年会主题是"民族和谐•可持续发展•系统创新";2012 年 4 月,中国系统科学研究会第十五届年会在江苏省南通市召开,年会主题是"和谐社会与社会系统观";2013 年 12 月,第十六届年会暨中国系统科学研究会成立 20 周年庆祝会在深圳召开,年会主题是"系统哲学与中国改革开放"；2014 年 8 月在西安市召开第十七届年会，会议主题是"系统哲学与社会实践研究"。

2015 年 7 月，第十八届年会在太原科技大学召开，会议主题是"系统哲学、系统思维与经济发展新常态"；第十九届年会预计 2019 年 9 月在呼和浩特市内蒙古大学召开，会议主题是"新时代系统美学的构建"。

中国系统科学研究会网址：http://www.wujie.org/yanjiuhui/。

有些省市也成立了系统科学研究会。例如江苏省系统科学研究会(Jiangsu Institute of the Systems Science，JSISS)：研究会下设系统理论专业委员会，物流管理专业委员会，现代传播专业委员会，信息管理专业委员会，决策与运营专业委员会等。

内蒙古大学、深圳大学先后成立了"中国系统哲学研究中心"。

6. 大学的系统工程与系统科学研究机构

我国大学的系统工程与系统科学研究机构很多。例如，大连理工大学、上海交通大学、西安交通大学、华中科技大学、华南理工大学、暨南大学等校都有系统工程研究所；还有上海交通大学钱学森图书馆(钱永刚教授担任馆长)，西安交通大学钱学森图书馆、钱学森学院，上海理工大学系统科学系、交通系统工程系等。下面介绍大连理工大学与上海理工大学的研究情况。

大连理工大学系统工程研究所 1978 年成立，是教育部首批批准的系统工程专门研究机构之一，是一个以系统工程学科为核心的交叉综合学科群体。经过 30 多年的发展，已经成为管理科学与工程学科领域的国家重点建设学科之一，也是辽宁省重点建设学科之一。目前拥有 1 个博士后流动站、1 个一级学科博士点、2 个硕士点。

该研究所拥有一支以中国工程院院士王众托教授为核心的老中青相结合的研究队伍，这支队伍具有国家自然科学基金委创新研究群体、教育部创新团队称号。他们的研究领域主要是数据科学与知识管理、电子商务与物流管理、复杂系统、管理科学等；先后承担并完成了 60 多项国家自然科学基金项目(其中重点以上项目 6 项)、7 项 863 项目和国家攻关项目、14 项博士点基金项目和国家教委基金项目，以及数十项省市和大中型企业委托的项目，获得国家科技进步奖 2 项、省部级科技进步奖 12 项。研究成果的应用部门包括国家自然科学基金委员会、辽宁省科技厅、大连市相关政府部门和企事业单位等。

该研究所拥有国家 211 工程重点学科及辽宁省重点学科投资建设的"系统分析与经营管理信息化"实验室、"群决策与系统集成"实验室，以及与 HP-Compaq 公司共同投资 1000 万元建立的电子商务实验室。

上海理工大学于 1960—1994 年期间的名称是上海机械学院。1979 年成立系统工程系与系统工程研究所，钱学森院士出席成立大会并且发表重要讲话(见参考文献[1]，351-356)。1992 年成立系统科学与系统工程学院，1999 年更名为管理学院，学院有系统科学系、交通系统工程系、信息管理与信息系统系、工业工程系等，还有上海系统科学研究院常务机构、超网络研究中心、复杂系统科学研究中心等研究机构。

上海理工大学车宏安教授在 1999 年以前，长期担任该校系统工程系主任、学院院长等职务；此后，他致力于组建上海系统科学研究院，并且主持该研究院的常务工作直至 2015 年。

国际应用系统
分析研究所(IIASA)

国际应用系统分析研究所(International Institute for Applied Systems Analysis, IIASA)是一个非政府的研究组织,在 1972 年创办,总部设在奥地利的维也纳。由国家成员组织资助(National Member Organizations)。国际应用系统分析研究所有"学术界的小联合国"之称,当初是为东西方两大阵营缓和紧张关系和加强相互沟通而成立。随着冷战结束和国际形势的巨大变化,该研究所的政治色彩逐渐淡化,转向南北和全球问题的研究。国际应用系统分析研究所在国际学术界享有较高声望,与许多国际组织有着很好的合作关系,其研究成果对国际组织和国家的决策有较大影响。如该研究所有关中国粮食问题和人口问题的研究成果曾在国际上产生了有利于中国的影响。

该研究所致力于环境、经济、技术和社会问题等同人类关系密切的交叉学科的研究,为决策者和科学研究提供了许多新的方法和工具,在能源、水资源、环境、风险以及人类居住等社会问题的研究中,取得了不菲的成果。

它的研究覆盖了许多科学研究领域,是国际性和多学科的研究机构。研究人类对自然的影响和自然对人类的影响。它的研究具有灵活、整合和突破传统科学研究硬边界的特点。其目标是:为公众、科学社团、国家和国际研究机构选择有益的解决问题方案;以创新的方式提出严肃的问题;提供及时的相关的信息和政策分析。

IIASA 利用系统方法分析全球问题,利用不确定模型和动力学过程、决策支持方法,以及风险管理和公平问题的新观点。研究的问题集中在给定的生态系统动力学研究:大气层、水资源、生物圈、土壤同人类的关系。特别关注有毒物质和污染物的发散、转化和传输问题,水资源的可用性和质量,生物资源的退化和补救问题,以及土地使用和覆盖变化的原因和影响。

20 世纪 70 年代在 IIASA 工作 1 个月以上的科研人员组成情况如表 C-1 所示。

美籍华人李天穌(Lee,Thomas H. 1923—)先生在 1984—1987 年担任 IIASA 的主席。

改革开放以来,我国有不少学者到 IIASA 工作过。

表 C-1 IIASA 的人员组成

年　　份	1972	1974	1975	1976	1977
系统分析员	2	8	9	11	13
工程师	4	16	17	21	15
理化科学家	5	15	17	14	14
数学家	4	12	13	15	16
计算机科学家	/	9	10	12	15
运筹学家	3	14	20	20	11
经济学家	2	10	12	25	31
社会科学家	2	10	14	13	12
生态学家/环境学家	5	17	14	12	14
生物医学家	1	3	6	9	5
合计	28	114	132	152	146

IIASA 的网站是 http://www.iiasa.ac.at,下面是网页上的介绍:

Founded in 1972，IIASA is an international scientific institute that conducts policy-oriented research into problems that are too large or too complex to be solved by a single country or academic discipline:

- problems like climate change that have a global reach and can be resolved only by international cooperative action, or
- problems of common concern to many countries that need to be addressed at the national level, such as energy security, population aging, and sustainable development.

Funded by scientific institutions in Africa, the Americas, Asia and Europe, IIASA is also independent-completely unconstrained by political or national self-interest. IIASA's mission is to:

- provide science-based insight to policy and decision-makers;
- develop tools, options and decision support systems from sound systems analysis; and
- address global and multinational issues.

Who is IIASA?

Some 200 mathematicians, social scientists, natural scientists, economists and engineers from over 35 countries carry out research at IIASA in Laxenburg, Austria, at the heart of Europe. These range from world-renowned scholars-four Nobel Prize laureates have worked at IIASA-to young scientists just embarking on their careers. In addition, IIASA-related research networks around the globe collect and process local and regional data for integration into IIASA's advanced scientific models. Through such scientific collaboration IIASA also builds bridges among countries.

IIASA's Research

IIASA researches real world problems using cutting-edge science. It provides practical and independent insights into today's most pressing global issues relating to the environment, society and technology. It has also been a leading contributor for over 30 years to the development and refinement of assessment and decision-support methodologies, global databases and analytical tools. The institute concentrates its research efforts within three core research themes:

- Environment and Natural Resources;
- Population and Society;
- Energy and Technology.

Within these themes are programs that define the major research areas in which IIASA does its work. Other IIASA initiatives underscore the basic research program, i. e. , Special Projects, and Cross-Cutting Activities.

Few Facts

- 4200 alumni from more than 60 countries
- 1413 Young Scientists Summer Program scholars from 72 countries since 1977
- 130 books and 1352 scientific articles (1995-2007)
- 192 staff members from more than 35 countries in 2007
- Nearly 200 news articles, television and radio broadcasts per year
- 60 conferences and workshops held in 2007 at IIASA and abroad

National Member Organizations

IIASA is funded in large part by National Member Organizations (NMOs)—scientific institutions that are "representative of the relevant scholarly community of the country." As well as providing critical financial support, each NMO nominates one representative to IIASA's governing Council. The Council provides strategic research direction to IIASA, appoints the Institute Director, and provides oversight of the Institute's development. NMOs, via their in-country scientific committees, facilitate the establishment of research and other networks, linking the IIASA research community with those of the NMO countries themselves. IIASA has 21 member organizations representing Africa, Asia, Europe, and the Americas.

- Australia • Austria • Brazil • China • Egypt • Finland • Germany • India
- Indonesia • Japan • Republic of Korea • Malaysia • Netherlands • Norway
- Pakistan • Russian Federation • South Africa • Sweden • Ukraine • USA
- Vietnam

About IIASA

Established in 1972 and located in Laxenburg, Austria, the International Institute for Applied Systems Analysis (IIASA) addresses critical issues of global concern, such as climate change, energy, food and water security, population change, land use, atmospheric pollution, and risk analysis. As IIASA is non-governmental, it is independent and provides non-political, unbiased, science-based perspectives.

Research Overview

- Global Problem Areas
- Advanced Systems Analysis
- Drivers of Global Transformations
- Policy & Governance

Research Programs

- Advanced Systems Analysis
- Ecosystems Services and Management
- Energy
- Evolution and Ecology
- Mitigation of Air Pollution
- Risk，Policy and Vulnerability
- Transitions to New Technologies
- Water
- World Population

Flagship Projects

- Global Energy Assessment
- Water Futures and Solutions
- Tropical Flagship Initiative

Models，Tools & Data

Read and access IIASA's models，tools，and data.

Research Projects

Read about individual research projects and activities at IIASA.

Research Partners

Read how IIASA works with research partners across the globe to deliver world-class research.

Education and Training

- Young Scientists Program
- Postdoctoral Program
- Southern African YSSP

Distinguished Visiting Fellows

Eminent scholars from around the globe.

Advanced Systems Analysis

ASA's overall objective is to conduct cutting edge research in systems analysis and to provide a substantial basis for tying together systems methods and applied research on global problems.

At the core of IIASA's research is advanced systems analysis, which uses mathematical models and analytical techniques to investigate complex systems with a focus on an integrated, interdisciplinary approach. The institute has long been involved in developing new, more sophisticated methodologies for systems analysis so that better solutions to global problems can be found. The ASA Program is aimed at advancing in this type of research.

ASA's research strategy includes：

- Development of new systems-analytic methods rooted in IIASA's applied research
- Development of feedback between systems methods and applied research on global change
- Demonstration to a broad scientific audience of new knowledge obtained through the use of the new methods.

ASA's key research questions are often beyond the traditional framework.

The current research themes are：

- Assessment of Dynamical Systems
- Systemic Risks and Robust Solutions
- Integrated Modeling and Decision Support
- Advanced Systems Analysis Forum

附录 D 兰德公司(RAND Corporation)

兰德公司(RAND Corporation)在 1945 年形成雏形，是一个非营利的咨询公司，RAND 是 Research And Development(研究与发展)的缩写。兰德公司起源于兰德计划，该计划是道格拉斯飞机制造公司与陆军航空部队缔结的合同，该合同是研究洲际战争而不是地面战争，目的是在装备与技术方面向军方提供建议。1948 年兰德公司从道格拉斯公司独立出来，成为一个独立的非营利的咨询公司。其早期研究偏重系统工程，但很快就偏重于成本和策略。20 世纪 50 年代，兰德的"系统分析"模式已变得很清楚，它所做的工作包括对为满足一个明确目标的所有不同方法的成本和效益进行广泛的经济评价。

兰德公司早期的研究项目都属于军事领域。1950 年后得到美国原子能委员会、国防部高级研究计划局、国家航空航天局和国家科学基金会的经费支持。1960 年后开始从事非军事领域的研究。1970 年开设兰德研究生院，培养公共政策分析专业的博士。1973 年设立兰德基金，资助新领域的研究，鼓励发展新思想。1979 年建立民法研究所。兰德公司遂成为卫生、住房、教育、能源和通信方面执行新的社会计划的实验中心。

兰德公司是美国实力雄厚、门类齐全的思想库，拥有专业研究人员 500 多名，并从各大学和研究机构聘请 700 多名著名专家作为顾问。它在军事、外交和其他领域有很大影响。兰德公司以政策分析著名，研究人员的基本目标是向政策制定人提供有足够情况作为依据的政策建议，使决策优化。所有研究项目几乎都是由不同专长的学者采用各种集体研究方法完成的。计算中心配有完善的计算机设备和各种软件包，并有一支 130 多人的技术队伍。兰德公司还经常派人到世界各地进行实地调查，广泛进行国际交流。20 世纪 70 年代中期开始有选择地接受外国学者作客座研究员。

兰德公司完成了大量的专著、论文和研究报告，其中相当一部分是关于发展战略和未来预测的，还提出一系列行之有效的政策分析和未来研究的新方法，如著名的代尔菲法就是兰德公司创造的。

其网站 http://www.rand.org 上说：

The RAND Corporation is a nonprofit institution that helps improve policy and decision making through research and analysis.

For 60 years，the RAND Corporation has pursued its nonprofit mission by conducting research on important and complicated problems. Initially，RAND (the name of which was derived from a contraction of the term *research and development*) focused on issues of national security. Eventually, RAND expanded its intellectual reserves to offer insight into other areas, such as business, education, health, law, and science. No other institution tackles tough policy problems across so broad a spectrum.

RAND's tradition of problem-solving continues to this day. RAND conducts research and provides analysis to address challenges that face the United States and the world. Today, RAND emphasizes several areas of research that reflect the changing nature of a global society. Much of this research is carried out on behalf of public and private grantors and clients. RAND also conducts its own RAND-initiated research on issues that otherwise might not receive funding. All RAND work —every publication, database, or major briefing —is held to rigorous and sometimes painstaking review processes. Such exacting standards are the foundation of RAND's impeccable reputation throughout the world.

RAND improves policy and decision making through research and analysis. At times, grantors or clients may ask RAND to deliver research without suggesting a specific course of action. At other times, RAND may provide a range of solutions with an analysis of advantages and disadvantages. On certain occasions, RAND may formulate or even support clear-cut policy recommendations. What remains constant is RAND's commitment to public service by communicating its findings to a wide audience. This is accomplished in many ways. They include announcements to media, testimony by experts at RAND (often to the U. S. Congress), and publications, many of which are available free on this Web site.

RAND in the 21st century continues to address difficult challenges throughout the globe. In many ways, RAND's future reflects its past: anticipating emerging issues; establishing new angles of inquiry; and mapping the territory for responses by government, business, and society. Commitment to these high standards will continue to define RAND's work in the years to come.

其研究领域：

Children and Adolescent（儿童和青少年）

Civil Justice（民事司法）

Education（教育）

Energy and Environment（能源和环境）

Health and Health Care（健康和保健）

International Affairs（国际事务）

Population and Aging（人口和老龄化问题）

Public Safety（公共安全）

Science and Technology（科学和技术）

Substance Abuse（滥用物质）

Terrorism and Homeland Security（恐怖主义和国家安全）

Transportation and Infrastructure（交通和基础建设）

U. S. National Security (美国国家安全)

主要研究成果：

历史学家 David Jardini 在他的 1996 年写的博士论文中归纳了兰德公司 50 年的成就，不仅在军事领域，而且包括其在空间系统的卓越成就：提供了美国空间计划的基础，以及数字计算机和人工智能的贡献；不确定情况下为决策者提供的理论和工具，博弈论、线性理论、动力学理论、数学模型和仿真、网络理论和成本分析。

兰德公司的"系统分析"方法最先为军事决策服务，随后拓展到社会政策计划和分析上，例如在城市衰落、健康、教育等方面。

兰德公司开发了最早的计算机和基于终端的交互式计算机系统，发明的通信技术成为现代计算机网络的基础。在社会经济方面，20 世纪 60 年代，兰德公司开发出"计划—程序—预算系统"(PPBS)。

兰德公司网站：http://www.rand.org

罗马俱乐部
(The Club of Rome)

1. 一般情况

20 世纪中叶以来,资源、环境、人口等社会、经济和政治问题日益尖锐和全球化程度越来越大,所谓"人类困境"问题吸引了越来越多的研究者。其中,罗马俱乐部的研究成果引人注目。

罗马俱乐部成立于 1968 年 4 月,总部设在意大利罗马。宗旨是通过对人口、粮食、工业化、污染、资源、贫困和教育等全球性问题的系统研究,提高公众的全球意识,敦促国际组织和各国有关部门改革社会和政治制度,并采取必要的社会和政治行动,以改善全球管理,使人类摆脱所面临的困境。由于它的观点和主张带有浓厚的消极和悲观色彩,被称为"未来学悲观派"的代表。

这是一个非正式的组织,它的成员没有一个担任公职。俱乐部成员不囿于任何意识形态、政治的或国家的观点,但他们认为人类正面临着复杂而相互联系的各种问题,而这些问题是传统的制度和政策所不能应付的,甚至也不能把握它们的基本内容。他们重在讨论研究现在的和未来的人类困境问题,促进对全球系统的多样但相互依赖的各个部分——经济的、政治的、自然的和社会的组成部分的认识,促使全世界制定政策的人和公众都来注意新的认识,并通过这种方式,促进具有首创精神的新政策和行动。

罗马俱乐部的主要创始人是意大利的著名实业家、学者 A. 佩切伊和英国科学家 A. 金。1967 年,佩切伊和金第一次会晤,交流了对全球性问题的看法,并商议召开一次会议,以研究如何着手从世界体系角度探讨人类社会面临的一些重大问题。1968 年 4 月,在阿涅尔利基金会的资助下,他们从欧洲 10 个国家中挑选了大约 30 名科学家、社会学家、经济学家和计划专家,在罗马林奇科学院召开了会议,探讨什么是全球性问题,如何开展全球性问题研究。会后组建了一个"持续委员会",以便与观点相同的人保持联系,并以"罗马俱乐部"作为委员会及其联络网的名称。

罗马俱乐部把它的成员限制在 100 人以内,以保持其小规模的、松散的、国际组织的特点。成员大多是关注人类未来的世界各国的知名科学家、企业家、经济学家、社会学家、教育家、国际组织高级公务员和政治家等。

罗马俱乐部主要从事下列 3 种活动:①举办学术会议,每年举行一次全体会议,并经常不定期地举办专题国际学术讨论会,或者与其他学术团体联合举办国际学术会议；②制订并实施"人类困境"研究计划,组织其成员进行系统研究并撰写研究报告；③出版研究报告和有关学术著作。罗马俱乐部的活动经费,主要来自基金会的赞助和研究课题的拨款。

罗马俱乐部于 1972 年发表第一个研究报告《增长的极限——关于人类困境的报告》,这是美国麻省理工学院教授丹尼斯·米都斯(Dennis L. Meadows)领导的一个 17 人小组完成的。他们采用系统动力学(Systems Dynamics, SD)模型,选择了 5 个对人类命运具有决定意义的变量：人口、工业发展、粮食、不可再生的自然资源和污染。全书分为"指数增长的本质"、"指数增长的极限"、"世界系统中的增长"、"技术和增长的极限"和"全球均衡状态"等五章,阐述了人类发展过程中,尤其是产业革命以来,经济增长模式给地球和人类自身带来的毁灭性的灾难。该研究报告预言经济增长不可能无限持续下去,因为石油等自然资源的供给是有限的,作出了世界性灾难即将来临的预测,设计了"零增长"的对策性方案,在全世界挑起了一场持续至今的大辩论。《增长的极限》是有关环境问题最畅销的出版物,引起了公众的极大关注,销售了 3000 万册,被翻译成 30 多种语言。1973 年的石油危机加强了公众对这个问题的关注。此后,较著名的研究报告有《人类处在转折点》(1974 年)、《重建国际秩序》(1976 年)、《超越浪费的时代》(1978 年)、《人类的目标》(1978 年)、《学无止境》(1979 年)和《微电子学和社会》(1982 年)等。罗马俱乐部把全球看成是一个整体,提出了各种全球性问题相互影响、相互作用的全球系统观点。它极力倡导从全球入手解决人类重大问题的思想方法,它应用世界动态模型从事复杂的定量研究。这些新观点、新思想和新方法,表明了人类已经开始站在新的、全球的角度来认识人类、社会和自然的相互关系。它所提出的全球性问题和它所开辟的全球问题研究领域,标志着人类已经开始综合地运用各种科学知识,来解决那些最复杂并属于最高层次的问题。在罗马俱乐部的影响下,美、英、日等 13 个发达国家也先后建立了本国的"罗马俱乐部",开展了类似的研究活动。

随着罗马俱乐部研究报告、书籍的在世界范围内广为传播,不仅对世界范围的未来学问题研究产生了重要影响,而且唤起了公众的对世界危机的关注和增强了人们的未来意识和行星意识,从而促使各国政府的政策制定更多地从全球视角来考虑问题。

2.21 世纪的研究

21 世纪的罗马俱乐部旨在与世界范围内有共同价值观念、目标和远见的组织与个人持续进行合作。21 世纪伊始,全球贫富不均日益加深、气候变化带来的后果和自然资源的过度使用等国际问题证明了罗马俱乐部的基本观点是明显正确的,也重新给了他们开展活动的兴趣：地球人口的增长以及无节制的消耗自然资源是无法永久持续的,也是相当危险的。

近年来,罗马俱乐部开展了一系列新的活动,使其组织和使命更适应现代的需要。它一如既往地坚定地寻找理解全球问题的实际可行的新方法并将其付诸实践。

与罗马俱乐部联系的国际组织的规模和数量正在不断地增长。在五大洲有 30 多个国际组织,其中有的组织人数多于 1500 人,它们成为罗马俱乐部全球工作的支柱。

2000 年成立了"智囊团 30"(Think Tank 30, tt30),致力于了解年轻一代的想法。它被证明是罗马俱乐部有激励意义的措施。

2008 年年初,罗马俱乐部将其国际秘书处从德国汉堡迁到了瑞士苏黎世。俱乐部建立了一个新的团队,专门与一些个人或教育组织保持密切合作,希望找到新的方法让普通大众参与进来。2008 年 5 月,它启动了一个三年计划——"世界发展的新道路",作为俱乐部在 2012 年之前的活动重点。

"世界发展的新道路"计划认为:很明显,现有的世界发展道路从长远来看是不可持续的,尽管市场和科技创新具有无穷发展潜力。为了提供更好的生活条件和发展机会以应对全世界不断增长的人口,需要有新的观念和战略,以协调人口增长、气候变化,以及一切生命都赖以生存的脆弱的生态系统的保护之间的关系。如果人类要克服未来的挑战,就必须设想一种世界发展的新的眼光和道路。针对这一思想和实际的挑战,罗马俱乐部将实施"世界发展的新道路"三年计划,以应对现代世界所面临的复杂挑战,并奠定采取行动的坚实基础。

该计划不仅有决策者和专家参与,提供行动的可行建议,而且通过各种渠道让公众参与。这是一个开放性计划。就是说,只进行数量有限的原创性研究,然后与各伙伴组织密切合作来推行。提供一个框架可以添加伙伴们的想法和意见,以提高公信力和俱乐部本身努力的影响。该计划侧重在"世界发展的新道路"的整体概念框架下的 5 组相关问题。

(1) 环境与资源:这一组问题与气候变化、石油峰值、生态系统和水有关。社会与经济变革需要避免失控的气候变化与生态失衡。

(2) 全球化:这一组问题与相互依存度、财富与收入分配、人口变化、就业以及贸易与财政有关。目前,与全球化路径相关的日益扩大的不平等和不平衡使得世界经济和金融体系处于崩溃的危险边缘。

(3) 世界发展:这一组问题与可持续发展、人口增长、贫困、环境压力、粮食生产、卫生和就业有关。富裕国家里的持续贫困、剥夺、不平等和排斥等丑闻,必须予以纠正。

(4) 社会转型:这一组问题与社会变革、性别平等、价值和道德、宗教和精神、文化、身份和行为有关。如果和平与进步只能保存在日益紧缩的人类和环境限制之中,那么当前的世界发展道路所基于的价值与行为必须予以改变。

(5) 和平与安全:这一组问题与公正、民主、政府、团结、安全与和平有关。当前世界发展道路面临着异化、分化、暴力和冲突的危险,维护和平至关重要,而且是社会进步与解决威胁未来的问题的先决条件。

在每一组内,问题是紧密联系在一起的,随着该计划的推进,将对组与组之间的关联予以研究。一个专门的研究网络将重点放在系统整合问题上,包括系统思想、系统联系和系统动力学模型。

2010 年年底举行"罗马俱乐部国际论坛",整合俱乐部及其合作伙伴所有的最终研究成果,通过讨论得出一致的结论和建议,最后得到一个综合性报告。

罗马俱乐部的网站:http://www.clubofrome.org/

圣菲研究所(SFI)

1. 圣菲研究所的产生

圣菲研究所(Santa Fe Institute,SFI)成立于 1984 年,位于美国新墨西哥州首府 Santa Fe。它是一个独立的非营利的研究所,依靠申请各种基金来支持跨学科的研究工作。它是一个松散型组织,没有固定的研究人员,可以培养硕士、博士和博士后以及接纳访问学者。20 世纪末,它被评为全美国最优秀的 5 个研究所之一,与具有上百年历史的贝尔实验室等并列在一起。

圣菲研究所的发起者和第一任所长考恩(George Cowan),是一位具有广阔视野和远见卓识的科学家。他曾长期从事洛斯阿拉莫斯的技术与组织领导工作,具有丰富的理论知识和实践经验。当他退休的时候,多年的思考促使他萌发了这样一个创意:建立一个冲破学科界限的研究所,研究各学科共同关心的复杂性问题,例如解决"人类究竟是如何认识和处理复杂性的"这个难题。这个想法的出现不是偶然的。考恩在几十年的科学生涯中,深深体会到近代科学中普遍存在的、片面强调还原论思想的弊病,以及由此而来的种种问题,如学科分割造成的隔阂,综合的、整体的观念的缺乏,只见树木不见森林的短视和偏见,在丰富多彩的现实面前的僵化和无能,等等。他认为,这些弊病不仅阻碍了科学的发展,而且往往是人类面临的许多现实问题难以得到有效解决的原因所在。因此,他利用自己多年工作中的广泛联系,把这个想法广为宣传。

在许多不同学科领域的著名科学家的支持下,第一次研讨会于 1984 年在美国新墨西哥州的首府圣菲市举行。这次会议以经济为主题,参加者不但有以诺贝尔经济学奖得主阿罗(K. J. Arrow)为首的许多经济学家,而且有许多物理学家,包括两位诺贝尔物理学奖得主盖尔曼(M. Gell-mann)和安德森(P. W. Anderson)。这次成功的交流使与会者十分兴奋,一致同意按此方向走下去,于是产生了圣菲研究所。

2. 圣菲研究所的特色

以开展跨学科、跨领域的复杂性研究为中心议题,是圣菲研究所的一大特色。在 20 世纪 80 年代中期,虽然已有不少学者提出并开始研究复杂性,但是还没有专门的机构从事这方面的工作。其主要原因之一是近代科学长期形成的学科分割的局面,阻碍了科学家们的相互了解和交流。所谓隔行如隔山的情况,越来越成为科学进步的障碍。资金分配、成果认定以至学术圈子的划定，都使得跨学科的研究工作举步维艰。一种和谐的氛围，一个不受各种传统体制束缚的交流场所，一套鼓励创新的运行机制，成为许多希望科学进步的学者所追求的理想。圣菲研究所的出现使人们见到了希望。

圣菲研究所很快就吸引了一大批富有创新精神的、勇于探索这个新开辟的领域的科学家。他们来自许多不同的传统学科。例如，经济学家阿瑟（W. Brian Arthur），他在经济学界首先研究了现代经济的重要特征——收益递增现象；计算机科学家霍兰（J. Holland），他是遗传算法（Genetic Algorithm，GA）的首创者，复杂适应系统（Complex Adaptive System，CAS）理论主要就是由他提出的；还有以研究"人工生命"闻名的兰顿（C. Longton），从医学领域来的考夫曼（S. Kauffman），复杂性研究多种早期著作的作者卡斯蒂（J. Casti），等等。他们中既有德高望重的诺贝尔奖得主（如阿罗、盖尔曼、安德森），也有初出茅庐、血气方刚的青年学者（例如当时还正在攻读博士学位的兰顿）。在圣菲研究所，年龄、专业、地位都不构成交流的障碍，所有人都为了一门新的学科而到这里来。这里不授学位，更没有终身职位，但是却具有如此巨大的吸引力。到20世纪80年代末期，圣菲研究所已经成为复杂性研究的众所周知的中心。

他们的主要论点是：认为事物的复杂性是由简单性发展来的，是在适应环境的过程中产生的。他们把经济、生态、免疫系统、胚胎、神经系统及计算机网络等称为复杂适应系统，认为存在某些一般性的规律控制着这些复杂适应系统的行为。

3. 圣菲研究所的现状

进入20世纪90年代以后，圣菲研究所的工作进一步深入。以下几件事情具有特别重要的意义。

（1）圣菲研究所从1994年开始举办乌拉姆讲座（Stanislaw M. Ulam，1909—1984年，20世纪著名的波兰数学家）。这是个一年一度的讲座，用以展示复杂性研究的最新成果。

（2）公用的、为复杂系统建立模型而设计的软件平台SWARM的建立。计算机在圣菲研究所的工作中发挥着十分重要的作用。许多想法需要在计算机上进行验证，同时，计算机模拟又往往能提供有益的启发。正像有的专家指出的："计算机是系统科学的实验室。"圣菲研究所针对各种课题的共同需求，开发了一个名为SWARM的软件平台，为各种模拟工作提供了方便易用的手段和环境。作为共同研究的基础，这个软件平台已经为圣菲研究所内外的许多研究项目所利用。据圣菲研究所的网站介绍，世界上已有几十所大学与研究所安装了SWARM平台。由于它的源程序是公开的，各国研究人员都可以对它进行修改与扩充，从而使它的内容得到不断丰富和发展。

（3）圣菲研究所非常重视人才培养，它把扩散和普及系统科学的思想作为自己最重要的任务之一，尤其是向下一代科学家的宣传与普及。它的夏季学校是一项很有特色的活动，至今已经举办了十余期。这种学校每年暑假举办一次，为期4周，讲课的教授都是系统科学方面的著名专家，对象则是研究生以至本科生。他们的目标很明确：培养面向21世纪的新一代科学家。

（4）圣菲研究所出版了几十种专著，还出版杂志《复杂性》（Complexity）。为了加快交流，圣菲研究所还编发内部交流的工作论文，每年有100篇左右，不但印成单份散发，而且放在网站上。这一措施大大加速了该领域的交流。

(5) 当前的研究领域：认知神经科学、物理和生物系统的计算、经济和社会的相互影响、进化动力学、网络动力学、探测计划、健康，等等。

总之，圣菲研究所十分重视理论与实际的结合。从性质上来说，圣菲研究所是以基础理论研究为主的、非营利的研究机构，各种基金会的支持也往往不与直接的经济效益挂钩。但事实上，圣菲研究所的研究课题几乎都有十分现实的背景，与重要的现实问题相联系。人数最多的课题组是经济课题组，这显然是与 20 多年来世界经济的深刻变革相联系的。此外，关于免疫系统、生态与环境系统、社会变迁、生命起源和人的早期意识和语言的研究等，也都和当今人类的许多迫切的现实问题相联系。

我国已经有不少学者访问了 SFI，例如成思危先生，中国人民大学的陈禹教授、方美琪教授，他们引进了 SWARM 软件平台。

下面是网页上介绍的 Topics：

Physics of Complex Systems

Emergence, Innovation and Robustness in Evolutionary Systems

Information Processing & Computation in Complex Systems

Dynamics & Quantitative Studies of Human Behavior

Emergence, Organization & Dynamics of Living Systems

圣菲研究所的网站：http://www.santafe.edu

第 1 版后记

笔者要说一句：本书观点和内容属于钱学森体系。众所周知，德高望重的钱学森院士自 1978 年以来，在超过四分之一个世纪之久的时期内，一直大力推动我国的系统科学与系统工程的研究和应用工作，他身体力行，一马当先，提出了一系列深邃见解，高瞻远瞩。在钱学森院士和张钟俊院士、许国志院士等学术前辈的带领下，中国的系统科学与系统工程研究在世界上占有领先地位。笔者认真地学习了他们的论著。

编写一本教科书，是需要大量参考文献的。本书引用较多的论文集和专著有：

钱学森等著. 论系统工程(修订本). 第 2 版. 长沙：湖南科学技术出版社，1988.

钱学森著. 创建系统学. 太原：山西科学技术出版社，2001.

许国志主编，顾基发、车宏安副主编. 系统科学与工程研究(论文集). 上海：上海科技教育出版社，2000.

许国志主编，顾基发、车宏安副主编. 系统科学. 上海：上海科技教育出版社，2000.

王寿云，于景元，戴汝为，汪成为，钱学敏，涂元季. 开放的复杂巨系统. 杭州：浙江科学技术出版社，1996.

汪应洛主编. 系统工程. 第 2 版. 北京：机械工业出版社，2002.

汪应洛主编. 系统工程理论、方法与应用. 第 2 版. 北京：高等教育出版社，2002.

薛华成主编. 管理信息系统. 第 4 版. 北京：清华大学出版社，2003.

对于上面几本书的作者(包括论文集中许多论文的作者)，谨在这里向他们表示感谢！本书后面列出了更多的参考文献。但是，必须说明：它是很不全的。笔者从事系统工程与管理科学的教学与科研工作数十年，自己的研究和体会固然也有不少，有的已经写成文章发表，有的直接编入教材，但是，笔者不是"无师自通"的，而是"有师乃通"、边学边干的，受益于许多良师益友，包括学习他们的论著，听取他们的指教，与他们交流而得到启发，等等，这些，已经"融化在血液中"、落实在字里行间。所以，本书很难一一标注"某观点出于某学者某作品"，这是要请有关的朋友们多多谅解与海涵的。

笔者要特别感谢薛华成教授。他的《管理信息系统》(第 3 版)我们早已拜读过。我们认为，管理信息系统的建立与运作就是一项系统工程，而薛教授的著作就是一本很好的信息系统工程教材，其中讲述并且运用了系统工程的许多基本理论与方法，笔者多有得益。在笔者编写本书的后期，薛教授的《管理信息系统》(第 4 版)又出版发行了。笔者看到之后立即与薛教授联系，表示要引用他的新作，薛教授表示理解与支持，并且慷慨地提供了电子版书稿。现在，本书关于管理信息系统的内容就是主要依据薛教授的新作编写的，系统分类等内容也有所引用，而且，受他的启发(他的第 21 章 "信息道德与信息系统分析员修养")，本书增加了第 12 章。

本书正式出版之前，作为内部教材《系统工程基本原理》，曾经于 2001 年、2002 年两次在校内出版使用。加上本次，在三次出版过程中，多名博士研究生先后参加了本书的编写与校对工作，其中执笔协助修改 1 章以上者有杨立洪、沈小平、徐咏梅、朱怀意和张彩江；帮助收集和整理材料、画图、计算机录入部分文字者有孙凯（其导师为薛华成教授）、李金华、王丽萍、王克强、金芸和魏永斌。他们之中一些人已经毕业，获得了博士学位。

年轻的同事吴应良博士和黄东林硕士也做了许多工作。

身在国外的友人也帮忙搜集资料。

谨在此表示感谢！

2004 年 3 月于珠海前山

参考文献[①]

[1] 钱学森,等.论系统工程(新世纪版)[M].上海:上海交通大学出版社,2007.

[2] 钱学森.创建系统学(新世纪版)[M].上海:上海交通大学出版社,2007.

[3] 钱学森.工程控制论(新世纪版)[M].戴汝为,何善堉 译.上海:上海交通大学出版社,2007.

[4] 中国系统工程学会,上海交通大学.钱学森系统科学思想研究[M].上海:上海交通大学出版社,2007.

[5] 许国志.诸侯分治,统一江山[M].科学时报,1999-11-11(4).

[6] 许国志.怎样学习系统工程——答读者问[J].系统工程理论与实践,1985(1).

[7] 许国志,顾基发,车宏安.系统科学[M].2 版.上海:上海科技教育出版社,2000.

[8] 许国志,顾基发,车宏安.系统科学与工程研究[M].2 版.上海:上海科技教育出版社,2000.

[9] 张钟俊.张钟俊教授论文集(第 1 卷),(第 2 卷),(第 3 卷)[M].上海:上海交通大学出版社,1987,1988,1993.

[10] Andrew P Sage. Systems Engineering:Methodology & Applications[M]. IEEE Press,1977,13-17,18-22.

[11] 安德鲁·P 赛奇,詹姆斯·E 阿姆斯特朗.系统工程导论[M].胡保生,彭勤科 译.西安:西安交通大学出版社,2006.

[12] 布莱恩·阿瑟.复杂经济学[M].贾拥民 译.杭州:浙江人民出版社,2018.

[13] 曹光明.硬系统思想与软系统方法论的比较[J].系统工程理论与实践,1994(1).

[14] 车宏安主编.软科学方法论研究[M].上海:上海科技文献出版社,1995.

[15] Dominique Luzeaux,Jean-Rene Ruault. Systems of Systems [M]. New Jersey:WILEY,2008.

[16] Derek K Hitchins. Systems Engineering:A 21st Century Systems Methodology[M]. New Jersey:John Wiley & Sons,Ltd. 2007.

[17] John Boardman, Brian Sauser. Systems Thinking:Coping with 21st Century Problems[M]. Boca Raton:CRC Press,2008.

[18] Maxx Dilley, Robert S Chen, Uwe Deichmann, et al. Natural Disaster Hotspots:A Global Risk Analysis [M]. Washington D. C.:World Bank Publications. 2005:4.

[19] Mo Jamshidi. System of Systems Engineering,Innovations for the 21st Century[M]. New Jersey:WILEY,2009.

[20] 费孝通.江村经济[M].上海:上海世纪出版集团,2010.

[21] 高军,赵黎明.系统方法论研究的现状分析与展望[J].系统辩证学学报,2003(3).

[22] 顾基发,唐锡晋.物理-事理-人理系统方法论:理论与应用[M].上海:上海科技教育出版社,2006.

[23] 郭雷.系统学是什么[J].系统科学与数学,2016(3):291-301.

[24] 国家统计局国民经济核算司.中国 1997 年投入产出表[M].北京:中国统计出版社,1999.

[25] 国家统计局.中国国民经济核算体系(2002)[M].北京:中国统计出版社,2003.

[26] 国家统计局国民经济核算司.中国 2007 年投入产出表[M].北京:中国统计出版社,2009.

[27] 国家自然科学基金委员会管理科学部.管理科学发展战略暨管理科学"十一五"优先资助领域[M].

---

① 文献[1]—[4]属于上海交通大学出版社出版的《钱学森系统科学思想文库》。

北京：科学出版社,2006：25-26.

[28] 国务院学位委员会办公室,教育部研究生工作办公室.授予博士硕士学位和培养研究生的学科专业简介[M].北京：高等教育出版社,1999.

[29] 哈肯 H.信息与自组织[M].成都：四川教育出版社,1988.

[30] 胡大进,等.协同学原理和应用[M].武汉：华中理工大学出版社,1990.

[31] 福莱斯特 J W.系统学原理[M].杨通谊,黄午阳,杨世缙,译.上海：上海市业余工业大学,1982.

[32] 经士仁.中国系统工程学会成立十五周年纪念特辑(1980—1995)[M].北京：中国系统工程学会编印,1996.

[33] 经士仁.中国系统工程学会成立二十周年纪念特辑(1980—2000)[M].北京：中国系统工程学会编印,2000.

[34] 柳克俊.系统工程发展的好机遇：钱学森系统科学思想研究[M].上海：上海交通大学出版社,2007：259-260.

[35] 路甬祥.正确的科学思维方式是科技工作者的灵魂[M]//卢嘉锡,等.院士思维.合肥：安徽教育出版社,1998：1-6.

[36] Ludwig von Bertalanffy. General System Theory / Foundations, Development, Applications[M]. Revised Edition. New York: George Braziller Inc. ,1973.

[37] Michael C. Jackson. Systems Methodology for the Management Sciences [M]. New York and London: Plenum Press,1993.

[38] Mo Jamshidi. System of Systems Engineering, Innovations for the 21st Century[M]. New Jersey: WILEY,2009.

[39] 切克兰德 P B.系统论的思想与实践[M].左晓斯,史然,译,北京：华夏出版社,1990.

[40] Peter F Drucker. The Effective Executive[M]. Tokyo: Big Apple Tuttle-Mori Agency,1993.

[41] 莫尔斯 P M,金博尔 G E.运筹学方法[M].吴沧浦,译.北京：科学出版社,1988.

[42] Renhuai Liu,Kai Sun,Dongchuan Sun. Research on Chinese school of modern GUANLI science [J]. Chinese Management Studies,Emerald Publishing Limitrd,2017(1)：2-11.

[43] 沈小峰,等.自组织的哲学[M].北京：中共中央党校出版社,1993.

[44] 沈小峰,等.耗散结构理论[M].上海：上海人民出版社,1987.

[45] 孙东川.HALL 模型与系统工程专业[J].系统工程,1985(1).

[46] 孙东川.管理系统的效率与可靠性问题[J].管理现代化,1984(2).

[47] 孙东川.三分法与管理工作[J].管理学报,2009(7)：861-866.

[48] 孙东川.软科学研究的方法与模型体系[J].华东工学院学报(哲社版),1990(1).

[49] 孙东川.系统工程的使命[J].华东工学院学报(哲社版),1992(12).

[50] 孙东川.系统管理的一项基本原则：宏观控制,微观搞活[J].南京理工大学学报(哲社版),1996(4).

[51] 孙东川.是碳排放,还是碳消费[N].光明日报,2013-8-12.

[52] 孙东川.龙与 Dragon 不能混为一谈[N].中国社会科学报,2013-8-12.

[53] 孙东川,等.系统工程与管理科学研究[M].广州：暨南大学出版社,2004.

[54] 孙东川,林福永.让系统工程在中国早日实现其应有的辉煌[C]//Guangya Chen. Proceedings of the 14th Annual Conference of Systems Engineering Society of China: *Scientific Outlook On Development And Systems Engineering*. Hong Kong: Global-link Publisher,2006：777-784.

[55] 孙东川,林福永,孙凯.系统工程方法论与方法论系统工程[M]//中国系统工程学会,上海交通大学.钱学森系统科学思想研究.上海：上海交通大学出版社,2007：178-189.

[56] 孙东川,柳克俊.试论系统工程的中国学派与系统科学的中国学派[C]//陈光亚.中国系统工程学会第15届学术年会论文集：和谐发展与系统工程.香港：上海系统科学出版社,2008：95-106.

[57]　孙东川,柳克俊.系统工程与天下大势[C]//中国系统工程学会第 16 届学术年会论文集:经济全球化与系统工程.香港:上海系统科学出版社,2010,457-466.

[58]　孙东川,柳克俊.系统工程与人才培养[C].//中国系统工程学会第 16 届学术年会论文集:经济全球化与系统工程.香港:上海系统科学出版社,2010,503-509.

[59]　孙东川,柳克俊,赵庆祯.系统工程干部读本[M].广州:华南理工大学出版社,2014.

[60]　孙东川,陆明生.系统工程简明教程[M].长沙:湖南科学技术出版社,1987.

[61]　孙东川,孙凯.中西合璧的管理科学话语体系研究[J].北京:管理世界,2017:203-204.

[62]　孙东川,孙凯,刘飞.管理科学若干基本问题的再认识[J].北京:管理世界,2017:128-132.

[63]　孙东川,朱桂龙.系统工程基本教程[M].北京:科学出版社,2010.

[64]　孙凯.基于战略匹配的跨组织信息系统规划研究[D].澳门科技大学博士学位论文,2007.10.

[65]　孙凯.工程管理信息化应用模式研究[D].暨南大学博士后研究工作报告,2011.12.

[66]　孙凯,刘人怀.工程管理信息化的继承与创新[J].中国工程科学,2013,15(11):12-18.

[67]　孙凯,刘人怀.基于信息处理理论的跨组织信息共享策略分析[J].管理学报.2013,10(2):293-298.

[68]　孙凯,刘人怀.工程管理信息化应用模式研究[J].科技进步与对策,2012,29(18):1-6.

[69]　孙凯.跨组织信息共享的概念、特征与模式[J].系统科学学报,2012,20(2):28-33,61.

[70]　Sun Kai,Lai Weng Chio. Integrated Passenger Service System for Ideal Process Flow in Airports [C]. Przeglad Elektrotechniczny (Electrical Review),2012(03):54-59.

[71]　Sun Kai,Lai Weng Chio. SARI:A Common Architecture for Information Systems Planning[C]. Energy Procedia,2011,13.

[72]　Sun Kai,Lai Weng Chio. Integrated Passenger Service System for Airport based on SARI[C]. Energy Procedia,2011,13.

[73]　王寿云,于景元,戴汝为,汪成为,钱学敏,涂元季.开放的复杂巨系统[M].杭州:浙江科学技术出版社,1996.

[74]　王延峰,姜玉平,陶宇斐.中国控制论的先驱——张钟俊传[M].上海:上海交通大学出版社,2018.

[75]　王众托.企业信息化与管理变革[M].北京:中国人民大学出版社,2001.

[76]　王众托.系统工程[M].北京:北京大学出版社,2010.

[77]　王众托.系统工程引论[M].4 版.北京:电子工业出版社,2012.

[78]　王众托.知识系统工程[M].北京:科学出版社,2004.

[79]　汪应洛.系统工程[M].4 版.北京:机械工业出版社,2008.

[80]　汪应洛.系统工程理论、方法与应用[M].2 版.北京:高等教育出版社,2002.

[81]　乌杰.系统哲学[M].北京:人民出版社,2008.

[82]　吴彤.自组织方法论研究[M].北京:清华大学出版社,2001.

[83]　夏绍玮,杨家本,杨振斌.系统工程概论[M].北京:清华大学出版社,1995.

[84]　薛华成.管理信息系统[M].5 版.北京:清华大学出版社,2007.

[85]　亚历山大·科萨科夫,威廉姆 N 斯威敏.系统工程原理与实践[M].胡保生,译.西安:西安交通大学出版社,2006.

[86]　杨叔子.科学与人文的融合[M]//李政道,杨振宁,等.学术报告厅　科学之美.北京:中国青年出版社,2002,259-287.

[87]　约翰 H 霍兰.涌现:从混沌到有序[M].陈禹,等译.上海:上海科技教育出版社,2006.

[88]　约翰 H 霍兰.隐秩序——适应性造就复杂性[M].周晓牧,韩晖,译.上海:上海科学技术出版社,2000.

[89]　于景元,周晓纪.从定性到定量综合集成方法的实现和应用[J].系统工程理论与实践,2002,27(10):26-32.

［90］ 张延欣,吴涛,王明涛,孙在东.系统工程学[M].北京:气象出版社,1997.

［91］ 赵庆祯,王长钰,等.农村产业结构布局优化的数学模型及其稳定性分析[J].经济数学,1999,16(3): 1-10.

［92］ Zhao Qingzhen,Wang Changyu,Zhang Zhimin,et al. The Application of Operations Research in the Optimization of Agricultural Production[J]. Operations Research,1991,39(2):194-205.

［93］ 赵晓康,王维红.论当代系统思想最新发展与演变趋势[J].系统辩证学学报,200(2).

［94］ 周有光.21世纪的华语和华文[M].北京:生活·读书·新知三联书店,2002.

［95］ 朱镕基.管理科学,兴国之道[N].人民日报,1996-7-25.

［96］ 中国大百科全书(简明版)[M].北京:中国大百科全书出版社,1999.

图书资源支持

感谢您一直以来对清华版图书的支持和爱护。为了配合本书的使用，本书提供配套的资源，有需求的读者请扫描下方的"清华电子"微信公众号二维码，在图书专区下载，也可以拨打电话或发送电子邮件咨询。

如果您在使用本书的过程中遇到了什么问题，或者有相关图书出版计划，也请您发邮件告诉我们，以便我们更好地为您服务。

我们的联系方式：

地　　址：北京市海淀区双清路学研大厦 A 座 701

邮　　编：100084

电　　话：010 - 62770175 - 4608

资源下载：http://www.tup.com.cn

客服邮箱：tupjsj@vip.163.com

QQ：2301891038（请写明您的单位和姓名）

教学交流、课程交流

清华电子

扫一扫，获取最新目录

用微信扫一扫右边的二维码，即可关注清华大学出版社公众号"清华电子"。